EUL VERLAG

Dr. Marc-Julian Thomas

Einflussfaktoren von Online-Rezensionen

Eine empirische Analyse zu Online-Bewertungsportalen

Mit einem Geleitwort von Univ.-Prof. Dr. Bernd W. Wirtz, Deutsche Universität für Verwaltungswissenschaften Speyer

EUL VERLAG

Bibliografische Information der Deutschen Nationalbibliothek

Die Deutsche Nationalbibliothek verzeichnet diese Publikation in der Deutschen Nationalbibliografie; detaillierte bibliografische Daten sind im Internet über <http://dnb.d-nb.de> abrufbar.

Dissertation, Deutsche Universität für Verwaltungswissenschaften Speyer, 2018

ISBN 978-3-8441-0579-7
1. Auflage April 2019

JOSEF EUL VERLAG GmbH
Zeithstr. 356
53721 Siegburg
Tel.: 0 22 05 / 90 10 6-80
Fax: 0 22 05 / 90 10 6-88
https://www.eul-verlag.de
info@eul-verlag.de

Bei der Herstellung unserer Bücher möchten wir die Umwelt schonen. Dieses Buch ist daher auf säurefreiem, 100% chlorfrei gebleichtem, alterungsbeständigem Papier nach DIN 6738 gedruckt.

Geleitwort

Das Internet hat das Konsum- und Kaufverhalten in den letzten Jahren erheblich verändert. Die Internetrecherche ist ein wichtiger Aspekt des Kaufprozesses geworden und erreicht dabei fast alle Zielgruppen. Insbesondere Vergleichsportale und Kundenbewertungen sind häufig genutzte Informationsquellen für potenzielle Käufer. Vor allem durch die systematische Sammlung von Online-Rezensionen auf Online-Bewertungsportalten sind für potenzielle Käufer sehr große Datenmengen online verfügbar, die vor einem Kauf eines Produkts oder der Inanspruchnahme einer Dienstleistung herangezogen werden können. Die Nutzung von Online-Rezensionen ermöglicht es den Konsumenten die asymmetrische Informationsverteilung zwischen Käufer und Verkäufer bzw. zwischen Anbieter und Konsument zu reduzieren. In diesem Kontext haben Online-Rezensionen für Konsumenten vor dem Kauf eines Produkts oder der Inanspruchnahme einer Dienstleistung eine besondere Bedeutung erlangt.

Vor diesem Hintergrund haben sich viele verschiedene Online-Bewertungsportale etabliert, auf denen vielfältige Informationen in Form von Online-Rezensionen zu Produkten, Dienstleistungen, Geschäften und Locations enthalten sind. Dabei stellen Online-Rezensionen auf Online-Bewertungsportalen einerseits ein wichtiges Entscheidungskriterium für Konsumenten im Rahmen einer Kaufentscheidung dar sowie andererseits ein erfolgskritisches Medium für die Unternehmen, dessen Produkte auf diesen Online-Bewertungsportalen bewertet werden.

Sowohl für die Wissenschaft als auch für die Unternehmenspraxis sind vor allem die kritischen Treiber respektive die Einflussfaktoren von Online-Rezensionen von entscheidender Bedeutung. Die Dissertationsschrift von Herrn Marc-Julian Thomas setzt an dieser Problemstellung an. Dabei ist die zentrale Zielsetzung seiner Untersuchung die Konzeptionalisierung und Operationalisierung der Einflussfaktoren bezüglich der Qualität der Argumente sowie der peripheren Signale von Online-Rezensionen. Dazu erfolgt in der Dissertationsschrift von Herrn Thomas zuerst eine strukturierte Bestandsaufnahme des aktuellen Schrifttums. Daran anschließend entwickelt Herr Thomas einen theoretischen Bezugsrahmen, der die Basis für sein Untersuchungsmodell darstellt. Herr Thomas unterzieht sein Untersuchungsmodell einer empirischen Analyse und wertet seine Ergebnisse anhand des Verfahrens der Strukturgleichungsmodellierung aus. Seine Dissertationsschrift endet mit einer Zusammenfassung der wesentlichen Untersuchungsergebnisse sowie Implikationen für die unternehmerische Praxis, für Online-Bewertungsportale als auch für die öffentliche Verwaltung.

Herrn Thomas ist es mit seiner Untersuchung in besonderem Maße gelungen, den wissenschaftlichen Erkenntnisfortschritt im Bereich von Online-Rezensionen voranzutreiben und dabei wichtige Implikationen für die unternehmerische Praxis zu generieren. Durch seine fundierte und strukturierte Analyse sowie seiner umfangreichen Aufarbeitung relevanter theoretischer Erklärungsansätze ist es ihm gelungen, die Themenstellung stringent voranzutreiben und eine für die Wissenschaft sinnvolle Ableitung der Hypothesen sicherzustellen. Abschließend wünsche ich Herrn Thomas, dass seine Arbeit gebührendes Interesse und angemessene Verbreitung erfährt.

München, 30.12.2018 Univ.-Prof. Dr. Bernd W. Wirtz

Vorwort

Online-Rezensionen spielen für viele Konsumenten heutzutage eine zentrale Rolle vor einer Kaufentscheidung. Bevor ein Kauf getätigt wird rezipieren die meisten Konsumenten Online-Rezensionen zu dem für sie relevanten Produkt oder der für sie relevanten Dienstleistung. Daher besitzen Online-Rezensionen eine große praktische Relevanz sowohl für die Konsumenten als auch für die Unternehmen, deren Produkte auf Online-Bewertungsportalen rezensiert werden. Darüber hinaus haben Online-Rezensionen in den letzten zehn Jahren in der Wissenschaft eine bedeutende Aufmerksamkeit erlangt. Insbesondere die Einflussfaktoren von Online-Rezensionen sind zu einem zentralen Untersuchungsschwerpunkt innerhalb der Wissenschaft geworden.

Während in Praxis und Forschung zuerst verstärkt auf die Inhalte und damit auf die Qualität der Argumente von Online-Rezensionen fokussiert wurde, erlangen in der aktuellen Forschung auch verstärkt periphere Signale von Online-Rezensionen eine entscheidende Bedeutung. Vor allem in Zeiten von „Fake News" und gekauften Online-Rezensionen bieten periphere Signale, wie beispielsweise zu der Expertise oder der Reputation der Rezensenten von Online-Rezensionen, den Rezipienten die Möglichkeit, authentische und somit glaubhafte Online-Rezensionen zu identifizieren. Diese Arbeit betrachtet sehr ausführlich sowohl die Einflussfaktoren bezüglich der Qualität der Argumente als auch bezüglich der peripheren Signale von Online-Rezensionen und wie daraus eine Kaufintention der Rezipienten von Online-Rezensionen abzuleiten ist.

Da ich mich selbst zu den „digital natives" zählen würde und sowohl mein Forschungsinteresse am Lehrstuhl als auch mittlerweile mein Job in der IT-Beratung sowohl digitalen sowie disruptiven Trends gilt, lag und liegt mein Fokus auf sich verändernden Geschäftsmodellen aufgrund technischen Fortschritts. Daher empfand ich mein Dissertationsthema, insbesondere unter der Berücksichtigung, wie die Digitalisierung Informationsasymmetrien, beispielsweise zwischen Käufer und Verkäufer, reduziert als äußerst spannend. Zudem sind Online-Rezensionen auch in meinem privaten Leben ein ständiger Begleiter, sei es beim Kauf einer neuen Kaffeemaschine oder bei der Wahl des nächsten Restaurantbesuchs.

Auf dem langen Weg zur Finalisierung meiner Doktorarbeit wurde ich von vielen Personen unterstützt, ohne die der erfolgreiche Abschluss meiner Arbeit nicht möglich gewesen wäre. Daher möchte ich im Folgenden diesen Personen meinen gebührenden Dank aussprechen. Zuerst möchte ich mich bei meinem Doktorvater Herrn Univ.-Prof. Dr. Bernd W. Wirtz bedanken, der mich während des gesamten Dissertationsprozesses engagiert betreute und ohne dessen konstruktive Hilfe die vorliegende Dissertation nicht möglich gewesen wäre. Ebenso danke ich Herrn Univ.-Prof. Dr. Holger Mühlenkamp für die Erstellung des Zweitgutachtens und Herrn PD Dr. Daniel Rölle für seine Bereitschaft als Drittprüfer in der mündlichen Prüfung zu fungieren.

Darüber hinaus möchte ich mich auch bei meinen ehemaligen Lehrstuhlkollegen bedanken. Neben vielen wertvollen inhaltlichen sowie methodischen Anmerkungen wurde meine Zeit am Lehrstuhl vor allem durch Sie zu einem Abschnitt in meinem Leben, den ich immer gerne in Erinnerung behalten werde. In alphabetischer Reihenfolge sind hier zu nennen: Frau Isabelle Balzer, Herr Steven Birkmeyer, Herr Prof. Dr. Peter Daiser, Herr Dr. Marc Elsässer, Herr Dr. Vincent Göttel, Herr Tuna Kurtz, Herr Paul Langer, Frau Dr. Linda Mory, Herr Dr. Robert Piehler, Herr Dr. Adriano Pistoia, Herr Daniel Schmitt und Herr Jan Weyerer. Darüber hinaus danke ich Herrn Dr. Hans-Rudolf Haberkorn, dass er sich als „Lektor“ zur Verfügung gestellt und sich in mühevoller Kleinarbeit durch die 500 Seiten dieser Dissertation gearbeitet hat.

Zudem danke ich meinem Bruder Sascha Thomas für seine Unterstützung sowie seinen jederzeit verfügbaren technischen Support. Von ganzem Herzen bedanke ich mich bei meiner Freundin Caroline Kischelewski für ihre Geduld und ihre Unterstützung während aller Phasen der Dissertation und insbesondere für ihr Vertrauen und ihren Zuspruch in den schwierigen Phasen der Dissertation. Ebenso danke ich ihr auch für alle schönen Momente abseits der Dissertation.

Ebenfalls möchte ich mich von ganzem Herzen bei meinen Eltern Eckhard und Marita Thomas bedanken, die mich mein ganzes Leben bedingungslos bei allem unterstützen und mir immer mit Rat und Tat zur Seite stehen. Ohne ihren Rückhalt wäre ich weder persönlich noch akademisch der, der ich heute bin. Ich widme diese Arbeit meiner Freundin, meinem Bruder und meinen Eltern.

Düsseldorf, 30.12.2018 Dr. Marc-Julian Thomas

Inhaltsübersicht

Inhaltsverzeichnis

Abbildungsverzeichnis

Tabellenverzeichnis

Abkürzungsverzeichnis

α	Cronbachs Alpha
$\chi 2$	Chi^2
AGFI	Adjusted Goodness-of-Fit-Index
AJAX	Asynchronous Java Script and XML
AMOS	Analysis of Moment Structures
B2B	Business-to-Business
B2C	Business-to-Consumer
Bspw.	Beispielsweise
Bzw.	Beziehungsweise
C2C	Consumer-to-Consumer
ca.	circa
CFI	Comparative-Fit-Index
Chi^2/df	Normierter Chi^2-Wert
csv	Substantive Validity Coefficient
DEV	Durchschnittlich erfasste Varianz
df	Degrees of Freedom
d.h.	das heißt
e.g.	exempli gratia
E-Commerce	Electronic Commerce
ELM	Elaboration Likelihood Model
E-Mail	Electronic Mail
EQS	Structural Equation Modeling Software
et al.	et alii
etc.	et cetera
eWoM	electronic Word-of-Mouth

f.	folgende
ff.	fortfolgende
FR	Faktorreliabilität
GFI	Goodness-of-Fit-Index
H	Hypothese
Hrsg.	Herausgeber
ICT	Information and Communication Technology
i.d.R	in der Regel
ITK	Item-to-Total-Korrelation
IuK	Information und Kommunikation
Jg.	Jahrgang
KD-Design	Konfirmatorisch-deskriptives-Design
KE-Design	Konfirmatorisch-explikatives-Design
KI-Design	Konfirmatorisch-instrumentelles-Design
KMO	Kaiser-Meyer-Olkin
LISREL	Linear Structural Relationship Model
MANOVA	Multivariate Analysis of Variance
ML	Maximum Likelihood
Nr.	Nummer
o.ä.	Oder ähnlich
OECD	Organisation for Economic Co-operation and Development
PLS	Partial Least Square
psa	Proportion of Substantive Agreement
PRS	Product Review Systems
PWR	Perceived Website Reputation
R^2	Bestimmtheitsmaß
RMSEA	Root-Mean-Squared-Error-of-Approximation

RSS	Really Simple Syndication
s.	siehe
S.	Seite
SEM	Structural Equation Model
SGM	Strukturgleichungsmodellierung
S-O-R-Model	Stimulus-Organism-Response-Model
SPSS	Statistical Package for the Social Sciences
SRMR	Standardized Root Mean Square Residual
TLI	Tucker-Lewis-Index
u.a.	unter anderem
UGC	User Generated Content
u.U.	unter Umständen
usw.	und so weiter
Vgl.	Vergleiche
WOM	Word-of-Mouth
WTO	World Trade Organization
XML	Extensible Markup Language
z.B.	zum Beispiel

1. Einleitung

Online-Rezensionen spielen für viele Konsumenten heutzutage eine entscheidende Rolle bei der Kaufentscheidung.[1] Durch die Nutzung des Internets erhalten Konsumenten über nahezu alle Produkte, Dienstleistungen und Organisationen Informationen in Form von Online-Rezensionen.[2] In der letzten Dekade ist die Zahl von verfügbaren Online-Rezensionen im Internet gewaltig gestiegen. So gibt es mittlerweile Milliarden von Online-Rezensionen auf verschiedensten Webseiten.[3]

Online-Rezensionen sind seit den Anfängen der kommerziellen Internetnutzung Mitte der 1990er Jahre im Internet vorhanden und inzwischen omnipräsent.[4] Die E-Commerce-Plattform Amazon.com gehörte im Jahre 1995 zu den ersten Webseiten, die über eine Kommentarfunktion für ihre Produkte verfügte.[5] Erste Social Media-Webseiten, die ausschließlich der Sammlung von Online-Rezensionen zu Produkten und Dienstleistungen dienten, wurden Ende der 90er Jahre konzipiert.[6] Die Anzahl dieser Webseiten, auch Online-Bewertungsportale genannt, ist in den letzten Jahren erheblich gestiegen. Inzwischen sind Online-Bewertungsportale aus dem täglichen Leben der Internetnutzer nicht mehr wegzudenken.[7]

Zunehmend beziehen Konsumenten Online-Rezensionen in ihre Kaufentscheidung ein. So gaben bei einer durchgeführten Befragung der Tomorrow Focus AG 78,3% von insgesamt 3.000 Teilnehmern an, dass Online-Rezensionen einen großen Einfluss auf ihre Kaufentscheidungen haben.[8] Somit erlangen Online-Rezensionen für private Unternehmen, Plattformbetreiber und öffentliche Institutionen eine besondere Bedeutung.[9] Von zentralem Interesse ist diese Thematik vor allem für die Marketingabteilungen der Unternehmen bzw. der öffentlichen Institutionen. Diese müssen stets

1 Vgl. beispielsweise Alter (2013), S. 14; Chou/Picazo-Vela/Pearson (2013), S. 131 f.; Lee/Kim/Peng (2013), S. 116; Zheng/Zhu/Lin (2013), S. 211; Peng/Kou/Li (2014), S. 5245; Zhang et al. (2014), S. 78; Hamby/Daniloski/Brinberg (2015), S. 1242; Krishnamoorthy (2015), S. 3751.

2 Vgl. Reichelt/Sievert/Jacob (2013), S. 65.

3 Vgl. Vasquez (2014), S. 1.

4 Vgl. Burton/Khammash (2010), S. 231.

5 Vgl. Zhang et al. (2010), S. 694.

6 Vgl. beispielsweise LeGuide - The European Shopping Group (2013); LeGuide - The European Shopping Group (2014).

7 Vgl. Luo et al. (2015), S. 305.

8 Vgl. Tomorrow Focus AG (2015).

9 Vgl. Tagesschau (2014).

die aktuellen Entwicklungen verfolgen und unternehmens- bzw. institutionsspezifische Lösungen kreieren.[10]

1.1. Ausgangssituation der Untersuchung

Mit dem Einsatz von modernen Informations- und Kommunikationstechnologien (IuK-Technologien) hat sich weltweit ein struktureller Wandel vollzogen, der sowohl auf gesellschaftlicher, als auch wirtschaftlicher sowie wissenschaftlicher und politischer Ebene von herausragender Bedeutung ist.[11] So haben IuK-Technologien mittlerweile nahezu alle Lebensbereiche durchdrungen und stellen ein Fundament unserer heutigen Informationsgesellschaft dar. In diesem Kontext führen Alawneh/Al-Refai/Batiha (2013) an:

„Information and communication technology (ICT) has radically transformed the way individuals [and] organizations [...] used to work. The internet in today's information societies has become an essential channel that is used for dissemination of information, products, and services. People prefer to use the internet as a transaction tool in different areas, such as, learning, shopping, marketing, travel, trading, etc."[12]

Das Internet ist der wesentliche Treiber dieser Veränderungen. Es lässt sich durch Aspekte wie Digitalität, Vernetzung und Globalität charakterisieren. Insbesondere die Digitalisierung zahlreicher Daten, die durch exponentielles Wachstum gekennzeichnet ist, führt zu einer quantitativen und qualitativen Verfügbarkeit von Informationen in einem bisher nie dagewesenen Ausmaß.[13] Der Einsatz diverser Endgeräte wie beispielsweise PC, Laptop, Smartphone oder Tablet, ermöglicht den Nutzern eine Verfügbarkeit dieser Daten unabhängig von Ort und Zeit. Darüber hinaus bietet das Internet den Nutzern eine fast unbegrenzte Anzahl von potenziellen Kommunikationspartnern. Sowohl die Informationen als auch die Kommunikationspartner stehen dem Nutzer in Echtzeit zur Verfügung.[14]

---

10 Vgl. beispielsweise Khammash/Griffiths (2011); S. 85 f.; Moon/Park/Seog Kim (2014), S. 2176 f.; Munzel/Kunz (2014), S. 49 f.; Filieri (2015), S. 1261 f.; Mathews Hunt (2015), S. 3 f.

11 Vgl. Schnorr-Bäcker (2006), S. 33.

12 Alawneh/Al-Refai/Batiha (2013), S. 277.

13 Vgl. Wirtz (2013), S. 16; Pistoia (2014), S. 1.

14 Vgl. Klein et al. (2012), S. 723.

So haben im Jahr 2016 über 83% aller Deutschen das Internet genutzt.[15] Über 97% der Internetnutzer besitzen einen Breitbandanschluss. Zusätzlich verfügen 53% der Deutschen über einen mobilen Breitbandanschluss.[16] Dabei lässt die Internetnutzung in Deutschland in den verschiedenen Altersgruppen allerdings deutliche Unterschiede erkennen.

In Deutschland lag die Nutzung des Internets bei den 14-19-Jährigen 2016 bei 100% und bei den 20-29-Jährigen bei 98,4%. Knapp dahinter folgten die 30-39-Jährigen mit einer Internetnutzung von 97,4%. Auch in der Altersklasse der 40-49-Jährigen lag die Nutzung des Internets mit 97,1% nur geringfügig darunter. Bereits deutlich weniger, mit einem Anteil von 89,3%, wurde das Internet von den 50-59-Jährigen genutzt. Besonders auffallend ist die Diskrepanz bei den über 60-Jährigen, von denen nur 56,6% das Internet nutzten. Insgesamt ist jedoch eine Zunahme der Internetnutzung über alle Altersgruppen hinweg zu konstatieren.[17] Abbildung 1-1 fasst die Internetnutzung in Deutschland nach Altersgruppen für das Jahr 2016 zusammen.

Abbildung 1-1: *Internetnutzung in Deutschland nach Altersgruppen für das Jahr 2016*[18]

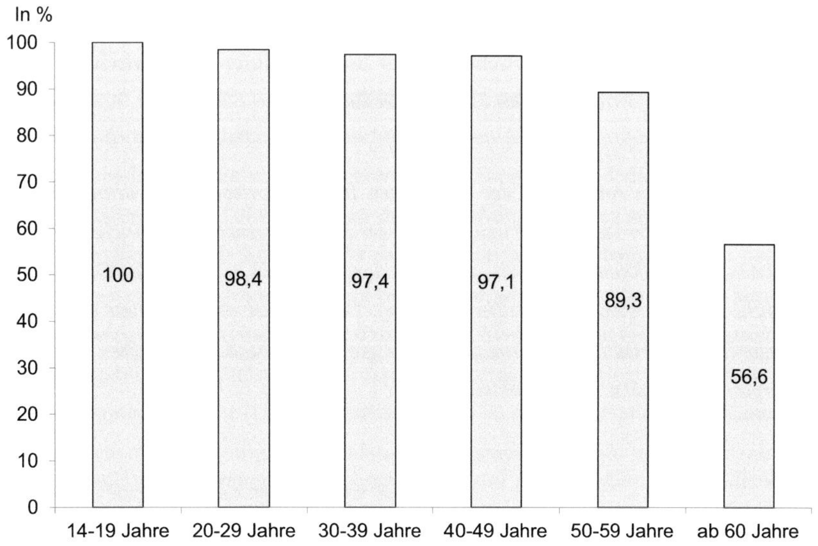

15 Vgl. ARD-ZDF-Onlinestudie (2017).

16 Vgl. Statistisches Bundesamt (2016), S. 11.

17 Vgl. ARD-ZDF-Onlinestudie (2017).

18 Vgl. ARD-ZDF-Onlinestudie (2017).

Neben UGC stellt auch electronic Word-of-Mouth (eWoM) für private Nutzer eine Möglichkeit dar, eigene Inhalte zu verfassen und diese Online anderen Nutzern zur Verfügung zu stellen. Somit verändern sich durch UGC und eWoM die meisten Internetnutzer von passiven Konsumenten in jene, die selbständig Inhalte im Internet generieren.[30] Daher sind im Internet mittlerweile zahlreiche Informationen, die von privaten Nutzern erstellt worden sind, abrufbar. Diese Informationen stellen im Internet eine Art kollektive Intelligenz dar und weiten sich zunehmend auf die Bewertung von Produkten und Dienstleistungen in Form von Online-Rezensionen aus.[31]

Heutzutage existieren Online-Rezensionen zu Produkten und Dienstleistungen vor allem auf Social Media- und E-Commerce-Webseiten.[32] Zu einer der ersten und heute noch in Deutschland bestehenden Social Media-Webseite gehört das Online-Bewertungsportal Ciao.de, das 1999 von der Ciao GmbH gelauncht wurde. Ciao.de bietet den Nutzern eine Vergleichsmöglichkeit von Produkten und Dienstleitungen, die im Internet angeboten werden. Aktuell enthält Ciao.de mehr als 7 Millionen Online-Rezensionen zu Produkten und Dienstleistungen. Darüber hinaus hat Ciao.de über 1,3 Millionen Mitglieder und über 1,2 Millionen Webseitenbesucher pro Monat.[33] Damit hat sich Ciao in den letzten Jahren sowohl in Deutschland als auch in Europa zu einer der größten Online-Bewertungsportale entwickelt und ist unter anderem in Frankreich, Großbritannien, Spanien, Italien, Schweden und den Niederlanden mit einer länderspezifischen Webseite vertreten.[34]

Neben Online-Bewertungsportalen existieren noch weitere Social Media-Webseiten die Online-Rezensionen zu Produkten und Dienstleistungen enthalten. Tabelle 1-1 fasst die derzeit relevanten Social Media-Plattformen zusammen und erläutert deren Kernintentionen und Ausprägungen von Online-Rezensionen auf der jeweiligen Webseite.

Tabelle 1-1 stellt neun verschiedene Social Media-Plattformen dar, die Online-Rezensionen zu Produkten und Dienstleistungen beinhalten. Dabei ist der Bezug der einzelnen Social Media-Plattformen zu Online-Rezensionen unterschiedlich stark ausgeprägt.

---

30 Vgl. Bielowski (2012)S. 21.

31 Vgl. O'Reilly (2007), S. 26 f.

32 Vgl. beispielsweise Cheung/Thadani (2012), S. 462 f.; Zhang et al. (2014), S. 78.

33 Vgl. Shopping Guide GmbH (2017); Datenquelle: SimilarWeb LTD (2017a).

34 Vgl. Ciao.de (2015).

Tabelle 1-1: *Kernintentionen und Ausprägungen von Online-Rezensionen auf Social Media-Plattformen*[35]

Social Media-Plattform	Beispiel-Webseite	Kernintentionen der Social Media-Webseite	Ausprägung von Online-Rezensionen auf der Social Media-Webseite
Online-Diskussionsforen	Gamespot.com	• Informationen zu neuen Spielen • Foren zum Informationsaustausch über Spielinhalte	• Online-Rezensionen zu Produkten sowohl in der Rubrik Reviews, als auch im Forum möglich
Online-Bewertungs-portale	Ciao.de	• Online-Rezensionen zu Produkten und Dienstleistungen	• Online-Rezensionen zu Produkten und Dienstleistungen sind der zentrale Bestandteil von Online-Bewertungsportalen • Online-Bewertungsportale ermöglichen den Nutzern Produkte und Dienstleistungen zu kommentieren, bewerten, vergleichen sowie zu liken
Blogs & RSS-Feeds	Blogger.com	• Erstellen von persönlichen Beiträgen (Text, Bilder) • Kommentarfunktion für Leser	• Online-Rezensionen zu Produkten und Dienstleistungen sind innerhalb von Blogs nur geringfügig vorhanden • Sehr vereinzelt finden Online-Rezensionen in Form von Kommentaren statt
Soziale Netzwerkseiten	Facebook.com	• Erstellen einer persönlichen Profilseite • Primäre Kommunikation mit Freunden • Teilweise Kommunikation mit weiteren privaten Nutzern und Unternehmen	• U.a. ermöglichen Facebook Brand Pages Online-Rezensionen zu Produkten und Dienstleistungen • Online-Rezensionen anhand von Like-Button möglich
File Exchange & Sharing-Plattformen	YouTube.com	• Plattform zum Teilen privater Videos • Konsum privater und kommerzieller Videos • Kommunikation zwischen privaten Nutzern	• Online-Rezensionen anhand von Kommentarfunktion unterhalb des Videos möglich • Bewertung ebenfalls mittels Like-Button möglich
Wikis	Wikipedia.de	• Darstellung von Informationen zu sämtlichen Themen	• Keine Bewertung anhand von Online-Rezensionen möglich • Inhalte können abgeändert sowie neue Inhalte hinzugefügt werden
Podcasts	Podcast.de	• Plattform zum Teilen privater Audio- und Videoinhalte • Konsum privater und kommerzieller Audio- und Videoinhalte	• Kommentarfunktion zu einzelnen Podcasts vorhanden
Mash-Ups	GoYellow.de	• Verknüpfung bereits bestehender Inhalte (bspw. Branchenbuch) mit zusätzlichen Informationen (Bilder, Events, etc.)	• Bewertung von einzelnen Unternehmen im Branchenbuch möglich • Bewertung ebenfalls mittels Like-Button möglich
Tagging (Social Bookmarking)	Delicious.com	• Zusammenfassung und Verschlagwortung von Links anderer User • Zugriffsmöglichkeit der Nutzer auf die erstellten Bookmarks	• Bewertung mittels Like-Button möglich

Neben ihrer Präsenz auf Social Media-Webseiten nehmen Online-Rezensionen auf E-Commerce-Webseiten eine bedeutende Rolle ein. Zu den bekanntesten E-Commerce-Webseiten gehört in diesem Kontext Amazon. Beispielsweise besteht auf Amazon.de die Möglichkeit zu über 150 Millionen Produkten Online-Rezensionen

[35] Auf Basis eigener Analysen und Abschätzungen sowie in Anlehnung an die Ausführungen von Enderle/Wirtz (2008), S. 37; Wirtz/Elsäßer (2012), S. 514; Wirtz/Göttel (2016), S. 104.

abzugeben. Für einen Großteil der Produkte existieren bereits – und oftmals zahlreiche – Online-Rezensionen.[36]

Darüber hinaus können Konsumenten heutzutage auf weiteren Webseiten Online-Rezensionen rezipieren. In diesem Kontext ist beispielsweise der Suchmaschinenanbieter Google zu nennen. Google ermöglicht als weltweit größte Internet-Suchmaschine den Nutzern Online-Rezensionen zu Geschäften, Locations, Produkten und Dienstleistungen sämtlicher Branchen ‚ins Netz' einzustellen. Dabei stellt Google.de mit über 1,7 Milliarden Besuchern im Monat die meist frequentierte Webseite in Deutschland dar.[37]

Zusammenfassend haben Online-Rezensionen auf einigen Social Media-Plattformen eine zentrale Bedeutung erlangt. Auch auf Webseiten von E-Commerce- und Suchmaschinenanbietern werden Online-Rezensionen für Konsumenten immer wichtiger. Online-Rezensionen besitzen nicht nur eine hohe praktische Relevanz für Konsumenten, sondern sind auch für die Wissenschaft von erheblichem Interesse.

Im Schrifttum sind Online-Rezensionen innerhalb von Online-Diskussionsforen, Online-Bewertungsportalen, Blogs, sozialen Netzwerkseiten sowie E-Commerce-Webseiten von besonderer Relevanz.[38] So konstatieren Zhang et al. (2014):

„Online reviews have been distributed among various Internet media, including online sellers' websites, discussion forums, blogs, social networking sites, and online review sites."[39]

In diesem Zusammenhang erfolgt durch Cheung/Thadani (2012) eine ähnliche Eingrenzung bezüglich der relevanten Plattformen, die Online-Rezensionen enthalten. Die Autoren vernachlässigen in ihrer Betrachtung Blogs, die im Schrifttum in Bezug auf Online-Rezensionen nur wenig Beachtung finden. So analysieren Cheung/Thadani (2012):

„Our literature review showed that a majority of eWOM studies focused on online consumer reviews made on e-commerce websites, discussion forums or rating sites. Other forms of e-WOM have received far less attention in academic research."[40]

---

[36] Vgl. Marketplace Analytics (2017).

[37] Datenquelle: SimilarWeb LTD (2017c).

[38] Vgl. beispielsweise Cheung/Xiao/Liu (2014), S. 50; Teng et al. (2014), S. 747.

[39] Zhang et al. (2014), S. 78.

Eine weiterführende Eingrenzung relevanter Plattformen bezüglich Online-Rezensionen kann anhand der Analyse von Vasquez (2014) vorgenommen werden. Innerhalb dieser erfolgt eine inhaltliche Auswertung des UGC auf unterschiedlichen Plattformen. Die Studie vergleicht unter anderem Blogs, Wikis, soziale Netzwerkseiten, File Exchange & Sharing-Plattformen und Online-Bewertungsportale miteinander. Anhand der Auswertung schlussfolgert Vasquez (2014):

„[…] online review sites differ from some other forms of social media, because the social ties between participants tent to be weaker on review sites than on most social network sites, for example. In this respect, most online review sites can be characterized as more ‚information focused' communities rather than ‚relationally-driven' communities […].“[41]

Zu dem Ergebnis, dass Online-Bewertungsportale von allen Plattformen am stärksten den Fokus auf Informationen legen und daher für den Austausch von Wissen über Produkte und Dienstleistungen zwischen Nutzern am besten geeignet sind, kommt auch die Studie von Racherla/Mandviwalla/Connolly (2012). Darüber hinaus verweisen die Autoren darauf, dass Online-Bewertungsportale zu den beliebtesten Informationsquellen moderner Konsumenten gehören. Ebenfalls zeigt die Studie, dass die Kommunikation auf Online-Bewertungsportalen offener ist und mehr Nutzer zu den mit ihnen geteilten Informationen Zugang haben, wodurch ein Mehrwert für alle Nutzer entsteht. So fassen Racherla/Mandviwalla/Connolly (2012) zusammen:

„Product review systems (PRS; e.g., […], TripAdvisor.com), a form of online word-of-mouth (eWOM), have become one of the most popular information sources for modern consumers. PRS are less personal but more ubiquitous WOM platforms wherein consumers can post reviews about products and services. These reviews are widely accessible to other consumers.“[42]

Das Schrifttum zeigt, dass Online-Rezensionen und insbesondere Online-Bewertungsportale neben der praktischen Relevanz für den Nutzer auch eine herausragen-

40 Cheung/Thadani (2012), S. 462 f.

41 Vasquez (2014), S. 4.

42 Racherla/Mandviwalla/Connolly (2012), S. 94.

de wissenschaftliche Relevanz erlangt haben. In diesem Kontext konstatieren Cheung/Sia/Kuan (2012):

„With the ever-increasing popularity of online consumer reviews, understanding what makes an online review believable has attracted increased attention from both academics and practitioners."[43]

Bislang besteht im Schrifttum jedoch noch ein erheblicher Forschungsbedarf, da bis heute vor allem Studien existieren, die sehr allgemein den Einfluss von Online-Rezensionen bezüglich der Einstellung der Konsumenten gegenüber Produkten untersuchen.[44] Darüber hinaus enthält das Schrifttum Arbeiten, die nur wenig spezifisch auf den Einfluss von Online-Rezensionen auf die Kaufintention der Rezipienten fokussieren.[45] Zudem untersuchen nur einige wenige Studien, wie Rezipienten die inhaltliche Qualität und den Nutzen von Online-Rezensionen bewerten.[46]

Im aktuellen Schrifttum wird in Anlehnung an die Ausführungen von Sussman/Siegal (2003) verstärkt die Wirkung qualitativer Argumente sowie die Glaubwürdigkeit der Quelle von Online-Rezensionen auf das Konsumentenverhalten untersucht.[47] Die Bedeutung der Qualität der Argumente sowie der Glaubwürdigkeit der Quelle in Bezug auf die Nützlichkeit von Online-Rezensionen stellen auch Cheung/Sia/Kuan (2012) heraus:

„[...] research has shown that argument quality and source credibility are primary factors that affect the degree of information influence."[48]

---

43 Cheung/Sia/Kuan (2012), S. 618.

44 Vgl. Sen/Lerman (2007), S. 76 ff.; Chu/Kamal (2008), S. 26 ff.; Lee/Park/Han (2008), S. 341 ff.; Doh/H-wang (2009), S. 193 ff.; Lee/Youn (2009), S. 473 ff.; Martin/Lueg (2013), S. 801 ff.

45 Vgl. Floyd et al. (2014), S. 228 f.

46 Vgl. beispielsweise Mudambi/Schuff (2010), S. 185 ff.

47 Vgl. Sussman/Siegal (2003), S. 47 ff.; Cheung/Lee/Rabjohn (2008), S. 229 ff.; Li/Zhan (2011), S. 239 ff.; Cheung/Sia/Kuan (2012), S. 618 ff.; Filieri/McLeay (2013), S. 44 ff.; Zhang et al. (2014), S. 78 ff.; Cheng/Ho (2015), S. 883 ff.

48 Cheung/Sia/Kuan (2012), S. 620. Die Bedeutung der Qualität der Argumente wurde in der persuasiven Kommunikationsliteratur als ein Hauptkriterium angeführt. Vgl. dazu beispielsweise Slater/Rouner (1996), S. 974 ff.; Bhattacherjee/Sanford (2006), S. 805 ff. Die Glaubwürdigkeit der Quelle, die ein wesentlicher Aspekt der peripheren Signale darstellt, wurde ebenfalls als ein bedeutendes Kriterium im Rahmen von Informationsprozessen identifiziert. Vgl. dazu beispielsweise Chaiken/Maheswaran (1994), S. 460 ff.; Pornpitakpan (2004), S. 243 ff.

Im neueren Schrifttum subsumieren Forscher die Qualität der Argumente häufig unter dem theoretischen Ansatz der ‚zentralen Route der Persuasion' und die Glaubwürdigkeit der Quelle unter dem theoretischen Gesamtverständnis der ‚peripheren Route der Persuasion'.[49] Dies basiert auf dem theoriengeleiteten Verständnis, dass die Informationsverarbeitung der Konsumenten beziehungsweise Rezipienten von deren Motivation sowie deren Fähigkeiten abhängen.[50] Über die ‚zentrale Route' werden Informationen aktiv empfangen und beispielsweise aufgrund von vorherigem Wissen angenommen oder abgelehnt. Dagegen werden über die ‚periphere Route' Informationen empfangen, zu denen beispielsweise kein eigenes Wissen existiert. Hierbei wird sich im Sinne der Theorie beispielsweise auf die Attraktivität oder vermutete Kompetenz des Senders verlassen. Bislang betrachten nur wenige Forscher den Einfluss der zentralen und der peripheren Route der Persuasion simultan. So analysieren Cheng/Ho (2015):

„Researchers often classify the content quality of reviews into the central route and other cues into the peripheral route to explore the influence of the factors related to the two routes on consumers' final attitudes toward the product and willingness to purchase. However, few studies explore the effect of two routes […] on the perceived usefulness of online reviews."[51]

Es bleibt somit festzuhalten, dass bezüglich der zentralen Route der Persuasion beziehungsweise der Qualität der Argumente von Online-Rezensionen noch ein erheblicher Forschungsbedarf besteht. Ebenfalls besteht noch ein großes Forschungspotenzial zu der peripheren Route der Persuasion beziehungsweise zu den peripheren Signalen. Die Glaubwürdigkeit der Quelle stellt dabei einen bedeutenden Aspekt der peripheren Signale dar. Darüber hinaus erfolgt im Schrifttum eine nur unzureichende Betrachtung der relevanten Einflussfaktoren bezüglich der Qualität der Argumente einerseits und den peripheren Signalen andererseits. Bei Betrachtung der wenigen Arbeiten, in denen entscheidende Faktoren zu beiden Aspekten untersucht werden, kann eine hohe Heterogenität bezüglich der gewählten Faktoren festgehalten werden. So stellen Li/Zhan (2011) bezüglich der Qualität der Argumente fest:

---

49 Mit der zentralen und der peripheren Route der Persuasion erfolgt eine Differenzierung bezüglich der Verarbeitung der Mitteilung durch den Konsumenten. Vgl. dazu beispielsweise Cheung/Lee/Rabjohn (2008), S. 229 ff.; Li/Zhan (2011), S. 239 ff.; Cheung/Sia/Kuan (2012), S. 618 ff.; Filieri/McLeay (2013), S. 44 ff.; Cheng/Ho (2015), S. 883 ff. sowie Kapitel 3.1.3.

50 Vgl. auch im Folgenden Petty/Cacioppo (1981), S. 128 ff.

51 Cheng/Ho (2015), S. 884.

„Lacking a consistent definition, researchers measured argument quality on diverse dimensions […]. In addition to this inconsistency, these measures were fairly subjective in character."[52]

In Bezug auf die Faktoren, die hinsichtlich der peripheren Signale betrachtet werden, besteht ebenfalls Forschungsbedarf. Zhu/Yin/He (2014) konstatieren:

„[…] yet little research has studied the roles of peripheral cues such as reviewer credibility and contextual factors."[53]

Neben der Glaubwürdigkeit der Quelle existieren im Schrifttum noch weitere relevante Faktoren, die zu den peripheren Signalen gezählt werden können und die einen Einfluss auf die Nützlichkeit von Online-Rezensionen für die Rezipienten besitzen.

Beispielsweise ist nach Cheung/Sia/Kuan (2012) ein peripheres Signal die Konsistenz von Online-Rezensionen. Demnach ist eine Online-Rezension für die Rezipienten besonders glaubwürdig, wenn diese inhaltlich überwiegend mit der durchschnittlichen Bewertung aller anderen Online-Rezensionen zu einem Produkt oder einer Dienstleistung auf einem Online-Bewertungsportal übereinstimmen.[54]

Liu/Park (2015) führen als ein peripheres Signal in ihrer Untersuchung die Bewertung von Produkten und Dienstleistungen anhand von Sternen (Star Rating) an. So erscheinen den Rezipienten von Online-Rezensionen Bewertungen von Produkten und Dienstleistungen mit einer hohen Anzahl von Sternen (entspricht einer guten Bewertung) nützlicher als Online-Rezensionen für Produkte und Dienstleistungen mit einer niedrigen Anzahl von Sternen (entspricht einer schlechten Bewertung).[55]

Zusammenfassend ist festzuhalten, dass im Schrifttum bereits einige Arbeiten existieren, die sich in sehr unterschiedlicher Form mit Online-Rezensionen beschäftigen. Nur wenige Arbeiten befassen sich aber mit der Fragestellung, anhand welcher Kriterien Online-Rezensionen einen hohen Nutzen für die Rezipienten erhalten. Diesbezüglich zeigt das Schrifttum, dass die Qualität der Argumente und die peripheren

52 Li/Zhan (2011), S. 240.
53 Zhu/Yin/He (2014), S. 267.
54 Vgl. Cheung/Sia/Kuan (2012), S. 621.
55 Vgl. Liu/Park (2015), S. 141.

Signale entscheidende Aspekte für die Rezipienten darstellen. In diesem Kontext besteht ein hoher Forschungsbedarf, vor allem in Bezug auf die Faktoren, die unter der Qualität der Argumente und unter den peripheren Signalen zu subsumieren sind.[56]

Die wenigen Arbeiten, die beide Aspekte zusammen untersuchen, erreichen nicht die Komplexität, um sowohl die determinierenden Faktoren der Qualität der Argumente und der peripheren Signale vollständig zu identifizieren als auch das Wirkungsgefüge der beiden Aspekte auf die Nützlichkeit von Online-Rezension sowie der daraus entstehenden Kaufintention des Konsumenten zu betrachten.[57] Darüber hinaus wird im Schrifttum eine handlungsleitende Theorie, die explizit die Wirkung beider Aspekte betrachtet, weitgehend vernachlässigt.[58]

Daher zielt diese Untersuchung darauf ab, zu dieser Forschungslücke theoriengeleitet einen Erkenntnisbeitrag beizusteuern. Darüber hinaus setzt die Untersuchung im Rahmen eines komplex-empirischen Ansatzes durch Verwendung der Strukturgleichungsmodellierung einen Schwerpunkt, der innerhalb des Schrifttums bislang nur unzureichend adressiert wurde. Somit soll diese Untersuchung einen Beitrag leisten, der aufgrund der großen praktischen und wissenschaftlichen Relevanz zu einem besseren Verständnis dieser Fragen beiträgt und bedeutende Implikationen für Wissenschaft und Praxis liefert.

1.2. Eingrenzung und Zielsetzung der Untersuchung

Nachdem die praktische und wissenschaftliche Bedeutung sowie die aktuelle Ausgangssituation zu Online-Rezensionen dargestellt wurde, wird als nächstes eine Eingrenzung der Untersuchung (Kapitel 1.2.1) vorgenommen. Dadurch wird der Untersuchungsrahmen auf ein sinnvolles Maß begrenzt und der thematische Schwerpunkt konkretisiert. Anschließend wird die Zielsetzung der Untersuchung spezifiziert, die handlungsleitenden Forschungsfragen formuliert sowie ein erstes Forschungsmodell skizziert (Kapitel 1.2.2).

1.2.1. Eingrenzung der Untersuchung

Zur Umsetzung eines sinnstiftenden Forschungsvorhabens bedarf es einer Eingrenzung des Forschungsbereichs. Dazu erfolgt die Fokussierung auf einen Ausschnitt

---

56 Vgl. Cheung/Lee/Rabjohn (2008), S. 229 ff.; Li/Zhan (2011), S. 239 ff.; Cheung/Sia/Kuan (2012), S. 618 ff.; Filieri/McLeay (2013), S. 44 ff.; Cheng/Ho (2015), S. 883 ff.

57 Vgl. beispielsweise Cheung/Sia/Kuan (2012), S. 618 ff.; Fan et al. (2013), S. 58 ff.

58 Vgl. beispielsweise Cheng/Ho (2015), S. 884.

des relevanten Untersuchungsinteresses. Dies stellt eine in der betriebswirtschaftlichen Forschung etablierte Vorgehensweise dar, um einen relevanten Forschungsbeitrag mit wichtigen Implikationen sowohl für die Wissenschaft als auch für die Unternehmens- und Verwaltungspraxis generieren zu können.[59]

Zuerst erfolgt die Konkretisierung des Untersuchungsinteresses. Während im Schrifttum Online-Rezensionen aus verschiedenen Blickwinkeln betrachtet werden, zielt das Untersuchungsinteresse der vorliegenden Arbeit auf die Einflussfaktoren von Online-Rezensionen ab. Dazu gehören als relevante zu betrachtende Aspekte die Qualität der Argumente sowie die peripheren Signale.[60]

In einem nächsten Schritt soll eine Beschränkung des Forschungsvorhabens auf einen Untersuchungsbereich vorgenommen werden. Für potenzielle Untersuchungsvorhaben für Online-Rezensionen bieten sich vor allem Social Media-Webseiten und E-Commerce-Webseiten an. Zusätzlich werden Online-Rezensionen auf weiteren Plattformen, wie beispielsweise auf der Webseite des Suchmaschinenanbieters Google, herangezogen.

Die Festlegung des Untersuchungsbereichs bedarf zusätzlich einer Evaluierung des Gegenstands der Betrachtung. Aufgrund der vorherigen Auswertungen des Schrifttums stellen sich Online-Bewertungsportale als optimaler Gegenstand der Betrachtung dar. Online-Bewertungsportale gehören zum Untersuchungsbereich Social Media. Sie sind im Gegensatz zu anderen Social Media-Webseiten stark auf den Austausch von Informationen fokussiert. Dies geschieht in einem weniger privaten Umfeld als auf anderen Social Media-Webseiten. Als Folge davon sind Online-Bewertungsportale ideal zum Wissensaustausch über Produkte und Dienstleistungen zwischen Nutzern geeignet.

Ein weiterer Vorteil von Online-Bewertungsportalen ist die primäre Fokussierung auf Online-Rezensionen. E-Commerce- und beispielsweise Suchmaschinenanbieter-Webseiten fokussieren nicht ausschließlich auf Online-Rezensionen, sondern verwenden diese als Ergänzung zum eigentlichen Kerngeschäft. Somit werden Social Media als Untersuchungsbereich und Online-Bewertungsportale als Gegenstand der Betrachtung gewählt.

---

59 Vgl. Fritz (1992), S. 10 ff.

60 Vgl. beispielsweise Cheung/Lee/Rabjohn (2008), S. 229 ff.; Li/Zhan (2011), S. 239 ff.; Cheung/Sia/Kuan (2012), S. 618 ff.; Cheng/Ho (2015), S. 883 ff.

Im nächsten Schritt erfolgt die Auswahl der Forschungsperspektive. Online-Rezensionen können aus Sicht der Rezipienten, der Anbieter oder der bewerteten Unternehmen untersucht werden. Innerhalb der Untersuchung wird die Forschungsperspektive aus Sicht der Rezipienten gewählt. Schließlich obliegt es den Rezipienten zu beurteilen, welche Faktoren sie innerhalb von Online-Rezensionen zu einer Kaufintention veranlassen. Damit befindet sich die Untersuchung im Einklang mit den generellen Forschungsperspektiven.[61]

Zuletzt erfolgt die Auswahl des Analysefokus. Hierbei ist zwischen einem regionalen und einem globalen Fokus zu differenzieren. Der Analysefokus der Untersuchung bezieht sich auf deutschsprachige Nutzer von Online-Rezensionen. Dies ergibt sich aus der Tatsache, dass die Nutzer von Online-Rezensionen des deutschen Online-Bewertungsportals Yelp.de befragt werden sollen. Somit können potenzielle Verzerrungen aus sprachlichen und kulturellen Einflüssen ausgeschlossen werden. Abbildung 1-2 stellt die relevanten Kriterien zur Eingrenzung der Untersuchung im Überblick dar.

Abbildung 1-2: *Kriterien zur Eingrenzung der Untersuchung*

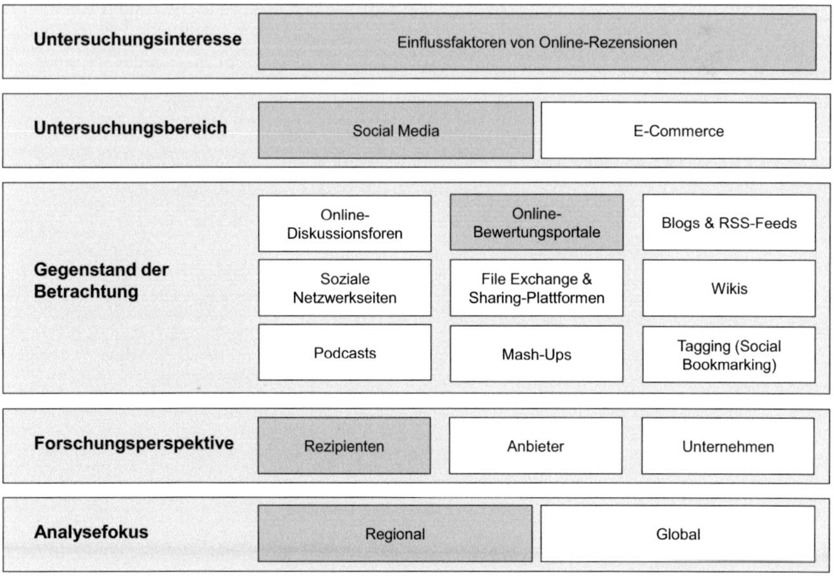

61 Vgl. beispielsweise Li/Zhan (2011), S. 239 ff.; Yang/Mai/Ben-Ur (2012), S. 369 ff.; Fan et al. (2013), S. 58 ff.

1.2.2. Zielsetzung der Untersuchung

Innerhalb der Untersuchung stellen die Qualität der Argumente und die peripheren Signale die zwei zentralen Aspekte dar. Die Zusammenführung beider Untersuchungsaspekte erfolgt auf Basis einer adäquaten, die Thematik unterstützenden Theorie. Darauf aufbauend werden die zu untersuchenden Hypothesen entwickelt. In diesem Kontext wird der Fokus auf den determinierenden Faktoren der Qualität der Argumente und der peripheren Signale als Einflussfaktoren von Online-Rezensionen liegen.

Abbildung 1-3: *Grundlage des Untersuchungsmodells*

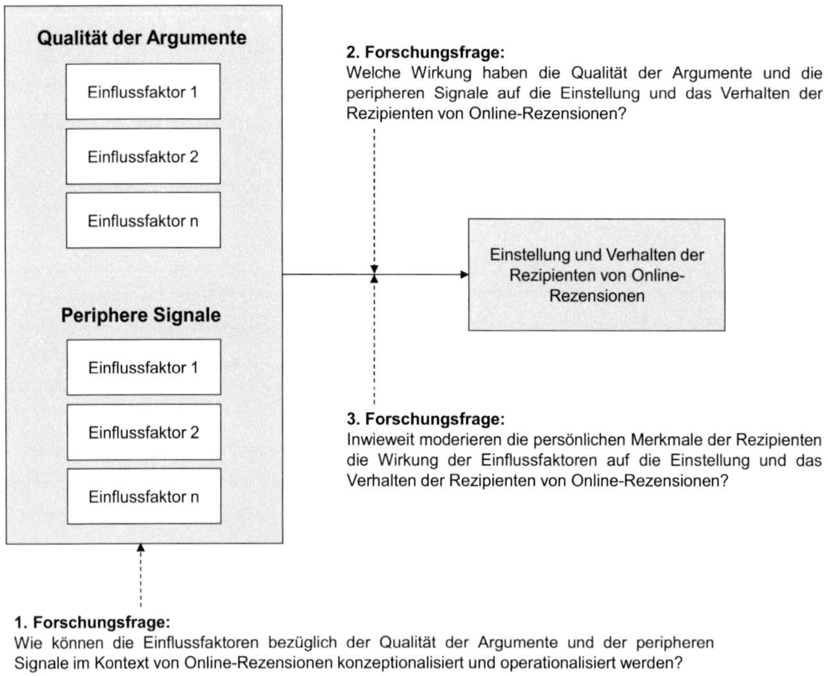

Die Untersuchung zielt auf die Beantwortung dreier zentraler Forschungsfragen ab. Die 1. Forschungsfrage untersucht, wie die Qualität der Argumente und die peripheren Signale im Kontext von Online-Rezensionen konzeptionalisiert und operationalisiert werden können. Diese Forschungsfrage gehört dem sogenannten Measurement Stream an, das die theoriegeleitete Konzeptionalisierung sowie die Messung der

Konstrukte anhand der Operationalisierung beschreibt.[62] Demgegenüber steht die 2. Forschungsfrage. Diese gehört dem Substantive Stream an. Dieser untersucht die Wirkungsbeziehung zwischen der unabhängigen und der abhängigen Variablen.[63] Im Rahmen der Untersuchung ist dies das Wirkungsgefüge zwischen den unabhängigen Variablen der Qualität der Argumente und der peripheren Signale auf die abhängige variable, die Einstellung und das Verhalten der Rezipienten von Online-Rezensionen. Die 3. Forschungsfrage zielt darauf ab, wie die persönlichen Merkmale der Rezipienten die Wirkung der Einflussfaktoren auf die Einstellung und das Verhalten der Rezipienten von Online-Rezensionen moderieren. Abbildung 1-3 fasst die Grundlage des Untersuchungsmodells zusammen.

1.3. Vorgehensweise und Aufbau der Untersuchung

Nachdem bereits die Ausgangssituation der Untersuchung (Kapitel 1.1) sowie die Eingrenzung und Zielsetzung der Untersuchung (Kapitel 1.2) beschrieben worden ist, wird im Folgenden der Aufbau der weiteren Untersuchung dargestellt.

Kapitel 2 beinhaltet die Grundlagen der Untersuchung. Hierzu gehören die wissenschaftstheoretischen Grundlagen (Kapitel 2.1), die terminologischen Grundlagen (Kapitel 2.2) sowie die Darstellung des aktuellen Forschungsstands (Kapitel 2.3).

Darauf aufbauend befasst sich Kapitel 3 mit der Konzeptionalisierung und der Modellentwicklung. Dazu wird zuerst ein theoretischer Bezugsrahmen gespannt (Kapitel 3.1). Daran schließen die Analyse des relevanten Schrifttums zu Online-Rezensionen (Kapitel 3.2) sowie die exploratorischen Expertengespräche (Kapitel 3.3). Auf dieser Basis erfolgt die Konzeptionalisierung der Konstrukte (Kapitel 3.4). Anschließend werden die für die Untersuchung relevanten Hypothesen entwickelt. Die Zusammenfassung des Untersuchungsmodells und der Hypothesen stellt den letzten Abschnitt des Kapitels dar (Kapitel 3.5). Kapitel 3 beschließt die Untersuchung auf theoretischer Ebene.

Mit Kapitel 4 beginnt die Untersuchung auf empirischer Ebene. Inhaltlich umfasst das Kapitel die Methodik und Vorgehensweise der empirischen Untersuchung. Dabei wird zuerst auf die Grundlagen der Strukturgleichungsmodellierung (Kapitel 4.1) eingegangen. Danach erfolgen die Gütekriterien zur Beurteilung von Strukturgleichungsmodellen (Kapitel 4.2). In diesem Kontext werden die Gütekriterien der ersten

---

62 Vgl. Venkatraman/Grant (1986), S. 71; Eikelenboom (2005), S. 102.

63 Vgl. Venkatraman/Grant (1986), S. 71; Eikelenboom (2005), S. 102.

und zweiten Generation analysiert, bevor die Beurteilung des Strukturmodells anhand der globalen Anpassungsmaße erfolgt. Kapitel 4 wird mit der Zusammenfassung der Vorgehensweise abgerundet (Kapitel 4.3).

Kapitel 5 stellt die Ergebnisse der empirischen Untersuchung dar. Zunächst steht das Vorgehen der Datengewinnung im Vordergrund. Anschließend erfolgt eine detaillierte Beschreibung und Charakterisierung der erhobenen Daten (Kapitel 5.1). Als nächster relevanter Aspekt innerhalb des Kapitels folgt die Operationalisierung der Konstrukte (Kapitel 5.2). Danach wird der Einfluss der Second-Order-Konstrukte auf die abhängigen Konstrukte untersucht (Kapitel 5.3) und anschließend der Einfluss von Moderatoren auf das Untersuchungsmodell analysiert (Kapitel 5.4). Abschließend folgt die Zusammenfassung der Indikatoren des Untersuchungsmodells (Kapitel 5.5).

Mit dem 6. Kapitel schließt diese empirische Untersuchung. Hierbei steht die Zusammenfassung der zentralen Untersuchungsergebnisse im Vordergrund (Kapitel 6.1). Darüber hinaus wird auf potenzielle Implikationen für die Forschung eingegangen (Kapitel 6.2) und es werden Implikationen für die Unternehmens- und Verwaltungspraxis erörtert (Kapitel 6.3). Abbildung 1-4 illustriert die Ablaufstruktur der Untersuchung.

Abbildung 1-4: *Ablaufstruktur der Untersuchung*

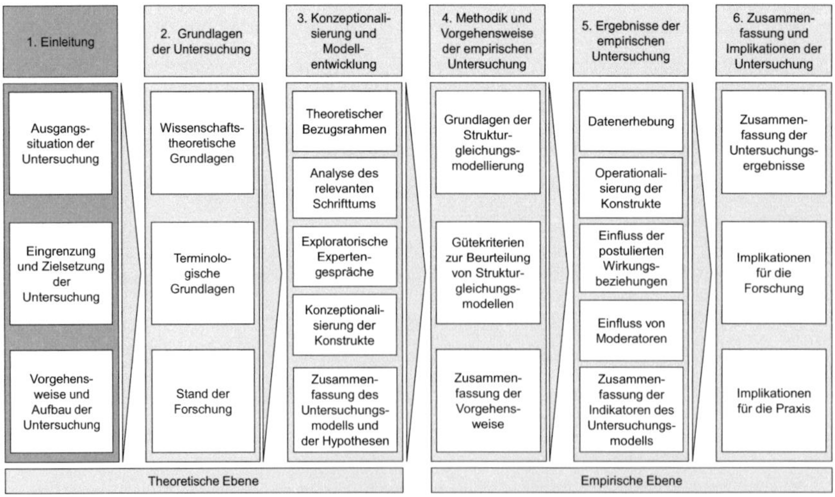

2. Grundlagen der Untersuchung

In Kapitel 2 werden die Grundlagen der Untersuchung beschrieben. Zuerst wird auf die wissenschaftstheoretischen Grundlagen (Kapitel 2.1) eingegangen. Dazu gehören die methodologische Leitidee, die der Untersuchung zugrunde liegt, sowie die Grundlagen des Forschungsdesigns. Danach wird Bezug auf die terminologischen Grundlagen (Kapitel 2.2) genommen. In diesem Kontext erfolgen Diskussion und Definition der relevanten Termini. Das Kapitel schließt mit der Aufarbeitung des aktuellen Forschungsstands (Kapitel 2.3). Abbildung 2-1 ordnet Kapitel 2 in die Ablaufstruktur der Untersuchung ein.

Abbildung 2-1: *Einordnung von Kapitel 2 in die Ablaufstruktur der Untersuchung*

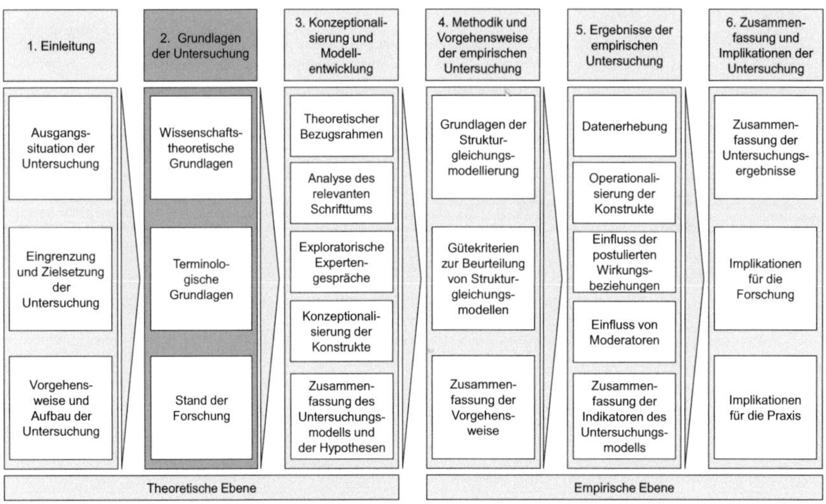

2.1. Wissenschaftstheoretische Grundlagen

Die Wissenschaftstheorie ist ein Teilgebiet der Philosophie und hat sich aus der allgemeinen Erkenntnistheorie (=Epistemologie) entwickelt. In der Wissenschaftstheorie werden Voraussetzungen, Bedingungen, Quellen und Methoden erstellt, auf deren Basis wissenschaftliche Erkenntnisse reproduzierbar und als gültig anerkannt werden können. Demnach ist die Wissenschaftstheorie der Wissenschaft übergeordnet und liefert einen Orientierungsrahmen für wissenschaftliches Arbeiten und wissenschaftliche Erkenntnisse.[64] Anhand des Orientierungsrahmens können Möglichkeiten und Grenzen wissenschaftlicher Erkenntnisse aufgezeigt werden, die sich in der Praxis widerspiegeln.[65] Auf Basis der wissenschaftstheoretischen Grundlagen wird das konstitutive Vorgehen dieser Untersuchung erläutert. Dazu stehen zuerst die methodologischen Leitideen (Kapitel 2.1.1) im Vordergrund bevor das Forschungsdesign (Kapitel 2.1.2) skizziert wird.

2.1.1. Methodologische Leitideen

Die Wissenschaftstheorie eruiert mit Hilfe der Wissenschaft neue Erkenntnisse. So entwickelt die Wissenschaftstheorie Leitideen wie bestimmte Ziele im Rahmen der Wissenschaft zu erreichen sind. Daher wird die Wissenschaftstheorie als Lehre von der systematischen Gewinnung von Erkenntnissen oder auch als Methodologie bezeichnet. Dabei verfolgt die methodologische Leitidee als zentralen Aspekt den Gedanken, dass wissenschaftliches Arbeiten zu einem Erkenntnis- und Forschungsgewinn führen soll und stellt dadurch die Legitimation des Forschungsvorhabens sicher.[66] Diese Annahmen und Leitideen stellen einen forschungslogischen Rahmen dar, der das Forschungsvorhaben sowie das Problemlösungsverfahren eingrenzt.

Als zentrales Ziel der Realwissenschaften, worunter die Wissenschaftstheorie einzuordnen ist, wird der Erkenntnisgewinn bezüglich realer Phänomene sowie der dazugehörigen Wechselbeziehungen verfolgt. Dazu führt Popper (1973) an:

„Ich nehme an, daß es das Ziel der empirischen Wissenschaft ist, befriedigende Erklärungen zu finden für alles, was uns einer Erklärung zu bedürfen scheint."[67]

Die Erklärungsidee beschließt die Forschungsbemühungen. Auf der Suche nach Erklärungen wird zwischen zwei Komponenten unterschieden.[68] Zum einen gibt es das Explanans, welches Erklärungen auf Basis allgemeiner gesetzmäßiger Aussagen oder Regeln liefert.[69] Das Explanans besitzt einen empirischen Inhalt der testbar beziehungsweise falsifizierbar ist und dessen Elemente der Wahrheit entsprechen müssen. Zum anderen gibt es das sogenannte Explanandum. Dieses erklärt den vorgefunde-

64 Vgl. Helfrich (2016), S. 1 f.
65 Vgl. Döring/Bortz (2016), S .35.
66 Vgl. Kornmeier (2007), S. 8 f.
67 Popper (1973), S. 213.
68 Vgl. Gummer (2015), S. 74; Helfrich (2016), S. 30.
69 Vgl. Döring/Bortz (2016), S. 49.

nen Tatbestand anhand von gemachten Erfahrungen. So stellt das Explanandum eine logische Konsequenz aus dem Explanans dar.[70]

Die Erklärungsidee erfordert dabei einen geeigneten theoretischen Erklärungshintergrund für die zu erklärenden Sachverhalte, die einer empirischen Überprüfung anhand von Hypothesen bedürfen. Im Rahmen der Untersuchung erfolgt dies auf Basis der Konzeptionalisierung der Konstrukte und der Untersuchung der kausalen Beziehungen zueinander.

Dazu lassen sich die in der Betriebswirtschaftslehre verwendeten wissenschaftstheoretischen Positionen anhand der Dimensionen Ontologie und Epistemologie differenzieren.[71] Die Ontologie bezieht sich mit den Ausprägungen ‚realistisch' und ‚idealistisch' darauf, wie die Beschaffenheit eines Gegenstands angesehen wird.[72] Forscher die diese Position vertreten, sind der Auffassung, dass sich Forschung auf ‚reale Dinge' bezieht und nur Aussagen eine wissenschaftliche Legitimation erhalten, die jederzeit von jedermann nachprüfbar sind.[73] Die Epistemologie fokussiert mit den Ausprägungen ‚empirisch' und ‚rational' darauf, wie wissenschaftliche Erkenntnisse erlangt werden und welche Voraussetzungen, Möglichkeiten und Grenzen existieren.[74] Dabei ist das Verhältnis vom Forscher zum Forschungsgegenstand von zentraler Bedeutung. Grundsätzlich kann man sich das Verhältnis so vorstellen, dass die Wirklichkeit der Welt vom Forscher unvoreingenommen betrachtet wird und er somit objektives Wissen gewinnt.

Anhand dieser Einordnung ergeben sich mit dem Realismus, dem Empirismus, dem klassischen Rationalismus, dem kritischen Rationalismus, der systemtheoretischen Betrachtung, dem Bayesianismus und dem Konstruktivismus sieben wesentliche wissenschaftstheoretische Positionen. Tabelle 2-1 stellt die Einordnung der sieben wissenschaftstheoretischen Positionen bezüglich der Ontologie und der Epistemologie dar.

---

70 Vgl. Au (2011), S. 120.
71 Vgl. auch im Folgenden Helfrich (2016), S. 80.
72 Vgl. Döring/Bortz (2016), S. 34.
73 Vgl. auch im Folgenden Berger (2001), S. 126.
74 Vgl. Döring/Bortz (2016), S. 35.

Tabelle 2-1: *Einordnung der wissenschaftstheoretischen Positionen*[75]

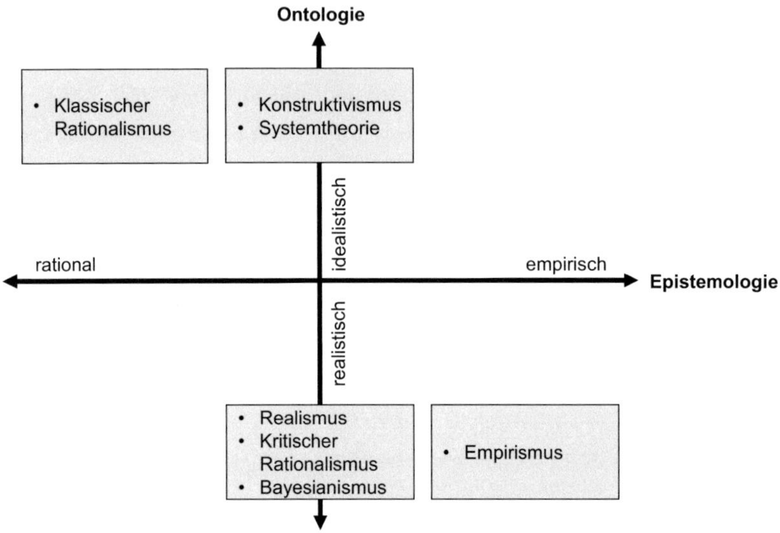

- **Realismus**

Die zentrale Aussage des Realismus besteht darin, dass eine vom Forscher unabhängige Wirklichkeit existiert. Die Realität kann durch Erfahrungen und Denken erkennbar werden beziehungsweise empirisch erfassbar sein, so dass die daraus abgeleiteten Theorien erklärt werden können. Im Realismus ist eine wissenschaftliche Theorie umso besser, je größer die Überschneidung mit der Wirklichkeit ist. Aus der Übereinstimmung zur Wirklichkeit lässt sich zielgerichtetes Handeln herleiten. So können im Realismus zu getroffenen Annahmen bezüglich der Wirklichkeit konkrete Handlungsmaßnahmen abgeleitet werden.[76]

- **Klassischer Empirismus**

Der klassische Empirismus besagt, dass die Erfahrung die einzige Wissensquelle darstellt. Dabei sind die vom Menschen gewonnenen Erfahrungen entscheidend und nicht die physische Realität.[77] So werden wissenschaftliche Erkenntnisse nur durch Induktion gewonnen.[78] Ein zentrales Problem des klassischen Empirismus ist, dass

75 Vgl. Helfrich (2016), S. 81.
76 Vgl. Kornmeier (2007), S. 31 f.; Döring/Bortz (2016), S. 40; Helfrich (2016), S. 81.
77 Vgl. Fischer/Vossenkuhl (2003), S. 279; Kornmeier (2007), S. 31; Töpfer (2012), S. 111.
78 Vgl. Döring/Bortz (2016), S. 37.

die Zahl der Beobachtungen endlich ist. Dies ist ein Nachteil gegenüber allgemeinen Gesetzen, da diese Aussagen über eine unbegrenzte Zahl an potenziellen Fällen beziehungsweise Vorkommnissen ermöglichen.[79]

- **Klassischer Rationalismus**

Der klassische Rationalismus folgt dem Prinzip der Deduktion zur Gewinnung wissenschaftlicher Erkenntnisse. Danach begründet sich der klassische Rationalismus aus der Annahme, dass wissenschaftliche Erkenntnisse nicht auf Erfahrungen beruhen, sondern auf logischen Überlegungen. In dieser Forschungsrichtung erfolgt die Akzeptanz nur anhand von Erkenntnissen die aus der Vernunft resultieren und sich mit den Mitteln der Vernunft messen lassen.[80] Allen Beobachtungen liegen theoretische Annahmen, Hypothesen oder Vermutungen zugrunde. Die Deduktion kann als der Schluss vom Allgemeinen auf das Besondere verstanden werden. Aus einer Erkenntnis werden logische Folgerungen geschlossen und auf andere Situationen übertragen, unabhängig von Beobachtungen.[81]

- **Kritischer Rationalismus**

Der kritische Rationalismus kombiniert den klassischen Rationalismus, bei dem die Vernunft als Quelle der Erkenntnis angesehen wird, mit dem Empirismus, der die Beobachtung als Quelle wissenschaftlicher Erkenntnis nutzt.[82] So wird im Gegensatz zum klassischen Rationalismus beim kritischen Rationalismus davon ausgegangen, dass Erkenntnisse auch aus der Erfahrung und somit aus der Empirie gewonnen werden. So schafft die Wissenschaft ein Bild, das auf der rationalen Bewertung von empirischen Beobachtungen beruht.[83] Der Hauptvertreter des kritischen Rationalismus ist Popper. Nach Popper ist eine Theoriebildung durch Induktion nicht anwendbar, da bei einer Beobachtung stets von theoretischen Annahmen auszugehen ist. Seiner Meinung nach begründen sich Theorien auf intuitiven Vermutungen und nicht auf Erfahrungen. So geht Popper davon aus, dass die Überprüfung einer Theorie nur mit Hilfe von Hypothesen möglich ist. Daher bevorzugt Popper eine hypothetisch-deduktive Methode.[84]

Zu der deduktiv-nomologischen Methode erklärt Popper, dass die Argumentation von positiven Fällen unterstützt wird. Sobald Gegenbeispiele, die negative Fälle dar-

79 Vgl. Helfrich (2016), S. 84.
80 Vgl. Reitmeyer (2000), S. 7.
81 Vgl. Helfrich (2016), S. 84 f.
82 Vgl. Keuth (2002), S. 44.
83 Vgl. Döring/Bortz (2016), S. 37 f.
84 Vgl. Döring/Bortz (2016), S. 37; Helfrich (2016), S. 85 f.

stellen, identifiziert werden, wird die Theorie sofort in Frage gestellt. In diesem Sinne ist Popper für das Prinzip der empirischen Falsifikation.[85] Die empirische Falsifikation besagt, dass eine wissenschaftliche Theorie kritisch hinterfragt werden soll. Um die Theorie zu widerlegen respektive zu falsifizieren sollen Methoden entwickelt werden. Dazu wird nicht die aus der Theorie abgeleitete Hypothese, sondern die Gegenhypothese falsifiziert und somit die eigentliche Theorie überprüft.[86] Der wissenschaftliche Fortschritt begründet sich dann darauf, dass die Gegenhypothese falsifiziert wird und somit die eigentliche Theorie nicht widerlegt wurde. Auf diesem Wege erfolgt eine schrittweise Annäherung an die Wahrheit. Anhand dieses Vorgehens können bestehende Theorien verworfen und durch ausgereiftere Theorien ersetzt werden.[87]

Das Falsifikationsprinzip nach Popper geht von einer vom Forscher unabhängigen Realität aus, die grundsätzlich erkennbar ist. Eine absolute Gewissheit ist nicht möglich, da menschliches Denken fehlbar ist. Dennoch erlaubt das Falsifikationsprinzip eine Annäherung an die Wahrheit. Dies ist für wissenschaftlichen Fortschritt notwendig. Grundsätzlich vertritt Popper die Auffassung, dass eine Theorie immer umso besser ist, je mehr sie mit der Realität übereinstimmt.[88] Kuhn kritisiert Poppers Falsifikationsprinzip, da es nicht der Wissenschaftspraxis entspricht, da Wissenschaftler nahezu nie ihre eigenen Theorien verwerfen, wenn ihre Hypothesen nicht zutreffen. Die Wissenschaftler versuchen dann primär Zusatzannahmen zu treffen um ihre Theorie aufrechterhalten zu können.[89]

- **Systemtheoretischer Ansatz**

Der systemtheoretische Ansatz folgt einer interdisziplinären Betrachtungsweise, bei der grundlegende Aspekte und Funktionsweisen von Systemen, die aus Elementen bestehen, zur Beschreibung und Erklärung menschlichen Verhaltens herangezogen werden.[90] So wird das Handeln von einzelnen Menschen anhand ihrer Stellung in der Gesellschaft und damit verbundenen sozialen Zwängen erklärt. Anhand dieser Strukturen können Vorhersagen zum Verhalten getroffen werden.[91]

---

85 Vgl. auch im Folgenden Popper (2005), S. 8 ff.
86 Vgl. Popper (2005), S. 9; Keuth (2013), S. 8 ff.
87 Vgl. Helfrich (2016), S. 86.
88 Vgl. Wächter (2015), S. 45.
89 Vgl. Helfrich (2016), S. 87.
90 Vgl. Scherm/Pietsch (2007), S. 103 ff.
91 Vgl. Döring/Bortz (2016), S. 166 f.

Ein bedeutender Aspekt des systemtheoretischen Ansatzes ist, dass die einzelnen Elemente eines Systems sich gegenseitig beeinflussen und voneinander abhängig sind. Dies stellt eine deutliche Abgrenzung von einem kausalanalytischen Ansatz dar. So findet an Stelle einer linearen Kausalbeziehung eine zirkuläre Kausalbeziehung statt. In der Betriebswirtschaftslehre wird der systemtheoretische Ansatz vor allem in der Produktion und der Logistik herangezogen, wo komplexe Wechselbeziehungen zwischen einzelnen Elementen existieren.[92]

- **Bayesianismus**

Der Bayesianismus basiert als wissenschaftstheoretische Position auf der Wahrscheinlichkeitsrechnung.[93] Dabei werden Wahrscheinlichkeiten zur Vorhersage berücksichtigt, die von bedingten Annahmen ausgehen. Hierbei kann von einer subjektiven Wahrscheinlichkeit gesprochen werden. Der Bayesianismus wird im Rahmen der Erkenntnisgewinnung eingesetzt. So werden neue Theorien auf Basis bereits vorhandenen Wissens entwickelt, um zu einer besten Erklärung kommen zu können. Bei der bedingten Wahrscheinlichkeit erhöht sich das Zutreffen einer Theorie gegenüber der ursprünglichen Wahrscheinlichkeit.

Innerhalb der ontologischen Auffassung ist der Bayesianismus einer realistischen Position zuzuordnen. In der Betriebswirtschaft wird der Bayesianismus zur Optimierung von Alltagsentscheidungen verwendet. Auf Basis der bedingten Wahrscheinlichkeiten werden Handlungsempfehlungen aus Entscheidungsmodellen abgeleitet.[94]

- **Konstruktivismus**

Nach der Lehre des Konstruktivismus existiert keine objektive Realität. Der Mensch konstruiert seine Wirklichkeit selbst. Die Wirklichkeit stellt ein Konstrukt des Gehirns dar, das auf Basis von Sinneswahrnehmungen die Realität konstruiert. Demnach ist eine objektive Wahrnehmung nicht möglich und empirische Ergebnisse liefern subjektive Erkenntnisse, die aus den Wahrnehmungen der Forscher entstehen.[95]

Aus betriebswirtschaftlicher Sicht ist die zentrale Aufgabe des Konstruktivismus die zu untersuchenden Gegenstände anhand von Erfahrungen zu konstruieren um daraus eine nachvollziehbare Wissenschaftssprache zu entwickeln. Demnach stehen im Konstruktivismus dialogische Verständigungsprozesse zwischen Praxis und Wissen-

92 Vgl. Helfrich (2016), S. 88.

93 Vgl. Arnswald/Schütt (2011), S. 196; Stegmüller (2013), S. 117.

94 Vgl. Helfrich (2016), S. 89 f.

95 Vgl. Suhm (2005), S. 123; Kornmeier (2007), S. 32 f.

schaftstheorie zur Erkenntnisgewinnung im Vordergrund.[96] Die definierten Gegenstände stellen anschließend die Basis für Schlussfolgerungen dar, so dass ein zielgerichtetes Handeln erfolgen kann. Diese Handlungsmaßnahmen können mit Hilfe von Erklärungen zu Interaktionsformen und Praktiken innerhalb der Managementlehre genutzt werden.[97]

Im Gegensatz zu dem kritischen Rationalismus ist bei dem Konstruktivismus die Entwicklung der Theorien nicht beliebig, sondern geht auf praktische Erfahrungen zurück. Die praktischen Erfahrungen werden zur Überprüfung der Gültigkeit der Theorien herangezogen. Tabelle 2-2 fasst die wissenschaftstheoretischen Positionen in der Betriebswirtschaftslehre zusammen.

Der Bayesianismus wird in der Betriebswirtschaftslehre primär in der präskriptiven Entscheidungslehre herangezogen. Akzeptanz erhält der Bayesianismus bei der Ableitung von Handlungsempfehlungen auf Basis von Vorwissen. Der Bayesianismus wird jedoch nur selten zur Bildung und Überprüfung von Theorien genutzt und besitzt in diesem Bereich nur eine geringe Akzeptanz.[98]

Der systemtheoretische Ansatz und der Konstruktivismus werden in der Betriebswirtschaftslehre nur sehr selten zur Erklärung verwendet. Während der systemtheoretische Ansatz primär in der Organisationsberatung genutzt wird, dient der Konstruktivismus zur heuristischen Generierung von Hypothesen. Kritiker sehen im Konstruktivismus jedoch eher ein Hindernis, wenn es um den Gewinn von wissenschaftlichem Fortschritt geht.

In einer ersten Betrachtung scheint der kritische Rationalismus für diese Untersuchung eine geeignete wissenschaftstheoretische Position zu vertreten. Allerdings findet in der Betriebswirtschaftslehre die Ablehnung des Induktionsprinzips keine Zustimmung. Sie folgt eher dem Empirismus, der das Induktions- und das Deduktionsprinzip im Wechselspiel sieht. Zusätzlich offenbart der kritische Rationalismus Schwächen in der Falsifikation. Dies ist auf die zu berücksichtigenden Messfehler zurückzuführen, die vor allem in der Betriebswirtschaftslehre häufig und oft unvermeidbar sind. Diese Messfehlerproblematik führt dazu, dass auf eine Anwendung des kritischen

96 Vgl. Töpfer (2012), S. 124.

97 Vgl. Helfrich (2016), S. 90 f.

98 Vgl. auch im Folgenden Helfrich (2016), S. 91 f.

Rationalismus in der Betriebswirtschaftslehre verzichtet werden sollte.[99] Obwohl Popper in seinen Ausführungen das Problem erkennt, zeigt er keine mögliche Lösung des Problems auf.

„[…] no conclusive disproof of a theory can ever be produced; for it is always possible to say that the experimental results are not reliable".[100]

Tabelle 2-2: *Zusammenfassung der wissenschaftstheoretischen Positionen*[101]

Position	Ontologie	Epistemologie	Erkenntnisprinzip	Gültigkeitskriterium
Realismus	Die Realität ist vom Forscher unabhängig.	Durch Erfahrung und Denken ist die Realität erkennbar.	Deduktion und Induktion	Übereinstimmung zwischen erlangten Erkenntnissen und der Realität.
Empirismus	Die Realität ist über Sinneswahrnehmungen zugänglich.	Aus Sinneswahrnehmungen lassen sich Gesetzmäßigkeiten ableiten.	Induktion	Übereinstimmung zwischen den erkannten Gesetzmäßigkeiten und der Erfahrung.
Klassischer Rationalismus	Es existieren nur Annahmen, Hypothesen oder Vermutungen über die Realität.	Jede Erkenntnis basiert auf Verstand und Vernunft.	Deduktion	Philosophische Erklärungen zu der Wirklichkeit anhand von deduktiven Schlussfolgerungen.
Kritischer Rationalismus	Die Realität ist vom Forscher unabhängig.	Durch Erfahrung und Denken ist die Realität erkennbar.	Deduktion und Falsifikationsprinzip	Übereinstimmung zwischen erlangten Erkenntnissen und der Realität.
Systemtheoretischer Ansatz	Die Realität ist eine soziale Konstruktion und kann nur durch wechselseitige Vernetzung der Phänomenen beschrieben werden.	Die Analyse von Strukturen und Funktionen erlaubt Aussagen über das Systemverhalten.	Analyse zirkulärer Kausalbeziehungen	Vorhersagen müssen zum Systemverhalten passen.
Bayesianismus	Die Realität ist vom Forscher unabhängig.	Anhand von vorhandenem Wissen wird nach Erklärungen gesucht.	Wechselspiel zwischen Abduktion, Induktion und Deduktion	Immer die beste vorhandene Erklärung für eine Menge von Beobachtungen.
Konstruktivismus	Die Realität ist eine soziale Konstruktion.	Erkenntnisse basieren auf sozialen Erfahrungen.	Hermeneutische Rekonstruktion	Tauglichkeit für zielgerichtetes Handeln.

99 Vgl. Töpfer (2012), S. 129.

100 Popper (1959), S. 50.

101 Vgl. Helfrich (2016), S. 82.

Aus diesem Grund erfolgt im Rahmen der Betriebswirtschaftslehre die Orientierung am wissenschaftlichen Realismus, der in der modernen Wissenschaftstheorie eine herausragende Bedeutung erlangt hat.[102]

Der wissenschaftliche Realismus soll in dieser Untersuchung die wissenschaftstheoretische Grundlage bilden. Daher wird eine ausführliche Diskussion relevanter Argumente für und wider den wissenschaftlichen Realismus dieser Untersuchung vorangestellt. Zuerst wird ein grundlegendes Verständnis zum wissenschaftlichen Realismus entwickelt und vorgestellt.[103]

2.1.2. Wissenschaftlicher Realismus

In der Forschung existieren unterschiedliche Auffassungen vom wissenschaftlichen Realismus. Dennoch erklären die Forscher stets, dass sich der wissenschaftliche Realismus durch epistemische Errungenschaften beschreiben lässt und sich diese aus wissenschaftlichen Theorien konstituieren.[104] Dies gilt sowohl für die beobachtbaren als auch für die unbeobachtbaren Dinge in der Welt.

Der wissenschaftliche Realismus stellt den aktuellen epistemischen Status von Theorien dar. Dies kann beispielsweise zu der Darstellung der Wahrheit beziehungsweise zu der approximativen Wahrheit von wissenschaftlichen Theorien sein.[105] Jedoch existieren auch Autoren, die den wissenschaftlichen Realismus nicht bezüglich der Wahrheit, sondern in Bezug auf den Glauben an die Ontologie wissenschaftlicher Theorien verstehen.[106] Beide Ansätze beinhalten, dass die besten Theorien einen epistemischen beziehungsweise erkenntnistheoretischen Gewinn liefern, so dass Erkenntnisse über Aspekte in der Welt gewonnen werden, einschließlich zu unbeobachtbaren Dingen beziehungsweise Aspekten.[107] Im Schrifttum existieren drei gängige Versionen des wissenschaftlichen Realismus, die alleine oder kombiniert Verwendung finden. Dazu gehört:

- Die metaphysische These: Die Welt hat eine eindeutige und bewusstseinsunabhängige Struktur.

---

102 Vgl. Töpfer (2012), S. 130.

103 Vgl. bezüglich der Diskussion sowie des grundlegenden Verständnisses zum wissenschaftlichen Realismus auch im Folgenden Chakravartty (2016).

104 Für weitere Ausführungen bezüglich der Epistemologie vgl. beispielsweise Barnes (2002), S. 98 ff.; Andreas (2011), S. 30 ff.; Hunt (2012), S. 5 ff.

105 Vgl. Chakravartty (2016).

106 Für weitere Ausführungen bezüglich der Ontologie vgl. beispielsweise Tschepke (2003), S. 295 ff.; Resnik (2016), S. 69 ff.

107 Vgl. Chakravartty (2016).

- Die semantische These: Wissenschaftliche Theorien sind wahrheitsgetreue Beschreibungen ihres beabsichtigten Untersuchungsbereichs.
- Die epistemische These: Erwachsene und erfolgreiche wissenschaftliche Theorien sind begründet und approximativ wahre Beschreibungen der Welt.[108]

Im Folgenden soll zuerst eine Diskussion bezüglich der Argumente geführt werden, die für den wissenschaftlichen Realismus sprechen.

Das stärkste Argument für den wissenschaftlichen Realismus ist das im Schrifttum häufig angeführte ‚miracle argument' respektive ‚no-miracles argument', das auf Putnam (1975) zurückgeht.[109] Putnam (1975) konstatiert:

„The positive argument for realism is that it is the only philosophy that doesn't make the success of science a miracle."[110]

Dieses Argument basiert auf der weitverbreiteten Prämisse, dass die Theorie außergewöhnlich erfolgreich ist und empirische Vorhersagen der Theorie in hohem Maße eintreten sowie bedeutende Erläuterungen zu Themen der wissenschaftlichen Forschung liefert und sehr genaue Ergebnisse erzielt. Nach Ansicht der Realisten ist der Erfolg des wissenschaftlichen Realismus auf den hohen Wahrheitsgehalt der Theorie zurückzuführen. Nach der Argumentation der Realisten wäre es ein Wunder, wenn trotz starker Abweichung zwischen Theorie und Wahrheit die Theorie so erfolgreich wäre.[111] Aus diesem Grund bezieht man sich, sobald man die Wahl hat, primär auf die unkomplizierte Erklärung des Erfolgs, statt von einem Wunder zu sprechen.[112]

Diesem Ansatz widersprechen die Kritiker des wissenschaftlichen Realismus. Nach van Fraassen (1980) sind erfolgreiche Theorien nicht dadurch gekennzeichnet, das sie die beste Vorhersage zu einem untersuchten Zusammenhang abbilden. Vielmehr ist der Erfolg der bestehenden Theorien auf die Tatsache zurückzuführen, dass erfolglose Theorien in einem selektiven Prozess eliminiert worden sind.[113] Demnach sind alle

---

108 Vgl. Mizrahi (2012), S. 132.

109 Vgl. Putnam (1975), S. 73.

110 Putnam (1975), S. 73.

111 Vgl. Psillos (1996), S. 306; Worrall (1989), S. 101; Lipton (1991), S. 159; Tschepke (2003), S. 185 ff.; Wray (2007), S. 83; Busch (2008), S. 102 ff.; Frost-Arnold (2010), S. 35 ff.; Peters (2014), S. 377 f.; Chakravartty (2016); Park (2016), S. 73 f.

112 Vgl. Chakravartty (2016).

113 Vgl. van Fraassen (1980), S. 40; Wray (2007), S. 81.

bestehenden Theorien erfolgreich und es besteht keine Nachfrage nach einem Nachweis des Erfolgs einer Theorie.

Diesem kritischen Ansatz wird entgegnet, dass nur das Überleben erfolgreicher Theorien, in Analogie zur Evolution, wo nach Darwin nur die am besten angepassten Individuen überleben, nicht ausreicht, um das ‚Wunderargument' aufzulösen.[114] Eine Erklärung für den Erfolg einer Theorie soll in den spezifischen Merkmalen der Theorie liegen sowie in der Beschreibung unbeobachtbarer Aspekte oder Umweltzustände. Ob diese Erklärungen beziehungsweise Beschreibungen wahr sein müssen, ist Teil der Debatte. Während die meisten Erklärungstheorien wahr sein müssen, ist dies bei pragmatischen Theorien nicht erforderlich. Demnach wird jede Erkenntnistheorie, bei der eine oder mehrere der drei Thesen des wissenschaftlichen Realismus nicht akzeptiert werden, einen vermeintlichen Grund gegen das ‚Wunderargument' darstellen.[115]

Darüber hinaus existiert im Schrifttum die Kritik, dass der wissenschaftliche Realismus aus falschen Annahmen in der Vergangenheit, den Schluss auf falsche heutige Theorien trifft.[116] Dazu seien Realisten nicht in der Lage zu erklären, wieso wissenschaftliche Theorien, die nicht auf einer ‚wahren' Grundlage basieren, lange Zeit erfolgreich sein konnten.[117]

Im Gegensatz dazu wird die Argumentation für den wissenschaftlichen Realismus umso stärker, wenn mehrere unabhängige theoretische Erkennungsmittel zu dem gleichen Ergebnis bezüglich einer unbeobachtbaren Entität führen. Dann liefert der wissenschaftliche Realismus eine gute Erklärung für die konsistente Evidenz einer Entität im Gegensatz zu dem wundersamen Sachverhalt, in dem theoretisch unabhängige Techniken das gleiche Ergebnis in Abwesenheit eines gemeinsamen Ziels erreichen. Trotz des Versuchs der maximalen Plausibilisierung von unbeobachtbaren Dingen im wissenschaftlichen Realismus sind streng genommen alle Theorien falsch. Innerhalb einer epistemisch positiven Haltung können Theorien jedoch als plausibel dargestellt werden, sobald Aspekte identifiziert werden, die der Wahrheit entsprechen oder dieser nahekommen.[118]

---

114 Vgl. Paul (1988), S. 411; Barnes (2002), S. 99; Mizrahi (2012), S. 133; Chakravartty (2016).

115 Vgl. Chakravartty (2016).

116 Vgl. Lipton (2004), S. 196 ff.; Magnus/Callendery (2004), S. 324 f.

117 Vgl. Evangelopoulos (2013), S. 82.

118 Vgl. Chakravartty (2016).

Im Schrifttum existiert eine Diskussion zu den Argumenten, die gegen die Verwendung des wissenschaftlichen Realismus sind und von den Antirealisten hervorgebracht werden. Ein Argument gegen den wissenschaftlichen Realismus ist, dass die vorhandenen Daten häufig unterdeterminiert beziehungsweise unterbestimmt sind. In diesem Fall kann eine wissenschaftliche Hypothese nicht verwendet werden, um prüfbare Vorhersagen isoliert abzuleiten. Um Vorhersagen ableiten zu können bedarf es zusätzlicher Annahmen, wie beispielsweise Hintergrundtheorien sowie weitere Hypothesen zu Instrumenten und Messungen. Auf dieser Basis soll verhindert werden, dass Vorhersagen durch spätere Beobachtungen und Experimente widerlegt werden, was in der Vergangenheit schon vorgekommen ist. In diesen Situationen ist es nicht einfach die zugrundeliegenden Fehler zu identifizieren.[119]

Weiterführend besteht das Problem der Unterbestimmtheit darin, dass verschiedene Theorien die gleichen beobachtbaren Gegenstände untersuchen, jedoch zu unterschiedlichen unbeobachtbaren Erklärungen gelangen. Das Problem der Realisten besteht darin, dass es keinen Beweis für die Richtigkeit der einen oder anderen Theorie gibt.[120]

Das Argument der Unterbestimmtheit wird von den Realisten jedoch in vielerlei Hinsicht angefochten. Dabei ist zwischen der Unterbestimmtheit in der Praxis und der grundsätzlichen Unterbestimmtheit zu unterscheiden. Im ersten Fall existiert nur eine Unterbestimmtheit, weil Daten, die eine Theorie oder eine Hypothese unterstützen würden, nicht verfügbar sind. Hierzu verfolgt der Realismus eine Strategie des Abwartens, so dass das Problem durch zukünftigen Fortschritt gelöst werden soll, auch wenn die Aussicht auf eindeutige Beweise schlecht ist.[121] Die meisten Kritiker des wissenschaftlichen Realismus sind Befürworter der grundsätzlichen Unterbestimmtheit. Dazu existiert die Vorstellung, dass immer plausible empirisch äquivalente Rivalen vorhanden sind, unabhängig davon, ob Beweise gefunden werden.[122]

Als eine bedeutende Argumentation gegen die Unterbestimmtheit führen die Realisten den Schluss auf die beste Erklärung an (Inference to the best explanation).[123] Bei dieser Schlussfolgerung erbringt eine bestimmte Hypothese eine bessere Erklärung für eine Gegebenheit als andere aufgestellte Hypothesen zu derselben Gegebenheit.

119 Vgl. Chakravartty (2016).
120 Vgl. Beisbart (2007), S. 4; Chakravartty (2016).
121 Vgl. Norris (2004), S. 165; Chakravartty (2016).
122 Vgl. Chakravartty (2016).
123 Vgl. Tschepke (2003), S. 167 f.

Um beweisen zu können, dass die Erklärung der aufgestellten Hypothese zu der Gegebenheit wirklich besser und somit wahr ist, müssen die anderen Hypothesen alle abgelehnt werden.[124]

Die Antirealisten kritisieren die Erläuterungen zu dem Schluss auf die beste Erklärung. Dazu identifizieren sie zwei Schwierigkeiten der These. Zum einen führen die Antirealisten an, dass entscheidende Kriterien fehlen, nach denen beurteilt werden kann, warum die aufgestellte Hypothese eine bessere Erklärung für eine Gegebenheit darstellt als alle anderen Hypothesen zu derselben Gegebenheit. Ein zweiter Kritikpunkt besteht in der Sammlung der vorhandenen Hypothesen, aus denen die beste Hypothese gewählt werden soll. Wenn alle vorhandenen Hypothesen keinen großen Erklärungsgehalt für eine Gegebenheit besitzen und nicht der Wahrheit entsprechen, wird nur die beste Hypothese als Erklärung für eine Gegebenheit aus vielen schlechten Hypothesen gewählt.[125] Die Realisten argumentieren, dass die beste Hypothese beziehungsweise beste Theorie, ausgewählt aus schlechten Hypothesen, dennoch unbeobachtbare Aspekte der Welt beschreibt und somit die Standards des Realismus erfüllt.[126]

Ein weiterer Kritikpunkt am wissenschaftlichen Realismus ist der Vorwurf der pessimistischen Meta-Induktion. Die pessimistische Meta-Induktion bezieht sich darauf, dass in der Vergangenheit empirisch erfolgreiche Theorien aufgestellt wurden, die im Laufe des wissenschaftlichen Fortschritts verworfen wurden und nach heutigem Wissensstand falsch sind.[127] Daher argumentieren die Antirealisten, dass aktuelle Theorien zwar solange als empirisch erfolgreich gelten sollen, bis sie in Zukunft verworfen werden müssen. Geht man von Letzterem aus, dann wären sie aber heute bereits falsch.[128]

Die Realisten entkräften dieses Argument anhand des Erfolgs einer Theorie und der Reife einer Wissenschaft.[129] Die Antirealisten sollten erst den Beweis antreten, dass eine erfolgreiche Theorie und eine reife Wissenschaft widerlegt worden sei. Die Problematik für die Antirealisten besteht darin, dass es keine eindeutige Definition gibt, die besagt, ab wann eine Theorie erfolgreich und eine Wissenschaft reif ist. Aufgrund

124 Vgl. Harman (1965), S. 89 ff.; Tschepke (2003), S. 167 f.; Lipton (2004), S. 1; Chakravartty (2016).

125 Vgl. van Fraassen (1989), S. 143.

126 Vgl. Chakravartty (2016).

127 Vgl. Devitt (2008), S. 232 f.; Kuß (2013), S. 113.

128 Vgl. Suhm (2005), S. 83.

129 Vgl. beispielsweise Park (2016), S. 73.

fehlender scharfer Kriterien, die solche Charakteristika festlegen, kann keine erfolgreiche Theorie und keine reife Wissenschaft verworfen werden.[130]

Darüber hinaus werfen die Antirealisten, die den wissenschaftlichen Realismus kritisieren, den Realisten vor, dass sie sich häufig auf die approximative Wahrheit beziehungsweise auf die Annäherung an die Wahrheit bezüglich ihrer Theorien berufen.[131] Vor allem wird den Realisten vorgeworfen, dass längst nicht alle relevanten Parameter in wissenschaftlichen Arbeiten einbezogen werden und eine Idealisierung innerhalb der wissenschaftlichen Arbeiten stattfindet. Dies weist darauf hin, dass selbst die besten Theorien und Modelle nicht strikt korrekt sind und dass, obwohl eine Annäherung an die Wahrheit erfolgt, diese nicht zur Gänze erreicht wird.[132]

Um dieser Kritik entgegnen zu können, verfolgen die Realisten das Ziel, die approximative Wahrheit zu quantifizieren. Dazu soll das verwendete formale Konzept und die approximative Wahrheit definiert, sowie das informale Konzept erklärt werden.[133] Auch wenn die Diskussion um den wissenschaftlichen Realismus anhält, soll er im Folgenden als wissenschaftstheoretische Grundlage verwendet werden, da er die am besten geeignete Grundlage für die Marketingforschung darstellt und von den meisten Forschern im Marketing verwendet wird.[134] Hunt (2012) und Kuß (2013) fassen dazu die wichtigsten Grundsätze des wissenschaftlichen Realismus in vier Punkten zusammen:[135]

- Die Welt existiert unabhängig von ihrer Wahrnehmung (klassischer Realismus).
- Die Aufgabe der Wissenschaft ist es, wirkliches Wissen über die Welt zu entwickeln, auch wenn solches Wissen niemals umfassend sein sollte (fallibilistischer Realismus).
- Alle Wissensansprüche müssen kritisch bewertet und getestet werden, um feststellen zu können, in welchem Ausmaß sie wahrhaftig sind oder nicht die

130 Vgl. Suhm (2005), S. 84.

131 Vgl. beispielsweise Saatsi (2015), S. 12.

132 Vgl. Chakravartty (2016).

133 Für eine ausführliche Beschreibung verschiedener Ansätze um die Kritik der approximativen Wahrheit zu entkräften vgl. bezüglich des formalen Konzepts beispielsweise die Arbeit von Popper (1972), S. 231 ff. und bezüglich weniger formaler Konzepte beispielsweise die Arbeit von Post (1971), S. 213 ff.

134 Vgl. Kenworthy/Sparks (2016), S. 468.

135 Vgl. im Folgenden Hunt (2012), S. 5; Kuß (2013), S. 133.

Realität beschreiben, ihr entsprechen oder mit ihr übereinstimmen (kritischer Realismus).

- Der langfristige Erfolg jeder wissenschaftlichen Theorie bietet Grund zu der Annahme, dass so etwas wie die postulierten Entitäten und die postulierte Struktur tatsächlich existieren (induktiver Realismus).

Die Relevanz des wissenschaftlichen Realismus für empirische Untersuchungen im Marketing heben insbesondere Hunt/Hansen (2010) nochmals deutlich hervor:

„[...] scientific realism seems to make the most sense for marketing, for no other philosophy is coherent (without being dogmatic), is critical (without being nihilistic), is open (without being anarchistic), is tolerant (without being relativistic), is fallible (without being subjectivistic) and – at the same time – can account for the success of science."[136]

In methodischer Hinsicht erlaubt der wissenschaftliche Realismus, im Gegensatz zum kritischen Realismus, Messfehler. Darüber hinaus bietet der wissenschaftliche Realismus nicht nur die Möglichkeit zur Falsifikation, sondern auch zur Verifizierung von Hypothesen.[137]

„Der wissenschaftliche Realismus akzeptiert die Parallelität der subjektiv wahrgenommenen Realität und der von Menschen unabhängigen objektiven Realität. Durch Denken und Erfahrung, also auch Wahrnehmung, sollen neue Erkenntnisse gewonnen werden. Er entspricht damit in einigen Grundprinzipien dem Kritischen Rationalismus, versucht aber in stärkerem Maße eine Verbindung der Prüfprinzipien Falsifikation und Bestätigung."[138]

So folgt aus der Konzeption des wissenschaftlichen Realismus eine Vereinigung des Deduktions- (mit Falsifikationsprinzip) und Induktionsprinzips (mit Verifikationsprinzip).[139] Vor allem die Akzeptanz der induktiven Vorgehensweise ermöglicht für viele wissenschaftliche Forschungen, in denen ein unzureichender theoretischer Kenntnisstand vorliegt, einen erheblichen Erkenntnisgewinn. Dieser kann im Rahmen der induktiven Vorgehensweise beispielsweise mittels exploratorischer Exper-

136 Hunt/Hansen (2010), S. 124.

137 Vgl. Suhm (2005), S. 343 ff.; Töpfer (2012), S. 127 ff.

138 Töpfer (2012), S. 128.

139 Vgl. auch im Folgenden Töpfer (2012), S. 128 ff; McKeown (2015), S. 6 ff.

tengespräche oder Fallstudien erreicht werden. Abbildung 2-2 stellt die Konnektivität von Deduktion und Induktion im wissenschaftlichen Realismus dar.

Abbildung 2-2: *Konnektivität von Deduktion und Induktion im wissenschaftlichen Realismus*[140]

Wissenschaftlicher Realismus	
Deduktionsprinzip	Induktionsprinzip
Schluss vom Allgemeinen auf den speziellen Fall	Schluss vom speziellen Fall auf das Allgemeine
Prüfprinzip: Falsifikation	**Prüfprinzip: Verifikation**
Ziel:	
• Schrittweise Näherung an die Wahrheit durch die empirische Überprüfung postulierter Theorien • Widerlegung einer Theorie durch empirische Überprüfung	

Diese Untersuchung verfolgt den Ansatz des wissenschaftlichen Realismus und verbindet das Deduktions- und Induktionsprinzip miteinander. Dies wird aufgrund des noch wenig erschlossenen Forschungsgebiets als geeignet empfunden. Dabei findet die Integration des Induktionsprinzips anhand von exploratorischen Expertengesprächen statt, die im Kontext der Konzeptionalisierung der theoretischen Konstrukte sowie deren kausaler Beziehungen zueinander einen bedeutenden Erkenntnisgewinn liefern.[141] Das deduktive Vorgehen dieser Untersuchung beginnt mit dem Erkenntnisprozess bezüglich der identifizierten Theorie, auf dessen Basis empirisch überprüfbare Hypothesen abgeleitet und diese entweder widerlegt oder verifiziert werden.[142] Dabei erfolgt die empirische Auswertung anhand der Strukturgleichungsmodellierung. Die Leitidee des wissenschaftlichen Realismus unterstützt das Vorgehen innerhalb der Strukturgleichungsmodellierung und ermöglicht die Berücksichtigung von Messfehlern der latenten Konstrukte.[143]

140 Vgl. Töpfer (2012), S. 131.

141 Vgl. Kapitel 3.3.

142 Vgl. Döring/Bortz (2016), S. 35.

143 Vgl. Töpfer (2012), S. 127 ff.

Zusammenfassend weist der wissenschaftliche Realismus bedeutende Aspekte auf, die mit kausalanalytischem Vorgehen einhergehen. Dies bestätigen die vier wesentlichen Untersuchungspunkte des wissenschaftlichen Realismus. Dazu gehört der Erkenntnisgewinn bezüglich neuer Konstrukte, die Optimierung der Konzeptionalisierung bestehender Konstrukte, die Weiterentwicklung der Operationalisierung bestehender Konstrukte und der Erkenntnisgewinn sowie die Erklärung von Ursache-Wirkungsbeziehungen.[144]

Als weitere Leitidee der Untersuchung stellt sich die Frage, ob das Vorgehen anhand eines theoretischen Pluralismus oder auf Basis einer monotheoretischen Vorgehensweise erfolgen soll. Der theoretische Pluralismus zielt darauf ab, dass sich mehrere Theorien zur Erklärung eines Sachverhalts ergänzen, wobei die Theorien überwiegend überschneidungsfrei und komplementär sein sollen.[145] Ein monotheoretisches Vorgehen basiert hingegen lediglich auf einer Theorie.

Im Schrifttum besteht Uneinigkeit, ob die Auswahl einer besten Theorie aus mehreren Theorien (monotheoretisches Vorgehen) oder die Betrachtung mehrerer Theorien (eklektisches Vorgehen) geeigneter ist. Im Rahmen des eklektischen Vorgehens wird darauf hingewiesen, dass dies zu einer höheren Erklärungskraft der zu untersuchenden Sachverhalte führt.[146] Darüber hinaus ermöglicht das eklektische Vorgehen interdisziplinäre Forschung sowie die Identifikation alternativer Erklärungsansätze innerhalb des zur untersuchenden Sachverhalts.[147]

Dem theoretischen Pluralismus wird innerhalb des Schrifttums jedoch auch kritisch begegnet. So verweisen Kritiker darauf, dass verschiedene Theorien häufig von verschiedenen Voraussetzungen ausgehen. Daher wird die Verknüpfung divergenter Erkenntnisse ohne Betrachtung notwendiger Integrationskriterien ein zentrales Problem darstellen und zu falschen Ergebnissen führen. Demgegenüber wird beim monotheoretischen Vorgehen auf eine für das Forschungsvorhaben besonders geeignete Theorie abgestellt. Die Einschränkung auf eine Theorie ermöglicht, im Vergleich zum forschungspragmatischen eklektischen Verfahren, eine differenziertere und detailliertere Betrachtung innerhalb des gewählten Blickwinkels.[148]

---

144 Vgl. Hunt (1991), S. 130; Töpfer (2012), S. 130 f.

145 Vgl. Spinner (1974), S. 74; Albert (1991), S. 59 ff; Lorenz (2009), S. 12.

146 Vgl. Fleischmann (1966), S. 26 f.; Fritz (1984), S. 117.

147 Vgl. Fritz (1984), S. 119 f.

148 Vgl. Freiling (2001), S. 15 ff.

Vor allem bei empirischen Untersuchungen bietet sich die monotheoretische Vorgehensweise an, da bei einem eklektischen Vorgehen eine Vielzahl von Parametern zu berücksichtigen sind, die eine sinnvolle empirische Überprüfung von unterschiedlichen Wirkungsbeziehungen innerhalb eines Untersuchungsmodells erschweren. Auf Basis dieser Überlegungen folgt die Untersuchung einer monotheoretischen Vorgehensweise, da mit dem ‚Elaboration Likelihood Model' im Schrifttum eine Theorie identifiziert werden konnte, die als beste zu wählende Theorie alle relevanten Aspekte dieser Untersuchung einschließt.[149]

2.1.3. Grundlegendes Forschungsdesign

Das grundlegende Forschungsdesign wird in Anlehnung an die Ausführungen von Töpfer (2012) durch zwei Dimensionen determiniert. Zu diesen zwei Dimensionen gehören das Untersuchungsziel und die Aussagenart. Das Untersuchungsziel unterscheidet zwischen dem exploratorischen und dem konfirmatorischen Verfahren. Exploratorische Verfahren verfolgen als Ziel die Exploration neuer Strukturen und Zusammenhänge, während konfirmatorische Verfahren die Prüfung von vorhandenen Zusammenhängen mittels Hypothesen zum Ziel haben.[150]

Die zweite Dimension des Forschungsdesigns ist die Aussagenart. Diesbezüglich wird zwischen deskriptiven, explikativen und instrumentellen Aussagen unterschieden.[151] Deskriptive Aussagen beinhalten primär die Beschreibung von Strukturen und Zusammenhängen. Explikative Aussagen dienen zur Erklärung von vorhandenen Zusammenhängen, während instrumentelle Aussagen gestaltungsorientierte Aspekte verfolgen. Abbildung 2-3 stellt die empirisch grundlegenden Forschungsdesigns, die sich aus den beiden Untersuchungszielen und den drei Aussagenarten ergeben in einer Matrix dar und beinhaltet darüber hinaus konkrete Forschungsbeispiele.

Diese Untersuchung behandelt insgesamt drei der sechs empirisch grundlegenden Forschungsdesigns. Zu den herangezogenen Forschungsdesigns gehören das KD-Design (konfirmatorisch-deskriptiver Ansatz), das KE-Design (konfirmatorisch-explikativer Ansatz) und das KI-Design (konfirmatorisch-instrumenteller Ansatz). Das KD-Design wird im Rahmen der Konzeptionalisierung und Operationalisierung der Konstrukte (vor allem im Hinblick auf die relevanten Faktoren bezüglich der Quali-

[149] Vgl. Kapitel 3.1.2.

[150] Vgl. auch im Folgenden Töpfer (2012), S. 151.

[151] Vgl. Fritz (1992), S. 60.

tät der Argumente und der peripheren Signale) herangezogen.[152] Mittels des KE-Designs erfolgt in der Untersuchung die Validierung theoretisch hergeleiteter Kausalbeziehungen anhand der Kausalanalyse. Hierbei wird insbesondere auf die Untersuchung der Wirkungsbeziehungen der Qualität der Argumente und der peripheren Signale auf die Nützlichkeit von Online-Rezensionen eingegangen.[153] Der Einsatz des KI-Designs erfolgt im Rahmen der Implikationen für die Forschung und für die Praxis auf Basis der erlangten empirischen Ergebnisse.

Abbildung 2-3: Matrix der sechs empirisch grundlegenden Forschungsdesigns[154]

Untersuchungsziel / Aussagenart	Exploratorisch (Entdeckend)	Konfirmatorisch (Bestätigend)
Deskriptiv (Beschreibend)	**ED-Design:** Bspw.: Identifizierung von Marktsegmenten anhand Clusteranalyse	**KD-Design:** Bspw.: Empirische Validierung von Modellen anhand konfirmatorischer Faktorenanalyse
Explikativ (Erklärend)	**EE-Design:** Bspw.: Variation und Anpassung von Kausalmodellen zur Exploration neuer Verbindungen	**KE-Design:** Bspw.: Empirische Validierung eines Kausalmodells mittels Kausalanalyse
Instrumentell (Umsetzend)	**EI-Design:** Bspw.: Entwicklung neuer Instrumente und Konzepte	**KI-Design** Bspw: Systematische Validierung der Leistungsfähigkeit entwickelter Instrumente

2.2. Terminologische Grundlagen

Im Rahmen dieser Untersuchung ist es unerlässlich, die zentralen Begriffe vorab zu definieren und zu konkretisieren, da Sachverhalte aus der Perspektive verschiedener Wissenschaftsverständnisse untersucht werden können.[155] Nur auf Basis eines eindeutigen Begriffsverständnisses sind konkrete Aussagen zu den zu untersuchenden wissenschaftlichen Sachverhalten möglich.[156] Das Ziel der Untersuchung liegt in der Identifikation der Einflussfaktoren von Online-Rezensionen auf Online-Bewertungsportalen bezüglich der Qualität der Argumente und der peripheren Signale.

[152] Vgl. Kapitel 3.4.
[153] Vgl. Kapitel 5.3.
[154] Vgl. Fritz (1995), S. 60; Töpfer (2012), S. 151.
[155] Vgl. Kieser/Ebers (2014), S. 16.
[156] Vgl. Chmielewicz (1979), S. 49 ff.; Kieser (1995), S. 4 ff.

Für ein tiefgreifendes Verständnis von Online-Rezensionen auf Online-Bewertungsportalen wird im Folgenden zuerst eine definitorische Basis von relevanten Begriffen gelegt. Dabei wird zuerst auf Word-of-Mouth, electronic Word-of-Mouth und User Generated Content eingegangen. Aufbauend auf diesen Begriffen erfolgt die Definition zu Online-Rezensionen. Als nächstes wird Social Media definiert und anschließend eine Definition zu Online-Rezensionen auf Online-Bewertungsportalen gegeben. Danach erfolgt die Definition von Online-Rezensionen auf E-Commerce-Webseiten sowie eine Abgrenzung zu Online-Rezensionen auf Social Media-Webseiten. Die Abgrenzung zu Online-Rezensionen auf Social Media-Webseiten fokussiert primär Online-Rezensionen auf Online-Bewertungsportalen.[157] Anschließend folgen Definitionen bezüglich der Qualität der Argumente sowie der peripheren Signale. Zuletzt erfolgt die Betrachtung der Qualität der Argumente und der peripheren Signale im Kontext von Online-Rezensionen auf Online-Bewertungsportalen.

2.2.1. Word-of-Mouth

Word-of-Mouth (WoM), im deutschen Schrifttum auch als Mundpropaganda oder Mund-zu-Mund-Propaganda bezeichnet, ist eine im Marketing-Schrifttum weit verbreitete und häufig untersuchte Thematik.[158] Unter Word-of-Mouth wird ein privates Gespräch zwischen Verbrauchern verstanden, die ihre Erfahrungen zu genutzten Produkten oder empfangenen Leistungen austauschen.[159] In diesem Zusammenhang definiert Westbrook (1987):

„[…] consumer word-of-mouth (WOM) transmissions consist of informal communications directed at other consumers about the ownership, usage, or characteristics of particular goods and services and/or their sellers."[160]

In diesem Kontext kann WoM als ein informeller Kommunikationsaustausch zwischen Konsumenten verstanden werden.[161] Die Empfehlungen zu Produkten und Dienstleistungen erfolgen aus subjektiver Konsumentensicht und werden persönlich, oftmals mündlich zwischen privaten Personen ausgetauscht.[162] Dazu ist die im

---

157 Vgl. Kapitel 2.2.5.

158 Vgl. Lis/Korchmar (2013), S. 1.

159 Vgl. Sen/Lerman (2007), S. 77. Vgl. dazu beispielsweise auch Dichter (1966); Singh (1988).

160 Westbrook (1987), S. 261.

161 Vgl. beispielsweise Arndt (1967a), S. 292; Murray (1991), S. 21.

162 Vgl. Park/Kim (2008), S. 402 f.

Schrifttum häufig verwendete Definition von Arndt (1967b) anzuführen, der unter Word-of-Mouth folgendes versteht:

„[…] oral, person-to-person communication between a perceived non-commercial communicator and a receiver concerning a brand, a product, or a service offered for sale".[163]

Die Definitionen von Westbrook (1987) und Arndt (1967b) verdeutlichen, dass WoM einen Einfluss auf das Konsumentenverhalten besitzt.[164] Speziell die Definition von Arndt (1967b) impliziert zwei zentrale Aspekte des WoM. So liegt zum einen eine bidirektionale Kommunikation zwischen Sender und Empfänger vor und zum anderen sind beide Kommunikatoren von Unternehmen unabhängig.[165]

Weiterführende Charakteristika des WoM bestehen darin, dass der Informationsaustausch aus Interesse des Empfängers entsteht und der Sender Wissen aus eigenen Erkenntnissen weitergibt.[166] Ebenfalls hat der Empfänger die Möglichkeit, aktiv an der Kommunikation teilzunehmen um direkt auf das Kommunizierte reagieren zu können.[167]

Basierend auf den genannten Aspekten, soll Word-of-Mouth in der Untersuchung anhand von vier wesentlichen Charakteristika definiert werden:

- Persönliche/Private Kommunikation
- Mündlicher Informationsaustausch
- Nicht gewerblich orientierter Sender
- Betrachtungsgegenstand ist ein Produkt oder ein Service.[168]

Grundsätzlich besteht Word-of-Mouth nicht nur aus einer Kommunikation zwischen privaten Personen, sondern es erfolgt immer eine Bewertung. Diese Bewertungen können positiv, neutral oder negativ sein.[169] So führt eine positive Bewertung des Senders zu einem höheren Interesse des Empfängers, beispielsweise an einem Produkt oder an einem Service, woraus möglicherweise eine Kaufintention des Empfän-

163 Arndt (1967b), S. 190.
164 Vgl. Arndt (1967a), S. 291.
165 Vgl. Brooks Jr. (1957), S. 156; Boyer et al. (2015), S. 104.
166 Vgl. Vazquez-Casielles/Suarez-Alvarez/del Rio-Lanza (2013), S. 44.
167 Vgl. Lis/Korchmar (2013), S. 6 f.; Fill/Turnbull (2016), S. 48 f.
168 Vgl. Arndt (1967b), S. 189 ff.; Lis/Korchmar (2013), S. 6.
169 Vgl. Anderson (1998), S. 6.

gers resultiert.[170] Eine negative Bewertung des Senders führt bei dem Empfänger zu einer Abneigung und einem sinkenden Kaufinteresse gegenüber dem Produkt oder dem Service bzw. der Dienstleistung.[171]

Von besonderer Bedeutung ist WoM für das Marketing von privaten Unternehmen und öffentlichen Institutionen, da der Informationsaustausch zwischen Verbrauchern zum einen eine kostenlose Werbung darstellt und zum anderen zu den glaubwürdigsten Werbemaßnahmen im Marketing zählt.[172] Innerhalb empirischer Untersuchungen konnte diesbezüglich nachgewiesen werden, dass es effektiver sein kann als traditionelles Marketing, persönliche Verkaufsmaßnahmen oder verschiedene Arten von Werbung.[173]

2.2.1.1. Electronic Word-of-Mouth

Durch den Einsatz des Web 2.0 hat Word-of-Mouth eine herausragende Bedeutung erlangt. Die internetbasierte Kommunikation führt zu einer um ein Vielfaches erhöhten Diffusion der Informationen als zuvor im traditionellen Word-of-Mouth und wird electronic Word-of-Mouth genannt (eWoM).[174] Anhand des eWoM können Rezipienten nicht mehr nur von Freunden, Bekannten oder Kollegen Informationen zu für sie relevanten Themen erlangen. Durch die Nutzung des Internets haben Rezipienten die Möglichkeit, Informationen von Personen zu erhalten, zu denen keine persönliche Verbindung besteht, die jedoch Erfahrungen zu relevanten Themen, wie beispielsweise neuen Produkten oder Dienstleistungen, besitzen.[175]

Eine weitere Abgrenzung zum traditionellen WoM ist die Art der Informationsübertragung. Im Gegensatz zu WoM findet eWoM nicht persönlich und nicht mündlich, sondern schriftlich und über das Internet statt.[176] Daraus folgt, dass die Kommunikationsteilnehmer sich nicht mehr am selben Ort befinden müssen. Dadurch verbreiten sich Nachrichten schneller und sind zunehmend anonymisiert. Ein weiterer Vorteil stellt die Speicherung von Informationen dar. So ist es für Rezipienten möglich, ge-

170 Vgl. beispielsweise Gremler/Gwinner/Brown (2001), S. 44 f.; Gruen/Osmonbekov/Czaplewski (2006), S. 450 ff.; Sivakumar/Srinivasan (2010), S. 67.

171 Vgl. beispielsweise Walker (2001), S. 60 f.; East/Hammond/Lomax (2008), S. 216; Vazquez-Casielles/Suarez-Alvarez/del Rio-Lanza (2013), S. 44.

172 Vgl. Sen/Lerman (2007), S. 77.

173 Vgl. beispielsweise Engel/Blackwell/Kegerreis (1969).

174 Vgl. auch im Folgenden Lis/Korchmar (2013), S. 11 ff.

175 Vgl. Hennig-Thurau/Walsh (2004), S. 51.

176 Vgl. auch im Folgenden Lis/Korchmar (2013), S. 11.

zielt nach eWoM-Inhalten zu suchen.[177] Daraus entsteht im Vergleich zu WoM eine höhere Reichweite und es resultiert ein größerer Empfängerkreis, wodurch der Einfluss auf Rezipienten erhöht und deren Entscheidungsprozesse stärker beeinflusst werden.[178]

Neben den genannten Unterschieden existieren aber auch Gemeinsamkeiten zwischen WoM und eWoM. Beide Formen können sowohl positive als auch negative Äußerungen enthalten und sich dementsprechend auf die Rezipienten auswirken. Um eine Definition von eWoM geben zu können, die sich von WoM abgrenzt, wird im Folgenden zuerst die Definition von Litvin/Goldsmith/Pan (2008) herangezogen, die eWoM wie folgt definieren:

„[…] all informal communications directed at consumers through Internet-based technology related to the usage or characteristics of particular goods and services, or their sellers."[179]

Die Definition stellt vor allem das Internet als Abgrenzung zwischen eWoM und traditionellem WoM heraus. So kann eWoM beispielsweise in Form von E-Mails, Blogs & RSS-Feeds, File Exchange & Sharing-Plattformen, Online-Diskussionsforen, sozialen Netzwerkseiten oder Online-Bewertungsportalen vorkommen.[180] Besonders häufig tritt eWoM in Form von Online-Rezensionen, persönlichen Argumenten und Empfehlungen zu Produkten und Dienstleistungen auf. Dazu konstatieren Shih/Lai/Cheng (2013):

„[…] we define eWOM as the spreading of online reviews, arguments, and recommendations that pertain to personal experiences with specific products or service providers with a view to generating persuasive effects on the targeted audiences."[181]

Anhand der Definition von Shih/Lai/Cheng (2013) soll nochmals betont werden, dass eWoM häufig in Form von Online-Rezensionen auftritt. Dieser Aspekt ist von besonderer Bedeutung und wird im Verlauf der Untersuchung nochmals aufgegriffen.[182]

177 Vgl. Hennig-Thurau et al. (2004), S. 42 f.
178 Vgl. Smith et al. (2007), S. 395 f.
179 Litvin/Goldsmith/Pan (2008), S. 461.
180 Vgl. Dellarocas (2003), S. 1407; Ferguson (2008), S. 180; Lis/Korchmar (2013), S. 11.
181 Shih/Lai/Cheng (2013), S. 137.
182 Vgl. Kapitel 2.2.2.

Im heutigen Schrifttum wird zur terminologischen Abgrenzung von eWoM mehrheitlich auf die Ausführungen von Hennig-Thurau et al. (2004) zurückgegriffen. Da die Definition der Autoren die Kernelemente von eWoM klar herausstellt, soll diese im Verlauf der vorliegenden Untersuchung Geltung erfahren. Dabei definieren die Autoren eWoM als:

„[…] any positive or negative statement made by potential, actual, or former customers about a product or company, which is made available to a multitude of people and institutions via the Internet."[183]

Die Definition verdeutlicht, dass eWoM sowohl in positiver als auch in negativer Form existiert. Ebenfalls verweist die Definition darauf, dass nicht nur Nutzer mit relevanter Erfahrung zu Produkten eWoM verfassen, sondern dass dies auch potenzielle und zukünftige Konsumenten sein können. Darüber hinaus stellt die Definition darauf ab, dass eWoM nicht nur zu Produkten sondern auch zu Unternehmen verfasst werden. Als letzten Aspekt stellt die Definition heraus, dass eWoM über das Internet einer Vielzahl von Personen und Unternehmen zugänglich sind.

2.2.1.2. User Generated Content

Die von Nutzern generierten Inhalte im Internet, häufig als User Generated Content (UGC) bezeichnet, stellen Beiträge dar, die im Gegensatz zu Inhalten kommerzieller Anbieter stehen.[184] Im Schrifttum werden nutzergenerierte Inhalte auch als User Created Content, User Driven Content, Consumer Generated Content, User Generated Media, Consumer Created Content oder Consumer Driven Content bezeichnet.[185] Diese synonymen Begriffe sind im Schrifttum jedoch weniger stark verbreitet.[186]

Zu den charakteristischen Merkmalen des User Generated Content gehört unter anderem der mediale Inhalt. So beinhalten UGC stets elektronische Informationen wie beispielsweise Texte, Bilder oder Töne. Darüber hinaus muss der Inhalt durch den

183 Hennig-Thurau et al. (2004), S. 39.

184 Vgl. auch im Folgenden Bauer (2011), S. 26; Möller (2011), S. 21.

185 Vgl. Bauer (2011), S. 26.

186 Eine Suchabfrage mit dem Suchmaschinenanbieter Google (Stand: 29.11.2017) ergab zu den einzelnen Begriffen folgende Ergebnisse: User Generated Content: ca. 11.800.000 Treffer, User Created Content: ca. 459.000 Treffer, User Generated Media: ca. 229.000 Treffer, User Driven Content: ca. 102.000 Treffer, Consumer Generated Content: ca. 88.200 Treffer, Consumer Created Content: ca. 22.600 Treffer, Consumer Driven Content: ca. 5.030 Treffer.

Nutzer bewusst generiert sowie über das Internet bereitgestellt werden. UGC erfährt keine redaktionelle Aufbereitung und wird vom Autor unabhängig und ungefiltert verfasst. Zudem verfolgt der Verfasser mit UGC keine gewerblichen Zwecke und der Inhalt wird nicht professionell, also aus beruflichen Gründen, erstellt.[187] Aus diesen charakteristischen Merkmalen folgernd, definiert Bauer (2011):

„User Generated Content bezeichnet die Gesamtheit aller von Internetnutzern bewusst erzeugten wahrnehmbaren elektronischen Medieninhalte, die von diesen unmittelbar und unabhängig von einer vorherigen redaktionellen Auswahl über das Internet der Öffentlichkeit zugänglich gemacht werden, sofern es sich hierbei nicht um professionell erstellte und zu gewerblichen Zwecken veröffentlichte Inhalte handelt."[188]

Die Definition von Bauer (2011) umfasst somit größtenteils alle charakteristischen Merkmale des UGC, die zuvor von der Organisation for Economic Co-operation and Development (OECD) im Jahre 2007 genannt worden sind. Die OECD definiert User Generated Content auf Basis dreier Annahmen. Zum einen muss der nutzergenerierte Inhalt über das Internet publiziert werden. Zweitens muss der Inhalt eine kreative Eigenleistung darstellen und drittens außerhalb von professionellen Routinen erfolgen.[189]

Zu den aktuellsten und umfassendsten Definitionen im Schrifttum gehören die Ausführungen von Moens/Li/Chua (2014). Diese Definition beinhaltet alle wesentlichen Aspekte, die von Bauer (2011) und der OECD (2007) genannt werden. Daher fußt die vorliegende Untersuchung im Folgenden auf dieser Definition:

„Content is considered as UGC when the content is published on a publicly accessible Web site or on a page on a social networking site that is accessible to a select group of people. There is some creative effort in putting together the work or adapting existing works in order to create a new one, which is done by one person or as a collaborative effort. Finally, there is the requirement that UGC is created outside professional routines and practices. UGC is currently

---

187 Vgl. Bauer (2011), S. 25.

188 Bauer (2011), S. 26.

189 Vgl. Organisation for Economic Co-operation and Development (2007), S. 18; Bielowski (2012), S. 21.

distinguished from professionally generated content because a well established class of professional content providers currently have their presence on the Internet."[190]

Aufgrund dieser sehr weit gefassten Definition von UGC, die alle von Nutzern privat erzeugten Inhalte einschließt, wird deutlich, dass auch eWoM zu UGC zu zählen ist. So wird im Schrifttum eWoM häufig als ein Teilaspekt von UGC verstanden.[191]

2.2.2. Online-Rezensionen

Um Online-Rezensionen definieren zu können, bedarf es zuerst einer Einordnung des Begriffs in den Kontext von eWoM und UGC. Unter UGC sind alle Inhalte im Internet zu fassen, die von privaten Nutzern erstellt und bei denen keine kommerziellen Ziele verfolgt werden. Demgegenüber stellt eWoM einen Teilaspekt von UGC dar und bezieht sich auf die Kommunikation zwischen Nutzern über das Internet. Online-Rezensionen sind wiederum ein Teilaspekt von eWoM, da sich die Kommunikation inhaltlich auf einen Bereich von eWoM beschränkt. Dieser Einordnung stimmen Chang/Rhodes/Lok (2013) zu. Die Autoren erweitern die Einordnung noch um den Aspekt von WoM und stellen die Bedeutung von Online-Rezensionen in diesem Kontext heraus:

„[…] online customer reviews are a type of eWOM, and eWOM is a type of UGC, as well as WOM. However, online customer reviews have become the most common form of eWoM."[192]

Dass sich Online-Rezensionen zu dem wichtigsten Bestandteil von eWoM entwickelt haben, stellen auch andere Autoren heraus.[193] Park/Lee (2009a) betrachten in ihren Ausführungen Online-Rezensionen aus Unternehmenssicht. Dabei erklären sie, dass viele Konsumenten Online-Rezensionen heranziehen, um Informationen und Bewertungen von anderen Konsumenten zu erhalten, bevor sie sich für ein Produkt oder eine Dienstleistung entscheiden. Darüber hinaus führen die Autoren aus, dass anhand von Online-Rezensionen beispielsweise sogar Prognosen über den zukünftigen Absatz bestimmter Produkte möglich sind. Dadurch erlangen Online-Rezensionen

---

190 Moens/Li/Chua (2014), S. 8.

191 Vgl. Chang/Rhodes/Lok (2013), S. 22 f.

192 Chang/Rhodes/Lok (2013), S. 22 f.

193 Vgl. Park/Lee (2009a), S. 332; Zhou/Liu/Tang (2013), S. 169.

eine große Bedeutung für das Marketing von Unternehmen, das auf die Online-Rezensionen zu reagieren hat.[194]

Zhou/Liu/Tang (2013) sehen die große Bedeutung von Online-Rezensionen anhand der charakteristischen Merkmale der Messbarkeit, der Quelle, des Umfangs und der Erreichbarkeit.[195] Dabei können Rezipienten von Online-Rezensionen sehr leicht erkennen, wie viele Bewertungen zu einem Produkt existieren und wie viele davon positive beziehungsweise negative Bewertungen sind.[196] Neben der Quantität von Online-Rezensionen ist auch die Qualität von einzelnen Online-Rezensionen von Bedeutung, da diese sowohl den Umfang, als auch den Informationsgehalt determinieren. Darüber hinaus ist von Bedeutung, dass Online-Rezensionen, obwohl von unterschiedlichen Quellen verfasst, allen Rezipienten zeitgleich zur Verfügung stehen. Weiter führen die Autoren aus, dass die einfache Erreichbarkeit von Online-Rezensionen über das Internet eine bedeutende und charakteristische Eigenschaft darstellt.

Mudambi/Schuff (2010) stellen in ihrer Definition zu Online-Rezensionen darauf ab, dass Produktbewertungen von mehreren, unabhängigen Quellen verfasst werden und diese den Rezipienten für ein Meinungsbild zur Verfügung stehen. Sie definieren Online-Rezensionen wie folgt:

„Online customer reviews can be defined as peer-generated product evaluations posted on company or third party websites."[197]

Zu einer ausführlichen Definition von Online-Rezensionen gelangen Chen/Xie (2008). Die Autoren stellen heraus, dass Online-Rezensionen von Personen verfasst werden, die Erfahrungen mit den rezensierten Produkten besitzen. Dadurch werden die Rezensenten von Online-Rezensionen für die Rezipienten zu einer Art Verkaufsassistent, der den Rezipienten hilft, die für sie besten Produkte zu finden. So definieren Chen/Xie (2008):

„[…] online consumer review, a type of product information created by users based on personal usage experience, […] serve(s) as a new element in the marketing communications mix

194 Vgl. Park/Lee (2009a), S. 332.

195 Vgl. Chatterjee (2001), S. 129 ff.; Zhou/Liu/Tang (2013), S. 169.

196 Vgl. Lee/Park/Han (2008), S. 341 f.

197 Mudambi/Schuff (2010), S. 186.

and work(s) as free "sales assistants" to help consumers identify the products that best match their idiosyncratic usage conditions."[198]

Alle vorgestellten Definitionen verdeutlichen, dass Online-Rezensionen ein Teilbereich von eWoM sind. Jedoch beinhalten Online-Rezensionen Spezifikationen, die eine Abgrenzung zu eWoM ermöglichen. Online-Rezensionen sind im Internet im Gegensatz zu eWoM wesentlich stärker koordiniert. Online-Rezensionen existieren primär auf eigens dafür eingerichteten Plattformen, wie beispielsweise auf Unternehmens- oder Drittanbieter-Webseiten.[199] Darüber hinaus besteht eine systematische Sammlung von Online-Rezensionen zu einzelnen Themen, die es im Rahmen von eWoM nicht gibt. Daraus resultiert die von Mudambi/Schuff (2010) angeführte Peer-Evaluation beispielsweise von Produkten, privaten Unternehmen und öffentlichen Institutionen, die es innerhalb des klassischen Verständnisses des eWoM, beispielsweise nach Hennig-Thurau et al. (2004) nicht gibt.

Vor dem Hintergrund dieser Aspekte und der zuvor angeführten Definitionen, soll das Verständnis von Online-Rezensionen in der vorgelegten Untersuchung wie folgt definiert werden:

„Online-Rezensionen stellen eine systematische Sammlung von positiven und negativen Statements von Konsumenten bezüglich Produkten, privaten Unternehmen und öffentlichen Institutionen auf Unternehmens-, Institutions- und Drittanbieterwebseiten dar. Aufgrund der Sammlung von Statements von Konsumenten haben Rezipienten die Möglichkeit Online-Rezensionen anhand der Quelle, der Qualität und der Quantität auszuwerten und sich diese in Form eines Rankings oder Ratings anzeigen zu lassen."[200]

Online-Rezensionen existieren primär auf Social Media- und E-Commerce-Webseiten.[201] Da die vorliegende Arbeit als Untersuchungsbereich auf Social Media abstellt, werden im Folgenden zuerst Social Media definiert (Kapitel 2.2.3). Danach erfolgt eine detaillierte Betrachtung von Social Media im Kontext von Online-Bewertungsportalen. Diesbezüglich werden Online-Rezensionen auf Online-Bewertungsportalen definiert (Kapitel 2.2.4). Um eine vollumfängliche Betrachtung der Thematik gewähr-

198 Chen/Xie (2008), S. 477.

199 Vgl. im Folgenden Mudambi/Schuff (2010), S. 186.

200 Eigene Definition auf Basis zuvor vorgestellter Definitionen und Ausführungen.

201 Vgl. Zhang et al. (2014), S. 78.

leisten zu können werden anschließend Online-Rezensionen auf E-Commerce-Webseiten behandelt und diese definitorisch gegenüber Online-Rezensionen auf Social Media-Webseiten unter primärer Betrachtung von Online-Bewertungsportalen auf Basis des Schrifttums und praxisrelevanter Aspekte abgegrenzt (Kapitel 2.2.5).

2.2.3. Social Media

Da es sich bei Social Media noch um einen relativ jungen Bereich handelt, hat sich im Schrifttum bis heute noch keine einheitliche Definition durchgesetzt.[202] Dabei stellt Social Media ein verwandtes Konzept von Web 2.0 dar. Der Begriff Web 2.0 ist als Vorläufer von Social Media anzusehen, der seit dem Jahre 2004 im Rahmen des World Wide Web sowohl für Software-Entwickler als auch für Endnutzer eine neue Bedeutung erlangt hat. Durch das Web 2.0 entstanden Plattformen, auf denen nicht mehr nur einzelne Nutzer Inhalte für viele kreierten und veröffentlichten, sondern die Inhalte konnten nun von vielen Nutzern modifiziert und weiterentwickelt werden. So wurden Anwendungen des Web 1.0, wie beispielsweise die Enzyklopädie Britannica, durch Blogs, Wikis oder andere kollaborative Projekte des Web 2.0 ersetzt.

Im Schrifttum werden Social Media und Web 2.0 häufig mit ähnlichen Inhalten belegt.[203] So vereinen Web 2.0 und Social Media häufig gleiche Charakteristika. Dazu gehören beispielsweise die Aspekte Interaktion, Dialog, Vernetzung sowie User Generated Content (UGC).[204] Darüber hinaus ist die Information und Kommunikation sowie der Erfahrungs- und Sichtweisenaustausch sowohl im Web 2.0 als auch in den Social Media von zentraler Bedeutung. Trotz der Gemeinsamkeiten bedarf es im Rahmen dieser Arbeit einer Abgrenzung zwischen Social Media und Web 2.0.

Web 2.0 stellt innerhalb der Kommunikation und Interaktion Basisfunktionen zur Verfügung, durch die Web-Inhalte sowohl hinzugefügt als auch modifiziert werden können. In diesem Kontext sind beispielsweise folgende Funktionen anzuführen:

- Adobe Flash: Ermöglicht die Programmierung und Darstellung multimedialer und interaktiver Inhalte, wie Video- oder Audiodateien.
- RSS (Really Simple Syndication): Stellt ein Format für Web-Feeds dar. Ermöglicht fortlaufende Veränderungen auf Internetseiten.

[202] Vgl. auch im Folgenden Wirtz (2015), S. 800 ff.
[203] Vgl. auch im Folgenden Wirtz/Elsäßer (2012), S. 512 f.
[204] Vgl. Wirtz/Kurtz (2016), S. 2; Wirtz/Daiser/Mermann (2017), S. 3.

- AJAX (Asynchronous Java Script and XML): Ermöglicht eine asynchrone Datenübertragung. Dadurch können Webseiten modifiziert werden ohne die Funktionsweise ändern zu müssen.

Aufbauend auf den technologischen Grundlagen des Web 2.0, ermöglicht Social Media den Nutzern den Austausch und die Entwicklung eigener Inhalte (UGC) auf sozialen Plattformen, wie beispielsweise auf sozialen Netzwerkseiten.[205] In Abbildung 2-4 sind die im Schrifttum beschriebenen charakteristischen Unterschiede zwischen Web 2.0 und Social Media zusammengestellt.

Abbildung 2-4: *Charakteristische Unterschiede zwischen Web 2.0 und Social Media*[206]

	Web 2.0	**Social Media**
Charakteristika	• Inhalte können permanent durch die Nutzer hinzugefügt als auch verändert werden. • Nutzung von Web 2.0 erfolgt über den Einsatz diverser Basisprogramme. • Web 2.0 stellt die technologische Basis von Social Media dar.	• Internetanwendungen, die auf Web 2.0 basieren. • Ermöglicht die Entwicklung und den Austausch von nutzergenerierten Inhalten (UGC).
Beispiele	• Adobe Flash • RSS (Really Simple Syndication) • AJAX (Asynchronous Java Script and XML)	• Soziale Netzwerkseiten (z.B. Facebook) • Online-Bewertungsportale (z.B. Ciao.de) • Wikis (z.B. Wikipedia)

In diesem Kontext nehmen Kaplan/Haenlein (2010) eine Trennung der beiden Konzepte vor. Die im Schrifttum häufig verwendete Definition der Autoren differenziert wie folgt:

205 Vgl. Wirtz/Piehler/Ullrich (2013), S. 11.

206 Vgl. Kaplan/Haenlein (2010), S. 60 f.; Wirtz (2015), S. 802.

„When Web 2.0 represents the ideological and technological foundation, User Generated Content (UGC) can be seen as the sum of all ways in which people make use of Social Media."[207]

Nachdem Social Media und Web 2.0 definitorisch gegenüber gestellt wurden, sollen im Folgenden Social Media genauer definiert werden. Dazu bedarf es nach Kaplan/ Haenlein (2010) zuerst einer neuerlichen Betrachtung des UGC.

UGC war bereits vor der Entstehung des Web 2.0 vorhanden, hat jedoch erst durch die Entwicklungen rund um das Web 2.0 seine heutige Bedeutung erhalten. In diesem Kontext sind die Entwicklungen der technologischen Treiber (z.B. erhöhte Verfügbarkeit von Breitbandanschlüssen), der ökonomischen Treiber (z.B. erhöhte Verfügbarkeit von Werkzeugen für die Erstellung von UGC) als auch der sozialen Treiber (z.B. die Entstehung einer Generation, auch als Digital Natives bezeichnet, die erhebliche technische Kenntnisse besitzen und bereit sind, online zu interagieren) zu nennen. Auf Basis dieses grundlegenden Verständnisses vollziehen Kaplan/Haenlein (2010) ihre Definition von Social Media, die noch immer allgemein anerkannt ist und im aktuellen Schrifttum häufig Anwendung findet. Auch in dieser Untersuchung wird die Definition von Kaplan/Haenlein (2010) zugrunde gelegt:

„Social Media is a group of Internet-based applications that build on the ideological and technological foundations of Web 2.0, and that allow the creation and exchange of User Generated Content."[208]

Anhand dieser Definition lassen sich im Schrifttum verschiedene Arten von Online-Rezensionen auf Social Media-Webseiten differenzieren. Dazu gehören Online-Diskussionsforen, Online-Bewertungsportale, Blogs & RSS-Feeds, soziale Netzwerkseiten, File Exchange & Sharing-Plattformen, Wikis, Podcasts, Mash-Ups und Tagging (Social Bookmarking).[209] Da Online-Rezensionen auf Online-Bewertungsportalen für diese Untersuchung besonders relevant sind, wird dieser Bereich im Folgenden näher betrachtet und gegenüber anderen Bereichen definitorisch abgegrenzt.[210]

---

207 Kaplan/Haenlein (2010), S. 61.

208 Kaplan/Haenlein (2010), S. 61.

209 Vgl. Tabelle 1-1; Wirtz/Elsäßer (2012), S. 514.

210 Vgl. Kapitel 1.1.

2.2.4. Online-Rezensionen auf Online-Bewertungsportalen

Online-Rezensionen auf Online-Bewertungsportalen haben sowohl in der Praxis als auch in der Wissenschaft mittlerweile eine zentrale Bedeutung. Jedoch existiert weder zu dem Term Online-Bewertungsportal noch zu dem Term Bewertungsportal eine allgemein anerkannte Definition.[211] Daher ist es sinnvoll, bei der Betrachtung von Online-Bewertungsportalen die Bestandteile ‚Bewertung' und ‚Portal' einzeln zu analysieren und diese dann im Kontext ‚Online' zu sehen.

Zunächst soll der Begriff ‚Bewertung' näher betrachtet werden. Bewertung leitet sich von Wertung ab und kann als Synonym zu Begutachtung, Beurteilung und Einschätzung verwendet werden.[212] Die Abgabe eines Werturteils, das sich stets individuell und subjektiv auf ein Objekt oder Sachverhalt bezieht, ist nach Eberl (2007) wie folgt zu definieren:

„Ein Werturteil liegt vor, wenn etwas, das benannt, gedacht oder wahrgenommen werden kann (z. B. eine Person, ein Lebewesen, ein Ding, etwas Abstraktes oder eine Handlung) mit Zustimmung oder Ablehnung verbunden wird."[213]

Der Begriff ‚Portal' wird vor dem Hintergrund dieser Untersuchung auf den Zusammenhang mit dem Internet beschränkt. Hier wird häufig von einem Internetportal gesprochen. Dabei wird der für die Definition relevante Online-Kontext aufgegriffen. So verfügt das Portal durch den Online-Status über eine aktive Internetverbindung und stellt den Nutzern unter Verwendung der Internetverbindung Informationen bereit. Daraus resultiert für den Begriff Portal folgende Definition:

„Website, die als Einstiegsseite ins Internet von möglichst vielen Nutzern bzw. Benutzern besucht werden soll. Ein Portal bietet i.d.R. ein breites Spektrum an Diensten (z.B. Kategorisierung und Systematisierung von Webinhalten, Suchmaschine, E-Mail, Chat etc.) an. Portale sind häufig themenspezifisch abgegrenzt und versuchen dadurch, bestimmte Zielgruppen anzuziehen."[214]

---

211 Vgl. auch im Folgenden Rapp (2014), S. 12 f.

212 Bibliographisches Institut GmbH (2015a).

213 Eberl (2007), S. 15.

214 Springer Gabler | Springer Fachmedien Wiesbaden GmbH (2015).

Nach der Begriffsbestimmung der Einzelbegriffe ‚Bewertung‘ und ‚Portal‘ kann eine vollumfängliche Definition zu Online-Bewertungsportalen gegeben werden. Vor dem Hintergrund des Online-Kontexts wird die Definition nach Rapp (2014) als die am besten geeignete Definition angesehen. In der vorgelegten Untersuchung findet diese Definition Anwendung:

„[...] Internetplattformen, auf denen sich Konsumenten gegenseitig bei (Kauf-) Entscheidungen unterstützen, indem sie ihre Meinung zu Produkten, Dienstleistungen oder Unternehmen in Form einer Bewertung öffentlich äußern. Dabei wird diese Bewertung meist in Form von Noten oder einer optischen Anzeigeform wie Piktogrammen (zum Beispiel Sterne oder Sonnen) und eines Kommentars in Form eines Freitextes (Erfahrungsbericht) abgegeben. Bewertungsportale werden oft kommerziell betrieben, sind aber in der Regel für die Nutzer kostenlos.“[215]

Die Definition stellt die gegenseitige Unterstützung der Konsumenten im Rahmen von Kaufentscheidungsprozessen in den Vordergrund. Dazu zählen Bewertungen zu Produkten, Dienstleistungen oder Unternehmen in Form von Kommentaren, Noten und/oder Piktogrammen.

Im Schrifttum wird bislang nicht zwischen den einzelnen Online-Bewertungsportalen unterschieden. Daher existiert dazu auch noch keine systematische Darstellung.[216] Doch gibt es in der Praxis ganz unterschiedliche Online-Bewertungsportale. Zu den bekanntesten Online-Bewertungsportalen gehört Yelp.com. Yelp.com bietet branchenübergreifend Bewertungen zu sämtlichen Geschäften, Dienstleistungen und Örtlichkeiten (Locations).[217]

Darüber hinaus existieren Online-Bewertungsportale die sich ausschließlich auf die Bewertung von Produkten und Dienstleistungen beschränken. Hier ist beispielsweise die bereits mehrfach erwähnte Webseite Ciao.com zu nennen.[218]

International bekannt sind ebenfalls Online-Bewertungsportale, die sich auf den Bereich Touristik beschränken. Zu den bekanntesten gehört beispielsweise Tripadvi-

215 Rapp (2014), S. 13.
216 Vgl. Zimmermann (2014), S. 23.
217 Vgl. Yelp (2017a).
218 Vgl. Ciao (2017).

sor.com. Tripadvisor.com verfügt über 435 Millionen Online-Rezensionen aus der ganzen Welt zu nahezu alle Aspekten zum Thema Reisen.[219]

Daneben gibt es Online-Bewertungsportale, die Online-Rezensionen zu Bewertung von Online-Shops beinhalten. So bietet Shopauskunft.de beispielsweise Bewertungen zu Online-Shops wie Amazon an. Shopauskunft.de gibt Auskunft über mehr als 11.500 registrierte Online-Shops, die bereits innerhalb einer Online-Rezension bewertet wurden.[220]

Darüber hinaus existieren Online-Bewertungsportale, die sich auf einen regionalen Markt und auf regionale Nutzer konzentrieren. Im deutschsprachigen Raum (Deutschland, Österreich, Schweiz) gehört dazu beispielsweise das Online-Bewertungsportal Kununu.com, das sich auf Bewertungen von Arbeitgebern fokussiert. Kununu.com hält mehr als 1,5 Millionen Rezensionen zu über 300.000 Unternehmen bereit.[221]

Tabelle 2-3: *Systematische Eingrenzung aktuell relevanter Online-Bewertungsportale*[222]

Online Bewertungs-portal zu...	Beispiel	Gründungs-jahr	Besucher pro Monat	Hauptsitz	Besonderheiten
Geschäfte, Dienstleistungen, Örtlichkeiten (Locations)	Yelp.com	2004	145.000.000	USA	• Yelp wird weltweit genutzt und beinhaltet mehr als 121 Millionen Online-Rezensionen zu Geschäften, Dienstleistungen und Standorten
Produkte & Dienstleistungen	Ciao.it/Ciao.fr/ Ciao.de	1999	3.200.000	Frankreich	• Beinhaltet mehr als 7 Millionen Online-Rezensionen • Mehr als 1,3 Millionen Mitglieder • Wird auch in Frankreich, Spanien, Italien, Großbritannien, Niederlande und Schweden genutzt
Touristik	Tripadvisor.com	2000	131.000.000	USA	• Beinhaltet über 435 Millionen Online-Rezensionen von Touristen aus der ganzen Welt
Online-Shops	Shopauskunft.de	2006	158.100	Deutschland	• Online-Rezensionen zu mehr als 11.500 registrierten Online-Shops
Arbeitgeber	Kununu.com	2007	2.200.000	Österreich	• Arbeitnehmer bewerten ihre Arbeitgeber • Es existieren über 1.5 Millionen Online-Rezensionen zu 300.000 Unternehmen aus Deutschland, Österreich und der Schweiz
Ärzte & Kliniken	Jameda.de	2007	5.000.000	Deutschland	• Beinhaltet alle niedergelassenen Ärzte in Deutschland • Verknüpfung von professionellen Informationen mit Online-Rezensionen von Nutzern
Autowerkstätten	Autoplenum.de	2007	1.800.000	Deutschland	• Redaktionelle Inhalte werden mit Online-Rezensionen von Nutzern verknüpft

219 Vgl. Tripadvisor (2017).

220 Vgl. Shopauskunft (2017).

221 Vgl. Kununu (2017).

222 Auf Basis eigener Analysen und Abschätzungen sowie in Anlehnung an Zimmermann (2014), S. 24 ff; Euroweb Internet GmbH (2015); SimilarWeb LTD (2017b).

Zu einer weiteren Gruppe von Online-Bewertungsportalen, die auf eine ganz spezielle Zielgruppe ausgerichtet sind, gehören beispielsweise Online-Bewertungsportale über Ärzte & Kliniken. Hier ist zum Beispiel das Online-Bewertungsportal Jameda.de zu nennen, das über fünf Millionen Besucher im Monat verzeichnet.[223]

Weitere relevante Online-Bewertungsportale, die sich auf ein Land konzentrieren, sind innerhalb Deutschlands beispielsweise die Online-Bewertungsportale zu Autowerkstätten (z.B. Autoplenum.de).[224]

Eine vollständige Liste zu erstellen ist praktisch unmöglich, weil sich ständig neue Online-Bewertungsportale etablieren und zugleich bestehende Online-Bewertungsportale vom Markt verschwinden. Tabelle 2-3 fasst die systematische Eingrenzung aktuell relevanter Online-Bewertungsportale zusammen.

2.2.5. Online-Rezensionen auf E-Commerce-Webseiten

Um einen näherungsweise vollständigen Forschungsüberblick zu Online-Rezensionen zu geben, werden neben den relevanten Arbeiten zu Online-Rezensionen auf Social Media-Webseiten auch Arbeiten zu Online-Rezensionen auf E-Commerce-Webseiten herangezogen.[225] Daher ist es sinnvoll für diesen Bereich eine definitorische Abgrenzung zu geben. Zuerst erfolgt eine kurze definitorische Einordnung des Begriffs E-Commerce. Anschließend wird der in Kapitel 2.2.2 definierte Begriff Online-Rezensionen im Kontext von E-Commerce-Webseiten betrachtet.[226] Darauffolgend wird für eine logische Differenzierung des relevanten Schrifttums eine definitorische Abgrenzung zwischen Online-Rezensionen auf Social Media-Webseiten und Online-Rezensionen auf E-Commerce-Webseiten erarbeitet.[227] Dabei wird bezüglich der Online-Rezensionen auf Social Media-Webseiten primär auf Online-Bewertungsportale abgestellt, da diese für Online-Rezensionen die größte Bedeutung haben.[228] So wird auf Basis des Schrifttums und praxisrelevanter Aspekte auf Gemeinsamkeiten und Unterschiede zwischen Online-Rezensionen auf Social Media-Webseiten und E-Commerce-Webseiten eingegangen sowie gegeneinander abgegrenzt.

---

223 Vgl. Jameda (2017).

224 Vgl. Autoplenum (2017);

225 Vgl. bezüglich der Relevanz von Online-Rezensionen auf E-Commerce-Webseiten zu der vorliegenden Untersuchung Kapitel 1.1.

226 Vgl. Kapitel 2.2.2.

227 Vgl. Kapitel 1.1.

228 Vgl. bezüglich der hohen Relevanz von Online-Bewertungsportalen für Online-Rezensionen auf Social Media-Webseiten Kapitel 1.1.

Unter Electronic Commerce (E-Commerce), im deutschsprachigen Schrifttum auch als elektronischer Handel bezeichnet, ist der Abschluss einer Handelstransaktion zwischen Wirtschaftssubjekten mittels elektronischer Netze zu verstehen.[229] So definieren beispielsweise Clement/Peters/Preiß (2001) E-Commerce als

„[...] die digitale Anbahnung, Aushandlung und/oder Abwicklung von Transaktionen zwischen Wirtschaftssubjekten."[230]

Die Autoren zählen demnach nicht nur den Abschluss der Transaktion zu E-Commerce, sondern bereits die Anbahnung und Aushandlung der Transaktion, die ebenfalls über elektronische Netze abläuft. Wirtz (2016b) fasst diesbezüglich die Definition von E-Commerce etwas enger, indem der Autor nur die Aktivitäten dem E-Commerce zuordnet, die in direktem Zusammenhang mit dem Kauf oder Verkauf von Gütern oder Dienstleistungen stehen. So konstatiert Wirtz (2016b):

„E-Commerce beinhaltet die elektronische Unterstützung von Aktivitäten, die in direktem Zusammenhang mit dem Kauf und Verkauf von Gütern und Dienstleistungen via elektronische Netze stehen."[231]

Eine ähnliche Definition wie Wirtz (2016b) liefert die Welthandelsorganisation (WTO=World Trade Organization). Innerhalb ihrer Definition wird zusätzlich angemerkt, dass eine E-Commerce-Transaktion nicht zwingend die Online-Bezahlung und die abschließende Auslieferung einschließt. So wird E-Commerce nach der World Trade Organization (2013) wie folgt definiert:

„[...] e-commerce is the sale or purchase of goods or services conducted over computer networks by methods specifically designed for the purpose of receiving or placing of orders. Even though goods or services are ordered electronically, the payment and the ultimate delivery of the goods or services do not have to be conducted online."[232]

---

229 Vgl. Olbrich/Schultz/Holsing (2015), S. 3; Wirtz (2016b), S. 30.
230 Clement/Peters/Preiß (2001), S. 56.
231 Wirtz (2016b), S. 31.
232 World Trade Organization (2013), S. 2.

Die vorliegende Untersuchung stellt auf die Definition der World Trade Organization (2013) bezüglich E-Commerce ab, wobei diese um den Aspekt ergänzt wird, dass der Werteaustausch (i. d. R. Geld) zwischen Unternehmen und Unternehmen (B2B), Unternehmen und Verbrauchern (B2C) sowie Verbrauchern und Verbrauchern (C2C) stattfinden kann.[233]

Um nun Online-Rezensionen auf Social Media-Webseiten bei primärer Betrachtung von Online-Bewertungsportalen und E-Commerce-Webseiten definitorisch sinnvoll abgrenzen zu können, bedarf es einer Analyse des relevanten Schrifttums sowie der Beachtung praxisrelevanter Aspekte.[234] So sollen im Folgenden sowohl Gemeinsamkeiten als auch Unterschiede zwischen Online-Rezensionen auf Social Media-Webseiten und E-Commerce-Webseiten herausgestellt werden.

Zu den Gemeinsamkeiten von Online-Rezensionen auf Social Media- und E-Commerce-Webseiten gehört die Bewertung von Produkten, beispielsweise anhand einer Kommentarfunktion oder anhand eines Piktogrammen (Sternebewertung o.ä.).[235] Außerdem ermöglichen beide Bereiche die Bewertung von Online-Rezensionen durch die Rezipienten anhand von Buttons (bspw.: War dieser Beitrag hilfreich?: Ja/Nein). Ein kleiner Unterschied ist in diesem Kontext die Ausgestaltung der Buttons auf Social Media-Webseiten. So gibt es beispielsweise auf dem Online-Bewertungsportal Yelp.de eine Vielzahl von Buttons, mit denen unterschiedliche emotionale Aspekte in Bezug auf die Online-Rezensionen erfasst werden können.[236] Diese Differenzierungsmöglichkeit besteht für die Rezipienten von Online-Rezensionen auf E-Commerce-Webseiten wie beispielsweise Amazon.com nicht.[237]

Um Online-Rezensionen auf Social Media- und E-Commerce-Webseiten verfassen zu können, wird häufig die Erstellung eines persönlichen Profils der Rezensenten vorausgesetzt. Hierbei bestehen zwischen Social Media- und E-Commerce-Webseiten aber kleinere Unterschiede in der Ausgestaltung. Speziell auf Online-Bewertungsportalen sind die Anforderungen an das Profil deutlich höher, so dass neben dem

---

233 Vgl. Huber (2016), S. 66.

234 Innerhalb der Analyse wird weitestgehend auf die weltweit zweitgrößte E-Commerce-Webseite Amazon abgestellt (Vgl. MillwardBrown (2015)). Im Rahmen der Social Media-Webseiten wird primär auf Yelp abgestellt, das im Bereich Geschäfte, Locations und Dienstleistungen das am meisten besuchte Online-Bewertungsportal weltweit darstellt (Vgl. Tabelle 2-3).

235 Vgl. beispielsweise Liu/Park (2015), S. 140 ff.; Kuan et al. (2015), S. 49 f.; Amazon Europe Core S.à r.l. (2016c).

236 Vgl. Amazon Europe Core S.à r.l. (2016c); Yelp Ireland Ltd. (2016b).

237 Vgl. Amazon Europe Core S.à r.l. (2016b).

Anlegen eines Accounts, diverse Authentifizierungen notwendig sind.[238] Bei den eigentlichen Rezensionen auf Social Media- und E-Commerce-Webseiten gibt es ebenfalls einige bedeutende Unterschiede.

Ein entscheidender Unterschied besteht darin, dass sich Online-Rezensionen auf E-Commerce-Webseiten fast ausschließlich auf Produkte (Bücher, Elektronikartikel, Kleidung, Freizeitartikel etc.) beziehen, die auf dieser Webseite gekauft werden können.[239] Demgegenüber werden auf Social Media-Webseiten und insbesondere Online-Bewertungsportalen neben Produkten zusätzlich Örtlichkeiten (Locations), Geschäfte, Unterkünfte und Dienstleistungen rezensiert.

Im Gegensatz zu E-Commerce-Webseiten können auf den Social Media-Webseiten nahezu keine Produkte oder Dienstleistungen direkt gekauft oder bestellt werden. Jedoch existieren häufig Verlinkungen, die die Rezipienten von Online-Rezensionen zu Partnerwebseiten (E-Commerce-Webseiten) weiterleiten, auf denen die rezensierten Produkte und Dienstleistungen angeboten werden.[240]

Ein weiterer Unterschied ist im Hinblick auf die Verfasser von Online-Rezensionen auszumachen. E-Commerce-Webseiten ermöglichen den Verfassern von Online-Rezensionen, ein Kurzprofil mit Bild und Namen anzulegen. Darüber hinaus werden über die Aktivitäten der Rezensenten Statistiken geführt. Dazu gehören beispielsweise die Anzahl der verfassten Online-Rezensionen, die Anzahl ‚Hilfreicher Stimmen', die Rezipienten abgeben, um die rezipierte Online-Rezension als hilfreich zu kennzeichnen sowie eine Rangfolge der Rezensenten, die wiedergibt, welcher Rezensent die meisten hilfreichen Bewertungen abgegeben hat.[241]

Neben der Erstellung eines persönlichen Profils gibt es für die Rezensenten und Rezipienten auf Social Media-Webseiten, wie beispielsweise auf dem Online-Bewertungsportal Yelp.de, noch Verlinkungen mit sämtlichen sozialen Interaktions- und Kommunikationsmöglichkeiten mit anderen Rezensenten und Rezipienten. So existiert die Möglichkeit, sich mit Freunden zu verbinden und mit diesen oder anderen Re-

238 Vgl. beispielsweise Amazon Europe Core S.à r.l. (2016d); Yelp Ireland Ltd. (2016d).

239 Vgl. beispielsweise Trigg (2012), S. 5; Amazon Europe Core S.à r.l. (2016a); Otto (GmbH & Co KG) (2016).

240 Vgl. beispielsweise GoLocal GmbH & Co. KG (2016); Shopping Guide GmbH (2016); TripAdvisor (2016); Yelp Ireland Ltd. (2016b).

241 Vgl. Amazon Europe Core S.à r.l. (2016e).

zensenten sowie Rezipienten über private Instant Messages zu kommunizieren, Komplimente zu verteilen oder dem Verfasser zu folgen.[242]

Social Media- und E-Commerce-Webseiten unterscheiden sich auch bezüglich des Geschäftsmodells. Während für E-Commerce-Webseiten die Haupteinnahmequelle Produktverkäufe sind, zielen Social Media-Webseiten und insbesondere Online-Bewertungsportale darauf ab, über Werbung auf der Webseite Einnahmen zu erzielen.[243] Abbildung 2-5 fasst die Gemeinsamkeiten und Unterschiede zwischen Online-Rezensionen auf Social Media- und E-Commerce-Webseiten nochmal zusammen.

***Abbildung* 2-5:** *Gemeinsamkeiten und Unterschiede zwischen Online-Rezensionen auf Social Media- und E-Commerce-Webseiten*[244]

	Online-Rezensionen auf Social Media-Webseiten (Insbesondere Fokussierung auf Online-Bewertungsportale)	**Online-Rezensionen auf E-Commerce-Webseiten**
Gemeinsamkeiten	• Online-Rezensionen können von Rezensenten als Text und als Ranking (bspw. 1-5 Sterne) erstellt werden • Rezipienten können Online-Rezensionen von Rezensenten bewerten (bspw. Hilfreich?: Ja/Nein) • Rezensenten müssen vor dem Verfassen einer Online-Rezension ein Profil anlegen	
Unterschiede	• Es können Online-Rezensionen zu Geschäften, Produkten, Örtlichkeiten (Locations) und Dienstleistungen verfasst werden • Kein direkter Kauf von beispielsweise Produkten möglich • Mitglieder von Social Media-Webseiten können privat kommunizieren (Verfassen von Instant Messages) • Mitglieder von Social Media-Webseiten können beispielsweise Freunde „adden“, „Follower“ werden oder Beiträge „teilen“ • Haupteinnahmequelle von Social Media-Webseiten ist der Verkauf von Werbeflächen auf der Website	• Es können Online-Rezensionen zu Produkten verfasst werden • Direkter Kauf von Produkten möglich • Rezipienten können Online-Rezensionen von Rezensenten bewerten • Haupteinnahmequelle von E-Commerce-Webseiten sind Produktverkäufe • Social Media-typische Interaktions- und Kommunikationsmöglichkeiten sind für Mitglieder nicht vorhanden

2.2.6. Qualität der Argumente und periphere Signale

Die Qualität der Argumente und die peripheren Signale werden in der Wissenschaft und vor allem in der Sozialpsychologie häufig herangezogen, um Einstellungsände-

242 Vgl. Yelp Ireland Ltd. (2016d).

243 Vgl. Business Life (2010).

244 Auf Basis eigener Analysen und Abschätzungen.

rungen zu erfassen und erklären zu können.[245] Sowohl die Qualität der Argumente als auch die peripheren Signale zählen zu den bedeutendsten Faktoren in der persuasiven Kommunikation. Dabei wird unter der Persuasion die Einstellungsänderung als Folge von Kommunikation verstanden.[246] Für ein grundsätzliches Verständnis der Qualität der Argumente und der peripheren Signale wird im Folgenden für beide Begriffe eine Definition gegeben.

Um die ‚Qualität der Argumente' definieren zu können, wird zuerst auf die einzelnen Fragmente ‚Argument' und ‚Qualität' eingegangen. Dabei kann ein Argument als Erklärung oder Beleg angesehen werden sowie als Beweisführung oder Beweisgrund.[247] Das Argument stellt eine Aussage dar, mit der eine andere Aussage begründet wird.[248] Dazu definiert Wohlrapp (2009):

„Ein Argument ist eine Reihe von Sätzen, die es einem Adressaten ermöglicht, einen weiteren Satz rational zu akzeptieren."[249]

So können die Empfänger von Behauptungen mit Hilfe von Argumenten überzeugt werden, sowohl Wahrheiten als auch falsche Aussagen zu akzeptieren. Die Effizienz der Argumente, also das Ausmaß, in dem die Empfänger die Behauptungen für begründet und zutreffend erachten, hängt von Darlegung und der Schlüssigkeit der Argumente ab.[250]

Der Begriff ‚Qualität' wird im allgemeinen Sprachgebrauch häufig als Gesamtheit aller charakteristischen Eigenschaften einer Sache oder Person verstanden.[251] Im Schrifttum erfolgt zumeist eine Klassifizierung des Begriffs ‚Qualität' unter Beachtung verschiedener Ansätze, bevor eine Definition gegeben wird. So erfolgt beispielsweise in dem häufig zitierten Beitrag von Garvin (1984) eine Unterteilung in einen transzendenten, einen produktbezogenen, einen anwenderbezogenen, einen prozessbezogenen, einen fertigungsbezogenen und einen wertbezogenen Ansatz.[252] Nach dem transzendenten Ansatz kann Qualität weder definiert noch genauer beschrieben

---

245 Vgl. beispielsweise Güttler (1996), S. 192 ff.

246 Vgl. Güttler (1996), S. 192.

247 Vgl. Bibliographisches Institut GmbH (2015b).

248 Vgl. Pfister (2013), S. 20.

249 Wohlrapp (2009), S. 2.

250 Vgl. Spektrum der Wissenschaft Verlagsgesellschaft mbH (2015).

251 Vgl. Bibliographisches Institut GmbH (2015c).

252 Vgl. auch im Folgenden Garvin (1984), S. 25 ff.

werden, es ist nur anhand eigener Erfahrungen erkennbar. Innerhalb des produktbezogenen Ansatzes können Produkte aufgrund unterschiedlicher Attribute bewertet und voneinander differenziert werden und somit als qualitativ hochwertiger bzw. minderwertiger klassifiziert werden. Nach dem anwenderbezogenen Ansatz liegt die Qualität im Auge des Betrachters und wird anhand seiner Vorstellungen bewertet. Innerhalb des fertigungsbezogenen Ansatzes wird Qualität als die möglichst exakte Umsetzung der Planung innerhalb der Fertigung verstanden. Der wertorientierte Ansatz versteht Qualität im Rahmen eines Kosten-Nutzen-Verhältnisses, so dass das realisierte Produkt mitsamt seiner Merkmale zu einem angemessenen Preis verfügbar ist.

In der Definition, die für diese Untersuchung Verwendung findet, liegt der Fokus auf dem produktbezogenen Ansatz. In diesem Zusammenhang definiert Leffler (1982) die Qualität wie folgt:

„[...] quality refers to the amounts of the unpriced attributes contained in each unit of the priced attribute."[253]

Nachdem die Begriffe ‚Argument' und ‚Qualität' definiert wurden, kann als nächstes eine Definition bezüglich der ‚Qualität der Argumente' gegeben werden. Die Qualität der Argumente bezieht sich auf die Überzeugungskraft, die eine mitgeteilte Information für den Rezipienten hat.[254] Die Qualität der Argumente ist in diesem Kontext von dem subjektiven Empfinden des Rezipienten abhängig. Eine hohe Qualität bedeutet, dass der Rezipient durch die Argumente überzeugt wird. Diese Untersuchung folgt der Definition von Areni/Lutz (1988), auf die im neueren Schrifttum häufig zurückgegriffen wird. Die Autoren definieren die Qualität der Argumente als:

„[...] the audience's subjective perception of the arguments in the persuasive message as strong and cogent on the one hand versus weak and specious on the other."[255]

Demnach bestimmt die Qualität der Argumente die Haltung der Rezipienten gegenüber einer Aussage. Die Rezipienten wägen die Vorzüge der vorgebrachten Argu-

253 Leffler (1982), S. 956.
254 Vgl. Bhattacherjee/Sanford (2006), S. 811.
255 Areni/Lutz (1988), S. 197.

mente in erster Linie durch sorgfältige Überlegung und Abgleich mit eigenen Erfahrungen ab. So wird eine Nachricht mit starken Argumenten voraussichtlich mehr positive Reaktionen bei den Rezipienten hervorrufen, als dies weniger starken Argumenten gelingen würde.[256]

Als nächstes soll der Begriff ‚periphere Signale' definiert werden. Periphere Signale werden im deutschen Schrifttum auch als ‚periphere Hinweisreize' sowie im englischen Schrifttum als ‚peripheral cues' bezeichnet und können als ein Merkmal eines Persuasionsversuchs innerhalb einer Kommunikation angesehen werden.[257] Dabei stellen periphere Signale nicht auf die Argumente in einer Kommunikation ab, sondern auf Reize die der Empfänger abgesehen von den qualitativen Inhalten wahrnimmt. Dazu zählen beispielsweise Eigenschaften des Kommunikators sowie weitere situative Merkmale, die durch den Persuasionsversuch entstehen. So konstatiert Klimmt (2011):

„Periphere Hinweisreize […] sind Bestandteile von Persuasionsversuchen, die nicht als Argumente gelten, aber von der Zielperson oder –gruppe wahrgenommen und verarbeitet werden können. Solche Hinweisreize sind beispielsweise Eigenschaften des Kommunikators eines Persuasionsversuchs oder Merkmale der Situation, in der ein Persuasionsversuch unternommen wird."[258]

Eine ähnliche Definition liefern Filieri/McLeay (2013), die neben der Attraktivität der Quelle beispielsweise auch das Image einer Marke als peripheres Signal bezeichnen. So definieren die Autoren:

„Peripheral cues are simple rules or information short cuts such as brand image and source attractiveness that consumers use to assess a recommendation rather than evaluating the quality of the arguments used by a source […]."[259]

Als periphere Signale betrachten die Autoren in ihrer Untersuchung sowohl die Faktoren Anzahl von Online-Rezensionen (Information Quantity), als auch die Rangfol-

---

256 Vgl. Cheung/Sia/Kuan (2012), S. 621.

257 Vgl. bezüglich der Begrifflichkeit der peripheren Signale beispielsweise auch die Arbeiten von Petty/Cacioppo (1986), S. 134 ff.; Klimmt (2011), S. 27 ff.

258 Klimmt (2011), S. 28.

259 Filieri/McLeay (2013), S. 46.

ge von Produkten. Die Rangfolge von Produkten wird anhand des durchschnittlichen Ratings aller Online-Rezensionen zu den Produkten einer Branche erstellt (Product Ranking).[260]

Im für diese Untersuchung relevanten Schrifttum werden von einigen Autoren weitere Faktoren als periphere Signale aufgeführt. In der Studie von Baek/Ahn/Choi (2012) werden beispielsweise die Faktoren Konsistenz beziehungsweise Inkonsistenz der Bewertungen von Online-Rezensionen (Rating Inconsistency), Rangfolge der Rezensenten (Reviewer Ranking) sowie echte Name der Rezensenten (Reviewer Real Name) herangezogen.[261]

In der Untersuchung von Cheung/Lee/Rabjohn (2008) werden im Zusammenhang mit peripheren Signalen die Faktoren Expertise der Rezensenten (Source Expertise) und Vertrauenswürdigkeit der Rezensenten (Source Trustworthiness) betrachtet, während Cheng/Ho (2015) außerdem als Faktor die Anzahl der Follower des Verfassers der Online-Rezension (Reviewers Number of Followers) einbeziehen.[262]

Andere Autoren zählen zu den peripheren Signalen, die einen Einfluss auf die persuasive Kommunikation ausüben, den Faktor Reputation der Webseite (Website Reputation), beispielsweise in der Arbeit von Chih et al. (2013), oder den Faktor Bild des Rezensenten (Profile Picture Cue), beispielsweise in der Arbeit von Xu (2014).[263]

Der Nutzen von peripheren Signalen entsteht vor allem in Situationen, in denen der Empfänger von Informationen beziehungsweise der Rezipient von Online-Rezensionen nicht die Motivation und/oder die Fähigkeit besitzt, sich intensiv mit den vorgebrachten Argumenten innerhalb des Persuasionsversuchs zu beschäftigen. So argumentieren beispielsweise Fan et al. (2013):

„[…] people who lack motivation or ability are more likely to process information by using peripheral routes, or mental shortcuts, by focusing on non-content cues."[264]

In solchen Situationen versuchen die Rezipienten von Online-Rezensionen, eine Entscheidung auf Basis von peripheren Signalen zu treffen. Diese Entscheidungen basie-

---

260 Vgl. Filieri/McLeay (2013), S. 47 ff.

261 Vgl. Baek/Ahn/Choi (2012), S. 102 ff.

262 Vgl. Cheung/Lee/Rabjohn (2008), S. 233; Cheng/Ho (2015), S. 884.

263 Vgl. Chih et al. (2013), S. 659; Xu (2014), S. 139.

264 Fan et al. (2013), S. 59.

ren auf mentalen shortcuts beziehungsweise eines kognitiven Eilverfahrens. Die Rezipienten greifen somit auf einfach und schnell zu evaluierende Aspekte zurück, um eine Entscheidung sowie eine Verhaltensintention herbeizuführen.

Diese Untersuchung wird der genannten Definition von Klimmt (2011) folgen. Dabei wird diese Untersuchung neben den Eigenschaften des Kommunikators auch auf weitere situative Merkmale als zentrale Bestandteile der peripheren Signale abstellen. So schließen periphere Signale nicht nur Aspekte zu der Glaubwürdigkeit der Quelle mit ein, sondern es werden ebenfalls quantitative Auswertungen wie beispielsweise die Menge von Online-Rezensionen oder das Rating von Online-Rezensionen herangezogen.

Nachdem die beiden Begriffe ‚Qualität der Argumente' und ‚periphere Signale' im Grundsatz definiert und erläutert worden sind, soll im Folgenden die Bedeutung der beiden Aspekte innerhalb von Online-Rezensionen auf Online-Bewertungsportalen herausgestellt werden.

2.2.7. Qualität der Argumente und periphere Signale innerhalb von Online-Rezensionen auf Online-Bewertungsportalen

Die Untersuchung verfolgt als Ziel die Beantwortung von drei Forschungsfragen. Dazu gehört die Identifikation der Einflussfaktoren der Qualität der Argumente und der peripheren Signale in Bezug auf Online-Rezensionen auf Online-Bewertungsportalen (1. Forschungsfrage). Die Analyse, welche Wirkung die identifizierten Einflussfaktoren auf die Einstellung und das Verhalten der Rezipienten von Online-Rezensionen besitzen (2. Forschungsfrage), sowie welche Wirkung die Einflussfaktoren auf die Einstellung und das Verhalten der Rezipienten von Online-Rezensionen unter Berücksichtigung persönlicher Merkmale der Rezipienten haben (3. Forschungsfrage).[265]

Zur Beantwortung der Forschungsfragen, und um die Bedeutung der ‚Qualität der Argumente' und der ‚peripheren Signale' in den Kontext von Online-Rezensionen einordnen zu können, bedarf es einer inhaltlichen Zusammenführung der beiden Termini.

Um die Einflussfaktoren von Online-Rezensionen auf Online-Bewertungsportalen bestimmen zu können, haben sich in dem noch jungen Schrifttum eine Vielzahl von Autoren der Thematik anhand von Theorien genähert, die zur Untersuchung der

---

265 Vgl. Kapitel 1.2.2.

Glaubwürdigkeitsbeurteilung geeignet erscheinen. Diese Theorien stellen innerhalb der Glaubwürdigkeitsevaluation die Informationsverarbeitungsprozesse der Rezipienten in den Vordergrund. Dazu sind insbesondere duale Prozesstheorien geeignet.[266] In diesem Kontext hat sich innerhalb des Schrifttums vor allem die Prozessverarbeitung anhand der zentralen und der peripheren Route der Persuasion etabliert.[267]

Die Studie von Cheung/Lee/Rabjohn (2008) gehört zu den ersten, die bezüglich der Einflussfaktoren von Online-Rezensionen die Qualität der Argumente anhand der zentralen Route einerseits, und die peripheren Signale anhand der peripheren Route der Persuasion andererseits, simultan untersuchen. Die Autoren betrachten innerhalb der peripheren Signale nur Faktoren bezüglich der Glaubwürdigkeit der Quelle. In der Studie besitzen lediglich die Faktoren bezüglich der Qualität der Argumente einen Einfluss auf die Nützlichkeit von Online-Rezensionen für die Rezipienten.[268]

Grundsätzlich besteht die Möglichkeit, dass innerhalb einer Untersuchung nur die periphere Route beziehungsweise die peripheren Signale eine signifikante Wirkung auf die Einstellung und das Verhalten der Rezipienten besitzen.[269] In neueren Studien kann jedoch belegt werden, dass Faktoren bezüglich der Qualität der Argumente einerseits, der peripheren Signale andererseits, simultan eine signifikante Wirkung auf die Einstellung und das Verhalten der Rezipienten haben können.[270]

Die Qualität der Argumente ist für die Rezipienten vor allem von Bedeutung, wenn sie bereits über Vorkenntnisse verfügen, und die rezipierten Informationen auf ihren Aussagewert hin einschätzen können. Auf dieser Grundlage erfolgt nach Einschätzung und Abwägung der empfangenen Informationen die Zustimmung oder die Ablehnung der Argumente.[271]

Die peripheren Signale werden von Rezipienten primär dann herangezogen, wenn diese über nur wenig oder gar kein Wissen zum Thema verfügen, oder wenn die Relevanz des Themas von den Rezipienten als niedrig eingestuft wird. In dieser Situati-

---

266 Vgl. Lis/Korchmar (2013), S. 28.

267 Vgl. beispielsweise Cheung/Sia/Kuan (2012), S. 618 ff.; Filieri/McLeay (2013), S. 44 ff.; Zhu/Yin/He (2014), S. 267 ff.

268 Vgl. Cheung/Lee/Rabjohn (2008), S. 241 f.

269 Vgl. Ho/Bodoff (2014), S. 499 f.

270 Vgl. beispielsweise Cheung/Sia/Kuan (2012), S. 618 ff.; Filieri/McLeay (2013), S. 44 ff.; Cheng/Ho (2015), S. 883 ff.

271 Vgl. Kitchen et al. (2014), S. 2035 f.

on erfolgt die Orientierung der Rezipienten auf Basis oberflächlicher Signale, wie der Kompetenz oder der Bekanntheit des Senders.[272]

Vor diesem Hintergrund betrachtet diese Untersuchung simultan die Qualität der Argumente und die peripheren Signale im Kontext von Online-Rezensionen auf Online-Bewertungsportalen. Die Vorgehensweise ist aus methodischer Sicht sinnvoll, da in dem ausgewählten Forschungsfeld die meisten Theorien auf diese beiden Aspekte ausgerichtet sind. Dies ist darauf zurückzuführen, dass Informationen beziehungsweise Online-Rezensionen von den Rezipienten immer über die zwei genannten Arten verarbeitet werden. Zum einen über einen stark inhaltlichen Fokus, primär wenn der Rezipient zum einen Zeit und Fähigkeit besitzt, die Informationen von Online-Rezensionen intensiv zu verarbeiten, und zum anderen oberflächlich anhand von peripheren Signalen, vor allem wenn Zeit und Fähigkeit zu einer intensiven Verarbeitung der Informationen beziehungsweise Online-Rezensionen nicht verfügbar sind.[273]

Zusätzlich bietet eine simultane Betrachtung der Einflussfaktoren bezüglich der Qualität der Argumente und der peripheren Signale im Kontext von Online-Rezensionen auf Online-Bewertungsportalen aus inhaltlicher Sicht für die Untersuchung einen Mehrwert. Dazu zeigt das relevante Schrifttum, dass die bedeutenden Faktoren, auf Grund derer die Rezipienten einen Nutzen und/oder eine Kaufintention auf Basis von Online-Rezensionen ableiten, sich aus diesen beiden Bereichen ergeben. Darüber hinaus belegt das Schrifttum, dass innerhalb der Informationsverarbeitung die Rezipienten zumeist Faktoren bezüglich der Qualität der Argumente sowie der peripheren Signale heranziehen, um einen Nutzen sowie eine Kaufintention zu einem Produkt oder einer Dienstleistung ableiten zu können.[274]

In Kapitel 2.3 erfolgt dazu eine Bestandsaufnahme des aktuellen Forschungsstands, um die der Untersuchung zugrundeliegende Forschungsfrage spezifizieren zu können. Darüber hinaus werden in diesem Abschnitt erste Erkenntnisse zu potenziell verwendbaren Theorien gewonnen sowie erste Ansätze zur Beantwortung der eingangs gestellten Forschungsfrage erarbeitet.

---

272 Vgl. Kitchen et al. (2014), S. 2035 f.

273 Vgl. dazu auch die ausführliche Darstellung in Kapitel 3.1.3.

274 Vgl. dazu auch die ausführlichen Darstellungen in Kapitel 3.2.

2.3. Stand der Forschung

Nachdem die wissenschaftstheoretischen und terminologischen Grundlagen gelegt worden sind, wird im Folgenden auf den aktuellen Stand der Forschung eingegangen. Der Stand der Forschung umfasst alle für diese Untersuchung relevanten Beiträge des Schrifttums und stellt sie strukturiert dar. Daraus resultiert die Konkretisierung der Forschungslücke und es ergeben sich erste Ansätze zur Beantwortung der gestellten Forschungsfragen. Dazu wurde das relevante Schrifttum unter den Aspekten Titel/Fokus, theoretische Grundlage/Charakteristika und zentrale Befunde ausgewertet.

Der Forschungsüberblick umfasst neben den relevanten Arbeiten aus dem Bereich Social Media auch alle relevanten Arbeiten aus dem Bereich E-Commerce. Anhand einer sorgfältigen Analyse des Schrifttums kann ausgeschlossen werden, dass die behandelte Thematik bereits in anderen Untersuchungen bearbeitet worden ist.

Um einen Forschungsüberblick geben zu können, bedarf es einer Eingrenzung auf die Arbeiten, die für die vorliegende Fragestellung von besonderer Relevanz sind. Dieses Vorgehen ist trotz des noch jungen Forschungsfelds notwendig und ist auf die bereits große Anzahl an wissenschaftlichen Arbeiten innerhalb dieses Themenkomplexes zurückzuführen. Vor allem seit Ende der 1990er Jahre haben sich im Schrifttum eine Vielzahl von unterschiedlichen Forschungsströmungen sowie Forschungsansätzen entwickelt. Daher ist ohne eine Eingrenzung der relevanten Arbeiten der Forschungsüberblick nicht in einem für diese Arbeit sinnvollen Umfang zu realisieren.

Im Rahmen dieser Untersuchung soll ein quantitativ-empirischer Beitrag zu den Wirkungsbeziehungen zwischen der Qualität der Argumente und der peripheren Signale auf die Nützlichkeit von Online-Rezensionen geleistet werden. Dazu erfolgt innerhalb des Forschungsüberblicks eine Eingrenzung auf quantitativ-empirische Arbeiten aus den Bereichen Social Media und E-Commerce.[275]

In Kapitel 2.3.1 wird das quantitativ-empirische Schrifttum zu den Einflussfaktoren von Online-Rezensionen auf Social Media-Webseiten betrachtet und anschließend die daraus gewonnenen Implikationen festgehalten (Kapitel 2.3.2). Danach folgt in Kapitel 2.3.3 die Analyse des quantitativ-empirischen Schrifttums zu den Einflussfaktoren von Online-Rezensionen auf E-Commerce-Webseiten. Danach werden in

[275] Für ein vergleichbares Vorgehen bezüglich der Eingrenzung des Forschungsüberblicks auf quantitativ-empirische Arbeiten vgl. beispielsweise Schilke (2007), S. 61; Elsäßer (2016), S. 37.

Kapitel 2.3.4 die Implikationen anhand des Forschungsüberblicks des E-Commerce-Schrifttums thematisiert. Den Abschluss bildet Kapitel 2.3.5, in dem Wertung und Implikationen des Social Media- sowie die E-Commerce-Forschungsüberblicks zusammenfassend betrachtet werden. Abbildung 2-6 fasst in einer Übersicht das in den folgenden Kapiteln dargestellte Vorgehen zur Auswertung des aktuellen Schrifttums zusammen.

Abbildung 2-6: *Vorgehensweise und Auswertung des aktuellen Schrifttums*

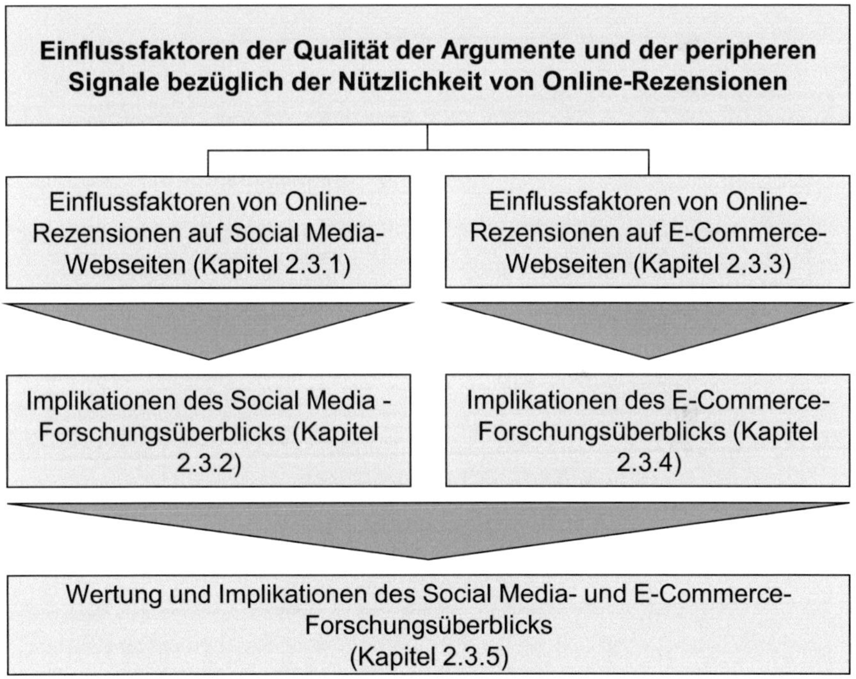

2.3.1. Quantitativ-empirische Arbeiten zu den Einflussfaktoren von Online-Rezensionen auf Social Media-Webseiten

Innerhalb des quantitativ-empirischen Schrifttums existieren insgesamt 24 Arbeiten zu den Einflussfaktoren von Online-Rezensionen auf Social Media-Webseiten.[276] Anhand dieser Arbeiten können erste Erkenntnisse bezüglich der Dimensionen der

[276] Innerhalb des Social Media-Schrifttums besitzen die 24 identifizierten quantitativ-empirischen Arbeiten für die vorliegende Untersuchung die größte Relevanz. Die Untersuchung stellt dabei auf einer Datenbankabfrage von EBSCO und Science Direct (Stand 07/2017) zur vorliegenden Thematik ab.

Qualität der Argumente und der peripheren Signale, die einen Einfluss auf die Nützlichkeit von Online-Rezensionen besitzen, gewonnen werden.

Von den 24 identifizierten Arbeiten beinhalten 17 Arbeiten empirische Erkenntnisse, die aus Rezipientenbefragungen resultieren. Sieben Arbeiten verwenden als Datenbasis Auswertungen bestehender Online-Rezensionen. Tabelle 2-4 stellt zusammenfassend die Verteilung der quantitativ-empirischen Arbeiten bezüglich des Gegenstands der Betrachtung dar.

Tabelle 2-4: *Gegenstand der Betrachtung der quantitativ-empirischen Arbeiten bezüglich der Einflussfaktoren von Online-Rezensionen auf Social Media-Webseiten*

Rezipienten-Befragung zu Online-Rezensionen	Auswertung bestehender Online-Rezensionen
• Cheung/Lee/Rabjohn (2008)	• Racherla/Friske (2012)
• Zhang/Watts (2008)	• Jamil/Hasnu (2013)
• Pan/Chiou (2011)	• Zhu/Yin/He (2014)
• Cheung/Sia/Kuan (2012)	• Cheng/Ho (2015)
• Chih et al. (2013)	• Liu/Park (2015)
• Fan et al. (2013)	• Park/Nicolau (2015)
• Filieri/McLeay (2013)	• Zhou/Guo (2017)
• Luo et al. (2013)	
• Cheng/Loi (2014)	
• Cheung (2014)	
• Fang (2014)	
• Teng et al. (2014)	
• Xu (2014)	
• Zhang et al. (2014)	
• Chang/Fang/Huang (2015)	
• Luo et al. (2015)	
• Reimer/Benkenstein (2016)	

Im Folgenden wird zunächst auf die Inhalte der relevanten Arbeiten aus dem Social Media-Schrifttum in chronologischer Reihenfolge eingegangen. Dazu wird der Fokus zum einen auf die endogenen Faktoren gelegt, die das zentrale Forschungsergebnis der Arbeiten darstellen sowie auf die exogenen Faktoren, die das zentrale Forschungsergebnis beeinflussen. Daran anschließend erfolgt eine Auswertung, inwiefern die im Schrifttum identifizierten exogenen und endogenen Faktoren für die vorliegende Untersuchung relevant sind.

Cheung/Lee/Rabjohn (2008) untersuchen anhand eines Samples von 154 Nutzern einer Online Community bedeutende Faktoren der Qualität der Argumente (Argument Quality) und der Glaubwürdigkeit der Quelle (Source Credibility), die einen Einfluss auf den Informationsnutzen (Information Usefulness) der Rezipienten haben.[277] Die der Untersuchung zugrunde liegende Theorie ist das ‚Information Adoption Model', die als duale Prozesstheorie zu klassifizieren ist. Diesbezüglich stellt die ‚Argument Quality' die zentrale Route dar, über die Informationen aktiv empfangen werden, während die ‚Source Credibility' die periphere Route darstellt, bei der die Empfänger kein eigenes Wissen besitzen und sich auf die Kompetenz des Senders verlassen.[278] Die Studie zeigt, dass die Faktoren Relevanz (Relevance) und Reichhaltigkeit (Comprehensiveness) die Dimensionen der ‚Argument Quality' darstellen, die ‚Information Usefulness' positiv beeinflussen.

Die Studie von Zhang/Watts (2008) basiert als heuristisch-systematisches Modell (Heuristic-systematic Model) ebenfalls auf einer dualen Prozesstheorie.[279] Innerhalb des Beitrags wird mittels einer Befragung von 342 Nutzern eines Reiseforums empirisch nachgewiesen, dass sowohl die Qualität der Argumente (Argument Quality) als auch die Glaubwürdigkeit der Quelle (Source Credibility) positiv auf die Informationsübernahme (Information Adoption) wirken. Im Gegensatz zu dem Beitrag von Cheung et al. (2008) erfolgt bei Zhang/Watts (2008) keine Betrachtung von einzelnen Einflussfaktoren, die die Qualität der Argumente und die Glaubwürdigkeit der Quelle determinieren.

Pan/Chiou (2011) analysieren anhand des ‚Elaboration Likelihood Models' und des ‚Heuristic-Systematic Models' (beides duale Prozesstheorien), wie sich bei Rezipienten von Online-Rezensionen das wahrgenommene Vertrauen (Perceived Trust) und die Einstellung (Attitude) unterscheiden, wenn die Online-Rezensionen entweder von Personen stammen, zu denen eine persönliche Beziehung (Perceived Social Relationship) existiert oder von Personen, zu denen keine sozialen Verbindungen bestehen.[280] Zusätzlich stellt die Untersuchung auf den moderierenden Faktor ab, ob es sich um ein Erfahrungsgut oder um ein Vertrauensgut handelt. Die Studie zeigt anhand von 284 Rezipienten, dass sowohl positive als auch negative Rezensionen zu Erfahrungsgütern von den Rezipienten als vertrauenswürdig aufgefasst werden, wenn sie von einer Quelle stammen, zu der eine soziale Verbindung besteht. Bei einem Vertrauensgut empfinden die Rezipienten negative Rezensionen als vertrauenswürdiger als positive, wenn sie von einer Quelle stammen, zu der eine soziale Verbindung besteht. Darüber hinaus zeigt die Studie, dass positive und negative Rezen-

277 Vgl. auch im Folgenden Cheung/Lee/Rabjohn (2008), S. 229 ff.
278 Vgl. auch Kapitel 1.1.
279 Vgl. auch im Folgenden Zhang/Watts (2008), S. 73 ff.
280 Vgl. auch im Folgenden Pan/Chiou (2011), S. 67 ff.

sionen von den Rezipienten als vertrauenswürdiger eingeschätzt werden, wenn sie zu einem Erfahrungsgut und nicht zu einem Vertrauensgut gehören.

Cheung/Sia/Kuan (2012) überprüfen auf Grundlage des ‚Elaboration Likelihood Models' vier Faktoren bezüglich der Glaubwürdigkeit von Online-Rezensionen.[281] An der Online-Umfrage nahmen 792 Nutzer des Online-Bewertungsportals Epinions.com teil. Die Ergebnisse der Studie belegen, dass innerhalb der zentralen Route die Qualität der Argumente (Argument Quality) einen positiven Einfluss auf die Glaubwürdigkeit von Online-Rezensionen (Review Credibility) besitzt. Innerhalb der peripheren Route wird ein positiver Einfluss des Faktors ‚Review Sidedness' gemessen. Dieser Faktor zeigt, dass die gleichzeitige Betrachtung von positiven und negativen Online-Rezensionen glaubwürdiger ist, als eine einseitige Betrachtung. Der positive Einfluss von Glaubwürdigkeit der Quelle (Source Credibility) und Konsistenz von Online-Rezensionen (Review Consistency) auf die Glaubwürdigkeit von Online-Rezensionen wird im Rahmen der peripheren Route ebenfalls aufgezeigt.

In der Studie von Racherla/Friske (2012) erfolgt die empirische Betrachtung von 3.000 Online-Rezensionen, die von dem Online-Bewertungsportal Yelp.com stammen.[282] Innerhalb der Studie werden charakteristische Eigenschaften der Rezensenten (Messenger Factors) sowie Charakteristika von Online-Rezensionen (Message Factors), die einen Einfluss auf die Nützlichkeit von Online-Rezensionen (Review Usefulness) haben, untersucht. Diesbezüglich haben die Faktoren Kompetenz (Expertise) und Reputation (Reputation), die zu den ‚Messenger Factors' gehören, einen positiven Einfluss auf die Nützlichkeit von Online-Rezensionen (Review Usefulness). Dagegen hat die Bereitstellung von Informationen zur Identität der Rezensenten keinen Einfluss auf die Nützlichkeit von Online-Rezensionen. Die Ausführlichkeit (Review Elaborateness) und die Betrachtung von moderaten an Stelle von extremen Bewertungen (Review Valence) werden innerhalb der Untersuchung als ‚Message Factors' herangezogen. Beide Faktoren haben keine signifikanten Auswirkungen auf die Nützlichkeit von Online-Rezensionen (Review Usefulness).

Chih et al. (2013) unterteilen anhand des ‚Affect, Behavior & Cognition Models' ihre Untersuchung in kundenbasierte (Customer-based) und plattformbasierte (Platform-based) Faktoren, die die Glaubwürdigkeit von eWoM beeinflussen (Perceived Posi-

---

281 Vgl. auch im Folgenden Cheung/Sia/Kuan (2012), S. 618 ff.

282 Vgl. auch im Folgenden Racherla/Friske (2012), S. 548 ff.

tive eWoM Review Credibility).[283] Dazu wurden 353 Mitglieder einer Online Community befragt, ob die soziale Orientierung (Social Orientation through Information) sowie die entscheidungsbezogene Orientierung an anderen Konsumenten (Obtaining Buying-related Information) für ihre Kaufintention relevant sind. Bezüglich der plattformbasierten Faktoren, die einen Einfluss auf die Glaubwürdigkeit von eWoM besitzen, wird nach der Reputation der Webseite (Website Reputation) und der Glaubwürdigkeit der Quelle (Source Credibility) gefragt. Sowohl die plattformbasierten als auch die kundenbasierten Faktoren haben einen positiven Einfluss auf die Glaubwürdigkeit von eWoM.

Fan et al. (2013) untersuchen anhand des ‚Elaboration Likelihood Models' Faktoren, die einen Einfluss auf die Glaubwürdigkeit von eWoM (Perceived eWoM Credibility) besitzen.[284] Anhand einer Online-Befragung von 435 Studenten zeigt die Studie, dass die Faktoren Glaubwürdigkeit der Quelle (Source Credibility) hohe Anzahl an Bewertungen (eWoM Quantity) und hohe Qualität der Bewertungen (eWoM Quality) einen positiven Einfluss auf die Glaubwürdigkeit von eWoM haben. Die Studie erbringt jedoch nicht den Nachweis, dass Konsumenten, die über eine hohe Kompetenz (Consumer Expertise) verfügen, sich bei ihren Kaufentscheidungen verstärkt auf die eigene Einschätzung verlassen und sich weniger an anderen Nutzern orientieren. Darüber hinaus gibt die Untersuchung keine Auskunft, ob Konsumenten mit einem hohen Engagement (Consumer Involvement) vor ihrer Kaufentscheidung mehr Online-Rezensionen rezipieren.

Filieri/McLeay (2013) betrachten in ihrer Studie auf Grundlage des ‚Elaboration Likelihood Models', welche Faktoren Rezipienten dazu veranlassen, ihre Reiseentscheidungen anhand von Online-Rezensionen zu treffen.[285] Dazu wurden 578 Rezipienten zu sechs Dimensionen der Informationsqualität, die zu der zentralen Route zu zählen sind, befragt. Daneben wurden zwei Dimensionen im Rahmen der peripheren Route untersucht. Die Ergebnisse der Studie zeigen, dass innerhalb der zentralen Route die Faktoren Genauigkeit der Information (Information Accuracy), informationeller Mehrwert (Value-Added Information), Relevanz der Informationen (Information Relevance) und Aktualität der Informationen (Information Timeliness) einen positiven Einfluss auf die Entscheidung der Rezipienten haben. Innerhalb der zentralen Route wird bezüglich der Faktoren Verständlichkeit der Information (Information

283 Vgl. auch im Folgenden Chih et al. (2013), S. 658 ff.

284 Vgl. auch im Folgenden Fan et al. (2013), S. 58 ff.

285 Vgl. auch im Folgenden Filieri/McLeay (2013), S. 44 ff.

Understandability) und Vollständigkeit der Information (Information Completeness) kein Einfluss auf die Reiseentscheidung der Rezipienten nachgewiesen. Das Produkt-Ranking (Product Ranking) besitzt als eine Dimension der peripheren Route einen positiven Einfluss auf die Entscheidungen der Rezipienten. Dem Faktor Menge an Informationen (Information Quantity) – ebenfalls eine Dimension der peripheren Signale – hat nach dieser Studie dagegen keinen Einfluss auf die Reiseentscheidung der Rezipienten.

Jamil/Hasnu (2013) betrachten in ihrer Studie Einflussfaktoren von Online-Rezensionen, die für die Rezipienten einen informellen Nutzen (Information Usefulness) bieten.[286] Dazu stellen die Autoren auf das ‚Elaboration Likelihood Model' sowie auf die ‚Media Richness Theory' ab. Aus 600 Online-Rezensionen werden sechs exogene Faktoren identifiziert, die anhand einer quantitativ-empirischen Analyse untersucht wurden. Dabei wird ein positiver Einfluss der Qualität der Argumente anhand der Dimensionen Relevanz (Relevance) und Reichhaltigkeit (Comprehensiveness) nachgewiesen. Darüber hinaus haben die Faktoren Vertrauen in die Quelle (Source Trustworthiness) und Kompetenz der Quelle (Source Expertise) einen positiven Einfluss auf den informellen Nutzen der Rezipienten (Information Usefulness). Außerdem belegt die Empirie der Studie, dass ‚Information Usefulness' einen positiven Einfluss auf die Informationsübernahme (Information Adoption) besitzt. Dagegen ist ein Einfluss der Qualität der Argumente anhand der Dimensionen Genauigkeit (Accuracy) und Aktualität (Timeliness) auf die ‚Information Usefulness' nicht zu erkennen.

Luo et al. (2013) untersuchen mit Hilfe eines Samples von 199 Nutzern eines Online-Diskussionsforums die Wirkung der Überzeugung (Persuasiveness) und der Vollständigkeit (Completeness) von eWoM auf die Glaubwürdigkeit (Credibility) von eWoM bei gleichzeitiger Betrachtung des moderierenden Effekts der Glaubwürdigkeit der Quelle (Source Credibility). Innerhalb der Studie, die als theoretische Grundlage das ‚Elaboration Likelihood Model' verwendet, kann der moderierende Effekt nur bezüglich der Vollständigkeit aufgezeigt werden. Bei einer hohen Glaubwürdigkeit der Quelle verstärkt sich der positive Einfluss der Vollständigkeit auf die Glaubwürdigkeit von eWoM. Die Hypothese bezüglich der Wirkung der Überzeugung von eWoM auf die Glaubwürdigkeit von eWoM wird verworfen. Darüber hinaus gelingt kein Nachweis für einen moderierenden Effekt der Glaubwürdigkeit der Quelle zwischen der Glaubwürdigkeit von eWoM und der Informationsübernahme (Adoption).

286 Vgl. auch im Folgenden Jamil/Hasnu (2013), S. 171 ff.

Die Studie von Cheng/Loi (2014) untersucht anhand des moderierenden Effekts der zentralen und peripheren Route des ‚Elaboration Likelihood Models' (ELM), inwiefern das Marketing von Unternehmen auf negative Online-Rezensionen von Konsumenten reagieren kann.[287] Für die Untersuchung wurden insgesamt 259 Studenten bezüglich ihrer Einschätzungen zu Hotel-Rezensionen befragt. Das Ergebnis zeigt zum einen, dass sowohl Vertrauen in die Zuverlässigkeit (Reliability Dimension), als auch Vertrauen in die Absichten (Intentionality Dimension) der Hotels zu einer Kaufentscheidung (Intention to Purchase) führen. Zum anderen wird der moderierende Effekt des ELM bezüglich der Wirkungsbeziehung ‚Reliability Dimension' auf die Kaufentscheidung nachgewiesen. Somit ist zur Steigerung des Vertrauens der Konsumenten in die Zuverlässigkeit der Hotels entscheidend, ob sie über die zentrale oder über die periphere Route angesprochen werden.

Cheung (2014) fokussiert in seiner Studie auf die Einflussfaktoren, die Nutzer von Online-Diskussionsforen dazu veranlassen, eine Kaufentscheidung zu treffen.[288] Dazu wird das Vertrauen (Trustworthiness), die Aktualität und Reichhaltigkeit (Timeliness and Comprehensiveness), die Qualität (Quality) und die Relevanz (Relevance) im Rahmen des ‚Information Adoption Models' anhand eines Samples von 100 Rezipienten getestet. Mit Ausnahme von ‚Relevance' wirken alle Faktoren positiv auf die Nützlichkeit von Online-Rezensionen (Information Usefulness). Darüber hinaus zeigt die Untersuchung, dass ‚Information Usefulness' einen positiven Einfluss auf die Kaufentscheidung (Purchase Intention) besitzt.

In der Studie von Fang (2014) wird die Informationsverarbeitung der Rezipienten von Online-Rezensionen in kognitiv und affektiv unterteilt.[289] Die Untersuchung stützt sich auf das ‚Stimulus-Organism-Response (S-O-R) Model', auf die ‚Theory of Curiosity' sowie auf die ‚Affect-as-Information Theory'. Mittels eines Samples von 445 Rezipienten wird im Rahmen der kognitiven Informationen ein positiver Einfluss der Kompetenz der Quelle (Source Expertise), der Attraktivität der Quelle (Task Attraction) und der Bewertung der Informationen (Recommendation Rating) auf die Glaubwürdigkeit von eWoM (Credibility of eWoM) nachgewiesen. Darüber hinaus besitzt die Überzeugungskraft der Argumente (Argument Strength) einen positiven Einfluss auf die ‚Credibility of eWoM'. Im Rahmen der affektiven Informationen wird ein positiver Einfluss bezüglich der Beschaffenheit der Webseite (Electronic

[287] Vgl. auch im Folgenden Cheng/Loi (2014), S. 1 ff.

[288] Vgl. auch im Folgenden Cheung (2014), S. 42 ff.

[289] Vgl. auch im Folgenden Fang (2014), S. 67 ff.

Window Dressing) und der sozialen Attraktivität (Social Attraction) auf das geweckte Interesse (Arousal) nachgewiesen. Sowohl ‚Credibility of eWoM' als auch ‚Arousal' haben einen positiven Einfluss auf die Informationsübernahme von eWoM (Information Adoption).

In der Studie von Teng et al. (2014) wird untersucht, anhand welcher Faktoren eWoM-Mitteilungen akzeptiert werden und zu einer Nutzungsintention bei den Rezipienten führen.[290] Dabei verwenden die Autoren als theoretische Grundlage das ‚Elaboration Likelihood Model' und befragen insgesamt 78 Rezipienten von sozialen Netzwerkseiten. Die Studie unterscheidet fünf Dimensionen, die die Mitteilungen von eWoM determinieren und die einen positiven Einfluss auf eWoM-Mitteilungen (Persuasive eWoM messages) besitzen. Dazu zählen zum einen die Qualität der Argumente (Argument Quality), als auch die Faktoren Glaubwürdigkeit der Quelle (Source Credibility), Attraktivität der Quelle (Source Attractiveness), Wahrnehmung der Quelle (Source Perception) sowie Ausdrucksweise der Quelle (Source Style). Darüber hinaus wirken persuasive eWoM-Mitteilungen (Persuasive eWoM messages) positiv auf die Akzeptanz der Informationen (Information Acceptance) und diese ihrerseits positiv auf die Nutzungsintention (Intention to Use).

Xu (2014) unterscheidet wie in der Studie von Fang (2014) zwischen kognitiver und affektiver Informationsverarbeitung.[291] Der Autor untersucht, wie das kognitive und affektive Vertrauen auf die wahrgenommene Glaubwürdigkeit von eWoM (Perceived Review Credibility) in Abhängigkeit weiterer exogener Faktoren wirkt. Das Vorgehen der Studie, an der 152 Rezipienten teilgenommen haben, basiert auf der ‚Uncertainty Reduction Theory' und der ‚Social Information Processing Theory'. Die Autoren zeigen, dass eine hohe Anzahl an Mitgliedern (Number of Trusted Members) zu einer höheren Reputation (Reputation Cue) von Online-Bewertungsportalen führt, die sich positiv auf Mitläufer (Bandwagon Effect) auswirkt. Dies wiederum hat einen positiven Einfluss auf das kognitive Vertrauen (Cognitive Trust) und erhöht die Glaubwürdigkeit von eWoM. Ebenfalls zeigt die Studie, dass ein vorhandenes Profilbild (Profile Picture Cue) in der Wahrnehmung bei Mitgliedern zu einer höheren sozialen Präsenz (Perceived Social Presence) führt, wodurch das affektive Vertrauen (Affective Trust) erhöht wird. Daraus resultiert wiederum eine höhere Glaubwürdigkeit von eWoM.

---

290 Vgl. auch im Folgenden Teng et al. (2014), S. 746 ff.

291 Vgl. auch im Folgenden Xu (2014), S. 136 ff.

Zhang et al. (2014) untersuchen den Einfluss von Online-Rezensionen auf die Kaufentscheidungsprozesse von 191 Rezipienten. Die Autoren verwenden das heuristisch-systematische Modell (Heuristic-systematic Model), das ein duales Prozessmodell der Informationsverarbeitung darstellt. In diesem Kontext wird die Qualität der Argumente (Argument Quality) als systematischer Faktor und die Glaubwürdigkeit der Quelle (Source Credibility) sowie die Anzahl von Online-Rezensionen (Perceived Quantity of Reviews) als heuristische Faktoren bezeichnet. Die Studie belegt, dass die ‚Argument Quality', die aus den Dimensionen Informationsgehalt (Perceived Informativeness) und Überzeugungskraft (Perceived Persuasiveness) besteht, eine positive Wirkung auf die Kaufentscheidung der Rezipienten besitzt. Ebenfalls wirken ‚Source Credibility' und ‚Perceived Quantity of Reviews' positiv auf die Kaufentscheidung der Rezipienten. Zusätzlich verifiziert die Untersuchung, dass ‚Source Credibility' und ‚Perceived Quantity of Reviews' positiv auf ‚Argument Quality' wirken.

Zhu/Yin/He (2014) beziehen sich in ihrer Studie auf die Auswertung von 16.265 Hotel-Rezensionen von der Webseite Yelp.com.[292] Als theoretische Leitidee verwenden die Autoren das ‚Elaboration Likelihood Model' sowie das ‚Source Credibility Model' und unterteilen die Faktoren, die auf die wahrgenommene Nützlichkeit (Perceived Helpfulness) von Online-Rezensionen wirken, in die zentrale Route (Central Cues) und die periphere Route (Peripheral Cues). Innerhalb der zentralen Route werden die Lesbarkeit (Review Readability) und die Länge (Review Length) von Online-Rezensionen analysiert. Für den Faktor Länge von Online-Rezensionen wird ein positiver Einfluss auf die wahrgenommene Nützlichkeit von Online-Rezensionen nachgewiesen. Im Rahmen der peripheren Route werden Kompetenz (Reviewer Expertise) und Attraktivität (Reviewer Online Attractiveness) der Rezensenten untersucht. Beide Faktoren haben einen positiven Einfluss auf die wahrgenommene Nützlichkeit von Online-Rezensionen.

Cheng/Ho (2015) untersuchen 983 Online-Rezensionen und verwenden dazu das ‚Elaboration Likelihood Model'.[293] Die Autoren analysieren Faktoren, die im Rahmen der Qualität der Argumente (Argument Quality) und der Glaubwürdigkeit der Quelle (Source Credibility) auf die Nützlichkeit von Online-Rezensionen (Usefulness of the review) wirken. Die Qualität der Argumente besteht aus den Dimensionen Bild-

292 Vgl. auch im Folgenden Zhu/Yin/He (2014), S. 267 ff.

293 Vgl. auch im Folgenden Cheng/Ho (2015), S. 883 ff.

anzahl (Image Count) und Wortanzahl (Word Count). Eine hohe Bildanzahl sowie eine hohe Wortanzahl haben einen positiven Einfluss auf die Nützlichkeit von Online-Rezensionen. Die Glaubwürdigkeit der Quelle besteht aus den Dimensionen Anzahl der Anhänger des Rezensenten (Reviewer's number of followers) und des Kompetenzlevels des Rezensenten (Reviewer's level of expertise). Für beide Dimensionen kann innerhalb der Studie für steigende Werte ein positiver Einfluss auf die Nützlichkeit von Online-Rezensionen nachgewiesen werden.

Chang/Fang/Huang (2015) nutzen in ihrer Studie die ‚Dual-Process Theory' und kombinieren diese mit der ‚Uncertainty Reduction Theory'.[294] Die Autoren untersuchen Faktoren, die die Unsicherheit der Rezipienten bezüglich Online-Rezensionen reduzieren und unterteilen diese in informative (Information Determinants) und normative Determinanten (Normative Determinants). Die informativen Determinanten bestehen zum einen aus der Qualität der Argumente (Argument Quality). Eine weitere Determinante resultiert aus der Erkenntnis, dass negative Online-Rezensionen die Unsicherheiten der Rezipienten reduzieren (Recommendation Framing). Auch die Betrachtung von positiven und negativen Online-Rezensionen (Recommendation Sidedness) stellt im Rahmen der Untersuchung eine informative Determinante dar. Daneben werden die Glaubwürdigkeit der Quelle und die Bestätigung der Ansicht der Rezipienten anhand von Online-Rezensionen (Confirmation of Prior Beliefs) als informative Determinanten untersucht. Bis auf ‚Recommendation Framing' reduzieren alle Determinanten innerhalb der Untersuchung die Unsicherheit (Uncertainty Reduction) der Rezipienten bezüglich ihrer Kaufentscheidung. Die normativen Determinanten bestehen aus der Konsistenz (Recommendation Consistency) und dem Rating (Recommendation Rating). Die Untersuchung zeigt anhand von 450 Rezipienten, dass ‚Recommendation Rating' die Unsicherheit bei der Kaufentscheidung signifikant reduziert. Darüber hinaus zeigt die Untersuchung, dass eine Reduzierung der Unsicherheit einen positiven Effekt bezüglich der Wahrnehmung der bewerteten Unternehmen hat.

Liu/Park (2015) untersuchen anhand von 4.908 Online-Rezensionen die Faktoren, die die Nützlichkeit von Online-Rezensionen (Review Usefulness) auf Basis der ‚Theory of Information Diagnosticity' beeinflussen.[295] Es erfolgt eine Unterteilung der Faktoren in Charakteristika der Rezensenten (Messenger Factors) und in Charakteristika

---

294 Vgl. auch im Folgenden Chang/Fang/Huang (2015), S. 32 ff.

295 Vgl. auch im Folgenden Liu/Park (2015), S. 140 ff.

der Online-Rezensionen (Message Characteristics). Im Rahmen der Charakteristika der Rezensenten werden die Faktoren Offenlegung der Identität (Identity Disclosure), Kompetenz (Expertise) und Reputation (Reputation) der Rezensenten analysiert. Die Offenlegung der Identität besteht aus den drei Dimensionen echtes Foto (Real Photo), echter Name (Real Name) und echte Adresse (Real Address). Nur die Dimension ‚echtes Foto' hat einen positiven Einfluss auf die Nützlichkeit von Online-Rezensionen. Der Faktor Kompetenz (Expertise) wird eindimensional gemessen und hat keinen Einfluss auf Nützlichkeit von Online-Rezensionen. Der Faktor Reputation wird anhand der Dimensionen Anzahl der Freunde (Number of Friends), Anzahl der Fans (Number of Fans) und Anzahl von Elite-Auszeichnungen (Number of Elite Award), die auf Yelp.com erreicht werden können, gemessen. Von den drei Dimensionen haben Anzahl der Freunde und Anzahl von Elite-Auszeichnungen einen positiven Einfluss auf die Nützlichkeit von Online-Rezensionen. Im Rahmen der Charakteristika der Online-Rezensionen werden Sterne-Bewertungen (Review Star Rating), Länge (Review Length), wahrgenommene Unterhaltung (Customer Perceived Enjoyment) und Lesbarkeit (Review Readability) der Online-Rezensionen ausgewertet. Die Untersuchung zeigt, dass Sterne-Bewertungen und Länge einen positiven Einfluss auf die Nützlichkeit von Online-Rezensionen haben.

Luo et al. (2015) betrachten, welchen Einfluss der Moderator Zugehörigkeitsgefühl zu einer Community im Internet (Sense of Membership) auf die Wirkungsbeziehung zwischen den exogenen Faktoren Überzeugungskraft der Argumente (Argument Strength), zweiseitige Betrachtung (Review Sidedness), Objektivität (Review Objectivity), Glaubwürdigkeit der Quelle (Source Credibility), Konsistenz (Review Consistency) und Rating (Review Rating) von Online-Rezensionen auf den endogenen Faktor Glaubwürdigkeit von Online-Rezensionen (Review Credibility) besitzt.[296] Die Untersuchung basiert auf dem ‚Elaboration Likelihood Model' und wurde anhand einer Stichprobe von 308 Rezipienten durchgeführt. Die Studie erbringt den Nachweis, dass die Wirkungsbeziehung zwischen ‚Argument Strength', ‚Review Objectivity', ‚Source Credibility' und ‚Review Consistency' auf ‚Review Credibility' relevant ist. Der Moderator ‚Sense of Membership' hat eine positiven Einfluss auf die Wirkungsbeziehungen von ‚Argument Strength', ‚Review Sidedness' und ‚Review Rating' auf ‚Review Credibility'.

---

[296] Vgl. auch im Folgenden Luo et al. (2015), S. 305 ff.

Park/Nicolau (2015) untersuchen 5.090 Online-Rezensionen zu 45 Restaurants auf Basis der ‚Theory of Information Diagnosticity'. Die Studie betrachtet den Effekt der Bewertung von Online-Rezensionen (Review Rating) auf die wahrgenommene Nützlichkeit (Perceived Usefulness of Online-Reviews) und das wahrgenommene Vergnügen (Perceived Enjoyment of Online-Reviews) von Online-Rezensionen. Die Ergebnisse zeigen, dass extrem positive oder extrem negative Bewertungen als nützlich empfunden werden und zu einem höheren wahrgenommenen Vergnügen führen als moderate Bewertungen von Online-Rezensionen.

Reimer/Benkenstein (2016) analysieren die Wirkung des Moderators Vertrauenswürdigkeit von Online-Rezensionen (Review Trustworthiness) auf die Wirkungsbeziehung zwischen Wertigkeit von Online-Rezensionen (Review Valence) und Kaufintention (Purchase Intention) auf Basis von Online-Rezensionen.[297] Diese Untersuchung wird anhand einer Stichprobe von 195 Rezipienten durchgeführt. Als theoretische Grundlage verwenden die Autoren das ‚Persuasion Knowledge Model'. Die Autoren weisen eine positive Wirkungsbeziehung zwischen Wertigkeit von Online-Rezensionen und Kaufintention bei vertrauenswürdigen Online-Rezensionen nach und eine negative Wirkungsbeziehung bei nicht vertrauenswürdigen Online-Rezensionen.

Zhou/Guo (2017) untersuchen, wie sich die Reihenfolge (Order) von Online-Rezensionen zu einem Produkt auf die Nützlichkeit (Review Helpfulness) von Online-Rezensionen für die Rezipienten auswirkt und welche Moderatoren dabei eine Rolle spielen.[298] Die Autoren werten auf Basis der ‚Social Influence Theory' insgesamt 70.610 Online-Rezensionen zu Restaurants aus. Die Ergebnisse zeigen, dass der Faktor Reihenfolge negativ auf die Nützlichkeit von Online-Rezensionen wirkt. Diese negative Wirkung wird jedoch durch die Moderatoren Verbundenheit der Rezensenten (Reviewer Connectedness), Expertise der Rezensenten (Reviewer Expertise), Länge der Online-Rezensionen (Review Length) und zeitlicher Abstand zwischen den Online-Rezensionen (Time Distance) gemindert. Dieser Effekt kann für den Faktor Wertigkeit von Online-Rezensionen nicht nachgewiesen werden.

Tabelle 2-5 fasst die relevanten Beiträge des quantitativ-empirischen Schrifttums zu den Einflussfaktoren von Online-Rezensionen auf Social Media-Webseiten nochmals zusammen.

[297] Vgl. auch im Folgenden Reimer/Benkenstein (2016), S. 5993 ff.

[298] Vgl. auch im Folgenden Zhou/Guo (2017), S. 77 ff.

Tabelle 2-5: *Relevante Beiträge des quantitativ-empirischen Schrifttums zu den Einflussfaktoren von Online-Rezensionen auf Social Media-Webseiten*

Nr.	Autor/ Jahr	Titel/Fokus	Theoretische Grundlage/ Charakteristika	Zentrale Befunde
1.	Cheung/ Lee/ Rabjohn (2008)	The impact of electronic word-of-mouth: The adoption of online opinions in online customer communities	• Information Adoption Model • N=154 Rezipienten • Strukturgleichungsmodellierung	• ‚Argument Quality' wird anhand der Dimensionen ‚Relevance', ‚Timeliness', ‚Accuracy' und ‚Comprehensiveness' untersucht • ‚Source Credibility' wird anhand der Dimensionen ‚Source Expertise' und ‚Source Trustworthiness' untersucht • ‚Relevance' und ‚Comprehensiveness wirken positiv auf ‚Information Usefulness' • ‚Information Usefulness' wirkt positiv auf ‚Information Adoption'
2.	Zhang/ Watts (2008)	Capitalizing on Content: Information Adoption in Two Online communities	• Heuristic-Systematic Model • N=342 Rezipienten • Strukturgleichungsmodellierung	• ‚Argument Quality' und ‚Source Credibility' wirken positiv auf ‚Information Adoption'
3.	Pan/ Chiou (2011)	How Much Can You Trust Online Information? Cues for Perceived Trustworthiness of Consumer-generated Online Information	• Elaboration Likelihood Model/Heuristic-Systematic Model • N=284 Rezipienten • Strukturgleichungsmodellierung	• ‚Perceived Social Relationships' wirkt positiv auf ‚Perceived Trust' • ‚Positive and Negative eWoM' wirkt negativ auf ‚Perceived Trust'
4.	Cheung/ Sia/Kuan (2012)	Is This Review Believable? A Study of Factors Affecting the Credibility of Online Consumer Reviews from an ELM Perspective	• Elaboration Likelihood Model • N=792 Rezipienten • Multiple Regression	• ‚Central Route' wird anhand der Dimension ‚Argument Quality' untersucht • ‚Peripheral Route' wird anhand der Dimensionen ‚Source Credibility', ‚Review Consistency' und ‚Review Sidedness' untersucht ‚Central Route' und ‚Peripheral Route' wirken positiv auf die ‚Review Credibility'

Tabelle 2-5: *Relevante Beiträge des quantitativ-empirischen Schrifttums zu den Einflussfaktoren von Online-Rezensionen auf Social Media-Webseiten*

Nr.	Autor/ Jahr	Titel/Fokus	Theoretische Grundlage/ Charakteristika	Zentrale Befunde
5.	Racherla /Friske (2012)	Perceived usefulness of online consumer reviews: An exploratory investigation across three services categories	• Kein konkreter theoretischer Bezugsrahmen • N=3.000 Online-Rezensionen • OLS Regression	• ‚Messenger Factors' werden anhand der Dimensionen ‚Identity Disclosure', ‚Expertise' und ‚Reputation' untersucht • ‚Message Factors' werden anhand der Dimensionen ‚Review Elaborateness' und ‚Review Valence' untersucht • ‚Expertise' und ‚Reputation' wirken positiv auf ‚Review Usefulness'
6.	Chih et al. (2013)	Investigating Electronic Word-of-Mouth Effects on Online Discussion Forums: The Role of Perceived Positive Electronic Word-of-Mouth Review Credibility	• Affect, Behavior & Cognition Model • N=462 Rezipienten • Strukturgleichungsmodellierung	• Die Faktoren ‚Website Reputation', ‚Source Credibility', ‚Obtaining Buying-related Information' und ‚Social Orientation through Information' wirken positiv auf ‚Perceived positive eWoM Credibility' • ‚Perceived positive eWoM Credibility' wirkt positiv auf ‚Product Attitude', ‚Website Attitude' und ‚Purchase Intentions'
7.	Fan et al. (2013)	Establishing the Adoption of Electronic Word-of-Mouth through Consumers' Perceived Credibility	• Elaboration Likelihood Model • N=435 Rezipienten • Strukturgleichungsmodellierung	• ‚Source Credibility', ‚eWoM Quantity', ‚eWoM Quality', wirken positiv auf ‚Perceived eWoM Credibility' • ‚Consumer Expertise' und ‚Consumer Involvement' wirken nicht auf ‚Perceived eWoM Credibility' • ‚Perceived eWoM Credibility' wirkt positiv auf ‚eWoM Adoption'
8.	Jamil/ Hasnu (2013)	Consumer's Reliance on Word of Mouse: Influence on Consumer's Decision in an Online Information Asymmetry Context	• Elaboration Likelihood Model/Media Richness Theory • N=600 Online-Rezensionen • Strukturgleichungsmodellierung	• Die Konstrukte ‚Argument Quality Relevance', ‚Source Expertise' und ‚Source Trustworthiness' wirken positiv auf ‚Information Usefulness' • ‚Information Usefulness' wirkt positiv auf ‚Information Adoption'

Tabelle 2-5: Relevante Beiträge des quantitativ-empirischen Schrifttums zu den Einflussfaktoren von Online-Rezensionen auf Social Media-Webseiten

Nr.	Autor/ Jahr	Titel/Fokus	Theoretische Grundlage/ Charakteristika	Zentrale Befunde
9.	Filieri/ McLeay (2013)	E-WOM and Accommodation: An Analysis of the Factors That Influence Travelers' Adoption of Information from Online Reviews	• Elaboration Likelihood Model • N=578 Rezipienten • Multiple Regression	• Die ‚Central Route' wird anhand der Dimensionen ‚Information Timeliness', ‚Information Understandability', ‚Information Relevance', ‚Information Accuracy', ‚Value-Added Information', und ‚Information Completeness' untersucht • Die ‚Peripheral Route' wird anhand der Dimensionen ‚Information Quantity' und ‚Product Ranking' untersucht • ‚Information Timeliness', ‚Information Relevance', ‚Information Accuracy', ‚Value-Added Information' und ‚Product Ranking' wirken positiv auf ‚Information Adoption'
10.	Luo et al. (2013)	Impact of informational factors on online recommendation credibility: The moderating role of source credibility	• Elaboration Likelihood Model • N=199 Rezipienten • Lineare Regression	• ‚Recommendation Persuasiveness' wirkt positiv auf ‚Recommendation Credibility' • ‚Recommendation Credibility' wirkt positiv auf ‚Recommendation Adoption'
11.	Cheng/ Loi (2014)	Handling Negative Online Customer Reviews: The Effects of Elaboration Likelihood Model and Distributive Justice	• Elaboration Likelihood Model/Distributiv e Justice • N=259 Rezipienten • Varianzanalyse	• ‚Trust-Reliability' und ‚Trust-Intentionality' wirken positiv auf ‚Intention to Purchase'
12.	Cheung (2014)	The Influence of Electronic Word-of-Mouth on Information Adoption in Online Customer Communities	• Information Adoption Model • N=100 Rezipienten • Strukturglei-chungsmodellie-rung	• ‚Trustworthiness', ‚Timeliness and Comprehensiveness' und ‚Quality' wirken positiv auf ‚Information Usefulness' • ‚Information Usefulness' wirkt positiv auf ‚Purchase Intention'

Tabelle 2-5: *Relevante Beiträge des quantitativ-empirischen Schrifttums zu den Einflussfaktoren von Online-Rezensionen auf Social Media-Webseiten*

Nr.	Autor/ Jahr	Titel/Fokus	Theoretische Grundlage/ Charakteristika	Zentrale Befunde
13.	Fang (2014)	Beyond the Credibility of Electronic Word of Mouth: Exploring eWOM Adoption on Social Networking Sites from Affective and Curiosity Perspectives	• Stimulus-Organism-Response Model/Affect-as-Information Theory/Theory of Curiosity • N=445 Rezipienten • Strukturgleichungsmodellierung	• ‚Source Expertise', ‚Task Attraction', ‚Argument Strength' und ‚Recommendation Rating' wirken positiv auf ‚Perceived Credibility of eWoM Reviews'. • ‚Electronic Window Dressing' und ‚Social Attraction' wirken positiv auf ‚Arousal'. • ‚Perceived Credibility of eWoM Reviews' und ‚Arousal' wirken positiv eWoM Adoption.
14.	Teng et al. (2014)	Examining the antecedents of persuasive eWOM messages in social media	• Elaboration Likelihood Model • N=78 Rezipienten • Strukturgleichungsmodellierung	• Die Faktoren ‚Argument Quality', ‚Source Credibility', ‚Source Attractiveness', ‚Source Perception' und ‚Source Style' wirken positiv auf ‚Persuasive eWoM Messages' • ‚Persuasive eWoM Messages' wirkt positiv auf ‚Information Acceptance' • ‚Information Acceptance' wirkt positiv auf ‚Intention to use'
15.	Xu (2014)	Should I trust him? The effects of reviewer profile characteristics on eWOM credibility	• Uncertainty Reduction-/Social Information Processing Theory • N=152 Rezipienten • Kovarianzanalyse	• ‚Bandwagon Perception' wirkt positiv ‚Affective Trust' und ‚Cognitive Trust' • ‚Affective Trust' und ‚Cognitive Trust' wirken positiv auf ‚Perceived Review Credibility'
16.	Zhang et al. (2014)	Examining the influence of online reviews on consumers' decision-making: A heuristic–systematic model	• Heuristic-Systematic Model • N=191 Rezipienten • Strukturgleichungsmodellierung	• ‚Argument Quality' besteht aus den Dimensionen ‚Perceived Informativeness' und 'Perceived Persuasiveness' • ‚Argument Quality', ‚Source Credibility' und ‚Perceived Quantity of Reviews' wirken positiv auf ‚Behavioral Intention'

Tabelle 2-5: Relevante Beiträge des quantitativ-empirischen Schrifttums zu den Einflussfaktoren von Online-Rezensionen auf Social Media-Webseiten

Nr.	Autor/ Jahr	Titel/Fokus	Theoretische Grundlage/ Charakteristika	Zentrale Befunde
17.	Zhu/Yin/ He (2014)	Is this opinion leader's review useful? Peripheral Cues for Online Review Helpfulness	• Elaboration Likelihood Model/Source Credibility Model • N=16.265 Online-Rezensionen • Regressionsanalyse	• Innerhalb der ‚Central Route' wirken die Dimensionen ‚Review Length' positiv auf ‚Perceived Helpfulness' • Innerhalb der ‚Peripheral Route' wirken die Dimensionen ‚Review Expertise' und ‚Reviewer Online Attractiveness' positiv auf ‚Perceived Helpfulness'
18.	Cheng/ Ho (2015)	Social influence's impact on reader perceptions of online reviews	• Elaboration Likelihood Model • N=983 Online-Rezensionen • Multiple Regression	• ‚Source Credibility' wird anhand der Dimensionen ‚Reviewer's number of followers' und ‚Reviewer's level of expertise' untersucht, beide Faktoren wirken positiv auf ‚Usefulness of the Review' • ‚Argument Quality' wird anhand der Dimensionen ‚Word Count' und ‚Image Count' untersucht, beide Faktoren wirken positiv auf ‚Usefulness of the Review'
19.	Chang/ Fang/ Huang (2015)	The Impact of On-Line Consumer Reviews on Value Perception: The Dual-Process Theory and Uncertainty Reduction	• Dual-Process Theory/Uncertainty Reduction Theory • N=450 Rezipienten • Strukturgleichungsmodellierung	• ‚Argument Quality', ‚Recommendation Sidedness', ‚Source Credibility', ‚Confirmation with Prior Belief' und ‚Recommendation Rating' wirken positiv auf ‚Uncertainty Reduction' • ‚Recommendation Framing' wirkt negativ auf ‚Uncertainty Reduction' • ‚Uncertainty Reduction' wirkt positiv auf ‚Value Perception'
20.	Liu/Park (2015)	What makes a useful online review? Implication for travel product websites	• Theory of Information Diagnosticity • N=4.908 Online-Rezensionen • Regression	• ‚Real Photo' als Dimension von ‚Identity Disclosure' wirkt positiv auf ‚Review Usefulness' • ‚Number of Friends' und ‚Number of Elite Award' als Dimensionen von ‚Reputation' wirken positiv auf ‚Information Usefulness' • ‚Review Star Rating' und ‚Review Length' wirken positiv auf ‚Information Usefulness'

Tabelle 2-5: Relevante Beiträge des quantitativ-empirischen Schrifttums zu den Einflussfaktoren von Online-Rezensionen auf Social Media-Webseiten

Nr.	Autor/ Jahr	Titel/Fokus	Theoretische Grundlage/ Charakteristika	Zentrale Befunde
21.	Luo et al. (2015)	Examining the moderating role of sense of membership in online review evaluations	• Elaboration Likelihood Model • N=308 Rezipienten • Multiple Regression	• ‚Argument Strength', ‚Review Objectivity', ‚Source Credibility' und ‚Review Consistency' wirken positiv auf ‚Review Credibility'
22.	Park/ Nicolau (2015)	Asymmetric effects of online consumer reviews	• Theory of Information Diagnosticity • N=5.090 Online-Rezensionen • Regression	• ‚Positive Ratings' und ‚Negative Ratings' wirken positiv auf ‚Perceived Usefulness of Online Reviews' und ‚Perceived Enjoyment of Online Reviews'
23.	Reimer/ Benkenstein (2016)	When good WOM hurts and bad WOM gains: The effect of untrustworthy online reviews	• Persuasion Knowledge Model • N=195 Rezipienten • Regression	• ‚Review Valence' wirkt positiv auf ‚Purchase Intention' • ‚Review Trustworthiness' wirkt positiv auf die Wirkungsbeziehung zwischen ‚Review Valence' und ‚Purchase Intention'
24.	Zhou/ Guo (2017)	The order effect on online review helpfulness: A social influence perspective	• Social Influence Theory • N=70.610 Online-Rezensionen • Regression	• ‚Order' wirkt negativ auf ‚Review Helpfulness' • ‚Reviewer Connectedness', ‚Reviewer Expertise', ‚Review Length', ‚Time Distance' wirken positiv auf die Wirkungsbeziehung zwischen ‚Order' und ‚Review Helpfulness'

Die Analyse der 24 quantitativ-empirischen Arbeiten zu den exogenen und endogenen Einflussfaktoren von Online-Rezensionen auf Social Media-Webseiten verdeutlicht, dass ein sehr heterogenes Forschungsfeld vorliegt. Für eine strukturierte Übersicht über die identifizierten exogenen und endogenen Faktoren erfolgt eine systematische Einordnung dieser in den Untersuchungskontext. Die relevanten exogenen Faktoren werden dazu einerseits in Einflussfaktoren der Qualität der Argumente und andererseits in Einflussfaktoren der peripheren Signale unterteilt. Die relevanten endogenen Faktoren, die das zentrale Forschungsergebnis der identifizierten Arbeiten darstellen, werden in die Faktoren Glaubwürdigkeit von Online-Rezensionen,

Akzeptanz bzw. Nützlichkeit von Online-Rezensionen sowie Verhaltensintention auf Basis von Online-Rezensionen unterteilt.

Abbildung 2-7: *Auswertung des quantitativ-empirischen Schrifttums zu den exogenen und endogenen Faktoren von Online-Rezensionen auf Social Media-Webseiten*

	Exogene Faktoren		Endogene Faktoren		
Relevante Faktoren / Beiträge	Faktoren bzgl. der Qualität der Argumente	Faktoren bzgl. der peripheren Signale	Glaubwürdigkeit von Online-Rezensionen	Akzeptanz bzw. Nützlichkeit von Online-Rezensionen	Intention
Cheung/Lee/ Rabjohn (2008)	✓	✓		✓ Information Usefulness	✓ Information Adoption
Zhang/Watts (2008)	✓ Argument Quality	✓ Source Credibility			✓ Information Adoption
Pan/Chiou (2011)				✓ Trust	
Cheung/Sia/Kuan (2012)	✓ Argument Quality	✓	✓		
Racherla/Friske (2012)	✓ Message Factors	✓ Messenger Factors		✓ Review Usefulness	
Chih et al. (2013)		✓ Platform-based Factors	✓		✓ Purchase Intention
Fan et al. (2013)		✓	✓ eWoM Credibility		✓ eWoM Adoption
Filieri/McLeay (2013)	✓	✓			✓ Information Adoption
Jamil/Hasnu (2013)	✓	✓		✓ Information Usefulness	✓ Information Adoption
Luo et al. (2013)	✓	✓ Source Credibility	✓ Recommendation Credibility		✓ Recommendation Adoption
Cheng/Loi (2014)				✓ Trust	✓ Purchase Intention
Cheung (2014)	✓			✓ Information Usefulness	✓ Purchase Intention
Fang (2014)	✓ Argument Strength	✓	✓ eWoM Credibility		✓ eWoM Adoption

Beiträge die anhand bestehender Online-Rezensionen ausgewertet worden, sind grau hinterlegt

Abbildung 2-7: *Auswertung des quantitativ-empirischen Schrifttums zu den exogenen und endogenen Faktoren von Online-Rezensionen auf Social Media-Webseiten*

	Exogene Faktoren		Endogene Faktoren		
Relevante Faktoren / Beiträge	Faktoren bzgl. der Qualität der Argumente	Faktoren bzgl. der peripheren Signale	Glaubwürdigkeit von Online-Rezensionen	Akzeptanz bzw. Nützlichkeit von Online-Rezensionen	Intention
Teng et al. (2014)	✓ Argument Quality	✓		✓ Information Acceptance	✓ Intention to Use
Xu (2014)		✓	✓	✓ Trust	
Zhang et al. (2014)	✓	✓			✓ Behavioral Intention
Zhu/Yin/He (2014)	✓	✓		✓ Perceived Helpfulness	
Chang/Fang/ Huang (2015)	✓ Argument Quality	✓		✓ Uncertainty Reduction	✓ Value Perception
Cheng/Ho (2015)	✓	✓ Source Credibility		✓ Review Usefulness	
Liu/Park (2015)	✓ Message Characteristics	✓ Messenger Factors		✓ Review Usefulness	
Luo et al. (2015)	✓	✓	✓		
Park/Nicolau (2015)				✓ Review Usefulness	
Reimer/Benkenstein (2016)	✓				✓ Purchase Intention
Zhou/Guo (2017)				✓ Review Helpfulness	

Beiträge die anhand bestehender Online-Rezensionen ausgewertet worden, sind grau hinterlegt

Innerhalb dieser systematischen Auswertung wird deutlich, dass insgesamt 17 Arbeiten auf die Qualität der Argumente abzielen. Während davon zwölf Arbeiten relevante Faktoren der Qualität der Argumente betrachten, gibt es fünf Arbeiten, die die Qualität der Argumente als eigenständiges Konstrukt analysieren. Von den 17 Arbeiten untersuchen zwölf Arbeiten die Qualität der Argumente mittels eigener Rezipientenbefragungen und fünf Arbeiten anhand von Auswertungen vorliegender Online-Rezensionen. Die peripheren Signale werden im relevanten Social Media-Schrifttum von 18 Arbeiten untersucht. Während davon 15 Arbeiten relevante Faktoren der peripheren Signale betrachten, existieren drei Arbeiten, die sich explizit auf das eigenständige Konstrukt Glaubwürdigkeit der Quelle beziehen. Von den 18 Arbeiten untersuchen 13 Arbeiten die peripheren Signale anhand von Rezipientenbefragungen, fünf Arbeiten basieren auf Auswertungen bestehender Online-Rezensionen.

Die Auswertung der identifizierten Arbeiten bezüglich der für die Untersuchung relevanten endogenen Faktoren zeigt, dass sieben von 24 quantitativ-empirischen Arbeiten die Glaubwürdigkeit von Online-Rezensionen als eigenständiges endogenes Konstrukt behandeln. Alle sieben Arbeiten untersuchen das Konstrukt Glaubwürdigkeit von Online-Rezensionen im Rahmen einer Rezipientenbefragung. Darüber hinaus beinhalten 14 der 24 quantitativ-empirischen Arbeiten ein endogenes Konstrukt, das die Akzeptanz beziehungsweise die Nützlichkeit von Online-Rezensionen untersucht. 14 Arbeiten beziehen ein endogenes Konstrukt mit ein, das eine Verhaltensintention der Rezipienten, beispielsweise eine Kaufabsicht (Purchase Intention) beinhaltet. Abbildung 2-7 fasst die Auswertung der identifizierten quantitativ-empirischen Arbeiten zu den exogenen und endogenen Faktoren von Online-Rezensionen auf Social Media-Webseiten nochmals zusammen.

2.3.2. Implikationen des Forschungsüberblicks zu Online-Rezensionen auf Basis des Social Media-Schrifttums

Die Heterogenität des hier vorliegenden Forschungsfelds wird anhand der im Social Media-Schrifttum angewandten Modellstrukturen der Arbeiten deutlich. So existieren 14 Arbeiten, die auf dualen Prozessmodellen basieren. Davon verwenden neun Arbeiten duale Prozessmodelle, die zwischen einer zentralen und einer peripheren Route der Persuasion differenzieren. Von diesen neun Arbeiten ordnen fünf Arbeiten konkret einzelne Faktoren der zentralen und der peripheren Route der Persuasion zu. Unter der zentralen Route der Persuasion lassen sich dabei Faktoren bezüglich der Qualität der Argumente und unter der peripheren Route der Persuasion Faktoren bezüglich der peripheren Signale subsumieren.

Zu diesen fünf Arbeiten gehören die Studien von Cheung/Sia/Kuan (2012), Filieri/McLeay (2013), Cheung (2014), Zhu/Yin/He (2014) und Luo et al. (2015). Diese Arbeiten unterscheiden sich aufgrund der identifizierten relevanten Faktoren bezüglich der zentralen und der peripheren Route der Persuasion.[299]

Cheung/Sia/Kuan (2012) untersuchen die Glaubwürdigkeit von Online-Rezensionen. Als theoretische Grundlage arbeiten die Autoren mit dem ‚Elaboration Likelihood

299 Vgl. Cheung/Sia/Kuan (2012), S. 618 ff.; Filieri/McLeay (2013), S. 44 ff.; Cheung (2014), S. 42 ff.; Zhu/Yin/He (2014), S. 267 ff; Luo et al. (2015), S. 305 ff.

Model', ihre empirische Grundlage sind Rezipientenbefragungen. Innerhalb der zentralen Route der Persuasion setzen die Autoren auf den Faktor Qualität der Argumente und innerhalb der peripheren Route der Persuasion betrachten sie als periphere Signale die Faktoren Glaubwürdigkeit der Quelle, Konsistenz von Online-Rezensionen und die zweiseitige Betrachtung von Online-Rezensionen (Nennung von positiven und negativen Aspekten zu einem Produkt innerhalb einer Online-Rezension).[300]

Filieri/McLeay (2013) betrachten ebenfalls die Qualität der Argumente innerhalb der zentralen Route der Persuasion. Die Autoren untersuchen die Qualität der Argumente jedoch anhand von einzelnen Faktoren. Dazu zählen beispielsweise die Faktoren Aktualität, Verständlichkeit und Genauigkeit. Innerhalb der peripheren Route der Persuasion ziehen die Autoren als periphere Signale die Faktoren Menge von Informationen (Information Quantity) und Rangfolge von Produkten (Product Ranking) heran. Als endogenes Konstrukt betrachten die Autoren die Annahme der Informationen von Online-Rezensionen (Information Adoption). Die theoretische Grundlage dieser Arbeit stellt das ,Elaboration Likelihood Model' dar. Auch hier basiert die Studie empirisch auf Rezipientenbefragungen.[301]

Cheung (2014) bezieht sich in seiner Untersuchung innerhalb der zentralen Route der Persuasion beziehungsweise der Qualität der Argumente auf die Faktoren Relevanz (Relevance), Qualität (Quality) sowie Aktualität & Verständlichkeit (Timeliness and Comprehensiveness). Als peripheres Signal innerhalb der peripheren Route der Persuasion wird der Faktor Vertrauen in die Quelle (Trustworthiness) untersucht.[302] Als endogenes Konstrukt verwendet der Autor die Kaufintention (Purchase Intention). Die theoretische Basis der Untersuchung ist das ,Information Adoption Model'. Die Empirie setzt sich wiederum aus Rezipientenbefragungen zusammen.

Zhu/Yin/He (2014) untersuchen innerhalb der zentralen Route der Persuasion als relevante Faktoren der Qualität der Argumente die Lesbarkeit (Review Readability) und die Länge (Review Length) von Online-Rezensionen. Innerhalb der peripheren Route der Persuasion beziehen die Autoren als periphere Signale die Faktoren Expertise der Rezensenten (Reviewer Expertise) und Attraktivität der Rezensenten (Reviewer Attractiveness) mit ein. Das endogene Konstrukt der Untersuchung stellt die wahrgenommene Nützlichkeit (Perceived Helpfulness) von Online-Rezensionen dar.

---

300 Vgl. Cheung/Sia/Kuan (2012), S. 618 ff.
301 Vgl. Filieri/McLeay (2013), S. 44 ff.
302 Vgl. Cheung (2014), S. 42 ff.

Die theoretische Grundlage der Untersuchung ist das ‚Elaboration Likelihood Model' sowie das ‚Source Credibility Model'. In dieser Arbeit werden Online-Rezensionen empirisch ausgewertet.[303]

Luo et al. (2015) betrachten innerhalb der zentralen Route der Persuasion als relevante Faktoren die Überzeugungskraft der Argumente (Argument Strength) und die Objektivität (Review Objectivity) von Online-Rezensionen sowie die Beachtung positiver und negativer Argumente (Review Sidedness) in Online-Rezensionen. Als periphere Signale innerhalb der peripheren Route der Persuasion analysieren die Autoren die Faktoren Glaubwürdigkeit der Quelle (Source Credibility), Konsistenz (Review Consistency) und Rating (Review Rating) von Online-Rezensionen. Als endogenes Konstrukt wird die Glaubwürdigkeit von Online-Rezensionen (Review Credibility) geprüft. Die theoretische Grundlage der Untersuchung ist das ‚Elaboration Likelihood Model'. Empirische Grundlagen der Studie sind Rezipientenbefragungen.[304]

Neben diesen fünf Studien, die sich deutlich anhand der Faktoren der zentralen Route der Persuasion beziehungsweise der Qualität der Argumente und der peripheren Route der Persuasion beziehungsweise der peripheren Signale unterscheiden, existieren im relevanten Schrifttum noch vier weitere Arbeiten, die innerhalb eines dualen Prozessmodells relevante Faktoren bezüglich der Qualität der Argumente und der peripheren Signale analysieren. Diese Arbeiten fokussieren im Rahmen der peripheren Signale nur den Aspekt der Glaubwürdigkeit der Quelle. Somit betrachten diese Arbeiten die für diese Untersuchung relevanten peripheren Signale nur eingeschränkt.

Zu diesen Arbeiten gehört die Studie von Cheung/Lee/Rabjohn (2008), die zwischen relevanten Faktoren bezüglich der Qualität der Argumente und der Glaubwürdigkeit der Quelle unterscheiden. Die Autoren betrachten bezüglich der Qualität der Argumente beispielsweise die Faktoren Aktualität, Verständlichkeit und Genauigkeit. Als relevante Faktoren bezüglich der Glaubwürdigkeit der Quelle ziehen die Autoren die Faktoren Expertise der Verfasser (Source Expertise) und Vertrauen der Verfasser (Source Trustworthiness) heran. Als endogenes Konstrukt verwenden die Autoren den Faktor Informationsübernahme.[305] Die theoretische Grundlage bildet das ‚Information Adoption Model' und als empirische Basis der Untersuchung dienen Rezipi-

303 Vgl. Zhu/Yin/He (2014), S. 267 ff.

304 Vgl. Luo et al. (2015), S. 305 ff.

305 Vgl. Cheung/Lee/Rabjohn (2008), S. 229 ff.

entenbefragungen. Jamil/Hasnu (2013) ziehen für ihre Studie das gleiche Modell wie Cheung/Lee/Rabjohn (2008) heran. Ein Unterschied zwischen beiden Arbeiten besteht darin, dass die Autoren Rezipienten einer anderen Plattform befragen. Ein weiterer Unterschied liegt in den dieser Arbeit verwendeten Theorien. Jamil/Hasnu (2013) verwenden für ihre Arbeit das ‚Elaboration Likelihood Model' sowie die ‚Media Richness Theory'.[306]

Zhang/Watts (2008) untersuchen in ihrer Studie allgemein die Faktoren der Qualität der Argumente und der Glaubwürdigkeit der Quelle innerhalb eines dualen Prozessmodells, das auf der zentralen und der peripheren Route der Persuasion beruht. Die Autoren unterscheiden nicht explizit hinsichtlich der Qualität der Argumente und der Glaubwürdigkeit der Quelle. Die Autoren verwenden als endogenen Faktor die Informationsübernahme (Information Adoption). Die theoretische Grundlage dieser Studie fußt auf dem ‚Heuristic-Systematic Model'. Empirisch basiert die Untersuchung auf Rezipientenbefragungen.[307]

Cheng/Ho (2015) betrachten in ihrer Studie im Rahmen der zentralen und der peripheren Route der Persuasion Faktoren bezüglich der Qualität der Argumente und der Glaubwürdigkeit der Quelle. Zu den relevanten Faktoren der Qualität der Argumente gehören die Anzahl von Bildern (Image Count) und die Anzahl von Wörtern (Word Count) innerhalb von Online-Rezensionen. Die Autoren untersuchen als endogenes Konstrukt die Nützlichkeit von Online-Rezensionen (Usefulness of the Review). Die theoretische Grundlage der Arbeit ist das ‚Elaboration Likelihood Model'. Die Empirie dieser Untersuchung sind Auswertungen zu bestehenden Online-Rezensionen.[308]

Darüber hinaus existieren im relevanten Social Media-Schrifttum noch weitere Arbeiten, die auf dualen Prozessmodellen basieren. Hier sind zunächst die Arbeiten von Racherla/Friske (2012) und Liu/Park (2015) zu nennen, die die Prozessverarbeitung der Rezipienten in Charakteristika von Online-Rezensionen (Message Characteristics) und Charakteristika von Rezensenten (Messenger Factors) unterteilen. Diese Arbeiten verwenden als relevante Faktoren bezüglich der Charakteristika von Rezensenten die Reputation, die Expertise sowie die Identität der Rezensenten. Die Arbeiten unterscheiden sich bezüglich der betrachteten relevanten Faktoren der Charakte-

306 Vgl. Jamil/Hasnu (2013), S. 171 ff.

307 Vgl. Zhang/Watts (2008), S. 73 ff.

308 Vgl. Cheng/Ho (2015), S. 883.

ristika von Online-Rezensionen. Racherla/Friske (2012) beziehen die Faktoren moderate Bewertungen von Online-Rezensionen und Ausführlichkeit von Online-Rezensionen in ihre Untersuchung mit ein. Liu/Park (2015) betrachten bei gleicher Fragestellung die Bewertung anhand von Sternen sowie die Lesbarkeit von Online-Rezensionen. Als endogenes Konstrukt verwenden beide Arbeiten die Nützlichkeit von Online-Rezensionen. Während Racherla/Friske (2012) keine Theorie verwenden, stellen Liu/Park (2015) auf der ,Theory of Information Diagnosticity' ab. Die empirische Grundlage beider Studien sind Auswertungen von bestehenden Online-Rezensionen.[309]

Die Arbeit von Chih et al. (2013) unterscheidet innerhalb eines dualen Prozessmodells zwischen einer plattformbasierten und einer rezipientenbasierten Prozessverarbeitung. Zu den plattformbasierten Faktoren gehört innerhalb der Untersuchung beispielsweise die Reputation der Webseite, während als rezipientenbasierter Faktor beispielsweise die soziale Orientierung der Rezipienten herangezogen wird. Diese Studie basiert auf dem ,Cognition-Affect-Behavior Model' und betrachtet als endogene Variable unter anderem die Kaufintention. Als empirische Grundlage verwenden die Autoren Rezipientenbefragungen.[310]

Fang (2014) unterscheidet innerhalb eines dualen Prozessmodells zwischen kognitiven und affektiven Verarbeitungsprozessen der Rezipienten unter Verwendung der ,Affect-as-Information Theory' sowie des ,Stimulus-Organism-Response (S-O-R) Models' und der ,Theory of Curiosity'. Dazu untersucht der Autor bezüglich des kognitiven Verarbeitungsprozesses beispielsweise den Faktor Überzeugungskraft der Argumente (Argument Strength) und bezüglich des affektiven Verarbeitungsprozesses beispielsweise den Faktor soziale Attraktivität der Quelle (Social Attraction). Als endogenes Konstrukt wird die Annahme von electronic Word-of-Mouth (eWoM Adoption) betrachtet. Die empirische Grundlage dieser Untersuchung bilden Rezipientenbefragungen.[311]

Als letzte Studie im relevanten Social Media-Schrifttum, die auf einem dualen Prozessmodell aufbaut, ist die Arbeit von Chang/Fang/Huang (2015) zu nennen. Die Autoren benutzen informative und normative Dimensionen auf Basis der ,Dual-Process Theory' und der ,Uncertainty Reduction Theory'. Innerhalb der informativen Deter-

309 Vgl. Racherla/Friske (2012), S. 548 ff.; Liu/Park (2015), S. 140 ff.

310 Vgl. Chih et al. (2013), S. 658 ff.

311 Vgl. Fang (2014), S. 67 ff.

minanten werden beispielsweise die Argumente und die Glaubwürdigkeit der Quelle betrachtet, während als normative Determinante beispielsweise die Konsistenz von Online-Rezensionen herangezogen wird. Als endogenes Konstrukt wird in der Untersuchung die Wahrnehmung des Werts der Online-Rezension (Value Perception) analysiert. Die empirische Grundlage sind wiederum Rezipientenbefragungen.[312]

Neben diesen dualen Prozessmodellen existieren noch weitere Studien im Social Media-Schrifttum, die für diese Untersuchung relevante Einflussfaktoren von Online-Rezensionen bezüglich der zentralen Route der Persuasion beziehungsweise der Qualität der Argumente und der peripheren Route der Persuasion beziehungsweise der peripheren Signale beinhalten.

Dazu gehört die Studie von Luo et al. (2013), die unter anderem als einen exogenen Faktor die Vollständigkeit von Online-Rezensionen untersuchen, der ebenfalls als eine Dimension der Qualität der Argumente angesehen werden kann.[313] Darüber hinaus betrachten die Autoren die Glaubwürdigkeit der Quelle als einen Faktor, der einen Einfluss auf das endogene Konstrukt der Untersuchung, nämlich auf die Annahme der Empfehlungen (Recommendation Adoption) besitzt. Die Autoren leiten diese Faktoren auf Basis des ‚Elaboration Likelihood Models' her. Die empirische Grundlage sind Rezipientenbefragungen.[314]

Teng et al. (2014) untersuchen in ihrer Studie die Faktoren Qualität der Argumente und Glaubwürdigkeit der Quelle. Als endogenes Konstrukt stellen die Autoren auf dem Konstrukt Akzeptanz der Informationen sowie auf dem Konstrukt Nutzungsintention ab. Als theoretische Grundlage wird das ‚Elaboration Likelihood Model' verwendet, die empirische Basis sind Rezipientenbefragungen.[315]

Xu (2014) betrachtet mit den Faktoren Reputation (Reputation Cue) und Profilbild der Rezensenten (Profile Picture Cue) zwei Faktoren, die zu den peripheren Signalen gezählt werden können. Als endogenes Konstrukt verwendet der Autor die Glaubwürdigkeit von Online-Rezensionen. Die empirische Grundlage der Untersuchung

---

312 Vgl. Chang/Fang/Huang (2015), S. 32 ff.
313 Vgl. Luo et al. (2013), S. 92 ff.
314 Vgl. Luo et al. (2013), S. 92 ff.
315 Vgl. Teng et al. (2014), S. 746 ff.

bilden Rezipientenbefragungen. Theoretische Basis sind die ‚Uncertainty Reduction Theory' sowie die ‚Social Information Processing Theory'.[316]

Fan et al. (2013) ziehen die Faktoren Glaubwürdigkeit der Quelle (Source Credibility) und Anzahl an eWoM (eWoM Quantity) heran, die zu den peripheren Signalen subsumiert werden können. Als endogenes Konstrukt beziehen sich die Autoren auf die Annahme von eWoM (eWoM Adoption). Die Autoren verwenden als theoretische Grundlage das ‚Elaboration Likelihood Model'. Die empirische Basis bilden Rezipientenbefragungen.[317]

Zhang et al. (2014) untersuchen mit der Glaubwürdigkeit der Quelle (Source Credibility) und der Quantität von Online-Rezensionen (Quantity of Reviews) die gleichen Faktoren wie Fan et al. (2013). Diese Faktoren gehören zu den peripheren Signalen. Darüber hinaus betrachten die Autoren zwei Faktoren, die relevante Dimensionen der Qualität der Argumente darstellen. Dies sind die Faktoren wahrgenommene Informationen (Perceived Informativeness) und wahrgenommener Einfluss (Perceived Persuasiveness) von Online-Rezensionen. Als theoretische Grundlage wird das ‚Heuristic-Systematic Model' verwendet. Empirisch basiert die Arbeit auf Rezipientenbefragungen.[318]

Reimer/Benkenstein (2016) betrachten mit der Bewertung von Online-Rezensionen (Review Valence) einen Faktor, der in dieser Untersuchung zu den Dimensionen bezüglich der Qualität der Argumente gefasst werden kann. Die Autoren verwenden als theoretische Grundlage das ‚Persuasion Knowledge Model'. Die empirische Grundlage bilden Rezipientenbefragungen.[319]

Zhou/Guo (2017) analysieren die Wirkung verschiedener Moderatoren auf die Wirkungsbeziehung zwischen der Reihenfolge von Online-Rezensionen (Order) und der Nützlichkeit von Online-Rezensionen (Review Helpfulness). Dazu zählen die Moderatoren Verbundenheit der Rezensenten (Reviewer Connectedness), Expertise der Rezensenten (Reviewer Expertise) und zweiseitige Bewertung von Online-Rezensionen (Review Valence), die in dieser Untersuchung zu den peripheren Signalen gezählt werden können. Darüber hinaus werden in dieser Untersuchung die von Zhou/Guo (2017) betrachteten Moderatoren Länge von Online-Rezensionen (Review Length) und zeitlicher Abstand zwischen Online-Rezensionen (Time Distance) zu

316 Vgl. Xu (2014), S. 136 ff.

317 Vgl. Fan et al. (2013), S. 58 ff.

318 Vgl. Zhang et al. (2014), S. 78 ff.

319 Vgl. Reimer/Benkenstein (2016), S. 5993 ff.

den Dimensionen der Qualität der Argumente gezählt. Die theoretische Grundlage der Untersuchung basiert auf der ‚Social Influence Theory'. Die empirische Grundlage basiert auf Auswertungen bestehender Online-Rezensionen.[320]

Auf Basis des quantitativ-empirischen Schrifttums zu Online-Rezensionen auf Social Media-Webseiten können somit einige wichtige Implikationen gewonnen werden, aus denen sich das Forschungspotenzial dieser Untersuchung unter folgenden Aspekten konstituiert.

- Die Analyse des Social Media-Schrifttums offenbart eine Vielzahl verschiedener Einflussfaktoren von Online-Rezensionen bezüglich der Qualität der Argumente. Da sich einige dieser Einflussfaktoren im Ergebnis deutlich überschneiden, lassen sie sich inhaltlich zusammenfassen. So ergeben sich im Wesentlichen sechs verschiedene Einflussfaktoren von Online-Rezensionen bezüglich der Qualität der Argumente. Dazu zählen die Faktoren Verständlichkeit, Genauigkeit, zweiseitige Betrachtung, Vollständigkeit, Relevanz und Aktualität von Online-Rezensionen.[321]

  Bislang existiert im Schrifttum keine Arbeit die alle sechs identifizierten Faktoren untersucht. Darüber hinaus gibt es nur eine Arbeit, die fünf dieser Faktoren in einer Studie betrachtet. Filieri/McLeay (2013) analysieren die Verständlichkeit, die Genauigkeit, die Vollständigkeit, die Relevanz und die Aktualität, nicht jedoch die zweiseitige Betrachtung von Online-Rezensionen.[322] Diese Studie hat jedoch einige Schwächen. Dazu gehört, dass die Studie keinen Nachweis erbringt, dass die Faktoren Verständlichkeit und Vollständigkeit einen Einfluss auf die Einstellung beziehungsweise auf das Verhalten der Rezipienten haben. Im Social Media-Schrifttum zeigen aber beispielsweise die Arbeiten von Cheung/Lee/Rabjohn (2008), Jamil/Hasnu (2013), Zhu/Yin/He (2014); Liu/Park (2015), dass die Faktoren Verständlichkeit und Vollständigkeit sehr wohl eine bedeutende Dimensionen der Qualität der Argumente darstellen.[323]

---

320 Vgl. Zhou/Guo (2017), S. 77 ff.

321 Vgl. dazu auch Kapitel 2.3.1. Eine detaillierte Ausführung welche Inhalte diese Faktoren vereinen und auf welcher Basis sich diese Zusammenfassung rekurriert erfolgt in Kapitel 3.2.1.1.

322 Vgl. auch im Folgenden Filieri/McLeay (2013), S. 44 ff.

323 Vgl. bezüglich der Vollständigkeit die Arbeiten von Cheung/Lee/Rabjohn (2008) und Jamil/Hasnu (2013) sowie bezüglich der Verständlichkeit die Arbeiten von Zhu/Yin/He (2014); Liu/Park (2015).

Darüber hinaus betrachten Filieri/McLeay (2013) keine Moderatoren, die einen potenziellen Einfluss auf die Wirkungsbeziehung zwischen den einzelnen Dimensionen der Qualität der Argumente und der den Einfluss von Online-Rezensionen messenden Faktoren besitzen. Im Schrifttum existieren Studien, die die Bedeutung von Moderatoren in diesem Kontext untersuchen. Dazu gehört beispielsweise die Studie von Cheung/Sia/Kuan (2012).[324] Außerdem werden weitere kausale Beziehungen, aus denen sich ein erheblicher Mehrwert für die Forschung ergeben könnte, vernachlässigt. So kann beispielsweise anhand der Arbeiten von Cheung (2014) und Teng et al. (2014) gezeigt werden, dass sich die Einflussfaktoren von Online-Rezensionen nicht nur auf die Einstellung der Rezipienten auswirken, sondern dass aus einer veränderten Einstellung sogar ein anderes Verhalten der Rezipienten resultiert.[325]

Darüber hinaus existieren im Social Media-Schrifttum die Arbeiten von Cheung/Lee/Rabjohn (2008) und Jamil/Hasnu (2013), die mit den Einflussfaktoren Relevanz, Aktualität, Genauigkeit und Vollständigkeit jeweils vier der sechs benannten Dimensionen bezüglich der Qualität der Argumente untersuchen.[326] In beiden Studien kann kein empirischer Nachweis erbracht werden, dass die Faktoren Aktualität und Genauigkeit einen Einfluss auf das endogene Konstrukt Nützlichkeit von Online-Rezensionen besitzen. Darüber hinaus verzichten beide Studien auf Moderatoren, aus denen sich ein Einfluss auf die untersuchten Wirkungsbeziehungen ableiten ließe.

Über die vorgestellten Studien von Cheung/Lee/Rabjohn (2008), Filieri/McLeay (2013), Jamil/Hasnu (2013) hinaus, existieren im Social Media-Schrifttum keine weiteren Arbeiten, die mehr als zwei der identifizierten Einflussfaktoren von Online-Rezensionen bezüglich der Qualität der Argumente untersuchen.[327]

Diese Untersuchung greift alle sechs im Social Media-Schrifttum identifizierten Einflussfaktoren der Qualität der Argumente auf und prüft diese auf Basis einer mehrstufigen Analyse auf Eignung und Aussagefähigkeit. Anhand einer empirischen Betrachtung werden anschließend die geeigneten Faktoren vali-

---

324 Vgl. Cheung/Sia/Kuan (2012), S. 627.

325 Vgl. Cheung (2014), S. 52; Teng et al. (2014), S. 757.

326 Vgl. auch im Folgenden Cheung/Lee/Rabjohn (2008), S. 229 ff.; Jamil/Hasnu (2013), S. 171 ff.

327 Siehe dazu die vorherigen Erläuterungen in Kapitel 2.3.2 sowie die detaillierten Ausführungen zu den einzelnen Arbeiten in Kapitel 2.3.1.

diert. So sollen in dieser Untersuchung die bislang sehr unterschiedlichen Ergebnisse des Social Media-Schrifttums hinsichtlich der Einflussfaktoren von Online-Rezensionen bezüglich der Qualität der Argumente neu überprüft werden, um erstmals vollständigen Überblick über alle sechs relevanten Einflussfaktoren der Qualität der Argumente gewinnen zu können. Zudem werden zur weiteren Analyse zusätzliche Moderatoren herangezogen und weitere kausale Beziehungen zwischen einflussmessenden Faktoren berücksichtigt.

- Die Analyse des Social Media-Schrifttums zeigt eine Vielzahl verschiedener Einflussfaktoren von Online-Rezensionen bezüglich der peripheren Signale. Auch hier bestehen zwischen den identifizierten Faktoren teilweise Überschneidungen, so dass sich diese in sieben Einflussfaktoren bezüglich der peripheren Signale zusammenfassen lassen. Dies sind die Faktoren Quantität von Online-Rezensionen, Konsistenz von Online-Rezensionen, Reputation der Rezensenten, Identität der Rezensenten, Expertise der Rezensenten, Reputation der Webseite und Rating von Produkten und Dienstleistungen.[328]

  Im Social Media-Schrifttum untersucht bislang keine Arbeit alle genannten Faktoren gemeinsam. Die bisherigen Studien betrachten meist ein bis zwei, nur drei Autoren drei dieser Faktoren. Die Arbeiten von Racherla/Friske (2012), Liu/Park (2015) und Park/Nicolau (2015) untersuchen als einzige drei periphere Signale als Einflussfaktoren von Online-Rezensionen. Alle drei Studien verwenden als Faktoren die Reputation der Rezensenten, die Identität der Rezensenten und die Expertise der Rezensenten.[329]

  Darüber hinaus existieren einige Arbeiten, die zwei periphere Signale als Einflussfaktoren von Online-Rezensionen analysieren. Beispielsweise untersuchen Cheung/Lee/Rabjohn (2008), Jamil/Hasnu (2013) und Cheng/Ho (2015) jeweils die Expertise und die Reputation der Rezensenten als Einflussfaktoren von Online-Rezensionen.[330] Filieri/McLeay (2013) untersuchen die Quantität von Online-Rezensionen und das Rating von Produkten und Dienstleistungen, während Chang/Fang/Huang (2015) und Luo et al. (2015) die Konsistenz von Online-Rezensionen und das Rating von Produkten und Dienstleistungen be-

[328] Vgl. dazu auch Kapitel 2.3.1. Eine detaillierte Ausführung welche Inhalte diese Faktoren vereinen und auf welcher Basis sich diese Zusammenfassung rekurriert erfolgt in Kapitel 3.2.1.2.

[329] Vgl. auch im Folgenden Racherla/Friske (2012), S. 548 ff.; Liu/Park (2015), S. 140 ff.; Park/Nicolau (2015), S. 67 ff.

[330] Vgl. auch im Folgenden Cheung/Lee/Rabjohn (2008), S. 229 ff.; Jamil/Hasnu (2013); Cheng/Ho (2015), S. 883 ff.

ziehungsweise das Rating von Online-Rezensionen als exogene Faktoren bezüglich der peripheren Signale analysieren.[331]

Diese Untersuchung greift alle sieben im Social Media-Schrifttum identifizierten Einflussfaktoren bezüglich der peripheren Signale auf und prüft sie auf Basis einer mehrstufigen Analyse auf Eignung. Anschließend werden die validierten peripheren Signale einer empirischen Betrachtung unterzogen. Dies führt zu einem deutlich größeren Umfang der Untersuchung relevanter Dimensionen der peripheren Signale als er im Social Media-Schrifttum bislang vorliegt. Dadurch soll diese Untersuchung zu einem deutlichen Erkenntnisgewinn für die Forschung beitragen.

Die Analyse der 24 bisher besprochenen Arbeiten stellte einen ersten Ausgangspunkt des Forschungspotenzials dieser Untersuchung dar. Für weitere Analysen und Überlegungen soll im Folgenden zusätzlich das E-Commerce-Schrifttum herangezogen werden.

2.3.3. Quantitativ-empirische Arbeiten zu den Einflussfaktoren von Online-Rezensionen auf E-Commerce-Webseiten

Im quantitativ-empirischen Schrifttum beschäftigen sich insgesamt 25 Arbeiten mit den Einflussfaktoren von Online-Rezensionen auf E-Commerce-Webseiten.[332] Anhand dieser Arbeiten können die im Bereich Social Media gewonnenen Erkenntnisse bezüglich der Qualität der Argumente und der peripheren Signale, die die Nützlichkeit von Online-Rezensionen betreffen, sinnvoll ergänzt und der Forschungsüberblick vervollständigt werden. Von den 25 identifizierten Arbeiten verwenden zwölf Arbeiten als empirische Grundlage Rezipientenbefragungen. Die übrigen 13 Arbeiten verwenden als Datenbasis Auswertungen zu bestehenden Online-Rezensionen. Tabelle 2-6 stellt zusammenfassend die Verteilung der quantitativ-empirischen Arbeiten bezüglich des Gegenstands der Betrachtung dar.

Die Betrachtung der quantitativ-empirischen Arbeiten bezüglich der Einflussfaktoren von Online-Rezensionen auf E-Commerce-Webseiten erfolgt chronologisch in der in Tabelle 2-6 vorgegebenen Reihenfolge. Die Studie von Forman/Ghose/Wiesenfeld

---

331 Vgl. Filieri/McLeay (2013), S. 44 ff.; Chang/Fang/Huang (2015), S. 32 ff.; Luo et al. (2015), S. 305 ff.

332 Innerhalb des E-Commerce-Schrifttums besitzen die 25 identifizierten quantitativ-empirischen Arbeiten für die vorliegende Untersuchung eine hohe Relevanz. Die Untersuchung basiert dabei auf einer Datenbankabfrage von EBSCO und Science Direct (Stand 07/2017) zur vorliegenden Thematik.

(2008) betrachtet 175.714 Online-Rezensionen zu Produkten auf Amazon.com auf Basis der ‚Social Identity Theory'.[333] Die Autoren zeigen, dass Online-Rezensionen, bei denen die Rezensenten ihre Identität offenlegen (Reviewer Disclosure) von den Rezipienten positiver bewertet werden als in anonym gehaltenen Online-Rezensionen. Die Auswertung zeigt, dass daraus steigende Produktverkäufe (Online Product Sales) resultieren und die Bewertungen als nützlicher (Helpfulness Rating) empfunden werden.

Tabelle 2-6: *Gegenstand der Betrachtung der quantitativ-empirischen Arbeiten bezüglich der Einflussfaktoren von Online-Rezensionen auf E-Commerce-Webseiten*

Rezipienten-Befragung zu Online-Rezensionen	Auswertung bestehender Online-Rezensionen
• Park/Lee (2009) • Hsiao et al. (2010) • Lee/Park/Han (2011) • Chou (2011) • Fan/Miao (2012) • Flanagin/Metzger (2013) • Obiedat (2013) • Zhou/Liu/Tang (2013) • Lee/Shin (2014) • Koo (2015) • Xu/Yao (2015) • Munzel (2016)	• Forman/Ghose/Wiesenfeld (2008) • Hu/Liu/Zhang (2008) • Mudambi/Schuff (2010) • Li/Zhan (2011) • Baek/Ahn/Choi (2012) • Cui/Lui/Guo (2012) • Korfiatis/García-Bariocanal/Sánchez-Alonso (2012) • Ögüt/Tas (2012) • Fang et al. (2013) • Hu/Koh/Reddy (2014) • Huang et al. (2015) • Kuan et al. (2015) • Chen (2016)

Hu/Liu/Zhang (2008) untersuchen welche Faktoren die wahrgenommene Unsicherheit (Perceived Uncertainty) der Rezipienten gegenüber Online-Rezensionen reduzieren und eine Kaufentscheidung (Actual Purchase) unterstützen.[334] Dazu wurden über 15 Millionen Online-Rezensionen zu verschiedensten Büchern, DVDs und Videos auf der E-Commerce-Webseite Amazon auf Basis der ‚Uncertainty Reduction Theory' untersucht. Die Ergebnisse zeigen, dass die Qualität von Rezensenten (Reviewer Quality), die Medienpräsenz von Rezensenten auf E-Commerce-Webseiten (Reviewer Exposure), die Anzahl von Online-Rezensionen zu einem Produkt (Product Coverage) und das Alter des Produkts (Age of the Product) die Unsicherheit der Rezipienten reduzieren und die Kaufentscheidung der Rezipienten fördern.

333 Vgl. auch im Folgenden Forman/Ghose/Wiesenfeld (2008), S. 291 ff.

334 Vgl. auch im Folgenden Hu/Liu/Zhang (2008), S. 1 ff.

Die Studie von Park/Lee (2009a) untersucht Charaktereigenschaften von Rezipienten von Online-Rezensionen in Bezug auf ihre Einstellung und ihr Verhalten gegenüber rezensierten Produkten und Dienstleistungen unter Verwendung der ,Uses and Gratification Theory'.[335] Anhand einer Sample-Größe von 877 Rezipienten zeigt die Studie, dass Produkt- und Servicebeschreibungen von Konsumenten (Consumer Susceptibility) die wahrgenommene Nützlichkeit von Online-Rezensionen für die Rezipienten (Perceived Usefulness of Online Reviews) positiv beeinflussen. Darüber hinaus zeigt die Studie, dass Online Shopping-Erfahrung der Rezensenten bei Rezipienten einen positiven Einfluss auf die wahrgenommene Nützlichkeit von Online-Rezensionen hat, und dass die wahrgenommene Nützlichkeit von Online-Rezensionen einen positiven Einfluss auf die Kaufentscheidung der Rezipienten besitzt und dadurch auch die Häufigkeit der Nutzung von Online-Rezensionen ansteigt.

Hsiao et al. (2010) untersuchen die Faktoren, die das Vertrauen in Produktempfehlungen (Trust in Product Recommendation) sowie in Webseiten (Trust in a Website) erhöhen.[336] Dazu befragten die Autoren 1.219 Rezipienten. Die empirischen Auswertungen weisen einen positiven Einfluss der Faktoren wahrgenommene Fähigkeiten (Perceived Ability), wahrgenommene Integrität (Perceived Benevolence/Integrity) und wahrgenommene kritische Masse (Perceived Critical Mass) auf das Vertrauen in Produktempfehlungen nach. Darüber hinaus zeigt die Studie, dass sich die Faktoren wahrgenommene Reputation der Webseite (Perceived Web Reputation), wahrgenommene Qualität der Webseite (Perceived Web Quality) und wahrgenommene institutionelle Sicherheiten (Perceived Institution Assurance) positiv auf das Vertrauen der Rezipienten in die Webseite auswirken.

Auf Basis der ,Information Economics Theory' sowie der ,Social Comparison Theory' untersuchen Mudambi/Schuff (2010) 1.587 Online-Rezensionen auf Amazon.com, bezüglich welcher Faktoren Online-Rezensionen für Rezipienten nützlich (Helpfulness of the Customer Review) sind.[337] Dazu betrachtet die Untersuchung sechs verschiedene Produkte. Die Autoren stellen fest, dass extreme Bewertungen innerhalb eines Piktogramms (Review Extremity (Star Rating)), beispielsweise fünf von fünf Sternen, einen positiven Einfluss auf die Nützlichkeit von Online-Rezensionen besitzen. Darüber hinaus weisen die empirischen Ergebnisse einen positiven Einfluss der Länge

335 Vgl. auch im Folgenden Park/Lee (2009a), S. 332 ff.

336 Vgl. auch im Folgenden Hsiao et al. (2010), S. 935 ff.

337 Vgl. auch im Folgenden Mudambi/Schuff (2010), S. 185 ff.

einer Online-Rezension (Review Depth (Word Count)) auf die Bewertung der Nützlichkeit von Online-Rezensionen nach.

Lee/Park/Han (2011) betrachten mittels der ‚Trust Transfer Theory' in ihrer Studie zwei Aspekte anhand einer Stichprobe von 135 Rezipienten.[338] Die Auswertung zeigt zum einen, dass Online-Rezensionen ganz allgemein (Online Consumer Reviews) sowie Online-Rezensionen die in eine Werbung eingebettet sind (Online Consumer Reviews embedded in Advertisements) einen positiven Einfluss auf die Kaufentscheidung der Rezipienten (Purchase Intention) besitzen. Zweitens wird in der Studie eine hohe Glaubwürdigkeit (Credibility) von Online-Rezensionen im Allgemeinen und von in eine Werbung eingebetteten Online-Rezensionen nachgewiesen, die positiv auf die Rezipienten wirken. Bei beiden Aspekten ist der Effekt, der von Online-Rezensionen im Allgemeinen ausgeht höher, als der von Online-Rezensionen, die in eine Werbung eingebettet sind.

Die Studie von Li/Zhan (2011) untersucht die Dimensionen, die die Qualität der Argumente (Argument Quality) und die Glaubwürdigkeit der Quelle (Source Credibility) von Online-Rezensionen bestimmen und positiv auf die wahrgenommene Nützlichkeit von Online-Rezensionen (Perceived Review Helpfulness) wirken.[339] Dazu betrachten die Autoren anhand des ‚Elaboration Likelihood Models' ein Sample von 737 Online-Rezensionen der E-Commerce-Webseite Amazon.com. Von den Dimensionen der Qualität der Argumente wirken vorhandene Beweise (Evidence Presence), die Betrachtung positiver und negativer Inhalte (Opposing Viewpoints) und die Reichhaltigkeit (Comprehensiveness) von Online-Rezensionen positiv auf die Wahrnehmung der Nützlichkeit von Online-Rezensionen (Perceived Review Helpfulness). Die Untersuchung zeigt bezüglich der Source Credibility-Dimensionen, dass Online-Rezensionen von Rezensenten, die das Produkt bereits genutzt haben (Product Usage), positiv auf die Nützlichkeit von Online-Rezensionen wirken. Zudem zeigt die Untersuchung, dass emotional verfasste Online-Rezensionen (Language Intensity) bei positiven Bewertungen jeweils positiv und bei negativen Bewertungen jeweils negativ auf die Nützlichkeit von Online-Rezensionen wirken.

Die Studie von Chou (2011) zeigt auf Basis eines Samples von 162 Rezipienten von eBay.com, dass sowohl positive als auch negative Online-Rezensionen einen Einfluss

---

338 Vgl. auch im Folgenden Lee/Park/Han (2011), S. 187 ff.

339 Vgl. auch im Folgenden Li/Zhan (2011), S. 239 ff.

auf die Reputation von Online-Verkäufern (Online Seller Reputation) haben.[340] Anhand der empirischen Auswertungen und auf Basis der ,Theory of Transaction Cost Economics' wird dagegen kein Einfluss auf die Reputation der Zwischenhändler (Online Intermediary Reputation) nachgewiesen. Demgegenüber weist die Studie aber einen Einfluss der Reputation des Zwischenhändlers auf die Kundentreue (Consumer Loyalty) nach.

Cui/Lui/Guo (2012) untersuchen in ihrer Studie anhand der ,Social Network Theory' sowie der ,Diffusion Theory' die Wirkung von Online-Rezensionen auf den Verkauf von Unterhaltungselektronik.[341] Dazu werden Online-Rezensionen zu 332 neuen Produkten auf Amazon.com über einen Zeitraum von neun Monaten betrachtet. Die Auswertung der Empirie zeigt, dass sowohl moderat verfasste Online-Rezensionen (Review Valence) sowie der Umfang von Online-Rezensionen (Review Volume) einen Einfluss auf Suchgüter haben. Bei Erfahrungsgütern überwiegt der Einfluss des Umfangs von Online-Rezensionen. Vor allem bei neuen Produkten hat der Umfang von Online-Rezensionen einen erheblichen Einfluss auf den Verkaufserfolg.

Baek/Ahn/Choi (2012) betrachten auf Basis zweier dualer Prozesstheorien, dem ,Elaboration Likelihood Model' und dem ,Heuristic-Systematic Model', die Faktoren, die die Nützlichkeit von Online-Rezensionen (Review Helpfulness) determinieren. Dazu analysieren die Autoren 75.226 Online-Rezensionen auf der E-Commerce-Webseite Amazon.com.[342] Die Studie zeigt, dass sowohl Faktoren, die über die zentrale Route als auch über die periphere Route der Persuasion von den Rezipienten verarbeitet werden, für die Wahrnehmung der Nützlichkeit von Online-Rezensionen relevant sind. Dazu gehört innerhalb der zentralen Route sowohl die Anzahl von Wörtern mit positiver Bewertung (Word Count), als auch die Anzahl von Wörtern, die von dem bewerteten Produkt abraten (Negative Word) und innerhalb der peripheren Route die Inkonsistenz der Bewertungen (Rating Inconsistency). Hierunter ist zu verstehen, dass Rezipienten Online-Rezensionen für glaubwürdiger halten, wenn diese mit der durchschnittlichen Bewertung aller Online-Rezensionen übereinstimmen. Zudem wird innerhalb der peripheren Route der Faktor Ranking der Rezensenten (Reviewer Ranking) untersucht. Beim ,Reviewer Ranking' werden die Rezensenten von Online-Rezensionen bewertet und auf dieser Basis wird ein Ranking erstellt, in

340 Vgl. auch im Folgenden Chou (2011), S. 51 ff.

341 Vgl. auch im Folgenden Cui/Lui/Guo (2012), S. 39 ff.

342 Vgl. auch im Folgenden Baek/Ahn/Choi (2012), S. 99 ff.

dem glaubwürdige Rezensenten von weniger glaubwürdigen Rezensenten unterschieden werden.

Die Studie von Fan/Miao (2012) untersucht die Wirkung der Faktoren Kunden-Know-how (Customer Expertise), Kundenengagement (Customer Involvement) und Beziehung zum Rezensenten (Customer Rapport) auf die wahrgenommene Glaubwürdigkeit von eWoM (Perceived eWoM Credibility).[343] Dazu verwenden die Autoren das ‚Elaboration Likelihood Model' sowie ein Sample von 116 Rezipienten. Die Empirie zeigt, dass Kunden-Know-how negativ auf die Glaubwürdigkeit von eWoM wirkt, während Kundenengagement und Beziehung zum Rezensenten positiv auf die Glaubwürdigkeit von eWoM wirken. Zusätzlich weist die Studie nach, dass die wahrgenommene Glaubwürdigkeit von eWoM positiv auf die Akzeptanz von eWoM (eWoM Acceptance) wirkt und diese wiederum positiv auf die Kaufintention der Rezipienten (Intent to Purchase).

Korfiatis/García-Bariocanal/Sánchez-Alonso (2012) untersuchen die Wirkungszusammenhänge der Faktoren Länge (Review Length), Lesbarkeit (Review Readability), Rating (Review Rating) und Nützlichkeit von Online-Rezensionen (Helpfulness Score) unter Verwendung der ‚Theory of Conformity'.[344] Dazu betrachten die Autoren 37.221 Online-Rezensionen auf der E-Commerce-Webseite Amazon.uk. Die Untersuchung zeigt, dass die Nützlichkeit von Online-Rezensionen sowohl vom Rating als auch von der Lesbarkeit abhängig ist.

Die Studie von Öğüt/Taş (2012) behandelt den Einfluss von Kundenbewertungen (Customer Rating) und behördlich definierten Sterne-Bewertungen (Star Rating) auf Online-Buchungen von Hotelzimmern (Sales) anhand der ‚Consideration Set Theory'.[345] Für die Studie wurden 388 Buchungen auf der Webseite Booking.com herangezogen. Anhand der Empirie ist zu konstatieren, dass eine höhere Kundenbewertung die Zahl der Online-Buchungen von Hotels signifikant steigert. Im Gegensatz dazu steigen die Online-Buchungen nicht mit der Zahl der vom Hotel geführten Sterne (Star Rating).

Fang et al. (2013) führen eine kulturübergreifende Untersuchung durch, bei der Unterschiede zwischen chinesischen und US-amerikanischen Rezensenten von insge-

---

343 Vgl. auch im Folgenden Fan/Miao (2012), S. 175 ff.

344 Vgl. auch im Folgenden Korfiatis/García-Bariocanal/Sánchez-Alonso (2012), S. 205 ff.

345 Vgl. auch im Folgenden Öğüt/Taş (2012), S. 197 ff.

samt 12.609 Online-Rezensionen betrachtet werden.[346] Dazu verwenden die Autoren die ‚Transaction Cost Theory', die ‚Uncertainty Reduction Theory' sowie die ‚Theory of Planned Behavior'. Die Studie belegt, dass US-amerikanische Rezensenten signifikant längere Online-Rezensionen verfassen als chinesische Rezensenten. Darüber hinaus enthalten die von US-Amerikanern verfassten Online-Rezensionen mehr nützliche aber auch mehr unnütze Beschreibungen als chinesische Online-Rezensionen. Den US-amerikanischen Rezipienten steht dabei innerhalb des untersuchten Kontexts grundsätzlich eine größere Anzahl von Online-Rezensionen zur Verfügung als chinesischen Rezipienten. Der zweite Teil der Untersuchung stellt auf die Faktoren ab, die kulturübergreifend einen positiven Einfluss auf Produktverkäufe besitzen. Anhand der Ergebnisse der Studie wird ein positiver Einfluss auf die Produktverkäufe für die Faktoren Anzahl von Online-Rezensionen (Number of reviews), emotionale Tendenz von Online-Rezensionen (Emotional tendency of reviews) und Qualität von Online-Rezensionen (Review's quality) nachgewiesen.

Flanagin/Metzger (2013) untersuchen anhand einer Stichprobe von 1.207 Rezipienten, welche Wirkung die Faktoren Umfang (Volume) und Wertung (Valence) im Kontext von Online-Rezensionen besitzen.[347] Dazu arbeiten die Autoren mit der ‚Signalling Theory' sowie der ‚Theory of Informational Social Influence'. Die Studie zeigt, dass der Umfang von Online-Rezensionen positiv mit Vertrauen in Informationen (Information Reliance), Vertrauen in die Genauigkeit der Informationen (Confidence in Information Accuracy) sowie mit der Kongruenz der Meinung des Rezipienten und der Meinung der Rezensenten (Evaluation Congruence) korreliert ist. Zusätzlich verifiziert die Untersuchung, dass die Quelle und der Umfang von Online-Rezensionen die wahrgenommene Glaubwürdigkeit (Perceived Credibility) beeinflussen. Auch die Wertung (Valence) von Online-Rezensionen hat einen Einfluss auf die Verhaltensabsicht von Rezipienten (Behavioral Intention).

Obiedat (2013) untersucht, welche Faktoren in Online-Rezensionen einen Einfluss auf die Kaufbereitschaft der Rezipienten besitzen. Auf Grundlage des ‚Elaboration Likelihood Models' wurden dazu Daten von 120 Rezipienten aus Großbritannien gesammelt. Anhand der Empirie ist zu erkennen, dass Rezipienten, die zu einem Produkt ein hohes Informationsbedürfnis haben, von der Qualität der Online-Rezensionen (High Quality) beeinflusst werden. Rezipienten mit einem niedrigen Informationsbe-

346 Vgl. auch im Folgenden Fang et al. (2013), S. 208 ff.

347 Vgl. auch im Folgenden Flanagin/Metzger (2013), S. 1626 ff.

dürfnis, werden von einer hohen Anzahl von Online-Rezensionen beeinflusst (High Quantity).

Zhou/Liu/Tang (2013) untersuchen die Wirkung von negativen (Negative Consumer Reviews), quantitativen (Quantity of Online Consumer Reviews) und qualitativen (Quality of Online Consumer Reviews) Online-Rezensionen auf die Kaufentscheidung von 240 Rezipienten (Purchase Intention). Die Ergebnisse der Untersuchung zeigen, dass die Quantität und die Qualität von Online-Rezensionen die Kaufentscheidung der Rezipienten positiv beeinflussen. Daneben wird anhand der Ergebnisse deutlich, dass negative Online-Rezensionen die Kaufentscheidung der Rezipienten negativ beeinflussen.

Die Studie von Hu/Koh/Reddy (2014) behandelt die Zusammenhänge zwischen dem Rating von Online-Rezensionen (Ratings), der (empfundenen) Stimmung von Online-Rezensionen (Sentiments) sowie Produktverkäufen (Product Sales).[348] Die Studie fußt auf Online-Rezensionen zu 4.405 Büchern auf der E-Commerce-Webseite Amazon.com. Die Studie zeigt, dass Ratings keinen direkten Effekt auf Produktkäufe besitzen, nur einen indirekten Effekt auf die Stimmung von Online-Rezensionen. Zusätzlich hat die Stimmung von Online-Rezensionen einen direkten Effekt auf Produktkäufe.

Lee/Shin (2014) untersuchen die Einflussfaktoren Qualität (Review Quality) und Quelle von Online-Rezensionen auf die Akzeptanz der Online-Rezensionen durch die Rezipienten auf Basis der ‚Theory of Reasoned Action'.[349] Dabei erfolgt eine Unterteilung der von 201 Rezipienten betrachteten Produkte in Erfahrungs- und in Suchgüter. Bei Betrachtung aller positiven Bewertungen zeigt die Studie, dass die qualitativ hochwertig verfassten Online-Rezensionen einen positiven Effekt auf die Kaufintention der Rezipienten haben. Bei Betrachtung negativer Online-Rezensionen konnte bezüglich des Faktors Qualität im Rahmen von Erfahrungsgütern ein negativer Effekt identifiziert werden, nicht jedoch für Suchgüter. Zusätzlich zeigt die Studie, dass qualitativ hochwertige Online-Rezensionen (Primary Source) einen positiven Effekt auf die Bewertung der Rezensenten haben. Ein positiver Effekt von qualitativ-hochwertigen Online-Rezensionen auf die Bewertung von Webseiten (Secondary Source) kann nur nachgewiesen werden, wenn die Rezensenten zusätzlich visuelle Informationen, beispielsweise ein Foto preisgaben.

---

348 Vgl. auch im Folgenden Hu/Koh/Reddy (2014), S. 42 ff.

349 Vgl. auch im Folgenden Lee/Shin (2014), S. 356 ff.

Huang et al. (2015) untersuchen den Einfluss der Faktoren Anzahl der Wörter (Word Count), Erfahrung der Rezensenten (Reviewer Experience), Einfluss der Rezensenten (Reviewer Impact), kumulierte Bewertungen der Rezensionen eines Rezensenten (Cumulative Helpfulness) und Rating von Produkten (Product Rating) auf die Nützlichkeit von Online-Rezensionen (Review Helpfulness).[350] Unter Verwendung der ‚Information Overload Theory' und anhand der Auswertung von 1.375 verfassten Online-Rezensionen weisen die Autoren einen Einfluss der Faktoren ‚Cumulative Helpfulness' und ‚Product Rating' auf Nützlichkeit von Online-Rezensionen nach. Für den Faktor ‚Word Count' kann nur bedingt ein Einfluss auf die Nützlichkeit von Online-Rezensionen nachgewiesen werden.

Koo (2015) untersucht die Wirkung des Faktors Wertigkeit von Online-Rezensionen (Valence) auf die Einstellung (Attitude) und Kaufintention (Intention to buy) der Rezipienten zu empfohlenen Gütern anhand der ‚Cue Sufficiency Theory'.[351] Diese Wirkungsbeziehung wird anhand eines Moderators untersucht. Der Moderator unterscheidet zwischen einer starken, einer schwachen und einer nicht vorhandenen persönlichen Beziehung zwischen Rezensent und Rezipient sowie zwischen Such-, Erfahrungs- und Vertrauensgütern. Mittels 616 Rezipienten wird empirisch nachgewiesen, dass die Wertigkeit von Online-Rezensionen (Valence) einen Effekt auf die Einstellung hat, jedoch nicht auf die Kaufintention. Zusätzlich wird gezeigt, dass negative Online-Rezensionen einen größeren Effekt auf die Einstellung haben als positive Online-Rezensionen. Unterschiedliche Effekte aufgrund der persönlichen Beziehung können weder bei positiven noch bei negativen Online-Rezensionen festgestellt werden. Bei positiven Online-Rezensionen existieren ebenfalls keine Unterschiede bezüglich des Moderators, der zwischen den Arten der Güter unterscheidet. Bei negativen Online-Rezensionen besteht ein marginal größerer negativer Effekt bezüglich der Vertrauensgüter auf die Einstellung der Rezipienten als bei Suchgütern.

Kuan et al. (2015) betrachten die Wirkung ausgewählter Charakteristika von Online-Rezensionen auf die Nützlichkeit von Online-Rezensionen (Review Helpfulness) und die Bewertung von Online-Rezensionen (Review Voting).[352] Dazu legen die Autoren das ‚Elaboration Likelihood Model', die ‚Message Learning Theory' sowie das ‚Information Processing Model' zugrunde und untersuchen insgesamt 37.007 Online-Rezensionen. Zu den untersuchten Charakteristika gehört der Inhalt von Online-Rezen-

350 Vgl. auch im Folgenden Huang et al. (2015), S. 17 ff.
351 Vgl. auch im Folgenden Koo (2015), S. 1163 ff.
352 Vgl. auch im Folgenden Kuan et al. (2015), S. 48 ff.

sionen (Review Content) – bestimmt anhand der Faktoren Länge (Length) und Lesbarkeit (Readability), die Wertigkeit von Online-Rezensionen (Review Valence) – gemessen anhand positiver (Positive) und negativer (Negative) Bewertungen, die Extremität von Online-Rezensionen (Review Extremity) – bestimmt anhand extremer Bewertungen (bspw. 0 Sterne vs. 5 Sterne) und die Glaubwürdigkeit der Quelle (Reviewer Credibility) – bestimmt anhand von sehr gut bewerteten Rezensenten (Top Reviewer). Alle postulierten Hypothesen werden von den empirischen Ergebnissen bestätigt.

Xu/Yao (2015) betrachten den Einfluss der Faktoren Qualität der Argumente (Argument Quality) und Bandbreite der Argumente (Argument Perspective) von Online-Rezensionen auf die Annahme von Online-Rezensionen durch die Rezipienten (Online Reviews Adoption) innerhalb eines wertorientierten Entscheidungsmodells (Perceived Value).[353] Die Autoren untersuchen diese Wirkungsbeziehung auf Basis des ‚Value Based Decision Making Models' und der ‚Needs Theory'. Als empirische Grundlage dienen 208 Rezipientenbefragungen. Zentrales Ergebnis der Analyse ist, dass die Faktoren Qualität der Argumente und Bandbreite der Argumente einen positiven Einfluss auf den wahrgenommenen Wert von Online-Rezensionen und auf die Annahme von Online-Rezensionen durch die Rezipienten besitzen. Ebenfalls besitzt der Faktor ‚Perceived Value' einen positiven Einfluss auf die Annahme von Online-Rezensionen durch die Rezipienten.

Chen (2016) betrachtet den Einfluss der Faktoren zweiseitige Betrachtung (Review Sidedness) von Online-Rezensionen und Expertise der Rezensenten (Reviewer Expertise) auf die Nützlichkeit von Online-Rezensionen (Helpfulness of Online Reviews) unter Berücksichtigung des Moderators Produktart (Product Type).[354] Die Autoren verwenden als theoretische Grundlage das ‚Heuristic-Systematic Model'. Die empirische Grundlage bilden Auswertungen zu 989 bestehenden Online-Rezensionen. Die Ergebnisse der Studie zeigen, dass die Expertise der Rezensenten einen positiven Einfluss auf die Bewertung der Nützlichkeit von Online-Rezensionen besitzt. Zusätzlich wird nachgewiesen, dass Rezipienten bei Suchgütern die zweiseitige Betrachtung von Online-Rezensionen als nützlicher wahrnehmen, bei Erfahrungsgütern dagegen einseitige Online-Rezensionen (nur positive/nur negative Inhalte).

353 Vgl. auch im Folgenden Xu/Yao (2015), S. 885 ff.

354 Vgl. auch im Folgenden Chen (2016), S. 316 ff.

Munzel (2016) untersucht den Einfluss der Faktoren Preisgabe der Identität der Rezensenten (Identity Disclosure), Konsistenz von Online-Rezensionen zu einem Produkt oder einer Dienstleistung (Consensus Information) und überzeugende Informationen von Online-Rezensionen (Persuasion Knowledge Activation) auf den Faktor Vertrauenswürdigkeit (Trustworthiness) und wie sich dieser auf den Faktor Kaufintention (Purchase Intention) auswirkt.[355]

Der Autor verwendet das ‚Persuasion Knowledge Model' als theoretische Grundlage. Empirisch werden die Fragen anhand von 390 Rezipientenbefragungen bearbeitet. In der Studie wird ein positiver Einfluss der Faktoren Identität der Rezensenten und konsistente Informationen auf die Vertrauenswürdigkeit nachgewiesen sowie ein positiver Einfluss der Vertrauenswürdigkeit auf die Kaufintention. Tabelle 2-7 fasst die relevanten Beiträge des quantitativ-empirischen Schrifttums zu den Einflussfaktoren von Online-Rezensionen auf E-Commerce-Webseiten nochmals zusammen.

Für eine strukturierte Übersicht der 25 quantitativ-empirischen Arbeiten werden die identifizierten Einflussfaktoren von Online-Rezensionen auf E-Commerce-Webseiten in Anlehnung an Kapitel 2.3.1 in exogene und endogene Faktoren unterteilt. Dazu erfolgt eine Differenzierung der exogenen Faktoren bezüglich der Qualität der Argumente und der peripheren Signale. Die endogenen Faktoren werden in die für die Untersuchung relevanten Faktoren Glaubwürdigkeit von Online-Rezensionen, Akzeptanz bzw. Nützlichkeit von Online-Rezensionen sowie Verhaltensintention auf Basis von Online-Rezensionen zugeordnet.

Innerhalb des relevanten E-Commerce-Schrifttums existieren 14 Arbeiten, die relevante Faktoren der Qualität der Argumente untersuchen. Davon basieren fünf Arbeiten auf Rezipientenbefragungen und neun Arbeiten auf Auswertungen bereits bestehender Online-Rezensionen. Nur die Arbeiten von Li/Zhan (2011) und Xu/Yao (2015) identifizieren konkret einzelne Dimensionen der Qualität der Argumente.[356]

---

355 Vgl. auch im Folgenden Munzel (2016), S. 96 ff.

356 Vgl. Li/Zhan (2011), S. 241; Xu/Yao (2015), S. 888.

Tabelle 2-7: Relevante Beiträge des quantitativ-empirischen Schrifttums zu den Einflussfaktoren von Online-Rezensionen auf E-Commerce-Webseiten

Nr.	Autor/ Jahr	Titel	Theoretische Grundlage/ Charakteristika	Zentrale Befunde
1.	Forman/ Ghose/ Wiesenfeld (2008)	Examining the Relationship Between Reviews and Sales: The Role of Reviewer Identity Disclosure in Electronic Markets	• Social Identity Theory • N=175.714 Online-Rezensionen • Regression	• ‚Prevalence of reviewer disclosure of identity descriptive information' wirkt positiv auf ‚Subsequent reviewer disclosure of identity descriptive information' und ‚Online Product Sales' • ‚Subsequent reviewer disclosure of identity descriptive information' wirkt positiv auf ‚Helpfulness Rating'
2.	Hu/Liu/ Zhang (2008)	Do Online Reviews Affect Product Sales? The Role of Reviewer Characteristics and Temporal Effects	• Uncertainty Reduction Theory • N= über 15 Millionen Online-Rezensionen • Multiple Regression	• ‚Reviewer Quality', ‚Reviewer Exposure', ‚Product Coverage' und ‚Age of the Product' wirken positiv auf ‚Actual Purchase'
3.	Park/ Lee (2009)	Antecedents of Online Reviews' Usage and Purchase Influence: An Empirical Comparison of U.S. and Korean Consumers	• Uses and Gratification Theory • N=877 Rezipienten • Strukturgleichungsmodellierung	• ‚Consumer Susceptibility' und ‚Internet Shopping Experience' wirken positiv auf ‚Perceived Usefulness of Online Reviews' • ‚Perceived Usefulness of Online Reviews' wirkt positiv auf ‚Usage Frequency of Online Reviews' und ‚Purchase Influence of Online Reviews'
4.	Mudambi/ Schuff (2010)	What makes a helpful online review? A study of customer reviews on amazon.com	• Information Economics Theory/Social Comparison Theory • N=1.587 Online-Rezensionen • Regression	• ‚Review Extremity (Star Rating)' und ‚Review Depth (Word Count)' wirken positiv auf ‚Helpfulness of the Customer Review'

Tabelle 2-7: Relevante Beiträge des quantitativ-empirischen Schrifttums zu den Einflussfaktoren von Online-Rezensionen auf E-Commerce-Webseiten

Nr.	Autor/ Jahr	Titel	Theoretische Grundlage/ Charakteristika	Zentrale Befunde
5.	Hsiao et al. (2010)	Antecedents and consequences of trust in online product recommendations: An empirical study in social shop-ping	• Kein konkreter theoretischer Bezugsrahmen • N=1.219 Rezipienten • Strukturgleichungsmodellierung	• ‚Perceived Ability', ‚Perceived Benevolence/Integrity' und ‚Perceived Critical Mass' wirken positiv auf ‚Trust in Product Recommendation' • ‚Perceived Web Reputation', ‚Perceived Web Quality' und ‚Perceived Institution Assurance' wirken positive auf ‚Trust in a Website' • ‚Trust in Product Recommendation' wirkt positiv auf ‚Intention to Purchase Products' • ‚Trust in a Website' wirkt positiv auf ‚Intention to Purchase Products from the Website'
6.	Lee/ Park/ Han (2011)	The different effects of online consumer reviews on consumers' purchase intentions depending on trust in online shopping malls.	• Trust Transfer Theory • N=135 Rezipienten • Kovarianzanalyse	• ‚Trust in Online Shopping Mall' wirkt positiv auf ‚Credibility of Online Consumer Reviews' und ‚Purchase Intention' • ‚Credibility of Online Consumer Reviews' wirkt positiv auf ‚Purchase Intention'
7.	Li/Zhan (2011)	Online Persuasion: How the Written Word Drives WOM Evidence from Consumer-Generated Product Reviews	• Elaboration Likelihood Model • N=737 Online-Rezensionen • Varianzanalyse	• ‚Evidence Presence', ‚Positive Content', ‚Review Length', und ‚Number of Features' wirken positiv auf ‚Argument Quality' • ‚Positive Emotions' wirkt positiv auf ‚Source Credibility' • ‚Argument Quality' und ‚Source Credibility' wirken positiv auf ‚Perceived Review Helpfulness'

Tabelle 2-7: *Relevante Beiträge des quantitativ-empirischen Schrifttums zu den Einflussfaktoren von Online-Rezensionen auf E-Commerce-Webseiten*

Nr.	Autor/ Jahr	Titel	Theoretische Grundlage/ Charakteristika	Zentrale Befunde
8.	Chou (2011)	Do Online Reviews Affect an Online Intermediary's Reputation? A Transaction Cost Economics Perspective	• Theory of Transaction Cost Economies • N=162 Rezipienten • Strukturgleichungsmodellierung	• ‚Positive Online Reviews' und ‚Negative Online Reviews' wirken positiv auf ‚Online Seller Reputation' • ‚Online Intermediary Reputation' wirkt positiv auf ‚Consumer Loyalty'
9.	Cui/Lui/Guo (2012)	The Effect of Online Consumer Reviews on New Product Sales	• Social Network Theory/Diffusion Theory • N=332 Online-Rezensionen • Regression	• ‚Online Reviews' bestehen aus den Dimensionen ‚Volume' und ‚Valence' • ‚Online Reviews' wirken positiv auf ‚Sales of New Products'
10.	Baek/ Ahn/ Choi (2012)	Helpfulness of Online Consumer Reviews: Readers' Objectives and Review Cues	• Elaboration Likelihood Model, Heuristic-Systematic Model • N=75.226 Online-Rezensionen • Regression	• ‚Rating Inconsistency', ‚Reviewer Ranking', ‚Word Count' und ‚Negative Word' wirken positiv auf ‚Review Helpfulness'
11.	Fan/ Miao (2012)	Effect of electronic word-of-mouth on consumer purchase intention: The perspective of gender differences	• Elaboration Likelihood Model • N=116 Rezipienten • Multiple Regression	• ‚Customer Involvement' und ‚Rapport' wirken positiv auf ‚Perceived eWoM Credibility'. • ‚Perceived eWoM Credibility' wirkt positiv auf ‚eWoM Acceptance' • ‚eWoM Acceptance' wirkt positiv auf 'Intent to Purchase'
12.	Korfiatis/ García-Bariocanal/ Sánchez-Alonso (2012)	Evaluating content quality and helpfulness of online product reviews: The interplay of review helpfulness vs. review content	• Theory of Conformity • N=37.221 Online-Rezensionen • Regression	• ‚Review Readability' und ‚Review Rating' wirken positiv auf ‚Helpfulness Score' • ‚Review Rating' wirkt positiv auf ‚Review Length'

Tabelle 2-7: *Relevante Beiträge des quantitativ-empirischen Schrifttums zu den Einflussfaktoren von Online-Rezensionen auf E-Commerce-Webseiten*

Nr.	Autor/ Jahr	Titel	Theoretische Grundlage/ Charakteristika	Zentrale Befunde
13.	Ögüt/ Tas (2012)	The influence of internet customer reviews on the online sales and prices in hotel industry	• Consideration Set Theory • N=388 Online-Rezensionen • OLS Regression	• ‚Customer Rating‘ wirkt positiv auf ‚Sales‘ und ‚Price‘
14.	Fang et al. (2013)	Towards effective online review systems in the Chinese context: A cross-cultural empirical study	• Transa. Cost Theory/ Uncertainty Reduction Th./Th.of Plan. Behavior • N=12.609 O.-Rezensionen • OLS Regression	• ‚Number of Reviews' und ‚Emotional Tendency of Reviews' wirken positiv auf ‚Product Sales'
15.	Flanagin/ Metzger (2013)	Trusting expert- versus user-generated ratings online: The role of information volume, valence, and consumer characteristics	• Signaling Theory/Theories of Informational Social Influence • N=1.207 Rezipienten • Kovarianzanaly-se	• ‚Information Volume' wirkt positiv auf ‚Perceived Credibility', ‚Information Reliance', ‚Confidence in Information Accuracy' und ‚Evaluation Congruence' • ‚Information Valence' wirkt positiv auf ‚Personal Evaluations' und ‚Behavioral Intentions'
16.	Obiedat (2013)	Impact of Online Consumer Reviews on Buying Intention of Consumers in UK: Need for Cognition as Mediating Role	• Elaboration Likelihood Model • N=120 Rezipienten • Varianzanalyse	• ‚High Quality of Consumer Reviews‘ wirkt positiv auf ‚Consumer Purchase Intention‘ • ‚High Quantity of Consumer Reviews‘ wirkt positiv auf ‚Consumer Purchase Intention‘ • ‚High Cognition Need‘ beeinflusst Verbraucher, die eher auf Qualität als Quantität achten • ‚Low Cognition Need‘ beeinflusst Verbraucher, die eher auf Quantität als Qualität achten

Tabelle 2-7: *Relevante Beiträge des quantitativ-empirischen Schrifttums zu den Einflussfaktoren von Online-Rezensionen auf E-Commerce-Webseiten*

Nr.	Autor/ Jahr	Titel	Theoretische Grundlage/ Charakteristika	Zentrale Befunde
17.	Zhou/ Liu/Tang (2013)	Do the characteristics of online consumer reviews bias buyers' purchase intention and product perception? A perspective of review quantity, review quality and negative review sequence	• Kein konkreter theoretischer Bezugsrahmen • N=240 Rezipienten • Varianzanalyse	• ‚High Quality Online Consumer Reviews' wirkt positiv auf ‚Purchase Intention' und ‚Product Perception' • ‚High Quantity Online Consumer Reviews' wirkt positiv auf ‚Product Perception' • ‚High Sequence of Negative Consumer Reviews' wirkt positiv auf ‚Purchase Intention' und ‚Product Perception'
18.	Hu/Koh/ Reddy (2014)	Ratings lead you to the product, reviews help you clinch it? The mediating role of online review sentiments on product sales	• Kein konkreter theoretischer Bezugsrahmen • N=4.405 Online-Rezensionen • Strukturgleichungsmodellierung	• ‚Ratings' wirken positiv auf ‚Sentiments'
19.	Lee/ Shin (2014)	When do consumers buy online product reviews? Effects of review quality, product type, and reviewer's photo	• Theory of Reasoned Action • N=201 Rezipienten • Kovarianzanalyse	• ‚Review Quality' wirkt mittels des Mediators ‚Product Evaluation' positiv auf ‚Purchase Intention' • ‚Review Quality' wirkt positiv auf ‚Reviewer Evaluation' und ‚Website Evaluation'
20	Huang et al. (2015)	A study of factors that contribute to online review helpfulness	• Information Overload Theory • N=1.375 Online-Rezensionen • Regression	• ‚Word Count', ‚Cumulative Helpfulness' und ‚Product Rating' wirken positiv auf ‚Review Helpfulness'

Tabelle 2-7: *Relevante Beiträge des quantitativ-empirischen Schrifttums zu den Einflussfaktoren von Online-Rezensionen auf E-Commerce-Webseiten*

Nr.	Autor/ Jahr	Titel	Theoretische Grundlage/ Charakteristika	Zentrale Befunde
21.	Koo (2015)	The strength of no tie relationship in an online recommendation Focused on interactional effects of valence, tie strength, and type of service	• Cue Sufficiency Theory • N=616 Rezipienten • Varianzanalyse	• ‚Valence' wirkt positiv auf ‚Attitudes toward the Recommended Services'
22.	Kuan et al. (2015)	What Makes a Review Voted? An Empirical Investigation of Review Voting in Online Review Systems	• ELMI/Message Learning Theory/Information Processing Model' • N=37.007 Online-Rezensionen • OLS Regression	• ‚Review Extremity' wirkt positiv auf ‚Review Voting' • ‚Reviewer Credibility' wirkt positiv auf ‚Review Voting' und ‚Review Helpfulness'
23.	Xu/Yao (2015)	Understanding the role of argument quality in the adoption of online reviews	• Value Based Decision Making Model/ Needs Theory • N=208 Rezipienten • SGM	• ‚Argument Quality' und ‚Argument Perspective' wirken positiv auf ‚Perceived Value' und ‚Online Reviews Adoption'
24.	Chen (2016)	Can two-sided messages increase the helpfulness of online reviews?	• Heuristic-Systematic Model • 989 Online-Rezensionen • Kovarianzanalyse	• ‚Reviewer Expertise' und ‚Review Sidedness' wirken positiv auf ‚Helpfulness of Online Reviews'
25.	Munzel (2016)	Assisting consumers in detecting fake reviews: The role of identity information disclosure and consensus	• Persuasion Knowledge Model • N=390 Rezipienten • OLS Regression	• ‚Identity Disclosure' und ‚Consensus Information' wirken positiv auf ‚Trustworthiness' • ‚Trustworthiness' wirkt positiv auf ‚Purchase Intention'

Abbildung 2-8: *Auswertung des quantitativ-empirischen Schrifttums zu den exogenen und endogenen Faktoren von Online-Rezensionen auf E-Commerce-Webseiten*

	Exogene Faktoren		Endogene Faktoren		
Relevante Faktoren / Beiträge	Faktoren bzgl. der Qualität der Argumente	Faktoren bzgl. der peripheren Signale	Glaubwürdigkeit von Online-Rezensionen	Akzeptanz bzw. Nützlichkeit von Online-Rezensionen	Intention
Forman/Ghose/ Wiesenfeld (2008)		✓		✓ Helpfulness Rating	✓ Sales
Hu/Liu/Zhang (2008)		✓			✓ Actual Purchase
Park/Lee (2009)				✓ Review Usefulness	✓ Purchase Influence
Hsiao et al. (2010)		✓ Website		✓ Trust in Recommendation	✓ Purchase Intention
Mudambi/Schuff (2010)	✓	✓		✓ Review Helpfulness	
Lee/Park/Han (2011)			✓		✓ Purchase Intention
Li/Zhan (2011)	✓	✓ Source Credibility		✓ Review Helpfulness	
Chou (2011)					✓ Consumer Loyalty
Baek/Ahn/Choi (2012)	✓	✓		✓ Review Usefulness	
Cui/Lui/Guo (2012)	✓	✓			✓ Sales
Fan/Miao (2012)			✓ eWoM Credibility	✓ eWoM Acceptance	✓ Purchase Intention
Korfiatis/García-Bariocanal/ Sánchez-Alonso (2012)	✓ Qualitative Characteristics	✓		✓ Helpfulness	

Beiträge die anhand bestehender Online-Rezensionen ausgewertet worden, sind grau hinterlegt

Abbildung 2-8: *Auswertung des quantitativ-empirischen Schrifttums zu den exogenen und endogenen Faktoren von Online-Rezensionen auf E-Commerce-Webseiten*

	Exogene Faktoren		Endogene Faktoren		
Relevante Faktoren / Beiträge	Faktoren bzgl. der Qualität der Argumente	Faktoren bzgl. der peripheren Signale	Glaubwürdigkeit von Online-Rezensionen	Akzeptanz bzw. Nützlichkeit von Online-Rezensionen	Intention
Ögüt/Tas (2012)		✓			✓ Sales
Fang et al. (2013)	✓	✓			✓ Sales
Flanagin/Metzger (2013)	✓	✓	✓ Perceived Credibility		✓ Behavioral Intentions
Obiedat (2013)	✓	✓			✓ Purchase Intention
Zhou/Liu/Tang (2013)	✓	✓			✓ Purchase Intention
Hu/Koh/Reddy (2014)		✓			✓ Sales
Lee/Shin (2014)	✓				✓ Purchase Intention
Huang et al. (2015)	✓ Quantitative Factors	✓ Qualitative Factors		✓ Review Helpfulness	
Koo (2015)		✓			✓ Purchase Intention
Kuan et al. (2015)	✓	✓		✓ Helpfulness	
Xu/Yao (2015)	✓				✓ Review Adoption
Chen (2016)	✓	✓		✓ Review Helpfulness	
Munzel (2016)		✓			✓ Purchase Intention

Beiträge die anhand bestehender Online-Rezensionen ausgewertet worden, sind grau hinterlegt

Darüber hinaus existieren innerhalb des relevanten E-Commerce-Schrifttums bislang 18 quantitativ-empirische Arbeiten, die verschiedene periphere Signale untersuchen. Von diesen 18 Arbeiten bezeichnen nur die Studien von Li/Zhan (2011), Baek/Ahn/Choi (2012) und Huang et al. (2015) konkret einzelne Faktoren als periphere Signale.[357] Als empirische Grundlage stützen sich die Autoren in 13 der 18 Arbeiten 13 Ar-

[357] Vgl. auch im Folgenden Li/Zhan (2011), S. 241; Baek/Ahn/Choi (2012), S. 99 ff.; Huang et al. (2015), S. 17 ff.

beiten auf Auswertungen von bestehenden Online-Rezensionen, fünf Arbeiten basieren auf Rezipientenbefragungen.

Innerhalb der endogenen Konstrukte betrachten drei der 25 quantitativ-empirischen Arbeiten die Glaubwürdigkeit von Online-Rezensionen. Die drei Arbeiten untersuchen das Konstrukt Glaubwürdigkeit von Online-Rezensionen in einer Rezipientenbefragung. Elf der 25 quantitativ-empirischen Arbeiten betrachten ein endogenes Konstrukt, das die Akzeptanz bzw. die Annahme der Online-Rezensionen untersucht, 18 Arbeiten ein endogenes Konstrukt, das zu einer Folgereaktion der Rezipienten führt, beispielsweise eine Kaufintention (Purchase Intention) oder einen Verkauf (Sale). Abbildung 2-8 fasst die Auswertung der identifizierten quantitativ-empirischen Arbeiten zu den Einflussfaktoren von Online-Rezensionen auf E-Commerce-Webseiten nochmal zusammen.

2.3.4. Implikationen des Forschungsüberblicks zu Online-Rezensionen auf Basis des E-Commerce-Schrifttums

Das Forschungsfeld zu Online-Rezensionen ist im E-Commerce-Schrifttum deutlich heterogener als im Social Media-Schrifttum. So existiert im relevanten E-Commerce-Schrifttum mit der Studie von Baek/Ahn/Choi (2012) nur eine Arbeit, die konkret Faktoren bezüglich der zentralen und der peripheren Route der Persuasion betrachtet. Anhand der zentralen Route der Persuasion analysieren die Autoren die Faktoren Anzahl der Wörter (Word Count) und Anteil negativer Beurteilungen (Negative Word) innerhalb von Online-Rezensionen. Zu den Faktoren bezüglich der peripheren Route der Persuasion werden die peripheren Signale Inkonsistenz der Bewertung (Rating Inconsistency), Rangfolge der Rezensenten (Reviewer Ranking) sowie echter Name der Rezensenten (Reviewer Real Name) betrachtet. Als endogenes Konstrukt wird die Nützlichkeit von Online-Rezensionen (Review Helpfulness) herangezogen. Als theoretische Grundlage wird die ‚Dual-Process Theory' verwendet. Die Empirie basiert auf Auswertungen von bestehenden Online-Rezensionen.[358]

Neben der Studie von Baek/Ahn/Choi (2012) existiert noch eine Arbeit, die auf einem dualen Prozessmodell basiert. Die Arbeit von Li/Zhan (2011) betrachtet relevante Faktoren bezüglich der Qualität der Argumente und der Glaubwürdigkeit der Quelle und unterscheidet sich insofern von der Arbeit von Baek/Ahn/Choi (2012), als dass mit der Glaubwürdigkeit der Quelle nur ein Teilaspekt der peripheren Signale be-

358 Vgl. Baek/Ahn/Choi (2012), S. 99 ff.

trachtet wird. Zu den relevanten Faktoren der Qualität der Argumente gehört in der Studie beispielsweise die Verständlichkeit (Ease of Comprehension) und die Ausführlichkeit (Comprehensiveness) von Online-Rezensionen. Die Glaubwürdigkeit der Quelle wird beispielsweise anhand des Faktors Emotionalität von Online-Rezensionen gemessen. Als endogenes Konstrukt betrachten die Autoren die Nützlichkeit von Online-Rezensionen. Die theoretische Grundlage der Studie ist das ‚Elaboration Likelihood Model'. Die empirische Basis bilden Auswertungen zu bestehenden Online-Rezensionen.[359]

Darüber hinaus existieren im E-Commerce-Schrifttum Arbeiten zu Online-Rezensionen, die simultan exogene Faktoren bezüglich der Qualität der Argumente und bezüglich der peripheren Signale untersuchen, ohne diese jedoch konkret diesen beiden Aspekten zuzuordnen. Dazu gehören die Arbeiten von Mudambi/Schuff (2010), Cui/Lui/Guo (2012), Korfiatis/García-Bariocanal/Sánchez-Alonso (2012), Fang et al. (2013), Obiedat (2013), Zhou/Liu/Tang (2013), Huang et al. (2015), Kuan et al. (2015) und Chen (2016).[360]

Mudambi/Schuff (2010), Cui/Lui/Guo (2012), Korfiatis/García-Bariocanal/Sánchez-Alonso (2012) und Huang et al. (2015) untersuchen mit Länge beziehungsweise Umfang von Online-Rezensionen jeweils nur einen exogenen Faktor bezüglich der Qualität der Argumente. Alle vier Arbeiten betrachten im Rahmen der peripheren Signale den exogenen Faktor Bewertung von Online-Rezensionen anhand einer Skala beziehungsweise Sternebewertung (Star Rating). Huang et al. (2015) betrachten innerhalb der peripheren Signale zusätzlich die Faktoren Erfahrung der Rezensenten (Reviewer Experience), Einfluss der Rezensenten (Reviewer Impact) und kumulierte Bewertungen der Online-Rezensionen eines Rezensenten (Cumulative Helpfulness).

Fang et al. (2013) berücksichtigen mit der Qualität (Review Quality) von Online-Rezensionen einen Faktor, der der Qualität der Argumente zuzuordnen ist, sowie drei weitere exogene Faktoren, die Charakteristika von Rezensenten (Reviewer Characteristics) darstellen und somit zu den peripheren Signalen gehören. Obiedat (2013) und Zhou/Liu/Tang (2013) untersuchen die Faktoren Qualität (Review Quality) und Quantität (Review Quantity) von Online-Rezensionen, die der Qualität der Argumente beziehungsweise der peripheren Signale zugeordnet werden können.

---

359 Vgl. Li/Zhan (2011), S. 239 ff.

360 Vgl. auch im Folgenden Mudambi/Schuff (2010); Cui/Lui/Guo (2012); Korfiatis/García-Bariocanal/Sánchez-Alonso (2012); Fang et al. (2013); Obiedat (2013); Zhou/Liu/Tang (2013); Huang et al. (2015); Kuan et al. (2015); Chen (2016).

Kuan et al. (2015) betrachten mehrere exogene Faktoren, die zum einen zur Qualität der Argumente gehören, zum anderen zu den peripheren Signalen. Zur Qualität der Argumente gehören die Faktoren Lesbarkeit und Länge von Online-Rezensionen, der Faktor Glaubwürdigkeit der Rezensenten ist den peripheren Signalen zuzuordnen.

Chen (2016) betrachtet mit der zweiseitigen Betrachtung von Online-Rezensionen (Review Sidedness) einen Faktor, der der Qualität der Argumente zuzuordnen ist und mit Expertise der Rezensenten (Reviewer Expertise) einen Faktor, der zu den peripheren Signalen gezählt werden kann.[361]

Als einflussmessenden Faktor von Online-Rezensionen verwenden Mudambi/Schuff (2010), Li/Zhan (2011), Korfiatis/García-Bariocanal/Sánchez-Alonso (2012), Huang et al. (2015), Kuan et al. (2015) und Chen (2016) die Nützlichkeit von Online-Rezensionen. Cui/Lui/Guo (2012) und Fang et al. (2013) stellen auf dem endogenen einflussmessenden Konstrukt Produktverkäufe ab. Obiedat (2013) und Zhou/Liu/Tang (2013) ziehen als endogenes Konstrukt die Kaufintention der Rezipienten heran.

Von diesen acht Arbeiten verwenden nur Kuan et al. (2015) als theoretische Grundlage das ‚Elaboration Likelihood Model'. Die anderen sieben Arbeiten basieren allesamt auf unterschiedlichen Theorien und werden sowohl monotheoretisch als auch multitheoretisch hergeleitet. Während die empirische Grundlage der Arbeiten von Mudambi/Schuff (2010), Cui/Lui/Guo (2012), Korfiatis/García-Bariocanal/Sánchez-Alonso (2012), Fang et al. (2013), Huang et al. (2015), Kuan et al. (2015) und Chen (2016) auf Auswertungen von bestehenden Online-Rezensionen beruhen, fußen die empirischen Ergebnisse von Obiedat (2013) und Zhou/Liu/Tang (2013) auf Rezipientenbefragungen.

Darüber hinaus ist im relevanten E-Commerce-Schrifttum die Studie von Lee/Shin (2014) anzuführen. Die Autoren betrachten die Qualität von Online-Rezensionen (Review Quality) als bedeutenden Faktor, der zu der Qualität der Argumente gefasst werden kann.[362] Als einflussmessendes Konstrukt von Online-Rezensionen bezieht sich das Untersuchungsmodell auf die Kaufintention der Rezipienten. Die empirische Grundlage bilden Rezipientenbefragungen und als theoretische Herleitung dient die ‚Theory of Reasoned Action'.

---

361 Vgl. Chen (2016), S. 316 ff.

362 Vgl. auch im Folgenden Lee/Shin (2014).

Xu/Yao (2015) und Munzel (2016) analysieren die Dimensionen Glaubwürdigkeit der Informationen (Information Credibility) und Quantität (Quantity Sufficiency) von Online-Rezensionen als relevante Faktoren bezüglich der Qualität der Argumente. Als einflussmessendes Konstrukt ziehen die Autoren den Faktor Annahme von Online-Rezensionen (Review Adoption) heran.[363] Die empirische Grundlage bilden Rezipientenbefragungen. Theoretische Grundlage sind das ‚Value Based Decision Making Model' und die ‚Needs Theory'.

Zusätzlich weist das E-Commerce-Schrifttum zu Online-Rezensionen sechs Arbeiten auf, die relevante Faktoren identifizieren, die unter dem Aspekt der peripheren Signale zu subsumieren sind. Forman/Ghose/Wiesenfeld (2008) und Hu/Liu/Zhang (2008) fokussieren ihre Untersuchung auf Charakteristika von Rezensenten (Reviewer Characteristics), Fan/Miao (2012) dagegen auf Charakteristika von Rezipienten (Consumer Characteristics).[364] Öğüt/Taş (2012) und Hu/Koh/Reddy (2014) betrachten den Einfluss von Kundenbewertungen (Customer Rating bzw. Rating) auf den Verkauf (Sales).[365] Koo (2015) untersucht die positive oder negative Wertung (Valence) von Online-Rezensionen bezüglich eines Produkts oder einer Dienstleistung.[366] Munzel (2016) untersucht als periphere Signale die Identität der Rezensenten (Identity Disclosure) und die Konsistenz von Online-Rezensionen zu einem Produkt oder einer Dienstleistung (Consensus Information).[367]

Als einflussmessende Konstrukte verwenden Forman/Ghose/Wiesenfeld (2008), Öğüt/Taş (2012) und Hu/Koh/Reddy (2014) Produktverkäufe auf Basis von Online-Rezensionen.[368] Hu/Liu/Zhang (2008), Fan/Miao (2012) und Munzel (2016) beziehen sich auf die Kaufintention der Rezipienten von Online-Rezensionen.[369] Außer den Arbeiten von Fan/Miao (2012) und Munzel (2016), deren empirische Grundlage Rezipientenbefragungen sind, besteht die empirische Datenbasis der anderen fünf Arbeiten aus Auswertungen bestehender Online-Rezensionen. Während Hu/Koh/Reddy

363 Vgl. auch im Folgenden Xu/Yao (2015), S. 885 ff.
364 Vgl. Forman/Ghose/Wiesenfeld (2008); Hu/Liu/Zhang (2008); Fan/Miao (2012).
365 Vgl. Öğüt/Taş (2012); Hu/Koh/Reddy (2014).
366 Vgl. Koo (2015).
367 Vgl. auch im Folgenden Munzel (2016), S. 96 ff.
368 Vgl. Forman/Ghose/Wiesenfeld (2008); Öğüt/Taş (2012); Hu/Koh/Reddy (2014).
369 Vgl. Hu/Liu/Zhang (2008); Fan/Miao (2012).

(2014) keine Theorie zugrunde legen, ist die theoretische Grundlage bei allen anderen fünf Arbeiten unterschiedlich.[370]

Auf Basis des quantitativ-empirischen Schrifttums zu Online-Rezensionen auf E-Commerce-Webseiten lassen sich einige wichtige Implikationen für diese Untersuchung gewinnen.

- Innerhalb des E-Commerce-Schrifttums werden einige Einflussfaktoren von Online-Rezensionen bezüglich der Qualität der Argumente identifiziert. Da sich die Aussagen mehrerer Einflussfaktoren überschneiden, können sie zusammengefasst werden. Bezüglich der Qualität der Argumente handelt es sich um die Faktoren Verständlichkeit, zweiseitige Betrachtung und Vollständigkeit, die bereits aus dem Social Media-Schrifttum bekannt sind.[371]

  Im E-Commerce-Schrifttum untersucht nur die Studie von Li/Zhan (2011) diese drei genannten Einflussfaktoren von Online-Rezensionen in Bezug auf die Qualität der Argumente.[372] Darüber hinaus existieren noch zwei Arbeiten die zumindest zwei der drei genannten Einflussfaktoren analysieren. Dazu zählen die Arbeiten von Korfiatis/García-Bariocanal/Sánchez-Alonso (2012) und Kuan et al. (2015), die beide die Einflussfaktoren Verständlichkeit und Vollständigkeit untersuchen.[373] Die weiteren Arbeiten im E-Commerce-Schrifttum behandeln jeweils nur einen der identifizierten Einflussfaktoren von Online-Rezensionen bezüglich der Qualität der Argumente.[374]

  So ist festzuhalten, dass auch nach Analyse des E-Commerce-Schrifttums der Forschungsansatz für diese Untersuchung weiterhin Bestand hat. Es existiert derzeit keine Arbeit, die alle sechs identifizierten Einflussfaktoren von Online-Rezensionen bezüglich der Qualität der Argumente in einer Untersuchung zusammenfassend betrachtet und für jeden dieser Faktoren eine signifikante Wirkungsbeziehung nachweist.[375] Anhand des E-Commerce-Schrifttums wird allerdings die Bedeutung einiger Einflussfaktoren von Online-Rezensionen be-

---

370 Vgl. Forman/Ghose/Wiesenfeld (2008); Hu/Liu/Zhang (2008); Fan/Miao (2012); Öğüt/Taş (2012); Hu/Koh/Reddy (2014).

371 Vgl. dazu auch Kapitel 2.3.3. Eine detaillierte Ausführung welche Inhalte diese Faktoren vereinen und auf welcher Basis sich diese Zusammenfassung rekurriert erfolgt in Kapitel 3.2.1.3.

372 Vgl. auch im Folgenden Li/Zhan (2011), S. 239 ff.

373 Vgl. Korfiatis/García-Bariocanal/Sánchez-Alonso (2012), S. 205 ff.; Kuan et al. (2015), S. 48 ff.

374 Vgl. dazu auch die Ausführungen in Kapitel 2.3.4 sowie Kapitel 3.2.1.3.

375 Vgl. diesbezüglich die Ausführungen zu der Forschungslücke auf Basis des Social Media-Schrifttums in Kapitel 2.3.3.

züglich der Qualität der Argumente, die bereits im Social Media-Schrifttum identifiziert worden sind, erneut herausgestellt.

- Die Analyse des E-Commerce-Schrifttums ermöglicht die Identifizierung einer Vielzahl von Einflussfaktoren von Online-Rezensionen bezüglich der peripheren Signale. Einige dieser Einflussfaktoren lassen sich aufgrund von inhaltlichen Überschneidungen zusammenfassen. So können acht wesentliche Einflussfaktoren bezüglich der peripheren Signale im E-Commerce-Schrifttum identifiziert werden. Dabei handelt es sich um die Faktoren Quantität von Online-Rezensionen, Konsistenz von Online-Rezensionen, Emotionalität von Online-Rezensionen, Reputation der Rezensenten, Identität der Rezensenten, Expertise der Rezensenten, Reputation der Webseite und Rating von Produkten und Dienstleistungen.[376]

  Im E-Commerce-Schrifttum werden von diesen acht Einflussfaktoren von Online-Rezensionen bezüglich der peripheren Signale maximal vier Faktoren innerhalb einer Studie im Kontext untersucht.

  Huang et al. (2015) analysieren den Faktor Anzahl der Wörter pro Online-Rezension (Word Count), der im weitesten Sinne zu der Vollständigkeit von Online-Rezensionen gezählt werden kann, den Faktor Erfahrung der Rezensenten (Reviewer Experience), der in dieser Untersuchung unter der Expertise der Rezensenten gefasst wird, den Faktor Einfluss der Rezensenten (Reviewer Impact), der in der Untersuchung unter der Reputation der Rezensenten subsumiert wird sowie den Faktor Rating von Produkten.[377]

  Drei Faktoren betrachten die Studien von Baek/Ahn/Choi (2012) und Fang et al. (2013).[378] Während Baek/Ahn/Choi (2012) die Faktoren Konsistenz von Online-Rezensionen, Rating von Produkten und Dienstleistungen sowie Identität der Rezensenten analysieren, identifizieren Fang et al. (2013) die Einflussfaktoren Quantität von Online-Rezensionen, Emotionalität von Online-Rezensionen und Reputation der Rezensenten.

  Darüber hinaus untersuchen die Arbeiten von Li/Zhan (2011), Luo et al. (2015), Kuan et al. (2015) und Munzel (2016) jeweils zwei Einflussfaktoren von

376 Vgl. dazu auch Kapitel 2.3.3. Eine detaillierte Ausführung welche Inhalte diese Faktoren vereinen und auf welcher Basis sich diese Zusammenfassung rekurriert erfolgt in Kapitel 3.2.1.4.

377 Vgl. Huang et al. (2015), S. 22.

378 Vgl. auch im Folgenden Baek/Ahn/Choi (2012), S. 99 ff.; Fang et al. (2013), S. 208 ff.

Online-Rezensionen bezüglich der peripheren Signale.[379] Li/Zhan (2011) betrachten die Faktoren Expertise der Rezensenten und Emotionalität von Online-Rezensionen, Kuan et al. (2015) untersuchen die Faktoren Konsistenz von Online-Rezensionen und Reputation der Rezensenten und schließlich Munzel (2016) die Faktoren Identität der Rezensenten und Konsistenz von Online-Rezensionen.

Zusammenfassend ist festzuhalten, dass das E-Commerce-Schrifttum einige Einflussfaktoren von Online-Rezensionen bezüglich der peripheren Signale enthält, die bereits im Social Media-Schrifttum untersucht wurden. Zudem wird mit dem Faktor Emotionalität von Online-Rezensionen ein peripheres Signal aufgegriffen, das im Social Media-Schrifttum bislang nicht betrachtet wurde.[380]

Diese Untersuchung greift alle acht im E-Commerce-Schrifttum identifizierten Dimensionen bezüglich der peripheren Signale auf und prüft sie auf Basis einer mehrstufigen Analyse auf Eignung. Anschließend werden die validierten peripheren Signale einer empirischen Betrachtung unterzogen.

Dies führt zu einem deutlich größeren Untersuchungsumfang bezüglich der peripheren Signale als im E-Commerce-Schrifttum bislang vorliegt. Damit leistet diese Untersuchung einen deutlichen Erkenntnisgewinn für die Forschung.

Die Analyse der 25 Arbeiten innerhalb des E-Commerce-Schrifttums zu Online-Rezensionen hat gezeigt, dass im E-Commerce-Schrifttum bislang keine Arbeit existiert, die alle im Schrifttum identifizierten Faktoren bezüglich der Qualität der Argumente und der peripheren Signale untersucht. Somit bleibt das Forschungspotenzial dieser Untersuchung bestehen. In Kapitel 2.3.5 erfolgen Wertung und Implikationen des Forschungsüberblicks zu den Einflussfaktoren von Online-Rezensionen bezüglich der Qualität der Argumente und der peripheren Signale auf Basis des Social Media- und des E-Commerce-Schrifttums.

---

[379] Vgl. auch im Folgenden Li/Zhan (2011), S. 239 ff.; Kuan et al. (2015), S. 48 ff.; Munzel (2016), S. 96 ff.

[380] Vgl. Li/Zhan (2011), S. 241.

2.3.5. Wertung und Implikationen des Forschungsüberblicks zu den Einflussfaktoren von Online-Rezensionen auf Basis des Social Media- und E-Commerce-Schrifttums

Nach der Analyse des Social Media- sowie des E-Commerce-Schrifttums zu den Einflussfaktoren von Online-Rezensionen können folgende Wertung und Implikationen für das Forschungspotenzial dieser Untersuchung vorgenommen werden:

- Anhand des Social Media- und des E-Commerce-Schrifttums sind die Verständlichkeit, die Genauigkeit, die zweiseitige Betrachtung, die Vollständigkeit, die Relevanz und die Aktualität als Einflussfaktoren von Online-Rezensionen bezüglich der Qualität der Argumente identifiziert worden.

  Obwohl die Bedeutung dieser Faktoren im Social Media- und im E-Commerce-Schrifttum nachgewiesen wird, existiert keine Arbeit, in der alle sechs Faktoren simultan untersucht werden und die einen Nachweis erbringt, dass alle diese Faktoren einen Einfluss auf die Einstellung beziehungsweise das Verhalten der Rezipienten besitzen. Somit bleibt bezüglich der Dimensionen der Qualität der Argumente ein Forschungsbedarf bestehen.

- Anhand des Social Media- und E-Commerce-Schrifttums sind die Quantität von Online-Rezensionen, die Konsistenz von Online-Rezensionen, die Emotionalität von Online-Rezensionen, die Reputation der Rezensenten, die Identität der Rezensenten, die Expertise der Rezensenten, die Reputation der Webseite und das Rating von Produkten und Dienstleistungen als Einflussfaktoren von Online-Rezensionen bezüglich der peripheren Signale identifiziert worden.

  Im Social Media- sowie im E-Commerce-Schrifttum existiert keine Arbeit die mehr als drei dieser peripheren Signale untersucht. Daher gibt es im relevanten Schrifttum noch keine Arbeit, die alle acht identifizierten peripheren Signale gleichzeitig betrachtet. In dieser Untersuchung soll erstmals eine Betrachtung aller acht identifizierten peripheren Signale erfolgen. Somit sollte diese Arbeit bezüglich der Dimensionen der peripheren Signale einen deutlichen Mehrwert für die Forschung bringen.

- Da bislang keine Arbeit im relevanten Schrifttum existiert, die alle identifizierten Einflussfaktoren bezüglich der Qualität der Argumente und der peripheren Signale simultan betrachtet, besteht diesbezüglich in der Forschung auch ein Mangel an fortgeschrittenen multivariaten Analysemethoden.[381] Die wenigen Arbeiten die explizit zwischen der Qualität der Argumente und der peripheren Signale unterscheiden, verwenden zumeist eine multiple Regression (grundlegende multivariate Analysemethode).[382] Da fortgeschrittene multivariate Analysemethoden, wie beispielsweise die Strukturgleichungsmodellierung, eine stärkere Beachtung kausaler Beziehungen zulassen als grundlegende multivariate Analysemethoden, erhöht sich der Erklärungsgehalt dieser Untersuchung zusätzlich.[383]

- Darüber hinaus wird im relevanten Schrifttum eine durchgängige Betrachtung von Moderatoren bezüglich der Wirkungsbeziehung zwischen den identifizierten Einflussfaktoren von Online-Rezensionen bezüglich der Qualität der Argumente und der peripheren Signale auf die Einstellung der Rezipienten bislang vernachlässigt.

  Zu den Arbeiten, die eine Moderation zu den identifizierten Einflussfaktoren auf ein einflussmessendes Konstrukt betrachten, gehören beispielsweise die Ausführungen von Cheung/Sia/Kuan (2012). Die Autoren untersuchen die Moderation der Faktoren Konsistenz von Online-Rezensionen und die zweiseitige Betrachtung von Online-Rezensionen auf die Glaubwürdigkeit von Online-Rezensionen.[384]

  Ein weiteres Beispiel stellt die Arbeit von Racherla/Friske (2012) dar. Die Autoren untersuchen die Moderation der Faktoren Such-Services, Erfahrungs-Services und Vertrauens-Services auf die Wirkungsbeziehungen der Einflussfaktoren Identität der Rezensenten, Reputation der Rezensenten und Expertise der Rezensenten auf die Nützlichkeit von Online-Rezensionen.[385]

  Darüber hinaus existiert im relevanten Schrifttum beispielsweise noch die Arbeit von Zhou/Guo (2017), die mit den Moderatoren Verbundenheit der Rezensenten, Expertise der Rezensenten, Bewertung von Online-Rezensionen, Länge der Online-Rezensionen und zeitlicher Abstand zwischen den Online-

---

381 Vgl. dazu die Ausführungen in Kapitel 1.1 sowie in Kapitel 2.3.

382 Vgl. beispielsweise Baek/Ahn/Choi (2012), S. 99 ff.; Filieri/McLeay (2013), S. 44 ff.; Cheng/Ho (2015), S. 883 ff.

383 Vgl. Weiber/Mühlhaus (2014), S. 21 ff. Vgl. bezüglich der Unterscheidung zwischen grundlegenden und fortgeschrittenen multivariaten Analysemethoden die Ausführungen von Backhaus et al. (2016), S. 14.

384 Vgl. Cheung/Sia/Kuan (2012), S. 621.

385 Vgl. Racherla/Friske (2012), S. 551.

Rezensionen die Wirkungsbeziehung des Faktors Reihenfolge von Online-Rezensionen zu einem Produkt auf den Faktor Nützlichkeit von Online-Rezensionen für die Rezipienten untersucht.[386] Diese Moderatoren werden in der vorliegenden Untersuchung jedoch als exogene Faktoren herangezogen und entfallen somit als potenzielle Moderatoren.[387]

Auf Basis der bislang geringen und sehr heterogenen Betrachtung von Moderatoren bestehen hierzu im relevanten Schrifttum auch noch Forschungspotenziale. Vor allem zu der Forschungsfrage, welche Moderatoren welchen Einfluss auf die Wirkungsbeziehung zwischen den Einflussfaktoren und den einflussmessenden Faktoren von Online-Rezensionen, die in dieser Untersuchung aufgegriffen werden sollen, besitzen.

386 Vgl. Zhou/Guo (2017), S. 80.

387 Vgl. dazu die Ausführungen in Kapitel 3.2.1.

3. Konzeptionalisierung und Modellentwicklung

Abbildung 3-1: *Einordnung von Kapitel 3 in die Ablaufstruktur der Untersuchung*

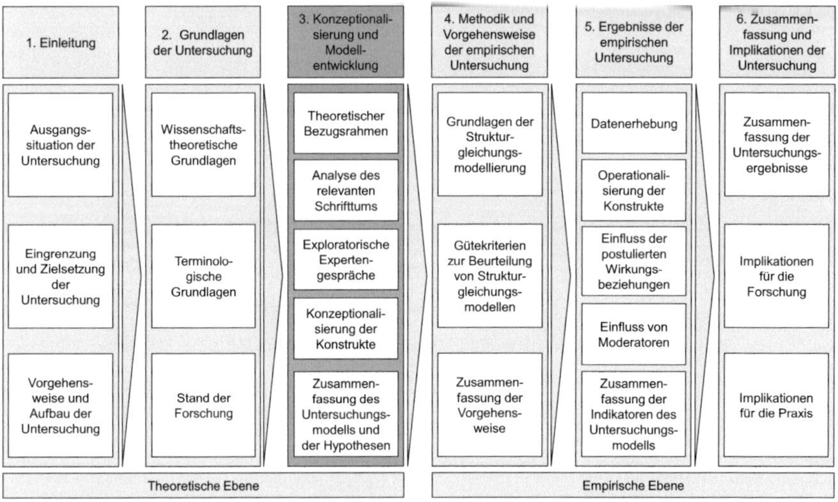

Nachdem die wissenschaftstheoretischen und terminologischen Grundlagen gelegt worden sind sowie der aktuelle Stand der Forschung erarbeitet wurde, befasst sich Kapitel 3 mit der Konzeptionalisierung und mit der Modellentwicklung. Als erstes wird dazu ein theoretischer Bezugsrahmen benötigt, der in Kapitel 3.1 skizziert wird. Als theoretischer Bezugsrahmen wird eine Theorie verwendet, die zur Herleitung beziehungsweise zur Konzeptionalisierung der für die Untersuchung relevanten Konstrukte am besten geeignet erscheint. Nach Darstellung der zu verwendenden Theorie schließt das Kapitel mit einem heuristischen Bezugsrahmen.

In Kapitel 3.2 erfolgt die Analyse des relevanten Schrifttums zu Online-Rezensionen. Hierbei werden anhand des relevanten Social Media- sowie E-Commerce-Schrifttums ein Relevant Set potenzieller exogener und endogener Faktoren entwickelt. Danach werden potenzielle exogene Faktoren für die relevanten Konstrukte der Qualität der Argumente und der peripheren Signale analysiert. Die relevanten endogenen Konstrukte werden für die Messung des Einflusses von Online-Rezensionen herangezogen. Nach der Identifizierung potenzieller exogener und endogener Konstrukte erfolgt in Kapitel 3.3 anhand von exploratorischen Expertengesprächen die Spezifikation sowie die Fundierung der Konstrukte.

Kapitel 3.4 behandelt die finale Konzeptionalisierung der Konstrukte sowie eine letzte inhaltliche Auseinandersetzung mit den für die Untersuchung relevanten exogenen und endogenen Faktoren. Darüber hinaus ist die Formulierung der Kausalbeziehungen zwischen den exogenen und endogenen Faktoren, auch als Hypothesenentwicklung zu bezeichnen, ein zentraler Bestandteil des Kapitels. Zuletzt erfolgt in Kapitel 3.5 die Zusammenfassung des Gesamtmodells sowie der Untersuchungshypothesen. Abbildung 3-1 ordnet Kapitel 3 in die Ablaufstruktur der Untersuchung ein.

3.1. Theoretischer Bezugsrahmen

Der theoretische Bezugsrahmen beinhaltet die für eine empirische Untersuchung relevante Theorie, auf deren Basis theoretisches Wissen auf einen praktischen Kontext angewendet werden kann. Anhand des theoretischen Bezugsrahmens können aufgeworfene Forschungsfragen legitimiert, in einen Kontext eingebettet sowie ein Analysebereich festgelegt werden.[388] So ermöglicht erst der Bezug zu einem theoretischen Rahmenwerk einen substanziellen wissenschaftlichen Fortschritt. Nur aufgrund dieser Basis können neue Hypothesen auf ein existentes Modell erweitert beziehungsweise optimiert werden.[389] Die Bedeutung eines theoretischen Bezugsrahmens für empirische Untersuchungen stellt Werp (1998) wie folgt heraus:

„Theoretische Bezugsrahmen werden in der empirischen Forschung eingesetzt, um ein bereits auf verschiedenen Wegen erworbenes Vorverständnis der zu untersuchenden Problemstellung zusammenzustellen und übersichtlich zu strukturieren. Dies erscheint notwendig, da sich bei komplexen Problemstellungen reale Sachverhalte in der Regel nur über eine Vielzahl von Variablen und Wirkungsbeziehungen zwischen einzelnen Variablen modellieren lassen, so dass die Übersichtlichkeit ohne die Verwendung eines theoretischen Bezugsrahmens nur schwer sichergestellt werden kann.“[390]

Da diese Untersuchung eine komplexe Problemstellung beinhaltet, die mittels einer Vielzahl von Variablen modelliert wird, erhält der theoretische Bezugsrahmen innerhalb dieser Arbeit eine herausragende Bedeutung. Bei Betrachtung des Untersu-

388 Vgl. auch im Folgenden Stöckmann (2010), S. 15.
389 Vgl. Ullrich (2011), S. 97 f.
390 Werp (1998), S. 89.

chungsgegenstands erscheint insbesondere ein verhaltenswissenschaftlicher Ansatz zur Untersuchung als geeignet.[391] Vor allem die Sozialpsychologie, die als häufigster verhaltenswissenschaftlicher Ansatz verwendet wird, erfährt in diesem Kontext besondere Relevanz.[392] Dies ist auf den Untersuchungsbereich der vorliegenden Arbeit zurückzuführen, der auf eine Konsumentenforschung beziehungsweise auf die Betrachtung der persuasiven Kommunikation zwischen Nutzern von Online-Bewertungsportalen abstellt. Innerhalb des theoretischen Bezugsrahmens erfolgt neben der Spezifizierung der am besten geeigneten Theorie auch die Betrachtung, ob eine monotheoretische oder eine multitheoretische Vorgehensweise verwendet werden soll.

Anhand der vorangegangenen Kapitel 2.3.1 und 2.3.2 konnte bereits gezeigt werden, dass eine monotheoretische Vorgehensweise innerhalb des Schrifttums weit verbreitet ist. Von den in der Analyse betrachteten 49 quantitativ-empirischen Arbeiten verwenden 32 eine monotheoretische und nur 13 eine multitheoretische Vorgehensweise, während vier Arbeiten gar keine Theorie verwenden. Vor allem in dem Untersuchungsbereich Social Media wird mit insgesamt 16 Arbeiten überwiegend eine monotheoretische Vorgehensweise bevorzugt.[393] Eine monotheoretische Vorgehensweise bietet den Vorteil, dass eine Prüfung der Vereinbarkeit verschiedener Theorien überflüssig ist. Zudem stehen viele Wissenschaftler einer Vereinbarkeit verschiedener Theorien miteinander kritisch gegenüber.[394] Kritiker verweisen darauf, dass divergente Theorien von verschiedenen Voraussetzungen ausgehen und oftmals auf nicht komplementären Grundaxiomen basieren. Dies kann zu zentralen Problemen innerhalb der Untersuchung und schließlich zu falschen Ergebnissen führen.[395] In diesen Kontext gehört auch der Vorwurf des Theorieeklektizismus,

„[…] welcher vorliegt, wenn verschiedene Theorien in unreflektierter Weise und ohne vorhergehende Prüfung der Kompatibilität für eine Untersuchung übernommen werden."[396]

---

391 Vgl. bezüglich einer Eignung des verhaltenswissenschaftlichen Ansatzes Wirtz (2016a), S. 50.

392 Vgl. Kroeber-Riel/Gröppel-Klein (2013), S. 13.

393 Vgl. beispielsweise Cheung/Lee/Rabjohn (2008), S. 229 ff.; Zhang/Watts (2008), S. 73 ff.; Cheung/Sia/Kuan (2012), S. 618 ff.; Chih et al. (2013), S. 658 ff.; Fan et al. (2013), S. 58 ff.; Filieri/McLeay (2013), S. 44 ff.; Luo et al. (2013), S. 92 ff.; Cheung (2014), S. 42 ff.; Teng et al. (2014), S. 746 ff.; Zhang et al. (2014), S. 78 ff.; Cheng/Ho (2015), S. 883 ff.; Huang et al. (2015), S. 17 ff.; Liu/Park (2015), S. 140 ff.; Luo et al. (2015), S. 305 ff.; Park/Nicolau (2015), S. 67 ff.; Xu/Yao (2015), S. 885 ff.; Chen (2016), S. 316 ff., Munzel (2016), S. 96 ff.; Reimer/Benkenstein (2016), S. 5993 ff.; Zhou/Guo (2017), S. 77 ff.

394 Vgl. Freiling (2001), S. 15 ff.

395 Vgl. auch Kapitel 2.1.1.

396 Maloney (2008), S. 37.

Auf dieser Basis erscheint eine monotheoretische Vorgehensweise sinnvoll. Daher wird im Folgenden untersucht, ob eine monotheoretische Vorgehensweise auch für diese Untersuchung adäquat ist.

Innerhalb des Forschungsstands in Kapitel 2.3. wurden alle relevanten Theorien im Social Media- und E-Commerce-Bereich identifiziert.[397] Dabei zeigt sich, dass die Arbeiten im Social Media- sowie im E-Commerce-Schrifttum, die der Forschungsfrage dieser Arbeit ähnlich sind, zumeist monotheoretisch auf integrativen Prozessmodellen, wie dem ‚Elaboration Likelihood Model', abstellen.[398]

Bei Betrachtung dieser integrativen Prozessmodelle, wozu im relevanten Schrifttum neben dem ‚Elaboration Likelihood Model' noch das ‚Heuristic-Systematic Model' und die ‚Dual-Process Theory' zählen, zeigt sich, dass sich diese sehr gut mit der Problemstellung dieser Untersuchung vereinbaren lassen. Vor allem das ‚Elaboration Likelihood Model' unterstützt die 1. Forschungsfrage wie die Einflussfaktoren von Online-Rezensionen bezüglich der Qualität der Argumente und der peripheren Signale konzeptionalisiert und operationalisiert werden können. Für die 2. Forschungsfrage, welche Wirkung die Qualität der Argumente und die peripheren Signale auf die Einstellung und das Verhalten der Rezipienten von Online-Rezensionen besitzen, stellt diese Theorie ebenfalls eine geeignete Basis dar. Die 3. Forschungsfrage, inwieweit Moderatoren die Wirkung der Einflussfaktoren von Online-Rezensionen auf die Einstellung und das Verhalten der Rezipienten von Online-Rezensionen beeinflussen, kann ebenfalls mit dem ‚Elaboration Likelihood Model' beantwortet werden.

Das ‚Elaboration Likelihood Model' ist ein Ablaufmodell, das innerhalb der persuasiven Kommunikation die Analyse der Fähigkeiten und der Motivation der Rezipienten zulässt, sowie die Einstellungen und das Verhalten der Rezipienten von Online-Rezensionen offen legt.[399] Unter der persuasiven Kommunikation wird in diesem Untersuchungskontext das Rezipieren von Online-Rezensionen verstanden. Die persuasive Kommunikation findet anhand von Einflussfaktoren bezüglich der Qualität der

---

397 Vgl. Kapitel 2.3.

398 Vgl. beispielsweise Zhang/Watts (2008), S. 73 ff.; Zhang et al. (2014), S. 78 ff. bezüglich des Heuristic-Systematic Model, Li/Zhan (2011), S. 239 ff.; Pan/Chiou (2011), S. 67 ff.; Cheung/Sia/Kuan (2012), S. 618 ff.; Fan/Miao (2012), S. 175 ff.; Fan et al. (2013), S. 58 ff.; Filieri/McLeay (2013), S. 44 ff.; Jamil/Hasnu (2013), S. 171 ff.; Luo et al. (2013), S. 92 ff.; Obiedat (2013), S. 16 ff.; Cheng/Loi (2014), S. 1 ff.; Teng et al. (2014), S. 746 ff.; Zhu/Yin/He (2014), S. 267 ff.; Cheng/Ho (2015), S. 883 ff.; Luo et al. (2015), S. 305 ff.; Kuan et al. (2015), S. 48 ff. bezüglich des ‚Elaboration Likelihood Models' sowie Baek/Ahn/Choi (2012), S. 99 ff.; Chang/Fang/Huang (2015), S. 32 ff. bezüglich der ‚Dual-Process Theory'.

399 Vgl. Klimmt (2011), S. 15.

Argumente und der peripheren Signale statt, wodurch die Betrachtung dieser Einflussfaktoren legitimiert wird.[400]

Zusätzlich fokussiert das Ablaufmodell die Einstellungen beziehungsweise Einstellungsänderungen der Rezipienten aufgrund der Persuasion von Online-Rezensionen.[401] Abschließend ermöglicht die Theorie die Betrachtung des Verhaltens der Rezipienten auf Basis der rezipierten Online-Rezensionen.[402] Somit kann unter Verwendung des ‚Elaboration Likelihood Models' das Forschungsvorhaben dieser Untersuchung vollständig abgebildet werden.

Im Gegensatz zu anderen integrativen Prozessmodellen erscheint das ‚Elaboration Likelihood Model' somit wesentlich besser geeignet als das ‚Heuristic-Systematic Model' oder die ‚Dual-Process-Theory'. Dies ist darauf zurückzuführen, dass sowohl das ‚Heuristic-Systematic Model' als auch die ‚Dual-Process Theory' deutlich restriktiver in ihren Annahmen sind und so die Forschungsfragen beziehungsweise die Problemstellungen dieser Untersuchung bei Anwendung dieser Theorien nicht vollständig adressiert werden würden. So erlaubt das ‚Elaboration Likelihood Model' gegenüber dem ‚Heuristic-Systematic Model' neben Heuristiken auch die Beachtung situativer Signale.[403] Dies führt zu einer deutlich höheren Anzahl von Faktoren die bezüglich der peripheren Signale betrachtet werden können, wodurch der Erklärungsgehalt dieser Untersuchung deutlich angehoben wird.

Die ‚Dual-Process Theory' erlaubt neben der Beachtung der Inhalte von Online-Rezensionen (informational influence) als zweiten Prozess die Fokussierung auf aggregierte Merkmale (normative influence). Dazu gehören im relevanten Kontext beispielsweise das Rating und die Konsistenz von Online-Rezensionen.[404] So schränkt die ‚Dual-Process Theory' im Vergleich zum ‚Elaboration Likelihood Model' die Untersuchung deutlich ein, da weitere periphere Signale, wie beispielsweise die Reputation der Rezensenten, nicht mit dieser Theorie zu vereinbaren sind. Zusätzlich unterstützen weder die ‚Dual-Process Theory' noch das ‚Heuristic-Systematic Model' die Beachtung von Moderatoren in dem Ausmaß, wie es das ‚Elaboration Likelihood Model' im Hinblick auf die Elaboration der persuasiven Kommunikation der Rezipienten zulässt.

---

400 Vgl. dazu auch Kapitel 3.1.3.

401 Vgl. dazu auch Kapitel 3.14.

402 Vgl. dazu auch Kapitel 3.1.4. sowie Kapitel 3.1.5.

403 Vgl. Mayerl (2009), S. 106 f. sowie beispielsweise die Arbeiten von Zhang/Watts (2008), S. 73 ff.; Zhang et al. (2014), S. 78 ff.

404 Vgl. Chang/Fang/Huang (2015), S. 35.

Die Analyse der weiteren Arbeiten im relevanten Schrifttum zeigt, dass durch die Wahl einer anderen Theorie als dem ‚Elaboration Likelihood Model' kein Mehrwert zur Beantwortung der Forschungsfragen dieser Untersuchung entstehen würde. Dabei liefern weder eine monotheoretische noch eine multitheoretische Vorgehensweise einen zusätzlichen Erklärungsgehalt.

So existieren im relevanten Schrifttum beispielsweise Arbeiten, die monotheoretisch auf dem ‚Information Adoption Model' abstellen.[405] Aufgrund dieser Theorie kann gegenüber dem ‚Elaboration Likelihood Model' kein zusätzlicher Erklärungsgehalt für diese Untersuchung generiert werden. Dies ist darauf zurückzuführen, dass das ‚Information Adoption Model' auf dem ‚Elaboration Likelihood Model' basiert, wobei es bezüglich der peripheren Signale restriktiver ist und in der Praxis nur zu der Herleitung von Dimensionen bezüglich der Glaubwürdigkeit der Quelle genutzt wird. So werden quantitative Aspekte wie die Anzahl von Online-Rezensionen bei dieser Modelltheorie in der Praxis nicht untersucht. Somit würde unter Verwendung des ‚Information Adoption Models' im Gegensatz zum ‚Elaboration Likelihood Model' ein niedrigerer Erklärungsgehalt bezüglich der Forschungsfragen für diese Untersuchung erreicht werden.[406]

Darüber hinaus wird im relevanten Schrifttum mehrmals die ‚Uncertainty Reduction Theory' als theoretische Grundlage herangezogen. Diese Theorie wird sowohl monotheoretisch als auch multitheoretisch verwendet.[407] Der zentrale Aspekt der Theorie stellt die Reduzierung der Unsicherheit der Rezipienten durch persuasive Kommunikation dar. Diese Theorie bietet eine nur unzureichende Basis für die theoretische Herleitung der exogenen Faktoren, die für diese Untersuchung relevant sind. Daher verwenden einige Autoren für eine genaue theoretische Herleitung der exogenen Faktoren zumeist eine weitere Theorie.[408] Aus diesem Grund ist diese Theorie monotheoretisch für diese Untersuchung nicht verwendbar.

In Kombination mit weiteren Theorien, wie beispielsweise mit der ‚Dual-Process Theory' existieren immer noch entscheidende Restriktionen für diese Untersuchung. Bei einer multitheoretischen Vorgehensweise unter Verwendung der ‚Uncertainty

405 Vgl. dazu auch im Folgenden Cheung/Lee/Rabjohn (2008), S. 229 ff.; Cheung (2014), S. 42 ff.

406 Vgl. bezüglich des Information Adoption Models und der Fokussierung der peripheren Signale auf die Glaubwürdigkeit der Quelle beispielsweise die Arbeit von Cheung/Lee/Rabjohn (2008), S. 229 ff.

407 Vgl. Hu/Liu/Zhang (2008), S. 1 ff.; Fan et al. (2013), S. 58 ff.; Xu (2014), S. 136 ff.; Chang/Fang/Huang (2015), S. 32 ff.

408 Vgl. beispielsweise Chang/Fang/Huang (2015), S. 32 ff.

Reduction Theory‘ und der ‚Dual-Process Theory‘ bestehen hinsichtlich der exogenen Faktoren Einschränkungen bezüglich der peripheren Signale, die bereits zuvor bei einer monotheoretischen Vorgehensweise unter Verwendung der ‚Dual-Process Theory‘ angesprochen wurden. Zusätzlich fehlt bei einer Kombination dieser beiden Theorien die theoretische Grundlage zur Beachtung der Elaboration der persuasiven Kommunikation, die für die Forschungsfragen dieser Untersuchung einen entscheidenden Mehrwert bietet.

Für die Forschungsfragen dieser Untersuchung erscheint die ‚Uncertainty Reduction Theory‘ in Kombination mit der ‚Social Information Processing Theory‘, wie sie auch im relevanten Schrifttum von Xu (2014) verwendet wird, noch weniger geeignet.[409] So nutzt der Autor die ‚Social Information Processing Theory‘ zur Herleitung der exogenen Faktoren. Daraus folgt, dass die exogenen Faktoren sich lediglich auf soziale Informationen, wie beispielsweise der Reputation der Rezensenten und der Identität der Rezensenten beschränken und das Untersuchungsmodell im Erklärungsgehalt so stark eingeschränkt wird.

Der Erklärungsgehalt für die Forschungsfragen dieser Untersuchung kann anhand der weiteren im relevanten Schrifttum identifizierten Theorien gegenüber dem Erklärungsgehalt, den das ‚Elaboration Likelihood Model‘ bietet, nicht erhöht werden. Diese Theorien werden im relevanten Schrifttum lediglich einmal verwendet und adressieren zu einem großen Teil andere Aspekte als die, die für die Forschungsfragen dieser Untersuchung relevant sind. Dazu gehört beispielsweise das ‚Affect-Behavior-Cognition Model‘.[410] Diese Theorie bildet eine nur rudimentäre Basis für die exogenen Faktoren, die für diese Untersuchung relevant sind. Vielmehr versucht die Theorie das Verhalten, die Wahrnehmung und die Emotionen zu erklären, die aus der persuasiven Kommunikation resultieren.[411]

Nach Analyse der identifizierten Theorien und unter Beachtung der Forschungsfragen dieser Untersuchung kann mit dem ‚Elaboration Likelihood Model‘ eine am besten geeignete Theorie im Schrifttum gefunden werden. Das ‚Elaboration Likelihood Model‘ stellt für diese Untersuchung eine vollständige theoretische Grundlage dar, so dass eine monotheoretische Vorgehensweise erfolgen kann und keine weitere Theorie für einen höheren Erklärungsgehalt herangezogen werden muss.

---

409 Vgl. Xu (2014), S. 136 ff.

410 Vgl. Breckler (1984), S. 1191 ff.; Chih et al. (2013), S. 658 ff.

411 Vgl. beispielsweise Chih et al. (2013), S. 658 ff.

Innerhalb des relevanten Schrifttums zeigt sich, dass das ‚Elaboration Likelihood Model' in der Vergangenheit zu ähnlichen Forschungsthemen häufig herangezogen wurde. So wird innerhalb der 49 relevanten quantitativ-empirischen Arbeiten insgesamt 16 Mal das ‚Elaboration Likelihood Model' als theoretische Grundlage verwendet.[412] Keine andere Theorie wird im Vergleich dazu innerhalb der 49 Arbeiten häufiger als dreimal herangezogen. Darüber hinaus zeigt die Auswertung des quantitativ-empirischen Schrifttums, dass das ‚Elaboration Likelihood Model' zumeist innerhalb einer monotheoretischen Vorgehensweise angewandt wird.

So belegt neben der qualitativen Herleitung auch die quantitative Auswertung des relevanten Schrifttums nochmals, dass eine Verwendung des ‚Elaboration Likelihood Models' in einer monotheoretischen Vorgehensweise als besonders geeignet erscheint und für diese Untersuchung die am besten geeignete Theorie darstellt.

3.1.1. Wissenschaftliche Einordnung und Relevanz des Elaboration Likelihood Models

Das ‚Elaboration Likelihood Model' (ELM), entwickelt von den Autoren Petty und Cacioppo, etablierte sich 1981 in der wissenschaftlichen Literatur.[413] Das ELM ist in der Sozialpsychologie von besonderer Relevanz, da zuvor konzeptionelle Unklarheiten und methodische Mängel bezüglich der Überzeugung von Konsumenten und der Auswirkungen auf das Konsumentenverhalten bestanden, obwohl es im Schrifttum bereits dominante Untersuchungsmodelle zur Einstellung von Konsumenten gab.[414]

Die vorherigen Untersuchungsmodelle, auf denen das ‚Elaboration Likelihood Model' aufbaut, behandelten noch nicht vollumfänglich alle Aspekte zur Überzeugung der Konsumenten. Dazu gehört das Dreikomponentenmodell von Einstellungen nach Rosenberg/Hovland (1960). In diesem Modell behandeln die Autoren drei unterschiedliche Reaktionen auf Einstellungen.[415] Dabei erfolgt eine Unterscheidung in kognitive, affektive und konative Reaktionen. Die Kognition bezieht sich auf das Wissen über das Einstellungsobjekt, während die affektive Komponente die Bewertung des Einstellungsobjekts darstellt. Die konative Komponente ist die Verhaltensabsicht gegenüber dem Einstellungsobjekt.[416] Obwohl die Dreiteilung in der heutigen Einstellungs-Verhaltens-Forschung so nicht mehr existiert, werden alle drei Kompo-

412 Vgl. auch im Folgenden Kapitel 3.2.1 und Kapitel 3.2.2.
413 Vgl. Petty/Cacioppo (1981), S. 262.
414 Vgl. auch im Folgenden Kitchen et al. (2014), S. 2034.
415 Vgl. auch im Folgenden Mayerl (2009), S. 23 f.
416 Vgl. Grunert (1990), S. 6.

nenten in vielen Einstellungsmodellen herangezogen. Vor allem der heuristische Wert des Dreikomponentenmodells ist in der heutigen Einstellungsforschung von Bedeutung.[417] So stellen Heuristiken für die Forschungsfragen dieser Untersuchung einen entscheidenden Bestandteil dar. Die Heuristiken werden in dieser Untersuchung innerhalb der peripheren Signale aufgegriffen und liefern entscheidende Hinweise bezüglich der Einstellung und des Verhaltens der Rezipienten.[418] Jedoch erfolgt innerhalb des Dreikomponentenmodells keine Differenzierung relevanter exogener Faktoren. Abbildung 3-2 fasst die zentralen Erkenntnisse des Dreikomponentenmodells von Einstellungen nach Rosenberg/Hovland (1960) zusammen.

Abbildung 3-2: *Das Dreikomponentenmodell von Einstellungen nach Rosenberg/Hovland (1960)*[419]

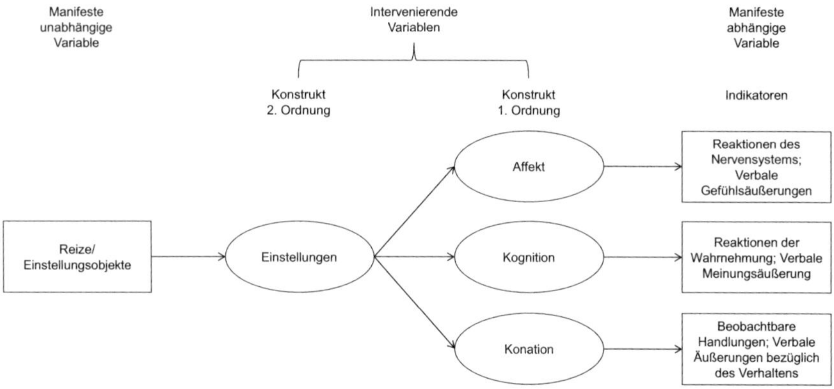

Das Dreikomponentenmodell nach Einstellungen von Rosenberg/Hovland (1960) diente für die Arbeiten von Ajzen und Fishbein als Grundlage. Ajzen und Fishbein sorgten mit ihren Arbeiten für ein neues Verständnis der kausalen Anordnung der drei Komponenten nach Rosenberg/Hovland (1960). Hierbei ist die von Ajzen und Fishbein entwickelte ‚Theory of Reasoned Action' zu nennen.[420] Nach dieser Theorie besteht die Einstellung aus einer affektiven und einer kognitiven Komponente, während Konation beziehungsweise die Verhaltensintention eine intervenierende Varia-

417 Vgl. Mayerl (2009), S. 23 ff.

418 Vgl. dazu auch Kapitel 3.1.3.3.

419 Vgl. Rosenberg/Hovland (1960), S. 3.

420 Vgl. zur ‚Theory of Reasoned Action' beispielsweise Ajzen/Fishbein (1973), S. 41 ff.; Fishbein/Ajzen (1975), S. 1 ff.; Ajzen/Fishbein (1980), S. 5 ff.; Ajzen/Madden (1986), S. 453 ff.

ble zwischen Einstellung und Verhalten darstellt und somit keinen direkten, sondern nur noch einen indirekten Effekt auf das Verhalten besitzt.[421] Die Verhaltensintention wird wiederum durch zwei Konstrukte determiniert. Innerhalb der ‚Theory of Reasoned Action' ist dies zum einen die Einstellung gegenüber der Handlung, die eine spezifische Bewertung des Verhaltens bezüglich der Valenz und der Wahrscheinlichkeit der Ergebnisse darstellt.[422] Zum anderen wird die Verhaltensintention durch den sozialen Einfluss (subjektive Norm), der dem Verhältnis normativer Erwartung und individueller Motivation der Norm entspricht, gesteuert.[423]

Die ‚Theory of Reasoned Action' stellt gegenüber dem Dreikomponentenmodell nach Rosenberg/Hovland (1960) einen kausalen Zusammenhang zwischen der Einstellung und dem Verhalten der Rezipienten dar. Dies ist ein entscheidender Aspekt, der auch in dieser Untersuchung aufgegriffen wird. So wird innerhalb dieser Untersuchung die Einstellung beziehungsweise die Einstellungsänderung auf Basis der persuasiven Kommunikation im Zuge der Elaboration untersucht.[424] Aus dieser Einstellung beziehungsweise Einstellungsänderung der Rezipienten wird anschließend auf die Verhaltensintention der Rezipienten fokussiert. Daher ist die Beachtung der Kausalität zwischen Einstellung und Verhalten für diese Untersuchung relevant. Die grundlegenden kausalen Zusammenhänge der ‚Theory of Reasoned Action' nach Ajzen/Fishbein (1980) stellt Abbildung 3-3 dar.

Abbildung 3-3: *Theory of Reasoned Action*[425]

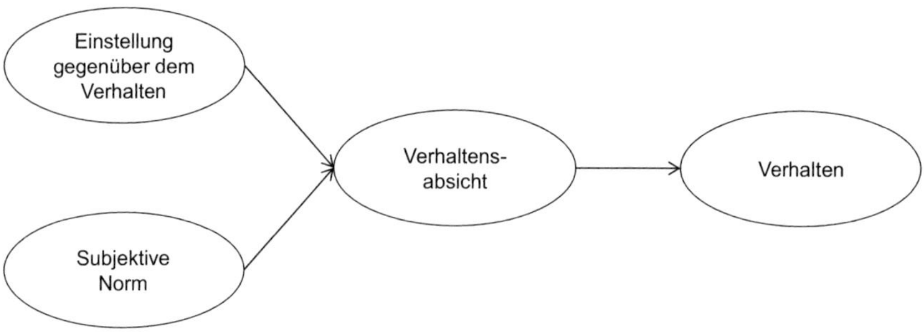

[421] Vgl. Mayerl (2009), S. 59.

[422] Vgl. Kroeber-Riel/Gröppel-Klein (2013), S. 235.

[423] Vgl. Mayerl (2009), S. 60.

[424] Vgl. dazu auch im Folgenden Kapitel 3.1.4.

[425] In Anlehnung an Fishbein/Ajzen (1975), S. 16; Ajzen/Madden (1986), S. 454.

Obwohl die ‚Theory of Reasoned Action' eine hohe Generalisierbarkeit bietet und eine breite Anwendung ermöglicht, besteht bei den meisten Untersuchungsmodellen die Notwendigkeit, dass die Theorie an den Untersuchungskontext angepasst werden muss, um den Einfluss spezifischer externer Faktoren berücksichtigen zu können.[426] Das grundlegende Wirkungsmodell bleibt erhalten, so dass der Effekt der externen Faktoren nur indirekt auf die Konstrukte wirkt, die die Einstellung messen.[427] Daher sind ausschließlich die Einstellungsobjekte veränderbar, während der kognitive und konative Prozess nicht verändert wird. Somit ist die Theorie primär dank ihrer Strukturierung innerhalb der Einstellungs- und Verhaltensforschung nützlich und weniger wegen ihrer Spezifizität bekannt.[428]

Daher haben Ajzen und Fishbein die ‚Theory of Reasoned Action' zur ‚Theory of Planned Behavior' weiterentwickelt.[429] Einer der wesentlichen Unterschiede besteht in der Aufnahme des Konzepts der wahrgenommenen Verhaltenskontrolle. Die wahrgenommene Verhaltenskontrolle ermöglicht eine Einschätzung bezüglich der Komplexität der Umsetzung eines bestimmten Verhaltens.[430] Dabei ist zu beachten, dass interne und externe Faktoren die Verhaltenskontrolle beeinflussen können.[431] Die Tatsache, dass das Verhalten der Rezipienten sowohl durch interne als auch durch externe Faktoren beeinflusst wird, ist Bestandteil dieser Untersuchung. So ist für die Forschungsfrage dieser Untersuchung entscheidend, dass neben den externen Faktoren, die die Elaboration der persuasiven Kommunikation beeinflussen, interne Faktoren wie die Motivation oder das Engagement der Rezipienten einen Einfluss auf die Verhaltensabsichten der Rezipienten besitzen. Diese Untersuchung bezieht solche Aspekte mit ein, da sie entscheidend für das Verhalten der Rezipienten sind.

Zudem erlaubt das Modell gegenseitige Abhängigkeiten zwischen der Einstellung zur Handlung, der subjektiven Norm sowie der wahrgenommenen Verhaltenskontrolle.[432] Aufgrund dieser Erweiterungen besitzt die ‚Theory of Planned Behavior' gegenüber der ‚Theory of Reasoned Action' eine stärkere Prognose- und Erklärungskraft. Dennoch behandelt die ‚Theory of Planned Behavior' vor allem die kognitiven Prozesse, während affektive Prozesse nur in einem geringen Maße beachtet werden.

---

426 Vgl. Ajzen/Fishbein (1980), S. 5 ff.; Piehler (2014), S. 102.

427 Vgl. Ajzen/Fishbein (1980), S. 82; Piehler (2014), S. 102.

428 Vgl. Piehler (2014), S. 102.

429 Vgl. im Folgenden Kroeber-Riel/Gröppel-Klein (2013), S. 236.

430 Vgl. auch im Folgenden Piehler (2014), S. 102 f.

431 Vgl. Ajzen/Madden (1986), S. 456.

432 Vgl. Ajzen (2005), S. 140.

Die grundlegenden kausalen Zusammenhänge der ‚Theory of Planned Behavior' fasst Abbildung 3-4 zusammen.

Abbildung 3-4: *Theory of Planned Behavior*[433]

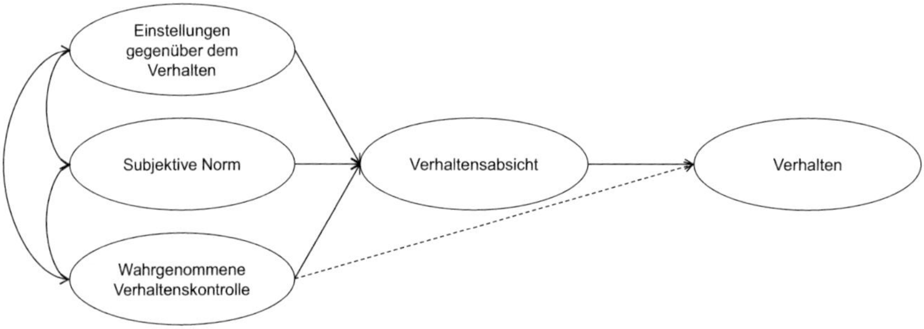

Die ‚Theory of Reasoned Action' und die ‚Theory of Planned Behavior' haben maßgeblich zu einer Weiterentwicklung innerhalb der Einstellungs-Verhaltens-Forschung beigetragen.[434] Beiden Theorien sind sowohl auf konzeptioneller als auch auf empirischer Ebene beachtliche Erklärungserfolge zuzuschreiben. Zudem kommen beide Theorien mit nur wenigen Bestimmungsfaktoren bzw. Theoremen aus. Dies wurde im Schrifttum als Anlass genommen, das Modell zu erweitern um weitere substanzielle Erkenntnisse generieren zu können. Jedoch führte dies nur zu einer Komplexitätssteigerung und nicht zu Lösungen. Somit blieben zentrale Probleme der bisherigen Theorien weiterhin erhalten. Dazu gehören nach Mayerl (2009) eine

„[…] fehlende Spezifikation von Selektionsmechanismen und damit eine unvollständige Erklärung mit impliziten Gesetzen, teilweise unklare, unspezifizierte und möglicherweise auch fehlspezifizierte Zusammenhänge der theoretischen Bestimmungsfaktoren".[435]

Innerhalb der Einstellungs-Verhaltens-Forschung existieren nicht nur Modelle, die die Einstellungs-Verhaltens-Relation auf Basis geplanten Verhaltens untersuchen, wie dies beispielsweise bei den Arbeiten von Ajzen und Fishbein der Fall ist. Im Schrifttum können Modelle gefunden werden, die die Einstellungs-Verhaltens-Rela-

433 Vgl. Ajzen (1985), S. 11 ff.; Ajzen (2005), S. 118.
434 Vgl. auch im Folgenden Mayerl (2009), S. 75 f.
435 Mayerl (2009), S. 75.

tion als unmittelbar intervenierende Prozesse betrachten, die zu spontanem Verhalten führen. Der Ausganspunkt dieser Modelle ist, dass Alltagshandlungen weniger elaboriert und geplant sind, sondern vielmehr spontan entstehen.[436] So konstatieren Fazio (1990):

„The ease with which we all engage in normal social discourse in itself suggests that much of our behavior is spontaneous rather than the planned outcome of some reflective process."[437]

In diesen Modellen leiten Einstellungen das Verhalten, die aufgrund der Beeinflussung der unmittelbaren Wahrnehmung gegenüber den Einstellungsobjekten und deren Merkmalen entstehen. Daraus folgt, dass die Personen ihre Einstellungen nicht bewusst kognitiv wahrnehmen und reflektieren, sondern vielmehr auf unbewusstem Verhalten entstehen.[438]

Nach Fazio (1986) ist die Einstellungs-Verhaltens-Relation wie folgt zu erklären: Einstellungen werden anhand selektiver Wahrnehmungen, die von individuellen Einstellungen, Wissensstrukturen, Werten und Erwartungen abhängig sind, aktiviert. Nachdem die Einstellungen aktiviert wurden, liegt der Fokus ausschließlich auf den Eigenschaften der betrachteten Objekte, die der eigenen Einstellungsrichtung entsprechen.[439] Bei positiver Einstellung werden somit primär positive Objekteigenschaften wahrgenommen.

Dieser Aspekt ist für die Forschungsfragen dieser Untersuchung von entscheidender Bedeutung. So lenken beispielsweise individuelle Einstellungen und Wissensstrukturen das Ausmaß, in dem die Rezipienten über die in der persuasiven Kommunikation erhaltenen Informationen nachdenken.[440] So führt vorhandenes Wissen zu einer verzerrten Elaboration, wodurch die Elaboration hinsichtlich ihrer Stärke und ihrer Richtung variieren kann.

Zusätzlich bezieht sich Fazio (1986) auf die Definition der Situation. Darunter versteht der Autor in seinem Modell einen Platzhalter für situative Drittvariablen sowie individuelles Vorwissen. Das individuelle Vorwissen ist für diese Untersuchung von entscheidender Bedeutung. Die Expertise der Rezipienten stellt beispielsweise eine

436 Vgl. Mayerl (2009), S. 47.

437 Fazio (1990), S. 78.

438 Vgl. auch im Folgenden Mayerl (2009), S. 47 f.

439 Vgl. Fazio (1986), S. 212 f.

440 Vgl. dazu auch im Folgenden Kapitel 3.1.3.6. sowie Kapitel 3.1.5. und Kapitel 3.4.3.

entscheidende Drittvariable dar, die die Elaboration der Rezipienten innerhalb einer persuasiven Kommunikation beeinflusst.

Die handlungsbezogene Definition der Situation sowie die einstellungsgeleitete unmittelbare Wahrnehmung von Objekteigenschaften stellen die entscheidenden Aspekte dar, die sich auf das Verhalten auswirken. Die beiden Aspekte werden innerhalb des Modells als Konglomerat in dem Faktor Definition des Vorgangs zusammengeführt.[441] Abbildung 3-5 stellt den Einstellungs-Verhaltens-Prozess nach Fazio (1986) grafisch dar.

Abbildung 3-5: *Einstellungs-Verhaltens-Prozess nach Fazio (1986)*[442]

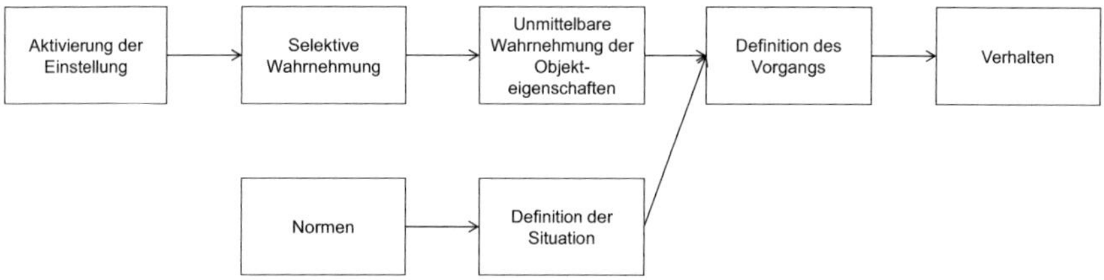

Innerhalb der Einstellungs-Verhaltens-Forschung ist es nicht bei getrennten Modellierungen von einerseits spontanen und andererseits bewusst-überlegten Handlungen, die die Einstellungs-Verhaltens-Relation untersuchen, geblieben. So wurden aufbauend auf den dargestellten Modellen integrative Strukturmodelle entwickelt, die die Informationsverarbeitung von spontanen und überlegten Prozessen verknüpfen.[443] Als Ausgangspunkt dieser integrativen Strukturmodelle kann die Beantwortung der Fragestellung angeführt werden, anhand welcher unterschiedlichen mentalen Prozesse Einstellungen gebildet werden. Grundsätzlich können in diesem Kontext Prozesse mit einem geringen kognitiven Aufwand und geringer Aufmerksamkeit als spontane Prozesse bezeichnet werden, die beispielsweise auf Heuristiken beruhen. Demgegenüber werden Prozesse, die mit einem großen Aufwand und einer großen Aufmerksamkeit verbunden sind, als bewusst-kontrolliertes Verhalten bezeichnet.[444] Im Schrifttum existieren eine Reihe von Modellen, die genau diese beiden Aspekte simultan untersuchen.

441 Vgl. Mayerl (2009), S. 48.
442 Vgl. Fazio (1986), S. 212; Mayerl (2009), S. 49.
443 Vgl. Mayerl (2009), S. 75 f.
444 Vgl. Bargh (1989), S. 4.

Zu diesen Modellen gehören vor allem das ‚Heuristic-Systematic Model', das ‚Elaboration Likelihood Model' und die ‚Dual-Process Theory'. Diese Modelle wurden auf Basis der vorangegangenen Überlegungen zu vorher entwickelten Theorien erstellt und ermöglichen eine simultane Betrachtung unterschiedlicher Aspekte, die einen Einfluss auf die Einstellungsänderung der Rezipienten besitzen. So können anhand dieser Theorien, die für diese Untersuchung relevanten Aspekte bezüglich der Qualität der Argumente und der peripheren Signale betrachtet werden. Die drei dualen Prozesstheorien sind für das Forschungsvorhaben in unterschiedlichem Maße geeignet.[445]

Nachdem bereits in Kapitel 3.1. das ‚Heuristic-Systematic Model', das ‚Elaboration Likelihood Model' sowie die ‚Dual-Process Theory' auf inhaltlicher Ebene dargestellt wurden, sollen im Folgenden die drei Theorien hinsichtlich ihrer theoretischen Grundannahmen voneinander abgegrenzt werden. Auf dieser Basis wird eine vollständige wissenschaftliche Einordnung des ‚Elaboration Likelihood Models' gewährleistet.

Bei dem ‚Heuristic-Systematic Model', das von Chaiken (1980) entwickelt wurde, werden Informationen über den systematischen oder über den heuristischen Weg verarbeitet.[446] Die Verarbeitung von Informationen über einen der beiden Wege, oder simultan über beide Wege, kann zu einer Stärkung oder zu einer Änderung der Einstellung führen. Bei einer niedrigen Motivation oder Fähigkeit zur Informationsverarbeitung beurteilen Rezipienten Inhalte anhand einfacher Schemata, sogenannten kognitiven Heuristiken.[447] Liegt eine hohe Motivation bzw. Fähigkeit vor, so erfolgt eine kognitiv aufwändige systematische Informationsverarbeitung.[448]

Einen ähnlichen Ansatz verfolgt das ‚Elaboration Likelihood Model', das von Petty/Cacioppo (1981)/Petty/Cacioppo (1986) entwickelt wurde.[449] Das Modell differenziert zwischen einer zentralen und einer peripheren Route der Persuasion. Über die zentrale Route der Persuasion entsteht ein Einstellungswandel auf Basis aufwändiger kognitiver Anstrengungen, indem sich mit Argumenten auseinandergesetzt wird. Über die periphere Route der Persuasion werden Informationen ohne größere kogni-

445 Vgl. dazu auch Kapitel 3.1.

446 Vgl. auch im Folgenden Chaiken (1980), S. 752 ff.

447 Vgl. Spektrum der Wissenschaft Verlagsgesellschaft mbH (2016).

448 Vgl. Mayerl (2009), S. 106.

449 Vgl. auch im Folgenden Petty/Cacioppo (1981), S. 262 ff.; Petty/Cacioppo (1986), S. 123 ff.

tive Anstrengungen verarbeitet. Dies können wie im ‚Heuristic-Systematic Model' beispielsweise einfache Heuristiken sein.

Anhand des Schrifttums können für das ‚Elaboration Likelihood Model' und das ‚Heuristic-Systematic Model' Unterschiede identifiziert werden. So können unter Verwendung des ‚Elaboration Likelihood Models' neben Heuristiken auch situative Signale, wie beispielsweise der Absender der Botschaft (Experte) betrachtet werden. Dies ist ein bedeutender Vorteil des ‚Elaboration Likelihood Models' gegenüber dem ‚Heuristic-Systematic Model', da im ELM weitere relevante Aspekte untersucht werden können. Der Erklärungsgehalt des ‚Elaboration Likelihood Models' ist somit als wesentlich größer einzuschätzen als beim ‚Heuristic-Systematic Model'.

Im Schrifttum wird ein weiterer Unterschied zwischen den beiden Modellen angeführt. So soll das ‚Heuristic-Systematic Model' verstärkt beide Prozesswege simultan betrachten, während das ‚Elaboration Likelihood Model' tendenziell nur einen der beiden Prozesswege zulässt. Dazu ist anzuführen, dass die Unterscheidung zwischen der zentralen und der peripheren Route der Persuasion innerhalb des ‚Elaboration Likelihood Models' keine Entweder-oder-Entscheidung darstellt, sondern dass vielmehr stets beide Aspekte unterschiedlich stark ausgeprägt die Elaboration der persuasiven Kommunikation beeinflussen.[450] Im Schrifttum belegen einige quantitativ-empirische Studien, dass beide Prozesswege des ‚Elaboration Likelihood Models' simultan signifikant sind.[451]

Die ‚Dual-Process Theory', die im relevanten Schrifttum seltener als das ‚Heuristic-Systematic Model' und das ‚Elaboration Likelihood Model' verwendet wird, unterscheidet zwischen informativen und normativen Einflüssen hinsichtlich der Informationsverarbeitung.[452] Die informative Prozessverarbeitung behandelt Einflussfaktoren, die mit denen des ‚Elaboration Likelihood Models' bezüglich der Qualität der Argumente ähnlich sind. Die normative Prozessverarbeitung der ‚Dual-Process Theory' bietet jedoch nicht die Grundlage alle peripheren Signale, wie auf Basis des ‚Elaboration Likelihood Models' zu betrachten. So können für das Forschungsvorhaben dieser Untersuchung nicht alle relevanten Faktoren anhand der ‚Dual-Process Theory', die einen Einfluss auf die Einstellung und das Verhalten der Rezipienten besitzen, untersucht werden.

450 Vgl. dazu auch Kapitel 3.1.4.

451 Vgl. beispielsweise Cheung/Sia/Kuan (2012), S. 618 ff.; Fan et al. (2013), S. 58 ff.; Filieri/McLeay (2013), S. 44 ff.; Teng et al. (2014), S. 746 ff.; Cheng/Ho (2015), S. 883 ff.

452 Vgl. dazu auch im Folgenden Chang/Fang/Huang (2015), S. 33.

Somit würde eine Verwendung der ‚Dual-Process Theory' oder des ‚Heuristic-Systematic Models' den Erklärungsgehalt dieser Untersuchung auf theoretischer Ebene einschränken. Für eine vollständige Erklärung des Forschungsvorhabens ist es daher notwendig, dass ‚Elaboration Likelihood Model' als theoretische Basis für diese Untersuchung zu verwenden.

3.1.2. Zusammenfassung und Wahl des Elaboration Likelihood Models für diese Untersuchung

Anhand der wissenschaftlichen Einordnung und der Relevanz des ‚Elaboration Likelihood Models' erscheint diese Theorie für das Forschungsvorhaben der Untersuchung als am besten geeignet.

Das ‚Elaboration Likelihood Model' stellt als ein integratives Prozessmodell innerhalb der Einstellungs-Verhaltens-Forschung, eine theoretische Basis für die erste Forschungsfrage dieser Untersuchung dar.[453] Diese zielt auf die Konzeptionalisierung der Einflussfaktoren bezüglich der Qualität der Argumente und der peripheren Signale ab.[454] Das ‚Elaboration Likelihood Model' ermöglicht innerhalb der Konzeptionalisierung die Zuordnung der Einflussfaktoren bezüglich der Qualität der Argumente in die zentrale Route der Persuasion und der Einflussfaktoren bezüglich der peripheren Signale in die periphere Route der Persuasion. Diese Vorgehensweise verfolgen im relevanten Schrifttum beispielsweise die Arbeiten von Baek/Ahn/Choi (2012), Filieri/McLeay (2013) und Zhu/Yin/He (2014).[455]

Auf Basis des ‚Elaboration Likelihood Models' kann auch die zweite Forschungsfrage, welche Wirkung die Einflussfaktoren von Online-Rezensionen auf die Einstellung der Rezipienten haben, adressiert werden. So kann unter Verwendung des ‚Elaboration Likelihood Models' die Einstellung beziehungsweise die Einstellungsänderung der Rezipienten auf Basis von Online-Rezensionen untersucht werden.[456] Zusätzlich unterstützt die Theorie die Analyse von Moderatoren und somit die 3. Forschungsfrage der Untersuchung. So können Moderatoren einen Einfluss auf die Wirkungsbeziehungen zwischen den Einflussfaktoren von Online-Rezensionen und der Einstellung der Rezipienten besitzen.[457]

---

453 Vgl. Petty/Cacioppo (1986), S. 125 sowie Kapitel 3.1 und Kapitel 3.1.1.

454 Vgl. dazu auch Kapitel 1.2.2.

455 Vgl. Baek/Ahn/Choi (2012), S. 102.; Filieri/McLeay (2013), S. 47; Zhu/Yin/He (2014), S. 271.

456 Vgl. Petty/Cacioppo (1986), S. 137 ff.

457 Vgl. dazu Kapitel 3.1.3.

Darüber hinaus erlaubt das ‚Elaboration Likelihood Model' die Betrachtung des Verhaltens der Rezipienten aufgrund der persuasiven Kommunikation. In diesem Kontext kann beispielsweise die Absicht der Rezipienten, ein bestimmtes Produkt käuflich erwerben oder eine Dienstleistung in Anspruch nehmen zu wollen, untersucht werden.[458] So ist zu konstatieren, dass die drei zentralen Forschungsfragen dieser Untersuchung auf Basis des ‚Elaboration Likelihood Models' eine theoretische Legitimation erhalten.

Zusammenfassend ermöglicht das ‚Elaboration Likelihood Model' die Verwendung aller im Schrifttum identifizierten Einflussfaktoren bezüglich der Qualität der Argumente und der peripheren Signale.[459] Ebenfalls können endogene Konstrukte, die die Einstellung und das Verhalten der Rezipienten messen, verwendet sowie Moderatoren zu weiterführenden Untersuchungen herangezogen werden.

Zudem kann die Wahl des ‚Elaboration Likelihood Models' für diese Untersuchung durch die große Bedeutung im heutigen Schrifttum und der kontinuierlichen sowie häufigen Verwendung begründet werden.[460] Seit 1981 entstanden über 125 Artikel zu den Themen Werbung und Marketing, die das ELM verwenden, teilweise auch erweiterten.[461] Die besondere Relevanz stellen ebenfalls Kitchen et al. (2014) heraus:

„As a highly influential, valuable and popular framework the model is most often used by advertising researchers when studying attitudinal change, which is assumed to be the process by which externally generated persuasion occurs."[462]

Die große Verbreitung des Modells im aktuellen Schrifttum ist vor allem auf drei Aspekte zurückzuführen. Als erstes stellt das ‚Elaboration Likelihood Model' ein sehr gut konzipiertes Modell dar, das klar und einfach den Prozess der Überzeugung darstellt.[463] Zweitens hat das Modell einen sehr beschreibenden Charakter, so dass eine Reihe von unterschiedlichen Ergebnissen untergebracht werden können und es als unterstützende Theorie in vielen Situationen Gültigkeit besitzt. Drittens wird das

458 Vgl. Petty/Cacioppo (1986), S. 175 ff.

459 Vgl. Kapitel 2.3.5.

460 Vgl. Kruglanski/Thompson (1999), S. 83 f.

461 Vgl. Schumann et al. (2012), S. 51 f.

462 Kitchen et al. (2014), S. 2034.

463 Vgl. auch im Folgenden Kitchen et al. (2014), S. 2034.

Modell in der aktuellen Forschung sehr häufig zitiert, so dass die Verwendung des Modells von Journal Editoren und in Reviews gleichermaßen verlangt wird.[464]

Im nachfolgenden Kapitel 3.1.3 wird exkursartig das ,Elaboration Likelihood Model' nach Petty/Cacioppo (1981), (1986) als Basis des finalen Bezugsrahmens dieser Arbeit vorgestellt. Dabei wird auf die sieben Postulate des ,Elaboration Likelihood Models' eingegangen. Daran anschließend werden die für die Untersuchung relevanten Bezugspunkte des ,Elaboration Likelihood Models' erläutert.

3.1.3. Das Elaboration Likelihood Model

Im Schrifttum skizzieren Petty/Cacioppo (1981) das ,Elaboration Likelihood Model' erstmals im Jahre 1981.[465] Eine ausführliche thematische Behandlung des ,Elaboration Likelihood Models' von Petty/Cacioppo (1986) erfolgt im Jahre 1986.[466] Das Modell unterscheidet zwischen zwei unterschiedlichen Wegen der Einstellungsbeeinflussung. Dazu gehört die zentrale Route und die periphere Route der Persuasion. Bei diesen beiden Routen handelt es sich nicht um zwei distinkte Prozesse, vielmehr ist davon auszugehen, dass beide Routen simultan, möglicherweise in unterschiedlicher Gewichtung, im Rahmen der Einstellungsbeeinflussung aktiviert werden.[467] Grundsätzlich ist das ,Elaboration Likelihood Model' als ein Ablaufmodell zu verstehen, zu dessen Beginn eine Persuasion beziehungsweise eine persuasive Kommunikation erfolgt.[468] Im Kontext dieser Untersuchung kann unter Persuasion beispielsweise das Lesen einer Online-Rezension verstanden werden, die bei jedem Rezipienten eine andere Einstellungsbeeinflussung hervorruft. Aufgrund der unterschiedlichen Situationen und Zustände verschiedener Rezipienten kann die Wirkung der Persuasion individuell sehr differenziert ausfallen. Das Ziel des ,Elaboration Likelihood Models' ist es, die Eigenschaften von Persuasionsversuchen sowie die Eigenschaften von Personen und von Situationen zu beschreiben, die für den Verlauf und das Resultat der Einstellungsbeeinflussung relevant sind und aus denen Verhaltensintentionen abgeleitet werden können.[469]

Das ,Elaboration Likelihood Model' erläutert dazu abstrakt die Merkmale von Persuasionsversuchen, die die Einstellungen der Rezipienten in einem bedeutenden Maß

---

464 Vgl. Pasadeos/Phelps/Edison (2008), S. 789 ff.

465 Vgl. Petty/Cacioppo (1981), S.262 ff.

466 Vgl. Petty/Cacioppo (1986), S. 123 ff.

467 Vgl. Klimmt (2011), S. 15.

468 Vgl. Schweiger (2007), S. 203; Klimmt (2011), S. 15.

469 Vgl. Bhattacherjee/Sanford (2006), S. 808; Klimmt (2011), S. 15 ff.

beeinflussen, um anschließend die getroffenen Annahmen in konkrete Situationen zu übertragen. Anhand dieser Vorgehensweise ermöglicht das ‚Elaboration Likelihood Model' eine Einschätzung, aus welchen Persuasionsversuchen welche Ergebnisse resultieren.[470]

Ein bedeutender Aspekt des ‚Elaboration Likelihood Models' ist, in welchem Ausmaß sich die Rezipienten mit den Persuasionsversuchen auseinandersetzen.[471] Hierzu bezieht sich das Modell auf die Elaborations-Wahrscheinlichkeit beziehungsweise Elaborationsstärke. Demnach ist von einer hohen Elaboration auszugehen, wenn sich die Rezipienten mit den Persuasionsversuchen tiefergehend befassen. In diesem Fall wird angenommen, dass die Einstellungsbeeinflussung über die zentrale Route der Persuasion verläuft. Ist der Persuasionsversuch für die Rezipienten eher unbedeutend, steigt die Wahrscheinlichkeit, dass die Einstellungsbeeinflussung über die periphere Route der Persuasion verläuft. Theoretisch kann somit anhand der Elaborations-Wahrscheinlichkeit beziehungsweise Elaborationsstärke der Verlauf und das Ergebnis der Einstellungsbeeinflussung vorhergesagt werden.[472]

Zu den zentralen Annahmen des ‚Elaboration Likelihood Models' gehört zum einen, unter welchen Bedingungen eine schwache oder eine starke Elaboration vorliegt. Dazu werden die Eigenschaften der Botschaft, der Zielperson und der Situation herangezogen. Zum anderen trifft das Modell Annahmen, welche Konsequenzen für die Einstellungsbeeinflussung aus einer schwachen oder starken Elaboration resultieren.[473] Ein weiterer bedeutender Aspekt des ‚Elaboration Likelihood Models' ist das Verständnis der Einstellung im Kontext der Persuasion. Innerhalb des Modells kann unter der Einstellung eine Bewertung verstanden werden, die für die eigene Person, für andere Personen, für Gegenstände sowie für Themen gelten. So konstatieren Petty/Cacioppo (1986):

„[…] we regard attitudes as general evaluations people hold in regard to themselves, other people, objects, and issues."[474]

470 Vgl. Klimmt (2011), S. 16 f.

471 Vgl. dazu die Erläuterungen beispielsweise von Klimmt (2011), S. 17 f.; Kitchen et al. (2014), S. 2035.

472 Vgl. Klimmt (2011), S. 17 f.

473 Vgl. Kitchen et al. (2014), S. 2035.

474 Petty/Cacioppo (1986), S. 127.

Im Folgenden Abschnitt wird auf die sieben Postulate des ‚Elaboration Likelihood Models' nach Petty/Cacioppo (1986) eingegangen, die die zentralen Bestandteile des Modells darstellen.[475] Zuvor fasst Abbildung 3-6 die zwei dualen Prozesse des ‚Elaboration Likelihood Models' unter Berücksichtigung der Elaborationsstärke zusammen.

Abbildung 3-6: *Das duale Prozessverständnis des Elaboration Likelihood Models*[476]

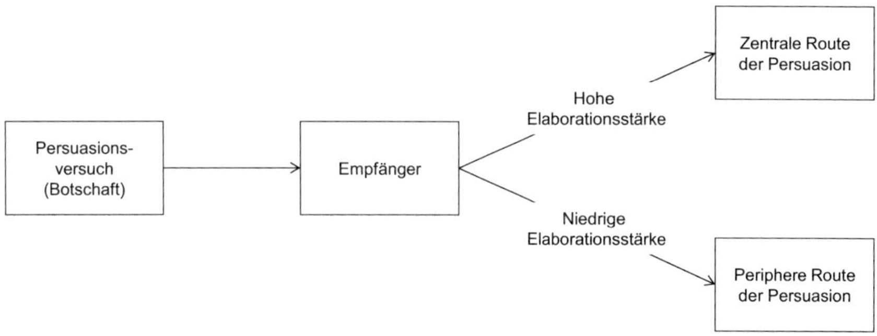

3.1.3.1. Erstes Postulat: Das Bedürfnis nach korrekten Einstellungen

Das erste Postulat des ‚Elaboration Likelihood Models' ist nach Petty/Cacioppo (1986) das Bedürfnis nach korrekten Einstellungen.[477] Dieses Postulat erkennen die Autoren als wichtigen Leitfaden des Modells an, indem sie konstatieren:

„People are motivated to hold correct attitudes."[478]

Demgegenüber sind falsche Einstellungen generell schlecht und führen zu schädlichem Verhalten. Sobald also Objekte, Personen oder Themen als ‚gut' eingeschätzt werden, während sie in der Tat ‚schlecht' sind, so folgen daraus falsche Entscheidungen. Aus einer falschen Entscheidung wiederum entsteht ein schädliches Verhalten, aus dem letztlich Enttäuschungen resultieren. In diesem Sinne sind Einstellungen

---

475 Die nachfolgenden Erläuterungen zu den sieben Postulaten des Elaboration Likelihood Models beziehen sich in Aufbau, Struktur und Inhalt im Wesentlichen auf den Artikel von Petty/Cacioppo (1986), S. 127 ff., die erstmals die sieben Postulate niedergeschrieben haben, sowie auf die Ausführungen zu den sieben Postulaten von Klimmt (2011), S. 24 ff.

476 In Anlehnung an Klimmt (2011), S. 19.

477 Vgl. Petty/Cacioppo (1986), S. 127.

478 Petty/Cacioppo (1986), S. 127.

weder ‚korrekt' noch ‚gut', vielmehr resultieren aus ihnen Konsequenzen, die sich positiv oder negativ auswirken.[479]

Von besonderer Bedeutung ist dieses Postulat, weil es den Rezipienten einen inneren Antrieb unterstellt, Fehler in der Einstellung zu vermeiden, da sich diese für sie negativ auswirken können. Demnach ist den Rezipienten ihre Einstellung gegenüber einem Persuasionsversuch nicht gleichgültig. Vielmehr ist es für die Rezipienten wichtig eine angemessene Einstellung innerhalb eines Persuasionsversuchs zu erreichen. Dies spielt im Rahmen des ‚Elaboration Likelihood Models' eine besondere Rolle. Daher wird dieses Postulat vorangestellt.[480]

3.1.3.2. Zweites Postulat: Variation der Elaboration

Das zweite Postulat des ‚Elaboration Likelihood Models' besagt, dass die Intensität und die Art und Weise wie sich Menschen mit einstellungsrelevanten Informationen befassen, von deren Fähigkeiten und Motivation abhängig ist. So konstatieren Petty/Cacioppo (1986):

„Although people want to hold correct attitudes, the amount and nature of issue-relevant elaboration in which people are willing or able to engage to evaluate a message vary with individual and situational factors."[481]

Dies verdeutlicht, dass sich das Ausmaß gedanklicher Beschäftigung bei einem Persuasionsversuch von Rezipient zu Rezipient deutlich unterscheiden kann.[482] In diesem Kontext führen Petty/Cacioppo (1986) ein Kontinuum der Elaborationsstärke beziehungsweise der Verarbeitungstiefe an. Das Kontinuum der Elaborationsstärke reicht von einer sehr geringen Elaboration, in der Informationen nur oberflächlich verarbeitet werden bis zu einer sehr starken Elaboration, in der eine intensive Informationsverarbeitung erfolgt.[483]

Von einer intensiven Informationsverarbeitung wird gesprochen, wenn die Motivation und die Fähigkeit der Empfänger anhand für sie bedeutender Angelegenheiten stark gefordert werden. Die Empfänger versuchen Assoziationen, Bilder und Erfah-

479 Vgl. Klimmt (2011), S. 24.
480 Vgl. Petty/Cacioppo (1986), S. 127; Klimmt (2011), S. 24.
481 Petty/Cacioppo (1986), S. 128.
482 Vgl. Klimmt (2011), S. 25.
483 Vgl. Petty/Cacioppo (1986), S. 129.

rungen aus dem Gedächtnis abzurufen und anhand dieser Rückschlüsse auf die rezipierten Argumente zuzulassen, um diese schließlich für sich nachzuvollziehen und bewerten zu können. In diesem Kontext kann sowohl eine relativ objektive Bewertung anhand der vorgebrachten Argumente erfolgen, als auch eine starke Beeinflussung der Bewertung aufgrund der eigenen, bereits bestehenden Einstellung vorliegen, wie die folgenden Postulate zeigen werden.[484] Grundsätzlich sind die Empfänger von Persuasionsversuchen weder gewillt noch in der Lage, jede Information intensiv zu verarbeiten. So erläutern Miller et al. (1976):

„[...] it may be irrational to rationally scrutinize the plethora of counterattitudinal messages received daily. To the extent that one possesses only a limited amount of information-processing time and capacity, such scrutiny would disengage the thought processes from the exigencies of daily life."[485]

Das Verständnis der von Zeit zu Zeit unterschiedlichen Tiefe der Informationsverarbeitung von Empfängern von Persuasionsversuchen teilen auch weitere Autoren. So kann je nach Motivation und Fähigkeit die Informationsverarbeitung zum einen kontrolliert, tiefgreifend und systematisch und zum anderen automatisch, oberflächlich und ohne großes Nachdenken erfolgen.[486]

Grundsätzlich hat die Elaborationsstärke somit große Auswirkungen auf den Verlauf und das Ergebnis des Persuasionsversuchs. Dies bedeutet nicht, dass eine Einstellungsänderung aufgrund einer hohen Elaboration wahrscheinlicher ist. Vielmehr entscheidet die Elaborationsstärke darüber, welche Aspekte innerhalb des Persuasionsversuchs relevant sind. Daher hat die Elaborationsstärke nur eine geringe Prognosekraft bezüglich des Persuasionsergebnisses. Die Elaborationsstärke hat einen großen Einfluss auf die Art der Informationsverarbeitung und auf die Einstellungsbeibehaltung beziehungsweise -änderung.[487]

---

484 Vgl. Petty/Cacioppo (1986), S. 128.

485 Miller et al. (1976), S. 623.

486 Vgl. beispielsweise Chaiken (1980), S. 752 ff.

487 Vgl. Klimmt (2011), S. 27.

3.1.3.3. Drittes Postulat: Argumente, periphere Signale und Elaborationsstärke

Das dritte Postulat des ‚Elaboration Likelihood Models' beschreibt drei Wege, die zu einer Einstellungsänderung führen. Dazu gehören Argumente, periphere Signale sowie die Elaborationsstärke. In diesem Kontext definieren Petty/Cacioppo (1986):

„Variables can affect the amount and direction of attitude change by: (A) serving as persuasive arguments, (B) serving as peripheral cues, and/or (C) affecting the extent or direction of issue and argument elaboration."[488]

Petty/Cacioppo (1986) untersuchen bezüglich der Argumente, aufgrund welcher Dimensionen ein Argument eine starke Persuasion beziehungsweise eine schwache Persuasion auf die Einstellung der Rezipienten aufweist.[489] Argumente können innerhalb des ‚Elaboration Likelihood Models' grundsätzlich als Informationswerkzeuge verstanden werden, die in einer Kommunikation enthalten und für einen subjektiven Entschluss einer Person relevant sind. Aufgrund der Tatsache, dass die Einstellung der Menschen auf einer Vielzahl verschiedener Gründe basiert, differieren stets die Informationen, die als bedeutend empfunden werden.[490] Dennoch ist es innerhalb des ‚Elaboration Likelihood Models' wichtig, die von der überwiegenden Mehrheit als überzeugend wahrgenommenen Argumente zu spezifizieren und diese von den nicht überzeugenden Argumenten zu differenzieren. In diesem Kontext erklären Petty/Cacioppo (1986):

„We define a "strong message" as one containing arguments […] such that when subjects are instructed to think about the message, the thoughts that they generate are predominantly favorable. […] On the other hand, we define a "weak message" as one containing arguments […] such that when subjects are instructed to think about them, the thoughts that they generate are predominantly unfavorable."[491]

Die Studie von Petty/Cacioppo (1986) identifiziert die relevanten Argumente anhand einer Befragung der vorgesehenen Zielgruppe. Innerhalb der Zielgruppe erstellt je-

488 Petty/Cacioppo (1986), S. 132.

489 Vgl. bezüglich der Dimensionen, anhand derer ein Argument Persuasion erlangt auch Vinokur/Burnstein (1974), S. 305 ff.

490 Vgl. Snyder/DeBono (1985), S. 595 f.

491 Petty/Cacioppo (1986), S. 133.

des Individuum eine Rangfolge dieser Argumente.[492] Auf Basis der so ermittelten durchschnittlichen Bewertungen der Argumente unterteilen die Autoren diese schließlich in starke beziehungsweise schwache Argumente.[493]

Neben Argumenten können periphere Signale die Einstellung von Rezipienten beeinflussen.[494] Periphere Signale sind von Argumenten zu unterscheiden, da sie nicht direkt Inhalte der Kommunikation darstellen. Beispielsweise können periphere Signale bestimmte Eigenschaften des Kommunikators sein. So kann das Auftreten des Kommunikators einen Einfluss auf die Einstellung haben. Darüber hinaus können weitere Faktoren, die die Glaubwürdigkeit des Kommunikators beeinflussen, auf die Rezipienten wirken.[495] Obwohl Erscheinungsbild und weitere Hintergrundinformationen zu dem Kommunikator für eine rationale Debatte nicht ausschlaggebend sein sollten, zeigt die Empirie, dass periphere Signale eine große Wirkung auf die Einstellungen haben können.[496] Diesen Aspekt beachtet das ‚Elaboration Likelihood Model'.

Neben den Argumenten und den peripheren Signalen existiert im Rahmen des ‚Elaboration Likelihood Models' noch eine dritte Variable, die einen Einfluss auf den Persuasionsversuch besitzt. In diesem Kontext ist die Beeinflussung anhand der Elaborationsstärke der Rezipienten zu nennen. Einerseits können persuasive Botschaften bei Rezipienten zu einer hohen Motivation führen, woraus eine hohe Bereitschaft resultiert, sich mit den Argumenten intensiv auseinanderzusetzen. Andererseits kann ein Persuasionsversuch dazu führen, dass die Elaborationsbereitschaft der Rezipienten sinkt, woraus dann eine niedrige Bereitschaft resultiert sich mit den Argumenten zu befassen.[497]

Das ‚Elaboration Likelihood Model' unterscheidet zwischen einer objektiven und einer verzerrten Elaboration.[498] Die objektive Elaboration bezeichnet das Ausmaß, wie stark die Rezipienten über die im Persuasionsversuch enthaltenen Argumente nachdenken, während die verzerrte Elaboration das Ausmaß bezeichnet, wie stark die Re-

---

492 Vgl. zu der Erstellung der Rangfolge auch die Untersuchungen von Brock (1967), S. 296 ff.; Greenwald (1968), S. 152 ff.

493 Vgl. Petty/Cacioppo (1986), S. 133; Klimmt (2011), S. 28 sowie weiterführend zu dem Verfahren bezüglich der Einteilung in starke und schwache Argumente Cacioppo/Petty (1981), S. 309 ff.; Cacioppo/Harkins/Petty (1981), S. 31 ff.

494 Vgl. in diesem Kontext beispielsweise auch die Studien von Janis/Kaye/Kirschner (1965), S. 181 ff.; Zanna/Kiesler/Pilkonis (1970), S. 321 ff.

495 Vgl. Petty/Cacioppo (1986), S. 134, Klimmt (2011), S. 28.

496 Vgl. beispielsweise Petty/Cacioppo (1984), S. 671; Petty/Cacioppo (1986), S. 135.

497 Vgl. Klimmt (2011), S. 29.

498 Vgl. Petty/Cacioppo (1986), S. 136. Auf die objektive Elaboration wird in Kapitel 3.1.3.4 genauer eingegangen, während die verzerrte Elaboration in Kapitel 3.1.3.6 erörtert wird.

zipienten auf Basis voreingenommener Einstellungen entscheiden.[499] In diesem Kontext argumentieren Petty/Cacioppo (1986):

„Relatively objective elaboration has much in common with "bottom-up" processing since the elaboration is relatively impartial and data driven. Relatively biased elaboration has more in common with "top-down" processing since the elaboration, for example, may be governed by a relevant attitude schema which guides processing in a manner leading to the maintenance or strengthening of the schema."[500]

Abbildung 3-7: *Informationsverarbeitung bei starker beziehungsweise schwacher objektiver Elaboration*[501]

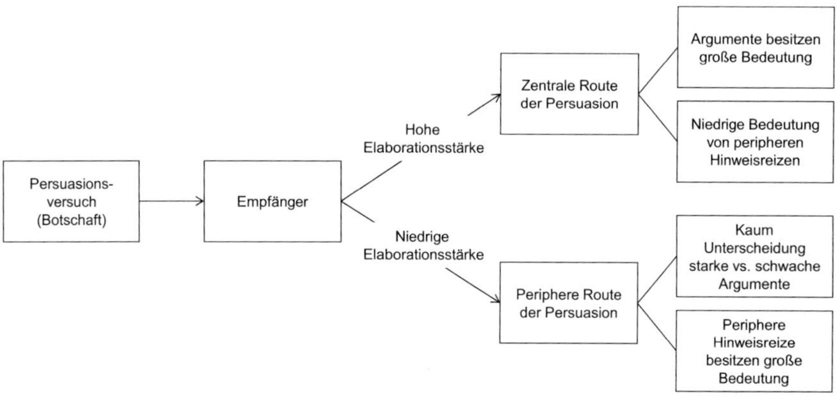

Bei einer starken objektiven Elaboration unterscheiden die Rezipienten zunehmend zwischen starken und schwachen Argumenten. Sollte ein Persuasionsversuch viele starke Argumente enthalten, werden Rezipienten mit einer stark ausgeprägten objektiven Elaboration diese Argumente eher erkennen als Rezipienten mit einer schwachen objektiven Elaboration.[502] Daher fallen starke Argumente bei Rezipienten mit ausgeprägter objektiver Elaboration stärker ins Gewicht und werden die Rezipienten eher beeinflussen, als dies bei schwachen Argumenten der Fall ist. Demgegenüber erkennen die Rezipienten mit einer schwachen objektiven Elaboration nicht oder nur

[499] Vgl. Petty/Cacioppo (1986), S. 136.
[500] Petty/Cacioppo (1986), S. 136.
[501] In Anlehnung an Klimmt (2011), S. 30.
[502] Vgl. auch im Folgenden Klimmt (2011), S. 29.

unzureichend, wie gut oder schlecht die empfangenen Argumente sind. Daher sollte der Persuasionserfolg bei diesen Rezipienten weniger stark von den vorgebrachten Argumenten abhängen, als bei den Rezipienten mit ausgeprägter objektiver Elaboration. Abbildung 3-7 fasst die Informationsverarbeitung von Rezipienten bei starker beziehungsweise schwacher objektiver Elaboration zusammen.

3.1.3.4. Viertes Postulat: Objektive Elaboration

Die Stärke der objektiven Elaboration lenkt entscheidend das Ausmaß, in dem die Rezipienten über die in dem Persuasionsversuch enthaltenen Informationen intensiv nachdenken. Davon hängen wiederum der Verlauf und das Ergebnis des Persuasionsversuchs ab. Aus diesem Grund besitzen die Faktoren, die die objektive Elaborationsstärke beeinflussen, innerhalb des Modells eine große Bedeutung.[503]

Die in Kapitel 3.1.3.3 beschriebene Korrelation zwischen dem Ausmaß der objektiven Elaboration und der Differenzierung der Rezipienten zwischen starken und schwachen Argumenten wird nun wieder aufgegriffen.[504] Faktoren können einerseits dazu führen, dass die objektive Elaborationsstärke gesteigert wird und eine deutliche Differenzierung zwischen starken und schwachen Argumenten vorliegt. Andererseits existieren Faktoren, aufgrund derer die objektive Elaboration abnimmt und zu einer niedrigen Differenzierung zwischen starken und schwachen Argumenten führt. In diesem Fall würde der Erfolg des Persuasionsversuchs nur in geringem Maße von Argumenten abhängen. In diesem Zusammenhang konstatieren Petty/Cacioppo (1986):

„Affecting motivation and/or ability to process a message in a relatively objective manner can do so by either enhancing or reducing argument mutiny."[505]

Grundsätzlich unterscheidet das ‚Elaboration Likelihood Model' nach Petty/Cacioppo (1986) zwischen fünf Faktoren, die die objektive Elaborationsstärke der Rezipienten entweder anhand der Fähigkeiten oder anhand der Motivation beeinflussen. Zu diesen Faktoren gehören die Ablenkung (Distraction) und die Wiederholung (Repetition), die die Fähigkeiten der Rezipienten beeinflussen. Die Faktoren persönliche Relevanz (personal Relevance/Involvement), persönliche Verantwortung (personal Re-

503 Vgl. Petty/Cacioppo (1986), S. 138; Klimmt (2011), S. 32.
504 Vgl. Kapitel 3.1.3.3.
505 Petty/Cacioppo (1986), S. 138.

sponsibility) und Denkbedürfnis (Need for Cognition) beeinflussen die Motivation der Rezipienten.[506]

Die Ablenkung stellt einen Faktor dar, der zu einer niedrigen objektiven Elaborationsstärke führt.[507] Demnach verursacht die Ablenkung, dass die Wirkung von starken und schwachen Argumenten nahezu gleich ist und Rezipienten weniger differenzieren. In diesem Szenario werden Rezipienten von schwachen Argumenten ebenso gut überzeugt wie von starken Argumenten. Dies konnten Petty/Cacioppo (1986) in einer Reihe von Untersuchungen nachweisen.[508] Dabei gilt, je stärker die Ablenkung, desto schwächer ist die objektive Elaboration.[509]

Die Wiederholung ist ein weiterer Faktor, der einen Einfluss auf die objektive Elaborationsstärke hat.[510] Petty/Cacioppo (1986) zeigen in ihren Untersuchungen, dass moderate Wiederholungen von Argumenten zu einer steigenden objektiven Elaboration führen. Demnach führen Wiederholungen von Argumenten bei den Rezipienten dazu, dass sich diese intensiver mit den Persuasionsversuchen befassen und sie somit zunehmend besser ‚gute' von ‚schlechten' Argumenten unterscheiden können. Eine moderate Anzahl von Wiederholungen bewirkt eine hohe objektive Elaboration.[511] Eine zu hohe Anzahl von Wiederholungen führt bei den Rezipienten allerdings zu einem Sättigungseffekt.[512] In diesem Fall verzichten die Rezipienten, sich wiederholt mit einem Argument zu beschäftigen. Hierbei entsteht aufgrund einer hohen Anzahl von Wiederholungen eine niedrige objektive Elaboration.[513]

Der Faktor persönliche Relevanz, auch als persönliches Involvement bezeichnet, beeinflusst die Motivation der Rezipienten, sich mit einem Persuasionsversuch auseinanderzusetzen.[514] Unter dem Faktor persönliche Relevanz kann verstanden werden, dass Rezipienten Themen danach unterscheiden, ob sie für sie von großer Bedeutung oder eher unwichtig sind. Hat ein Thema für den Rezipienten eine große Bedeutung, hat sich dieser im Laufe der Zeit dazu Sachwissen angeeignet und spezifische Inte-

506 Vgl. Petty/Cacioppo (1986), S. 139 ff.

507 Vgl. bezüglich des Faktors Ablenkung ebenso Allyn/Festinger (1961), S. 35 ff.; Baron/Baron/Miller (1973), S. 310 ff.; Keating/Brock (1974), S. 301 ff.; Petty/Wells/Brock (1976), S. 874 ff.

508 Vgl. Petty/Cacioppo (1986), S. 139 ff.

509 Vgl. Klimmt (2011), S. 35 f.

510 Vgl. Petty/Cacioppo (1986), S. 143.

511 Vgl. Petty/Cacioppo (1986), S. 143.

512 Vgl. zu der Wirkung moderater und übermäßiger Wiederholung beispielsweise auch die Studien von Cacioppo/Petty (1979), S. 97 ff.; Calder/Sternthal (1980), S. 173 f.; Gorn/Goldberg (1980), S. 421 ff.

513 Vgl. Klimmt (2011), S. 36.

514 Vgl. auch im Folgenden Petty/Cacioppo (1986), S. 144 f.; Klimmt (2011), S. 37 f.

ressen und Vorlieben entwickelt, wodurch sich eine gefestigte Einstellung gebildet hat. Bei einer niedrigen persönlichen Relevanz wurde in der Vergangenheit nur wenig Sachwissen aufgebaut. In diesem Fall wird keine gefestigte Einstellung vorliegen, die auf Argumenten und Reflexion beruht.

Grundsätzlich kann bei den Rezipienten zu den Themen, die für sie eine hohe persönliche Relevanz besitzen, eine hohe objektive Elaborationsstärke angenommen werden. Dies ist darauf zurückzuführen, dass diese Themen oftmals größere Konsequenzen für die Rezipienten haben. Daher versuchen Rezipienten, durch eine intensive Auseinandersetzung mit dem Thema gravierende negative Konsequenzen für sich zu vermeiden. Umgekehrt werden Rezipienten, die keine Konsequenzen zu befürchten haben, sich nur wenig mit den Argumenten auseinandersetzen. In diesem Szenario ist eine niedrige objektive Elaborationsstärke zu erwarten.[515]

Ein weiterer Faktor, der sich auf die Motivation der Rezipienten auswirkt, ist die persönliche Verantwortung.[516] Diesen Faktor untersuchen Petty/Cacioppo (1986) anhand des Ausmaßes, wie sehr der Rezipient für seine Entscheidung alleine verantwortlich ist. Dazu führen die Autoren sozialpsychologische Studien an, in denen die für eine Entscheidung alleine verantwortlichen Rezipienten eine größere Motivation zur Auseinandersetzung mit Argumenten besitzen als Rezipienten, die ihren Verantwortungsbereich mit anderen Personen teilen.[517] Innerhalb des ‚Elaboration Likelihood Models' wird davon ausgegangen, dass ein hohes Maß an persönlicher Verantwortung zu einer steigenden objektiven Elaboration der Rezipienten führt.[518]

Das Denkbedürfnis ist ein weiterer Faktor, der nach Petty/Cacioppo (1986) Auswirkungen auf die objektive Elaborationsstärke besitzt.[519] Die Autoren führen einen Faktor an, der die objektive Elaborationsstärke beeinflusst, und zwar unabhängig vom Persuasionsgegenstand. Hierbei wird angenommen, dass sich Rezipienten hinsichtlich ihres Bedürfnisses nachzudenken, Probleme zu strukturieren und mental schwierige Aufgaben zu bewältigen, unterscheiden.[520] Rezipienten sind unabhängig von Raum, Ort und Zeit unterschiedlich motiviert, einen gedanklichen Aufwand zur Bearbeitung von Informationen beziehungsweise von Argumenten zu betreiben. Bei

515 Vgl. Klimmt (2011), S. 37 f.

516 Vgl. Petty/Cacioppo (1986), S. 149.

517 Vgl. diesbezüglich beispielsweise die sozialpsychologischen Studien von Latané/Williams/Harkins (1979), S. 822 ff.; Ingham et al. (1974), S .371 ff.

518 Vgl. Klimmt (2011), S. 40.

519 Vgl. Petty/Cacioppo (1986), S. 150.

520 Vgl. Cohen/Stotland/Wolfe (1955), S. 291 ff.

Menschen mit einem hohen Denkbedürfnis ist diese Motivation höher als bei Menschen mit einem niedrigem Denkbedürfnis.[521]

Das Denkbedürfnis bezieht sich auf Verhaltensneigungen und nicht auf geistige Fähigkeiten. Es ist möglich, dass weniger intelligente Rezipienten über ein hohes Denkbedürfnis verfügen, während sehr intelligente Rezipienten ein niedriges Denkbedürfnis aufweisen. Rezipienten mit einem hohen Denkbedürfnis werden sich eher mit Argumenten auseinandersetzen als Rezipienten mit einem niedrigen Denkbedürfnis. Daraus resultiert, dass ein hohes Denkbedürfnis zu einer hohen objektiven Elaborationsstärke und ein niedriges Denkbedürfnis zu einer niedrigen objektiven Elaborationsstärke führt.[522]

3.1.3.5. Fünftes Postulat: Elaboration versus periphere Signale

Eine Prämisse der vorherigen Postulate ist, dass bei einem Persuasionsversuch eine hohe Elaboration zu einer deutlichen Unterscheidung zwischen starken und schwachen Argumenten führt, während eine niedrige Elaboration eine geringe Unterscheidung zwischen starken und schwachen Argumenten zur Folge hat. So besitzen schwache Argumente bei einer niedrigen Elaboration eine ähnliche Bedeutung wie starke Argumente.[523]

Das fünfte Postulat des ‚Elaboration Likelihood Models' besagt zusätzlich, dass bei einer niedrigen Elaboration nicht nur auf Basis von Argumenten entschieden wird, sondern dass in diesem Fall weitere Merkmale von Persuasionsversuchen eine Bedeutung erlangen, die über den Inhalt der Argumente hinausgehen. Diese Merkmale spielen bei einer hohen Elaboration nur eine untergeordnete Rolle. In diesem Kontext führen Petty/Cacioppo (1986) an:

„As motivation and/or ability to process arguments is decreased, peripheral cues become relatively more important determinants of persuasion. Conversely, as argument scrutiny is increased, peripheral cues become relatively less important determinants of persuasion."[524]

Das Modell geht davon aus, dass eine geringe gedankliche Beschäftigung innerhalb eines Persuasionsversuchs dazu führt, dass die Argumente von den Rezipienten we-

---

521 Vgl. Klimmt (2011), S. 40 f.

522 Vgl. Klimmt (2011), S. 41.

523 Vgl. Petty/Cacioppo (1986), S. 152; Klimmt (2011), S. 41.

524 Petty/Cacioppo (1986), S. 152.

niger beachtet werden und dafür periphere Signale einen stärkeren Einfluss auf die Einstellung gewinnen. Petty/Cacioppo (1986) unterscheiden innerhalb der peripheren Signale zwischen denen, die aufgrund des Absenders des Persuasionsversuchs entstehen und denen, die innerhalb der Botschaft enthalten sind.[525]

Zu den absenderbezogenen peripheren Signalen können beispielsweise Status und Reputation gehören.[526] Eine hohe Reputation des Absenders kann in einem Szenario mit einer niedrigen Elaboration einen großen Einfluss auf die Entscheidung der Rezipienten haben. Innerhalb eines Szenarios mit einer hohen Elaboration wird der Reputation des Absenders nur eine niedrige Bedeutung beigemessen. Sobald der Rezipient eine hohe Elaboration besitzt und sich mit der Thematik intensiv auseinandersetzt, zählen für ihn vor allem starke Argumente, während er sich in einer Situation ohne großes Vorwissen eher auf Expertenmeinungen verlässt.

Darüber hinaus haben Petty/Cacioppo (1986) innerhalb ihrer Untersuchungen nachweisen können, dass periphere Signale, die innerhalb der persuasiven Botschaft enthalten sind, einen Einfluss auf die Einstellung der Rezipienten besitzen.[527] In diesem Kontext führen die Autoren beispielsweise die Anzahl der Argumente an.[528] Die Anzahl der Argumente haben bei einer niedrigen Elaboration einen größeren Einfluss auf die Einstellung der Rezipienten als die Qualität der Argumente. Hierbei ist es unerheblich, ob es sich um starke oder schwache Argumente handelt.

Grundsätzlich resultiert aus einer niedrigen objektiven Elaborationsstärke ein starker Einfluss peripherer Signale auf die Einstellung der Rezipienten.[529] Dass Rezipienten nicht immer eine hohe Elaborationsstärke vorweisen und sich somit nicht ausschließlich auf die Qualität der vorgebrachten Argumente in ihren Entscheidungen reduzieren lassen, ist wie folgt zu erklären: Rezipienten sind im Alltag permanent Persuasionsversuchen ausgesetzt und es besteht für sie nicht die Möglichkeit, sich mit jedem Persuasionsversuch intensiv auseinanderzusetzen und die einzelnen Argumente inhaltlich abzuwägen. Da der Rezipient sonst schnell geistig überlastet wäre, wird die vorhandene geistige Kapazität unterschiedlich stark auf verschiedene Persuasions-

---

525 Vgl. Petty/Cacioppo (1986), S. 153 ff.

526 Vgl. auch im Folgenden Klimmt (2011), S. 42.

527 Vgl. Petty/Cacioppo (1986), S. 153 ff.

528 Vgl. beispielsweise auch Bhattacherjee/Sanford (2006), S. 811.

529 Vgl. hierzu beispielsweise die Studien von Gorn (1982), S. 94 ff.; Batra/Ray (1984), S. 127 ff.

versuche verteilt. Eine geistige Anstrengung erfolgt nur bei für den Rezipienten relevanten Themen.[530]

Die Elaborationsleistung kann als eine natürlich begrenzte Ressource angesehen werden, mit der die Rezipienten wirtschaftlich und effizient umgehen.[531] Es ist für die Rezipienten durchaus sinnvoll und zielführend, sich bei einer niedrigen Elaborationsstärke auf Oberflächlichkeiten zu verlassen. Dies kann im Rahmen der Untersuchung beispielsweise eine Produktempfehlung eines Rezensenten sein, dessen Empfehlungen zuvor von vielen anderen Nutzern als sinnvoll und nützlich bewertet worden sind. Häufig bestehen bei Rezipienten, die ihre Entscheidung bei einer niedrigen Elaborationsstärke treffen, nur geringe Risiken, so dass selbst eine falsche Entscheidungsfindung nur geringe oder gar keine Konsequenzen hätte und eine hohe Elaborationsstärke in einem solchen Fall schlicht nicht angemessen wäre.[532]

In diesen Kontext gehört beispielsweise eine Empfehlung auf einem Online-Bewertungsportal zu einem Produkt, dessen Kauf für den Rezipienten ohnehin nicht infrage kommt, auf das er aber auf der Suche nach anderen Produktbewertungen gestoßen ist. Kauft der Rezipient das Produkt dann auch nicht, so hat eine potenziell falsche Einstellungsbildung aufgrund der rezipierten Empfehlung für den Rezipienten keinerlei negative Konsequenzen.

Risiken entstehen bei peripherer Verarbeitung von Persuasionsversuchen, sobald eine für den Rezipienten wichtige Entscheidung ansteht und eine hohe Elaboration nicht erbracht wird. Im Alltag ist aufgrund einer Vielzahl von Persuasionsversuchen sogar häufig von einer niedrigen Elaborationsstärke auszugehen. Es ist zu beachten, dass eine niedrige Elaborationsstärke bei gleichzeitig überzeugenden peripheren Signalen eher zu einer Einstellung im Sinne des Persuasionsversuchs führt.[533]

3.1.3.6. Sechstes Postulat: Verzerrte Elaboration

Auf Basis der ersten fünf Postulate ist deutlich geworden, dass die Wirkung von Persuasionsversuchen von unterschiedlichen Faktoren sowie von Eigenschaften und Situationen der Rezipienten abhängig ist.[534] Das ‚Elaboration Likelihood Model' stellt die Interaktion dieser Faktoren vereinfacht dar, indem von idealtypischen Vorgän-

530 Vgl. Klimmt (2011), S. 44.
531 Vgl. Rucker/Petty (2006), S. 40.
532 Vgl. Klimmt (2011), S. 45 f.
533 Vgl. Klimmt (2011), S. 46 f.
534 Vgl. Petty/Cacioppo (1986), S. 162 f.

gen ausgegangen wird. Die meisten Persuasionsversuche weisen eine Mischung der relevanten Faktoren auf, so dass beispielsweise eine mittlere Elaborationsstärke bei den Rezipienten vorliegt. Dann können die Ergebnisse der Persuasionsversuche nicht so exakt vorausgesagt werden, wie es nach dem ‚Elaboration Likelihood Model' in der Theorie zu erwarten wäre.[535]

In diesem Kontext behandelt das sechste Postulat potenzielle Verzerrungen der Elaboration. Eine potenzielle Verzerrung der Elaboration kann beispielsweise aus einer Voreingenommenheit der Rezipienten resultieren.[536] Die Elaborationsleistung kann nicht nur hinsichtlich ihrer Stärke variieren, sondern auch bezüglich der Richtung. Ein Rezipient kann dem Persuasionsversuch wohlwollend, neutral oder ablehnend gegenüberstehen. Bei einer bestehenden Voreingenommenheit wird der Rezipient die Argumente, die seiner Auffassung entsprechen, stärker in seiner Einstellungsbildung gewichten als Argumente, die entgegen seiner Meinung sind. Petty/Cacioppo (1986) führen dazu aus:

„Variables affecting message processing in a relatively biased manner can produce either a positive (favorable) or negative (unfavorable) motivational and/or ability bias to the issue-relevant thoughts attempted."[537]

Als bedeutende Variable stellt sich das Vorwissen heraus. Rezipienten besitzen zu den meisten Persuasionsversuchen Vorwissen, woraus bereits eine Einstellung zu einem Thema resultiert, die aufgrund eines Persuasionsversuchs nicht vollständig aufgegeben wird. Vielmehr wird die bestehende Einstellung verteidigt.[538] Je größer das Vorwissen ist, desto weniger haben vor allem schwache Argumente Einfluss auf die Einstellungsbildung. Nur starke Argumente können in einem solchen Fall die Einstellung ändern, da das Entkräften von Argumenten durch das Vorwissen des Rezipienten erschwert ist.[539]

Bei einer starken negativen Verzerrung der Elaboration ist davon auszugehen, dass die Argumente sehr gründlich (hohe Elaboration) und sehr kritisch (hohe Elaborationsverzerrung) behandelt werden. In diesem Kontext ist eine positive Einstellungs-

---

535 Vgl. Klimmt (2011), S. 47 f.
536 Vgl. Petty/Cacioppo (1986), S. 163; Klimmt (2011), S. 48.
537 Petty/Cacioppo (1986), S. 163.
538 Vgl. Petty/Cacioppo (1986), S. 163; Klimmt (2011), S. 50
539 Vgl. auch im Folgenden Klimmt (2011), S. 50.

änderung auch bei starken positiven Argumenten kaum realistisch. Bei schwachen positiven Argumenten fällt es dem Rezipienten durch sein Vorwissen besonders leicht, die Argumente zu entkräften.[540]

Bei einer starken positiven Verzerrung der Elaboration verläuft die Einstellungsbildung genau umgekehrt. Positive Argumente bestätigen das Vorwissen und wirken daher umso stärker auf die Einstellungsbildung. In diesem Szenario wirken schwache positive Argumente stark auf die Beibehaltung der vorhandenen Einstellung. Bei der Bestätigung des Vorwissens werden, im Gegensatz zur unverzerrten Einstellung, alle Argumente in die Einstellungsbildung miteinbezogen, da das Vorwissen die schwachen Argumente bestätigt und sie durch den Rezipienten legitimiert werden.[541]

Zusammenfassend ist festzuhalten, dass durch Verzerrungen der Elaboration die Informationsverarbeitung beim Rezipienten bezüglich eines Persuasionsversuchs deutlich komplexer wird. Die folgende Abbildung 3-8 fasst die Auswirkungen verzerrter und objektiver Elaboration zusammen.

Abbildung 3-8: *Auswirkungen verzerrter und objektiver Elaboration*[542]

Richtung der Elaboration / Stärke der Argumente	Vorliegende Einstellung entgegen des Persuasionsziels (Negative Verzerrung)	Vorliegende Einstellung objektiv bezüglich des Persuasionsziels (Keine Verzerrung)	Vorliegende Einstellung zugunsten des Persuasionsziels (Positive Verzerrung)
Schwache Argumentation	- -	0/-	+
Starke Argumentation	-	+	+ +

+ + Einstellung eindeutig zustimmend zum Persuasionsziel
\+ Einstellung schwach zustimmend zum Persuasionsziel
0 Einstellung neutral zum Persuasionsziel
\- Einstellung schwach ablehnend zum Persuasionsziel
\- - Einstellung eindeutig ablehnend zum Persuasionsziel

540 Vgl. Petty/Cacioppo (1986), S. 164.

541 Vgl. Petty/Cacioppo (1986); S. 164; Klimmt (2011), S. 51.

542 In Anlehnung an Klimmt (2011), S. 52.

Abbildung 3-8 verdeutlicht, dass derselbe Persuasionsversuch bei Rezipienten mit unterschiedlicher Elaboration zu unterschiedlichen Ergebnissen führen kann. Vor allem Vorwissen und eine vorangegangene Meinungsbildung tragen zu den unterschiedlichen Einstellungen der Rezipienten bei. In diesem Kontext haben Petty/ Cacioppo (1986) noch einen weiteren Faktor identifiziert. [543] Durch gezielte Vorwarnung der Rezipienten kann bei diesen eine unbewusste Abwehrreaktion bezüglich des Persuasionsversuchs aktiviert werden, so dass selbst starke Argumente die Einstellung nur geringfügig beeinflussen.[544] Gezielte Vorwarnung kann damit eine starke negative Verzerrung zur Folge haben.

3.1.3.7. Siebtes Postulat: Die Konsequenzen der Elaboration

Das siebte Postulat des ‚Elaboration Likelihood Models' befasst sich mit der Frage, wie lange die Einstellungen nach dem Persuasionsversuch konstant bleiben. Petty/ Cacioppo (1986) argumentieren, dass die Konstanz der Einstellung maßgeblich von der Elaborationsstärke während des Persuasionsversuchs abhängt. In diesem Zusammenhang konstatieren die Autoren:

„Attitude changes that result mostly from processing issue-relevant arguments (central route) will show greater temporal persistence, greater prediction of behavior, and greater resistance to counterpersuasion than attitude changes that result mostly from peripheral cues."[545]

Danach führen bedeutende inhaltliche Argumente, die innerhalb des ‚Elaboration Likelihood Models' über die zentrale Route der Persuasion verarbeitet werden, zu einer längerfristigen Einstellungsänderung. Periphere Signale, deren Verarbeitung über die periphere Route der Persuasion verläuft, werden nur kurzzeitig zu einer Einstellungsänderung führen. Die dadurch erreichte Einstellungsänderung kann aufgrund entgegengesetzter peripherer Signale schnell ins Gegenteil umschlagen.[546]

---

543 Vgl. Petty/Cacioppo (1986), S. 170 f.

544 Vgl. bezüglich der unbewussten Abwehrreaktion aufgrund von Vorwarnungen beispielsweise die Studie von McGuire (1964), S. 200 ff.

545 Petty/Cacioppo (1986), S. 175.

546 Vgl. Petty/Cacioppo (1986), S. 177 ff. Die Autoren kommen nach mehreren durchgeführten empirischen Untersuchungen zu den dargestellten Ergebnissen.

3.1.4. Zusammenfassung und Konzeption des Elaboration Likelihood Models

Nach der Beschreibung der sieben Postulate kann die Konzeption des ‚Elaboration Likelihood Models' wie folgt zusammengefasst werden. Zuerst unterscheidet das Modell, ob eine Bereitschaft zur Elaboration bezüglich des Persuasionsversuchs vorliegt. Nur bei vorhandener Motivation ist im nächsten Schritt die Fähigkeit zur Elaboration von Bedeutung. Wenn bei dem Rezipienten Motivation und Fähigkeit zur Elaboration vorliegen, wird die zentrale Route der Persuasion gewählt, so dass der Rezipient die vorliegenden Argumente genau prüft. Bei geringer Bereitschaft zur Elaboration erfolgt die Verarbeitung anhand peripherer Signale. Sollte eine hohe Motivation in Kombination mit einer niedrigen Fähigkeit zur Elaboration vorliegen, so wird ebenfalls die periphere Route der Persuasion verwendet.[547]

Erfolgt die Verarbeitung über die zentrale Route der Persuasion, so existieren drei mögliche Szenarien. Die vorgebrachten Argumente können die Einstellungsänderung positiv beeinflussen, wodurch der kognitive Strukturwandel zu einer gegenüber der Persuasion positiven Einstellung gelangt und diese relativ dauerhaft und beständig ist.[548] Im zweiten Szenario führen die vorgebrachten Argumente zu einer negativen Einstellungsänderung. Dieser kognitive Strukturwandel ist relativ dauerhaft und beständig. Im dritten Szenario können die vorgebrachten Argumente als ausgeglichen bezeichnet werden, so dass gegenüber dem Persuasionsversuch weder eine positive noch eine negative Einstellungsänderung eintritt. Die Rezipienten verarbeiten den Persuasionsversuch wieder über die periphere Route.[549]

Die periphere Route der Persuasion wird immer dann genutzt, wenn die zentrale Route der Verarbeitung, entweder aufgrund fehlender Motivation, fehlender Fähigkeiten, einer fehlenden eindeutigen Werttendenz gestört wird oder weil kein kognitiver Strukturwandel erfolgt.[550]

Ebenfalls besteht im ‚Elaboration Likelihood Model' die Möglichkeit, dass die periphere Route der Persuasion betreten wird, ohne bedeutende Signale für den Rezipienten zu enthalten. In diesem Fall bleibt der Rezipient bei seiner Anfangseinstellung und von der Persuasion unberührt.

Grundsätzlich wird ersichtlich, dass einige Bedingungen erfüllt sein müssen, damit die Verarbeitung des Persuasionsversuchs über die zentrale Route stattfindet. Ist eine

547 Vgl. auch im Folgenden Klimmt (2011), S. 59 ff.
548 Vgl. Petty/Cacioppo/Schumann (1983), S. 135.
549 Vgl. dazu die Abbildungen von Petty/Cacioppo (1986), S. 126; Klimmt (2011), S. 58.
550 Vgl. auch im Folgenden Klimmt (2011), S. 60 f.

der genannten Bedingungen nicht erfüllt, so erfolgt die Verarbeitung des Persuasionsversuchs über die periphere Route. In diesem Fall wird weitestgehend auf eine gründliche Prüfung der Argumente verzichtet und die daraus resultierenden Einstellungen sind nur wenig robust und beständig.[551] Auf Basis dieser Logik verdeutlicht das ‚Elaboration Likelihood Model', dass aufgrund der unterschiedlichen Bedingungen eine starke Elaboration seltener auftritt als eine schwache Elaboration und somit Persuasionsversuche häufiger über die periphere Route als über die zentrale Route laufen.[552]

Die Unterscheidung der Persuasionsversuche zwischen der zentralen und der peripheren Route sollte in der Realität nicht als eine Entweder-oder-Entscheidung angesehen werden. So konstatiert Klimmt (2011):

„Die Dichotomie zwischen zentraler und peripherer Verarbeitung dient lediglich dazu, Unterschiede in Persuasionsabläufen beschreibbar zu machen. In der Kommunikationswirklichkeit existiert vielmehr ein Kontinuum von mehr oder weniger Elaborationen, woraus sich Folgen beispielsweise für die Bedeutung von peripheren Hinweisreizen ergeben."[553]

Somit gewinnen periphere Hinweisreize beziehungsweise periphere Signale bei schwacher Elaboration zunehmend an Bedeutung. Dies bedeutet nicht, dass periphere Signale bei starker Elaboration keinen Einfluss besitzen.[554] Ebenso ist bei starker Elaboration eher eine robuste Einstellungsänderung zu erwarten, doch kann auch bei einer starken Elaboration nicht stets davon ausgegangen werden.[555] Abbildung 3-9 fasst das konzeptionelle Verständnis des ‚Elaboration Likelihood Models' zusammen.

551 Vgl. beispielsweise Petty/Cacioppo (1984), S. 668 f.
552 Vgl. Klimmt (2011), S. 61.
553 Klimmt (2011), S. 61.
554 Vgl. Bhattacherjee/Sanford (2006), S. 807 ff.
555 Vgl. Klimmt (2011), S. 61.

Abbildung 3-9: *Konzeption des Elaboration Likelihood Models*[556]

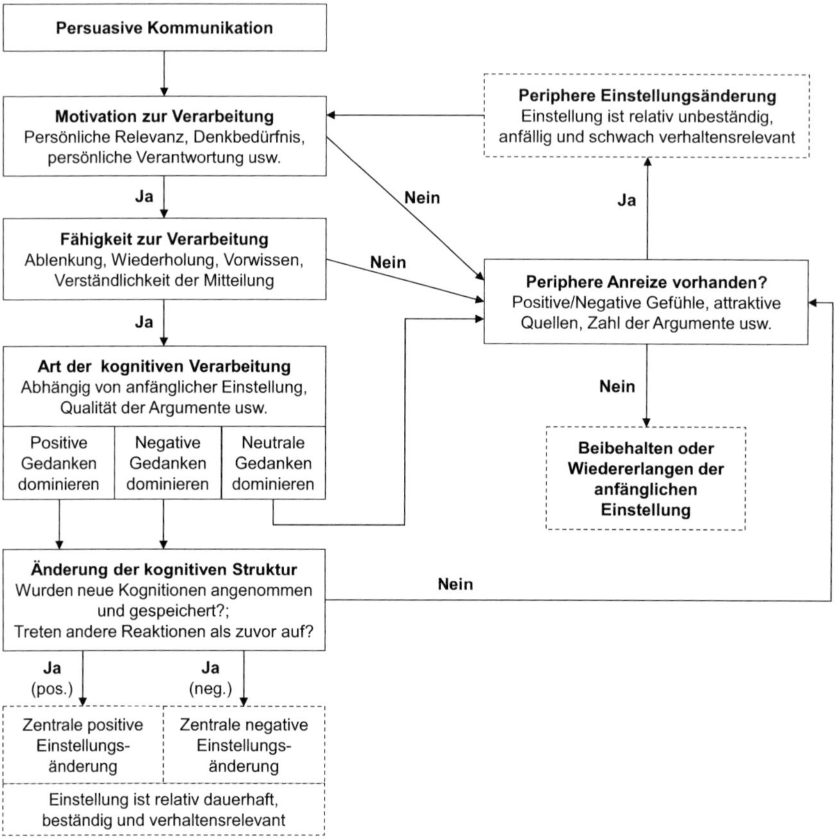

3.1.5. Bezugspunkte des Elaboration Likelihood Models zur Untersuchung

Das Schrifttum zu den Einflussfaktoren von Online-Rezensionen weist sowohl im Bereich Social Media als auch im E-Commerce eine Vielzahl von potenziellen theoretischen Ansätzen auf, die den Erfolg von Online-Rezensionen zu erklären vermögen. Allerdings hat sich in den vergangenen Jahren insbesondere das ,Elaboration Likelihood Model' als eine weitfassende und weithin etablierte Basis für Studien zu den Einflussfaktoren von Online-Rezensionen herausgestellt.[557] Grundsätzlich ergibt sich für das ,Elaboration Likelihood Model' aus den sieben Postulaten, die Gegenstand

556 In Anlehnung an Petty/Cacioppo (1986), S. 126; Klimmt (2011), S. 58.

557 Vgl. Pasadeos/Phelps/Edison (2008), S. 788 f.; Kapitel 3.1.2.

der Kapitel 3.1.3.1 bis Kapitel 3.1.3.7 waren, folgendes in Abbildung 3-10 dargestelltes Untersuchungsmodell.

Abbildung 3-10: *Grundlegende Darstellung des Elaboration Likelihood Models*[558]

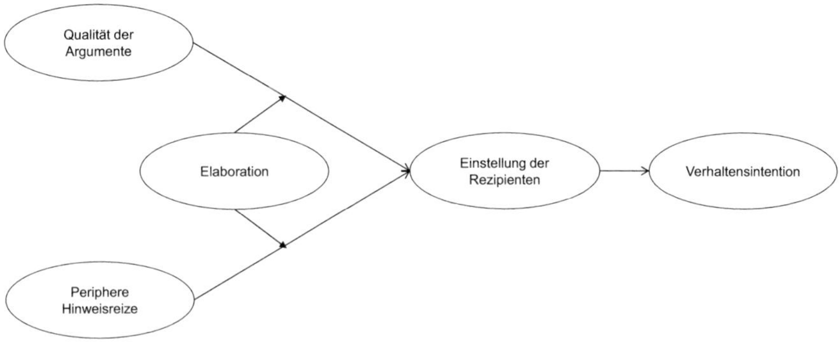

Im Folgenden sollen zu dem in Abbildung 3-10 vorgestellten ‚Elaboration Likelihood Model' Bezugspunkte zu der vorliegenden Untersuchung erörtert werden. Deren Ziel liegt in der Ermittlung relevanter Einflussfaktoren bezüglich der Qualität der Argumente und der peripheren Signale sowie der Faktoren der Elaboration.[559]

Innerhalb des ‚Elaboration Likelihood Model'-Schrifttums wird eine hohe Eignung der Qualität der Argumente als Elaborationsweg von Persuasionsversuchen nachgewiesen.[560] So konzeptionalisieren beispielsweise Cheung/Lee/Rabjohn (2008), Zhang/Watts (2008), Li/Zhan (2011), Baek/Ahn/Choi (2012), Filieri/McLeay (2013), Jamil/Hasnu (2013), Teng et al. (2014), Zhang et al. (2014), Zhu/Yin/He (2014) und Cheng/Ho (2015) exogene, unabhängige Faktoren, die als wesentliche Dimensionen der Qualität der Argumente angesehen werden.[561] Bezüglich der Bedeutung der Qualität der Informationen beziehungsweise der Argumente hinsichtlich des Einflusses von Online-Rezensionen konstatieren Cheung/Lee/Rabjohn (2008):

558 In Anlehnung an Ho/Bodoff (2014), S. 500.

559 Vgl. Kapitel 1.2.2.

560 Vgl. Kapitel 3.1.5.

561 Vgl. Cheung/Lee/Rabjohn (2008), S. 233 ff.; Zhang/Watts (2008), S. 79; Li/Zhan (2011), S. 241 f.; Baek/Ahn/Choi (2012), S. 102 ff.; Filieri/McLeay (2013), S. 46 ff.; Jamil/Hasnu (2013), S. 192 ff.; Teng et al. (2014), S. 753; Zhang et al. (2014), S. 81 f.; Zhu/Yin/He (2014), S. 271; Cheng/Ho (2015), S. 884.

„In a computer-mediated environment, consumer-purchasing decisions of products and services can be determined by the perceived quality of information they receive. When customers perceive that the information meets their needs and requirements, they are willing to critique the value of each product or service based on their purchase decision criteria. Therefore, determining customers' perception of information quality on the web is an important element for assessing their potential buying behavior."[562]

Dies verdeutlicht den wesentlichen Einfluss der Qualität der Argumente auf die Wirkung von Online-Rezensionen. Die Qualität der Argumente beeinflusst die Einstellung der Rezipienten von Online-Rezensionen bezüglich einer Kaufintention in hohem Maße und ist ein wichtiger zu betrachtender Aspekt für Unternehmen und Plattformbetreiber von Online-Bewertungsportalen.

Die peripheren Signale stellen ebenfalls im Rahmen des Elaboration Likelihood Models nach Petty/Cacioppo (1986) einen wesentlichen Elaborationsweg von Persuasionsversuchen dar. Im Schrifttum werden die peripheren Signale als exogene, unabhängige Faktoren beispielsweise von Cheung/Lee/Rabjohn (2008), Zhang/Watts (2008), Lee/Park/Han (2011), Li/Zhan (2011), Cheung/Sia/Kuan (2012), Fan et al. (2013), Teng et al. (2014), Zhang et al. (2014) und Cheng/Ho (2015) konzeptionalisiert.[563] Die Autoren identifizieren relevante Einflussfaktoren bezüglich der peripheren Signale. Die Bedeutung der peripheren Signale im Kontext von Online-Rezensionen erkennen auch Zhang/Wu/Mattila (2016) an, die diesbezüglich argumentieren:

„[…] peripheral factors influence consumers' product/service evaluations when they are exposed to a large amount of information in an online environment […]."[564]

Die peripheren Signale besitzen einen großen Einfluss auf Online-Rezensionen und sind für diese Untersuchung von großer Bedeutung. Die peripheren Signale beeinflussen genau wie die Qualität der Argumente die Einstellung der Rezipienten bezüglich einer Kaufintention und stellen einen wichtigen zu fokussierenden Aspekt für Unternehmen und Plattformbetreiber von Online-Bewertungsportalen dar.

---

562 Cheung/Lee/Rabjohn (2008), S. 234.

563 Vgl. Cheung/Lee/Rabjohn (2008), S. 233 ff.; Zhang/Watts (2008), S. 79; Lee/Park/Han (2011), S. 190 f.; Li/Zhan (2011), S. 241 ff.; Cheung/Sia/Kuan (2012), S. 621 f.; Fan et al. (2013), S. 59 f.; Teng et al. (2014), S. 748 ff.; Zhang et al. (2014), S. 81 ff.; Cheng/Ho (2015), S. 884.

564 Zhang/Wu/Mattila (2016), S. 299.

Als dritter wichtiger Aspekt innerhalb des ‚Elaboration Likelihood Models' wurde die Elaboration nach Petty/Cacioppo (1986) identifiziert. Die Elaboration weist im Schrifttum im Rahmen der Persuasionsverarbeitung eine große Bedeutung für die Rezipienten auf. Bezüglich der Elaboration konzeptionalisieren beispielsweise Zhang/Watts (2008), Forman/Ghose/Wiesenfeld (2008), Mudambi/Schuff (2010), Baek/Ahn/Choi (2012), Cheung/Sia/Kuan (2012), Cui/Lui/Guo (2012), Racherla/Friske (2012), Luo et al. (2013) und Zhu/Yin/He (2014) Moderatoren, die die Elaboration der Persuasion der Rezipienten beeinflussen.[565]

Als ein Beispiel für einen Moderator, der sowohl in den Postulaten von Petty/Cacioppo (1986) als auch im Schrifttum angeführt wird, kann die persönliche Relevanz angeführt werden.[566] Insgesamt erscheint die Betrachtung von Moderatoren im Rahmen der Untersuchung als sinnvoll und trägt zur Erklärung der vorliegenden Thematik bei.

Die Ausführungen von Petty/Cacioppo (1986) zu dem ‚Elaboration Likelihood Model' und das weiterführende Schrifttum besagen, dass die Qualität der Argumente sowie die peripheren Signale von Online-Rezensionen sowohl die Einstellung als auch die Verhaltensintention der Rezipienten gegenüber Produkten, Dienstleistungen usw. beeinflussen. Im Schrifttum werden diesbezüglich endogene, einflussmessende Faktoren beispielsweise von Cheung/Lee/Rabjohn (2008), Zhang/Watts (2008), Park/Lee (2009a), Mudambi/Schuff (2010), Li/Zhan (2011), Baek/Ahn/Choi (2012), Fan/Miao (2012), Korfiatis/García-Bariocanal/Sánchez-Alonso (2012), Racherla/Friske (2012), Fan et al. (2013), Filieri/McLeay (2013), Jamil/Hasnu (2013), Luo et al. (2013), Fang (2014), Teng et al. (2014), Zhu/Yin/He (2014), Cheng/Ho (2015), Kuan et al. (2015), Liu/Park (2015) und Park/Nicolau (2015) konzeptionalisiert.[567] Im Schrifttum wird die Einstellung beziehungsweise die Verhaltensintention der Rezipienten beispielsweise anhand der einflussmessenden Faktoren Informationsannahme (Information Adoption), Nützlichkeit von Online-Rezensionen (Review Usefulness), Glaub-

[565] Vgl. Zhang/Watts (2008), S. 78 f.; Forman/Ghose/Wiesenfeld (2008), S. 294 f.; Mudambi/Schuff (2010), S. 189 ff.; Baek/Ahn/Choi (2012), S. 105 f.; Cheung/Sia/Kuan (2012), S. 622 f.; Cui/Lui/Guo (2012), S. 42 ff.; Racherla/Friske (2012), S. 551 ff.; Luo et al. (2013), S 94 ff.; Zhu/Yin/He (2014), S. 271 ff.

[566] Vgl. Kapitel 3.1.3.4; Cheung/Sia/Kuan (2012), S. 622 f.

[567] Vgl. Cheung/Lee/Rabjohn (2008), S. 233 f.; Zhang/Watts (2008), S. 76 ff.; Park/Lee (2009), S. 334; Mudambi/Schuff (2010), S. 189 ff.; Li/Zhan (2011), S. 241 ff.; Baek/Ahn/Choi (2012), S. 102 ff.; Fan/Miao (2012), S. 176; Racherla/Friske (2012), S. 551 ff.; Fan et al. (2013), S. 60 f.; Filieri/McLeay (2013), S. 47 ff.; Jamil/Hasnu (2013), S. 192 f.; Luo et al. (2013), S. 94; Fang (2014), S. 71; Teng et al. (2014), S. 751 f.; Zhu/Yin/He (2014), S. 271; Cheng/Ho (2015), S. 884; Kuan et al. (2015), S. 55; Liu/Park (2015), S. 145; Park/Nicolau (2015), S. 71 ff.

würdigkeit von Online-Rezensionen (Review Credibility) sowie Kaufintention (Purchase Intention) betrachtet.

Anhand der bisherigen Ausführungen kann bezüglich der Zielsetzung dieser Arbeit von einer Eignung des ‚Elaboration Likelihood Models' für die theoretische Fundierung der Einflussfaktoren von Online-Rezensionen ausgegangen werden.[568] Es ist festzuhalten, dass das ‚Elaboration Likelihood Model' einen Ansatz zur Erklärung des Einflusses der Qualität der Argumente sowie der peripheren Signale auf die Einstellung sowie die Verhaltensintention der Rezipienten von Online-Rezensionen liefert.

Nachdem die theoretischen Grundlagen mit Hilfe des ‚Elaboration Likelihood Models' hinreichend untersucht worden sind, bedarf es im Folgenden der Entwicklung eines heuristischen Bezugsrahmens. Der heuristische Bezugsrahmen ermöglicht eine systematische und strukturierte Konzeptionalisierung der einzelnen Konstrukte. Auf dieser Basis können Hypothesen bezüglich der Wirkungsbeziehungen zwischen den einzelnen konzeptionalisierten Konstrukten abgeleitet werden.

Das grundlegende Ziel des heuristischen Bezugsrahmens ist die abstrakte Darstellung der Forschungshypothesen und Beziehungen.[569] Die Annahmen des heuristischen Bezugsrahmens müssen nicht zwingend die grundsätzlichen Anforderungen an Hypothesensystemen erfüllen. Vielmehr ist von einer Orientierungshilfe auszugehen, die bezüglich der empirischen Untersuchung das Verständnis des Forschers erläutert.[570]

So konstatiert Wittenberg (2006):

„Der heuristische Bezugsrahmen ist ein provisorisches Erklärungsmodell, das im Forschungsprozess durch systematisch gewonnenes Erfahrungswissen präzisiert wird."[571]

Nach Wittenberg (2006) besteht die Konstruktion des ‚Bezugsrahmens' in der Abgrenzung des Objektbereichs, der Präzision der Grundbegriffe sowie der Fokussierung auf Beziehungszusammenhänge und der Aufstellung von Hypothesen über Re-

---

568 Vgl. Kapitel 1.2.2.
569 Vgl. auch im Folgenden Kubicek (1977), S. 17 f.; Krol (2010), S. 54.
570 Vgl. Geißler (2009), S. 35 f.
571 Wittenberg (2006), S. 9.

alitätszusammenhänge.[572] Die ‚Heuristik' erklärt sich als nicht-nomologische Problemlösungshilfe, die nicht zwangsläufig zur besten Lösung führt, jedoch mit einiger Wahrscheinlichkeit den Prozess zur Lösung neuer Probleme verkürzt.[573] Fasst man die Begriffe ‚Bezugsrahmen' und ‚Heuristik' zusammen, kann unter einem heuristischen Bezugsrahmen ein prästrukturierendes, provisorisches Erklärungsmodell mit heuristischem Potenzial, das unter Verwendung von Konstrukten zu ermitteln ist, verstanden werden.[574]

Der heuristische Bezugsrahmen stellt ein erstes, grobes Aussagensystem zur Orientierung dar, das bei der Generierung von Lösungsansätzen praktischer Problemstellungen häufig verwendet wird.[575] Auf dieser Basis ermöglicht der heuristische Bezugsrahmen die geordnete Darstellung eines komplexen sowie realen Forschungsgegenstands.[576] Anhand der Konstruktion des heuristischen Bezugsrahmens erfolgt die Konkretisierung sowie Abgrenzung des Forschungsgegenstands. Ein wesentlicher Aspekt des heuristischen Bezugsrahmens ist Selektion beziehungsweise Reduktion möglicher Forschungspotenziale, um sich auf eine begrenzte Anzahl von vermuteten Wirkungszusammenhängen zwischen einzelnen Konstrukten konzentrieren zu können. Erst durch die Konstruktion eines geeigneten heuristischen Bezugsrahmens wird die Komplexität des realen Systems in dem Maße reduziert, dass eine empirische Untersuchung stattfinden kann.[577] Darüber hinaus ist es notwendig, dass die zu untersuchenden Aspekte innerhalb der Operationalisierung in empirisch beobachtbare Indikatoren unterteilt werden, um die nur mittelbar erfassbaren Komponenten betrachten zu können. Zudem ermöglicht der heuristische Bezugsrahmen die gleichzeitige Beachtung von verschiedenen Einflussfaktoren innerhalb eines Gesamtzusammenhangs.[578]

Innerhalb einer quantitativ-empirischen Untersuchung bedarf es eines heuristischen Bezugsrahmens, der die zu betrachtenden Phänomene realitätsnah abbildet und gleichzeitig eine hinreichend große Komplexität für eine umfassende Erklärung zulässt.[579] Darüber hinaus kann ein heuristischer Bezugsrahmen weitere Potenziale für

---

572 Vgl. auch im Folgenden Wittenberg (2006), S. 9.

573 Vgl. Ulrich/Hill (1979), S. 166; Wittenberg (2006), S. 9.

574 Vgl. Amshoff (1993), S. 24; Wittenberg (2006), S. 9.

575 Vgl. Kirsch (1981), S. 193.

576 Vgl. Kirsch/Seidl/van Aaken (2007), S. 29.

577 Vgl. Schmolling (1994), S. 111.

578 Vgl. Kirsch/Seidl/van Aaken (2007), S. 30; Schmitz (2015), S. 48.

579 Vgl. Schmitz (2015), S. 48.

eine Untersuchung offenlegen, die ebenfalls zum Erklärungsgehalt beitragen.[580] Es ist festzuhalten, dass der heuristische Bezugsrahmen die weitere Steuerung des Forschungsprozesses erleichtert.[581]

Grundsätzlich konstituiert sich ein Bezugsrahmen auf Basis einer ausführlichen Schrifttumsanalyse. Dazu gehören vor allem empirische Erkenntnisse, die Forscher zu der gegebenen Thematik publiziert haben. Die Berücksichtigung dieser Erkenntnisse führt dazu, dass die Konstruktion des heuristischen Bezugsrahmens weniger subjektiv erfolgt.[582] Von einem heuristischen Bezugsrahmen, der ausschließlich auf konzeptionellen oder empirischen Erkenntnissen basiert ist nach Töpfer (2012) abzuraten. Töpfer (2012) attestiert:

„Der erklärungs- und gestaltungsnotwendige Bezugsrahmen wird weder streng hypothetisch-deduktiv noch eindeutig empirisch-induktiv abgeleitet. Angesichts der Problematik, in den Sozial- und Wirtschaftswissenschaften generell gültige, Raum-Zeit-invariante Ursachen-Wirkungs-Zusammenhänge erkennen zu können, wird dazu übergegangen, Regelmäßigkeiten auf statistischem Weg für bestimmte Situationsklassen herzuleiten."[583]

Für diese Untersuchung kann ein erster Entwurf des heuristischen Bezugsrahmens auf Grundlage der vorangegangenen Ausführungen erfolgen. Mittels der Schrifttumsanalyse sowie der Identifikation einer am besten geeigneten Theorie konnte ein für diese Untersuchung sinnvoller heuristischer Bezugsrahmen geschaffen werden. Dieser ist mit der Theorie, die dieser Untersuchung zugrunde liegt, dem ‚Elaboration Likelihood Model' nach Petty/Cacioppo (1986) vereinbar.

Der heuristische Bezugsrahmen dieser Untersuchung setzt sich aus zwei zentralen Aspekten zusammen. Dies sind zum einen die Betrachtung der relevanten Einflussfaktoren bezüglich der Qualität der Argumente und zum anderen die Betrachtung der relevanten Einflussfaktoren bezüglich der peripheren Signale. Zusätzlich erfolgt innerhalb des heuristischen Bezugsrahmens die Betrachtung des Einflusses der Elaboration der Informationen durch die Rezipienten und der daraus entstehenden Einstellung und Verhaltensintention der Rezipienten von Online-Rezensionen.

---

[580] Vgl. Kubicek (1977), S. 17; Ruhnke (2003), S. 252 f.

[581] Vgl. Kubicek (1977), S. 17 f.

[582] Vgl. Kubicek (1977), S. 15 ff.; Schmitz (2015), S. 50.

[583] Vgl. Töpfer (2012), S. 127.

Im weiteren Verlauf der Arbeit wird der in Abbildung 3-11 dargestellte vorläufige heuristische Bezugsrahmen sukzessiv erweitert.[584] Dazu werden die Ergebnisse der strukturierten Analyse des Schrifttums sowie die durchgeführten Expertengespräche aufgegriffen.[585]

Abbildung 3-11: *Vorläufiger heuristischer Bezugsrahmen zur Entwicklung des Untersuchungsmodells*

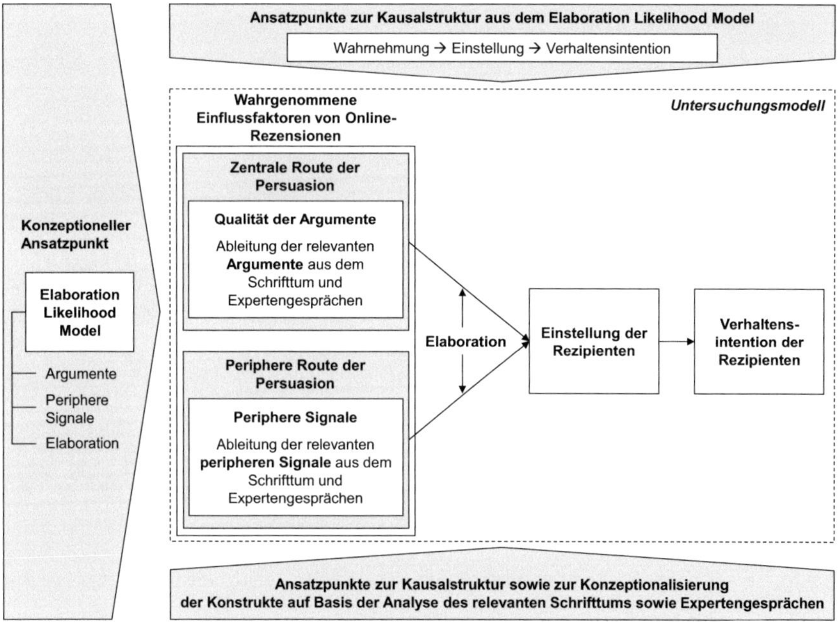

3.2. Relevantes Schrifttum zu Online-Rezensionen

In Anlehnung an den in Kapitel 2.3 dargestellten aktuellen Forschungsstand, wird im Folgenden das relevante Schrifttum zu Online-Rezensionen auf Basis des ‚Elaboration Likelihood Models' aufbereitet, indem der aktuelle heuristische Bezugsrahmen sukzessive erweitert und mit Inhalten gefüllt wird.

Dazu werden in Kapitel 3.2.1 erste Erkenntnisse potenzieller Einflussfaktoren bezüglich der Qualität der Argumente und der peripheren Signale erarbeitet sowie Hinweisen zur Elaboration der Persuasion nachgegangen. Darüber hinaus steht die Erar-

[584] Vgl. dazu Kapitel 3.3.

[585] Vgl. Kapitel 3.2 sowie Kapitel 3.3.

beitung von potenziellen Faktoren, die die Verhaltensintention messen, in Kapitel 3.2.2 im Vordergrund. Kapitel 3.2 schließt mit einer Zusammenfassung der Erkenntnisse und einer Erweiterung des heuristischen Bezugsrahmens.

3.2.1. Hinweise auf potenzielle Einflussfaktoren von Online-Rezensionen auf Online-Bewertungsportalen auf Basis des relevanten Schrifttums

Hinweise für potenzielle Einflussfaktoren von Online-Rezensionen auf Online-Bewertungsportalen bezüglich der Qualität der Argumente und der peripheren Signale ergeben sich aus der umfangreichen, in Kapitel 2.3 durchgeführten Analyse des Schrifttums zum aktuellen Forschungsstand.[586] Diese beinhaltet neben allen Arbeiten aus dem Bereich Social Media, die Arbeiten aus dem Bereich E-Commerce, die für den Untersuchungskontext relevant sind. Die Betrachtung von Einflussfaktoren von Online-Rezensionen im Bereich E-Commerce ist sinnvoll, da diese auf den Untersuchungskontext Social Media adaptiert werden können und somit den Erklärungsgehalt dieser Untersuchung erhöhen.

Auf Basis des Forschungsüberblicks werden im Folgenden Hinweise zu Einflussfaktoren von Online-Rezensionen auf Online-Bewertungsportalen im Kontext der Qualität der Argumente und der peripheren Signale abgeleitet. Zu den wesentlichen Grundvoraussetzungen gehört die konzeptionelle Vereinbarkeit der Einflussfaktoren mit der theoretischen Basis der Untersuchung, dem ‚Elaboration Likelihood Model'.[587]

3.2.1.1. Hinweise auf Einflussfaktoren von Online-Rezensionen bezüglich der Qualität der Argumente im Social Media-Schrifttum

Im quantitativ-empirischen Social Media-Schrifttum über Einflussfaktoren von Online-Rezensionen bezüglich der Qualität der Argumente wird eine Vielzahl verschiedener Einflussfaktoren erfasst, die für diese Untersuchung relevant sind. Diese sollen im Folgenden zuerst dargestellt und anschließend für diese Untersuchung auf ihre Eignung hin analysiert werden.

---

586 Vgl. auch im Folgenden Kapitel 2.3.

587 Vgl. Kapitel 3.1.5. Eine Vielzahl der analysierten Arbeiten sind hinsichtlich der Konzeptionalisierung der Konstrukte und deren Wirkungsbeziehungen auf das ‚Elaboration Likelihood Model' zurückzuführen (vgl. Kapitel 2.3.1 und 2.3.2). Daher bietet das ‚Elaboration Likelihood Model' ein großes theoretisches Potenzial zur Konzeptionalisierung aller relevanten Einflussfaktoren von Online-Rezensionen auf Online-Bewertungsportalen bezüglich der Qualität der Argumente und der peripheren Signale. Die Eignung des ‚Elaboration Likelihood Models' wird für jedes Konstrukt innerhalb der Kapitel 3.4.1 und 3.4.2 geprüft.

Als erstes ist die Studie von Cheung/Lee/Rabjohn (2008) anzuführen.[588] Die Autoren untersuchen die Faktoren Relevanz (Relevance), Aktualität (Timeliness), Genauigkeit (Accuracy) und Reichhaltigkeit (Comprehensiveness) als Dimensionen der Qualität der Argumente. Innerhalb der Untersuchung werden nur die Faktoren Relevanz und Reichhaltigkeit empirisch als brauchbar verifiziert. Jamil/Hasnu (2013) untersuchen ebenfalls die vier genannten Faktoren.[589] Die Empirie weist erneut nur Relevanz und Reichhaltigkeit als Einflussfaktoren bezüglich der Qualität der Argumente aus.

Cheung/Sia/Kuan (2012) untersuchen den Faktor zweiseitige Betrachtung (Review Sidedness).[590] Nach den empirischen Ergebnissen besitzen Online-Rezensionen die positive und negative Eigenschaften zu einem Produkt oder Dienstleistung nennen, einen positiven Einfluss auf die Glaubwürdigkeit von Online-Rezensionen. Obwohl die Autoren diesen Faktor als peripheres Signal in der peripheren Route der Persuasion einordnen, soll er in dieser Untersuchung als eine Dimension der Qualität der Argumente in der zentralen Route der Persuasion betrachtet werden. Das resultiert aus der Tatsache, dass innerhalb des Konstrukts eine primär inhaltliche Auseinandersetzung erfolgt und nicht quantitativ, beispielsweise indem die Anzahl positiver und negativer Eigenschaften zu dem rezensierten Produkt oder der rezensierten Dienstleistung gegeneinander aufgewogen werden.[591]

Luo et al. (2015) untersuchen ebenfalls den Faktor ‚Review Sidedness' und ordnen diesen der zentralen Route der Persuasion zu.[592] Die Autoren erkennen zusätzlich die Überzeugungskraft der Argumente (Argument Strength) und die Objektivität (Review Objectivity) von Online-Rezensionen als relevante Faktoren bezüglich der zentralen Route der Persuasion.

Filieri/McLeay (2013) betrachten die Faktoren Relevanz, Aktualität und Genauigkeit und beziehen in ihre Untersuchung zusätzlich die Faktoren Verständlichkeit der Information (Information Understandability) und Vollständigkeit der Information (Information Completeness) mit ein.[593] Die empirischen Ergebnisse zeigen, dass die Faktoren Relevanz, Aktualität und Genauigkeit als Dimensionen der Qualität der Argu-

---

588 Vgl. auch im Folgenden Cheung/Lee/Rabjohn (2008), S. 229 ff.

589 Vgl. auch im Folgenden Jamil/Hasnu (2013), S. 171 ff.

590 Vgl. auch im Folgenden Cheung/Sia/Kuan (2012), S. 618 ff.

591 Vgl. zu der Einordnung des Faktors ‚zweiseitige Betrachtung' auch Kapitel 3.2.1.3 und Kapitel 3.2.4.

592 Vgl. auch im Folgenden Luo et al. (2015), S. 305 ff.

593 Vgl. auch im Folgenden Filieri/McLeay (2013), S. 44 ff.

mente die Entscheidung der Rezipienten von Online-Rezensionen positiv beeinflussen.

Cheung (2014) bezieht in seine Studie vergleichbare Faktoren mit ein.[594] So untersucht der Autor bezüglich der Qualität der Argumente die Faktoren Aktualität und Reichhaltigkeit (Timeliness and Comprehensiveness) und Relevanz (Relevance). Empirisch wird der Einfluss des Faktors Aktualität und Reichhaltigkeit auf den Nutzen der Rezipienten von Online-Rezensionen bestätigt, nicht aber der Faktor Relevanz.

Luo et al. (2013) betrachten als potenziell relevante Dimensionen der Qualität der Argumente die Faktoren Vollständigkeit und Überzeugung (Persuasiveness) von Online-Rezensionen.[595] Empirisch lässt sich in der Studie kein Einfluss des Faktors Vollständigkeit auf die Verhaltensintention der Rezipienten nachweisen. Der Faktor Überzeugung wirkt dagegen positiv auf die Glaubwürdigkeit von Online-Rezensionen. Zhang et al. (2014) betrachten in ihrer Studie ähnliche Faktoren.[596] Sie untersuchen die Faktoren wahrgenommene Überzeugung (Perceived Persuasiveness) und wahrgenommener Informationsgehalt (Perceived Informativeness) als Dimensionen der Qualität der Argumente. Beide Faktoren haben einen positiven Einfluss auf die Kaufentscheidung der Rezipienten.

Zhu/Yin/He (2014) beziehen als Einflussfaktoren von Online-Rezensionen bezüglich der Qualität der Argumente die Lesbarkeit (Review Readability) und die Länge (Review Length) in ihre Untersuchung mit ein.[597] Die empirischen Ergebnisse der Studie weisen nur für die Länge von Online-Rezensionen einen positiven Einfluss auf die Nützlichkeit von Online-Rezensionen nach. Einen vergleichbaren Ansatz, um die Länge von Online-Rezensionen als bedeutende Dimension der Qualität der Argumente zu identifizieren, verwenden Cheng/Ho (2015).[598] Die Autoren beziehen sich auf den Faktor Wortanzahl (Word Count). Zusätzlich wird als Dimension der Qualität der Argumente der Faktor Bildanzahl (Image Count) untersucht. Die Empirie zeigt, dass beide Faktoren einen positiven Einfluss auf die Nützlichkeit von Online-Rezensionen besitzen.

594 Vgl. auch im Folgenden Cheung (2014), S. 42 ff.

595 Vgl. auch im Folgenden Luo et al. (2013), S. 92 ff.

596 Vgl. auch im Folgenden Zhang et al. (2014), S. 78 ff.

597 Vgl. auch im Folgenden Zhu/Yin/He (2014), S. 267 ff.

598 Vgl. auch im Folgenden Cheng/Ho (2015), S. 883 ff.

Die Faktoren Länge (Review Length) und Lesbarkeit (Review Readability) von Online-Rezensionen werden auch von Liu/Park (2015) betrachtet.[599] Darüber hinaus untersuchen die Autoren die wahrgenommene Unterhaltung (Customer Perceived Enjoyment) als Dimension der Qualität der Argumente. Empirisch wird ein positiver Einfluss des Faktors Länge von Online-Rezensionen auf die Nützlichkeit von Online-Rezensionen für die Rezipienten bestätigt.

Racherla/Friske (2012) untersuchen als Dimensionen der Qualität der Argumente die Faktoren Ausführlichkeit (Review Elaborateness) und betrachten moderate anstelle von extremen Bewertungen (Review Valence).[600] In ihren empirischen Auswertungen wird kein Einfluss der Faktoren auf die Nützlichkeit von Online-Rezensionen nachgewiesen. Reimer/Benkenstein (2016) untersuchen den Faktor ‚Review Valence'. Die Autoren weisen einen positiven Einfluss des Faktors auf die Kaufintention (Purchase Intention) der Rezipienten nach.

Tabelle 3-1: *Hinweise auf Einflussfaktoren von Online-Rezensionen bezüglich der Qualität der Argumente im Social Media-Schrifttum*

		Untersuchung	Einflussfaktoren - Qualität der Argumente
Social Media	Quantitativ-empirisch	Cheung/Lee/Rabjohn (2008)	Relevance, Timeliness, Accuracy, Comprehensiveness
		Cheung/Sia/Kuan (2012)	Review Sidedness
		Racherla/Friske (2012)	Review Elaborateness, Review Valence
		Filieri/McLeay (2013)	Information Timeliness, Information Understandability, Information Relevance, Information Accuracy, Information Completeness
		Jamil/Hasnu (2013)	Relevance, Accuracy, Timeliness, Comprehensiveness
		Luo et al. (2013)	Recommendation Persuasiveness, Recommendation Completeness
		Cheung (2014)	Timeliness and Comprehensiveness, Relevance
		Zhang et al. (2014)	Perceived Informativeness, Perceived Persuasivenss
		Zhu/Yin/He (2014)	Review Readability, Review Length
		Cheng/Ho (2015)	Image Count, Word Count
		Liu/Park (2015)	Review Length, Customer Perceived Enjoyment, Review Readability, Review
		Luo et al. (2015)	Argument Strength, Review Sidedness, Review Objectivity
		Reimer/Benkenstein (2016)	Review Valence

Tabelle 3-1 fasst die innerhalb des Forschungsüberblicks im quantitativ-empirischen Social Media-Schrifttum gewonnenen Hinweise bezüglich potenzieller relevanter

599 Vgl. auch im Folgenden Liu/Park (2015), S. 140 ff.

600 Vgl. auch im Folgenden Racherla/Friske (2012), S. 548 ff.

Einflussfaktoren von Online-Rezensionen bezüglich der Qualität der Argumente zusammen und stellt sie im Überblick dar.

Auf Basis der Analyse des quantitativ-empirischen Social Media-Schrifttums lassen sich für diese Untersuchung einige Erkenntnisse zu den relevanten Dimensionen der Qualität der Argumente gewinnen. Im Folgenden wird eine erste Einschätzung zu den identifizierten Einflussfaktoren und deren Bedeutung für diese Untersuchung gegeben.

- **Relevanz**
  Der Faktor Relevanz wird im Social Media-Schrifttum hinsichtlich der Dimension der Qualität der Argumente von einigen Autoren untersucht.[601] Dabei kann unter Relevanz (Relevance) das Ausmaß verstanden werden, inwieweit Online-Rezensionen für die Bedürfnisse der Rezipienten hilfreich und anwendbar erscheinen.[602] Der identifizierte Faktor ‚Customer Perceived Enjoyment', den Liu/Park (2015) untersuchen, umfasst Aspekte, die ebenfalls unter dem Faktor Relevanz subsumiert werden können. Dazu betrachten die Autoren die Anzahl der Rezipienten, die die Online-Rezensionen für ihre Bedürfnisse als relevant erachten.[603] Der Einflussfaktor Relevanz wird im Schrifttum häufig über das ‚Elaboration Likelihood Model' hergeleitet. Die Relevanz von Online-Rezensionen kann anhand dieser Theorie konzeptionalisiert werden.[604] Der Faktor Relevanz erscheint für den heuristischen Bezugsrahmen der vorliegenden Untersuchung geeignet.[605]

- **Aktualität**
  Der Faktor Aktualität wird im Social Media-Schrifttum von einigen Autoren als eine Dimension der Qualität der Argumente konzeptionalisiert.[606] Unter der Aktualität (Timeliness) kann vor allem die Rechtzeitigkeit von Online-Rezensionen verstanden werden, so dass diese zeitnah verfasst sind und den Rezipienten auf dem neuesten Stand halten.[607] Die Aktualität wird im Schrifttum häufig über das ‚Elaboration Likelihood Model' hergeleitet. So erscheint die

601 Vgl. Cheung/Lee/Rabjohn (2008), S. 233; Filieri/McLeay (2013), S. 47; Jamil/Hasnu (2013), S. 192. Cheung (2014), S. 45.

602 Vgl. zu dem Faktor ‚Relevanz' auch die Ausführungen in Kapitel 3.4.1.1.

603 Vgl. Liu/Park (2015), S. 140 ff.

604 Vgl. dazu Kapitel 3.1.

605 Vgl. dazu Kapitel 3.1.5.

606 Vgl. Cheung/Lee/Rabjohn (2008), S. 233; Filieri/McLeay (2013), S. 47; Jamil/Hasnu (2013), S. 192; Cheung (2014), S. 45.

607 Vgl. Filieri/McLeay (2013), S. 47.

Aktualität für diese Untersuchung ein bedeutender Faktor zu sein, der mit dem heuristischen Bezugsrahmen der Untersuchung kompatibel ist.[608]

- **Genauigkeit**

  Die Genauigkeit wird im Social Media-Schrifttum von einigen Autoren als bedeutender Aspekt von Online-Rezensionen bezüglich der Dimensionen der Qualität der Argumente angeführt.[609] Unter der Genauigkeit (Accuracy) wird verstanden, in welchem Ausmaß Rezipienten Online-Rezensionen als richtig und exakt wahrnehmen.[610] Der Faktor Genauigkeit wird im Schrifttum über das ‚Elaboration Likelihood Model' hergeleitet und scheint mit dem heuristischen Bezugsrahmen dieser Untersuchung vereinbar.

- **Verständlichkeit**

  Unter dem Faktor Verständlichkeit von Online-Rezensionen (Comprehensiveness, Understandability) werden verständliche, logische und interpretierbare Online-Rezensionen subsumiert. Zu dem Faktor Verständlichkeit gehören Aspekte bezüglich der Sprache, der Semantik und der lexikalischen Ausdrücke.[611] Der mehrmals verwendete Faktor Lesbarkeit von Online-Rezensionen (Review Readability) kann als ein Aspekt des Faktors Verständlichkeit angesehen werden. Der Faktor Verständlichkeit wird im Schrifttum über das ‚Elaboration Likelihood Model' hergeleitet und erscheint mit dem heuristischen Bezugsrahmen dieser Untersuchung vereinbar.[612]

- **Zweiseitige Betrachtung**

  Der Faktor zweiseitige Betrachtung (Review Sidedness) bezieht sich auf die Nennung positiver und negativer Eigenschaften eines Produkts oder einer Dienstleistung innerhalb einer Online-Rezension. Damit steht dieser Faktor im Gegensatz zu einer ausschließlich positiven oder negativen Bewertung eines Produkts oder einer Dienstleistung mittels einer Online-Rezension.[613] Die zweiseitige Betrachtung wird im Social Media-Schrifttum von Cheung/Sia/Kuan (2012) und von Luo et al. (2015) als ein bedeutender Einflussfaktor von

---

608 Vgl. Kapitel 3.1.5.

609 Vgl. dazu beispielsweise Cheung/Lee/Rabjohn (2008), S. 233; Filieri/McLeay (2013), S. 47; Jamil/Hasnu (2013), S. 192.

610 Vgl. dazu Kapitel auch Kapitel 3.2.4.

611 Vgl. zu der ‚Verständlichkeit' auch die Ausführungen in Kapitel 3.4.1.1.

612 Vgl. Jamil/Hasnu (2013), S. 171 ff.

613 Vgl. zu der ‚Zweiseitigen Betrachtung' auch die Ausführungen in Kapitel 3.4.1.1.

Online-Rezensionen für die Bewertung durch die Rezipienten angeführt.[614] Die Autoren konzeptionalisieren die zweiseitige Betrachtung auf Basis des ‚Elaboration Likelihood Models'. Daher erscheint der Faktor zweiseitige Betrachtung für den heuristischen Bezugsrahmen dieser Untersuchung geeignet.

- **Vollständigkeit**
  Unter der Vollständigkeit von Online-Rezensionen (Completeness) ist zu verstehen, inwieweit Online-Rezensionen in ausreichendem Maße und in erschöpfendem Umfang die relevanten Informationen von Produkten oder Dienstleistungen behandeln.[615] Der Faktor Vollständigkeit wird im Social Media-Schrifttum von zwei Autoren als eine Dimension der Qualität der Argumente konzeptionalisiert.[616] Darüber hinaus existieren im Schrifttum weitere Faktoren, die als Aspekte des Faktors Vollständigkeit zu verstehen sind und in dieser Untersuchung diesem Faktor zugeordnet werden. Unter der Vollständigkeit werden die Faktoren Ausführlichkeit (Review Elaborateness), Länge (Length), Bildanzahl (Image Count) und Wortanzahl (Word Count) von Online-Rezensionen subsumiert.[617] Da beispielsweise Filieri/McLeay (2013) den Faktor Vollständigkeit über das ‚Elaboration Likelihood Model' herleiten, erscheint dieser mit dem heuristischen Bezugsrahmen dieser Untersuchung innerhalb der zentralen Route der Persuasion vereinbar.[618]

Zu den weiteren im Social Media-Schrifttum identifizierten Dimensionen der Qualität der Argumente gehört der Informationsgehalt (Perceived Informativeness) von Online-Rezensionen. Bei Betrachtung der Konzeptionalisierung ist zu erkennen, dass sich dieses Konstrukt aus Aspekten, die den Faktoren Relevanz, Vollständigkeit und Aktualität zuzuordnen sind, konstituiert.[619] Daher ist eine eigenständige Untersuchung dieses Konstrukt nicht sinnvoll und würde zu Überschneidungen innerhalb der Dimensionen der Qualität der Argumente führen.

Der identifizierte Faktor moderate anstatt extreme Bewertungen (Review Valence) ist in der Studie von Racherla/Friske (2012) eine Dimension der ‚Message Factors' von

---

614 Vgl. Cheung/Sia/Kuan (2012), S. 621; Luo et al. (2015), S. 307.

615 Vgl. zu der ‚Vollständigkeit' auch die Ausführungen in Kapitel 3.4.1.1.

616 Vgl. Filieri/McLeay (2013), S. 47; Luo et al. (2013), S. 94.

617 Vgl. dazu die Arbeiten von Racherla/Friske (2012), S. 551; Zhu/Yin/He (2014), S. 271; Cheng/Ho (2015), S. 884.

618 Vgl. dazu beispielsweise Filieri/McLeay (2013), S. 47.

619 Vgl. dazu beispielsweise die Indikatoren der Perceived Informativeness in der Arbeit von Zhang et al. (2014), S. 87.

Online-Rezensionen. Bei Betrachtung der Konzeptionalisierung ist festzustellen, dass ‚Review Valence' primär eine Dimension der peripheren Signale und nicht der Qualität der Argumente darstellt.[620] Außerdem wird dieser Faktor in der Studie von Racherla/Friske (2012) nicht über eine Theorie hergeleitet. Aus diesem Grund wird der Faktor ‚Review Valence' in dieser Untersuchung nicht als eine relevante Dimension der Qualität der Argumente von Online-Rezensionen einbezogen.

In der Studie von Reimer/Benkenstein (2016) wird der Faktor ‚Review Valence' als Wertung von Online-Rezensionen verstanden, die, bezogen auf ein Produkt oder eine Dienstleistung, entweder positiv oder negativ ist. Dieser Aspekt wird in dieser Untersuchung innerhalb der zweiseitigen Betrachtung aufgegriffen und soll daher als eigenständige Dimension bezüglich der Qualität der Argumente vernachlässigt werden.[621]

Darüber hinaus wurde im Social Media-Schrifttum noch der Faktor Überzeugung (Recommendation Persuasiveness) von Online-Rezensionen als eine Dimension der Qualität der Argumente herausgestellt. Aufgrund der Konzeptionalisierung des Faktors in der Arbeit von Luo et al. (2013) ist dieser primär als ein endogenes Konstrukt anzusehen, wie beispielsweise die Nützlichkeit oder die Glaubwürdigkeit von Online-Rezensionen und wird daher in dieser Untersuchung innerhalb der Betrachtung der Dimensionen der Qualität der Argumente vernachlässigt.

3.2.1.2. Hinweise auf Einflussfaktoren von Online-Rezensionen bezüglich der peripheren Signale im Social Media-Schrifttum

Das quantitativ-empirische Social Media-Schrifttum über Einflussfaktoren von Online-Rezensionen bezüglich der peripheren Signale enthält eine Vielzahl verschiedener Aspekte, die für diese Untersuchung relevant sind.

Cheung/Lee/Rabjohn (2008) stellen bezüglich der peripheren Signale auf relevanten Dimensionen der Glaubwürdigkeit der Quelle, wie den Faktoren Kompetenz der Quelle (Source Expertise) und Vertrauenswürdigkeit der Quelle (Source Trustworthiness) ab.[622] Empirisch lässt sich für keinen der Faktoren eine Wirkungsbeziehung bezüglich der Nützlichkeit von Online-Rezensionen für die Rezipienten nachweisen. In der empirischen Untersuchung von Jamil/Hasnu (2013) werden die gleichen Fakto-

620 Vgl. Racherla/Friske (2012), S. 551.

621 Vgl. Reimer/Benkenstein (2016), S. 5993 ff.

622 Vgl. auch im Folgenden Cheung/Lee/Rabjohn (2008), S. 229 ff.

ren untersucht.[623] In dieser Untersuchung wirken beide Faktoren positiv auf die Bewertung der Nützlichkeit von Online-Rezensionen.

Racherla/Friske (2012) untersuchen ebenfalls den Faktor ‚Expertise' in ihrer Studie.[624] Zusätzlich betrachten die Autoren die Faktoren Offenlegung der Identität (Identity Disclosure) und die Reputation der Rezensenten (Reputation) als relevante Dimensionen der peripheren Signale. Die empirischen Ergebnisse zeigen, dass die Faktoren ‚Expertise' und ‚Reputation' positiv auf die Nützlichkeit von Online-Rezensionen für Rezipienten wirken.

Liu/Park (2015) betrachten in ihrer Studie die Faktoren ‚Identity Disclosure', ‚Reputation' und ‚Expertise'.[625] ‚Identity Disclosure' wird anhand von drei Dimensionen gemessen, wovon nur der Faktor echtes Foto (Real Photo), nicht aber die Faktoren echter Name (real Name) und echte Adresse (real Address) positiv auf die Nützlichkeit von Online-Rezensionen wirken. Der Faktor ‚Reputation' wird anhand von drei Dimensionen gemessen, wovon die Anzahl der Freunde (Number of Friends) und die Anzahl an Elite-Auszeichnungen (Number of Elite Awards), nicht aber der Faktor Anzahl der Fans (Number of Fans) positiv auf die Nützlichkeit von Online-Rezensionen für die Rezipienten wirken. Der Faktor ‚Expertise' wird eindimensional gemessen und hat einen positiven Einfluss auf die Bewertung der Nützlichkeit von Online-Rezensionen.

Cheng/Ho (2015) betrachten als periphere Signale ähnliche Dimensionen wie Liu/Park (2015).[626] So werden die Faktoren Anzahl der Anhänger der Rezensenten (Reviewer's number of Followers) und Kompetenzlevel der Rezensenten (Reviewer's level of Expertise) innerhalb ihrer Studie herangezogen. Beide Faktoren haben einen positiven Einfluss auf die Nützlichkeit von Online-Rezensionen für die Rezipienten.

Zhu/Yin/He (2014) untersuchen die Faktoren ‚Reviewer Expertise' und Attraktivität der Rezensenten (Online Reviewer Attractiveness).[627] Die Attraktivität der Rezensenten bezieht sich auf soziale Strukturen der Rezensenten auf sozialen Netzwerkseiten, die beispielsweise anhand der Anzahl von Online-Freunden gemessen werden kann. Das Ergebnis der Untersuchung zeigt, dass beide Faktoren einen positiven Einfluss auf die Nützlichkeit von Online-Rezensionen besitzen. Auch Fang (2014) identifiziert

623 Vgl. auch im Folgenden Jamil/Hasnu (2013), S. 171 ff.

624 Vgl. auch im Folgenden Racherla/Friske (2012), S. 548 ff.

625 Vgl. auch im Folgenden Liu/Park (2015), S. 140 ff.

626 Vgl. auch im Folgenden Cheng/Ho (2015), S. 883 ff.

627 Vgl. auch im Folgenden Zhu/Yin/He (2014), S. 267 ff.

in seiner Untersuchung die Relevanz des Faktors ‚Source Expertise'.[628] Der Autor untersucht ebenfalls den Faktor Attraktivität der Quelle hinsichtlich aufgabenrelevanter Fähigkeiten (Task Attraction). Die empirischen Ergebnisse weisen für beide Faktoren eine positive Wirkung auf die Glaubwürdigkeit von eWoM nach.

Teng et al. (2014) untersuchen die Faktoren Attraktivität der Quelle (Source Attractiveness), Wahrnehmung der Quelle (Source Perception) sowie Ausdrucksweise der Quelle (Source Style) die den peripheren Signalen zugeordnet werden können.[629] Die Auswertung bestätigt für alle drei Faktoren einen positiven Einfluss auf die Akzeptanz von eWoM-Mitteilungen.

Xu (2014) untersucht bezüglich der Rezensenten die Faktoren Reputation und Profilbild (Profile Picture).[630] Das Profilbild ist als ein Bestandteil der Offenlegung der Identität der Rezensenten zu verstehen. Empirisch lässt sich in der Studie ein indirekter positiver Einfluss beider Faktoren auf die Glaubwürdigkeit von eWoM nachweisen.

Cheung/Sia/Kuan (2012) analysieren den Faktor Konsistenz von Online-Rezensionen (Review Consistency). Der Faktor kann als peripheres Signal betrachtet werden und die empirische Auswertung zeigt, dass der Faktor einen positiven Einfluss auf die Glaubwürdigkeit von Online-Rezensionen hat.[631] Luo et al. (2015) weisen für den Faktor Konsistenz von Online-Rezensionen ebenfalls einen positiven Einfluss auf die Glaubwürdigkeit von Online-Rezensionen nach. Zusätzlich untersuchen die Autoren den Faktor ‚Review Rating' innerhalb der peripheren Route der Persuasion. Ein positiver Einfluss dieses Faktors auf die Glaubwürdigkeit von Online-Rezensionen wird anhand der Studie nicht nachgewiesen.[632]

Chang/Fang/Huang (2015) betrachten die Faktoren zweiseitige Betrachtung (Recommendation Sidedness) und Konsistenz von Online-Rezensionen (Recommendation Consistency) sowie Rating von Produkten und Dienstleistungen (Recommendation Rating). Diese Faktoren können als Dimensionen der peripheren Signale angesehen werden. Die empirische Auswertung zeigt, dass ‚Recommendation Sidedness' und ‚Recommendation Rating' die Unsicherheit der Rezipienten gegenüber Online-Rezensionen reduzieren.

628 Vgl. auch im Folgenden Fang (2014), S. 67 ff.
629 Vgl. auch im Folgenden Teng et al. (2014), S. 746 ff.
630 Vgl. auch im Folgenden Xu (2014), S. 136 ff.
631 Vgl. auch im Folgenden Cheung/Sia/Kuan (2012), S. 618 ff.
632 Vgl. Luo et al. (2015), S. 305 ff.

Filieri/McLeay (2013) untersuchen als relevante Dimensionen der peripheren Signale die Faktoren Anzahl der Informationen beziehungsweise Rezensionen (Information Quantity) und Produkt-Ranking (Product Ranking).[633] Die empirischen Auswertungen liefern den Nachweis, dass der Faktor Produkt-Ranking die Informationsübernahme (Information Adoption) positiv beeinflusst. Fan et al. (2013) und Zhang et al. (2014) weisen in ihren Studien einen positiven Einfluss des Faktors Anzahl von Rezensionen (eWoM Quantity, Review Quantity) auf die Verhaltensintention der Rezipienten nach.[634]

Tabelle 3-2: *Hinweise auf Einflussfaktoren von Online-Rezensionen bezüglich der peripheren Signale im Social Media-Schrifttum*

		Untersuchung	Einflussfaktoren - Periphere Signale
Social Media	Quantitativ-empirisch	Cheung/Lee/Rabjohn (2008)	Source Expertise, Source Trustworthiness
		Cheung/Sia/Kuan (2012)	Review Consistency
		Racherla/Friske (2012)	Identity Disclosure, Expertise, Reputation
		Chih et al. (2013)	Website Reputation
		Fan et al. (2013)	eWoM Quantity
		Filieri/McLeay (2013)	Information Quantity, Product Ranking
		Jamil/Hasnu (2013)	Expertise, Trustworthiness
		Fang (2014)	Source Expertise, Task Attraction, Recommendation Rating
		Teng et al. (2014)	Source Attractiveness, Source Perception, Source Style
		Xu (2014)	Reputation Cue, Profile Picture Cue
		Zhang et al. (2014)	Quantity of Reviews
		Zhu/Yin/He (2014)	Reviewer Expertise, Reviewer Online Attractiveness
		Chang/Fang/Huang (2015)	Recommendation Sidedness, Recommendation Consistency, Recommendation Rating
		Cheng/Ho (2015)	Reviewer's Number of Followers, Reviewer's Level of Expertise
		Liu/Park (2015)	Identity Disclosure, Expertise, Reputation
		Luo et al. (2015)	Review Consistency, Review Rating

Chih et al. (2013) gehen in ihrer Studie von einer positiven Wirkungsbeziehung zwischen dem Faktor Reputation der Webseite (Website Reputation) und Glaubwürdigkeit der Quelle (Review Credibility) aus, die durch die empirischen Ergebnisse bestä-

633 Vgl. auch im Folgenden Filieri/McLeay (2013), S. 44 ff.

634 Vgl. Fan et al. (2013), S. 58 ff.; Zhang et al. (2014), S. 78 ff.

tigt wird.[635] Tabelle 3-2 fasst die innerhalb des Forschungsüberblicks im quantitativ-empirischen Social Media-Schrifttum gewonnenen Hinweise bezüglich potenzieller relevanter Einflussfaktoren bezüglich der peripheren Signale zusammen und stellt diese im Überblick dar.

Auf Basis der Analyse des quantitativ-empirischen Social Media-Schrifttums können einige Einflussfaktoren bezüglich der peripheren Signale ermittelt werden. Im Folgenden wird eine erste Einschätzung zu den identifizierten Einflussfaktoren und deren Bedeutung für diese Untersuchung gegeben.

- **Quantität von Online-Rezensionen**
  Unter der Quantität von Online-Rezensionen (Review Quantity) wird die Menge oder die Anzahl von Online-Rezensionen verstanden, die für ein bestimmtes Produkt oder eine bestimmte Dienstleistung auf Online-Bewertungsportalen vorhanden ist.[636] Der Faktor Quantität von Online-Rezensionen wird im Social Media-Schrifttum bezüglich der Einflussfaktoren der peripheren Signale von Filieri/McLeay (2013) untersucht.[637] Die Autoren konzeptionalisieren diesen Faktor innerhalb der peripheren Route der Persuasion beziehungsweise der peripheren Signale. Als theoretische Grundlage verwenden die Autoren das ‚Elaboration Likelihood Model'. Die Bedeutung des Faktors wird deutlich, da auch Fan et al. (2013) und Zhang et al. (2014) die Quantität von Online-Rezensionen konzeptionalisieren und einen positiven Einfluss auf die Verhaltensintention der Rezipienten nachweisen.[638] Daher erscheint dieser Faktor mit dem heuristischen Bezugsrahmen dieser Untersuchung vereinbar und soll im weiteren Verlauf der Arbeit berücksichtigt werden.

- **Konsistenz von Online-Rezensionen**
  Unter der Konsistenz von Online-Rezensionen (Review Consistency) wird verstanden, inwieweit Informationen innerhalb einer Online-Rezension mit denen innerhalb einer oder mehreren anderen Online-Rezensionen zu einem Produkt oder einer Dienstleistung übereinstimmen.[639] Der Faktor Konsistenz von Online-Rezensionen wird im Social Media-Schrifttum beispielsweise von

[635] Vgl. Chih et al. (2013), S. 658 ff.
[636] Vgl. zu der ‚Quantität von Online-Rezensionen' auch die Ausführungen in Kapitel 3.4.1.2.
[637] Vgl. auch im Folgenden Filieri/McLeay (2013), S. 47.
[638] Vgl. Fan et al. (2013), S. 58 ff.; Zhang et al. (2014), S. 78 ff.
[639] Vgl. zu der ‚Konsistenz von Online-Rezensionen' auch die Ausführungen in Kapitel 3.4.1.2.

Cheung/Sia/Kuan (2012) und Luo et al. (2015) untersucht.[640] Cheung/Sia/Kuan (2012) konzeptionalisieren diesen Faktor innerhalb der peripheren Route der Persuasion beziehungsweise der peripheren Signale.[641] Als theoretische Grundlage verwenden die Autoren das ‚Elaboration Likelihood Model'. Auf dieser Basis ist der Faktor Konsistenz von Online-Rezensionen mit dem heuristischen Bezugsrahmen dieser Untersuchung vereinbar.

- **Reputation der Rezensenten**

  Unter der Reputation der Rezensenten (Reviewer Reputation) wird das Ausmaß verstanden, inwieweit die Rezipienten glauben, dass ein Rezensent sich ehrlich und verantwortungsvoll zu Produkten und Dienstleistungen äußert sowie in seinen Ansichten beständig ist.[642] Der Faktor Reputation der Rezensenten wird im Social Media-Schrifttum von einigen Autoren als ein Einflussfaktor bezüglich der peripheren Signale untersucht.[643] Die Analyse des Social Media-Schrifttums zeigt, dass dieser Faktor oftmals unterschiedlich benannt ist, obwohl innerhalb der Konzeptionalisierung vorwiegend gleiche Inhalte herangezogen werden. Die Reputation der Rezensenten wird beispielsweise von Cheung/Lee/Rabjohn (2008) als ‚Source Trustworthiness', von Racherla/Friske (2012) als ‚Reputation', von Fang (2014) als ‚Task Attraction' und von Zhu/Yin/He (2014) als ‚Reviewer Online Attractiveness' bezeichnet.[644] Die Arbeiten unterscheiden sich lediglich in ihrer Spezifität, mit der die Reputation der Rezensenten operationalisiert wird. Am restriktivsten ist das Vorgehen von Cheng/Ho (2015), die als Maß die Anzahl der Follower der Rezensenten heranziehen.[645] Die Reputation der Rezensenten wird beispielsweise in den Studien von Zhu/Yin/He (2014) und Cheng/Ho (2015) unter Verwendung des ‚Elaboration Likelihood Models' hergeleitet.[646] Somit erscheint die Reputation der Rezensenten für den heuristischen Bezugsrahmen dieser Untersuchung geeignet.

---

640 Vgl. Cheung/Sia/Kuan (2012), S. 618 ff.; Luo et al. (2015), S. 305 ff.

641 Vgl. auch im Folgenden Cheung/Sia/Kuan (2012), S. 618 ff.

642 Vgl. zu der ‚Reputation der Rezensenten' auch die Ausführungen in Kapitel 3.4.1.2.

643 Vgl. Cheung/Lee/Rabjohn (2008), S. 233; Racherla/Friske (2012), S. 551; Jamil/Hasnu (2013), S. 193; Fang (2014), S. 71; Xu (2014), S. 139; Zhu/Yin/He (2014), S. 271; Cheng/Ho (2015), S. 884; Liu/Park (2015), S. 145.

644 Vgl. Cheung/Lee/Rabjohn (2008), S. 233; Racherla/Friske (2012), S. 551; Fang (2014), S. 71; Zhu/Yin/He (2014).

645 Vgl. Cheng/Ho (2015), S. 884.

646 Vgl. Zhu/Yin/He (2014), S. 271; Cheng/Ho (2015), S. 884.

- **Identität der Rezensenten**

  Unter der Identität der Rezensenten (Identity Disclosure) wird die Offenlegung der sozialen Identität einer Person verstanden, wozu beispielsweise die Preisgabe des echten Namens oder eines authentischen Bildes des Rezensenten zählt.[647] Der Faktor Identität der Rezensenten wird im Social Media-Schrifttum von mehreren Autoren als peripheres Signal betrachtet.[648]

  Im Social Media-Schrifttum hat sich im Rahmen der Konzeptionalisierung des Faktors noch keine Theorie etabliert und die Identität der Rezensenten wurde bislang noch nicht auf Basis des ‚Elaboration Likelihood Models' hergeleitet. Zudem wird der Faktor Identität der Rezensenten im Schrifttum zumeist bei Auswertungen von bestehenden Online-Rezensionen herangezogen.[649] Darüber hinaus sind Aspekte wie echter Name und authentisches Bild keine Indikatoren die latent gemessen werden können, wodurch eine Operationalisierung des Faktors Identität der Rezensenten im Sinne dieser Untersuchung nicht erfolgen kann.[650]

- **Expertise der Rezensenten**

  Die Expertise der Rezensenten (Source Expertise) gibt an, wie hoch die Rezipienten die Kompetenz der Rezensenten bezüglich ihrer Bewertungen zu Produkten und Dienstleistungen einschätzen.[651] Der Faktor Expertise der Rezensenten wird im Social Media-Schrifttum von mehreren Autoren im Zusammenhang mit den Einflussfaktoren der peripheren Signale betrachtet.[652] Die Autoren konzeptionalisieren diesen Faktor innerhalb der peripheren Route der Persuasion beziehungsweise als peripheres Signal. Die Expertise der Rezensenten wird in mehreren Arbeiten auf Grundlage des ‚Elaboration Likelihood Models' konzeptionalisiert und wird auch für diese Untersuchung als ein relevanter Faktor betrachtet, der in den heuristischen Bezugsrahmen integriert werden kann.

---

647 Vgl. zu der ‚Identität der Rezensenten' auch die Ausführungen in Kapitel 3.4.1.2.

648 Vgl. Racherla/Friske (2012), S. 551; Xu (2014), S. 139; Liu/Park (2015), S. 145.

649 Vgl. bezüglich der Empirie auf Basis bestehender Online-Rezensionen beispielsweise die Arbeiten von Racherla/Friske (2012), S. 551; Liu/Park (2015), S. 145

650 Vgl. bezüglich latenter Messungen von Konstrukten auch die Ausführungen in Kapitel 4.1.

651 Vgl. zu der ‚Expertise der Rezensenten' auch die Ausführungen in Kapitel 3.4.1.2.

652 Vgl. auch im Folgenden Cheung/Lee/Rabjohn (2008), S. 233; Racherla/Friske (2012), S. 551; Jamil/Hasnu (2013), S. 193; Fang (2014), S. 71; Zhu/Yin/He (2014), S. 271; Cheng/Ho (2015), S. 884; Liu/Park (2015), S. 145.

- **Reputation der Webseite**

  Unter der Reputation der Webseite (Website Reputation) kann das Maß verstanden werden, mit dem ein guter Ruf beziehungsweise eine hohe Reputation dazu führen, dass die Rezipienten die Webseite als vertrauenswürdig betrachten. Das wiederum lässt Rückschlüsse auf die Qualität der Online-Rezensionen auf der Webseite zu.[653] Die Reputation der Webseite stellt in der Arbeit von Chih et al. (2013) einen bedeutenden Einflussfaktor bezüglich der Glaubwürdigkeit von Online-Rezensionen dar. Die Autoren konzeptionalisieren den Faktor innerhalb eines dualen Prozessmodells, nutzen dafür jedoch das ‚Affect-Behavior-Cognition Model' und nicht das ‚Elaboration Likelihood Model'.

  Die Reputation der Webseite kann, ebenso wie die Reputation der Rezensenten, zu den peripheren Signalen gezählt werden, da bei diesen Faktoren keine inhaltlichen Argumente innerhalb von Online-Rezensionen eine Rolle spielen. Auf dieser Basis erscheint der Faktor Reputation der Webseite für diese Untersuchung geeignet.

- **Rating von Produkten und Dienstleistungen**

  Das Rating (Bewertung anhand von Sternen) von Produkten und Dienstleistungen bezieht sich auf die Typologie von kategorischen oder numerischen Informationen auf Grundlage von Online-Rezensionen.[654] Beispielsweise setzt sich das Rating zu einem Produkt aus der durchschnittlichen Bewertung alle vorhandenen Online-Rezensionen zu dem Produkt zusammen. Der Faktor Rating von Produkten und Dienstleistungen wird von mehreren Autoren im Social Media-Schrifttum im Zusammenhang mit der peripheren Route der Persuasion beziehungsweise als peripheres Signal konzeptionalisiert.[655]

  Ein ähnlicher Faktor, der eine hohe Überschneidung mit dem Faktor Rating von Produkten und Dienstleistungen aufweist ist der Faktor Rangfolge der Produkte (Product Ranking).[656] Die Rangfolge von Produkten und Dienstleistungen wird auf Basis der durchschnittlichen Bewertung anhand von Sternen erstellt. Die Rangfolge ist Grundlage für das Rating von Produkten und Dienstleistungen. Da innerhalb der Operationalisierung der beiden Konstrukte eine hohe Überschneidung von Rangfolge und Rating besteht, soll in dieser

---

653 Vgl. zu der ‚Reputation der Webseite' auch die Ausführungen in Kapitel 3.4.1.2.

654 Vgl. Filieri/McLeay (2013), S. 48.

655 Vgl. Fang (2014), S. 71; Chang/Fang/Huang (2015), S. 36.

656 Vgl. zu ‚Product Ranking' auch die Arbeit von Filieri/McLeay (2013), S. 47.

Untersuchung auf eine Differenzierung zwischen den beiden Faktoren verzichtet werden und beide als zusammenfassendes Konstrukt, das sich auf das Rating konzentriert, betrachtet werden.[657]

Als theoretische Grundlage verwenden beispielsweise Fang (2014) das ‚Elaboration Likelihood Model'. Somit erscheint der heuristische Bezugsrahmen dieser Untersuchung zur Konzeptionalisierung des Faktors Rating von Produkten und Dienstleistungen geeignet.[658]

Darüber hinaus können anhand des Social Media-Schrifttums die Faktoren ‚Source Attractiveness', ‚Source Perception' und ‚Source Style' in der Arbeit von Teng et al. (2014) identifiziert werden.[659] Die Konzeptionalisierung der Faktoren zeigt, dass große Überschneidungen mit den in dieser Untersuchung endogenen Konstrukten bestehen.[660] Daher sollen diese Aspekte bezüglich der peripheren Signale vernachlässigt werden.

Luo et al. (2015) untersuchen als einzige den Faktor Rating von Online-Rezensionen (Review Rating).[661] Die Studie erbringt keinen Nachweis, dass ‚Review Rating' einen Einfluss auf die Nützlichkeit von Online-Rezensionen hat. Daher wird auch dieser Faktor in dieser Untersuchung vernachlässigt.

3.2.1.3. Hinweise auf Einflussfaktoren von Online-Rezensionen bezüglich der Qualität der Argumente im E-Commerce-Schrifttum

Das quantitativ-empirische E-Commerce-Schrifttum beinhaltet zu den Einflussfaktoren von Online-Rezensionen bezüglich der Qualität der Argumente einige Aspekte, die für diese Untersuchung relevant sind. Im Ganzen aber zeigt sich, dass weniger Einflussfaktoren als im Social Media-Schrifttum identifiziert werden konnten. Zudem gibt es immer wieder Überschneidungen zwischen dem Social Media- und dem E-Commerce-Schrifttum.

Mudambi/Schuff (2010) betrachten in ihrer Untersuchung als Einflussfaktoren bezüglich der Qualität der Argumente den Faktor Umfang von Online-Rezensionen anhand der Wortanzahl (Review Depth (Word Count)).[662] In der Untersuchung zeigt

---

657 Vgl. im Rahmen der Überschneidung der Faktoren Ranking und Rating auch die Arbeiten von Filieri/McLeay (2013), S. 48; Fang (2014), S. 71; Chang/Fang/Huang (2015), S. 36.

658 Vgl. Fang (2014), S. 67 ff.

659 Vgl. Teng et al. (2014), S. 752.

660 Vgl. dazu auch die Ausführungen in Kapitel 3.2.2.

661 Vgl. Luo et al. (2015), S. 311.

662 Vgl. auch im Folgenden Mudambi/Schuff (2010), S. 185 ff.

sich, dass der Faktor ‚Review Depth' positiv auf die Nützlichkeit von Online-Rezensionen wirkt. Huang et al. (2015) weisen ebenfalls einen positiven Einfluss des Faktors ‚Word Count' auf die Nützlichkeit von Online-Rezensionen nach.[663] Baek/Ahn/Choi (2012) untersuchen den Faktor ‚Word Count' und den Faktor Anzahl von Wörtern, die von dem bewerteten Produkt abraten (Negative Word).[664] In der empirischen Untersuchung erweisen sich beide Faktoren für die Rezipienten als nützlich.

Korfiatis/García-Bariocanal/Sánchez-Alonso (2012) und Kuan et al. (2015) untersuchen in ihren Studien die Faktoren Länge (Review Length) und Lesbarkeit (Review Readability) von Online-Rezensionen. Beide Studien erbringen den Nachweis, dass beide Faktoren eine positive Wirkung auf die Nützlichkeit von Online-Rezensionen für die Rezipienten besitzen.[665]

Einen ähnlichen Ansatz zur Identifizierung relevanter Dimensionen bezüglich der Qualität der Argumente verfolgen Cui/Lui/Guo (2012) und Flanagin/Metzger (2013). Beide Studien untersuchen den Faktor Umfang von Online-Rezensionen (Volume). Während Cui/Lui/Guo (2012) einen Einfluss des Faktors ‚Volume' von Suchgütern auf den Verkauf von Unterhaltungselektronik nachweisen, zeigen Flanagin/Metzger (2013) dass der Faktor ‚Volume' sich grundsätzlich positiv auf das Vertrauen in Online-Rezensionen auswirkt.[666]

Fang et al. (2013), Obiedat (2013), Zhou/Liu/Tang (2013) und Lee/Shin (2014) untersuchen die Wirkung des Faktors Qualität von Online-Rezensionen (Review's Quality) auf Produktverkäufe (Product Sales) beziehungsweise auf die Kaufintention der Rezipienten (Buying Intention).[667] Im Ergebnis wird die postulierte positive Wirkungsbeziehung des Faktors ‚Review's Quality' auf ‚Product Sales' beziehungsweise ‚Buying Intention' bestätigt.

Li/Zhan (2011) identifizieren mit ihren empirischen Auswertungen ihrer Studie drei Faktoren bezüglich der Qualität der Argumente.[668] Das sind die Faktoren vorhandene Beweise (Evidence Presence), gleichzeitige Betrachtung positiver und negativer Inhalte (Opposing Viewpoints) und Reichhaltigkeit von Online-Rezensionen (Comprehensiveness). In der Studie von Li/Zhan (2011) kann auf Basis der empirischen Aus-

663 Vgl. Huang et al. (2015), S. 17 ff.

664 Vgl. auch im Folgenden Baek/Ahn/Choi (2012), S. 99 ff.

665 Vgl. Korfiatis/García-Bariocanal/Sánchez-Alonso (2012), S. 205 ff.; Kuan et al. (2015), S. 48 ff.

666 Vgl. Cui/Lui/Guo (2012), S. 39 ff.; Flanagin/Metzger (2013), S. 1626 ff.

667 Vgl. auch im Folgenden Fang et al. (2013), S. 208 ff.; Obiedat (2013), S. 16 ff.; Zhou/Liu/Tang (2013), S. 166 ff.; Lee/Shin (2014), S. 356 ff.

668 Vgl. auch im Folgenden Li/Zhan (2011), S. 239 ff.

wertungen für den Faktor Verständlichkeit von Online-Rezensionen (Ease of Comprehension) kein Nachweis erbracht werden, dass er sich auf die Nützlichkeit von Online-Rezensionen auswirkt. Chen (2016) untersucht den Faktor zweiseitige Betrachtung (Review Sidedness) von Online-Rezensionen.[669] Der Autor weist einen positiven Einfluss des Faktors ‚Review Sidedness' auf die Nützlichkeit von Online-Rezensionen nach.

Darüber hinaus identifizieren Xu/Yao (2015) einen positiven Einfluss der Faktoren Quantität von Online-Rezensionen (Quantity Sufficiency) und Glaubwürdigkeit der Informationen (Information Credibility) auf die Qualität der Argumente (Argument Quality).[670]

Tabelle 3-3 stellt die aus dem E-Commerce-Schrifttum generierten Hinweise auf potenzielle Einflussfaktoren bezüglich der Qualität der Argumente, die Adaptionsmöglichkeiten auf den Social Media-Kontext aufweisen, im Überblick dar.

Tabelle 3-3: *Hinweise auf Einflussfaktoren von Online-Rezensionen bezüglich der Qualität der Argumente im E-Commerce-Schrifttum*

		Untersuchung	Einflussfaktoren - Qualität der Argumente
E-Commerce	Quantitativ-empirisch	Mudambi/Schuff (2010)	Review Depth (Word Count)
		Li/Zhan (2011)	Ease of Comprehension, Evidence Presence, Opposing Viewpoints, Comprehensiveness
		Baek/Ahn/Choi (2012)	Word Count, Negative Word %
		Cui/Lui/Guo (2012)	Volume
		Korfiatis/ García-Bariocanal/Sánchez-Alonso (2012)	Review Length, Review Readability
		Fang et al. (2013)	Review's Quality
		Flanagin/Metzger (2013)	Information Volume
		Obiedat (2013)	Review Quality
		Zhou/Liu/Tang (2013)	Review Quality
		Lee/Shin (2014)	Review Quality
		Huang et al. (2015)	Word Count
		Kuan et al. (2015)	Length, Readability
		Xu/Yao (2015)	Information Credibility, Quantity Sufficiency
		Chen (2016)	Review Sidedness

[669] Vgl. auch im Folgenden Chen (2016), S. 316 ff.
[670] Vgl. Xu/Yao (2015), S. 885 ff.

Auf Basis der Analyse des quantitativ-empirischen E-Commerce-Schrifttums können einige Erkenntnisse zu den relevanten Einflussfaktoren bezüglich der Qualität der Argumente gewonnen werden. Im Folgenden erfolgt eine erste Einschätzung zu den identifizierten Einflussfaktoren und deren Bedeutung für diese Untersuchung.

- **Vollständigkeit**

  Die Vollständigkeit von Online-Rezensionen wird im E-Commerce-Schrifttum als ein bedeutender Einflussfaktor bezüglich der Qualität der Argumente herangezogen.[671] Der Faktor Vollständigkeit wird von den Autoren häufig unterschiedlich benannt, obwohl die Konzeptionalisierung des Faktors häufig sehr ähnlich ist. Während Mudambi/Schuff (2010) die Vollständigkeit als Tiefe von Online-Rezensionen (Review Depth) bezeichnen, nennen Li/Zhan (2011) diesen Faktor Reichhaltigkeit (Comprehensiveness) von Online-Rezensionen.[672] Cui/Lui/Guo (2012) und Flanagin/Metzger (2013) untersuchen die Vollständigkeit unter der Bezeichnung Informationsvolumen (Information Volume) von Online-Rezensionen.[673]

  Darüber hinaus untersuchen Korfiatis/García-Bariocanal/Sánchez-Alonso (2012) den Faktor Länge von Online-Rezensionen (Review Length) und Baek/Ahn/Choi (2012) sowie Huang et al. (2015) den Faktor Anzahl der Wörter pro Online-Rezension (Word Count).[674] In allen Arbeiten kann der betrachtete Faktor unter dem Oberbegriff Vollständigkeit von Online-Rezensionen subsumiert werden. Der Faktor Vollständigkeit wird im E-Commerce-Schrifttum anhand des ‚Elaboration Likelihood Models‘ hergeleitet.[675] Das E-Commerce-Schrifttum liefert evidente Hinweise für die Relevanz und die Eignung des Faktors Vollständigkeit für diese Untersuchung.

- **Verständlichkeit**

  Der Faktor Verständlichkeit von Online-Rezensionen wird im E-Commerce-Schrifttum häufig untersucht. Dazu gehören die Studien von Li/Zhan (2011), die den Faktor ‚Ease of Comprehension‘ nennen sowie die Arbeiten von Korfi-

---

[671] Vgl. Mudambi/Schuff (2010), S. 189; Li/Zhan (2011), S. 241; Baek/Ahn/Choi (2012), S. 102; Cui/Lui/Guo (2012), S. 42; Korfiatis/García-Bariocanal/Sánchez-Alonso (2012), S. 207; Flanagin/Metzger (2013), S. 1630.

[672] Vgl. Mudambi/Schuff (2010), S. 189; Li/Zhan (2011), S. 241.

[673] Vgl. Cui/Lui/Guo (2012), S. 42; Flanagin/Metzger (2013), S. 1630.

[674] Vgl. Baek/Ahn/Choi (2012), S. 102; Korfiatis/García-Bariocanal/Sánchez-Alonso (2012), S. 207; Huang et al. (2015), S. 17 ff.

[675] Vgl. Li/Zhan (2011), S. 240.

atis/García-Bariocanal/Sánchez-Alonso (2012) und Kuan et al. (2015), die den Faktor als ‚Review Readability' bezeichnen.[676] Als theoretische Grundlage verwenden beispielsweise Li/Zhan (2011) das ‚Elaboration Likelihood Model'.[677] Der Faktor Verständlichkeit erscheint auf Basis des E-Commerce-Schrifttums für diese Untersuchung geeignet und stimmt mit Erkenntnissen überein, die aus dem Social Media-Schrifttum gewonnen wurden.

- **Zweiseitige Betrachtung**
  Im E-Commerce-Schrifttum fokussieren sich mehrere Studien auf die zweiseitige Betrachtung. Der Faktor wird in den Studien von Li/Zhan (2011) als ‚Opposing Viewpoints', von Baek/Ahn/Choi (2012) als Anzahl negativer Wörter (Negative Word) und von Chen (2016) als ‚Review Sidedness' bezeichnet.[678] Baek/Ahn/Choi (2012) ziehen als theoretische Grundlage zur Konzeptionalisierung des Faktors die ‚Dual-Process Theory' heran. Li/Zhan (2011) verwenden das ‚Elaboration Likelihood Model' und Chen (2016) das ‚Heuristic-Systematic Model'. Auf Basis des E-Commerce-Schrifttums erscheint der Faktor zweiseitige Betrachtung mit dem heuristischen Bezugsrahmen dieser Untersuchung vereinbar.

Zusätzlich zu diesen Faktoren wird im E-Commerce-Schrifttum noch ein weiterer Einflussfaktor bezüglich der Qualität der Argumente genannt. Fang et al. (2013), Obiedat (2013), Zhou/Liu/Tang (2013) und Lee/Shin (2014) untersuchen den Faktor Qualität von Online-Rezensionen (Review's Quality).[679] Die Operationalisierung des Faktors überschneidet sich in beiden Studien mit dem Faktor Relevanz, der bereits in der Analyse des Social Media-Schrifttums thematisiert wurde. Weitere Überschneidungen des Faktors ‚Review's Quality' gibt es mit dem Faktor Vollständigkeit.[680] Daher ist eine eigenständige Betrachtung des Faktors ‚Review's Quality' in dieser Untersuchung nicht sinnvoll.

Zudem identifizieren Xu/Yao (2015) noch die Glaubwürdigkeit von Informationen (Information Credibility) und die Quantität von Online-Rezensionen (Quantity Suffi-

---

[676] Vgl. Li/Zhan (2011), S. 241; Korfiatis/García-Bariocanal/Sánchez-Alonso (2012), S. 207; Kuan et al. (2015), S. 55.

[677] Vgl. Li/Zhan (2011), S. 240.

[678] Vgl. auch im Folgenden Li/Zhan (2011), S. 241; Baek/Ahn/Choi (2012), S. 102; Chen (2016), S. 316 ff.

[679] Vgl. Fang et al. (2013), S. 214; Obiedat (2013), S. 16 ff.; Zhou/Liu/Tang (2013), S. 166 ff.; Lee/Shin (2014), S. 356 ff.

[680] Vgl. bezüglich des Faktors ‚Relevanz' Kapitel 3.2.1.1.

ciency) als Einflussfaktoren bezüglich der Qualität der Argumente. Für diese Untersuchung erfolgt die Analyse des Faktors Quantität von Online-Rezensionen innerhalb der peripheren Route. Der Faktor ‚Information Credibility' spiegelt sich dabei in allen Faktoren der peripheren Signale wider und wird daher nicht als eigenständiges Konstrukt herangezogen.

3.2.1.4. Hinweise auf Einflussfaktoren von Online-Rezensionen bezüglich der peripheren Signale im E-Commerce-Schrifttum

Das quantitativ-empirische E-Commerce-Schrifttum beinhaltet eine Vielzahl heterogener Einflussfaktoren von Online-Rezensionen bezüglich der peripheren Signale. Dazu gehört nach Forman/Ghose/Wiesenfeld (2008) der Faktor Offenlegung der Identität der Rezensenten (Identity Disclosure).[681] Die empirischen Ergebnisse zeigen, dass der Faktor ‚Identity Disclosure' zu steigenden Produktverkäufen führt.

Munzel (2016) betrachtet ebenfalls den Faktor ‚Identity Disclosure'. Zusätzlich untersucht der Autor in seiner Studie den Faktor Konsistenz von Online-Rezensionen zu einem Produkt oder einer Dienstleistung (Consensus Information), der zu den peripheren Signalen gezählt werden kann.[682] Die empirischen Auswertungen weisen für beide Faktoren einen positiven Einfluss auf die Vertrauenswürdigkeit von Online-Rezensionen und auf die Kaufintention der Rezipienten nach.

Baek/Ahn/Choi (2012) analysieren einen bestimmten Aspekt der ‚Identity Disclosure', in dem sie den Faktor echter Name der Rezensenten (Reviewer Real Name) betrachten.[683] Ein positiver Einfluss des Faktors auf die Nützlichkeit von Online-Rezensionen ist in den empirischen Auswertungen nicht nachzuweisen. Die Autoren fokussieren zudem noch die Faktoren Inkonsistenz der Bewertungen (Rating Inconsistency) und Rangordnung der Rezensenten (Reviewer Ranking). Die entsprechende Analyse zeigt, dass ‚Rating Inconsistency' negativ und ‚Reviewer Ranking' positiv auf die Nützlichkeit von Online-Rezensionen wirken.

Hu/Liu/Zhang (2008) beziehen sich auf den Faktor Medienpräsenz der Rezensenten (Reviewer Exposure) auf E-Commerce-Plattformen.[684] Zudem wird die Qualität der Rezensenten (Reviewer Quality), in diesem Kontext als Vertrauen und Reputation der Rezensenten zu verstehen, als Faktor empirisch betrachtet. Das Ergebnis zeigt,

---

681 Vgl. auch im Folgenden Forman/Ghose/Wiesenfeld (2008), S. 291 ff.

682 Vgl. auch im Folgenden Munzel (2016), S. 96 ff.

683 Vgl. auch im Folgenden Baek/Ahn/Choi (2012), S. 99 ff.

684 Vgl. auch im Folgenden Hu/Liu/Zhang (2008), S. 1 ff.

dass beide Faktoren die Unsicherheit der Rezipienten innerhalb einer Kaufentscheidung reduzieren.

Korfiatis/García-Bariocanal/Sánchez-Alonso (2012), Hu/Koh/Reddy (2014) und Chen (2016) untersuchen ähnlich wie Baek/Ahn/Choi (2012) den Faktor Bewertung der Online-Rezensionen (Rating) im E-Commerce-Schrifttum. Mit ihren empirischen Ergebnissen weisen bei Korfiatis/García-Bariocanal/Sánchez-Alonso (2012) und bei Chen (2016) einen positiven Einfluss des Faktors ‚Ratings' auf die Nützlichkeit von Online-Rezensionen nach, was später von Hu/Koh/Reddy (2014) nicht bestätigt wird.[685]

Öğüt/Taş (2012) betrachten die Wirkung des ‚Ratings' und differenzieren zwischen Kundenbewertungen (Customer Rating) und behördlich festgelegten Sterne-Bewertungen (Star Rating).[686] Die empirischen Ergebnisse der Studie zeigen, dass positive Kundenbewertungen Online-Buchungen von Hotels steigern. Dieser Effekt ist für ein positives ‚Star Rating' empirisch nicht nachzuweisen.

Die Studie von Huang et al. (2015) analysiert die Faktoren Erfahrung der Rezensenten (Reviewer Experience), Einfluss der Rezensenten (Reviewer Impact), kumulierte Bewertungen der Rezensionen eines Rezensenten (Cumulative Helpfulness) und Rating von Produkten (Product Rating), die alle als periphere Signale eingeordnet werden können.[687] Für die Faktoren ‚Cumulative Helpfulness' und ‚Product Rating' weisen die Autoren einen Einfluss auf die Nützlichkeit von Online-Rezensionen (Review Helpfulness) nach.

Cui/Lui/Guo (2012), Flanagin/Metzger (2013) und Koo (2015) untersuchen den Faktor durchschnittliche Bewertung (Review Valence), der an eine von Konsumenten erstellte Sternebewertung sowie an eine textbasierte Bewertung gekoppelt ist. Die Analyse der empirischen Ergebnisse weist in allen drei Studien einen positiven beziehungsweise negativen Einfluss von ‚Review Valence' auf die Einstellung beziehungsweise auf die Verhaltensabsicht der Rezipienten nach, je nachdem ob eine positive oder eine negative Bewertung vorliegt.[688]

Kuan et al. (2015) untersuchen ebenfalls den Faktor ‚Valence'.[689] Zusätzlich betrachten die Autoren die Faktoren extreme Bewertungen (Review Extremity) und sehr gut

685 Vgl. Baek/Ahn/Choi (2012), S. 99 ff.; Korfiatis/García-Bariocanal/Sánchez-Alonso (2012), S. 205 ff.; Hu/Koh/Reddy (2014), S. 42 ff; Chen (2016), S. 316 ff.

686 Vgl. auch im Folgenden Öğüt/Taş (2012), S. 197 ff.

687 Vgl. auch im Folgenden Huang et al. (2015), S. 17 ff.

688 Vgl. Cui/Lui/Guo (2012), S. 39 ff.; Flanagin/Metzger (2013), S. 1626 ff.; Koo (2015), S. 1163 ff.

689 Vgl. auch im Folgenden Kuan et al. (2015), S. 48 ff.

bewertete Rezensenten (Reviewer Credibility). Alle drei Faktoren können als Dimensionen der peripheren Signale angesehen werden. Die Empirie der Studie liefert Evidenz für einen positiven Einfluss des Faktors ‚Reviewer Credibility' auf die Nützlichkeit von Online-Rezensionen (Review Helpfulness) sowie auf die Bewertung von Online-Rezensionen (Review Voting). Den Faktor ‚Review Extremity' untersuchen auch Mudambi/Schuff (2010).[690] Die Autoren weisen empirisch nach, dass extreme Bewertungen innerhalb eines Piktogramms einen positiven Einfluss auf die Nützlichkeit von Online-Rezensionen haben.

Fang et al. (2013) betrachten als potenziell relevante Dimensionen der peripheren Signale die Faktoren Anzahl von Online-Rezensionen (Number of Reviews), emotionale Tendenz von Online-Rezensionen (Emotional Tendency of Reviews) und Reputation der Rezensenten (Reviewer's Reputation).[691] Die Analyse zeigt, dass alle drei Faktoren einen positiven Einfluss auf Produktverkäufe besitzen.

Obiedat (2013) und Zhou/Liu/Tang (2013) analysieren ähnlich wie Fang et al. (2013) die Anzahl beziehungsweise die Quantität von Online-Rezensionen (Review Quantity) zu einem Produkt oder einer Dienstleistung.[692] Ihre empirischen Studien bestätigen, dass ‚Review Quantity' einen positiven Einfluss auf die Kaufintention (Buying Intention) beziehungsweise auf die Produktwahrnehmung (Product Perception) der Rezipienten besitzt.

Li/Zhan (2011) untersuchen als potenziell relevante Dimensionen der peripheren Signale die Faktoren produkterfahrene Rezensenten (Product Usage) und emotional verfasste Online-Rezensionen (Language Intensity).[693] Während der Faktor ‚Product Usage' positiv auf die Nützlichkeit von Online-Rezensionen wirkt, ist der Faktor ‚Language Intensity' differenziert zu betrachten. Emotional verfasste Online-Rezensionen wirken bei positiver Bewertung positiv und bei negativer Bewertung negativ auf die Nützlichkeit von Online-Rezensionen.

Hsiao et al. (2010) gehören zu den wenigen Autoren, die als eine potenziell relevante Dimension der peripheren Signale die Plattformen auf denen die Online-Rezensionen gesammelt und veröffentlicht werden, untersuchen.[694] Ihre Studie betrachtet dazu den Faktor Reputation der Webseite (Web Reputation). Die Empirie liefert Evi-

690 Vgl. auch im Folgenden Mudambi/Schuff (2010), S. 185 ff.
691 Vgl. auch im Folgenden Fang et al. (2013), S. 208 ff.
692 Vgl. auch im Folgenden Obiedat (2013), S. 16 ff.; Zhou/Liu/Tang (2013), S. 166 ff.
693 Vgl. auch im Folgenden Li/Zhan (2011), S. 239 ff.
694 Vgl. auch im Folgenden Hsiao et al. (2010), S. 935 ff.

denz, dass dieser Faktor einen positiven Einfluss auf das Vertrauen der Rezipienten in Webseiten besitzt. Tabelle 3-4 stellt die aus dem E-Commerce-Schrifttum generierten Hinweise auf potenzielle Einflussfaktoren bezüglich der peripheren Signale, die Adaptionsmöglichkeiten auf den Social Media-Kontext aufweisen, im Überblick dar.

Tabelle 3-4: *Hinweise auf Einflussfaktoren von Online-Rezensionen bezüglich der peripheren Signale im E-Commerce-Schrifttum*

		Untersuchung	Einflussfaktoren - Periphere Signale
E-Commerce	Quantitativ-empirisch	Forman/Ghose/Wiesenfeld (2008)	Identity Disclosure
		Hu/Liu/Zhang (2008)	Reviewer Quality, Reviewer Exposure
		Hsiao et al. (2010)	Web Reputation
		Mudambi/Schuff (2010)	Review Extremity (Star Rating)
		Li/Zhan (2011)	Product Usage, Language Intensity
		Baek/Ahn/Choi (2012)	Rating Inconsistency, Reviewer Ranking, Reviewer Real Name
		Cui/Lui/Guo (2012)	Valence of Reviews (Average Rating)
		Korfiatis/García-Bariocanal/Sánchez-Alonso (2012)	Review Rating
		Ögüt/Tas (2012)	Customer Rating
		Fang et al. (2013)	Number of Reviews, Emotional Tendency of Reviews, Reviewer's Reputation
		Obiedat (2013)	Review Quantity
		Flanagin/Metzger (2013)	Information Valence
		Zhou/Liu/Tang (2013)	Review Quantity
		Hu/Koh/Reddy (2014)	Ratings
		Huang et al. (2015)	Reviewer Experience, Reviewer Impact, Cumulative Helpfulness, Product Rating
		Koo (2015)	Valence
		Kuan et al. (2015)	Valence, Review Extremity, Reviewer Credibility
		Chen (2016)	Reviewer Expertise
		Munzel (2016)	Identity Disclosure, Consensus Information

Auf Basis der Analyse des quantitativ-empirischen E-Commerce-Schrifttums lassen sich einige Erkenntnisse zu den relevanten Dimensionen der peripheren Signale gewonnen werden. Im Folgenden wird eine erste Einschätzung zu den identifizierten Einflussfaktoren und deren Bedeutung für diese Untersuchung gegeben.

- **Quantität von Online-Rezensionen**
  Die Quantität von Online-Rezensionen wird im E-Commerce-Schrifttum von Fang et al. (2013), Obiedat (2013) und Zhou/Liu/Tang (2013) untersucht.[695] Fang et al. (2013) beziehen sich beispielsweise konkret auf die Anzahl von Online-Rezensionen (Number of Reviews) zu einem Produkt. Der Faktor kann den peripheren Signalen beziehungsweise der peripheren Route der Persuasion zugeordnet werden. Obiedat (2013) leitet den Faktor Quantität von Online-Rezensionen über das ‚Elaboration Likelihood Model' her.

- **Konsistenz von Online-Rezensionen**
  Die Konsistenz von Online-Rezensionen wird im E-Commerce-Schrifttum in den Studien von Baek/Ahn/Choi (2012), Kuan et al. (2015) und Munzel (2016) untersucht.[696] Baek/Ahn/Choi (2012) betrachten die Wirkung inkonsistenter Bewertungen (Rating Inconsistency) von verschiedenen Online-Rezensionen zu einem Produkt. Kuan et al. (2015) stellen auf dem Faktor Differenz zwischen der Bewertung der rezipierten Online-Rezension und der durchschnittlichen Bewertung des Produkts (Extremity) ab. Munzel (2016) nennen den Faktor in ihrer Studie ‚Consensus Information'. Alle drei Studien zeigen, dass der Faktor Konsistenz von Online-Rezensionen im E-Commerce-Schrifttum relevant ist. Die Studien stellen die Bedeutung des Faktors für diese Untersuchung heraus und bestätigen die Erkenntnisse aus dem Social Media-Schrifttum. Darüber hinaus zeigt die Studie von Baek/Ahn/Choi (2012), dass der Faktor Konsistenz von Online-Rezensionen ein peripheres Signal darstellt, das der peripheren Route der Persuasion zuzuordnen ist. Kuan et al. (2015) leiten den Faktor anhand des ‚Elaboration Likelihood Models' her.

- **Emotionalität von Online-Rezensionen**
  Unter der Emotionalität von Online-Rezensionen kann eine intensive, extreme und emotionsgeladene Sprache verstanden werden. Dazu sind beispielsweise Formulierungen zu zählen, die ein Produkt als ‚ausgezeichnet' oder als ‚schrecklich' bezeichnen.[697] Diesen Faktor untersuchen im E-Commerce-Schrifttum die Arbeiten von Li/Zhan (2011) und Fang et al. (2013).[698] Li/Zhan

---

695 Vgl. auch im Folgenden Fang et al. (2013), S. 214; Obiedat (2013), S. 16 ff.; Zhou/Liu/Tang (2013), S. 166 ff.

696 Vgl. auch im Folgenden Baek/Ahn/Choi (2012), S. 102; Kuan et al. (2015), S. 55; Munzel (2016), S. 96 ff.

697 Vgl. Li/Zhan (2011), S. 242.

698 Vgl. Li/Zhan (2011), S. 241; Fang et al. (2013), S. 214.

(2011) konzeptionalisieren den Faktor Emotionalität von Online-Rezensionen auf Basis des ‚Elaboration Likelihood Models‘ und ordnen ihn innerhalb der peripheren Signale beziehungsweise der peripheren Route der Persuasion ein.[699] Während Li/Zhan (2011) einen Einfluss des Faktors Emotionalität von Online-Rezensionen auf die Nützlichkeit von Online-Rezensionen nachweisen, erkennen Fang et al. (2013) einen Einfluss des Faktors Emotionalität von Online-Rezensionen auf Produktverkäufe.[700] Auf dieser Basis der bislang vorliegenden Ergebnisse erscheint die Einbeziehung der Emotionalität von Online-Rezensionen als Einflussfaktor von Online-Rezensionen für diese Untersuchung geeignet.

- **Reputation der Rezensenten**
  Der Faktor Reputation der Rezensenten wird im E-Commerce-Schrifttum von drei Arbeiten als Einflussfaktor von Online-Rezensionen analysiert. Dazu gehören die Studie von Fang et al. (2013), die den Faktor ‚Reviewer's Reputation‘ nennen, die Studie von Kuan et al. (2015), die den Faktor als ‚Reviewer Credibility‘ bezeichnen, sowie die Studie von Huang et al. (2015), die diesbezüglich die Faktoren ‚Reviewer Impact‘ und ‚Cumulative Helpfulness‘ betrachten.[701] Zusätzlich untersuchen Kuan et al. (2015) unter Verwendung des ‚Elaboration Likelihood Models‘, ob die Online-Rezensionen von einem in der Vergangenheit gut bewerteten Rezensenten stammen. Die Arbeiten von Fang et al. (2013) und Kuan et al. (2015) weisen anhand ihrer empirischen Ergebnisse einen bedeutenden Einfluss des Faktors Reputation der Rezensenten auf die Verhaltensintention der Rezipienten nach und unterstreichen damit die Bedeutung dieses Faktors für diese Untersuchung.

- **Identität der Rezensenten**
  Die Identität der Rezensenten wird im E-Commerce-Schrifttum in drei Arbeiten untersucht. Das sind zum einen die Studien von Forman/Ghose/Wiesenfeld (2008) und Munzel (2016), die den Faktor ‚Identity Disclosure‘ nennen und zum anderen die Studie von Baek/Ahn/Choi (2012), die mit dem Faktor

699 Vgl. Vgl. Li/Zhan (2011), S. 240.

700 Vgl. Li/Zhan (2011), S. 239 ff.; Fang et al. (2013), S. 208 ff.

701 Vgl. auch im Folgenden Fang et al. (2013), S. 208 ff.; Huang et al. (2015), S. 17 ff.; Kuan et al. (2015), S. 48 ff.

'Reviewer Real Name' einen Teilaspekt der Identität der Rezensenten erfassen.[702]

Im E-Commerce-Schrifttum wird die Identität der Rezensenten nur bei Arbeiten herangezogen deren empirische Grundlage Auswertungen bestehender Online-Rezensionen sind. Dies ist darauf zurückzuführen, dass anhand der verwendeten Indikatoren keine latente Messung des Konstrukts erfolgen kann. Daher erscheint trotz inhaltlicher Eignung des Faktors eine Operationalisierung mittels der gewählten Untersuchungsmethode nicht möglich.[703]

- **Expertise der Rezensenten**
  Der Faktor Expertise der Rezensenten wird im E-Commerce-Schrifttum von drei Studien als Einflussfaktor bezüglich der peripheren Signale herangezogen. Li/Zhan (2011) betrachten die Erfahrung der Rezensenten mit dem rezensierten Produkt (Product Usage), Huang et al. (2015) die Erfahrung der Rezensenten allgemein (Reviewer Experience) sowie Chen (2016) die Expertise der Rezensenten (Reviewer Expertise) zu der Nützlichkeit von Online-Rezensionen.[704] Als theoretische Grundlage zur Konzeptionalisierung des Konstrukts arbeiten Li/Zhan (2011) mit dem 'Elaboration Likelihood Model'. Alle drei Studien bestätigen die bereits auf Basis des Social Media-Schrifttums gewonnenen Erkenntnisse bezüglich des Faktors Expertise der Rezensenten und dessen Eignung für diese Untersuchung.

- **Reputation der Webseite**
  Im E-Commerce-Schrifttum untersucht eine Arbeit den Faktor Reputation der Webseite. Hsiao et al. (2010) betrachten dazu den Faktor 'Web Reputation'.[705] Auf Basis der Ausführungen der Studie, kann dieser Faktor ebenfalls als ein peripheres Signal angesehen werden. So liefert die Studie Evidenz für die bereits im Social Media-Schrifttum gewonnenen Erkenntnisse.

702 Vgl. Forman/Ghose/Wiesenfeld (2008), S. 294; Baek/Ahn/Choi (2012), S. 102.

703 Vgl. zur Messung latenter Variablen auch Kapitel 4.1.

704 Vgl. auch im Folgenden Li/Zhan (2011), S. 242; Huang et al. (2015), S. 20; Chen (2016), S. 320 f.

705 Vgl. Hsiao et al. (2010), S. 937.

- **Rating von Produkten und Dienstleistungen**

  Der Faktor Rating von Produkten und Dienstleistungen wird im E-Commerce-Schrifttum in einer Vielzahl von Studien untersucht.[706] Der Faktor wird von Mudambi/Schuff (2010) als ‚Review Extremity (Star Rating)', von Cui/Lui/Guo (2012) als ‚Valence of Reviews (Average Rating)', von Korfiatis/García-Bariocanal/Sánchez-Alonso (2012) als ‚Review Rating', von Öğüt/Taş (2012) als ‚Customer Rating', von Hu/Koh/Reddy (2014) als ‚Rating' und von Huang et al. (2015) als ‚Product Rating' bezeichnet.

  Zusätzlich kann der Faktor ‚Information Valence', der in der Studie von Flanagin/Metzger (2013) untersucht wird, in dieser Untersuchung unter dem Faktor Rating von Produkten und Dienstleistungen subsumiert werden.[707] Darüber hinaus soll der Faktor ‚Reviewer Ranking', den Baek/Ahn/Choi (2012) als Einflussfaktor von Online-Rezensionen identifizieren, wie bereits im Social Media-Schrifttum erläutert, in dieser Untersuchung innerhalb des Konstrukts Rating von Produkten und Dienstleistungen berücksichtigt werden.[708]

  Insgesamt erscheint der Faktor Rating von Produkten und Dienstleistungen auch auf Basis des E-Commerce-Schrifttums ein bedeutender Faktor zu sein, der beispielsweise in der Arbeit von Baek/Ahn/Choi (2012) als ein peripheres Signal anhand des ‚Elaboration Likelihood Models' untersucht wird.

Darüber hinaus werden im E-Commerce-Schrifttum weitere relevante Einflussfaktoren bezüglich der peripheren Signale benannt, die nicht konkret einem der vorgestellten Faktoren zuzuordnen sind. Dazu gehört der Faktor ‚Reviewer Quality' von Hu/Liu/Zhang (2008), der primär Aspekte bezüglich der Expertise der Rezensenten beinhaltet und in dieser Untersuchung unter diesem Faktor subsumiert wird.[709] Daneben untersuchen die Autoren den Einflussfaktor ‚Reviewer Exposure'. Die Inhalte dieses Faktors überschneiden sich im Wesentlichen mit dem Konstrukt Reputation der Rezensenten und lassen ihn für diese Untersuchung als ungeeignet erscheinen.

Koo (2015) betrachtet den Einfluss positiver und negativer Inhalte von Online-Rezensionen unter Beachtung weiterer Einflussgrößen (Valence). Die Inhalte auf die der

---

706 Vgl. auch im Folgenden Mudambi/Schuff (2010), S. 189; Cui/Lui/Guo (2012), S. 42; Baek/Ahn/Choi (2012), S. 102; Korfiatis/García-Bariocanal/Sánchez-Alonso (2012), S. 207; Öğüt/Taş (2012), S. 201; Flanagin/Metzger (2013), S. 1630; Hu/Koh/Reddy (2014), S. 48; Huang et al. (2015), S. 18 ff.

707 Vgl. Flanagin/Metzger (2013), S. 1633.

708 Zu der Erfassung des Faktors Reviewer Rankings innerhalb des Konstrukts Rating von Online-Rezensionen siehe auch die Erläuterungen in Kapitel 3.2.1.2.

709 Vgl. auch im Folgenden Hu/Liu/Zhang (2008), S. 11 ff.

Faktor abstellt, werden in dieser Untersuchung innerhalb der zweiseitigen Betrachtung behandelt. Eine gesonderte Analyse des Faktors ist innerhalb dieser Untersuchung nicht sinnvoll.

3.2.2. Hinweise auf Einflussfaktoren bezüglich der Verhaltensintention der Rezipienten

Analog zur Vorgehensweise der Identifikation potenzieller Einflussfaktoren bezüglich der Qualität der Argumente und der peripheren Signale soll im Folgenden das quantitativ-empirische Social Media- sowie E-Commerce-Schrifttum einer Analyse hinsichtlich potenzieller endogener (abhängiger) Konstrukte analysiert werden. Dazu werden die einflussmessenden Faktoren, die eine Verhaltensintention der Rezipienten aufgrund von Online-Rezensionen implizieren, herangezogen.

3.2.2.1. Hinweise auf einflussmessende Faktoren von Online-Rezensionen auf Basis des relevanten Social Media-Schrifttums

Innerhalb des quantitativ-empirischen Social Media-Schrifttums handelt es sich bei der Nützlichkeit von Online-Rezensionen (Review Usefulness; Review Helpfulness) um das am häufigsten verwendete einflussmessende Konstrukt. So konzeptionalisieren dieses Konstrukt die Autoren Cheung/Lee/Rabjohn (2008), Racherla/Friske (2012), Jamil/Hasnu (2013), Cheung (2014), Zhu/Yin/He (2014), Cheng/Ho (2015), Liu/Park (2015), Park/Nicolau (2015) und Zhou/Guo (2017).[710]

Der Faktor Informationsübernahme (Information Adoption; Recommendation Adoption; eWoM Adoption) wird im Social Media-Schrifttum ebenfalls häufig konzeptionalisiert. Dazu zählen die Studien von Cheung/Lee/Rabjohn (2008), Zhang/Watts (2008), Fan et al. (2013), Filieri/McLeay (2013), Jamil/Hasnu (2013), Luo et al. (2013) und Fang (2014).[711]

Am dritthäufigsten wird das Konstrukt Glaubwürdigkeit von Online-Rezensionen (Review Credibility; eWoM Credibility; Recommendation Credibility) im Social Media-Schrifttum verwendet. Diesen Faktor konzeptionalisieren Cheung/Sia/Kuan

710 Vgl. Cheung/Lee/Rabjohn (2008), S. 233 f.; Racherla/Friske (2012), S. 551 ff.; Jamil/Hasnu (2013), S. 180; Cheung (2014), S. 45 f.; Zhu/Yin/He (2014), S. 267 ff.; Cheng/Ho (2015), S. 883 ff.; Liu/Park (2015), S. 140 ff.; Park/Nicolau (2015), S. 67 ff.; Zhou/Guo (2017), S. 77 ff.

711 Vgl. Cheung/Lee/Rabjohn (2008), S. 233 f.; Zhang/Watts (2008), S. 75; Fan et al. (2013), S. 59; Filieri/ McLeay (2013), S. 44 ff.; Jamil/Hasnu (2013), S. 180 ff.; Luo et al. (2013), S. 92 ff.; Fang (2014), S. 67 ff.

(2012), Chih et al. (2013), Fan et al. (2013), Luo et al. (2013), Fang (2014), Xu (2014) und Luo et al. (2015).[712]

Tabelle 3-5: *Hinweise auf einflussmessende Faktoren von Online-Rezensionen im Social Media-Schrifttum*

		Untersuchung	Einflussmessende Faktoren von Online-Rezensionen
Social Media	Quantitativ-empirisch	Cheung/Lee/Rabjohn (2008)	Information Usefulness, Information Adoption
		Zhang/Watts (2008)	Information Adoption
		Pan/Chiou (2011)	Perceived Trust
		Cheung/Sia/Kuan (2012)	Review Credibility
		Racherla/Friske (2012)	Review Usefulness
		Chih et al. (2013)	eWom Review Credibility, Purchase Intention
		Fan et al. (2013)	eWoM Credibility, eWoM Adoption
		Filieri/McLeay (2013)	Information Adoption
		Jamil/Hasnu (2013)	Information Usefulness, Information Adoption
		Luo et al. (2013)	Recommendation Credibility, Recommendation Adoption
		Cheng/Loi (2014)	Intention to Purchase
		Cheung (2014)	Information Usefulness, Purchase Intention
		Fang (2014)	Credibility of eWoM Reviews, eWoM Adoption
		Teng et al. (2014)	Information Acceptance, Intention to Use
		Xu (2014)	Trust, Review Credibility
		Zhang et al. (2014b)	Behavioral Intention
		Zhu/Yin/He (2014)	Perceived Helpfulness
		Cheng/Ho (2015)	Usefulness of the Review
		Chang/Fang/Huang (2015)	Uncertainty Reduction
		Liu/Park (2015)	Review Usefulness
		Luo et al. (2015)	Review Credibility
		Park/Nicolau (2015)	Perceived Usefulness of the Review, Perceived Enjoyment of the Review
		Reimer/Benkenstein (2016)	Purchase Intention

Zu den weiteren im Social Media-Schrifttum verwendeten einflussmessenden Faktoren von Online-Rezensionen gehört der Faktor Kaufintention (Purchase Intention), der von Chih et al. (2013), Cheng/Loi (2014), Cheung (2014) und Reimer/Benkenstein

[712] Vgl. Cheung/Sia/Kuan (2012), S. 618 ff.; Chih et al. (2013), S. 658 ff.; Fan et al. (2013), S. 58 ff.; Luo et al. (2013), S. 92 ff.; Fang (2014), S. 67 ff.; Xu (2014), S. 136 ff.; Luo et al. (2015), S. 305 ff.

(2016) verwendet wird.[713] Pan/Chiou (2011), Cheng/Loi (2014) und Xu (2014) ziehen den Faktor Vertrauen (Trust) für ihre Untersuchung heran.[714] Darüber hinaus betrachten Teng et al. (2014) die Faktoren Akzeptanz der Information (Information Acceptance) und Nutzungsintention (Intention to Use).[715]

Zhang et al. (2014) untersuchen den Faktor Verhaltensintention (Behavioral Intention).[716] Chang/Fang/Huang (2015) stellen den Faktor Reduzierung der Unsicherheit (Uncertainty Reduction) in ihrer Studie in den Fokus, während Park/Nicolau (2015) in ihrer Studie den Faktor wahrgenommenes Vergnügen anhand von Online-Rezensionen (Perceived Enjoyment of the Review) als endogenes Konstrukt heranziehen.[717] Tabelle 3-5 stellt die Hinweise auf einflussmessende Faktoren von Online-Rezensionen im Social Media-Schrifttum im Überblick dar.

Aufgrund der Analyse des quantitativ-empirischen Social Media-Schrifttums lassen sich einige relevante Hinweise auf einflussmessende Faktoren von Online-Rezensionen ableiten. Im Folgenden wird eine erste Einschätzung zu den identifizierten einflussmessenden Faktoren und deren Bedeutung für diese Untersuchung gegeben.

- **Nützlichkeit von Online-Rezensionen**
  Unter der Nützlichkeit von Online-Rezensionen kann verstanden werden, inwieweit Rezipienten Online-Rezensionen wahrnehmen und diese die Performanz der Rezipienten hinsichtlich eines Produktkaufs oder einer Inanspruchnahme einer Dienstleistung beeinflussen.[718] Die Nützlichkeit von Online-Rezensionen (Review Usefulness) wird im Social Media-Schrifttum häufig auf Basis des ‚Elaboration Likelihood Models' konzeptionalisiert und erscheint für den heuristischen Bezugsrahmen dieser Arbeit geeignet.[719]

- **Kaufintention auf Basis von Online-Rezensionen**
  Unter der Kaufintention kann verstanden werden, inwieweit die Rezipienten von Online-Rezensionen bewusste Pläne formulieren, das ausgewählte Pro-

---

713 Vgl. Chih et al. (2013), S. 658 ff.; Cheng/Loi (2014), S. 1 ff.; Cheung (2014), S. 45 f.; Reimer/Benkenstein (2016), S. 5993 ff.

714 Vgl. Pan/Chiou (2011), S. 67 ff.; Xu (2014), S. 136 ff.

715 Vgl. Teng et al. (2014), S. 751 f.

716 Vgl. Zhang et al. (2014), S. 81.

717 Vgl. Chang/Fang/Huang (2015), S. 32 ff.; Park/Nicolau (2015), S. 67 ff.

718 Vgl. zu der ‚Nützlichkeit von Online-Rezensionen' auch die Ausführungen in Kapitel 3.4.2.1.

719 Vgl. Jamil/Hasnu (2013), S. 171 ff.; Zhu/Yin/He (2014), S. 267 ff.; Cheng/Ho (2015), S. 883 ff.

dukt oder die ausgewählte Dienstleistung käuflich zu erwerben.[720] Die Kaufintention wird im Social Media-Schrifttum mitunter auf Basis des ‚Elaboration Likelihood Models' konzeptionalisiert und erscheint für den heuristischen Bezugsrahmen dieser Arbeit passend.[721]

Darüber hinaus konnten im Social Media-Schrifttum noch häufiger die einflussmessenden Faktoren Informationsannahme, Glaubwürdigkeit von Online-Rezensionen, Akzeptanz von Informationen sowie Nutzungsintention identifiziert werden. Diese Faktoren haben bei genauer Betrachtung ein hohes Überschneidungspotenzial mit den Faktoren Nützlichkeit und Kaufintention. Diese Faktoren werden im Schrifttum zumeist als alleiniges einflussmessendes Konstrukt herangezogen und weitere kausale Beziehungen zwischen den einflussmessenden Konstrukten vernachlässigt.

In dieser Untersuchung sollen kausale Beziehungen zwischen den einflussmessenden Faktoren beachtet werden. Daher ist es sinnvoll neben der Nützlichkeit von Online-Rezensionen auf die Kaufintention als einflussmessendes Konstrukt abzustellen. Beide Faktoren können inhaltlich voneinander abgegrenzt werden. Darüber hinaus bestehen zwischen beiden Faktoren kausale Beziehungen, die im Schrifttum zwischen den Faktoren nachgewiesen werden.[722] Zudem stellt der Faktor Kaufintention auf Basis von Online-Rezensionen die zentrale Beantwortung des Forschungsvorhabens dieser Untersuchung dar.[723]

3.2.2.2. Hinweise auf Einflussfaktoren von Online-Rezensionen auf Basis des relevanten E-Commerce-Schrifttums

Innerhalb des quantitativ-empirischen E-Commerce-Schrifttums handelt es sich bei der Kaufintention (Purchase Intention; Actual Purchase; Purchase Influence of Online Reviews; Intention to Purchase Products from the Website; Intent to Purchase; Buying Intention of Consumers; Intention to buy the recommended services) um das am häufigsten verwendete einflussmessende Konstrukt. So konzeptionalisieren dieses Konstrukt Hu/Liu/Zhang (2008), Park/Lee (2009a), Hsiao et al. (2010), Lee/Park/

720 Vgl. zu der ‚Kaufintention auf Basis von Online-Rezensionen' auch die Ausführungen in Kapitel 3.4.2.3.

721 Vgl. Cheng/Loi (2014), S. 1 ff.

722 Vgl. beispielsweise Cheung (2014), S. 45.

723 Vgl. dazu Kapitel 1.2.2.

Han (2011), Fan/Miao (2012), Obiedat (2013), Zhou/Liu/Tang (2013), Lee/Shin (2014), Koo (2015) und Munzel (2016).[724]

Der Faktor Nützlichkeit von Online-Rezensionen (Review Helpfulness; Helpfulness Rating; Usefulness of Online Reviews; Helpfulness of the Customer Review; Perceived Review Helpfulness; Review Helpfulness; Helpfulness Score) wird im E-Commerce-Schrifttum ebenfalls häufig herangezogen. Diesen Faktor verwenden Forman/Ghose/Wiesenfeld (2008), Park/Lee (2009a), Mudambi/Schuff (2010), Li/Zhan (2011), Baek/Ahn/Choi (2012), Korfiatis/García-Bariocanal/Sánchez-Alonso (2012), Huang et al. (2015), Kuan et al. (2015) und Chen (2016).[725]

Am dritthäufigsten wird das Konstrukt Verkäufe (Sales; Online Product Sales; Sales of new Products) im E-Commerce-Schrifttum als einflussmessender Faktor verwendet. Diesen Faktor konzeptionalisieren Forman/Ghose/Wiesenfeld (2008), Cui/Lui/Guo (2012), Öğüt/Taş (2012), Fang et al. (2013) und Hu/Koh/Reddy (2014).[726]

Zu den weiteren im E-Commerce-Schrifttum verwendeten einflussmessenden Faktoren von Online-Rezensionen gehört die Nutzungsfrequenz von Online-Rezensionen (Usage Frequency of Online Reviews), die von Park/Lee (2009a) untersucht wird.[727] Ebenso wie der Faktor Kundentreue (Consumer Loyalty), den Chou (2011) in seiner Studie betrachtet.[728] Darüber hinaus analysieren Fan/Miao (2012) die endogenen Faktoren Glaubwürdigkeit von eWoM (eWoM Credibility) und Akzeptanz von eWoM (eWoM Acceptance).[729] Flanagin/Metzger (2013) stellen auf dem endogenen Faktor Verhaltensabsicht (Behavioral Intention) ab.[730]

Koo (2015) betrachtet innerhalb der Untersuchung als einflussmessende Faktoren von Online-Rezensionen die Einstellung gegenüber dem empfohlenen Service (Attitude toward the Recommended Services), Kuan et al. (2015) bezieht sich in seiner Studie auf den endogenen Faktor Bewertung von Online-Rezensionen (Review Vot-

---

724 Vgl. Hu/Liu/Zhang (2008), S. 1 ff.; Park/Lee (2009a), S. 332 ff.; Hsiao et al. (2010), S. 935 ff.; Lee/Park/Han (2011), S. 187 ff.; Fan/Miao (2012), S. 175 ff.; Obiedat (2013), S. 16 ff.; Zhou/Liu/Tang (2013), S. 166 ff.; Lee/Shin (2014), S. 356 ff.; Koo (2015), S. 1163 ff.; Munzel (2016), S. 96 ff.

725 Vgl. Forman/Ghose/Wiesenfeld (2008), S. 291 ff.; Park/Lee (2009a), S. 332 ff.; Mudambi/Schuff (2010), S. 185 ff.; Li/Zhan (2011), S. 239 ff.; Baek/Ahn/Choi (2012), S. 99 ff.; Korfiatis/García-Bariocanal/Sánchez-Alonso (2012), S. 205 ff; Huang et al. (2015), S. 17 ff.; Kuan et al. (2015), S. 48 ff.; Chen (2016), S. 316 ff.

726 Vgl. Forman/Ghose/Wiesenfeld (2008), S. 291 ff.; Cui/Lui/Guo (2012), S. 39 ff.; Öğüt/Taş (2012), S. 197 ff.; Fang et al. (2013), S. 208 ff.; Hu/Koh/Reddy (2014), S. 42 ff.

727 Vgl. Park/Lee (2009a), S. 332 ff.

728 Vgl. Chou (2011), S. 51 ff.

729 Vgl. Fan/Miao (2012), S. 175 ff.

730 Vgl. Flanagin/Metzger (2013), S. 1626 ff.

ing) und Xu/Yao (2015) untersuchen den einflussmessenden Faktor Annahme von Online-Rezensionen (Review Adoption).[731] Tabelle 3-6 stellt die Ergebnisse der E-Commerce-Schrifttumsanalyse im Überblick dar.

Tabelle 3-6: *Hinweise auf einflussmessende Faktoren von Online-Rezensionen im E-Commerce-Schrifttum*

		Untersuchung	Einflussmessende Faktoren von Online-Rezensionen
E-Commerce	Quantitativ-empirisch	Forman/Ghose/Wiesenfeld (2008)	Online Product Sales, Helpfulness Rating
		Hu/Liu/Zhang (2008)	Actual Purchase
		Park/Lee (2009)	Usefulness of Online Reviews, Purchase Influence of Online Reviews, Usage Frequency of Online Reviews
		Hsiao et al. (2010)	Intention to Purchase Products from the Website
		Mudambi/Schuff (2010)	Helpfulness of the Customer Review
		Lee/Park/Han (2011)	Purchase Intention
		Li/Zhan (2011)	Perceived Review Helpfulness
		Chou (2011)	Consumer Loyalty
		Cui/Lui/Guo (2012)	Sales of new Products
		Baek/Ahn/Choi (2012)	Review Helpfulness
		Fan/Miao (2012)	eWoM Credibility, eWoM Acceptance, Intent to Purchase
		Korfiatis/García-Bariocanal/Sánchez-Alonso (2012)	Helpfulness Score
		Ögüt/Tas (2012)	Sales
		Fang et al. (2013)	Product Sales
		Flanagin/Metzger (2013)	Behavioral Intention
		Obiedat (2013)	Buying Intention of Consumers
		Zhou/Liu/Tang (2013)	Purchase Intention
		Hu/Koh/Reddy (2014)	Sales
		Lee/Shin (2014)	Purchase Intention
		Huang et al. (2015)	Review Helpfulness
		Koo (2015)	Attitude toward the Recommended Services, Intention to buy the recommended services
		Kuan et al. (2015)	Review Voting, Review Helpfulness
		Xu/Yao (2015)	Review Adoption
		Chen (2016)	Helpfulness of Online Reviews
		Munzel (2016)	Purchase Intention

Auf Basis der Analyse des quantitativ-empirischen E-Commerce-Schrifttums können einige relevante Hinweise auf einflussmessende Faktoren von Online-Rezensionen

731 Vgl. Koo (2015), S. 1163 ff.; Kuan et al. (2015), S. 48 ff.; Xu/Yao (2015), S. 885 ff.

identifiziert werden. Im Folgenden wird eine erste Einschätzung zu den identifizierten einflussmessenden Faktoren und deren Bedeutung für diese Untersuchung gegeben.

- **Kaufintention auf Basis von Online-Rezensionen**
  Im E-Commerce-Schrifttum ist die Kaufintention auf Basis von Online-Rezensionen das am häufigsten verwendete einflussmessende Konstrukt. Dieses Konstrukt wurde bereits im Social Media-Schrifttum als bedeutender endogener Faktor identifiziert. Für diese Untersuchung erscheint auf Basis des E-Commerce-Schrifttums die Kaufintention als äußerst relevant.

- **Nützlichkeit von Online-Rezensionen**
  Die Nützlichkeit von Online-Rezensionen besitzt im E-Commerce-Schrifttum eine hohe Relevanz. Bereits im Social Media-Schrifttum konnte es als das am häufigsten untersuchte einflussmessende Konstrukt identifiziert werden. Das E-Commerce-Schrifttum verifiziert die Bedeutung des Faktors für diese Untersuchung.

Darüber hinaus konnten im E-Commerce-Schrifttum weitere einflussmessende Faktoren identifiziert werden. Dazu gehört der Faktor Verkäufe, der nicht mit der Forschungsperspektive dieser Untersuchung vereinbar ist. Für den Faktor Verkäufe sind Rezipientenbefragungen als empirische Grundlage nicht geeignet. Der Faktor Verkäufe sollte als einflussmessendes Konstrukt eher bei Befragungen von Unternehmen betrachtet werden, bei denen die Forschungsfrage auf Unternehmensziele abstellt.

Innerhalb des E-Commerce-Schrifttums existieren weitere einflussmessende Faktoren. Diese werden häufig nicht als latente Variable konzeptionalisiert und stellen vielmehr manifeste Variablen dar. Dazu gehört beispielsweise die Nutzungsfrequenz von Online-Rezensionen (Usage Frequency of Online Reviews).[732] Dieser Faktor stellt weder inhaltlich noch von der Art der Konzeptionalisierung ein adäquates einflussmessendes Konstrukt für diese Untersuchung dar.

Das einflussmessende Konstrukt Kundentreue (Consumer Loyalty), das von Chou (2011) betrachtetet wird, stellt für diese Untersuchung keinen geeigneten Faktor dar.[733] Dies ist darauf zurückzuführen, dass sich die Studie von Chou (2011) auf Online-Rezensionen über Online-Verkäufer konzentriert. Diese Untersuchung ist unab-

[732] Vgl. Park/Lee (2009a), S. 332 ff.
[733] Chou (2011), S. 51 ff.

hängig von Verkäufern und die Online-Rezensionen beziehen sich auf Produkte und Dienstleistungen verschiedener Anbieter.

Bei den weiteren identifizierten Faktoren Glaubwürdigkeit, Akzeptanz und Annahme von Online-Rezensionen sowie Einstellung gegenüber Online-Rezensionen besteht inhaltlich ein großes Überschneidungspotenzial zu den Faktoren Nützlichkeit und Kaufintention ähnlich wie im Social Media-Schrifttum. Eine Betrachtung dieser Faktoren erscheint innerhalb dieser Untersuchung nicht sinnvoll.

3.2.3. Hinweise auf Moderatoren bezüglich der Elaboration von Online-Rezensionen

Bevor auf Hinweise zu Moderatoren bezüglich der Elaboration von Online-Rezensionen im relevanten Schrifttum eingegangen wird, folgt eine kurze Erläuterung zu Moderatoren und deren Bedeutung für diese Untersuchung.

Moderatoren stellen Gruppen innerhalb eines Samples dar. Beispielsweise das ‚Geschlecht' kann innerhalb eines Samples einen Moderator darstellen. Wird dieser Moderator in die Subsamples ‚Männer' und ‚Frauen' unterteilt, können die postulierten Wirkungsbeziehungen zwischen exogenen und endogenen Faktoren auf Unterschiede bezüglich der zwei Subsamples analysiert werden.[734] Die Betrachtung von Moderatoren kann dazu führen, dass sich die Wirkungsbeziehung zwischen zwei Faktoren bezüglich der Stärke oder der Richtung ändert. Es ist möglich, dass zwischen zwei Subsamples signifikante Unterschiede bestehen und daraus differenzierte Erkenntnisse für die Untersuchung abgeleitet werden können.[735]

Die Ausführungen zum ‚Elaboration Likelihood Model' zeigen, dass Moderatoren einen erheblichen Mehrwehrt für das Untersuchungsmodell besitzen.[736] Moderatoren besitzen einen Einfluss auf die Wirkungsbeziehungen zwischen exogenen und endogenen Faktoren und können dazu führen, dass die Rezipienten von Online-Rezensionen die Faktoren bezüglich der zentralen Route der Persuasion beziehungsweise der Qualität der Argumente bevorzugen. Dieser Fall tritt beispielsweise ein, wenn sich die Rezipienten intensiv mit den Inhalten von Online-Rezensionen auseinandersetzen. Auch können Moderatoren dazu führen, dass Rezipienten Online-Rezensionen weniger intensiv nutzen und ihre Entscheidungen eher auf Basis peripherer Signale treffen. Für diese Rezipienten hat beispielsweise der Faktor Anzahl von Online-Re-

734 Vgl. zu der Teilung eines Samples in ein Subsample beispielsweise Herhausen (2011), S. 95.

735 Vgl. Weiber/Mühlhaus (2014), S. 294.

736 Vgl. auch im Folgenden Kapitel 3.1.3.

zensionen zu einem Produkt oder einer Dienstleistung einen höheren Einfluss auf die Einstellungsbildung.

Moderatoren können in dieser Untersuchung zu der Beantwortung beitragen, in welchen Situationen oder von welchen Personen Einflussfaktoren eher bezüglich der Qualität der Argumente oder eher bezüglich der peripheren Signale bevorzugt werden. Die Moderatoren liefern Hinweise, wie sich auf dieser Basis die Verhaltens- sowie die Kaufintentionen der Rezipienten ändern.

Im Folgenden wird dazu das relevante Social Media- sowie E-Commerce-Schrifttum betrachtet um Hinweise auf Moderatoren bezüglich der Elaboration von Online-Rezensionen zu identifizieren. Dazu werden potenzielle individuumsbezogene Parameter, die in das Untersuchungsmodell integriert sowie mit den theoretischen Ausführungen zu dem ‚Elaboration Likelihood Model' in Einklang gebracht werden können, in Kapitel 3.2.3.1 und 3.2.3.2. analysiert.

3.2.3.1. Hinweise auf Moderatoren bezüglich der Elaboration von Online-Rezensionen innerhalb des Social Media-Schrifttums

Innerhalb des quantitativ-empirischen Social Media-Schrifttums werden als Moderatoren bezüglich der Elaboration von Online-Rezensionen sehr heterogene Ansätze verfolgt. So ziehen Zhang/Watts (2008) die Moderatoren widersprüchliche Informationen (Disconfirming Information) und fokussierte Suche (Focused Search) der Rezipienten für ihre Untersuchung heran.[737] Der Moderator ‚Disconfirming Information' führt bei widersprüchlichen Informationen dazu, dass die Qualität der Argumente stärker gewichtet wird und hauptsächlich für die Elaboration von Online-Rezensionen verantwortlich ist. Aus dem Moderator ‚Focused Search' ergibt sich, dass Rezipienten bei einer stark eingegrenzten Suche beziehungsweise anhand eines konkreten Fokus, Informationen stärker nach der Qualität der Argumente gewichten, als bei einem niedrigeren Fokus, bei dem eher ein querlesen von zahlreichen, unterschiedlichen Informationen erfolgt und quantitative Hinweise stärker gewichtet werden.

Cheung/Sia/Kuan (2012) untersuchen den Einfluss der Moderatoren Expertise (Expertise) und Engagement (Involvement) der Rezipienten auf die postulierten Wirkungsbeziehungen.[738] Als Hypothese formulieren die Autoren, dass eine hohe Expertise und ein hohes Engagement der Rezipienten dazu führen, dass verstärkt die zen-

[737] Vgl. auch im Folgenden Zhang/Watts (2008), S. 77 ff.

[738] Vgl. auch im Folgenden Cheung/Sia/Kuan (2012), S. 622 f.

trale Route der Persuasion gewählt wird. Bei einer niedrigen Expertise oder einem geringen Engagement der Rezipienten soll die Persuasion von Online-Rezensionen primär anhand der peripheren Route erfolgen. Die empirischen Ergebnisse der Studie belegen diese Vermutung aber nicht.

Racherla/Friske (2012) beziehen in ihrer Untersuchung den Einfluss der Moderatoren Such-Services (Search Service), Erfahrungs-Services (Experience Service) und Vertrauens-Services (Credence Service) auf die Wirkungsbeziehung zwischen Charakteristika von Rezensenten (Messenger Factors) beziehungsweise Charakteristika von Online-Rezensionen (Message Factors) und Nützlichkeit von Online-Rezensionen (Review Usefulness) mit ein.[739] Such-Services enthalten Informationen, die von den Rezipienten vor einem Kauf in Erfahrung gebracht werden können. In Bezug auf diesen Moderator gehen die Autoren davon aus, dass Charakteristika von Online-Rezensionen eine größere Rolle spielen als Charakteristika von Rezensenten. Empirisch ließ sich das aber nicht nachweisen. Erfahrungs-Services können von Rezipienten oder Konsumenten erst nach dem Kauf bewertet werden, dagegen können Vertrauens-Services weder von Rezipienten noch Konsumenten nach dem Kauf verifiziert werden. Für Erfahrungs-Services und für Vertrauens-Services postulieren die Autoren, dass Charakteristika von Rezensenten für die Rezipienten von größerer Bedeutung sind, als Charakteristika von Online-Rezensionen. Empirisch lässt sich auch diese Annahme nicht umfänglich bestätigen.

Luo et al. (2013) betrachten, ob der Moderator Glaubwürdigkeit der Quelle (Source Credibility) einen Einfluss auf die im Untersuchungsmodell postulierten Hypothesen besitzt.[740] Der Studie zufolge bewirkt eine hohe Glaubwürdigkeit der Quelle, dass die Faktoren Überzeugung (Persuasiveness) und Vollständigkeit (Completeness) stärker auf die Glaubwürdigkeit von Online-Rezensionen wirken als bei einer niedrigen Glaubwürdigkeit der Quelle.

Zhu/Yin/He (2014) analysieren an ihrem Untersuchungsmodell die Moderatoren Hotelpreis (Hotel Price) und extreme Bewertungen (Rating Extremity).[741] Die Studie verifiziert die Hypothese, dass bei teuren Hotels der Einfluss des Faktors Attraktivität von Rezensenten (Reviewer Online Attractiveness) auf die Nützlichkeit von Online-Rezensionen höher ist als bei niedrigen Hotelpreisen. Bei einem niedrigen Hotelpreis

[739] Vgl. auch im Folgenden Racherla/Friske (2012), S. 552 f.

[740] Vgl. auch im Folgenden Luo et al. (2013), S. 94 f.

[741] Vgl. auch im Folgenden Zhu/Yin/He (2014), S. 272 ff.

wird dagegen die Erfahrung der Rezensenten (Reviewer Expertise) stärker gewichtet. Extreme Bewertungen (Rating Extremity) haben ein geringes Vertrauen der Rezipienten zur Folge und senken den Einfluss der Faktoren ‚Reviewer Online Attractiveness' und ‚Reviewer Expertise' in Bezug auf die Nützlichkeit von Online-Rezensionen.

Luo et al. (2015) analysieren die Wirkung des Moderators Zugehörigkeitsgefühl zu der Community (Sense of Membership).[742] Die empirischen Auswertungen der Studie zeigen, dass die Wirkung der Faktoren Überzeugungskraft der Argumente (Argument Strength), zweiseitige Betrachtung (Review Sidedness), Objektivität (Review Objectivity) und Rating (Review Rating) von Online-Rezensionen auf die Glaubwürdigkeit von Online-Rezensionen (Review Credibility) durch den Moderator ‚Sense of Membership' signifikant beeinflusst wird.

Reimer/Benkenstein (2016) untersuchen die Wirkung des Moderators Vertrauenswürdigkeit von Online-Rezensionen (Review Trustworthiness) auf die Wirkungsbeziehung zwischen Bewertung von Online-Rezensionen (Review Valence) und Kaufintention auf Basis von Online-Rezensionen (Purchase Intention).[743] Die empirischen Ergebnisse der Untersuchung belegen die moderierende Wirkung des Faktors innerhalb der postulierten Wirkungsbeziehung.

Zhou/Guo (2017) betrachten wie sich die Moderatoren Verbundenheit der Rezensenten (Reviewer Connectedness), Expertise der Rezensenten (Reviewer Expertise), Bewertung von Online-Rezensionen (Review Valence), Länge von Online-Rezensionen (Review Length) und zeitlicher Abstand zwischen Online-Rezensionen (Time Distance) auf die Wirkungsbeziehung zwischen den Faktoren Reihenfolge von Online-Rezensionen zu einem Produkt (Order) auf die Nützlichkeit von Online-Rezensionen (Review Helpfulness) für die Rezipienten auswirken.[744] Die empirischen Ergebnisse zeigen, dass der Faktor ‚Order' negativ auf ‚Review Helpfulness' wirkt und dass diese negative Wirkungsbeziehung durch die Moderatoren ‚Reviewer Connectedness', ‚Reviewer Expertise', ‚Review Length' und ‚Time Distance' gemindert wird. Tabelle 3-7 stellt die Ergebnisse der Social Media-Schrifttumsanalyse bezüglich der verwendeten Moderatoren im Überblick dar.

---

742 Vgl. auch im Folgenden Luo et al. (2015), S. 305 ff.

743 Vgl. auch im Folgenden Reimer/Benkenstein (2016), S. 5993 ff.

744 Vgl. auch im Folgenden Zhou/Guo (2017), S. 77 ff.

Tabelle 3-7: *Hinweise auf Moderatoren bezüglich der Elaboration von Online-Rezensionen innerhalb des Social Media-Schrifttums*

		Untersuchung	Moderatoren
Social Media	Quantitativ-empirisch	Zhang/Watts (2008)	Disconfirming Information, Focused Search
		Cheung/Sia/Kuan (2012)	Expertise, Involvement
		Racherla/Friske (2012)	Search, Experience, Credence
		Luo et al. (2013)	Source Credibility
		Zhu/Yin/He (2014)	Hotel Price, Rating Extremity
		Luo et al. (2015)	Sense of Membership
		Reimer/Benkenstein (2016)	Review Trustworthiness
		Zhou/Guo (2017)	Reviewer Connectedness, Reviewer Expertise, Review Valence, Review Length, Time Distance

Im quantitativ-empirischen Social Media-Schrifttum werden einige Moderatoren herausgearbeitet. Im Folgenden wird eine erste Einschätzung zu diesen Moderatoren und deren Bedeutung für diese Untersuchung gegeben.

- **Expertise der Rezipienten**

  Unter der Expertise der Rezipienten kann das Ausmaß verstanden werden, inwieweit die Leser von Online-Rezensionen bereits Vorkenntnisse zu dem bewerteten Produkt oder der bewerteten Dienstleistung besitzen.[745] Der Moderator Expertise der Rezipienten wird von Cheung/Sia/Kuan (2012) im Social Media-Schrifttum innerhalb einer dualen Prozesstheorie verwendet. Die Expertise der Rezipienten wird als Moderator zwischen den Wirkungsbeziehungen der zentralen und der peripheren Route der Persuasion auf die Glaubwürdigkeit von Online-Rezensionen betrachtet.[746] Theoretische Grundlage ist das ‚Elaboration Likelihood Model'. Der Moderator erscheint auf Basis der theoretischen Grundlage auch für diese Untersuchung geeignet.[747]

- **Engagement der Rezipienten**

  Unter dem Engagement der Rezipienten kann das Ausmaß verstanden werden, in welchem Maße sich die Leser mit den in den Online-Rezensionen enthaltenen Informationen auseinanderzusetzen und diese für ihre Zwecke ver-

745 Vgl. zu der ‚Expertise der Rezipienten' auch die Ausführungen in Kapitel 3.4.3.

746 Vgl. Cheung/Sia/Kuan (2012), S. 618 ff.

747 Vgl. dazu auch die Ausführungen in Kapitel 3.1.3.4.

arbeiten.[748] Der Moderator Engagement der Rezipienten wird im Social Media-Schrifttum ebenfalls von Cheung/Sia/Kuan (2012) herangezogen.[749] Er wird als Moderator zwischen den Wirkungsbeziehungen der zentralen und der peripheren Route der Persuasion auf die Glaubwürdigkeit von Online-Rezensionen betrachtet. Dieser Moderator wird von den genannten Autoren im Zusammenhang mit dem ‚Elaboration Likelihood Model' verwendet und erscheint auf Basis der theoretischen Grundlage für diese Untersuchung geeignet.[750]

Die weiteren im Social Media-Schrifttum identifizierten Moderatoren eignen sich für die hier durchgeführte Untersuchung nicht oder nur in geringem Umfang. Zhang/Watts (2008) betrachten den Moderator ‚Focused Search', der sich erheblich mit dem Moderator Engagement der Rezipienten überschneidet und daher nicht separat in dieser Untersuchung herangezogen werden soll.[751] Darüber hinaus untersuchen die Autoren den Moderator ‚Disconfirming Information'. Dieser Moderator betrachtet äußere Umstände und fokussiert nicht auf die Rezipienten von Online-Rezensionen und ist daher für diese Untersuchung ungeeignet.

Racherla/Friske (2012) untersuchen verschiedene Dienstleistungen, die den Einfluss der exogenen Faktoren auf die Nützlichkeit von Online-Rezensionen moderieren.[752] Diese Moderatoren beziehen nicht die Einstellungen der Rezipienten mit ein und ermöglichen nur eine Aussage zu den Verhaltensänderungen der Rezipienten aufgrund differenzierter Services. Diese Untersuchung verzichtet auf eine differenzierte Betrachtung von Services. Zudem liegt der Fokus dieser Untersuchung neben Dienstleistungen auf Produkten, die die Einstellung und die Kaufintention der Rezipienten von Online-Rezensionen beeinflussen. Aus diesem Grund sind die Moderatoren, die Racherla/Friske (2012) verwenden, für diese Untersuchung nicht geeignet.

Luo et al. (2013) untersuchen den Moderator ‚Source Credibility'. In der Untersuchung wird der Faktor den peripheren Signalen zugeordnet. Eine eigene Analyse des Faktors als Moderator ist in dieser Untersuchung nicht sinnvoll.[753] Zhu/Yin/He (2014) untersuchen zum einen den Moderator ‚Hotel Price'.[754] Dieser Moderator ist vor

---

748 Vgl. zu dem ‚Engagement der Rezipienten' auch die Ausführungen in Kapitel 3.4.3.
749 Vgl. Cheung/Sia/Kuan (2012), S. 618 ff.
750 Vgl. dazu auch die Ausführungen in Kapitel 3.1.3.4.
751 Vgl. Zhang/Watts (2008), S. 73.
752 Vgl. auch im Folgenden Racherla/Friske (2012), S. 548 ff.
753 Vgl. Luo et al. (2013), S. 92 ff.
754 Vgl. Zhu/Yin/He (2014), S. 267 ff.

allem auf E-Commerce-Webseiten sinnvoll. Diese Untersuchung bezieht sich jedoch auf die Social Media-Webseite Yelp.de. Auf dieser Webseite können weder Produkte noch Dienstleistungen direkt gekauft oder bestellt werden. Daher gehören Preise nicht zu den Kernthemen von Online-Rezensionen und daher wird in dieser Untersuchung der Moderator ‚Hotel Price' nicht betrachtet. Der zweite analysierte Moderator ‚Rating Extremity' gehört in dieser Untersuchung zu den peripheren Signalen und lässt sich inhaltlich dem exogenen Faktor Rating von Produkten und Dienstleistungen zuordnen. Eine eigenständige Untersuchung des Moderators ‚Rating Extremity' ist für diese Untersuchung nicht sinnvoll.

Luo et al. (2015) untersuchen den Moderator Zugehörigkeitsgefühl zu der Community (Sense of Membership).[755] Da in dieser Untersuchung primär Rezipienten von Online-Rezensionen herangezogen werden, bei denen eine grundsätzliche Verbindung zu dem Online-Bewertungsportal vorausgesetzt wird, ist ein solcher Moderator für diese Untersuchung nicht sinnvoll.

Reimer/Benkenstein (2016) betrachten den Moderator Vertrauenswürdigkeit von Online-Rezensionen (Review Trustworthiness).[756] Dieser Moderator besitzt ein hohes Überschneidungspotenzial mit den peripheren Signalen, die in dieser Untersuchung bereits herangezogen werden. Eine eigenständige Betrachtung des Moderators Vertrauenswürdigkeit von Online-Rezensionen ist daher in dieser Untersuchung nicht sinnvoll.

Zhou/Guo (2017) betrachten die Moderatoren Verbundenheit der Rezensenten (Reviewer Connectedness), Expertise der Rezensenten (Reviewer Expertise), Bewertung von Online-Rezensionen (Review Valence), Länge von Online-Rezensionen (Review Length) und zeitlicher Abstand zwischen Online-Rezensionen (Time Distance).[757] Alle Moderatoren überschneiden sich mit den exogenen Einflussfaktoren, die für diese Untersuchung relevant sind. Eine zusätzliche Analyse dieser Moderatoren erbrächte in dieser Untersuchung keinen weiteren Erkenntnisgewinn. Der Moderator ‚Reviewer Connectedness' überschneidet sich inhaltlich mit dem Faktor Reputation der Rezensenten, der Moderator Expertise der Rezensenten mit dem gleichnamigen, bereits angeführten peripheren Signal, der Moderator ‚Review Length' mit dem Faktor Vollständigkeit von Online-Rezensionen, der Moderator ‚Review Valence' mit

755 Vgl. Luo et al. (2015), S. 305 ff.

756 Vgl. Reimer/Benkenstein (2016), S. 5993 ff.

757 Vgl. Zhou/Guo (2017), S. 77 ff.

dem Faktor zweiseitige Betrachtung von Online-Rezensionen und der Moderator ‚Time Distance' mit dem Faktor Aktualität von Online-Rezensionen. Alle diese Moderatoren werden in dieser Untersuchung daher ebenfalls nicht berücksichtigt.

3.2.3.2. Hinweise auf Moderatoren bezüglich der Elaboration von Online-Rezensionen innerhalb des E-Commerce-Schrifttums

Innerhalb des quantitativ-empirischen E-Commerce-Schrifttums werden bezüglich der Elaboration von Online-Rezensionen unterschiedliche Moderatoren herangezogen. Mehrere Studien untersuchen die Produktart (Product Type; Product Category) als relevanten Moderator der einen Einfluss auf die postulierten Hypothesen innerhalb der Untersuchungsmodelle besitzen soll. Mudambi/Schuff (2010), Baek/Ahn/Choi (2012), Cui/Lui/Guo (2012), Lee/Shin (2014) und Chen (2016) differenzieren in ihren Untersuchungen bezüglich des Moderators zwischen dem Einfluss von Such- und Erfahrungsgütern auf die Nützlichkeit von Online-Rezensionen.[758] Die Empirie dieser Untersuchungen liefern Hinweise, dass die Produktart die Wirkungsbeziehungen zwischen den postulierten exogenen Einflussfaktoren und der Nützlichkeit von Online-Rezensionen moderiert und das daraus differente Ergebnisse für die unterschiedlichen Produktarten abzuleiten sind.

Cui/Lui/Guo (2012) untersuchen innerhalb ihrer Untersuchung den Moderator Produktlebenszyklus (Product Life Cycle).[759] Die Autoren differenzieren zwischen dem Effekt von Online-Rezensionen auf Produktverkäufe am Anfang des Produktlebenszyklus, mit den Produktverkäufen im späteren Verlauf des Produktlebenszyklus. Die Empirie der Studie zeigt, dass der Einfluss des Umfangs (Volume) von Online-Rezensionen auf die Produktverkäufe am Anfang des Produktlebenszyklus auf die Produktverkäufe größer ist und mit der Zeit abnimmt.

Fan/Miao (2012) prüfen in ihrer Studie, ob der Moderator Geschlecht (Gender) einen Einfluss auf die Glaubwürdigkeit von eWoM (eWoM Credibility) und auf die Akzeptanz von eWoM (eWoM Acceptance) besitzt. Die Empirie der Untersuchung liefert keine Hinweise für die Wirkung des Moderators.[760] Obiedat (2013) beweisen, dass Rezipienten mit einem hohen kognitiven Bedürfnis (high Cognition Need) stärker auf die Qualität von Online-Rezensionen achten, während Rezipienten mit einem

[758] Vgl. Mudambi/Schuff (2010), S. 185 ff.; Baek/Ahn/Choi (2012), S. 99 ff.; Cui/Lui/Guo (2012), S. 39 ff.; Lee/Shin (2014), S. 356 ff.; Chen (2016), S. 316 ff.

[759] Vgl. auch im Folgenden Cui/Lui/Guo (2012), S. 39 ff.

[760] Vgl. Fan/Miao (2012), S. 175 ff.

niedrigen kognitiven Bedürfnis (low Cognition need) stärker die Quantität von Online-Rezensionen gewichten.[761] Lee/Shin (2014) betrachten in ihrer Studie den Moderator Bild des Rezensenten (Reviewer Photo).[762] Ein vorhandenes Bild der Rezensenten hat der Empirie zufolge keinen moderierenden Einfluss auf die Qualität von Online-Rezensionen.

Tabelle 3-8 stellt die Hinweise auf Moderatoren bezüglich der Elaboration von Online-Rezensionen innerhalb des relevanten E-Commerce-Schrifttums im Überblick dar.

Tabelle 3-8: *Hinweise auf Moderatoren bezüglich der Elaboration von Online-Rezensionen innerhalb des E-Commerce-Schrifttums*

		Untersuchung	**Moderatoren**
E-Commerce	Quantitativ-empirisch	Mudambi/Schuff (2010)	Product Type
		Baek/Ahn/Choi (2012)	Product Type
		Cui/Lui/Guo (2012)	Product Life Cycle, Product Category
		Fan/Miao (2012)	Gender
		Obiedat (2013)	Cognition Need
		Lee/Shin (2014)	Product Type, Reviewer Photo
		Chen (2016)	Product Type

Auf Basis der Analyse des quantitativ-empirischen E-Commerce-Schrifttums kann folgende Abschätzung bezüglich der Eignung der identifizierten Moderatoren für diese Untersuchung gegeben werden.

Im E-Commerce-Schrifttum werden häufiger produktbezogene Moderatoren wie die Produktart und der Produktlebenszyklus herangezogen.[763] Da diese Untersuchung auf dem Online-Bewertungsportal Yelp.de durchgeführt wird, beziehen sich die Online-Rezensionen nicht nur auf Produkte, sondern vor allem auf Dienstleistungen, Geschäfte und Locations. Die Verwendung eines Moderators, der innerhalb der Produkte noch zusätzlich zwischen einzelnen Produktkategorien unterscheidet erscheint nicht sinnvoll.

761 Vgl. auch im Folgenden Obiedat (2013), S. 16 ff.

762 Vgl. auch im Folgenden Lee/Shin (2014), S. 356 ff.

763 Vgl. Vgl. Mudambi/Schuff (2010), S. 185 ff.; Baek/Ahn/Choi (2012), S. 99 ff.; Cui/Lui/Guo (2012), S. 39 ff.; Lee/Shin (2014), S. 356 ff.

Der Moderator Geschlecht des Rezipienten wird im E-Commerce-Schrifttum nur einmal herangezogen.[764] Das Geschlecht der Rezipienten wird in dieser Untersuchung im Rahmen der Stichprobenbeschreibung aufgegriffen und nicht als Moderator. Lee/Shin (2014) betrachten den Moderator ‚Reviewer Photo'. Der Moderator ist in dieser Untersuchung Bestandteil des bereits identifizierten Konstrukts Identität der Rezensenten. Eine zusätzliche Untersuchung des Faktors als Moderator ist für diese Untersuchung nicht sinnvoll.

Obiedat (2013) untersuchen das Denkbedürfnis der Rezipienten von Online-Rezensionen als Moderator. Ein hohes Denkbedürfnis der Rezipienten wird bei einem hohen Interesse an den rezipierten Produkten und Dienstleistungen angenommen. In dieser Studie soll stattdessen auf den Moderator Engagement der Rezipienten eingegangen werden. Es scheint unstrittig, dass ein hohes Denkbedürfnis mit einem hohen Engagement der Rezipienten einhergeht und zu einem hohen Interesse an den rezipierten Produkten und Dienstleistungen führt. Aufgrund des großen Überschneidungspotenzials und einer mangelnden Trennschärfe der beiden Moderatoren wird das Denkbedürfnis der Rezipienten als Moderator nicht thematisiert.

3.2.4. Zusammenfassung der Ergebnisse und Erweiterung des Bezugsrahmens

In Kapitel 3.2.3 werden die Ergebnisse der Analyse des Schrifttums im Bereich Social Media und E-Commerce mit dem Ziel der Generierung eines Relevant Sets an Einflussfaktoren bezüglich der Qualität der Argumente und der peripheren Signale vorgestellt. Darüber hinaus erfolgt eine Zusammenfassung des Relevant Sets an endogenen, abhängigen Konstrukten, die den Einfluss von Online-Rezensionen messen sowie relevanten Moderatoren, die die Elaboration von Online-Rezensionen betreffen.

Die Relevanz der Einflussfaktoren bezüglich der Qualität der Argumente und der peripheren Signale sowie der endogenen, abhängigen Konstrukte und der Moderatoren wird anschließend anhand von exploratorischen Expertengesprächen in Kapitel 3.3 einer Beurteilung unterzogen. Um die Expertengespräche sinnvoll gestalten zu können, bedarf es zunächst einer Einschränkung der in Kapitel 3.2.1 identifizierten potenziellen Einflussfaktoren bezüglich der Qualität der Argumente und der peripheren Signale sowie der in Kapitel 3.2.2 identifizierten einflussmessenden Faktoren von Online-Rezensionen und der identifizierten Moderatoren, die die Elaboration von Online-Rezensionen beeinflussen (Kapitel 3.2.3).

[764] Vgl. Fan/Miao (2012), S. 175 ff.

Das Relevant Set an Konstrukten konstituiert sich aus der in den Kapiteln 3.2.1., 3.2.2 und 3.2.3 zuvor getätigten inhaltlichen Auseinandersetzung mit den einzelnen im Social Media- und E-Commerce-Schrifttum identifizierten Faktoren. Auf Basis des Social Media- und E-Commerce-Schrifttums kommen für das Relevant Set potenzieller Einflussfaktoren bezüglich der Qualität der Argumente folgende Konstrukte in Frage:

- **Verständlichkeit**
  Die Verständlichkeit (Ease of Comprehension, Understandability) von Online-Rezensionen ist für die Rezipienten essentiell, da nur Informationen, die vom Rezipienten verstanden werden, für ihn einen Nutzen bieten. Die Verständlichkeit wird im Schrifttum mitunter im Kontext der Lesbarkeit (Review Readability) untersucht.[765] Grundsätzlich ist die Verständlichkeit im relevanten Schrifttum ein bedeutender und häufig betrachteter Einflussfaktor von Online-Rezensionen. Die Verständlichkeit wird als ein Einflussfaktor bezüglich der Qualität der Argumente von Online-Rezensionen anhand der zentralen Route der Persuasion herangezogen und oftmals auf Basis des ‚Elaboration Likelihood Models' konzeptionalisiert. Der Faktor Verständlichkeit ist für diese Untersuchung von großer Relevanz.[766]

- **Genauigkeit**
  Darüber hinaus soll im Rahmen der exploratorischen Expertengespräche der Faktor Genauigkeit (Accuracy) thematisiert werden. Die Genauigkeit, worunter die Richtigkeit und Exaktheit von Online-Rezensionen zu verstehen ist, stellt einen maßgeblichen Einflussfaktor für Online-Rezensionen dar.[767] Die Genauigkeit von Online-Rezensionen wird in einer Vielzahl von relevanten Arbeiten als ein Einflussfaktor bezüglich der Qualität der Argumente dargestellt und innerhalb der zentralen Route der Persuasion konzeptionalisiert. Als theoretische Grundlage für den Faktor Genauigkeit wird im Schrifttum primär das ‚Elaboration Likelihood Model' verwendet.[768]

---

765 Vgl. beispielsweise Wang/Strong (1996), S. 15; Filieri/McLeay (2013), S. 48.

766 Vgl. Filieri/McLeay (2013), S. 48; Zhu/Yin/He (2014), S. 271 ff., Liu/Park (2015), S. 143 f.; Park/Nicolau (2015), S. 76; Li/Zhan (2011), S. 241; Korfiatis/García-Bariocanal/Sánchez-Alonso (2012), S. 208; Kuan et al. (2015), S. 52 f.; Luo et al. (2015), S. 305 ff.; Chen (2016), S. 316 ff.

767 Vgl. Wang/Strong (1996), S. 14.

768 Vgl. Cheung/Lee/Rabjohn (2008), S. 234; Filieri/McLeay (2013), S. 48 f.; Jamil/Hasnu (2013), S. 181; Flanagin/Metzger (2013), S. 1629.

- **Zweiseitige Betrachtung**

  Die gleichzeitige Nennung von positiven und negativen Aspekten (Opposing Viewpoints) zu einem Produkt oder einer Dienstleistung innerhalb einer Online-Rezension ist ein relevanter Einflussfaktor auf die Qualität der Argumente, der mittels exploratorischer Expertengespräche thematisiert werden soll.[769] Im Schrifttum lassen sich Hinweise finden, dass die Rezipienten die Nennung positiver und negativer Aspekte zu Produkten und Dienstleistungen in Online-Rezensionen als nützlicher wahrnehmen, als wenn ausschließlich positive oder nur negative Aspekte aufgeführt werden.[770] Der Faktor zweiseitige Betrachtung wird im Social Media-Schrifttum auf Basis des ‚Elaboration Likelihood Models' konzeptionalisiert.

- **Vollständigkeit**

  Die Vollständigkeit (Completeness) von Online-Rezensionen stellt einen weiteren potenziellen Einflussfaktor bezüglich der Qualität der Argumente dar.[771] Unter dem Faktor wird verstanden, inwieweit Online-Rezensionen in ausreichendem Maße und erschöpfendem Umfang Informationen zu Produkten oder Dienstleistungen enthalten.[772] Die Vollständigkeit von Online-Rezensionen wird in einigen Arbeiten, die für diese Untersuchung relevant sind, als Einflussfaktor der Qualität der Argumente behandelt und soll Bestandteil der exploratorischen Expertengespräche zur Identifizierung des Relevant Sets sein. Auch der Faktor Vollständigkeit wird anhand des ‚Elaboration Likelihood Models' innerhalb der zentralen Route der Persuasion konzeptionalisiert.[773]

- **Relevanz**

  Darüber hinaus soll der Faktor Relevanz (Relevance) als potenzieller Einflussfaktor von Online-Rezensionen mit in das Relevant Set aufgenommen werden. Die Relevanz bezieht sich auf das Ausmaß, in dem Online-Rezensionen für die Bedürfnisse der Rezipienten hilfreich und anwendbar erscheinen.[774] Der Fak-

769 Vgl. Eisend (2006), S. 189; Li/Zhan (2011), S. 242; Cheung/Sia/Kuan (2012), S. 622; Filieri/McLeay (2013), S. 49; Chang/Fang/Huang (2015), S. 39; Chen (2016), S. 316 ff.

770 Vgl. Cheung/Sia/Kuan (2012), S. 622.

771 Vgl. Cheung/Lee/Rabjohn (2008), S. 234 f.; Li/Zhan (2011), S. 242; Racherla/Friske (2012), S. 552; Filieri/McLeay (2013), S. 48; Jamil/Hasnu (2013), S. 181; Luo et al. (2013), S. 93 f.; Cheung (2014), S. 45; Cheng/Ho (2015), S. 884.

772 Vgl. Filieri/McLeay (2013), S. 48.

773 Vgl. beispielsweise Filieri/McLeay (2013), S. 47 ff.

774 Vgl. Filieri/McLeay (2013), S. 47.

tor Relevanz ist in einigen für diese Untersuchung relevanten Arbeiten innerhalb der Qualität der Argumente angesiedelt und wird der zentralen Route der Persuasion zugeordnet.[775] Die Konzeptionalisierung des Faktors Relevanz erfolgt im Schrifttum zumeist auf Basis des ‚Elaboration Likelihood Models'.

- **Aktualität**
  Zusätzlich soll die Aktualität (Timeliness) von Online-Rezensionen, die innerhalb des Schrifttums mehrfach konzeptionalisiert worden ist, mit in das Relevant Set aufgenommen werden.[776] Unter der Aktualität ist vor allem die Rechtzeitigkeit von Online-Rezensionen zu verstehen, so dass diese zeitnah verfasst sind und die Rezipienten auf dem neuesten Stand halten.[777] Im Social Media-Schrifttum wird die Aktualität von Online-Rezensionen als Einflussfaktor der Qualität der Argumente behandelt und soll im Rahmen der exploratorischen Expertengespräche als bedeutender Einflussfaktor validiert werden.[778] Im Schrifttum wird als theoretische Grundlage zur Konzeptionalisierung des Faktors Aktualität das ‚Elaboration Likelihood Model' verwendet.

Nach Auswertung des Social Media- und E-Commerce-Schrifttums kommen für das Relevant Set potenzieller Einflussfaktoren bezüglich der peripheren Signale folgende Konstrukte in Frage:

- **Quantität von Online-Rezensionen**
  Die Quantität von Online-Rezensionen wird in einer Vielzahl von Studien als relevanter Faktor bezüglich der peripheren Signale betrachtet.[779] Eine hohe Quantität von Online-Rezensionen (Review Quantity) trägt zur Verifizierung einzelner Online-Rezensionen bei und stellt einen bedeutenden Einflussfaktor bezüglich der peripheren Signale dar.[780] Da eine hohe Anzahl von Online-Rezensionen sowohl in Offline-Umgebungen als auch außerhalb von Online-Bewertungsportalen zumeist nicht vorhanden ist, stellt dieser Faktor eine Besonderheit von Online-Rezensionen auf Online-Bewertungsportalen dar. Der Fak-

[775] Vgl. Cheung/Lee/Rabjohn (2008), S. 229 ff.; Filieri/McLeay (2013), S. 44 ff.; Jamil/Hasnu (2013), S. 171 ff.; Cheung (2014), S. 42 ff.

[776] Vgl. Cheung/Lee/Rabjohn (2008), S. 234; Filieri/McLeay (2013), S. 47; Jamil/Hasnu (2013), S. 181; Cheung (2014), S. 45.

[777] Vgl. Cheung/Lee/Rabjohn (2008), S. 234.

[778] Vgl. beispielsweise Cheung/Lee/Rabjohn (2008), S. 233 ff.

[779] Vgl. beispielsweise Park/Lee/Han (2007), S. 125 ff.; Fan et al. (2013), S. 59; Fang et al. (2013), S. 211; Filieri/McLeay (2013), S. 48; Obiedat (2013), S. 17; Zhou/Liu/Tang (2013), S. 172; Zhang et al. (2014), S. 82.

[780] Vgl. Zhang et al. (2014), S. 82.

tor Quantität von Online-Rezensionen wird im Schrifttum anhand der peripheren Route der Persuasion betrachtet und in einigen Studien über das ‚Elaboration Likelihood Model' hergeleitet.

- **Konsistenz von Online-Rezensionen**
  Die Konsistenz von Online-Rezensionen (Review Consistency) soll als ein Faktor der peripheren Signale, der im Schrifttum bereits mehrfach konzeptionalisiert wurde, im Rahmen der exploratorischen Expertengespräche thematisiert werden.[781] Der Faktor Konsistenz von Online-Rezensionen bezieht sich auf das Ausmaß, inwieweit Inhalte einer Online-Rezension mit denen anderer Online-Rezensionen zu dem gleichen Produkt oder der gleichen Dienstleistung übereinstimmen. Online-Rezensionen werden von den Rezipienten als glaubwürdig erachtet, sobald diese ähnliche Inhalte wie das Gros der anderen Online-Rezensionen umfassen.[782] Die Konsistenz von Online-Rezensionen wird im Schrifttum auf Basis des ‚Elaboration Likelihood Models' konzeptionalisiert.

- **Emotionalität von Online-Rezensionen**
  Innerhalb der exploratorischen Expertengespräche soll der Faktor Emotionalität von Online-Rezensionen (Language Intensity) als ein peripheres Signal betrachtet werden. Emotional verfasste Online-Rezensionen basieren auf stilistischen Merkmalen, die als intensiv und extrem wahrgenommen werden. Online-Rezensionen sind dann zumeist sehr euphorisch oder sehr kritisch verfasst.[783] Der Faktor Emotionalität von Online-Rezensionen wird im Schrifttum anhand der peripheren Route der Persuasion auf Basis des ‚Elaboration Likelihood Models' hergeleitet.

- **Reputation der Rezensenten**
  Die Reputation der Rezensenten (Reviewer Reputation) wird im Schrifttum häufig als ein Einflussfaktor innerhalb der peripheren Route der Persuasion herangezogen.[784] Der Faktor stellt das Ausmaß dar, in dem die Rezipienten den Rezensenten als ehrlich und verantwortungsvoll wahrnehmen sowie dessen Ruf als konstant gut über einen längeren Zeitraum erachten.[785] Eine hohe

---

781 Vgl. beispielsweise Baek/Ahn/Choi (2012), S. 99 ff.; Cheung/Sia/Kuan (2012), S. 618 ff.; Chang/Fang/Huang (2015), S. 32 ff.

782 Vgl. Cheung/Sia/Kuan (2012), S. 622.

783 Vgl. Li/Zhan (2011), S. 242.

784 Vgl. beispielsweise Racherla/Friske (2012), S. 552; Fang et al. (2013), S. 214; Cheng/Ho (2015), S. 884; Huang et al. (2015), S. 17 ff.; Liu/Park (2015), S. 143; Park/Nicolau (2015), S. 75 f.

785 Vgl. Liu/Park (2015), S. 143.

Reputation der Rezensenten besitzt einen großen Einfluss auf die Informationsannahme und die Kaufintention der Rezipienten bezüglich der bewerteten Produkte und Dienstleistungen. Die Reputation von Rezensenten äußert sich auf Online-Bewertungsportalen beispielsweise anhand von positivem Feedback durch die Rezipienten und in Form von Freundschaftsanfragen, Followern oder Votings.[786] Die Konzeptionalisierung des Faktors Reputation der Rezensenten erfolgt im Schrifttum ebenfalls auf Basis des ‚Elaboration Likelihood Models'. Der Faktor erscheint für diese Untersuchung geeignet und soll Bestandteil der exploratorischen Expertengespräche sein.

- **Identität der Rezensenten**
  Nach der vorausgegangenen Analyse des Social Media- und E-Commerce-Schrifttums soll der Faktor Identität der Rezensenten (Reviewer Identity Disclosure) innerhalb dieser Untersuchung nicht weiter als potenziell relevanter Einflussfaktor von Online-Rezensionen verfolgt werden, vor allem weil der Faktor bislang nur bei Auswertungen bestehender Online-Rezensionen herangezogen wurde. Eine Operationalisierung innerhalb einer Befragung von Rezipienten erscheint für diese Untersuchung nicht durchführbar. Dies liegt vor allem an den Aspekten, die im Schrifttum unter dem Faktor gefasst werden. Aspekte wie ein authentisches Bild oder der echte Name des Rezensenten können nicht latent im Sinne der Strukturgleichungsmodellierung gemessen werden.[787] Der Faktor Identität der Rezensenten ist für diese Untersuchung daher nicht geeignet.

- **Expertise der Rezensenten**
  Zusätzlich soll der Faktor Expertise der Rezensenten (Reviewer Expertise), der im Schrifttum als ein relevanter Einflussfaktor der peripheren Signale identifiziert wurde, im Rahmen der exploratorischen Expertengespräche behandelt werden.[788] Die Expertise der Rezensenten stellt das Ausmaß dar, in dem die Quelle als kompetent bezüglich ihrer Aussagen wahrgenommen wird.[789] Die Expertise spiegelt das vorhandene Wissen der Rezensenten bezüglich eines Produkts oder einer Dienstleistung wider. Der Faktor hat einen bedeutenden

786 Vgl. Racherla/Friske (2012), S. 552.

787 Vgl. zu der Messung latenter Konstrukte auch die Ausführungen in Kapitel 4.1.

788 Vgl. Racherla/Friske (2012), S. 551; Jamil/Hasnu (2013), S. 184; Fang (2014), S. 73; Zhu/Yin/He (2014), S. 271; Cheng/Ho (2015), S. 884 ff.; Liu/Park (2015), S. 142; Chen (2016), S. 316 ff.

789 Vgl. Fang (2014), S. 73.

Einfluss auf die Rezipienten, da bei einer Vielzahl unterschiedlicher Bewertungen zu einem Produkt oder einer Dienstleistung die Informationen von Experten als zuverlässiger erachtet, und von den Rezipienten stärker beachtet werden.[790] Der Faktor Expertise der Rezensenten wird im Schrifttum auf Basis des ‚Elaboration Likelihood Models' innerhalb der peripheren Route der Persuasion konzeptionalisiert.

- **Rating von Produkten und Dienstleistungen**
  Der Faktor Rating von Produkten und Dienstleistungen wird im Social Media- und im E-Commerce-Schrifttum in einer Vielzahl von Studien untersucht und zählt zu den peripheren Signalen.[791] Das Rating von Produkten und Dienstleistungen erfolgt durch die Rezensenten in Online-Rezensionen anhand von Sternen. Dies ermöglicht den Rezipienten, einen schnellen Überblick über empfehlenswerte Produkte und Dienstleistungen zu bekommen und eine rasche Kaufintention zu Produkten oder Dienstleistungen zu fällen. Der Faktor soll im Rahmen der exploratorischen Expertengespräche auf Eignung für das Relevant Set dieser Untersuchungen geprüft werden. Das Rating von Produkten und Dienstleistungen wird im Schrifttum auf Basis dualer Prozesstheorien innerhalb der peripheren Route der Persuasion konzeptionalisiert. Im Schrifttum wurde das ‚Elaboration Likelihood Model' in diesem Zusammenhang noch nicht als theoretische Grundlage verwendet.

- **Reputation der Webseite**
  Schließlich soll innerhalb der exploratorischen Expertengespräche der im Schrifttum identifizierte Faktor Reputation der Webseite (Website Reputation) diskutiert werden.[792] Die Reputation der Webseite spielt für die Rezipienten von Online-Rezensionen eine entscheidende Rolle. Informationen von einer Webseite mit einer hohen Reputation werden als glaubwürdig erachtet und führen zu Vertrauen der Rezipienten in die Webseite. Damit steigt die Wahrscheinlichkeit, dass die Rezipienten die Empfehlungen von einer Webseite annehmen und zugleich die Webseite positiv bewerten, wenn diese über eine

---

790 Vgl. Cheung/Lee/Rabjohn (2008), S. 235.

791 Vgl. auch im Folgenden Mudambi/Schuff (2010), S. 189; Cui/Lui/Guo (2012), S. 42; Baek/Ahn/Choi (2012), S. 102; Korfiatis/García-Bariocanal/Sánchez-Alonso (2012), S. 207; Öğüt/Taş (2012), S. 201; Flanagin/Metzger (2013), S. 1630; Fang (2014), S. 71; Hu/Koh/Reddy (2014), S. 48; Chang/Fang/Huang (2015), S. 36; Huang et al. (2015), S. 17 ff.; Luo et al. (2015), S. 305 ff.

792 Vgl. Hsiao et al. (2010), S. 940 f.; Lee/Park/Han (2011), S. 191; Chih et al. (2013), S. 659 f.; Lee/Shin (2014), S. 357.

hohe Reputation verfügt.[793] Die Reputation der Webseite kann anhand der Analyse des Schrifttums der peripheren Route der Persuasion zugeordnet werden. Die Reputation der Webseite wurde im relevanten Schrifttum bislang noch nicht auf Basis des ‚Elaboration Likelihood Models' konzeptionalisiert.

Das Relevant Set potenzieller endogener einflussmessender Konstrukte, das Bestandteil der exploratorischen Expertengespräche ist, wird analog zu der Vorgehensweise der Generierung potenzieller Einflussfaktoren bezüglich der Qualität der Argumente und der peripheren Signale erstellt und basiert auf einer Synthese der dargestellten Schrifttumsanalyse des Social Media- und E-Commerce-Schrifttums und unter Berücksichtigung sachlogischer Aspekte.

- **Nützlichkeit von Online-Rezensionen**
  Bei Betrachtung des Social Media- und E-Commerce-Schrifttums ist das am häufigsten verwendete endogene einflussmessende Konstrukt die Nützlichkeit von Online-Rezensionen (Review Usefulness).[794] Unter der Nützlichkeit von Online-Rezensionen ist das Ausmaß zu verstehen, in dem die Rezipienten von Ideen und Meinungen der Rezensenten profitieren und sich auf dieser Basis eine eigene Meinung zu den rezensierten Produkten und Dienstleistungen bilden. Die Nützlichkeit von Online-Rezensionen bezieht sich auf die individuelle Wahrnehmung der Rezipienten und unterstützt diese in ihrer Entscheidungsfindung.[795] Bei sehr nützlichen Online-Rezensionen ist es wahrscheinlich, dass die Rezipienten die Inhalte von Online-Rezensionen übernehmen und daraus eine Entscheidung, wie beispielsweise den Kauf eines Produkts, ableiten. Die Nützlichkeit von Online-Rezensionen wird häufig innerhalb von dualen Prozesstheorien, wie beispielsweise dem ‚Elaboration Likelihood Model', als endogenes Konstrukt herangezogen.

- **Kaufintention auf Basis von Online-Rezensionen**
  Als zweiter potenzieller einflussmessender Faktor von Online-Rezensionen auf Online-Bewertungsportalen wird auf die Kaufintention der Rezipienten (Purchase Intention) eingegangen. Dieser einflussmessende Faktor fand im re-

---

793 Vgl. Chih et al. (2013), S. 659.

794 Vgl. beispielsweise Cheung/Lee/Rabjohn (2008), S. 233 f.; Racherla/Friske (2012), S. 551 ff.; Jamil/Hasnu (2013), S. 180; Cheung (2014), S. 45 f.; Zhu/Yin/He (2014), S. 267 ff.; Cheng/Ho (2015), S. 883 ff.; Huang et al. (2015), S. 17 ff.; Liu/Park (2015), S. 140 ff.; Park/Nicolau (2015), S. 67 ff.; Chen (2016), S. 316 ff.; Zhou/Guo (2017), S. 77 ff. sowie Kapitel 3.2.2.1 und Kapitel 3.2.2.2.

795 Vgl. Cheung (2014), S. 46.

levanten Schrifttum bereits häufig Anwendung.[796] Die Kaufintention bezieht sich auf das Ausmaß, mit dem die Rezipienten von Online-Rezensionen eine konkrete Kaufabsicht, oder das tatsächliche Interesse an einem Produkt äußern.[797] Da Rezipienten Online-Rezensionen als Informationsbasis vor einem potenziellen Kauf nutzen, stellt die Kaufintention einen bedeutenden endogenen einflussmessenden Faktor von Online-Rezensionen dar. Die Kaufintention wurde bislang noch nicht als endogenes Konstrukt innerhalb einer Arbeit verwendet, bei der die exogenen Faktoren über das ‚Elaboration Likelihood Model' hergeleitet wurden.

Das Relevant Set potenzieller Moderatoren, das Bestandteil der exploratorischen Expertengespräche ist, wird analog zur zuvor dargestellten Vorgehensweise erstellt und basiert auf einer Synthese der dargestellten Schrifttumsanalyse des Social Media- und E-Commerce-Schrifttums und unter Berücksichtigung sachlogischer Aspekte.

- **Expertise der Rezipienten**
  Der Moderator Expertise der Rezipienten bezieht sich auf das Vorwissen der Rezipienten zu Produkten und Dienstleistungen.[798] Die Expertise der Rezipienten besitzt einen großen Einfluss auf ihr Urteil bezüglich der rezipierten Online-Rezensionen. Dieser Rezipient wird die Information zu einem Produkt oder einer Dienstleistung in einer vorhandenen Online-Rezension auf ihre Richtigkeit und Nützlichkeit bewerten können. Aus diesem Grund werden Rezipienten mit einer hohen Expertise zu einem Produkt oder einer Dienstleistung stärker die Qualität der Argumente gewichten als die peripheren Signale.[799] Die Expertise der Rezipienten wurde als Moderator bereits in dualen Prozesstheorien verwendet. Dazu gehört die Arbeit von Cheung/Sia/Kuan (2012), die auf dem ‚Elaboration Likelihood Model' basiert und bei der die Moderation der Wirkungsbeziehung zwischen der Qualität der Argumente

[796] Vgl. Hu/Liu/Zhang (2008), S. 1 ff.; Park/Lee (2009a), S. 332 ff.; Hsiao et al. (2010), S. 935 ff.; Lee/Park/Han (2011), S. 187 ff.; Fan/Miao (2012), S. 175 ff.; Obiedat (2013), S. 16 ff.; Zhou/Liu/Tang (2013), S. 166 ff.; Lee/Shin (2014), S. 356 ff.; Koo (2015), S. 1163 ff.; Reimer/Benkenstein (2016), S. 5993 ff.; Munzel (2016), S. 96 ff.

[797] Vgl. Cheung (2014), S. 46.

[798] Vgl. auch im Folgenden Cheung/Sia/Kuan (2012), S. 622.

[799] Vgl. dazu beispielsweise Petty/Cacioppo (1986), S. 137 ff.

einerseits und der peripheren Signale auf die Glaubwürdigkeit von Online-Rezensionen andererseits untersucht wird.[800]

Abbildung 3-12: *Erweiterter heuristischer Bezugsrahmen zur Erstellung des Untersuchungsmodells*

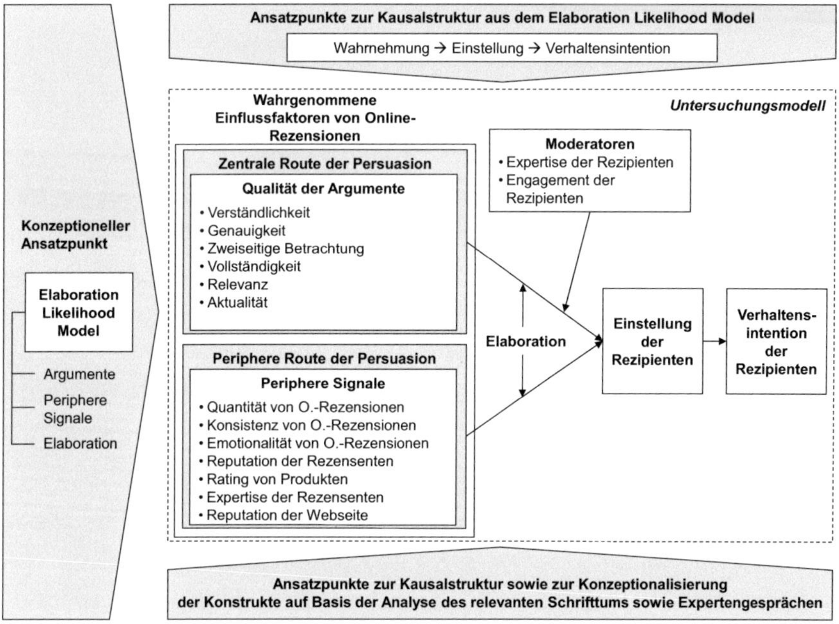

- **Engagement der Rezipienten**

  Das Engagement der Rezipienten (Consumer Involvement) soll als zweiter relevanter Moderator für diese Untersuchung innerhalb der exploratorischen Expertengespräche thematisiert werden. Unter dem Engagement der Rezipienten ist zu verstehen, in welchem Maße die Rezipienten motiviert sind, sich mit den Informationen von Online-Rezensionen auseinanderzusetzen. Rezipienten werden ein hohes Engagement bei Produkten und Dienstleistungen zeigen, die für die Rezipienten besonders wichtig sind. Liegt ein hohes Engagement der Rezipienten vor, so gewichten diese die Faktoren bezüglich der Qualität der Argumente stärker als die Faktoren bezüglich der peripheren Sig-

[800] Vgl. Cheung/Sia/Kuan (2012), S. 618 ff.

nale.[801] Das Engagement der Rezipienten wurde bereits als Moderator innerhalb eines dualen Prozessmodells auf Basis des ‚Elaboration Likelihood Models' untersucht.

Abbildung 3-12 stellt den auf Basis des Schrifttums erweiterten heuristischen Bezugsrahmen zur Erstellung des Untersuchungsmodells dar. Dieser wird im anschließenden Kapitel 3.3 anhand von exploratorischen Expertengesprächen weiterführend analysiert.

3.3. Exploratorische Expertengespräche

Die exploratorischen Expertengespräche dienen der Analyse der Relevanz beziehungsweise der weiterführenden Spezifikation der in Kapitel 3.2.1 erarbeiteten Hinweise auf potenzielle Einflussfaktoren von Online-Rezensionen bezüglich der Qualität der Argumente und der peripheren Signale. Ebenfalls erfolgt anhand der exploratorischen Expertengespräche eine Auswertung der in Kapitel 3.2.2 gewonnen Hinweise bezüglich der endogenen einflussmessenden Konstrukte von Online-Rezensionen. Zusätzlich sollen durch exploratorische Expertengespräche die potenziellen Moderatoren, die in Kapitel 3.2.3 identifiziert wurden, hinsichtlich ihrer Verwendung innerhalb des Untersuchungsmodells untersucht werden.[802]

Exploratorische Expertengespräche, auch als qualitative Expertengespräche oder In-Depth-Interviews bekannt, werden eingesetzt um mittels Interviews Wissen von Experten zu einem bestimmten Sachverhalt zu erlangen.[803] In den Sozialwissenschaften, wie beispielsweise der Soziologie, der Politikwissenschaft, der Wirtschaftswissenschaften oder der Verwaltungswissenschaften sind exploratorische Expertengespräche weit verbreitet.[804]

Grundsätzlich folgen exploratorische Expertengespräche einem Interviewleitfaden, der klar strukturierte Fragen enthält, daneben den Experten aber Freiräume für zusätzliche Anmerkungen lässt und eigene Argumentationslinien gewährt. Aus diesem Grund hat das exploratorische Expertengespräch einen erforschenden Charakter und

---

801 Vgl. auch im Folgenden Cheung/Sia/Kuan (2012), S. 622.

802 Die Expertengespräche dienen dazu, die im Schrifttum identifizierten potenziellen exogenen und endogenen Erfolgsfaktoren zu überprüfen und zu spezifizieren. Darüber hinaus stand es den befragten Experten offen, Anmerkungen sowie weitere Erfolgsfaktoren mit einzubringen. Daher weisen die Expertengespräche einen explorativen Charakter auf.

803 Vgl. Gläser/Laudel (2010), S. 12.

804 Vgl. Gläser/Laudel (2010), S. 12; Rubin/Rubin (2012), S. 5.

eine durchgängig gleich strukturierte Durchführung ist nur teilweise möglich.[805] Das exploratorische Expertengespräch kann wie folgt definiert werden:

„[…] ein systematisches und theoriegeleitetes Verfahren der Datenerhebung in Form der Befragung von Personen, die über exklusives Wissen (und) über […] Strategien, Instrumente und die Wirkungsweise(n) […] verfügen.“[806]

Im Schrifttum wird diskutiert, wer als Experte zu bezeichnen ist und wie der Begriff zu definieren ist. Schließlich ist von großer Bedeutung, dass als Experten Personen ausgewählt werden, die mit ihrem Wissen zu einem Erkenntnisgewinn für den Interviewer und für die Forschung beitragen. Bei der Auswahl der Experten ist eine Eingrenzung auf relevantes Wissen bezüglich eines spezifischen Forschungsbereichs sinnvoll. Eine gängige Definition eines Experten ist folgende:

„Experten lassen sich als Personen verstehen, die sich – ausgehend von einem spezifischen Praxis- oder Erfahrungswissen, das sich auf einen klar begrenzbaren Problemkreis bezieht – die Möglichkeit geschaffen haben, mit ihren Deutungen das konkrete Handlungsfeld sinnhaft und handlungsleitend für Andere zu strukturieren.“[807]

Exploratorische Expertengespräche werden innerhalb des betriebswirtschaftlichen Schrifttums häufig als Ergänzung zu einer strukturierten Bestandsaufnahme für den vorliegenden Untersuchungskontext herangezogen.[808] Dieses Vorgehen dient zum einen der Spezifizierung der aus dem Schrifttum gewonnenen Erkenntnisse und zum anderen können dadurch im Schrifttum bisher vernachlässigte und nicht erforschte Aspekte durch den Experten aufgezeigt und in die weitere Diskussion eingebracht werden. Vor diesem Hintergrund ordnet Kaiser (2014) die Bedeutung von exploratorischen Expertengesprächen wie folgt ein:

„Der explorativen Expertenbefragung wird insofern häufig die Funktion einer Vorstudie für eine spätere weitaus stärker standardisierte oder strukturierte Analyse zugeschrieben. Dies ist

805 Vgl. Kaiser (2014), S. 52.

806 Kaiser (2014), S. 6.

807 Bogner/Littig/Menz (2014), S. 14.

808 Vgl. beispielsweise Defren (2009), S. 111 f.; Lütje (2009), S. 229; Mory (2014), S. 101 f.; Elsäßer (2016), S. 133.

durchaus nachvollziehbar, da durch explorative Interviews wichtige Hinweise nicht nur für die Entwicklung eines Leitfadens, sondern – ganz allgemein – für das Forschungsdesign der „Hauptuntersuchung" gewonnen werden können."[809]

Bislang gibt es im Schrifttum nur sehr wenige integrierte Ansätze innerhalb der Untersuchung der Einflussfaktoren von Online-Rezensionen, insbesondere bezüglich der Qualität der Argumente und der peripheren Signale. Im Folgenden sollen exploratorische Expertengespräche die aus dem Schrifttum gewonnenen Erkenntnisse (Kapitel 3.2) erweitern und somit zur Spezifikation der Konzeptionalisierung der Konstrukte innerhalb des Untersuchungsmodells beitragen.

Für diese Untersuchung erscheint die Befragung von zwei Typen von Experten sinnvoll. Dazu gehören zum einen Mitarbeiter von Online-Bewertungsportalen und zum anderen Nutzer von Online-Bewertungsportalen. Da diese Untersuchung das Online-Bewertungsportal Yelp.de in den Fokus nimmt, sind insbesondere Führungskräfte von Yelp.de geeignete Experten. Daneben werden Social Media Manager, deren Produkte und Dienstleistungen auf Online-Bewertungsportalen rezensiert werden, als Experten befragt. Zudem sollen Nutzer des Online-Bewertungsportals Yelp.de für diese Untersuchung als Experten befragt werden. Im Fokus stehen dabei vor allem Nutzer, die auf Yelp.de sehr aktiv sind.

Die Größe des Samples der exploratorischen Expertengespräche soll sich in dieser Studie an der im Schrifttum vorgeschlagenen Sättigungsgrenze orientieren. Lee/Woo/Mackenzie (2002) beschreiben die Sättigungsgrenze für Expertengespräche als erreicht, wenn anhand weiterer Expertengespräche keine wesentlichen neuen Erkenntnisse für die Untersuchung gewonnen werden können.[810]

In den exploratorischen Expertengesprächen mit Führungskräften und mit Nutzern von Yelp.de ergaben sich in dieser Untersuchung nach ca. zehn Gesprächen keine wesentlichen neuen Erkenntnisse. Die exploratorischen Expertengespräche wurden daher nach jeweils 15 Gesprächen mit Führungskräften und Nutzern beendet.

Von den 30 Experten betrachten 15 Experten Online-Rezensionen aus Unternehmenssicht und 15 Experten Online-Rezensionen aus Nutzersicht. Von den 15 Experten mit Unternehmensfokus bekleiden zehn Experten führende Positionen bei Betrei-

809 Kaiser (2014), S. 30.

810 Vgl. zu der Sättigungsgrenze bei Expertengesprächen, auch ‚Saturation Point' genannt auch die Studie von Lee/Woo/Mackenzie (2002), S. 667 ff.

bern von Online-Bewertungsportalen und fünf Experten sind Führungskräfte in Industrieunternehmen im Bereich Social Media. Die 15 Experten mit Nutzerfokus sind ‚Heavy-User' von Yelp.de. Das sind ausgewählte Nutzer von Yelp.de, die sehr häufig Online-Rezensionen lesen und verfassen sowie auf dem Online-Bewertungsportal Yelp.de als ‚Elite' bezeichnet werden. Die Durchführung der exploratorischen Expertengespräche erfolgte telefonisch und nahm durchschnittlich ungefähr 40 Minuten in Anspruch. Die exploratorischen Expertengespräche wurden anhand eines Leitfadens geführt, der zwei wesentliche Aspekte enthielt. Als erster Aspekt wurden die Experten innerhalb einer offenen Frage gebeten, Einflussfaktoren von Online-Rezensionen bezüglich der Qualität der Argumente und der peripheren Signale zu nennen. Als zweiten Aspekt bewerteten die Experten die Faktoren, die im Kapitel 3.2.4 dem Relevant Set exogener und endogener Faktoren sowie identifizierter Moderatoren zugeordnet wurden, hinsichtlich ihrer Bedeutung. Die Ergebnisse der exploratorischen Expertengespräche sind Bestandteil von Kapitel 3.3.1.

3.3.1. Ergebnisse der exploratorischen Expertengespräche

Zuerst wurde den 30 Experten die offene Frage gestellt, welche Faktoren sie bezüglich der Qualität der Argumente und der peripheren Signale in Online-Rezensionen für relevant erachten. Die Antworten der Experten waren mit den Erkenntnissen vergleichbar, die bereits aus dem Schrifttum abgeleitet werden konnten. Im Folgenden sollen die Aussagen aller Experten vorgestellt und soweit möglich, den aus dem Schrifttum bekannten Einflussfaktoren von Online-Rezensionen zugeordnet werden.

- **Verständlichkeit**

  Die Experten mit Unternehmensfokus halten insbesondere den Schreibstil von Online-Rezensionen für wichtig. So sollen eine einfache und verständliche Sprache gewählt, sowie Satzbau und Rechtschreibung beachtet werden. Den ‚Heavy-Usern' sind darüber hinaus Formulierungen in ganzen Sätzen wichtig. Dazu sollen die Texte nach Möglichkeit formatiert sein, so dass die Online-Rezensionen textlich übersichtlich gestaltet sind.

- **Genauigkeit**

  Aus Expertensicht mit Unternehmensfokus ist eine kurze und prägnante Formulierung ideal. Darüber hinaus sollen die Online-Rezensionen möglichst Fotos zur Konkretisierung der beschriebenen Sachverhalte enthalten. Den ‚Heavy-Usern' ist insbesondere eine korrekte und präzise Formulierung wichtig.

- **Zweiseitige Betrachtung**

  Die Experten mit Unternehmensfokus sehen Online-Rezensionen, die positive und negative Eigenschaften von Produkten und Dienstleistungen beschreiben, als besonders wertvoll an. Das vermittelt dem Rezipienten eine Gesamtbetrachtung des Produkts oder der Dienstleistung durch den Rezensenten in der dieser Vor- und Nachteile sorgfältig gegeneinander abgewogen hat. Darüber hinaus sind die Experten mit Unternehmensfokus der Meinung, dass schlechte Beiträge für die Meinungsbildung der Rezipienten sehr konstruktiv sein können und die Authentizität der gesamten Online-Rezension für den Rezipienten erhöhen. Die ‚Heavy-User' stimmen den Aussagen zu und betonen, dass positive und negative Eigenschaften zu Produkten und Dienstleistungen die Nützlichkeit von Online-Rezensionen erhöhen und zur Entscheidungsfindung der Rezipienten beitragen.

- **Vollständigkeit**

  Die Experten mit Unternehmensfokus legen besonderen Wert auf den Umfang von Online-Rezensionen. Online-Rezensionen sollen detaillierte Beschreibungen zu dem Produkt oder der Dienstleistung enthalten. Die Experten führen an, dass zusätzliche Informationen die über eine Produkt- oder Dienstleistungsbeschreibung hinausgehen und sich auf das dazugehörige Unternehmen konzentrieren, ebenfalls von Interesse sind. Dazu zählen nach Meinung der Experten beispielsweise die Öffnungszeiten oder weitere Geschäftsinformationen der Unternehmen. Den ‚Heavy-Usern' ist eine möglichst vollständige Online-Rezension wichtig. Das Interesse der ‚Heavy-User' beschränkt sich jedoch auf das rezensierte Produkt oder die rezensierte Dienstleistung, nicht auf das dazugehörige Unternehmen. Für die ‚Heavy-User' gehört zur Vollständigkeit von Online-Rezensionen die bildliche Darstellung von Produkten und Dienstleistungen. Dies ist nach Meinung der ‚Heavy-User' ein wesentlicher Bestandteil einer vollständigen Online-Rezension.

- **Relevanz**

  Für die Experten mit Unternehmensfokus gilt eine Online-Rezension als besonders relevant, wenn diese bereits von einigen Rezipienten als ‚hilfreich', ‚lustig' oder ‚cool' markiert wurde.[811] Die ‚Heavy-User' legen einen besonde-

[811] Vgl. zu den Anmerkungen ‚hilfreich', ‚lustig' und ‚cool' der Rezipienten auch Yelp Ireland Ltd. (2016a).

ren Wert darauf, dass die Inhalte von Online-Rezensionen auf ihre eigenen Bedürfnisse zugeschnitten sind. Dies müssen nicht zwangsläufig die Online-Rezensionen sein, die am häufigsten eine positive Bewertung erhalten haben.

- **Aktualität**
  Die Experten mit Unternehmensfokus sehen aktuelle Online-Rezensionen als bedeutend an. Die ‚Heavy-User' stimmen dieser Einschätzung zu und empfinden die Aktualität auf Yelp.de als weitestgehend gegeben. Dies liegt vor allem daran, dass Yelp.de in Bezug auf Online-Rezensionen eine hoch frequentierte Webseite mit stets aktuellen Online-Rezensionen zu den meisten Produkten und Dienstleistungen ist. ‚Heavy-User' stören sich zumeist nicht an veralteten Online-Rezensionen.

- **Quantität von Online-Rezensionen**
  Für Experten mit Unternehmensfokus ist eine hohe Zahl von Online-Rezensionen wichtig, um anhand einer breiten Meinungsbasis ein gutes Verständnis zu Produkten und Dienstleistungen zu erhalten. Zusätzlich führen die Experten an, dass eine hohe Anzahl von Online-Rezensionen zu einem Produkt den Eindruck vermittelt, dass es populär ist und häufig von Rezensenten und Rezipienten konsumiert wird. Die ‚Heavy-User' teilen diese Einschätzung und geben ergänzend an, dass sie häufig die Produkte näher betrachten, zu denen eine Vielzahl von Online-Rezensionen auf dem Online-Bewertungsportal verfasst wurden.

- **Konsistenz von Online-Rezensionen**
  Die Experten mit Unternehmensfokus nennen innerhalb des Gesprächs keine Aspekte, die unter der dem Stichwort Konsistenz von Online-Rezensionen zusammengefasst werden können. Für die ‚Heavy-User' ist es wichtig, dass die Möglichkeit besteht, verschiedene Online-Rezensionen zu einem Produkt oder einer Dienstleistung vergleichen und diese auf Konsistenz überprüfen zu können. Die ‚Heavy-User' legen insbesondere einen hohen Wert auf Online-Rezensionen, die von Freunden verfasst wurden. Diese werden ebenfalls auf Konsistenz mit Online-Rezensionen geprüft, die von fremden Rezensenten stammen.

- **Emotionalität von Online-Rezensionen**
  Die Experten mit Unternehmensfokus bevorzugen eine sachliche Beschreibung von Produkten und Dienstleistungen und halten diese für bedeutend

glaubwürdiger, als emotional verfasste Online-Rezensionen. Eine übertrieben positive oder negative Formulierung empfinden die Experten nicht als hilfreich und sollten möglichst vermieden werden. Diese Sichtweise teilen die ,Heavy-User'.

- **Rating von Produkten und Dienstleistungen**
  Die Experten mit Unternehmensfokus halten das Rating anhand einer Sternebewertung für eine visuell schnell zu erfassende Möglichkeit, um einen ersten Eindruck von einem Produkt oder einer Dienstleistung zu erhalten. Daher sehen die Experten im Rating einen besonders wichtigen Einflussfaktor von Online-Rezensionen. Die ,Heavy-User' stimmen den Experten zu und ergänzen, dass auf Basis der Sternebewertung Yelp.de den Rezipienten eine Rangfolge von ähnlichen Produkten oder Dienstleistungen zur Verfügung stellt. Die Rezipienten können beispielsweise Bewertungen zu Produkten einer Branche miteinander vergleichen und schnell das für sie geeignete Produkt oder die für sie relevante Dienstleistung finden.

- **Reputation der Rezensenten**
  Die Experten mit Unternehmensfokus sehen vor allem Online-Rezensionen von Rezensenten, die eine Auszeichnung als ,Yelp-Elite' bekommen haben, als besonders wertvoll an. Diese Auszeichnung erhalten nur Rezensenten, die stets gut verfasste Online-Rezensionen mit aussagekräftigen Bildern posten und darüber hinaus einen regen Austausch auf Yelp.de mit anderen Nutzern pflegen. Diese Kommunikation betrifft auch die Verteilung von Komplimenten und gegenseitige Bewertungen.[812] Die ,Heavy-User' sehen zusätzlich Beitragsbewertungen und Statistiken über den Rezensenten als hilfreich an und bewerten anhand dieser Auswertungen die Reputation der Rezensenten.

- **Expertise der Rezensenten**
  Die Experten mit Unternehmensfokus nennen vor allem die Erfahrung der Rezensenten mit dem rezensierten Produkt oder der rezensierten Dienstleistung als maßgebend für die Relevanz der Online-Rezension. Darüber hinaus erscheint den Experten die Erfahrung der Rezensenten mit Vergleichsprodukten wichtig zu sein. Zusätzlich betonen die Experten, dass sich der Rezensent in der Branche auskennen sollte, um die wesentlichen Vor- und Nachteile der Produkte und Dienstleistungen nennen und bewerten zu können. Diese Ein-

812 Vgl. dazu wie man Yelp-Elite wird Yelp Ireland Ltd. (2016c).

schätzung teilen die ‚Heavy-User' in den Gesprächen. Sie führen zu diesem Aspekt keine weiteren Punkte an.

- **Reputation der Webseite**
  Die Experten mit Unternehmensfokus halten das Vertrauen in die Webseite für besonders wichtig. Aus ihrer Sicht ist nur ein Online-Bewertungsportal mit einem guten Ruf geeignet, glaubwürdige Online-Rezensionen für die Rezipienten bereitzustellen. Die Experten sind der Meinung, dass nur auf Webseiten beziehungsweise Online-Bewertungsportalen, die über eine hohe Reputation verfügen, die Rezipienten gewillt sind, Online-Rezensionen zu lesen und auf Basis dieser Inhalte eine Konsumentscheidung zu treffen. Dazu ergänzen die ‚Heavy-User', das ein ‚Trusted-Siegel' auf Webseiten das Vertrauen in diese Webseite erhöht.

In den Expertengesprächen wurden noch zwei Aspekte von den Experten mit Unternehmensfokus und den ‚Heavy-Usern' von Yelp.de genannt, die aber nicht den zuvor identifizierten Faktoren zugeordnet werden können. Das ist zum einen die Beachtung des Preis-Leistungs-Verhältnisses. Dies scheint ein Aspekt zu sein, der Experten und ‚Heavy-Usern' gleichermaßen wichtig ist und vor einer Kaufentscheidung gerne herangezogen wird. Da auf Online-Bewertungsportalen zumeist keine Produkte oder Dienstleistungen direkt gekauft oder bestellt werden können, werden Preise nicht im Detail erfasst. Darüber hinaus existieren keine Tools, mit denen Preis-Leistungs-Reihenfolgen zu Produkten oder Dienstleistungen erstellt werden können. Daher wird dieser Aspekt in dieser Untersuchung nicht weiter verfolgt. Diese Untersuchung erfasst jedoch innerhalb des Faktors Vollständigkeit, ob Preise zu Produkten oder Dienstleistungen genannt werden.

Als zweiter Aspekt wurde in den Expertengesprächen eine differenzierte Bewertung von teuren und günstigen Produkten und Dienstleistungen vorgeschlagen. Damit soll dem Umstand Rechnung getragen werden, dass zum Beispiel ein Schnellimbiss sehr viele, sehr gute Online-Rezensionen auf dem Online-Bewertungsportal aufzuweisen hat, ein Restaurant mit Sterne-Küche hingegen nur vergleichsweise wenige. Da sich diese Untersuchung auf Einflussfaktoren von Online-Rezensionen bezieht und nicht auf eine faire Bewertung von Produkten und Dienstleistungen wird auch dieser Aspekt vernachlässigt.

Zusammenfassend ist zu konstatieren, dass das grundsätzliche Untersuchungsmodell anhand der exploratorischen Expertengespräche validiert wurde. Darüber hinaus soll den Ergebnissen der exploratorischen Expertengespräche in dieser Untersuchung innerhalb der Operationalisierung Rechnung getragen werden. Die genannten Aspekte sollen sich in den Indikatoren, die das Konstrukt messen, widerspiegeln.

Im zweiten Schritt wird gezeigt, wie häufig die Experten mit Unternehmensfokus und die ‚Heavy-User' die einzelnen Einflussfaktoren in den Gesprächen genannt haben. Hierzu erfolgt eine quantitative Auswertung der exploratorischen Expertengespräche.

Der Faktor Verständlichkeit wird zwölfmal von den Experten genannt. Eine eindeutig formulierte und klar zu verstehende Online-Rezension erscheint als besonders wichtig. Danach wurden mit zehn Nennungen gleich mehrere Faktoren als sehr bedeutsam eingeschätzt. Dazu gehört einerseits die Genauigkeit von Online-Rezensionen. Eine präzise und fehlerfreie Formulierung der Online-Rezension gilt als äußerst hilfreich. Zehn Nennungen hat der Faktor zweiseitige Betrachtung, unter dem die Nennung positiver und negativer Aspekte von Produkten und Dienstleistungen in einer Online-Rezension zu verstehen ist. Der Faktor Vollständigkeit wurde ebenfalls von zehn Experten genannt. Eine Online-Rezension soll möglichst ausführlich ein Produkt oder eine Dienstleistung beschreiben und bewerten.

Der Faktor Relevanz wurde von insgesamt acht Experten genannt. Für die Experten ist besonders wichtig, dass die Bewertungen eine hohe Anwendbarkeit für die Rezipienten besitzen und deren Interessen einschließen. Darüber hinaus hielten vier Experten den Faktor Aktualität von Online-Rezensionen für bedeutend, aber insbesondere den ‚Heavy-Usern' scheint die Aktualität nicht so wichtig zu sein. Für sie könnte es aber auch deshalb kein bedeutendes Thema sein, weil das Online-Bewertungsportal Yelp.de so stark frequentiert ist und Online-Rezensionen daher stets aktuell sind.

Bei den Einflussfaktoren der peripheren Signale wurde der Faktor Reputation der Rezensenten am häufigsten genannt (13 Nennungen). Nach Meinung der Experten ist die Authentizität und Legitimität der Rezensenten am wichtigsten. Als zweiter bedeutender Faktor gilt für die Experten die Reputation der Webseite. Diesen Faktor halten zwölf Experten für maßgebend. Zur Reputation der Webseite trägt beispielsweise ein „Trusted-Siegel" bei.

Mit neun Nennungen besitzt die Expertise der Rezensenten bei den Experten eine hohe Relevanz. Online-Rezensionen erscheinen besonders glaubwürdig, wenn die

Rezensenten relevante eigene Erfahrungen zu dem Produkt oder der Dienstleistung nachweisen können.

Darüber hinaus wurde von den Experten sechsmal der Faktor Quantität von Online-Rezensionen genannt. Die Glaubwürdigkeit bezüglich eines Produkts oder einer Dienstleistung steigt mit der Zahl von Online-Rezensionen zu dem Produkt oder der Dienstleistung. Eine hohe Anzahl von Online-Rezensionen kann beispielsweise auf eine besonders hohe Popularität des Produkts hindeuten. Zusätzlich wurde innerhalb der exploratorischen Expertengespräche fünfmal die Konsistenz von Online-Rezensionen als bedeutender Faktor angeführt. Nur ein Experte hielt die Emotionalität von Online-Rezensionen für einen maßgebenden Faktor.

Abschließend kann festgehalten werden, dass die aus dem quantitativ-empirischen Social Media- und E-Commerce-Schrifttum abgeleiteten Einflussfaktoren von Online-Rezensionen bezüglich der Qualität der Argumente und der peripheren Signale in den exploratorischen Expertengesprächen weitgehend genannt und bestätigt werden.

Der zweite Teil der exploratorischen Expertengespräche befasste sich mit der Ermittlung der Relevanz der aus dem Schrifttum identifizierten Einflussfaktoren von Online-Rezensionen bezüglich der Qualität der Argumente und der peripheren Signale sowie der relevanten endogenen Faktoren und der identifizierten Moderatoren. Die Experten wurden gebeten, die Faktoren auf einer Likert-Skala von 1-7 zu bewerten, wobei 1 – für nicht relevant und 7 – für sehr relevant steht.

Im Zusammenhang mit Einflussfaktoren der Qualität der Argumente werden die identifizierten Faktoren durchgängig als sehr relevant eingeschätzt. Von allen Faktoren scheint Verständlichkeit von Online-Rezensionen mit einer durchschnittlichen Expertenbewertung von 6,3 die größte Bedeutung zu besitzen, gefolgt von der zweiseitigen Betrachtung (positive und negative Aspekte) und der Aktualität einer Online-Rezension, beide mit einer durchschnittlichen Expertenbewertung von 5,7. Die Relevanz (Ø Expertenbewertung: 5,4) und die Genauigkeit (Ø Expertenbewertung: 5,3) von Online-Rezensionen zählen nach Meinung der Experten ebenfalls zu den bestimmenden Faktoren. Etwas geringer wird die Bedeutung der Vollständigkeit von Online-Rezensionen mit einer durchschnittlichen Expertenbewertung von 4,5 eingeschätzt.

Die im Schrifttum identifizierten Einflussfaktoren von Online-Rezensionen bezüglich der peripheren Signale bewerten die Experten weitestgehend als für die Untersuchung sehr bedeutend. Die größte Bedeutung wird der Reputation der Webseite und dem Rating von Produkten und Dienstleistungen mit einer durchschnittlichen Expertenbewertung von 5,8 beigemessen. Die Reputation der Rezensenten erscheint ebenfalls ein sehr entscheidender Faktor im Kontext der Untersuchung zu sein (Ø Expertenbewertung: 5,6). Darüber hinaus messen die Experten den Faktoren Expertise der Rezensenten (Ø Expertenbewertung: 5,3) und Quantität von Online-Rezensionen (Ø Expertenbewertung: 5,2) einen hohen Einfluss auf Online-Rezensionen bezüglich der peripheren Signale bei. Etwas weniger Bedeutung hat nach Einschätzung der Experten der Faktor Konsistenz von Online-Rezensionen (Ø Expertenbewertung: 4,7). Nur eine geringe Bedeutung wurde dem Faktor Emotionalität von Online-Rezensionen (Ø Expertenbewertung: 4,0) beigemessen.

Die aus dem Schrifttum identifizierten endogenen Faktoren, die den Einfluss von Online-Rezensionen messen, konnten ebenfalls anhand der Expertengespräche verifiziert werden. Die Kaufintention wurde als bedeutendstes einflussmessendes Konstrukt mit einer durchschnittlichen Expertenbewertung von 6,7 angesehen. Als zweites wesentliches endogenes einflussmessendes Konstrukt wird die Nützlichkeit von Online-Rezensionen mit einer durchschnittlichen Expertenbewertung von 5,8 bestätigt.

Zusätzlich konnten anhand der Expertengespräche die im Schrifttum identifizierten Moderatoren verifiziert werden. Die Expertise der Rezipienten wurde mit einer durchschnittlichen Expertenbewertung von 5,1 als bedeutender Moderator, der einen Einfluss darauf hat, welche Faktoren von Online-Rezensionen stärker und welche schwächer gewichtet werden, verifiziert. Der Moderator Engagement der Rezipienten wurde ebenfalls anhand einer durchschnittlichen Expertenbewertung von 4,6 verifiziert. Nach Einschätzung der Experten besitzt dieser Moderator einen Einfluss auf die Einstellung und Verhaltensintention der Rezipienten von Online-Rezensionen. In Tabelle 3-9 fasst die Einschätzung der Experten zu den im Schrifttum identifizierten Einflussfaktoren und Moderatoren zusammen.

Tabelle 3-9: *Ergebnisse der exploratorischen Expertengespräche*

		Experten mit Unternehmensfokus															Experten mit Nutzerfokus															
	Konstrukte / Expertengespräche	Experte 1	Experte 2	Experte 3	Experte 4	Experte 5	Experte 6	Experte 7	Experte 8	Experte 9	Experte 10	Experte 11	Experte 12	Experte 13	Experte 14	Experte 15	Nutzer 1	Nutzer 2	Nutzer 3	Nutzer 4	Nutzer 5	Nutzer 6	Nutzer 7	Nutzer 8	Nutzer 9	Nutzer 10	Nutzer 11	Nutzer 12	Nutzer 13	Nutzer 14	Nutzer 15	Anzahl ✓/ Ø Experten-/Nutzer-bewertung
Exogene Faktoren der Qualität der Argumente	Verständlichkeit				✓			✓		✓	✓			✓				✓	✓			✓		✓	✓		✓			✓		12x ✓
		5	5	7	7	5	7	6	7	6	7	6	7	6	6	6	7	6	7	6	5	7	6	6	7	7	6	6	6	7	6	Ø 6,3
	Genauigkeit	✓		✓			✓	✓		✓							✓		✓		✓			✓				✓				10x ✓
		6	4	5	6	3	5	5	6	6	5	7	7	6	6	5	4	5	6	4	6	5	3	6	7	6	4	5	6	5	5	Ø 5,3
	Zweiseitige Betrachtung		✓			✓	✓		✓						✓			✓		✓		✓				✓					✓	10x ✓
		5	6	6	6	6	6	5	6	3	7	7	7	6	6	6	5	6	5	6	6	5	6	6	5	6	5	6	6	5	6	Ø 5,7
	Vollständigkeit		✓	✓	✓	✓					✓		✓				✓						✓			✓				✓		10x ✓
		4	5	5	5	4	2	4	5	5	5	5	5	4	5	4	3	5	4	5	5	5	4	5	5	5	5	4	5	4	4	Ø 4,5
	Relevanz		✓				✓			✓		✓				✓			✓	✓							✓					8x ✓
		5	7	6	4	5	4	4	6	7	6	6	5	4	5	5	4	5	5	6	6	7	5	5	6	7	6	6	6	5	5	Ø 5,4
	Aktualität	✓	✓	✓									✓																			4x ✓
		6	6	5	6	4	5	5	5	7	7	3	7	6	5	6	5	6	5	6	6	7	7	5	6	6	5	6	6	6	6	Ø 5,7
Exogene Faktoren der peripheren Signale	Quantität von O.-Rezensionen		✓	✓			✓					✓	✓		✓																	6x ✓
		5	7	5	3	6	6	6	6	6	7	3	4	5	6	4	5	5	5	4	7	5	4	5	6	5	4	6	6	5	5	Ø 5,2
	Konsistenz von O.-Rezensionen					✓		✓			✓									✓									✓			5x ✓
		6	7	6	5	5	4	6	5	4	6	4	1	4	5	4	6	5	4	4	4	5	5	4	3	5	5	4	4	5	5	Ø 4,7
	Emotionalität von O.-Rezensionen								✓																							1x ✓
		4	5	4	5	4	4	3	4	5	5	3	3	3	4	3	5	4	4	3	4	5	5	3	4	5	3	4	4	4	3	Ø 4,0
	Rating der Produkte/Dienstleistungen	✓			✓						✓		✓		✓		✓				✓		✓			✓					✓	10x
		6	5	6	7	7	5	4	5	6	7	5	5	6	5	6	6	6	5	6	7	7	6	5	6	6	5	6	6	6	5	Ø 5,8
	Reputation von Rezensenten	✓	✓		✓		✓	✓	✓	✓		✓	✓						✓						✓			✓		✓		13x ✓
		5	3	6	6	3	6	6	5	6	7	5	7	6	5	6	5	6	5	7	6	7	5	7	5	6	5	6	6	5	5	Ø 5,6
	Expertise von Rezensenten				✓		✓		✓			✓	✓			✓			✓	✓					✓							9x ✓
		5	6	5	5	3	6	6	5	5	7	3	4	6	4	6	5	5	5	7	6	7	6	5	7	3	4	6	6	7	4	Ø 5,3
	Reputation von Webseite	✓					✓				✓	✓	✓				✓	✓		✓		✓		✓	✓		✓					12x ✓
		6	5	6	6	5	7	5	4	7	6	6	7	6	7	6	6	6	5	7	6	6	5	7	5	6	5	4	5	6	5	Ø 5,8
Endogene Faktoren	Nützlichkeit von Online-Rezensionen	5	6	6	6	5	6	5	5	6	7	6	7	7	6	6	5	6	5	7	5	5	6	7	6	6	6	6	6	5	5	Ø 5,8
	Kaufintention	7	7	7	7	6	7	6	6	7	7	7	7	7	6	7	6	7	6	7	7	7	6	7	7	7	6	7	6	7	6	Ø 6,7
Moderatoren	Expertise der Rezipienten	5	6	5	5	4	5	5	6	6	6	4	5	5	5	5	5	6	4	6	5	4	5	5	6	4	5	5	4	5	6	Ø 5,1
	Engagement der Rezipienten	4	5	5	4	4	4	5	5	6	5	4	4	5	4	5	5	6	5	6	4	4	4	4	4	5	5	4	4	5	4	Ø 4,6

✓ = Faktor wurde durch den Experten genannt.
Zahl = Einschätzung des Experten bezüglich der Wichtigkeit des Faktors (1 – nicht relevant, 7 – sehr relevant).

3.3.2. Zusammenfassung der Ergebnisse und Anpassung des Bezugsrahmens

Die Ergebnisse der exploratorischen Expertengespräche liefern einen wichtigen Beitrag zu den aus dem relevanten Schrifttum identifizierten exogenen und endogenen Faktoren von Online-Rezensionen auf Online-Bewertungsportalen. Auf Grund der exploratorischen Expertengespräche werden einige Anpassungen hinsichtlich der exogenen und endogenen Faktoren vorgenommen, die in den folgenden Punkten zusammengefasst sind.

- Alle aus dem Schrifttum identifizierten exogenen Einflussfaktoren von Online-Rezensionen bezüglich der Qualität der Argumente (Verständlichkeit, Genauigkeit, zweiseitige Betrachtung, Vollständigkeit, Relevanz und Aktualität) wurden anhand der exploratorischen Expertengespräche bestätigt.
- Von den im Schrifttum identifizierten exogenen Einflussfaktoren von Online-Rezensionen bezüglich der peripheren Signale wurde die Quantität von Online-Rezensionen, die Konsistenz von Online-Rezensionen, die Reputation der Rezensenten, die Expertise der Rezensenten, das Rating von Produkten und Dienstleistungen sowie die Reputation der Webseite als bedeutende Faktoren anhand der exploratorischen Expertengespräche nachgewiesen. Der Faktor Emotionalität von Online-Rezensionen wurde anhand der exploratorischen Expertengespräche verworfen und wird aufgrund mangelnden Praxisbezugs im weiteren Verlauf der Untersuchung nicht berücksichtigt.
- Von den Einflussfaktoren bezüglich der Qualität der Argumente weist die Verständlichkeit die größte Relevanz auf. Eine ebenfalls große Bedeutung attestieren die Experten den Faktoren zweiseitige Betrachtung, Aktualität, Relevanz und Genauigkeit. Den Experten erscheint der Faktor Vollständigkeit weniger relevant.
- Von den Einflussfaktoren bezüglich der peripheren Signale hat die Reputation der Webseite die größte Bedeutung. Als sehr relevant erachten die Experten die Faktoren Reputation der Rezensenten, Rating von Produkten und Dienstleistungen, Quantität von Online-Rezensionen und Expertise der Rezensenten. Der Faktor Konsistenz von Online-Rezensionen besitzt für die Experten eine etwas geringere Bedeutung.
- Innerhalb der endogenen einflussmessenden Faktoren von Online-Rezensionen auf Online-Bewertungsportalen hat der Faktor Kaufintention aus Sicht der

Experten die größte Bedeutung. Daneben wird der Faktor Nützlichkeit von Online-Rezensionen ebenfalls als sehr relevant bezeichnet.

- Bei den Moderatoren, die einen Einfluss auf die Einstellung und die Verhaltensintention der Rezipienten von Online-Rezensionen auf Online-Bewertungsportalen besitzen, bezeichnen die Experten die Expertise der Rezipienten als besonders relevant. Darüber hinaus wird dem Moderator Engagement der Rezipienten eine hohe Relevanz beigemessen.

Die Erkenntnisse, die anhand der exploratorischen Expertengespräche gewonnen werden, ermöglichen eine präzisere Konkretisierung der relevanten exogenen und endogenen Faktoren von Online-Rezensionen auf Online-Bewertungsportalen. Die exploratorischen Expertengespräche liefern Evidenz für alle im Schrifttum identifizierten exogenen und endogenen Faktoren von Online-Rezensionen mit Ausnahme der Emotionalität von Online-Rezensionen.

Abbildung 3-13: *Angepasster heuristischer Bezugsrahmen zur Erstellung des Untersuchungsmodells*

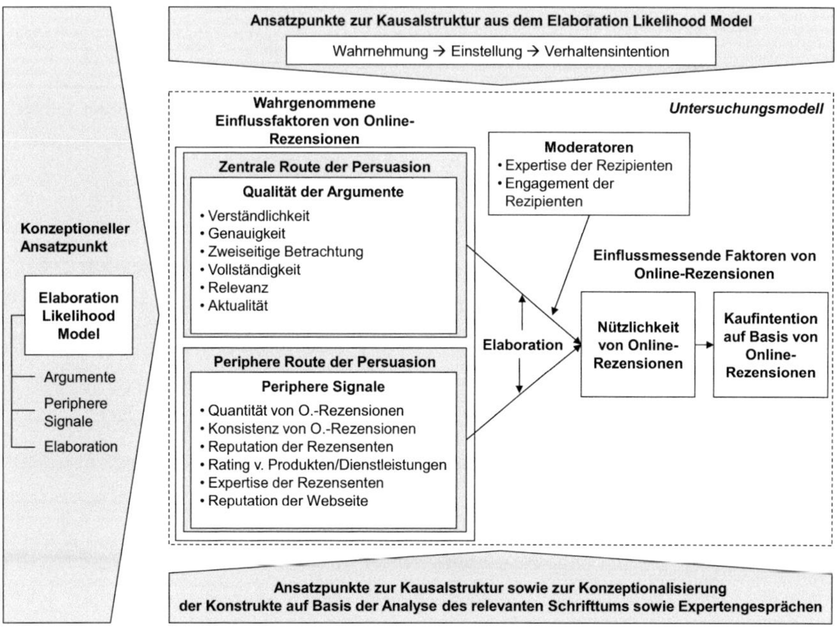

Die exogenen Einflussfaktoren von Online-Rezensionen setzen sich aus den relevanten Faktoren bezüglich der Qualität der Argumente (Verständlichkeit, Genauigkeit, zweiseitige Betrachtung, Vollständigkeit, Relevanz und Aktualität) und den Faktoren bezüglich der peripheren Signale (Quantität von Online-Rezensionen, Konsistenz von Online-Rezensionen, Reputation der Rezensenten, Expertise der Rezensenten, Rating von Produkten und Dienstleistungen und Reputation der Webseite) zusammen.

Die Nützlichkeit von Online-Rezensionen sowie die Kaufintention auf Basis von Online-Rezensionen sind die entscheidenden endogenen einflussmessenden Faktoren von Online-Rezensionen auf Online-Bewertungsportalen. Zusätzlich werden als relevante Moderatoren die Expertise und das Engagement der Rezipienten in die Untersuchung einbezogen. In Abbildung 3-13 wird der weiterentwickelte heuristische Bezugsrahmen dieser Untersuchung dargestellt.

Im Kapitel 3.4 wird der angepasste heuristische Bezugsrahmen für das letztlich verwendete Untersuchungsmodell erläutert. In diesem Kapitel erfolgen die Konzeptionalisierung des Untersuchungsmodells sowie die Entwicklung der dazu relevanten Hypothesen.

3.4. Konzeptionalisierung der Konstrukte

Anhand der bisher angegebenen theoretischen Grundlagen, der Analyse des Schrifttums sowie der exploratorischen Expertengespräche konnte für diese Untersuchung ein relevanter heuristischer Bezugsrahmen erstellt werden. Dieser wurde durch die identifizierten relevanten exogenen und endogenen Faktoren sowie Moderatoren zu Online-Rezensionen auf Online-Bewertungsportalen inhaltlich sukzessive gefüllt. Kapitel 3.4 behandelt aufbauend auf dem heuristischen Bezugsrahmen die Konzeptionalisierung der einzelnen Konstrukte des Untersuchungsmodells. In Kapitel 3.4.1 wird konkret auf die Einflussfaktoren von Online-Rezensionen bezüglich der Qualität der Argumente und der peripheren Signale eingegangen. In Kapitel 3.4.2 werden die endogenen, einflussmessenden Faktoren von Online-Rezensionen auf Online-Bewertungsportalen konzeptionalisiert. In Kapitel 3.4.3 erfolgt die Konzeptionalisierung der für diese Untersuchung relevanten Moderatoren, die die Einstellung und die Verhaltensintention der Rezipienten von Online-Rezensionen beeinflussen.

3.4.1. Konzeptionalisierung der Einflussfaktoren von Online-Rezensionen auf Online-Bewertungsportalen

In den anschließenden Kapiteln 3.4.1.1 und 3.4.1.2 erfolgt die Konzeptionalisierung der Einflussfaktoren von Online-Rezensionen auf Online-Bewertungsportalen bezüglich der Qualität der Argumente und der peripheren Signale. Sie erfolgt unter Berücksichtigung der zuvor getätigten Analyse des für diese Untersuchung relevanten Social Media- und E-Commerce-Schrifttums, anhand der relevanten theoretischen Ausführungen sowie der exploratorischen Expertengespräche.

Vor der Konzeptionalisierung der Einflussfaktoren von Online-Rezensionen ist festzulegen, ob eine eindimensionale oder eine mehrdimensionale Konzeptionalisierung erfolgen soll. Eindimensionale Konstrukte bestehen nur aus einer einzigen Komponente respektive Dimension. Mehrdimensionale Konstrukte setzen sich aus mehreren differenzierten Dimensionen zusammen, die inhaltlich miteinander verwandt sind. Im Schrifttum werden mehrdimensionale Konstrukte auch als Second-Order-Konstrukte bezeichnet. Das bedeutet, dass ein übergeordnetes Konstrukt (zweite Ordnung) sich aus den latenten Konstrukten respektive Dimensionen der ersten Ordnung konstituiert. Aus diesem Grund sind Second-Order-Konstrukte nicht direkt messbar und werden über die darunterliegenden Konstrukte gemessen.[813] Die Wahl zwischen einer eindimensionalen und einer mehrdimensionalen Konzeptionalisierung hängt vom theoretischen Gesamtkonzept des Forschungsvorhabens ab.[814]

Im Schrifttum werden mehrdimensionale Konstrukte vor allem zur weiterführenden, ergänzenden Untersuchung von bereits eindimensional untersuchten Forschungsvorhaben verwendet.[815] Bei zunehmender Komplexität des Untersuchungsmodells sind meist nur mehrdimensionale Konstrukte geeignet, um das Forschungsvorhaben ausreichend adressieren zu können.[816] Nach Jarvis/Mackenzie/Podsakoff (2003) hängt die Entscheidungsfindung, ob eindimensionale oder mehrdimensionale Konstrukte verwendet werden, von dem Abstraktionslevel der definierten Konstrukte ab:

---

813 Vgl. Jarvis/Mackenzie/Podsakoff (2003), S. 204 f.; Schilke (2007), S. 80.

814 Vgl. Weiber/Mühlhaus (2014), S. 99.

815 Vgl. Giere/Wirtz/Schilke (2006), S. 678 f.

816 Vgl. Hulland (1999), S. 196 ff.; Edwards (2001), S. 144 ff.; Jarvis/Mackenzie/Podsakoff (2003), S. 204.

„[...] whether a construct is viewed as unidimensional or multidimensional may depend on the level of abstraction used to define the construct."[817]

Eine mehrdimensionale Konzeptionalisierung ermöglicht die Analyse einer Vielzahl von Einflussfaktoren innerhalb einer Abstraktionsstufe in einem nomologischen Netzwerk. Zusätzlich erhöhen mehrdimensionale Konstrukte den Erklärungsgehalt von Kovarianzen bezüglich der Konstrukte 1. Ordnung sowie die erklärte Varianz der Dimensionen.[818] Abbildung 3-14 fasst die wesentlichen Unterschiede zwischen der eindimensionalen und der mehrdimensionalen Konzeptionalisierung theoretischer Konstrukte zusammen.

Abbildung 3-14: Eindimensionale und mehrdimensionale Konzeptionalisierung theoretischer Konstrukte[819]

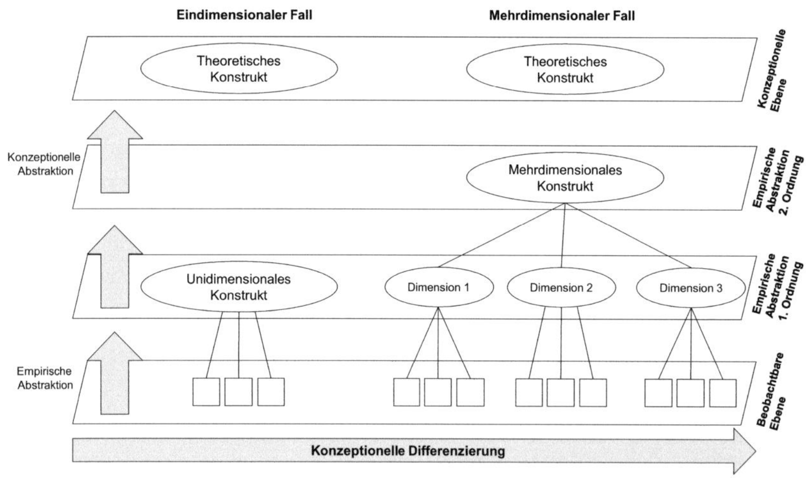

Innerhalb des relevanten Social Media- sowie E-Commerce-Schrifttums existiert bislang keine Arbeit, die eine mehrdimensionale Konzeptionalisierung verwendet. Dies ist darauf zurückzuführen, dass im Schrifttum die Einflussfaktoren von Online-Rezensionen bislang nur partiell untersucht wurden. Die Analyse des Schrifttums zeigt, dass die meisten Arbeiten den Fokus entweder primär auf die Dimensionen der Qua-

817 Jarvis/Mackenzie/Podsakoff (2003), S. 204.

818 Vgl. Chin (1998b), S. X; Giere/Wirtz/Schilke (2006), S. 679.

819 In Anlehnung an MacKenzie/Podsakoff/Jarvis (2005), S. 714; Giere/Wirtz/Schilke (2006), S. 679.

lität der Argumente oder primär auf die Dimensionen der peripheren Signale legen. Dadurch ist der Erklärungsgehalt der Studien im Vergleich zu dieser Untersuchung deutlich geringer. In dieser Untersuchung wird erstmals versucht die Einflussfaktoren von Online-Rezensionen bezüglich der Qualität der Argumente und der peripheren Signale möglichst umfassend zu betrachten.[820]

Dagegen existieren im Social Media- sowie E-Commerce-Schrifttum eine Reihe von Arbeiten, die ohne eine mehrdimensionale Konzeptionalisierung gezielt zwischen Einflussfaktoren von Online-Rezensionen bezüglich der Qualität der Argumente (zentrale Route der Persuasion) und der peripheren Signale (periphere Route der Persuasion) unterscheiden. Dazu gehören im Social Media-Schrifttum die Arbeiten von Cheung/Lee/Rabjohn (2008), Zhang/Watts (2008), Cheung/Sia/Kuan (2012), Filieri/McLeay (2013), Jamil/Hasnu (2013), Cheung (2014), Zhu/Yin/He (2014), Cheng/Ho (2015) und Luo et al. (2015).[821] Im E-Commerce-Schrifttum sind dazu die Arbeiten von Li/Zhan (2011) und Baek/Ahn/Choi (2012) zu nennen.[822]

Das ‚Elaboration Likelihood Model' als theoretische Grundlage erlaubt eine mehrdimensionale Konzeptionalisierung, da innerhalb der Theorie explizit zwischen der zentralen Route der Persuasion und der peripheren Route der Persuasion unterschieden wird.[823] Zudem sind alle identifizierten Einflussfaktoren von Online-Rezensionen bezüglich der Qualität der Argumente und der peripheren Signale mit dem ‚Elaboration Likelihood Model' als Theorie vereinbar.

Vor diesem Hintergrund erfolgt die Untersuchung der Einflussfaktoren von Online-Rezensionen anhand von Dimensionen des Second-Order-Konstrukts Qualität der Argumente und des Second-Order-Konstrukts periphere Signale. Aufgrund der hohen Komplexität der Untersuchung erscheint dieses Vorgehen angemessen.

---

820 Vgl. Kapitel 2.3.5.

821 Für eine ausführliche Darstellung, welche Dimensionen bezüglich der Qualität der Argumente beziehungsweise der zentralen Route der Persuasion sowie bezüglich der peripheren Signale beziehungsweise der peripheren Route der Persuasion die Autoren Cheung/Lee/Rabjohn (2008), S. 233 ff.; Zhang/Watts (2008), S. 73 ff.; Cheung/Sia/Kuan (2012), S. 618 ff.; Filieri/McLeay (2013), S. 44 ff.; Cheung (2014), S. 42 ff.; Zhu/Yin/He (2014), S. 267 ff. und Cheng/Ho (2015), S. 883; Luo et al. (2015), S. 305 ff. verwenden siehe auch Kapitel 2.3 und Kapitel 3.2.

822 Für eine ausführliche Darstellung, welche Dimensionen bezüglich der Qualität der Argumente beziehungsweise der zentralen Route der Persuasion sowie bezüglich der peripheren Signale beziehungsweise der peripheren Route der Persuasion die Autoren Li/Zhan (2011), S. 239 ff.; Baek/Ahn/Choi (2012), S. 99 ff. verwenden siehe auch Kapitel 2.3 und Kapitel 3.2.

823 Für eine ausführliche Darstellung bezüglich der Unterscheidung zwischen der zentralen Route der Persuasion und der peripheren Route der Persuasion innerhalb des ‚Elaboration Likelihood Models' vgl. Kapitel 3.1.3.

Im Folgenden sollen die Einflussfaktoren von Online-Rezensionen als Dimensionen des Second-Order-Konstrukts Qualität der Argumente (Kapitel 3.4.1.1) und des Second-Order-Konstrukts periphere Signale (Kapitel 3.4.1.2) konzeptionalisiert werden.

3.4.1.1. Konzeptionalisierung des Second-Order-Konstrukts Qualität der Argumente

Die Konzeptionalisierung der Einflussfaktoren von Online-Rezensionen als Dimensionen des Second-Order-Konstrukts Qualität der Argumente wird unter Berücksichtigung des theoretischen Bezugsrahmens (Kapitel 3.1), des relevanten Social Media- und E-Commerce-Schrifttums (Kapitel 3.2.1) sowie anhand der exploratorischen Expertengespräche (Kapitel 3.3.1) vorgenommen.

Hierzu werden die relevanten Einflussfaktoren Verständlichkeit, Genauigkeit, zweiseitige Betrachtung, Vollständigkeit, Relevanz und Aktualität von Online-Rezensionen als Dimensionen des Second-Order-Konstrukts Qualität der Argumente identifiziert und auf Basis des ‚Elaboration Likelihood Models' im Kontext der zentralen Route der Persuasion konzeptionalisiert.

- **Verständlichkeit**

Erste Dimension des mehrdimensionalen Konstrukts Qualität der Argumente ist in dieser Untersuchung die Verständlichkeit. Bei der Verständlichkeit handelt es sich um ein Konstrukt, das sowohl im Social Media- als auch im E-Commerce-Schrifttum häufig Verwendung findet und als etablierter Faktor zu bezeichnen ist.[824]

Die Verständlichkeit von Online-Rezensionen umfasst die Lesbarkeit und das Verständnis von Online-Rezensionen aber auch den Aspekt, ob die Aussagen für die Rezipienten interpretierbar sind. Zu einer verständlichen Online-Rezension tragen die Sprache, die Semantik sowie die lexikalischen Ausdrücke bei. Dagegen kann die Verwendung einer stark technischen Sprache, eines Dialekts oder eines Fachjargons innerhalb von Online-Rezensionen zu Unklarheiten bei den Rezipienten führen. Aufgrund eines schlechten Schreibstils der Rezensenten können bei den Rezipienten ebenfalls Verständnisschwierigkeiten entstehen. Filieri/McLeay (2013) definieren den Faktor Verständlichkeit von Online-Rezensionen wie folgt:

---

[824] Vgl. Filieri/McLeay (2013), S. 47; Zhu/Yin/He (2014), S. 271 ff.; Liu/Park (2015), S. 143 f.; Park/Nicolau (2015), S. 76; Li/Zhan (2011), S. 241; Korfiatis/García-Bariocanal/Sánchez-Alonso (2012), S. 208; Kuan et al. (2015), S. 52 f.

„Information understandability refers to readability, interpretability, and ease of understanding, as well as language, semantic, and lexical expressions used by reviewers […].“[825]

Anhand der exploratorischen Expertengespräche müssen in diesem Zusammenhang noch ein einfacher Satzbau, eine korrekte Grammatik und die Beachtung der Rechtschreibung als prägende Faktoren der Verständlichkeit angeführt werden.[826]

Die praktische Relevanz der Verständlichkeit von Online-Rezensionen stellen Liu/Park (2015) in ihrer Studie dar. Die Autoren verweisen darauf, dass vor allem die Lesbarkeit als ein entscheidender Aspekt dazu beiträgt, dass Online-Rezensionen für die Rezipienten verständlich sind. Liu/Park (2015) konstatieren, dass das Maß der Verständlichkeit von Online-Rezensionen zu Produkt- oder Dienstleistungsinformationen für die Rezipienten unmittelbar vom Grad der Lesbarkeit abhängt.[827] Online-Rezensionen gelten als einfach zu lesen und zu verstehen, wenn die Informationen als klar, logisch und gut interpretierbar beurteilt werden.[828]

Der Faktor Verständlichkeit wird im Schrifttum häufig als eine Dimension der Qualität der Argumente betrachtet, so beispielsweise von Filieri/McLeay (2013) und Liu/Park (2015). Den Autoren zufolge stellt die Verständlichkeit von Online-Rezensionen einen qualitativen Faktor dar, der den Rezipienten hilft, die enthaltenen Informationen zu verstehen und zu akzeptieren. Dazu führen Liu/Park (2015) aus:

„[…] understandability is thought to be an important qualitative factor to display the extent to which customers accept online information on social media platforms.“[829]

Das ‚Elaboration Likelihood Model‘ liefert dafür eine gute Erklärung. Der Faktor Verständlichkeit ist im ‚Elaboration Likelihood Model‘ der zentralen Route der Persuasion zugeordnet. Diese Zuordnung erfolgt, weil die Verständlichkeit ein Faktor ist, der für die Rezipienten relevant ist, sobald sie sich mit den Inhalten von Online-

825 Vgl. Filieri/McLeay (2013), S. 47.

826 Vgl. dazu die Ergebnisse der exploratorischen Expertengespräche zu dem Faktor Verständlichkeit in Kapitel 3.3.1.

827 Vgl. Liu/Park (2015), S. 143 f. Den Einfluss der Lesbarkeit auf die Nützlichkeit sowie auf die Kaufintention untersuchen beispielsweise auch Ghose/Ipeirotis (2011), S. 5; Korfiatis/García-Bariocanal/Sánchez-Alonso (2012), S. 205.

828 Vgl. beispielsweise Wang/Strong (1996), S. 15; Filieri/McLeay (2013), S. 47; Park/Nicolau (2015), S. 76.

829 Liu/Park (2015), S. 143.

Rezensionen auseinandersetzen.[830] Nach Zhu/Yin/He (2014) spielen dabei die kognitiven Fähigkeiten der Rezipienten eine entscheidende Rolle. Besitzen die Rezipienten das benötigte Bildungsniveau und leisten den dazu notwendigen kognitiven Aufwand, werden die Rezipienten die Verständlichkeit anhand der zentralen Route der Persuasion verarbeiten und einen Nutzen aus der Online-Rezension ziehen.[831]

Der Faktor Verständlichkeit gehört zur Dimension der Qualität der Argumente innerhalb der zentralen Route der Persuasion. Auf Basis dieser Ausführungen kann die folgende Untersuchungshypothese postuliert werden:

H_1: Das latente Konstrukt ‚Verständlichkeit' von Online-Rezensionen ist eine Manifestation des mehrdimensionalen Konstrukts ‚Qualität der Argumente'.

Ein weiterer Einflussfaktor der anhand des ‚Elaboration Likelihood Models' nach den Ausführungen von Petty/Cacioppo (1981) und Petty/Cacioppo (1986) hergeleitet und im Folgenden als eine Dimension des mehrdimensionalen Konstrukts Qualität der Argumente konzeptionalisiert werden soll, ist die Genauigkeit von Online-Rezensionen.[832]

- **Genauigkeit**

Die Genauigkeit ist, ähnlich wie die Verständlichkeit von Online-Rezensionen, ein vor allem im Social Media-Schrifttum häufig verwendeter Einflussfaktor von Online-Rezensionen bezüglich der Qualität der Argumente.[833] Nach Jamil/Hasnu (2013) kann die Genauigkeit von Online-Rezensionen wie folgt definiert werden:

„Message accuracy means that a message is reliable […]. It is the perception of the user that the information provided is correct."[834]

Demnach ist unter der Genauigkeit von Online-Rezensionen zu verstehen, dass die in ihnen enthaltenen Informationen den Rezipienten zuverlässig und korrekt erschei-

830 Vgl. beispielsweise Filieri/McLeay (2013), S. 52; Jamil/Hasnu (2013), S. 193 sowie die Ausführungen in Kapitel 3.1.

831 Vgl. Zhu/Yin/He (2014), S. 274.

832 Vgl. Petty/Cacioppo (1981), S. 262; Petty/Cacioppo (1986), S. 123 ff.

833 Vgl. Cheung/Lee/Rabjohn (2008), S. 234; Filieri/McLeay (2013), S. 47 f.; Jamil/Hasnu (2013), S. 181; Flanagin/Metzger (2013), S. 1629.

834 Jamil/Hasnu (2013), S. 181.

nen. Nach Wang/Strong (1996) sind Online-Rezensionen als genau zu bezeichnen, wenn die enthaltenen Informationen als richtig, korrekt, fehlerfrei, akkurat, glaubhaft und zuverlässig eingeordnet werden.[835]

Die exploratorischen Expertengespräche führen zum Faktor Genauigkeit an, dass die in der Online-Rezension vermittelten Informationen möglichst prägnant und kurz sein sollen. Ist das der Fall, so erklären die Experten, trägt der Faktor Genauigkeit maßgeblich zum Nutzen von Online-Rezensionen bei.[836]

Bezüglich der praktischen Relevanz des Faktors Genauigkeit betonen die Autoren Bickart/Schindler (2001) die Bedeutung einer neutralen Bewertung von Produkten und Dienstleistungen in Online-Rezensionen. Da Online-Rezensionen von unabhängigen Gutachtern, also privaten Personen verfasst werden, gelten Online-Rezensionen im Allgemeinen als vorurteilsfreier als Bewertungen von Unternehmen selbst und stehen im Ruf, korrekte Informationen zu liefern.[837]

Der Faktor Genauigkeit von Online-Rezensionen wird im Schrifttum als eine Dimension der Qualität der Argumente angesehen.[838] Beispielsweise beziehen Cheung/Lee/Rabjohn (2008) den Faktor Genauigkeit in ihrer Untersuchung auf eine qualitativ hochwertige und richtige Darstellung in Online-Rezensionen.

Aus theoretischer Perspektive kann der Faktor Genauigkeit von Online-Rezensionen anhand des ‚Elaboration Likelihood Models' der zentralen Route der Persuasion zugeordnet werden.[839] Der Faktor Genauigkeit spielt für Rezipienten eine entscheidende Rolle, wenn sich diese bewusst mit den Inhalten von Online-Rezensionen auseinandersetzen. Insbesondere werden gute Online-Rezensionen von Rezipienten als korrekt eingeschätzt, wenn die Rezipienten zu den Produkten oder Dienstleistungen bereits Vorkenntnisse besitzen. Wenn die Aspekte, die dem Rezipienten bereits bekannt sind, in der Online-Rezension aus Sicht der Rezipienten zutreffend dargestellt sind, wird er auch die ihm nicht bekannten Aspekte als korrekt anerkennen.[840] Werden jedoch bekannte Aspekte nicht seiner Sicht gemäß dargelegt, wird der Rezipient weder diese noch die ihm unbekannten Aspekte anerkennen.

---

835 Vgl. Wang/Strong (1996), S. 14.

836 Vgl. dazu die Ergebnisse der exploratorischen Expertengespräche zu dem Faktor Genauigkeit in Kapitel 3.3.1.

837 Vgl. Bickart/Schindler (2001), S. 32.

838 Vgl. beispielsweise Cheung/Lee/Rabjohn (2008), S. 234; Filieri/McLeay (2013), S. 47.

839 Vgl. dazu beispielsweise Filieri/McLeay (2013), S. 44 ff.

840 Vgl. Jamil/Hasnu (2013), S. 195.

Für den Faktor Genauigkeit von Online-Rezensionen als eine Dimension der Qualität der Argumente innerhalb der zentralen Route der Persuasion kann die folgende Untersuchungshypothese postuliert werden:

H_2: Das latente Konstrukt ‚Genauigkeit' von Online-Rezensionen ist eine Manifestation des mehrdimensionalen Konstrukts ‚Qualität der Argumente'.

Der dritte Einflussfaktor von Online-Rezensionen der anhand des ‚Elaboration Likelihood Models' nach Petty/Cacioppo (1981) und Petty/Cacioppo (1986) hergeleitet und im Folgenden als eine Dimension des mehrdimensionalen Konstrukts Qualität der Argumente konzeptionalisiert werden soll, ist die zweiseitige Betrachtung.[841]

- **Zweiseitige Betrachtung**

Die zweiseitige Betrachtung wurde im Social Media- und im E-Commerce-Schrifttum schon des Öfteren untersucht und kann als bewährter Faktor angesehen werden.[842] Der Faktor zweiseitige Betrachtung umfasst sowohl positive als auch negative Bewertungen zu einem Produkt oder einer Dienstleistung in einer Online-Rezension. Im Gegensatz dazu steht die einseitige Betrachtung, bei der entweder nur positive oder nur negative Eigenschaften zu einem Produkt beziehungsweise zu einer Dienstleistung dargelegt werden.[843] Diese Untersuchung fokussiert sich auf die zweiseitige Betrachtung und grenzt diese von der einseitigen Betrachtung von Online-Rezensionen ab. In diesem Kontext erklärt Shih (2016):

„A one-sided review contains either positive or negative product comments, whereas a two-sided review contains both positive and negative comments. Hence, consumers often perceive a two-sided review as more unbiased than a one-side review."[844]

In der Praxis schätzen Rezipienten einseitige Online-Rezensionen häufig als voreingenommen ein, da es auf sie so wirkt, als wollten die Rezensenten entweder nur positiv oder nur negativ über ein Produkt oder eine Dienstleistung berichten. Im Ge-

---

841 Vgl. Petty/Cacioppo (1981), S. 262 ff.; Petty/Cacioppo (1986), S. 123 ff.

842 Vgl. Eisend (2006), S. 189; Li/Zhan (2011), S. 242; Cheung/Sia/Kuan (2012), S. 622; Filieri/McLeay (2013), S. 48; Chang/Fang/Huang (2015), S. 39; Luo et al. (2015), S. 305 ff.; Chen (2016), S. 320.

843 Vgl. Kao (2011), S. 329.

844 Shih (2016), S. 1988.

gensatz dazu wirken zweiseitige Online-Rezensionen auf die Rezipienten unvoreingenommen, da positive und negative Argumente über ein Produkt oder eine Dienstleistung dargelegt werden.[845] Zweiseitige Online-Rezensionen enthalten oftmals detailliertere Informationen über die rezensierten Produkte oder Dienstleistungen, wodurch die Rezipienten umfassender informiert werden. Dies reduziert die Unsicherheit der Rezipienten bezüglich der rezensierten Produkte und Dienstleistungen.[846]

Die exploratorischen Expertengespräche bestätigen diese Angaben zum Faktor zweiseitige Betrachtung. Die Experten sehen eine abgewogene Darstellung von positiven und negativen Eigenschaften eines Produkts oder einer Dienstleistung innerhalb einer Online-Rezension als äußerst hilfreich an und belegen damit, dass dieser Faktor in besonderem Maße zur Authentizität einer objektiven Online-Rezension beiträgt.[847]

Der Faktor zweiseitige Betrachtung von Online-Rezensionen wird im Schrifttum als eine Dimension der Qualität der Argumente beschrieben. Die zweiseitige Betrachtung von Produkten und Dienstleistungen hilft den Rezipienten, den für sie relevanten Nutzen von Produkten oder Dienstleistungen besser einzuschätzen. Sie können dadurch selbstständig abwägen, welche Eigenschaften ihnen wichtig sind und welche Mängel sie in Kauf nehmen, wenn die ihren Absichten gegenüber dem Produkt oder der Dienstleistung nicht zuwiderlaufen.[848] Als Beispiel kann die Bewertung eines Hotels dienen, zu dessen Vorzügen eine zentrale Lage gehört. Die zentrale Lage bedingt potenziell einen höheren Lärmpegel, als dies bei einem etwas abgelegeneren Hotel der Fall wäre. Wenn für den Rezipienten aber eine zentrale Lage besonders wichtig ist und ihn der damit verbundene Lärmpegel nicht stört, nimmt er die negativen Eigenschaften des Hotels in Kauf, um von den Vorteilen des Hotels zu profitieren.

Aus theoretischer Perspektive liefert das ‚Elaboration Likelihood Model' einen wesentlichen Erklärungsansatz. Der Faktor zweiseitige Betrachtung ist innerhalb des ‚Elaboration Likelihood Models' der zentralen Route der Persuasion zuzuordnen.[849] Rezipienten erhalten bei intensiver inhaltlicher Auseinandersetzung mit der zweiseitigen Betrachtung von Online-Rezensionen umfangreiche Informationen zu Produk-

845 Vgl. Cheung/Sia/Kuan (2012), S. 622.

846 Vgl. Chang/Fang/Huang (2015), S. 39.

847 Vgl. dazu die Ergebnisse der exploratorischen Expertengespräche zu dem Faktor zweiseitige Betrachtung in Kapitel 3.3.1.

848 Vgl. Filieri/McLeay (2013), S. 48.

849 Vgl. Li/Zhan (2011), S. 241.

ten und Dienstleistungen, insbesondere wenn die enthaltenen positiven und negativen Aspekte in Beziehung zueinander gesehen werden.

In dieser Untersuchung ist der Faktor zweiseitige Betrachtung von Online-Rezensionen als Dimension der Qualität der Argumente innerhalb der zentralen Route der Persuasion zuzuordnen und dazu kann die folgende Untersuchungshypothese postuliert werden:

H_3: Das latente Konstrukt ‚zweiseitige Betrachtung' von Online-Rezensionen ist eine Manifestation des mehrdimensionalen Konstrukts ‚Qualität der Argumente'.

Als weiterer wichtiger Einflussfaktor von Online-Rezensionen ist auf Basis des ‚Elaboration Likelihood Models' nach Petty/Cacioppo (1986) die Vollständigkeit von Online-Rezensionen als eine Dimension des mehrdimensionalen Konstrukts Qualität der Argumente zu nennen.[850]

- **Vollständigkeit**

Die Vollständigkeit ist ein Einflussfaktor von Online-Rezensionen der primär im Social Media-Schrifttum konzeptionalisiert wurde und dort als etabliert gilt.[851] Nach Luo et al. (2013) kann die Vollständigkeit von Online-Rezensionen folgendermaßen definiert werden:

„[...] completeness indicates the extent to which the recommendation covers a wide range of salient aspects and thus provides sufficient information."[852]

Demnach ist eine Online-Rezension als vollständig zu bezeichnen, wenn die Informationen zu einem Produkt oder Dienstleistung umfassend und erschöpfend sind. Um den Faktor Vollständigkeit von Online-Rezensionen besser zu verstehen, soll er anhand einer Hotel-Bewertung erläutert werden. Eine Hotel-Bewertung gilt als vollständig, umfassend und erschöpfend, wenn alle wesentlichen Aspekte wie Lage,

850 Vgl. Petty/Cacioppo (1986), S. 123 ff.

851 Vgl. Cheung/Lee/Rabjohn (2008), S. 234 f.; Li/Zhan (2011), S. 242; Racherla/Friske (2012), S. 552; Filieri/McLeay (2013), S. 48; Jamil/Hasnu (2013), S. 181; Luo et al. (2013), S. 93 f.; Cheung (2014), S. 45; Cheng/Ho (2015), S. 884.

852 Luo et al. (2013), S. 94.

Sauberkeit, Ausstattung, Preis der Zimmer, Qualität und Angebot des Frühstücks, Freundlichkeit des Personals usw. in die Online-Rezension einbezogen werden.[853]

Auf Basis der exploratorischen Expertengespräche gehören zum Faktor Vollständigkeit auch weitergehende Informationen zu den Unternehmen, die die rezensierten Produkte und Dienstleistungen anbieten. Dazu zählen u.a. die Öffnungszeiten, Telefonnummern, die Webseite und weitere Informationen zu dem Unternehmen.[854]

Die praktische Bedeutung des Faktors Vollständigkeit von Online-Rezensionen zu Produkten und Dienstleistungen stellen Cheung/Lee/Rabjohn (2008) und Racherla/Friske (2012) heraus. Die Autoren argumentieren, dass vollständige Informationen in Online-Rezensionen den Rezipienten bei der Bewertung von Produkten und Dienstleistungen unterstützen und weiterführend wesentlich zu einer Kaufentscheidung beitragen.[855] Racherla/Friske (2012) konstatieren:

„The extent to which a customer is provided enough information to make a purchase decision has a positive influence on shopping intentions […].“[856]

Im Schrifttum wird der Faktor Vollständigkeit häufig anhand des Indikators Länge von Online-Rezensionen gemessen.[857] So argumentieren beispielsweise Mudambi/Schuff (2010) in ihrer Studie, dass Online-Rezensionen mit einer großen Zahl an Wörtern zumeist detaillierte Produkt- oder Dienstleistungsinformationen liefern und den Rezipienten ein spezifischer Kontext zu den Produkten und Dienstleistungen, dargestellt wird. Dies können beispielsweise Informationen zum Kauf oder zur Nutzung des Produkts sein. [858]

Der Faktor Vollständigkeit von Online-Rezensionen wird im Schrifttum als eine Dimension der Qualität der Argumente gesehen. Dazu erklären beispielsweise Cheng/Ho (2015), dass reichhaltige, beziehungsweise vollständige Online-Rezensionen zu

853 Vgl. Filieri/McLeay (2013), S. 48.
854 Vgl. dazu die Ergebnisse der exploratorischen Expertengespräche zu dem Faktor Vollständigkeit in Kapitel 3.3.1.
855 Vgl. beispielsweise Cheung/Lee/Rabjohn (2008), S. 234; Racherla/Friske (2012), S. 552.
856 Racherla/Friske (2012), S. 552.
857 Vgl. Mudambi/Schuff (2010), S. 190; Huang et al. (2015), S. 19 ff.
858 Vgl. Mudambi/Schuff (2010), S. 190.

einer hohen Qualität von Online-Rezensionen beitragen und dadurch die Nützlichkeit von Online-Rezensionen für die Rezipienten zunimmt.[859]

Der Faktor Vollständigkeit von Online-Rezensionen ist anhand des ‚Elaboration Likelihood Models' der zentralen Route der Persuasion zuzuordnen.[860] Auf Basis der theoretischen Grundlage erscheint eine umfangreiche Online-Rezension insbesondere für Rezipienten nützlich, die sich intensiv mit Produkten und Dienstleistungen auseinandersetzen. In dieser Situation besitzen sehr ausführliche beziehungsweise vollständige Online-Rezensionen eine große Überzeugungskraft und reduzieren die Unsicherheit der Rezipienten gegenüber einem Produkt oder einer Dienstleistung. In diesem Zusammenhang erhöhen sehr ausführliche beziehungsweise vollständige Informationen die Nützlichkeit von Online-Rezensionen und steigern die Kaufintention der Rezipienten.[861]

In dieser Untersuchung ist der Faktor Vollständigkeit von Online-Rezensionen als eine Dimension der Qualität der Argumente innerhalb der zentralen Route der Persuasion zu betrachten und es lässt sich die folgende Untersuchungshypothese postulieren:

H_4: Das latente Konstrukt ‚Vollständigkeit' von Online-Rezensionen ist eine Manifestation des mehrdimensionalen Konstrukts ‚Qualität der Argumente'.

Als nächster Einflussfaktor von Online-Rezensionen bezüglich der Qualität der Argumente kann auf Basis des ‚Elaboration Likelihood Models' nach Petty/Cacioppo (1986) die Relevanz von Online-Rezensionen als eine Dimension des mehrdimensionalen Konstrukts Qualität der Argumente angeführt werden.[862]

- **Relevanz**

Die Relevanz wurde im Social Media-Schrifttum bereits von mehreren Autoren als ein bedeutender Einflussfaktor von Online-Rezensionen konzeptionalisiert und ist als etabliert zu bezeichnen.[863]

859 Vgl. Cheng/Ho (2015), S. 884.

860 Vgl. beispielsweise Li/Zhan (2011), S. 242.

861 Vgl. Liu/Park (2015), S. 143.

862 Vgl. Petty/Cacioppo (1986), S. 123 ff.

863 Vgl. Cheung/Lee/Rabjohn (2008), S. 229 ff.; Filieri/McLeay (2013), S. 44 ff.; Jamil/Hasnu (2013), S. 171 ff.; Cheung (2014), S. 42 ff.

Die Relevanz bezieht sich auf das Ausmaß, in dem Online-Rezensionen für einen Rezipienten anwendbar und nützlich sind. Dabei ist davon auszugehen, dass der Rezipient aus einer konkreten Situation heraus bereits eine spezifische Erwartungshaltung hat und darüber hinaus lediglich ergänzende Inhalte in Online-Rezensionen recherchiert. Dazu führen Cheung (2014) an:

„Relevance of messages is considered for online communities and Internet users are conscious of their time, in order to match those messages that relate to the topics of interest quickly."[864]

Daher sind Online-Rezensionen relevant, wenn die enthaltenen Informationen die Bedürfnisse der Rezipienten befriedigen. Dazu ist beispielsweise die Suche des Rezipienten nach einem besonders eleganten und komfortablen Hotel in ruhiger Lage anzuführen. Online-Rezensionen, die Informationen zu einem solchen Hotel bieten, werden in dieser Situation von ihm als besonders relevant betrachtet. Die Online-Rezensionen, die Informationen zu einem günstigen, einfach möblierten Hotel in einer sehr belebten Gegend liefern, weisen für die Rezipienten in diesem Fall keinen Nutzen auf und werden von dem Rezipienten als nicht relevant erachtet.[865]

Die befragten Experten betrachten Online-Rezensionen als relevant, wenn ihre persönlichen Informationsbedürfnisse zu einem Produkt oder einer Dienstleistung abgedeckt werden. Nach Meinung der Experten mit Unternehmensfokus kann als Indikator für die Relevanz von Online-Rezensionen die Zahl gelten, wie häufig diese Online-Rezensionen von anderen Rezipienten als ‚hilfreich', ‚cool' oder ‚lustig' bewertet worden sind.[866]

In der Praxis liegt die Bewertung des Faktors Relevanz von Online-Rezensionen in einer gut strukturierten und rasch zu überblickenden Darstellung wesentlicher Inhalte, weil die Rezipienten bei ihrer Recherche zu für sie relevanten Produkten und Dienstleistungen keine Zeit verschwenden möchten.[867] So konstatieren Madu/Madu (2002), dass Rezipienten Online-Rezensionen zumeist nicht im Detail lesen, sondern nach für sie relevanten Inhalten überfliegen.[868] Rezipienten wollen die für sie relevan-

[864] Cheung (2014), S. 45.

[865] Vgl. Filieri/McLeay (2013), S. 48.

[866] Vgl. dazu die Ergebnisse der exploratorischen Expertengespräche zu dem Faktor Relevanz in Kapitel 3.3.1.

[867] Vgl. Cheung/Lee/Rabjohn (2008), S. 234.

[868] Vgl. Madu/Madu (2002), S. 250 ff.

ten Informationen möglichst rasch und ohne großen Aufwand herausfiltern.[869] Für die Rezipienten ist das vor allem im Rahmen spontaner Entscheidungsprozesse von Bedeutung.[870]

Der Faktor Relevanz stellt auf Basis des Schrifttums eine Dimension der Qualität der Argumente dar. Die Qualität der Argumente sinkt mit dem zeitlichen Aufwand, mit dem die relevanten Eigenschaften eines Produkts oder einer Dienstleistung aus einer Online-Rezension herausgefiltert, und versteckt zwischen vielen weniger bedeutenden Informationen herausgesucht werden müssen. Ergänzend zeigt Cheung (2014), dass die Nützlichkeit von Online-Rezensionen für die Rezipienten umso höher ist, je relevanter die Informationsquelle respektive die Online-Rezension eingeschätzt wird.[871]

Der Faktor Relevanz von Online-Rezensionen wird auf Basis der theoretischen Grundlage dieser Untersuchung, dem ‚Elaboration Likelihood Model', der zentralen Route der Persuasion zugeordnet. Diese Zuordnung nimmt im Schrifttum beispielsweise Cheung/Lee/Rabjohn (2008) vor.[872] In dieser Studie wird der Relevanz von Online-Rezensionen ein positiver Einfluss auf die Nützlichkeit von Online-Rezensionen nachgewiesen.

Im Folgenden soll der Faktor Relevanz von Online-Rezensionen als eine Dimension der Qualität der Argumente innerhalb der zentralen Route der Persuasion untersucht werden. Dazu kann die folgende Untersuchungshypothese postuliert werden:

H_5: Das latente Konstrukt ‚Relevanz' von Online-Rezensionen ist eine Manifestation des mehrdimensionalen Konstrukts ‚Qualität der Argumente'.

Als letzter Einflussfaktor von Online-Rezensionen bezüglich der Qualität der Argumente soll auf Basis des ‚Elaboration Likelihood Models' nach Petty/Cacioppo (1986) die Aktualität von Online-Rezensionen als eine Dimension des mehrdimensionalen Konstrukts Qualität der Argumente konzeptionalisiert werden.[873]

869 Vgl. Nah/Davis (2002), S. 98.
870 Vgl. Dunk (2004), S. 404.
871 Vgl. Cheung (2014), S. 47.
872 Vgl. Cheung/Lee/Rabjohn (2008), S. 233.
873 Vgl. Petty/Cacioppo (1986), S. 123 ff.

- **Aktualität**

Die Aktualität wurde im Social Media-Schrifttum in mehreren Studien als ein Einflussfaktor von Online-Rezensionen konzeptionalisiert und ist als bewährt zu erachten.[874]

Unter dem Faktor Aktualität von Online-Rezensionen sind Informationen zu verstehen, die auf dem neuesten Stand sind, augenblicklich verfasst wurden und sich auf den aktuellen Stand der Technik eines Produkts oder einer Dienstleistung beziehen.[875] Jamil/Hasnu (2013) definieren die Aktualität von Online-Rezensionen folgendermaßen:

„Timeliness of message is defined as whether the message is new, up-to-date and most recent […].“[876]

Die ständige Verfügbarkeit von Online-Rezensionen auf Online-Bewertungsportalen über das Internet stellt einen bedeutenden Vorteil gegenüber traditioneller Mundpropaganda dar. Online-Rezensionen sind rund um die Uhr verfügbar und zumeist das erste Medium, in dem über Neuerungen von Produkten und Dienstleistungen informiert wird. Da Printmedien beispielsweise erst gedruckt werden müssen, besitzen Online-Rezensionen aufgrund ihrer sofortigen Publikationsmöglichkeit einen entscheidenden Zeitvorteil.[877]

Bezüglich der praktischen Relevanz des Faktors Aktualität von Online-Rezensionen führen Cheung/Lee/Rabjohn (2008) an, dass der Zeitvorteil von Online-Rezensionen für die Rezipienten entscheidend ist. Der Vorteil, als erstes Medium Informationen zu neuen Produkten und Dienstleistungen zur Verfügung stellen zu können, ist nur aufrechtzuerhalten, wenn die Online-Rezensionen sehr zeitnah aktualisiert werden. Dazu ist es notwendig, dass Online-Bewertungsportale von möglichst vielen Rezensenten besucht werden, die stets aktuelle Online-Rezensionen zu sämtlichen Produkten und Dienstleistungen verfassen.[878] Die Online-Bewertungsportale, die nicht dauerhaft über aktuelle Online-Rezensionen verfügen, werden das von den Rezipienten

---

874 Vgl. Cheung/Lee/Rabjohn (2008), S. 234; Filieri/McLeay (2013), S. 47; Jamil/Hasnu (2013), S. 181; Cheung (2014), S. 45.

875 Vgl. Nelson/Todd/Wixom (2005), S. 203; Filieri/McLeay (2013), S. 47.

876 Jamil/Hasnu (2013), S. 181.

877 Vgl. Filieri/McLeay (2013), S. 47.

878 Vgl. Cheung/Lee/Rabjohn (2008), S. 234.

erwartete Leistungsniveau nicht erfüllen und damit keinen existenziellen Mehrwert für die Rezipienten bieten.[879]

Diese Ausführungen lassen sich durch die exploratorischen Expertengespräche validieren. Beispielsweise sehen die ‚Heavy-User' die Aktualität auf Yelp.de stets als gegeben. Das ist vor allem darauf zurückzuführen, dass Yelp.de in Bezug auf Online-Rezensionen eine hoch frequentierte Webseite ist, mit fortwährend aktuellen Online-Rezensionen zu den meisten Produkten und Dienstleistungen. So besteht hier die Problematik veralteter Online-Rezensionen nach Ansicht der Experten nicht.[880]

Der Faktor Aktualität von Online-Rezensionen ist als eine Dimension der Qualität der Argumente zu betrachten. Beispielsweise sieht Cheung (2014) den Faktor Aktualität im engen Zusammenhang mit der Reichhaltigkeit von Online-Rezensionen. Der Autor konzeptionalisiert das Konstrukt ‚Timeliness and Comprehensiveness' und stellt einen engen Bezug beider Aspekte zueinander her. Cheung (2014) argumentiert, dass nur bei einer konsequenten Aktualisierung von Online-Rezensionen den Rezipienten umfassende Informationen zur Verfügung stehen. Zudem zeigt die empirische Studie, dass aktuelle, reichhaltige Online-Rezensionen gegenüber anderen Online-Rezensionen von den Rezipienten als nützlicher wahrgenommenen werden.[881]

Die theoretische Basis für die Untersuchung liefert das ‚Elaboration Likelihood Model'. Der Faktor Aktualität von Online-Rezensionen kann innerhalb des ‚Elaboration Likelihood Models' der zentralen Route der Persuasion zugeordnet werden. Dieser Zuordnung folgen im Schrifttum beispielsweise auch Filieri/McLeay (2013), die einen positiven Zusammenhang zwischen der Aktualität von Online-Rezensionen und der Informationsannahme durch die Rezipienten empirisch nachweisen.[882]

Der Faktor Aktualität von Online-Rezensionen wird in dieser Untersuchung als letzte Dimension der Qualität der Argumente der zentralen Route der Persuasion zugeordnet und die folgende Untersuchungshypothese postuliert:

H_6: Das latente Konstrukt ‚Aktualität' von Online-Rezensionen ist eine Manifestation des mehrdimensionalen Konstrukts ‚Qualität der Argumente'.

---

879 Vgl. Madu/Madu (2002), S. 250 f.; Jamil/Hasnu (2013), S. 181.

880 Vgl. dazu die Ergebnisse der exploratorischen Expertengespräche zu dem Faktor Aktualität in Kapitel 3.3.1.

881 Vgl. Cheung (2014), S. 47.

882 Vgl. Filieri/McLeay (2013), S. 52.

Die sechs konzeptionalisierten Einflussfaktoren Verständlichkeit, Genauigkeit, zweiseitige Betrachtung, Vollständigkeit, Relevanz und Aktualität von Online-Rezensionen stellen wesentliche Dimensionen des mehrdimensionalen Konstrukts Qualität der Argumente dar.[883] Daraus folgt die Untersuchungshypothese:

H7: Die ‚Qualität der Argumente' kann als ein latentes Konstrukt zweiter Ordnung mit den sechs Dimensionen ‚Verständlichkeit', ‚Genauigkeit', ‚zweiseitige Betrachtung', ‚Vollständigkeit', ‚Relevanz' und ‚Aktualität' von Online-Rezensionen konzeptionalisiert werden.

Abbildung 3-15: *Aktueller Zwischenstand der mehrstufigen Modellentwicklung*

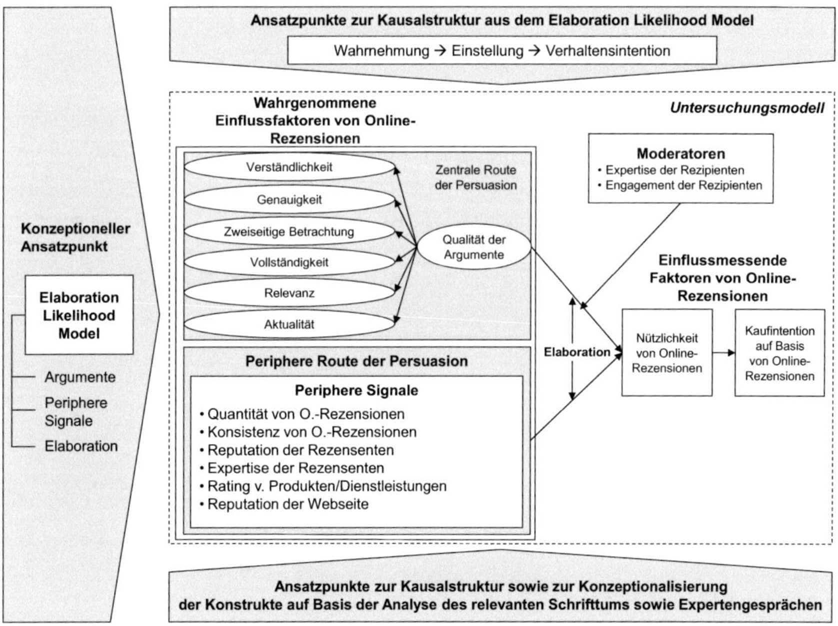

[883] Es ist festzuhalten, dass die gewählten Einflussfaktoren von Online-Rezensionen basierend auf den gewonnenen Erkenntnissen bedeutende Manifestationen des Konstrukts Qualität der Argumente darstellen. Auf Basis der verwendeten Theorie, dem ‚Elaboration Likelihood Model', ist jedoch die Konzeptionalisierung weiterer Einflussfaktoren als Dimensionen der Qualität der Argumente denkbar. Anhand dieser Erkenntnis wird auf eine formative Modellierung des mehrdimensionalen Konstrukts Qualität der Argumente verzichtet.

Nach Abschluss der Konzeptionalisierung des mehrdimensionalen Konstrukts Qualität der Argumente, illustriert Abbildung 3-15 den aktuellen Stand der mehrstufigen Modellentwicklung und ordnet die bisher konzeptionalisierten Einflussfaktoren von Online-Rezensionen auf Online-Bewertungsportalen in den Kontext des bisherigen heuristischen Bezugsrahmens ein.

3.4.1.2. Konzeptionalisierung des Second-Order-Konstrukts periphere Signale

Als nächstes werden die für diese Untersuchung relevanten Einflussfaktoren von Online-Rezensionen auf Online-Bewertungsportalen bezüglich der peripheren Signale konzeptionalisiert. Das erfolgt analog zu der Konzeptionalisierung der Einflussfaktoren bezüglich der Qualität der Argumente in Kapitel 3.4.1.1. Auch hier ergeben sich die relevanten Einflussfaktoren von Online-Rezensionen auf Online-Bewertungsportalen bezüglich der peripheren Signale aus der Analyse des relevanten Social Media- und E-Commerce-Schrifttums (Kapitel 3.2.1) und der Auswertung der explorатorischen Expertengespräche (Kapitel 3.3.1). Auf dieser Basis ließen sich sechs Einflussfaktoren als relevante Dimensionen des Second-Order-Konstrukts periphere Signale identifizieren. Es sind die Dimensionen Quantität und Konsistenz von Online-Rezensionen, Expertise und Reputation der Rezensenten, Rating von Produkten und Dienstleistungen sowie Reputation der Webseite.

Als erster Einflussfaktor, der eine Dimension der peripheren Signale auf Basis des ‚Elaboration Likelihood Models' nach Petty/Cacioppo (1981) und Petty/Cacioppo (1986) darstellt, soll die Quantität von Online-Rezensionen konzeptionalisiert werden.[884]

- **Quantität von Online-Rezensionen**

Bei dem Einflussfaktor Quantität von Online-Rezensionen handelt es sich um ein Konstrukt, das im Social Media- und im E-Commerce-Schrifttum bereits häufig behandelt wurde und allgemein anerkannt ist.[885]

Unter der Quantität von Online-Rezensionen kann die Menge oder die Anzahl von Online-Rezensionen verstanden werden, die für ein bestimmtes Produkt oder eine bestimmte Dienstleistung auf Online-Bewertungsportalen vorhanden ist. Filieri/McLeay (2013) definieren die Quantität von Online-Rezensionen wie folgt:

---

884 Vgl. Petty/Cacioppo (1981), S. 262 ff.; Petty/Cacioppo (1986), S. 123 ff.; sowie Kapitel 3.1.3.

885 Vgl. Park/Lee/Han (2007), S. 125 ff.; Fan et al. (2013), S. 59; Fang et al. (2013), S. 211; Filieri/McLeay (2013), S. 48; Obiedat (2013), S. 17; Zhou/Liu/Tang (2013), S. 172; Zhang et al. (2014), S. 82.

„[…] quantity is the extent to which the quantity or volume of available data is appropriate for a specific task […].“[886]

Die Quantität von Online-Rezensionen ist eine Besonderheit von Online-Bewertungsportalen und von Mundpropaganda in Offline-Umgebungen klar zu differenzieren.[887] Nur Online-Bewertungsportale speichern und strukturieren eine Vielzahl von Online-Rezensionen und erleichtern den Rezipienten den Informationsaustausch zu den gewünschten Inhalten.[888]

In der Praxis stellt die Betrachtung der Quantität von Online-Rezensionen zu einem Produkt oder einer Dienstleistung für die Rezipienten ein abkürzendes Verfahren innerhalb einer Entscheidungsfindung dar, beispielsweise im Rahmen einer Kaufentscheidung. Die Quantität von Online-Rezensionen dient den Rezipienten als Indikator für die Popularität und die Marktperformanz des rezensierten Produkts oder der rezensierten Dienstleistung. Filieri/McLeay (2013) argumentieren, dass Rezipienten in ihrer Einschätzung davon ausgehen, dass Hotels die häufiger bewertet werden, beliebter sind und öfter gebucht werden als Hotels mit wenigen Bewertungen.[889] Diese Beobachtung wird durch die exploratorischen Expertengespräche verifiziert. Die Experten gehen bei einem Produkt, zu dem viele Online-Rezensionen vorliegen, von einem sehr populären Produkt aus, das bereits häufig genutzt beziehungsweise gekauft wurde und von vielen Rezensenten als angemessen angesehen wird.[890]

Der Faktor Quantität von Online-Rezensionen wird im Schrifttum zu den peripheren Signalen gezählt. Die Quantität von Online-Rezensionen stellt vor allem für Rezipienten, die sich weniger mit den qualitativen Inhalten von Online-Rezensionen beschäftigen, einen bedeutenden Einflussfaktor dar. Diese Rezipienten entscheiden sich vielmehr für den Kauf eines Produkts oder einer Dienstleistung, wenn viele Kunden dieses Produkt oder diese Dienstleistung nutzen, beziehungsweise wenn bereits viele Online-Rezensionen dazu vorliegen. Die Rezipienten leiten aus der Anzahl der On-

886 Filieri/McLeay (2013), S. 48.

887 Vgl. Zhang et al. (2014), S. 82.

888 Vgl. Kapitel 1.2.1.

889 Vgl. Filieri/McLeay (2013), S. 48.

890 Vgl. dazu die Ergebnisse der exploratorischen Expertengespräche zu dem Faktor Quantität von Online-Rezensionen in Kapitel 3.3.1.

line-Rezensionen eine Eignung des rezensierten Produkts oder der rezensierten Dienstleistung für ihre Bedürfnisse ab.[891]

Der Faktor Quantität von Online-Rezensionen kann auf Basis des ‚Elaboration Likelihood Models' der peripheren Route der Persuasion zugeordnet werden.[892] Dieser Einordnung folgen im Schrifttum beispielsweise Filieri/McLeay (2013). Bei der Elaboration des Faktors Quantität von Online-Rezensionen anhand der peripheren Route der Persuasion folgen die Rezipienten in ihrer Entscheidungsfindung der risikominimierenden Strategie auf Basis eines peripheren Signals. Die Rezipienten beachten primär die numerische Anzahl von Online-Rezensionen zu einem Produkt oder einer Dienstleistung und gehen davon aus, dass bei einer hohen Anzahl von Online-Rezensionen und einer hohen Anzahl von Nutzern eines Produkts oder einer Dienstleistung die Wahrscheinlichkeit gering ist, dass das Produkt oder die Dienstleistung für einen selbst keinen Nutzen stiftet.[893]

Die Quantität von Online-Rezensionen soll in dieser Untersuchung als eine Dimension des mehrdimensionalen Konstrukts periphere Signale innerhalb der peripheren Route der Persuasion untersucht werden. Dazu kann die folgende Untersuchungshypothese postuliert werden:

H_8: Das latente Konstrukt ‚Quantität von Online-Rezensionen' ist eine Manifestation des mehrdimensionalen Konstrukts ‚periphere Signale'.

Ein weiterer Einflussfaktor von Online-Rezensionen bezüglich der peripheren Signale auf Basis des ‚Elaboration Likelihood Models' nach Petty/Cacioppo (1986) ist die Konsistenz von Online-Rezensionen, die als eine Dimension des mehrdimensionalen Konstrukts periphere Signale konzeptionalisiert werden soll.[894]

- **Konsistenz von Online-Rezensionen**

Die Konsistenz von Online-Rezensionen wurde bereits im Social Media- und im E-Commerce-Schrifttum analysiert.[895] Unter der Konsistenz von Online-Rezensionen

891 Vgl. Filieri/McLeay (2013), S. 44 ff.

892 Vgl. beispielsweise Kapitel 3.1.3 sowie Petty/Cacioppo (1986), S. 123 ff.; Park/Lee/Han (2007), S. 131; Zhang et al. (2014), S. 82.

893 Vgl. Park/Lee/Han (2007), S. 128 f.

894 Vgl. Petty/Cacioppo (1986), S. 123 ff.

895 Vgl. beispielsweise Baek/Ahn/Choi (2012), S. 103 f.; Cheung/Sia/Kuan (2012), S. 622; Chang/Fang/Huang (2015), S. 39; Luo et al. (2015), S. 305 ff.; Munzel (2016), S. 98 ff.

kann das Ausmaß verstanden werden, in dem Informationen einer Online-Rezension mit denen in einer oder mehreren anderen Online-Rezensionen zu gleichen Produkt oder einer gleicher Dienstleistung übereinstimmen.[896] Chang/Fang/Huang (2015) definieren die Konsistenz von Online-Rezensionen wie folgt:

„[…] as the extent which a current online consumer review is consistent with other providers' experiences with regard to the same product or service evaluation."[897]

Die Rezipienten vergleichen die verschiedenen Online-Rezensionen zu bestimmten Produkten oder Dienstleistungen miteinander. Online-Rezensionen, in denen die gleichen Produkte oder Dienstleistungen konsequent ähnlich bewertet werden wie in den meisten anderen Online-Rezensionen, werden von den Rezipienten als wahrscheinlicher und glaubwürdiger wahrgenommen.[898] Chang/Fang/Huang (2015) konstatieren:

„When reviewers have similar opinions, the consistency will be increase, which will enhance the persuasiveness of the online consumer reviews."[899]

Darüber hinaus ist anhand der exploratorischen Expertengespräche hinzuzufügen, dass Online-Rezensionen, die mit den Bewertungen von Freunden der Rezipienten übereinstimmen, als besonders nützlich eingeschätzt werden.[900] Nach diesem Verständnis wirken konsistente Online-Rezensionen positiv auf die Entscheidungsfindung der Rezipienten.

Online-Bewertungsportale bieten den Rezipienten eine Vielzahl von Online-Rezensionen zu einem Produkt oder einer Dienstleistung in einer strukturierten Darstellung und ermöglichen spezifische Auswertungen.[901] Dies ist ein entscheidender Vorteil gegenüber anderen Social Media-Plattformen, wodurch die Konsistenz von Online-Re-

---

896 Vgl. Cheung/Sia/Kuan (2012), S. 622.
897 Chang/Fang/Huang (2015), S. 40.
898 Vgl. Cheung/Sia/Kuan (2012), S. 622.
899 Chang/Fang/Huang (2015), S. 41.
900 Vgl. dazu die Ergebnisse der exploratorischen Expertengespräche zu dem Faktor Konsistenz von Online-Rezensionen in Kapitel 3.3.1.
901 Vgl. Cheung/Sia/Kuan (2012), S. 622.

zensionen zu einem Produkt oder einer Dienstleistung primär auf Online-Bewertungsportalen verifiziert werden kann.

Zur praktischen Relevanz von konsistenten Online-Rezensionen führen Chang/Fang/Huang (2015) aus, dass Rezipienten eher dazu bereit sind eine Sichtweise beziehungsweise eine Bewertung zu einem Produkt oder einer Dienstleistung zu akzeptieren, wenn diese mit den meisten anderen Online-Rezensionen zum gleichen Produkt oder zur gleichen Dienstleistung übereinstimmt.[902] Rezipienten stehen einer geringen Anzahl von Online-Rezensionen skeptisch gegenüber, vor allem wenn diese inkonsistent hinsichtlich der Bewertung eines Produkts oder einer Dienstleistung sind. Dies gilt ebenfalls für Informationen die inkonsistent zu bereits bestehendem Wissen der Rezipienten sind.[903]

Der Faktor Konsistenz von Online-Rezensionen wird in dieser Untersuchung zu den peripheren Signalen gezählt. Im Schrifttum folgen dieser Einschätzung beispielsweise die Studien von Baek/Ahn/Choi (2012) und Cheung/Sia/Kuan (2012). In beiden Studien erfolgt eine explizite Unterteilung der Einflussfaktoren von Online-Rezensionen bezüglich der Qualität der Argumente und der peripheren Signale.[904]

Aus theoretischer Perspektive liefert das ‚Elaboration Likelihood Model' einen wesentlichen Erklärungsbeitrag. Nach dem theoretischen Ansatz erfolgt in Situationen, in denen die Rezipienten Online-Rezensionen nur querlesen oder nur das Rating mehrerer Online-Rezensionen zu einem Produkt oder einer Dienstleistung vergleichen, keine oder nur eine geringe Auseinandersetzung mit den Inhalten von Online-Rezensionen. Dadurch haben primär periphere Signale einen Einfluss auf die Rezipienten. Der Faktor Konsistenz von Online-Rezensionen kann innerhalb des ‚Elaboration Likelihood Models' der peripheren Route der Persuasion zugeordnet werden.[905] Im Schrifttum konzeptionalisieren beispielsweise Cheung/Sia/Kuan (2012) den Faktor Konsistenz anhand des ‚Elaboration Likelihood Models'.

Eine Wirkungsbeziehung zwischen dem Faktor Konsistenz von Online-Rezensionen und dem Faktor Glaubwürdigkeit von Online-Rezensionen weisen im Schrifttum Cheung/Sia/Kuan (2012) nach.[906] Die Autoren zeigen in ihrer Studie, dass die Inhalte

---

902 Vgl. Chang/Fang/Huang (2015), S. 40 f.

903 Vgl. Planalp/Honeycutt (1985), S. 593; Cheung/Sia/Kuan (2012), S. 622; Chang/Fang/Huang (2015), S. 41.

904 Vgl. Baek/Ahn/Choi (2012), S. 99 ff.; Cheung/Sia/Kuan (2012), S. 618 ff.

905 Vgl. Petty/Cacioppo (1986), S. 123 ff. sowie die Ausführungen in Kapitel 3.1.3.

906 Vgl. Cheung/Sia/Kuan (2012), S. 618 ff.

von Online-Rezensionen, die konsistent mit anderen Online-Rezensionen sind, zu einer Annahme der Inhalte durch die Rezipienten führen. Die Arbeiten von Zhang/Watts (2004) liefern Evidenz, dass der Faktor Konsistenz von Online-Rezensionen einen Einfluss auf die Wissensannahme und die Entscheidungsprozesse der Rezipienten besitzt.[907]

Der Faktor Konsistenz von Online-Rezensionen soll in dieser Untersuchung als eine Dimension des mehrdimensionalen Konstrukts periphere Signale innerhalb der peripheren Route der Persuasion untersucht werden. Dazu wird die folgende Untersuchungshypothese postuliert:

H_9: Das latente Konstrukt ‚Konsistenz von Online-Rezensionen' ist eine Manifestation des mehrdimensionalen Konstrukts ‚periphere Signale'.

Als ein weiterer Einflussfaktor von Online-Rezensionen kann auf Basis des ‚Elaboration Likelihood Models' nach Petty/Cacioppo (1986) die Reputation der Rezensenten als eine Dimension des mehrdimensionalen Konstrukts periphere Signale konzeptionalisiert werden.[908]

- **Reputation der Rezensenten**

Die Reputation der Rezensenten wurde im Social Media-Schrifttum als Einflussfaktor von Online-Rezensionen bereits mehrfach analysiert.[909] Die Reputation der Rezensenten ist als das Maß zu verstehen, inwieweit die Rezipienten glauben, dass ein Rezensent sich ehrlich und verantwortungsvoll zu Produkten und Dienstleistungen äußert, und ob er in seinen Ansichten beständig ist. Liu/Park (2015) konstatieren:

„[...] reputation is the extent to which recipients believe that a reviewer is honest and concerned about others and constant in the long term."[910]

Anhand der Analyse des Schrifttums wird deutlich, dass die Reputation der Rezensenten einen bedeutenden Treiber für die Rezipienten hinsichtlich der Vertrauens-

907 Vgl. beispielsweise Zhang/Watts (2004), S. 87 ff.
908 Vgl. Petty/Cacioppo (1986), S. 123 ff.
909 Vgl. beispielsweise Racherla/Friske (2012), S. 552; Fang et al. (2013), S. 214; Cheng/Ho (2015), S. 884; Huang et al. (2015), S. 17 ff.; Liu/Park (2015), S. 143; Park/Nicolau (2015), S. 75 f.
910 Liu/Park (2015), S. 143.

würdigkeit der rezipierten Inhalte darstellt.[911] Die Rezipienten von Online-Rezensionen auf Online-Bewertungsportalen, wie beispielsweise Yelp.de, nutzen dazu Statistiken beziehungsweise Bewertungssysteme, die zu den Rezensenten existieren und die individuell evaluiert werden können. Auf dieser Basis erhalten die Rezipienten verschiedene Hinweise zur Reputation der Rezensenten.[912]

Die Reputation der Rezensenten besitzt nicht nur für die Rezipienten, sondern auch für die Rezensenten eine praktische Relevanz. Dies ist darauf zurückzuführen, dass das Verfassen von Online-Rezensionen für die Rezensenten oftmals recht mühsam ist, und sie auf das Vertrauen der Rezipienten und eine damit einhergehende positive Reaktion der Rezipienten hoffen, da dies das einzig greifbare Ergebnis ihrer Bemühungen bedeutet.[913] Daher arbeiten insbesondere engagierte Rezensenten sehr sorgfältig, weil sie an zahlreichen und vor allem positiven Feedback zu den von ihnen verfassten Online-Rezensionen sowie an Freundschaftsanfragen interessiert sind.[914]

Das Feedback der Rezipienten spiegelt sich in den Statistiken der Rezensenten auf dem Online-Bewertungsportal wider. Anhand dieser Statistiken kann anschließend die Reputation beziehungsweise der Ruf der Rezensenten eingeschätzt werden.[915] Dazu gehören neben positiven Bewertungen und Freundschaftsanfragen beispielsweise die Aspekte ‚Anzahl der Freunde', ‚Anzahl der Fans', ‚Anzahl der Follower' und ‚Anzahl der Komplimente'.[916]

Die exploratorischen Expertengespräche bestätigen die Erkenntnisse aus dem Schrifttum. Nach Ansicht der Experten besitzt die Auszeichnung der Rezensenten als ‚Yelp-Elite' einen großen Einfluss auf die Reputation der Rezensenten.[917] Danach trägt diese Auszeichnung maßgeblich zur Seriosität der Rezensenten bei.

Anhand des Schrifttums ist der Faktor Reputation der Rezensenten als ein peripheres Signal anzusehen.[918] Die Evaluierung der Reputation der Rezensenten erlaubt den Rezipienten, die Glaubhaftigkeit der Rezensenten in Kürze zu überprüfen und Unsi-

911 Vgl. Racherla/Friske (2012), S. 552.
912 Vgl. Chua/Banerjee (2015), S. 355; Liu/Park (2015), S. 143.
913 Vgl. Racherla/Friske (2012), S. 552.
914 Vgl. Racherla/Friske (2012), S. 552; Liu/Park (2015), S. 143.
915 Vgl. Resnick et al. (2000), S. 46; Liu/Park (2015), S. 143.
916 Vgl. Cheng/Ho (2015), S. 884; Liu/Park (2015), S. 145.
917 Vgl. dazu die Ergebnisse der exploratorischen Expertengespräche zu dem Faktor Reputation der Rezensenten in Kapitel 3.3.1.
918 Vgl. Liu/Park (2015), S. 143.

cherheiten gegenüber den Rezensenten und letztlich gegenüber dessen Online-Rezensionen abzubauen. Die Rezipienten folgen primär dem Urteil der Rezensenten, die ein hohes Ansehen besitzen. Nach den Arbeiten von Racherla/Friske (2012) und Liu/Park (2015) ist der Faktor Reputation der Rezensenten als ein peripheres Signal zu verstehen.[919]

Auf Basis des heuristischen Bezugsrahmens und unter Verwendung des ‚Elaboration Likelihood Models' erfolgt die Einordnung des Faktors Reputation der Rezensenten in dieser Untersuchung innerhalb der peripheren Route der Persuasion. Die Reputation der Rezensenten wird von den Rezipienten vor allem in Situationen herangezogen, in denen sie entweder keine Zeit oder nicht über genügend eigene Kenntnisse verfügen, um sich mit den hervorgebrachten Argumenten und Bewertungen in Online-Rezensionen auseinanderzusetzen. In diesen Situationen halten sich die Rezipienten an die Reputation der Rezensenten und treffen daran ihre Entscheidung. Dieser Prozess der Entscheidungsfindung basiert demnach auf mentalen ‚shortcuts' der Rezipienten.

Der Faktor Reputation der Rezensenten wird in dieser Untersuchung als eine Dimension der peripheren Signale innerhalb der peripheren Route der Persuasion auf Basis der folgenden Untersuchungshypothese untersucht:

H_{10}: Das latente Konstrukt ‚Reputation der Rezensenten' ist eine Manifestation des mehrdimensionalen Konstrukts ‚periphere Signale'.

Als vierter Einflussfaktor von Online-Rezensionen soll anhand des ‚Elaboration Likelihood Models' nach Petty/Cacioppo (1986) die Expertise der Rezensenten als eine Dimension des mehrdimensionalen Konstrukts ‚periphere Signale' konzeptionalisiert werden.[920]

- **Expertise der Rezensenten**

Die Expertise der Rezensenten stellt einen weiteren Einflussfaktor von Online-Rezensionen dar, der im Social Media-Schrifttum mehrfach analysiert wurde.[921] Der Faktor Expertise der Rezensenten bezieht sich auf das Maß, in dem die Rezipienten die Rezensenten für kompetent bezüglich ihrer Online-Rezensionen zu Produkten und

919 Vgl. Racherla/Friske (2012), S. 552; Liu/Park (2015), S. 143.

920 Vgl. Petty/Cacioppo (1986), S. 123 ff.

921 Vgl. Racherla/Friske (2012), S. 551; Jamil/Hasnu (2013), S. 184; Fang (2014), S. 73; Zhu/Yin/He (2014), S. 271; Cheng/Ho (2015), S. 884 ff.; Liu/Park (2015), S. 142; Chen (2016), S. 320 f.

Dienstleistungen erachten.[922] Die Expertise der Rezensenten äußert sich in der Fähigkeit und Qualifikation Online-Rezensionen zu verfassen, durch die Rezipienten nützliche Informationen erhalten.[923] Zhu/Yin/He (2014) konstatieren:

„Expertise refers to the reviewer's capabilities and credentials of writing quality reviews and providing useful information, recognized by the community."[924]

Die Expertise spiegelt die Menge an Wissen eines Rezensenten wider, das dieser bezüglich des rezensierten Produkts oder der rezensierten Dienstleistung hat. Für die Rezipienten von Online-Rezensionen ist die Expertise der Rezensenten von großer Bedeutung, insbesondere wenn die Rezipienten nach Informationen suchen, die sie in ihren Entscheidungsprozessen unterstützen sollen.[925] Das Schrifttum belegt, dass Online-Rezensionen, die von Experten verfasst wurden, von den Rezipienten als nützlicher wahrgenommen werden und einen höheren Einfluss auf deren Kaufintention besitzen, als Online-Rezensionen von Rezensenten ohne Expertenwissen.[926]

Darüber hinaus wird in den exploratorischen Expertengesprächen als ein weiterer Aspekt angegeben, dass jeder zusätzliche Hinweis auf Expertenwissen der Rezensenten seine Glaubwürdigkeit bei den Rezipienten erhöht.[927]

Die praktische Relevanz der Expertise der Rezensenten wird vor allem in Gegenwart einer großen Anzahl verschiedener Online-Rezensionen zu einem Produkt oder einer Dienstleistung deutlich. In dieser Situation orientieren sich die Rezipienten primär an Rezensenten mit einer hohen Expertise. Die Einschätzung der Rezipienten bezüglich der Expertise der Rezensenten erfolgt zumeist anhand der bisherigen Beiträge der Rezensenten auf dem spezifischen Online-Bewertungsportal.[928]

Der Faktor Expertise der Rezensenten wird in dieser Untersuchung als ein peripheres Signal angesehen. Die Expertise der Rezensenten beruht häufig auf der Anzahl der bisher verfassten Online-Rezensionen. Daneben gibt es dazu aber auch Hinweise

---

922 Vgl. Fang (2014), S. 73.

923 Vgl. Zhu/Yin/He (2014), S. 271.

924 Zhu/Yin/He (2014), S. 271.

925 Vgl. Gilly et al. (1998), S. 85 ff.; Liu/Park (2015), S. 142.

926 Vgl. beispielsweise Racherla/Friske (2012), S. 556; Jamil/Hasnu (2013), S. 192 f.; Fang (2014), S. 89 f.; Zhu/Yin/He (2014), S. 276; Cheng/Ho (2015), S. 885.

927 Vgl. dazu die Ergebnisse der exploratorischen Expertengespräche zu dem Faktor Expertise der Rezensenten in Kapitel 3.3.1.

928 Vgl. Racherla/Friske (2012), S. 552.

seitens der Online-Bewertungsportale.[929] Beispielsweise werden besonders qualifizierte Beiträge als ‚Beiträge des Tages' ausgezeichnet. Diese stellen eine besondere Würdigung der Expertise der Rezensenten dar.[930] Die Expertise der Rezensenten wird auf dem Online-Bewertungsportal zusätzlich noch anhand eines ‚Check-In Offers' verifiziert. Die Rezensenten erhalten diese Auszeichnung, wenn sie direkt aus dem Online-Netzwerk der Lokalität eine Online-Rezension auf Yelp.de verfassen. Somit entsteht ein Nachweis, dass die Rezensenten vor Ort sind. Das erhöht die Kompetenz ihrer Online-Rezension und zeigt, dass die Rezipienten genügend Erkenntnisse für eine Bewertung besitzen.[931]

Der Faktor Expertise der Rezensenten kann auf Basis des ‚Elaboration Likelihood Models' der peripheren Route der Persuasion zugeordnet werden.[932] Die periphere Route der Persuasion wird bei den Rezipienten aktiviert, wenn die Rezipienten selbst über keine Expertise zu dem rezensierten Produkt oder der rezensierten Dienstleistung verfügen und den Wahrheitsgehalt von Online-Rezensionen nicht eigenständig bewerten können. In dieser Situation versuchen die Rezipienten die Expertise der Rezensenten zu evaluieren, weil sie sich auf deren Kompetenz verlassen müssen.[933]

Der Faktor Expertise der Rezensenten soll in dieser Untersuchung als eine Dimension der peripheren Signale innerhalb der peripheren Route der Persuasion untersucht werden. Dazu wird die folgende Untersuchungshypothese postuliert:

H_{11}: Das latente Konstrukt ‚Expertise der Rezensenten' ist eine Manifestation des mehrdimensionalen Konstrukts ‚periphere Signale'.

Als weiterer Einflussfaktor von Online-Rezensionen soll anhand des ‚Elaboration Likelihood Models' nach Petty/Cacioppo (1986) das Rating von Produkten und Dienstleistungen als eine Dimension des mehrdimensionalen Konstrukts periphere Signale konzeptionalisiert werden.[934]

---

929 Vgl. Racherla/Friske (2012), S. 552; Zhu/Yin/He (2014), S. 271.

930 Vgl. Yelp Ireland Ltd. (2016i).

931 Vgl. Yelp Ireland Ltd. (2016h).

932 Vgl. Kapitel 3.1.3; Fang (2014), S. 73.

933 Vgl. beispielsweise Zhu/Yin/He (2014), S. 267 ff.

934 Vgl. Petty/Cacioppo (1986), S. 123 ff.

- **Rating von Produkten und Dienstleistungen**

Das Rating von Produkten und Dienstleistungen ist ein weiterer Einflussfaktor von Online-Rezensionen, der im Social Media- und E-Commerce-Schrifttum mehrfach analysiert worden ist.[935]

Das Rating von Produkten und Dienstleistungen ist eine Bewertung auf Basis von Piktogrammen.[936] Beispielsweise werden auf Yelp.de Produkte innerhalb einer Online-Rezension zusätzlich mit einer Bewertung anhand von Sternen versehen. Ein mit nur einem Stern versehenes Produkt wird dadurch als sehr schlecht gekennzeichnet, während ein Rating mit fünf Sternen eine sehr gute Bewertung des Produkts bedeutet.[937] Das Rating zu einem Produkt oder einer Dienstleistung lässt sich als zusammenfassende oder abschließende Bewertung seitens des Rezensenten verstehen.

Online-Bewertungsportale ermöglichen die Zusammenfassung aller Online-Rezensionen zu einem Produkt oder einer Dienstleistung unter Verwendung der einzelnen Ratings. Auf dieser Basis kann eine Aussage über die durchschnittliche Bewertung aller Online-Rezensionen zu einem Produkt oder einer Dienstleistung getroffen werden.[938]

Die aggregierte Betrachtung aller Ratings zu einem Produkt oder einer Dienstleistung auf Online-Bewertungsportalen ermöglicht zudem die Bildung von Rangfolgen (Rankings). Rangfolgen bieten eine Vergleichsmöglichkeit zu verschiedenen Produkten und Dienstleistungen einer Branche auf Basis durchschnittlicher Sterne-Bewertungen (Ratings).[939]

Ratings und Rangfolgen von Produkten und Dienstleistungen gelten als typische Eigenschaften von Online-Bewertungsportalen und besitzen für die Rezipienten eine hohe praktische Relevanz. Ratings und Rangfolgen zu Produkten und Dienstleistungen werden von den Rezipienten als nützliche Werkzeuge empfunden, weil sie häufig nicht in der Lage sind, alle Online-Rezensionen selbst zu lesen. Darüber hinaus

---

935 Vgl. Filieri/McLeay (2013), S. 49; Mudambi/Schuff (2010), S. 189; Baek/Ahn/Choi (2012), S. 102; Korfiatis/García-Bariocanal/Sánchez-Alonso (2012), S. 207; Öğüt/Taş (2012), S. 202; Huang et al. (2015), S. 17 ff.; Hu/Koh/Reddy (2014), S. 48; Liu/Park (2015), S. 145.

936 Vgl. Filieri/McLeay (2013), S. 48.

937 Vgl. dazu beispielsweise Mudambi/Schuff (2010), S. 188; Yelp Ireland Ltd. (2016g).

938 Vgl. Yelp Ireland Ltd. (2016e).

939 Vgl. dazu beispielsweise die Rangfolge auf Yelp Ireland Ltd. (2016e) zu den Top 10 Restaurants in Köln.

geben Ratings und Rangfolgen einen zusammenfassenden Überblick über alle Online-Rezensionen zu einem Produkt oder einer Reihe von Produkten einer Branche.[940]

Die exploratorischen Expertengespräche weisen ebenfalls die Relevanz des Faktors Ratings von Produkten und Dienstleistungen nach. Vor allem ‚Heavy-User' nutzen Ratings, um schnell einen ersten Eindruck zu einer Reihe von Produkten einer Branche zu erlangen und eine erste Grobauswahl relevanter Produkte zu treffen. Dazu bedienen sich ‚Heavy-User' häufig einer Rangfolge um potenziell geeignete Produkte und Dienstleistungen absteigend nach deren potenzieller Eignung zu sortieren.[941]

Diese Untersuchung legt den Fokus auf das Rating von Produkten und Dienstleistungen und betrachtet die Rangfolge nicht als ein eigenständiges Konstrukt. Vielmehr soll das Rating als das zentrale Konstrukt betrachtet werden, auf dessen Basis weiterführende Aspekte, wie beispielsweise eine Rangfolge erstellt werden können. In dieser Untersuchung soll folgende Definition des Ratings von Produkten und Dienstleistungen Geltung erfahren:

„Review star ratings refer to the number of stars allocated by the reviewers, indicating their assessment of the products/services used. Peer rating is considered as a useful cue to reflect the extent of consumers' attitude and in turn helps consumers to evaluate the quality of the products."[942]

Das Rating kann als eine Zusammenfassung aller positiven, neutralen und negativen Online-Rezensionen zu einem Produkt oder einer Dienstleistung verstanden werden. Der Faktor Rating von Produkten und Dienstleistungen wird als eine Abkürzung des Informationsverarbeitungsprozesses für Rezipienten verstanden und als ein peripheres Signal eingeordnet.

Auf Basis des heuristischen Bezugsrahmens und unter Verwendung des ‚Elaboration Likelihood Models' kann die Einordnung des Faktors Rating von Produkten und Dienstleistungen anhand der peripheren Route der Persuasion erfolgen. Rezipienten von Online-Rezensionen nutzen das Rating vor allem um einen schnellen, ersten Eindruck zu Produkten und Dienstleistungen gewinnen zu können und konzentrieren sich weniger auf die Inhalte von Online-Rezensionen, die zu dem Rating geführt haben. Da die Rezipienten die Inhalte gar nicht oder nur am Rande betrachten, wird

940 Vgl. Filieri/McLeay (2013), S. 48.

941 Vgl. dazu die Ergebnisse der exploratorischen Expertengespräche zu dem Faktor Rating von Produkten/Dienstleistungen in Kapitel 3.3.1.

942 Vgl. Liu/Park (2015), S. 143.

das Rating als ‚short cut' bezeichnet und in dieser Untersuchung als eine Dimension der peripheren Signale innerhalb der peripheren Route der Persuasion untersucht.[943] Dazu wird folgende Untersuchungshypothese postuliert:

H_{12}: Das latente Konstrukt ‚Rating von Produkten und Dienstleistungen' ist eine Manifestation des mehrdimensionalen Konstrukts ‚periphere Signale'.

Als letzter Einflussfaktor von Online-Rezensionen soll anhand des ‚Elaboration Likelihood Models' nach Petty/Cacioppo (1986) die Reputation der Webseite als eine Dimension des mehrdimensionalen Konstrukts periphere Signale konzeptionalisiert werden.[944]

- **Reputation der Webseite**

Die Reputation einer Webseite wurde bereits im Social Media- und im E-Commerce-Schrifttum betrachtet.[945] Unter der Reputation der Webseite kann verstanden werden, in welchem Maße die Webseite beziehungsweise das Online-Bewertungsportal bei den Rezipienten von Online-Rezensionen bekannt und populär ist.[946] Diesbezüglich definieren Hsiao et al. (2010) die Reputation der Webseite wie folgt:

„[...] PWR (perceived website reputation) was defined as the degree of website's popularity to which a consumer perceives. Reputation has been regarded as a trust builder for a long time [...] particularly for trust in a website."[947]

Demnach ist für die Reputation einer Webseite ihre Bekanntheit und Seriosität entscheidend. Je bekannter und seriöser die Webseite ist, desto höher wird sie von den Rezipienten eingeschätzt (Reputation der Webseite).[948] Die Reputation der Webseite berührt in der Folge die Akzeptanz der Online-Rezensionen, die auf dieser Webseite enthalten sind. Daher werden Online-Rezensionen von Webseiten mit einer hohen

943 Vgl. Baek/Ahn/Choi (2012), S. 103.
944 Vgl. Petty/Cacioppo (1986), S. 123 ff.
945 Vgl. Hsiao et al. (2010), S. 940 f.; Lee/Park/Han (2011), S. 191; Chih et al. (2013), S. 659 f.; Lee/Shin (2014), S. 357.
946 Im Folgenden soll der Begriff Reputation der Webseite immer im Kontext der Reputation des Online-Bewertungsportals verstanden werden.
947 Hsiao et al. (2010), S. 940.
948 Vgl. Park/Lee (2009b), S. 62.

Reputation als nützlicher empfunden als von Webseiten mit einer niedrigeren Reputation.

Die praktische Relevanz der Reputation der Webseite kann anhand des eWoM-Effekts betrachtet werden. Der ist bei Webseiten mit einer hohen Reputation größer als bei Webseiten mit einer niedrigeren Reputation. So sind die Rezipienten von Online-Rezensionen auf Webseiten mit einer hohen Reputation eher gewillt, geteilte Inhalte zu rezipieren sowie rezipierte Inhalte zu liken, zu kommentieren, diese an Freunde weiterzuleiten oder zu empfehlen.[949]

Diese Zusammenhänge werden in den exploratorischen Expertengesprächen verifiziert. Darüber hinaus ergänzen die Experten, dass zusätzliche Zertifizierungen, wie beispielsweise ein ‚Trusted-Siegel', die Reputation der Webseite erhöht.[950]

Der Faktor Reputation der Webseite wird in dieser Untersuchung als eine bedeutende Dimension der peripheren Signale von Online-Rezensionen angesehen. Angesichts der zahlreichen Online-Bewertungsportale, die über das Internet verfügbar sind, treffen die Rezipienten auf Basis der Reputation der Webseite eine erste Grobauswahl, von welcher Webseite sie überhaupt Informationen rezipieren. Anhand verschiedener individueller Kriterien werden unseriöse Webseiten beziehungsweise Online-Bewertungsportale ausgeschlossen, bevor eine inhaltliche Auseinandersetzung mit den Online-Rezensionen erfolgt.[951]

Auf Basis des heuristischen Bezugsrahmens und unter Verwendung des ‚Elaboration Likelihood Models' erfolgt die Einordnung des Faktors Reputation der Webseite anhand der peripheren Route der Persuasion.[952] Die Reputation der Webseite ist für die Rezipienten besonders wichtig, sobald sie selbst nicht in der Lage sind, die Inhalte von Online-Rezensionen selbständig zu beurteilen. In dieser Situation vertrauen die Rezipienten darauf, dass Online-Rezensionen auf einer Webseite mit einer hohen Reputation eher der Wahrheit entsprechen, als auf unbekannten oder unseriös wirkenden Webseiten. Unter diesen Voraussetzungen verläuft die Elaboration von Online-Rezension auf Basis der peripheren Route der Persuasion.

---

949 Vgl. Chih et al. (2013), S. 659.

950 Vgl. dazu die Ergebnisse der exploratorischen Expertengespräche zu dem Faktor Reputation der Webseite in Kapitel 3.3.1.

951 Vgl. Chih et al. (2013), S. 659.

952 Vgl. Lee/Shin (2014), S. 357.

Der Faktor Reputation der Webseite soll in dieser Untersuchung als eine Dimension der peripheren Signale innerhalb der peripheren Route der Persuasion untersucht werden und dazu wird die folgende Untersuchungshypothese postuliert:

H_{13}: Das latente Konstrukt ‚Reputation der Webseite' ist eine Manifestation des mehrdimensionalen Konstrukts ‚periphere Signale'.

Abbildung 3-16: *Zwischenstand der mehrstufigen Modellentwicklung nach Konzeptionalisierung der Einflussfaktoren von Online-Rezensionen*

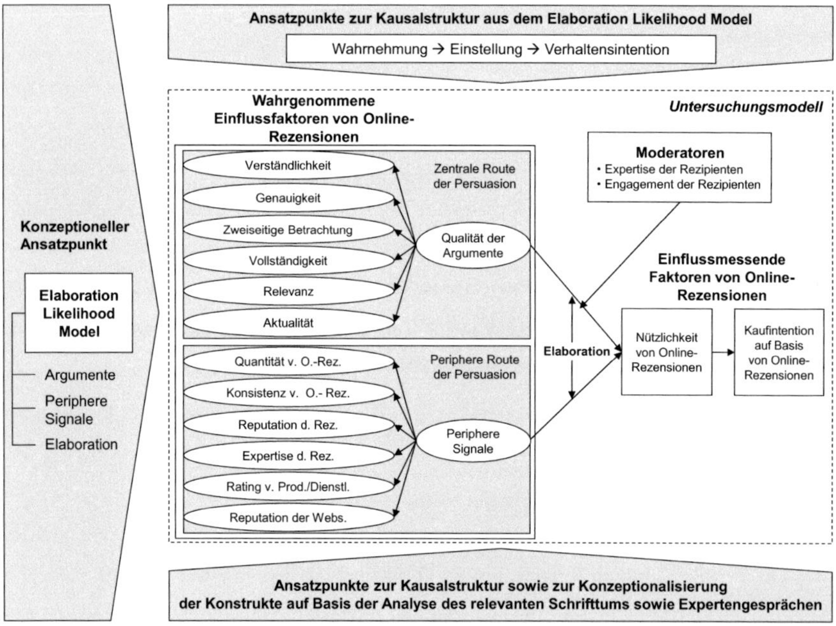

Auf Basis der Konzeptionalisierung wurden die sechs Einflussfaktoren Quantität und Konsistenz von Online-Rezensionen, Reputation und Expertise der Rezensenten, Rating von Produkten und Dienstleistungen sowie Reputation der Webseite als bedeutende Dimensionen des mehrdimensionalen Konstrukts periphere Signale identifiziert.[953] Daher kann folgende Untersuchungshypothese postuliert werden:

[953] Es ist festzuhalten, dass die gewählten Einflussfaktoren von Online-Rezensionen basierend auf den gewonnenen Erkenntnissen bedeutende Manifestationen des Konstrukts periphere Signale darstellen. Auf Basis der verwendeten Theorie, dem ‚Elaboration Likelihood Model', ist jedoch

H_{14}: Die ,peripheren Signale' können als ein latentes Konstrukt zweiter Ordnung mit den sechs Dimensionen ,Quantität von Online-Rezensionen', ,Konsistenz von Online-Rezensionen', ,Reputation der Rezensenten', ,Expertise der Rezensenten', ,Rating von Produkten und Dienstleistungen' und ,Reputation der Webseite' konzeptionalisiert werden.

Nachdem die Konzeptionalisierung des mehrdimensionalen Konstrukts periphere Signale abgeschlossen ist, illustriert Abbildung 3-16 den aktuellen Zwischenstand der mehrstufigen Modellentwicklung und ordnet die sechs Dimensionen der peripheren Signale in den bisherigen heuristischen Bezugsrahmen ein.

3.4.2. Konzeptionalisierung der einflussmessenden Faktoren von Online-Rezensionen

Nachdem die Konzeptionalisierung der Dimensionen bezüglich der Second-Order-Konstrukte Qualität der Argumente und der peripheren Signale abgeschlossen ist, sollen im Folgenden die endogenen, einflussmessenden Faktoren konzeptionalisiert werden. Innerhalb der Konzeptionalisierung der einflussmessenden Faktoren stehen die im Social Media- und im E-Commerce-Schrifttum häufig verwendeten Faktoren Nützlichkeit von Online-Rezensionen sowie Kaufintention der Rezipienten auf Basis von Online-Rezensionen im Fokus.[954] Beide Konstrukte wurden in den exploratorischen Expertengesprächen als äußerst relevante Faktoren hinsichtlich der Einflussmessung von Online-Rezensionen auf Online-Bewertungsportalen erachtet.[955]

Das Schrifttum impliziert einen hohen positiven Einfluss der Dimensionen der Qualität der Argumente und der peripheren Signale auf die Nützlichkeit von Online-Rezensionen.[956] Die Nützlichkeit von Online-Rezensionen wirkt wiederum positiv auf die Informationsannahme beziehungsweise auf die Kaufintention der Rezipienten

die Konzeptionalisierung weiterer Einflussfaktoren als Dimensionen der peripheren Signale denkbar. Anhand dieser Erkenntnis wird auf eine formative Modellierung des mehrdimensionalen Konstrukts periphere Signale verzichtet.

954 Vgl. Kapitel 3.2.2.

955 Vgl. Kapitel 3.3.1.

956 Vgl. Cheung/Lee/Rabjohn (2008), S. 241; Mudambi/Schuff (2010), S. 189; Li/Zhan (2011), S. 241; Baek/Ahn/Choi (2012), S. 102; Racherla/Friske (2012), S. 551 ff.; Jamil/Hasnu (2013), S. 192; Cheung (2014), S. 45; Zhu/Yin/He (2014), S. 271; Cheng/Ho (2015), S. 884; Liu/Park (2015), S. 145.

auf Basis von Online-Rezensionen. Diese Zusammenhänge lassen sich durch die Analyse des Schrifttums verifizieren.[957]

In Kapitel 3.4.2.1 und Kapitel 3.4.2.2 soll nun die Beziehung der Second-Order-Konstrukte Qualität der Argumente und periphere Signale hinsichtlich der Nützlichkeit von Online-Rezensionen betrachtet werden. Daran anschließend wird in Kapitel 3.4.2.3 die kausale Beziehung zwischen der Nützlichkeit von Online-Rezensionen und der Kaufintention der Rezipienten thematisiert.

3.4.2.1. Beziehung der Qualität der Argumente und der peripheren Signale auf die Nützlichkeit von Online-Rezensionen

Bei der Nützlichkeit von Online-Rezensionen handelt es sich um ein endogenes, abhängiges Konstrukt, das im Social Media- und im E-Commerce-Schrifttum bereits thematisiert wurde.[958] Auf dieser Basis kann die Nützlichkeit von Online-Rezensionen konzeptionalisiert werden.

Die Nützlichkeit bezieht sich auf das Ausmaß, inwieweit eine Person beziehungsweise ein Rezipient glaubt, dass die Verwendung eines bestimmten Systems respektive eine Online-Rezension zu einer persönlichen Steigerung der Leistungsfähigkeit oder aber zu einer richtigen Entscheidungsfindung führt. Davis (1989) definieren die Nützlichkeit als:

„[…] the degree to which a person believes that using a particular system would enhance his or her […] performance.“[959]

Die Nützlichkeit von Online-Rezensionen bezieht sich auf die Wahrnehmung der Rezipienten von Online-Rezensionen auf Online-Bewertungsportalen. Sie sagt aus, inwiefern Online-Rezensionen die Performanz der Rezipienten hinsichtlich eines Produktkaufs oder einer Inanspruchnahme einer Dienstleistung beeinflussen. Cheung/Lee/Rabjohn (2008) definieren die Nützlichkeit bezüglich des Einsatzes neuer Technologien wie beispielsweise in Form von Online-Bewertungsportalen, wie folgt:

---

957 Vgl. Cheung/Lee/Rabjohn (2008), S. 241; Jamil/Hasnu (2013), S. 192; Cheung (2014), S. 45; Park/Lee (2009a), S. 333.

958 Vgl. beispielsweise Cheung/Lee/Rabjohn (2008), S. 233 f.; Park/Lee (2009a), S. 334; Racherla/Friske (2012), S. 549; Jamil/Hasnu (2013), S. 180; Cheung (2014), S. 46; Cheng/Ho (2015), S. 884 ff; Huang et al. (2015), S. 17 ff.; Liu/Park (2015), S. 142; Park/Nicolau (2015), S. 70 f.; Chen (2016), S. 316 ff.; Zhou/Guo (2017), S. 79.

959 Vgl. Davis (1989), S. 320.

„Perceived usefulness refers to the individual's perception that using the new technology will enhance or improve his/her performance."[960]

Aufgrund der hohen Anzahl der im Internet verfügbaren Online-Rezensionen, die sich in ihrer Form, in ihrem Fokus und der Zugänglichkeit unterscheiden, stehen den Rezipienten eine Fülle verschiedener Informationen zur Verfügung.[961] Daher ist es für die Rezipienten von besonderem Interesse, Zugriff auf Online-Rezensionen zu haben, die für ihre Bedürfnisse von hoher Relevanz sind.[962]

Die praktische Relevanz dieses Aspekts zeigt sich in der Vielzahl der entwickelten Bewertungssysteme auf Online-Bewertungsportalen. Mit ihnen können die Rezipienten Online-Rezensionen nach für sie nützlichen Belangen filtern. Beispielsweise existieren Online-Bewertungsportale, die den Rezipienten hilfreiche und für sie vorteilhafte Online-Rezensionen aufgrund gewählter Filter anzeigen, oder sie je nach gewählten Eigenschaften in eine Rangfolge sortieren.[963] Auf diese Weise können Rezipienten Produkte oder Dienstleistungen rasch und selbstständig evaluieren und die Nützlichkeit von Online-Rezensionen erhöhen. Dadurch erhöht sich auch das Vertrauen der Rezipienten in die Informationsquelle.[964]

Auf dieser Basis stehen für den Rezipienten zahlreiche Möglichkeiten bereit, nützliche Informationen zu erhalten. Daraus entsteht für den Rezipienten eine große Zufriedenheit mit dem Online-Bewertungsportal und eine breite Informationsbasis, auf der eine Kaufentscheidung getätigt werden kann. Dies impliziert, dass Online-Bewertungsportale mit nützlichen Online-Rezensionen potenziell einen hohen Wert für die Rezipienten besitzen und zum Vertrauensaufbau beitragen und die Kaufintention der Rezipienten beeinflussen.[965]

Im Schrifttum wurde die Nützlichkeit von Online-Rezensionen bereits in einigen Studien als ein Schlüsselfaktor zur Untersuchung der Absichten der Rezipienten herangezogen. Einige Studien betrachten, welche Faktoren einen maßgeblichen Einfluss auf die Nützlichkeit von Online-Rezensionen besitzen. Im Schrifttum ist vor allem ei-

960 Cheung/Lee/Rabjohn (2008), S. 233.
961 Vgl. Racherla/Friske (2012), S. 549; Park/Nicolau (2015), S. 70.
962 Vgl. Park/Nicolau (2015), S. 70.
963 Vgl. Liu/Park (2015), S. 142.
964 Vgl. Gupta/Harris (2010), S. 1041 ff.
965 Vgl. Liu/Park (2015), S. 142.

ne Unterteilung in die Dimensionen der Qualität der Argumente und der peripheren Signale zu erkennen.[966]

Einer solchen Betrachtung der Einflussfaktoren von Online-Rezensionen auf die Nützlichkeit von Online-Rezensionen folgen beispielsweise die Studien von Cheung/ Lee/Rabjohn (2008), Mudambi/Schuff (2010), Li/Zhan (2011), Baek/Ahn/Choi (2012), Racherla/Friske (2012), Jamil/Hasnu (2013), Cheung (2014), Zhu/Yin/He (2014), Cheng/Ho (2015) und Liu/Park (2015).

Anhand dieser Studien und nach vollständiger Analyse des relevanten Schrifttums können als besonders wichtige Einflussfaktoren bezüglich des Second-Order-Konstrukts Qualität der Argumente die Dimensionen Verständlichkeit, Genauigkeit, zweiseitige Betrachtung, Vollständigkeit, Relevanz und Aktualität benannt werden. Bezüglich des Second-Order-Konstrukts periphere Signale sind insbesondere die Dimensionen Quantität von Online-Rezensionen, Konsistenz von Online-Rezensionen, Reputation der Rezensenten, Expertise der Rezensenten, Rating von Produkten und Dienstleistungen sowie die Reputation der Webseite von Bedeutung.[967]

Die Second-Order-Konstrukte Qualität der Argumente und periphere Signale sowie die dazugehörenden Dimensionen stehen im Einklang mit dem ‚Elaboration Likelihood Model', der für diese Thematik relevanten Theorie. Diese impliziert, dass das mehrdimensionale Konstrukt Qualität der Argumente anhand der zentralen Route der Persuasion sowie das mehrdimensionale Konstrukt periphere Signale anhand der peripheren Route der Persuasion einen positiven Einfluss auf die Nützlichkeit von Online-Rezensionen besitzt.[968] Vor diesem Hintergrund können folgende Untersuchungshypothesen postuliert werden:

H_{15}: Je höher die ‚Qualität der Argumente' ausgeprägt ist, desto höher ist die ‚Nützlichkeit von Online-Rezensionen' für die Rezipienten.

H_{16}: Je höher die ‚peripheren Signale' ausgeprägt sind, desto höher ist die ‚Nützlichkeit von Online-Rezensionen' für die Rezipienten.

966 Vgl. Cheung/Lee/Rabjohn (2008), S. 241; Mudambi/Schuff (2010), S. 189; Li/Zhan (2011), S. 241; Baek/Ahn/Choi (2012), S. 102; Racherla/Friske (2012), S. 551 ff.; Jamil/Hasnu (2013), S. 192; Cheung (2014), S. 45; Zhu/Yin/He (2014), S. 271; Cheng/Ho (2015), S. 884; Liu/Park (2015), S. 145.

967 Vgl. Kapitel 2.3, Kapitel 3.3.1 und Kapitel 3.4.1.

968 Vgl. Petty/Cacioppo (1981), S. 262 ff.; Petty/Cacioppo (1986), S. 123 ff.

3.4.2.2. Beziehung zwischen der Nützlichkeit von Online-Rezensionen und der Kaufintention der Rezipienten auf Basis von Online-Rezensionen

Die Kaufintention der Rezipienten auf Basis von Online-Rezensionen stellt ein endogenes, abhängiges Konstrukt dar, das im Social Media- sowie im E-Commerce-Schrifttum häufig als einflussmessender Faktor von Online-Rezensionen herangezogen wird.[969] Auf dieser Basis kann die Kaufintention der Rezipienten konzeptionalisiert werden.

Die Kaufintention stellt eine Form des Konsumentenverhaltens dar und kann als ein Konstrukt angesehen werden, das die Absicht eines Konsumenten erfasst, von einem bestimmten Produkt oder einer bestimmten Dienstleistung eine bestimmte Menge innerhalb eines gewissen Zeitraums zu kaufen respektive in Anspruch zu nehmen.[970] Der Faktor Kaufintention zeigt, inwieweit die Konsumenten bewusste Pläne formulieren, das ausgewählte Produkt oder die ausgewählte Dienstleistung käuflich zu erwerben. In diesem Zusammenhang führen Cheung (2014) an:

„Purchase intention refers to the degree to which the consumer has formulated conscious plans to make purchase with the product of interest."[971]

Die Kaufabsicht wird von Einstellungen der Konsumenten gegenüber dem Produkt oder der Dienstleistung beeinträchtigt. Zusätzlich wird die Kaufintention der Konsumenten respektive der Rezipienten von Online-Rezensionen anhand verschiedener exogener Faktoren beeinflusst. Grundsätzlich kann die Kaufintention als Prognose auf zukünftige Kaufverhalten angesehen werden.[972]

In dieser Untersuchung bezieht sich der Faktor Kaufintention auf die Rezipienten von Online-Rezensionen, die auf Basis der empfangenen Informationen zu einem Produkt oder einer Dienstleistung auf einem Online-Bewertungsportal die Absicht verfolgen, das rezensierte Produkt zu kaufen respektive die rezensierte Dienstleistung in Anspruch zu nehmen.

---

969 Vgl. Hu/Liu/Zhang (2008), S. 1 ff.; Park/Lee (2009a), S. 332 ff.; Hsiao et al. (2010), S. 935 ff.; Lee/Park/Han (2011), S. 187 ff.; Fan/Miao (2012), S. 175 ff.; Chih et al. (2013), S. 658 ff.; Obiedat (2013), S. 16 ff.; Cheung (2014), S. 42 ff.; Lee/Shin (2014), S. 356 ff.; Koo (2015), S. 1163 ff.; Munzel (2016), S. 96 ff.; Reimer/Benkenstein (2016), S. 5993 ff.

970 Vgl. Springer Gabler | Springer Fachmedien Wiesbaden GmbH (2016).

971 Cheung (2014), S. 46.

972 Vgl. Springer Gabler | Springer Fachmedien Wiesbaden GmbH (2016).

Den Faktor Kaufintention untersuchen im relevanten Schrifttum Hu/Liu/Zhang (2008), Park/Lee (2009a), Hsiao et al. (2010), Lee/Park/Han (2011), Fan/Miao (2012), Chih et al. (2013), Obiedat (2013), Cheung (2014), Lee/Shin (2014), Koo (2015), Munzel (2016) und Reimer/Benkenstein (2016).[973] Von diesen Arbeiten untersuchen die Studien von Park/Lee (2009a), Fan/Miao (2012) und Cheung (2014) die Wirkungsbeziehung zwischen der Nützlichkeit von Online-Rezensionen und der Kaufintention der Rezipienten. Die Studien weisen einen positiven Einfluss des Faktors Nützlichkeit von Online-Rezensionen auf die Kaufintention der Rezipienten nach.[974]

Die Kaufintention der Rezipienten wird im Schrifttum als ein einflussmessender Faktor innerhalb der Studien herangezogen, die als theoretische Grundlage das ‚Elaboration Likelihood Model' verwenden.[975] Darüber hinaus existieren in diesem Kontext Arbeiten die zwischen der Qualität der Argumente und der peripheren Signale beziehungsweise zwischen der zentralen und der peripheren Route der Persuasion differenzieren.[976]

Auf diesen Ausführungen aufbauend, soll die bisher dargestellte Kausalkette erweitert werden. Nachdem bereits ein positiver Einfluss der Qualität der Argumente und der peripheren Signale auf die Nützlichkeit von Online-Rezensionen angenommen wurde, wird auch ein positiver Einfluss der Nützlichkeit von Online-Rezensionen auf die Kaufintention der Rezipienten postuliert. Daraus ergibt sich folgende Untersuchungshypothese:

H_{17}: Je höher die ‚Nützlichkeit von Online-Rezensionen' ausgeprägt ist, desto höher ist die ‚Kaufintention der Rezipienten'.

Nach Abschluss der Konzeptionalisierung der endogenen einflussmessenden Faktoren von Online-Rezensionen auf Online-Bewertungsportalen wird in Abbildung 3-17 der heuristische Bezugsrahmen der Untersuchung durch die Nützlichkeit von Online-Rezensionen und die Kaufintention der Rezipienten ergänzt.

---

973 Vgl. Hu/Liu/Zhang (2008), S. 1ff.; Park/Lee (2009a), S. 332 ff.; Hsiao et al. (2010), S. 935 ff.; Lee/Park/Han (2011), S. 187 ff.; Fan/Miao (2012), S. 175 ff.; Chih et al. (2013), S. 658 ff.; Obiedat (2013), S. 16 ff.; Cheung (2014), S. 42 ff.; Lee/Shin (2014), S. 356 ff.; Koo (2015), S. 1163 ff.; Munzel (2016), S. 96 ff.; Reimer/Benkenstein (2016), S. 5993 ff.

974 Vgl. Park/Lee (2009a), S. 337; Fan/Miao (2012), S. 177; Cheung (2014), S. 46.

975 Vgl. dazu beispielsweise Fan/Miao (2012), S. 175 ff.

976 Vgl. beispielsweise Cheung (2014), S. 42 ff.

Abbildung 3-17: *Zwischenstand der mehrstufigen Modellentwicklung nach Konzeptionalisierung der exogenen und endogenen Faktoren von Online-Rezensionen*

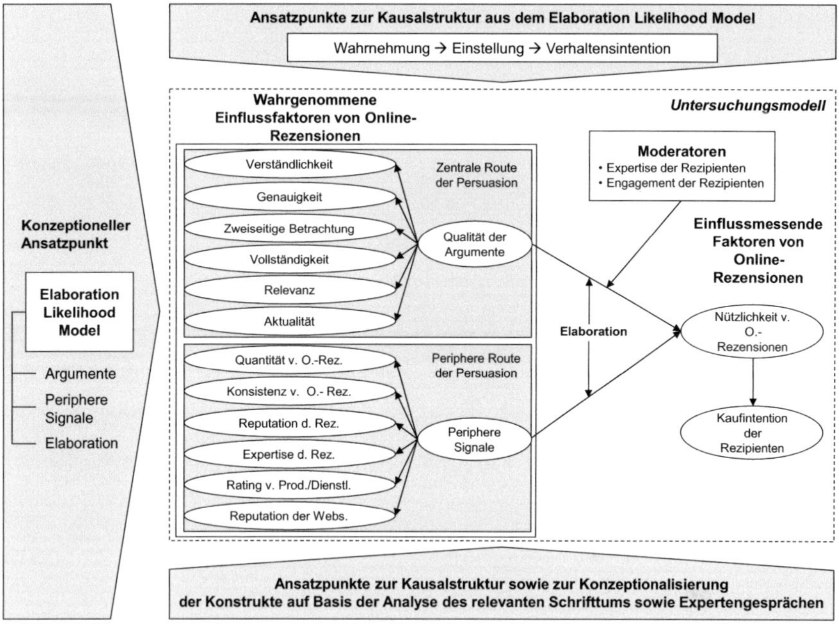

3.4.3. Konzeptionalisierung der Moderatoren

Auf Basis der in Kapitel 3.1.3 angeführten theoretischen Grundlagen sowie der Analyse des Schrifttums in Kapitel 3.2 können für diese Untersuchung zwei bedeutende Moderatoren identifiziert werden.[977] Die Moderatoren Expertise und Engagement der Rezipienten stellen individuumsbezogene Parameter dar und besitzen einen Einfluss auf die Wirkung der Second-Order-Konstrukte Qualität der Argumente und periphere Signale und damit auch auf die Nützlichkeit von Online-Rezensionen. Beide Moderatoren stützen sich auf das ‚Elaboration Likelihood Model' und führen je nach Ausprägung dazu, dass entweder die Dimensionen der Qualität der Argumente beziehungsweise die zentrale Route der Persuasion oder die Dimensionen der peripheren Signale beziehungsweise die periphere Route der Persuasion bezüglich der Nütz-

[977] Vgl. Kapitel 3.2.3.

lichkeit von Online-Rezensionen und der Kaufintention der Rezipienten bevorzugt betrachtet werden.[978]

Vor diesem Hintergrund werden die im Schrifttum identifizierten Moderatoren auf Basis des ‚Elaboration Likelihood Models' im Folgenden unter Beachtung der zentralen Route und der peripheren Route der Persuasion im Folgenden konzeptionalisiert.

- **Expertise der Rezipienten**

Die Expertise der Rezipienten stellt einen Moderator dar, der unter Verwendung des ‚Elaboration Likelihood Models' bereits im für die Untersuchung relevanten Schrifttum betrachtet wurde.[979] Auf dieser Basis kann die Expertise der Rezensenten für die vorliegende Untersuchung konzeptionalisiert werden.

Unter der Expertise der Rezipienten ist das Ausmaß zu verstehen, in dem der Nutzer von Online-Rezensionen bereits Vorkenntnisse zu dem bewerteten Produkt oder der bewerteten Dienstleistung besitzt. In diesem Kontext definieren Cheung/Sia/Kuan (2012) die Expertise der Rezipienten wie folgt:

„Recipient's expertise refers to the recipient's prior knowledge about the issue […].“[980]

Rezipienten von Online-Rezensionen, die zu dem bewerteten Produkt oder zu der bewerteten Dienstleistung über einen hohen Kenntnisstand verfügen, besitzen die Fähigkeit, den Aussagegehalt von Online-Rezensionen korrekt zu bewerten und die Informationen für den eigenen Nutzen richtig einzuschätzen. Das steht im Gegensatz zu Rezipienten mit einem niedrigen Kenntnisstand bezüglich des rezensierten Produkts oder der rezensierten Dienstleistung. Diese Rezipienten sind nicht in der Lage den Aussagegehalt von Online-Rezensionen korrekt zu bewerten.[981]

Bei Rezipienten mit einer hohen Expertise bezüglich des bewerteten Produkts oder Dienstleistung erfolgt die Elaboration der Persuasion von Online-Rezensionen anhand der zentralen Route.[982] Die Rezipienten gewichten die Dimensionen des mehrdimensionalen Konstrukts Qualität der Argumente stärker als die Dimensionen des

978 Vgl. Petty/Cacioppo (1981), S. 262 ff.; Petty/Cacioppo (1986), S. 123 ff.

979 Vgl. beispielsweise Cheung/Sia/Kuan (2012), S. 622; Fan/Miao (2012), S. 176; Fan et al. (2013), S. 60.

980 Cheung/Sia/Kuan (2012), S. 622.

981 Vgl. Cheung/Sia/Kuan (2012), S. 622.

982 Vgl. Sussman/Siegal (2003), S. 50.

mehrdimensionalen Konstrukts periphere Signale. Dies ist darauf zurückzuführen, dass die Rezipienten aufgrund ihrer eigenen Kenntnisse die präsentierten Inhalte selbstständig bewerten können. Die Rezipienten sind nicht darauf angewiesen, Online-Rezensionen anhand peripherer Signale zu überprüfen, um sie für sich nutzen zu können. Demgegenüber werden die Rezipienten mit einer niedrigen Expertise bezüglich des bewerteten Produkts oder Dienstleistung verstärkt die Dimensionen des mehrdimensionalen Konstrukts periphere Signale heranziehen und sich weniger an den Dimensionen des mehrdimensionalen Konstrukts Qualität der Argumente orientieren.[983]

Daher lässt sich festhalten, dass der Moderator Expertise der Rezipienten die Wirkungsbeziehung zwischen dem Second-Order-Konstrukt Qualität der Argumente und der Nützlichkeit von Online-Rezensionen beeinflusst. Darüber hinaus beeinflusst der Moderator Expertise der Rezipienten die Wirkungsbeziehung zwischen dem Second-Order-Konstrukt periphere Signale und der Nützlichkeit von Online-Rezensionen. Daher können folgende Untersuchungshypothesen postuliert werden:

H_{18}: Je höher die ‚Expertise der Rezipienten' ausgeprägt ist, desto höher ist die Wirkung des Second-Order-Konstrukts ‚Qualität der Argumente' auf die ‚Nützlichkeit von Online-Rezensionen.'

H_{19}: Je niedriger die ‚Expertise der Rezipienten' ausgeprägt ist, desto höher ist die Wirkung des Second-Order-Konstrukts ‚periphere Signale' auf die ‚Nützlichkeit von Online-Rezensionen'.

Als zweiter Moderator soll anhand des Schrifttums sowie unter Beachtung des ‚Elaboration Likelihood Models' das Engagement der Rezipienten untersucht werden.

- **Engagement der Rezipienten**

Das Engagement der Rezipienten wurde im Social Media- und im E-Commerce-Schrifttum bereits als Moderator verwendet.[984] Im Folgenden soll nun das Engagement der Rezipienten für diese Untersuchung konzeptionalisiert werden. Unter dem Engagement der Rezipienten ist das Ausmaß zu verstehen, in dem die Leser gewillt

983 Vgl. auch Kapitel 3.1.3 sowie Cheung/Sia/Kuan (2012), S. 622.
984 Vgl. Cheung/Sia/Kuan (2012), S.622; Fan/Miao (2012), S. 176; Fan et al. (2013), S. 60.

sind, sich mit den in den Online-Rezensionen enthaltenen Informationen auseinanderzusetzen und sie für ihre Zwecke zu verarbeiten. So konstatieren Fan/Miao (2012):

„*[...] involvement is associated with willingness or motivation to process information.*“[985]

Rezipienten mit einem hohen Engagement zu einem bewerteten Produkt oder einer Dienstleistung besitzen eine höhere Motivation, sich inhaltlich mit Online-Rezensionen auseinanderzusetzen, als Rezipienten mit einem niedrigeren Engagement. Daher bewerten die Rezipienten mit einem hohen Engagement die Online-Rezensionen primär anhand der zentralen Route der Persuasion.[986]

Aus diesem Grund werden Rezipienten mit einem hohen Engagement die Dimensionen des Second-Order-Konstrukts Qualität der Argumente stärker gewichten, als die Dimensionen des Second-Order-Konstrukts periphere Signale. Dies ist darauf zurückzuführen, dass die Rezipienten sich aufgrund ihrer hohen Motivation sich detailliert mit den Informationen in Online-Rezensionen auseinandersetzen und sie selbstständig für ihre Zwecke auswerten.[987]

Demgegenüber fehlt den Rezipienten mit einem niedrigen Engagement weitestgehend die Motivation, sich mit den in Online-Rezensionen vorgetragenen Argumenten zu beschäftigen. Diese Rezipienten werden verstärkt auf die Dimensionen des Second-Order-Konstrukts periphere Signale zurückgreifen und auf dieser Basis ihre Entscheidung treffen, welches Produkt oder welche Dienstleistung für sie nützlich ist und so zu einer Kaufintention gelangen.[988] Auf dieser Basis können folgende Untersuchungshypothesen postuliert werden:

H_{20}: Je höher das ‚Engagement der Rezipienten‘ ausgeprägt ist, desto höher ist die Wirkung des Second-Order-Konstrukts ‚Qualität der Argumente‘ auf die ‚Nützlichkeit von Online-Rezensionen‘.

985 Fan/Miao (2012), S. 175.

986 Vgl. auch Kapitel 3.1.3 sowie Cheung/Sia/Kuan (2012), S.622.

987 Vgl. Fan et al. (2013), S. 60.

988 Vgl. Kapitel 3.1.3 sowie Petty/Cacioppo (1986), S. 123 ff.

H_{21}: Je niedriger das ‚Engagement der Rezipienten' ausgeprägt ist, desto höher ist die Wirkung des Second-Order-Konstrukts ‚periphere Signale' auf die ‚Nützlichkeit von Online-Rezensionen'.

Abbildung 3-18: Finales Ergebnis der mehrstufigen Modellentwicklung

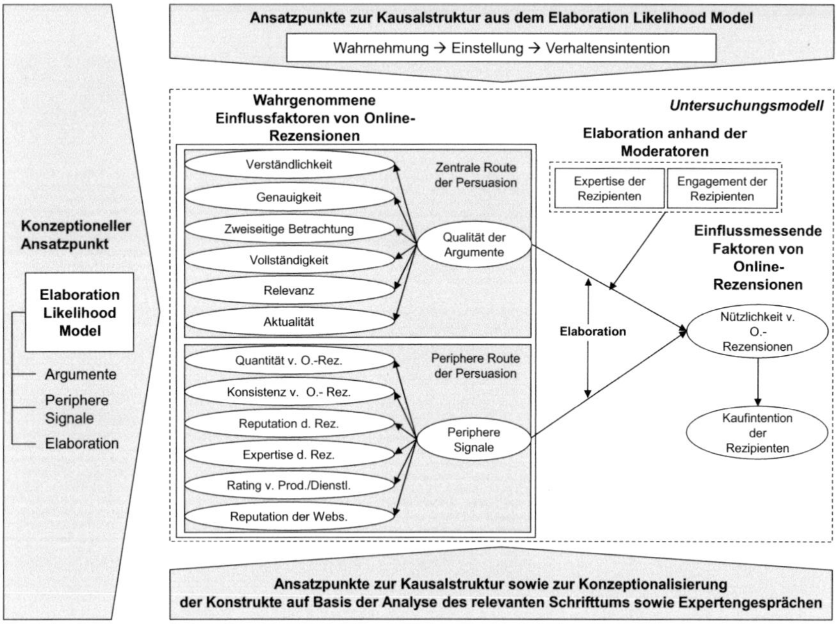

Zur Zusammenfassung der Konzeptionalisierung der Moderatoren Expertise und Engagement der Rezipienten stellt Abbildung 3-18 das finale Ergebnis der Modellentwicklung dar und ordnet dieses in den Kontext der heuristischen Bezugsrahmens ein.

3.5. Zusammenfassung des Gesamtmodells und der Untersuchungshypothesen

Abbildung 3-19: Finales Gesamtmodell der Untersuchung

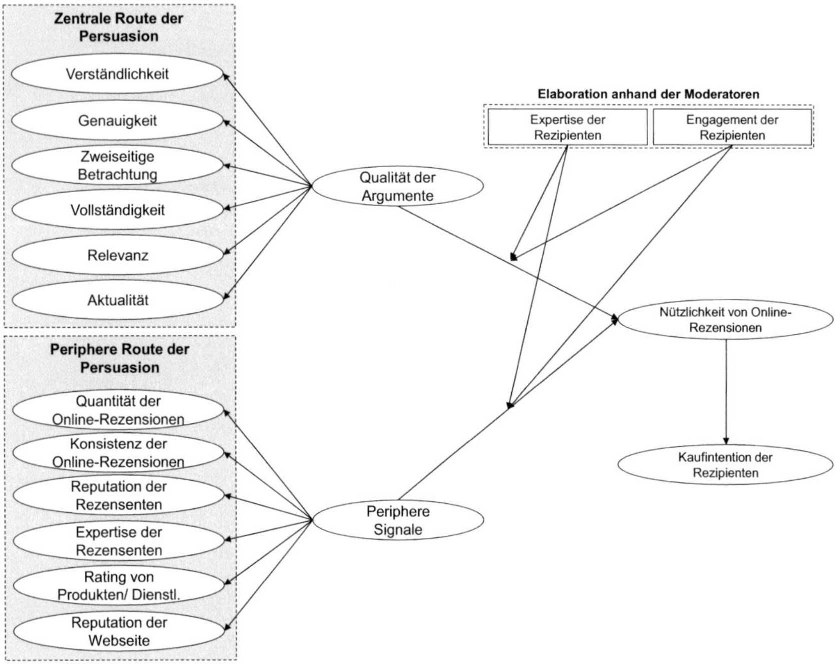

Zuerst erfolgte die Konzeptionalisierung der einzelnen Dimensionen der mehrdimensionalen Konstrukte Qualität der Argumente und periphere Signale. Anschließend wurde die Wirkung der beiden mehrdimensionalen Konstrukte auf die abhängigen, endogenen Konstrukte Nützlichkeit von Online-Rezensionen und Kaufintention der Rezipienten auf Basis von Online-Rezensionen konzeptionalisiert. Zusätzlich wurden die Moderatoren Expertise und Engagement der Rezipienten konzeptionalisiert. Im Folgenden wird das aggregierte Untersuchungsmodell veranschaulicht und die dazugehörigen Untersuchungshypothesen zusammengefasst. Abbildung 3-19 illustriert das finale Gesamtmodell im Überblick.

Das in Abbildung 3-19 illustrierte finale Gesamtmodell umfasst insgesamt 21 Untersuchungshypothesen. Die 21 Untersuchungshypothesen sind in Tabelle 3-10 zusammengefasst.

Tabelle 3-10: Zusammenfassung der Untersuchungshypothesen

Nr.	Hypothese	Art
H_1	Das latente Konstrukt ‚Verständlichkeit' von Online-Rezensionen ist eine Manifestation des mehrdimensionalen Konstrukts ‚Qualität der Argumente'.	explikativ
H_2	Das latente Konstrukt ‚Genauigkeit' von Online-Rezensionen ist eine Manifestation des mehrdimensionalen Konstrukts ‚Qualität der Argumente'.	explikativ
H_3	Das latente Konstrukt ‚zweiseitige Betrachtung' von Online-Rezensionen ist eine Manifestation des mehrdimensionalen Konstrukts ‚Qualität der Argumente'.	explikativ
H_4	Das latente Konstrukt ‚Vollständigkeit' von Online-Rezensionen ist eine Manifestation des mehrdimensionalen Konstrukts ‚Qualität der Argumente'.	explikativ
H_5	Das latente Konstrukt ‚Relevanz' von Online-Rezensionen ist eine Manifestation des mehrdimensionalen Konstrukts ‚Qualität der Argumente'.	explikativ
H_6	Das latente Konstrukt ‚Aktualität' von Online-Rezensionen ist eine Manifestation des mehrdimensionalen Konstrukts ‚Qualität der Argumente'.	explikativ
H_7	Die ‚Qualität der Argumente' kann als ein latentes Konstrukt zweiter Ordnung mit den sechs Dimensionen ‚Verständlichkeit', ‚Genauigkeit', ‚zweiseitige Betrachtung', ‚Vollständigkeit', ‚Relevanz' und ‚Aktualität' von Online-Rezensionen konzeptionalisiert werden.	explikativ
H_8	Das latente Konstrukt ‚Quantität von Online-Rezensionen' ist eine Manifestation des mehrdimensionalen Konstrukts ‚periphere Signale'.	explikativ
H_9	Das latente Konstrukt ‚Konsistenz von Online-Rezensionen' ist eine Manifestation des mehrdimensionalen Konstrukts ‚periphere Signale'.	explikativ
H_{10}	Das latente Konstrukt ‚Reputation der Rezensenten' ist eine Manifestation des mehrdimensionalen Konstrukts ‚periphere Signale'.	explikativ
H_{11}	Das latente Konstrukt ‚Expertise der Rezensenten' ist eine Manifestation des mehrdimensionalen Konstrukts ‚periphere Signale'.	explikativ
H_{12}	Das latente Konstrukt ‚Rating von Produkten und Dienstleistungen' ist eine Manifestation des mehrdimensionalen Konstrukts ‚periphere Signale'.	explikativ
H_{13}	Das latente Konstrukt ‚Reputation der Webseite' ist eine Manifestation des mehrdimensionalen Konstrukts ‚periphere Signale'.	explikativ
H_{14}	Die ‚peripheren Signale' können als ein latentes Konstrukt zweiter Ordnung mit den sechs Dimensionen ‚Quantität von Online-Rezensionen', ‚Konsistenz von Online-Rezensionen', ‚Reputation der Rezensenten', ‚Expertise der Rezensenten', ‚Rating von Produkten und Dienstleistungen' und ‚Reputation der Webseite' konzeptionalisiert werden.	explikativ
H_{15}	Je höher die ‚Qualität der Argumente' ausgeprägt ist, desto höher ist die ‚Nützlichkeit von Online-Rezensionen' für die Rezipienten.	explikativ

Tabelle 3-11: Zusammenfassung der Untersuchungshypothesen

Nr.	Hypothese	Art
H_{16}	Je höher die ‚peripheren Signale' ausgeprägt ist, desto höher ist die ‚Nützlichkeit von Online-Rezensionen' für die Rezipienten.	explikativ
H_{17}	Je höher die ‚Nützlichkeit von Online-Rezensionen' ausgeprägt ist, desto höher ist die ‚Kaufintention der Rezipienten auf Basis von Online-Rezensionen'.	explikativ
H_{18}	Je höher die ‚Expertise der Rezipienten' ausgeprägt ist, desto höher ist die Wirkung des Second-Order-Konstrukts ‚Qualität der Argumente' auf die ‚Nützlichkeit von Online-Rezensionen'.	explikativ
H_{19}	Je niedriger die ‚Expertise der Rezipienten' ausgeprägt ist, desto höher ist die Wirkung des Second-Order-Konstrukts ‚periphere Signale' auf die ‚Nützlichkeit von Online-Rezensionen'.	explikativ
H_{20}	Je höher das ‚Engagement der Rezipienten' ausgeprägt ist, desto höher ist die Wirkung des Second-Order-Konstrukts ‚Qualität der Argumente' auf die ‚Nützlichkeit von Online-Rezensionen'.	explikativ
H_{21}	Je niedriger das ‚Engagement der Rezipienten' ausgeprägt ist, desto höher ist die Wirkung des Second-Order-Konstrukts ‚periphere Signale' auf die ‚Nützlichkeit von Online-Rezensionen'.	explikativ

4. Methodik und Vorgehensweise der empirischen Untersuchung

Nachdem die Konzeptionalisierung des Untersuchungsmodells vollständig und abgeschlossen ist, sollen im Folgenden die aufgestellten Hypothesen H_1 bis H_{21} empirisch überprüft werden. Die empirische Überprüfung soll auf Prinzipien realwissenschaftlicher Forschung basieren und dem Abgleich der Untersuchungshypothesen mit der Realität dienen.[989] Dazu werden in Kapitel 4.1 die notwendigen Grundlagen und die Vorgehensweise der Strukturgleichungsmodellierung dargelegt, bevor in Kapitel 4.2 die relevanten Gütekriterien auf Messmodell- sowie auf Strukturmodell-Ebene vorgestellt werden.[990] Das Kapitel schließt mit einer Zusammenfassung der Vorgehensweise (Kapitel 4.3). Abbildung 4-1 ordnet Kapitel 4 in die Ablaufstruktur der Untersuchung ein.

Abbildung 4-1: Einordnung von Kapitel 4 in die Ablaufstruktur der Untersuchung

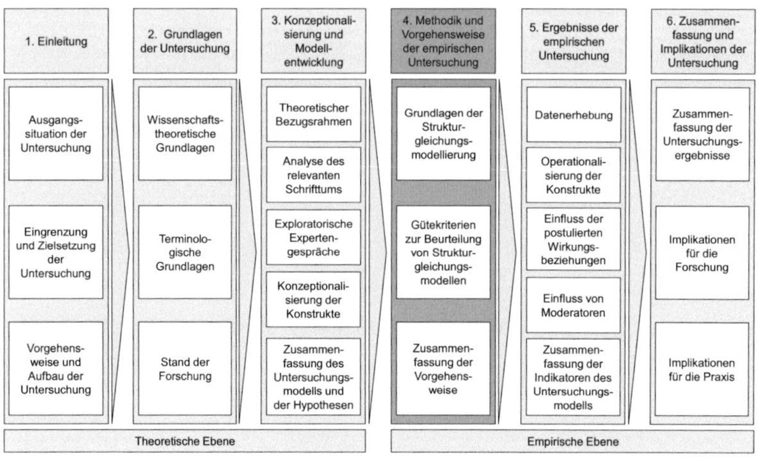

[989] Vgl. Kornmeier (2007), S. 7 f.

[990] Die methodische Darstellung der empirischen Grundlagen folgt dem im Schrifttum etablierten Vorgehen. Vgl. im Folgenden unter anderem Fuchs (2011), S. 1 ff.; Mory (2014), S. 211 ff.; Piehler (2014), S. 181 ff.; Pistoia (2014), S. 133 ff.; Weiber/Mühlhaus (2014), S. 21 ff.; Backhaus/Erichson/Weiber (2015), S. 65 ff.; Elsäßer (2016), S. 177 ff.

4.1. Grundlagen, Methodik und Vorgehensweise der Strukturgleichungsanalyse

Um eine empirische Überprüfung der in Kapitel 3.5 postulierten Untersuchungshypothesen durchführen zu können, bedarf es einer Methodik, die sichere und begründete Aussagen über die kausalen Zusammenhänge erlaubt. Diese Methode soll gültige Aussagen zu den Einflussfaktoren von Online-Rezensionen bezüglich der Dimensionen des Second-Order-Konstrukts Qualität der Argumente und der Dimensionen des Second-Order-Konstrukts periphere Signale liefern. Zugleich soll die Wirkung der beiden Second-Order-Konstrukte auf die Nützlichkeit von Online-Rezensionen sowie auf die Kaufintention der Rezipienten unter Berücksichtigung relevanter Moderatoren betrachtet werden. Da diese Untersuchung zwei abhängige Variablen beinhaltet, die durch mehrere unabhängige Variablen beeinflusst werden, bedarf es einer Untersuchungsmethode, die dieser Komplexität gerecht wird. Im Untersuchungsmodell gibt es eine Vielzahl kausaler Beziehungen, die anhand von Regressionsgleichungen formuliert und deren Wirkungsbeziehung simultan untersucht werden. In diesem Fall ist nach Backhaus et al. (2016) die Strukturgleichungsanalyse zu verwenden.[991]

Die Strukturgleichungsanalyse, die vor allem seit den frühen 1970er Jahren entstand, basiert vor allem auf dem von K.G. Jöreskog und D. Sörbom entwickelten Computerprogramm LISREL, das Analysen im Sinne der Strukturgleichungsmodellierung zuließ. Durch die Entwicklung weiterer Computerprogramme in den 1980er und 1990er Jahren, stieg die Anwendung von Strukturgleichungsmodellen in verschiedenen wissenschaftlichen Bereichen.[992] Seitdem wird die Strukturgleichungsmodellierung auch in den Wirtschafts- und Sozialwissenschaften als ein geeignetes Instrument zur Überprüfung komplexer Ursache-Wirkungsbeziehungen angesehen und gilt dort mittlerweile als das Standardinstrument zur empirischen Überprüfung von Hypothesensystemen.[993]

Die Strukturgleichungsmodellierung kann in die Bereiche Varianzstrukturanalyse (Partial Least Squares- beziehungsweise PLS-Ansatz) und Kovarianzstrukturanalyse

---

991 Vgl. Backhaus et al. (2016), S. 581.

992 Vgl. Kline (2016), S. 23.

993 Vgl. Bollen (1989), S. 4 ff.; Steenkamp/Baumgartner (2000), S. 195 ff.; Homburg/Klarmann (2006), S. 727 f.; Weiber/Mühlhaus (2014), S. VII; Kline (2016), S. 23.

(Linear Structural Relationships- beziehungsweise LISREL-Ansatz) unterteilt werden.[994] Unter der Varianzstrukturanalyse ist folgendes zu verstehen:

„Auf der Kleinst-Quadrate-Schätzung basierender zweistufiger Ansatz, bei dem im ersten Schritt fallbezogen konkrete Schätzwerte für die latenten Variablen (scores; construct values) aus den empirischen Messdaten ermittelt werden, die dann im zweiten Schritt zur Schätzung der Parameter des Strukturmodells verwendet werden."[995]

Während die Varianzstrukturanalyse einen explorativen Charakter besitzt und einen zweistufigen Ansatz verfolgt, stellt die Kovarianzstrukturanalyse einen ganzheitlichen Ansatz dar, bei dem es sich um einen konfirmatorischen beziehungsweise modellorientierten Ansatz handelt.[996] Die Kovarianzstrukturanalyse kann wie folgt definiert werden:

„Auf dem Fundamentaltheorem der Faktorenanalyse basierender ganzheitlicher Ansatz, bei dem alle Parameter eines Strukturgleichungsmodells auf Basis der Informationen aus der empirischen Varianz-Kovarianzmatrix bzw. Korrelationsmatrix simultan geschätzt werden."[997]

Trotz der unterschiedlichen Ansätze handelt es sich nicht um substitutive, sondern um komplementäre Analysen, die je nach Forschungsrichtung und Forschungsdesign Anwendung finden oder sogar parallel verwendet werden.[998] Die Grundidee der Kovarianzstrukturanalyse, die auf die Arbeiten von Jöreskog (1970), (1973) zurückgeht, basiert auf der konfirmatorischen Faktorenanalyse.[999] Innerhalb der konfirmatorischen Faktorenanalyse werden im Rahmen der Hypothesenbildung zuerst die latenten Variablen für die hypothetischen Konstrukte formuliert. Als nächstes werden die während der Hypothesenbildung theoretischen Überlegungen in eine formale Form gebracht. Dazu wird ein Pfadmodell erstellt und Modellspezifikationen vorgenommen.[1000] So erfolgt anhand der Kovarianzstrukturanalyse die Modellierung der

---

994 Vgl. Irlinger (2012), S. 115; Weiber/Mühlhaus (2014), S. VII; Backhaus et al. (2016), S. 11.

995 Weiber/Mühlhaus (2014), S. 67.

996 Vgl. Irlinger (2012), (2012) S. 70 ff; Weiber/Mühlhaus (2014), S. 54 ff.

997 Weiber/Mühlhaus (2014), S. 54.

998 Vgl. Fornell/Bookstein (1982), S. 450 f.; Fuchs (2011), S. 13; Weiber/Mühlhaus (2014), S. 78.

999 Vgl. Jöreskog (1970), S. 239 ff.; Jöreskog (1973), S. 85 ff.

1000 Vgl. auch im Folgenden Weiber/Mühlhaus (2014), S. 54; Backhaus/Erichson/Weiber (2015), S. 129 ff.

Beziehungen zwischen den latenten Variablen. Anschließend ist es das Ziel der konfirmatorischen Faktorenanalyse Parameter zu wählen, durch die sich die im Untersuchungsmodell theoretisch hergeleiteten Kovarianzmatrizen (Korrelation zwischen Messvariablen und Faktoren), approximativ der empirischen Varianz-Kovarianz-Matrix nähern.[1001] Danach wird unter Verwendung einer Nullhypothese statistisch getestet, ob die empirische Kovarianzmatrix der theoretischen Kovarianzmatrix entspricht. Auf Basis dieses Ergebnisses wird das theoretische Modell entweder validiert oder falsifiziert.[1002]

Die Varianzstrukturanalyse entwickelte sich primär aus der ökonometrischen Forschung und geht auf den Ansatz von Wold (1966), (1975), (1982) zurück.[1003] Mit dem PLS-Ansatz erweiterte Wold das Verfahren der Hauptkomponentenanalyse sowie das der kanonischen Korrelationsanalyse mit Hilfe einer Kleinst-Quadrate-Schätzung für möglichst genaue Prognosen der Fallwerte.[1004] Dazu werden in einem ersten Schritt konkrete Schätzwerte für die latenten Variablen, basierend auf den empirischen Messdaten, ermittelt. Diese werden im zweiten Schritt zur Parameterschätzung des Strukturmodells verwendet. So können Pfadmodelle entwickelt, und komplexe Zusammenhänge zwischen mehreren Indikatoren dargestellt und berechnet werden. Der varianzanalytische Ansatz zielt darauf ab, die Varianz der Fehlervariablen innerhalb des Modells zu minimieren, um eine möglichst gute Reproduktion der Ausgangsdaten zu erhalten.[1005]

Zu den wesentlichen Vorteilen von PLS zählt die Modellierung komplexer Modelle, die nur in geringer Zahl vorhandenen Verteilungsannahmen, die Möglichkeit formative und reflektive Messmodelle zu betrachten sowie die Nutzung kleiner Stichproben.[1006] Zu den Nachteilen von PLS gehören Probleme mit den Parameterschätzungen hinsichtlich systematischer Fehler und Konsistenz. Zudem lässt sich im Gegensatz zu dem kovarianzbasierten Ansatz die Zuverlässigkeit der Schätzergebnisse nicht erhöhen, indem die Größe der Stichprobe erhöht wird. Dies ist nur durch die

---

1001 Vgl. Chin/Newsted (1999); S. 309; Weiber/Mühlhaus (2014), S. 54; Backhaus/Erichson/Weiber (2015), S. 137 ff.

1002 Vgl. Homburg/Hildebrandt (1998), S. 17; Reinecke/Pöge (2010), S. 775 ff.

1003 Vgl. hierzu beispielsweise Wold (1966), S. 411 ff.; Wold (1975), S. 307 ff.; Wold (1982), S. 263 ff.; Hair et al. (2010), S. 775 ff.

1004 Vgl. Proppe (2009), S. 260; Irlinger (2012), S. 68.

1005 Vgl. Weiber/Mühlhaus (2014), S. 67.

1006 Vgl. Fuchs (2009), S. 48.

gleichzeitige Zunahme von reflektiven Messmodellen möglich, da ansonsten die Gefahr besteht, dass Ladungen über und Pfadbeziehungen unterschätzt werden.[1007]

Diese Ausführungen stellen die unterschiedlichen Charakteristika und Zielsetzungen von Kovarianzstrukturanalyse und Varianzstrukturanalyse gegenüber und man muss, abhängig vom jeweiligen Forschungsziel, gezielt den für die Fragestellung geeigneten Ansatz auswählen. Die wesentlichen Unterschiede zwischen der Varianzstrukturanalyse und der Kovarianzstrukturanalyse fasst Tabelle 4-1 zusammen.

Tabelle 4-1: *Wesentliche Unterschiede zwischen der Varianzstrukturanalyse und der Kovarianzstrukturanalyse*[1008]

Kriterium	Varianzstrukturanalyse	Kovarianzstrukturanalyse
Zielsetzung	Bestmögliche Vorhersage der Datenmatrix hinsichtlich der Zielvariablen	Bestmögliche Reproduktion der empirischen Varianz-Kovarianzmatrix
Theoriebezug	Prognoseorientierte Modelle	Theorietestende Modelle
Zielfunktion	Minimierung der Differenz zwischen beobachteten und geschätzten Falldaten	Minimierung der Differenz zwischen empirischen und modelltheoretischen Kovarianzen
Methodik	Regressionsanalytische Methode mit zweistufiger Schätzung von Messmodellen und Strukturmodell	Faktoranalytische Methode mit zeitgleicher Schätzung aller Parameter des Kausalmodells
Verteilungs-annahme	Keine	Multinormalverteilung
Datenbasis	Ausgangsdatenmatrix	Varianz-Kovarianz-Matrix
Strukturmodell	Nur rekursive Modelle	Rekursive und nichtrekursive Modelle
Messmodelle	Reflektive und formative Messmodelle	Vorwiegend reflektive Messmodelle
Gütekriterien	Partielle Gütekriterien hinsichtlich Vorhersage der Datenmatrix	Globale und lokale inferenzstatistische Gütekriterien
Stichproben-umfang	Auch bei kleinen Stichproben (n>30) anwendbar	Bei großen Stichproben (n>200) anwendbar
Programmpakete	LVPLS, PLS Graph, SmartPLS	LISREL, EQS, AMOS

Die in Tabelle 4-1 dargestellten Charakteristika bilden die Grundlage für die Wahl des richtigen Analyseansatzes.[1009] Die Varianzstrukturanalyse sollte vorwiegend verwendet werden, wenn

1007 Vgl. Knollmann (2007), S. 116 f.

1008 Vgl. Weiber/Mühlhaus (2014), S. 74.

1009 Vgl. im Folgenden beispielsweise Chin/Newsted (1999), S. 337; Haenlein/Kaplan (2004), S. 292 ff.; Weiber/Mühlhaus (2014), S. 75 ff.

- der Forschungsgegenstand noch neuartig ist und keine fundierten Mess- und Konstrukttheorien vorliegen,
- das Treffen von Vorhersagen den zentralen Forschungsschwerpunkt darstellt,
- nur kleine Stichproben vorhanden sind,
- hauptsächlich formative Konstrukte bei den Messmodellen verwendet werden.

Die Kovarianzstrukturanalyse sollte verwendet werden, wenn

- das Ziel der Untersuchung eine Theorieprüfung ist,
- die Konstrukte der Untersuchung primär reflektiv gemessen werden,
- eine ausreichend große Stichprobe (n>200) gegeben ist.[1010]

Anhand dieser Regeln wird die vorliegende Untersuchung auf Basis der Kovarianzstrukturanalyse durchgeführt, da das Ziel der Untersuchung die Überprüfung eines theoretisch eingehend fundierten Hypothesensystems darstellt.[1011] Zusätzlich sind die der Untersuchung zugrunde liegenden Konstrukte aufgrund theoretischer Überlegungen reflektiv konzeptionalisiert.[1012] Außerdem ermöglicht die ausreichend große Anzahl von 292 Rückläufern eine Kovarianzstrukturanalyse.[1013] Im Folgenden werden alle für das gewählte Analyseverfahren relevanten Grundlagen betrachtet.

4.1.1. Grundlagen der Strukturgleichungsanalyse

Die Strukturgleichungsanalyse wird zur Erklärung und Prognose unterschiedlicher Sachverhalte in der Realität herangezogen und besitzt für die wissenschaftliche Betrachtung einen zentralen Stellenwert. Durch die Strukturgleichungsanalyse werden Modelle gebildet, mit deren Hilfe komplexe reale Sachverhalte beschrieben (Erklärungsmodelle), sowie zukünftige Entwicklungen abgeschätzt (Prognosemodelle) werden können.[1014] Zur Anwendung einer Strukturgleichungsmodellierung bedarf es einer begründeten Vorstellung von den Zusammenhängen der Sachverhalte, die sich aber durch Sachlogik und anhand der verwendeten Theorie erschließen lassen. Die

[1010] Vgl. Pistoia (2014), S. 141. Bezüglich der notwendigen Größe der Stichprobe wird im Schrifttum bei Verwendung des ML-Schätzers zumeist 200 als Mindestgröße angegeben. Siehe dazu beispielsweise Herrmann/Huber/Kressmann (2006), S. 44; Kline (2016), S. 16. Im Schrifttum existieren jedoch auch andere Sichtweisen. So führen Backhaus/Erichson/Weiber (2015), S. 113 aus, dass die notwendige Größe der Stichprobe in Abhängigkeit von der Modellgröße zu betrachten ist. Dabei sollte der Stichprobenumfang – die Anzahl der zu schätzenden Parameter > 50 ergeben.

[1011] Vgl. Kapitel 3.5.

[1012] Vgl. Kapitel 4.1.2.3.

[1013] Vgl. Kapitel 5.1.

[1014] Vgl. auch im Folgenden Weiber/Mühlhaus (2014), S. 3.

zu überprüfenden Sachverhalte müssen anschließend so formuliert werden, dass sie einer empirischen Prüfung unterzogen werden können. Am Anfang der Strukturgleichungsmodellierung steht daher die Konzeption einer empirisch überprüfbaren Theorie, wobei die in der Praxis formulierten Zusammenhänge beachtet werden sollen. Weiber/Mühlhaus (2014) konstatieren:

„Strukturgleichungsmodelle (SGM) bilden a-priori formulierte und theoretisch und/oder sachlogisch begründete komplexe Zusammenhänge zwischen Variablen in einem linearen Gleichungssystem ab und dienen der Schätzung der Wirkungskoeffizienten zwischen den betrachteten Variablen sowie der Abschätzung von Messfehlern."[1015]

Die Strukturgleichungsmodellierung stellt ein statistisches Verfahren zur Untersuchung komplexer Pfadstrukturen zwischen abhängigen und unabhängigen Variablen dar und ermöglicht die quantitative Abschätzung der Wirkungszusammenhänge. Die formulierten Wirkungszusammenhänge sollen möglichst genau die Modellparameter schätzen, so dass die zu den Variablen gehörenden Ausgangsdaten reproduziert werden können.[1016]

Innerhalb der empirischen Überprüfung der postulierten Hypothesen besitzt der deduktiv-nomologische Ansatz, der auf Hempel/Oppenheim (1948) zurückgeht, eine zentrale Bedeutung.[1017] Dieser Ansatz, auch als Hempel-Oppenheim-Schema bekannt, versucht einen Sachverhalt damit zu erklären, dass anhand einer wissenschaftlichen oder sachlogischen Gesetzmäßigkeit sowie einer empirischen Beobachtung (Explanans) ein Rückschluss auf die Validität des Sachverhalts (Explanandum) gezogen werden kann.[1018] Das Hempel-Oppenheim-Schema beschreibt keine Ereignisse, sondern Aussagen, durch die Ereignisse nachvollzogen werden können. Nach diesem Ansatz kann die Wissenschaft nur Ereignisse erklären, die zuvor beschrieben worden sind.[1019] Abbildung 4-2 zeigt das Hempel-Oppenheim-Schema.

1015 Weiber/Mühlhaus (2014), S. 7.
1016 Vgl. Weiber/Mühlhaus (2014), S. 22.
1017 Vgl. Hempel/Oppenheim (1948), S. 138 ff; Weiber/Mühlhaus (2014), S. 6 ff.
1018 Vgl. Arzheimer (2008), S. 129; Weiber/Mühlhaus (2014), S. 5 f.
1019 Vgl. Herzog (2012), S. 99.

Abbildung 4-2: Hempel-Oppenheim-Schema[1020]

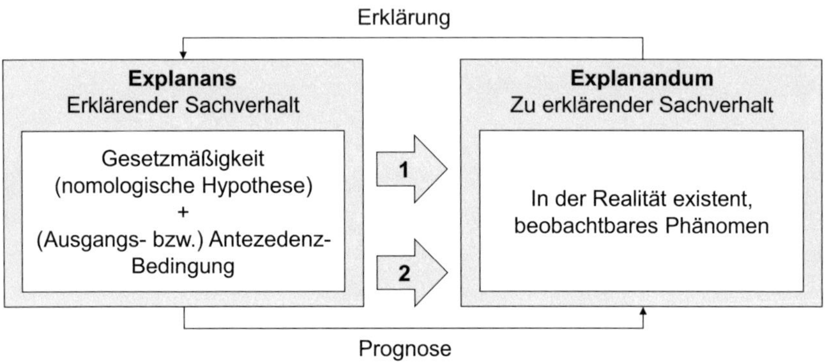

1 - Deduktiv-nomologisch: Aus dem Explanans folgt immer das Explanandum.
2 - Induktiv-statistisch: Aus dem Explanans folgt mit Wahrscheinlichkeit p das Explanandum.

Die Strukturgleichungsmodellierung zählt zu den multivariaten Analysemethoden und gehört der zweiten Generation an.[1021] Sie ist von der ersten Generation, den klassischen multivariaten Analysemethoden, wie beispielsweise der Faktorenanalyse und der multiplen Regression, zu unterscheiden. Die Strukturgleichungsmodellierung bietet dem Forscher eine größere Flexibilität bezüglich des Zusammenspiels von Theorie und Empirie. Forscher können Beziehungen zwischen mehreren unabhängigen und abhängigen Variablen modellieren. Dadurch ermöglicht die Strukturgleichungsmodellierung die Untersuchung komplexer Sachverhalte unterschiedlicher Wirkungsbeziehungen sowie Interdependenzen von Faktoren und die gleichzeitige Betrachtung mehrerer Hypothesen.[1022] Zudem ermöglicht die Strukturgleichungsmodellierung statistische a priori-Tests der theoretischen Annahmen, beispielsweise anhand einer konfirmatorischen Faktorenanalyse, und die Ermittlung von Messfehlern.[1023]

Die Beachtung von Messfehlern ist vor allem bei einer Messung von latenten Variablen, die anhand mehrerer Indikatoren gemessen werden, von Vorteil. Dabei ist stets

1020 In Anlehnung an Hempel/Oppenheim (1948), S. 138; Weiber/Mühlhaus (2014), S. 6.

1021 Vgl. Reinecke (2014), S. 13 ff. Für einen detaillierten Überblick der unterschiedlichen grundlegenden und fortgeschrittenen multivariaten Analyseverfahren siehe beispielsweise Backhaus/Erichson/Weiber (2015), S. 8 ff; Backhaus et al. (2016), S. 13 ff.

1022 Vgl. Weiber/Mühlhaus (2014), S. 9.

1023 Vgl. Chin/Newsted (1999), S. 307 f. Für eine ausführliche Darstellung der Vorteile der Strukturgleichungsmodellierung siehe Bagozzi/Yi (2012), S. 10 ff.

von Messfehlern auszugehen, die in der Untersuchung zu berücksichtigen sind, damit diese die Parameterschätzungen des Strukturmodells nicht verfälschen.[1024] Auf dieser Basis stellt die Strukturgleichungsmodellierung ein geeignetes multivariates Verfahren dar, das die Konstruktion latenter Variablen sowie die Untersuchung theoretischer Kausalbeziehungen erlaubt.[1025]

In dieser Untersuchung erfolgt die Modellierung eines Strukturgleichungsmodells mit latenten Variablen. Bei latenten Variablen ist, im Gegensatz zu manifesten Variablen, noch eine Operationalisierung der latenten Größen durchzuführen. Dazu werden mit Messmodellen empirische Beobachtungswerte für die latenten Variablen geschaffen. So ist das Strukturgleichungsmodell dieser Untersuchung aus drei Teilmodellen aufgebaut.[1026] Diese sind ein Strukturmodell, ein Messmodell für latente exogene Variablen und ein Messmodell für latente endogene Variablen.[1027]

Abbildung 4-3: Pfaddiagramm eines vollständigen Strukturgleichungsmodells[1028]

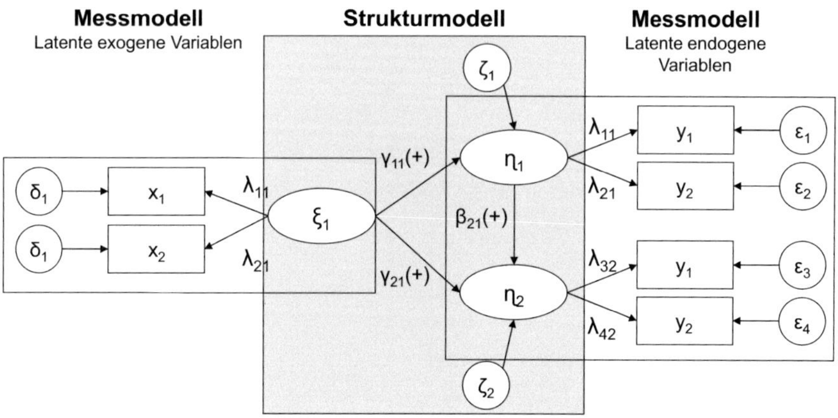

Innerhalb des Strukturmodells werden die theoretisch hergeleiteten Wirkungszusammenhänge zwischen den latenten exogenen und den latenten endogenen Variablen modelliert. Die exogenen Variablen dienen als erklärende Größen. Die latenten

1024 Vgl. Weiber/Mühlhaus (2014), S. 51; Hair et al. (2016), S. 106.

1025 Vgl. Chin/Newsted (1999), S. 308; Hair et al. (2010), S. 678.

1026 Vgl. Weiber/Mühlhaus (2014), S. 36.

1027 Vgl. Irlinger (2012), S. 63 f.; Wagner (2014), S. 70; Weiber/Mühlhaus (2014), S. 36 f.; Backhaus et al. (2016), S. 20.

1028 In Anlehnung an Weiber/Mühlhaus (2014), S. 46; Backhaus/Erichson/Weiber (2015), S. 79.

exogenen Variablen werden jedoch nicht durch das Kausalmodell erklärt. Das Messmodell für latente exogene Variablen stellt die empirischen Messwerte, die aus der Operationalisierung der exogenen Variablen gewonnen werden, dar. Zusätzlich zeigt das Messmodell der exogenen Variablen die postulierten Wirkungszusammenhänge zwischen den Messwerten und den exogenen Größen auf. Das Messmodell der latenten endogenen Variablen beinhaltet die empirischen Messwerte aus der Operationalisierung der endogenen Variablen und stellt die vermuteten Wirkungszusammenhänge zwischen diesen Messwerten und den endogenen Größen dar.[1029] Abbildung 4-3 zeigt das Pfaddiagramm eines vollständigen Strukturgleichungsmodells.

Grundsätzlich entspricht jeder Pfeil im Pfaddiagramm einer Modellgleichung. Daher beinhaltet bereits ein kleines Modell, wie das in Abbildung 4-3 illustrierte, drei Gleichungen.[1030] Zu den Notationen der Gleichungen innerhalb eines Strukturgleichungsmodells ist folgendes anzumerken:[1031] Für beide Messmodelle gilt, dass eine latente Variable immer anhand von mehreren Indikatoren gemessen werden sollte. So wird in Abbildung 4-3 die latente exogene Variable ξ_1 anhand der Indikatoren x_1 und x_2 gemessen. Die latenten endogenen Variablen η_1 und η_2 werden anhand der Indikatoren y_1 und y_2 gemessen. Das Strukturmodell setzt sich aus den Variablen ξ_1, η_1 und η_2 zusammen.

Zur Durchführung der Schätzung der Modellparameter stehen bezüglich des kovarianzbasierten Ansatzes verschiedene Algorithmen zur Verfügung. Die Auswahl des für die Untersuchung geeigneten Schätzverfahrens basiert auf vier wesentlichen Kriterien:[1032]

- Einer Multinormalverteilung der manifesten Variablen,
- einer Skaleninvarianz der Fitfunktion,
- einer erforderlichen Stichprobengröße,
- einer Verfügbarkeit von Inferenzstatistiken, insbesondere χ^2.

Vor diesem Hintergrund fasst Tabelle 4-2 die Kriterien und Anforderungen der am meisten verwendeten iterativen Schätzverfahren zusammen.

1029 Vgl. Weiber/Mühlhaus (2014), S. 36 f.

1030 Vgl. Arzheimer (2016), S. 51.

1031 Vgl. auch im Folgenden Weiber/Mühlhaus (2014), S. 37 ff.; Backhaus/Erichson/Weiber (2015), S. 78 ff.

1032 Vgl. Weiber/Mühlhaus (2014), S. 64.

Tabelle 4-2: *Kriterien und Anforderungen iterativer Schätzverfahren*[1033]

Kriterium	Maximum Likelihood	Generized Least Squares	Unweighted Least Squares	Scale Free Least Squares	Asymptotic Distribution Free
Annahme einer Multinormal-verteilung	Ja	Ja	Nein	Nein	Nein
Skaleninvarianz	Ja	Ja	Nein	Ja	Ja
Stichprobengröße (=N) (Parameterzahl (=t))	n-t > 50 oder n 100	n-t > 50 oder n 100	n-t > 50 oder n 100	n-t > 50 oder n 100	≥ 1,5*t(t+1)
Inferenzstatistiken	Ja	Ja	Nein	Nein	Ja

Das Maximum Likelihood kann für die meisten Strukturgleichungsmodelle verwendet werden und stellt aufgrund seiner hohen Eignung zur Schätzung kausaler Beziehungen das am häufigsten verwendete Schätzverfahren innerhalb der Kovarianzstrukturanalyse dar.[1034] Das Maximum Likelihood ermöglicht gleichzeitige Untersuchungen von kausalen Beziehungen und geht von einer Multinormalverteilung aus, wodurch es für diese Untersuchung als am besten geeignet erscheint.[1035] Zudem liefert es zumeist die genauesten Daten und gilt als effizientestes Schätzverfahren. Aus diesem Grund sollte das Maximum Likelihood-Schätzverfahren primär eingesetzt werden.[1036] Die Anwendung eines anderen als des Maximum Likelihood-Schätzverfahrens sollte explizit begründet werden.[1037] Diese Untersuchung erfüllt alle notwendigen Voraussetzungen zur Anwendung des Maximum Likelihood-Schätzverfahrens. Um möglichst genaue Schätzergebnisse zu erhalten, wird das Maximum Likelihood-Schätzverfahren angewandt.[1038]

4.1.2. Grundlagen von Messmodellen

Messmodelle dienen innerhalb der Strukturgleichungsmodellierung dazu, die Beziehung zwischen den latenten Variablen und den dazu geeigneten Indikatoren, mit de-

1033 In Anlehnung an Flora/Curran (2004), S. 466 ff.; Urban/Mayerl (2014), S. 66 ff.; Weiber/Mühlhaus (2014), S. 65.

1034 Vgl. Homburg/Baumgartner (1995), S. 1101 f.; Kline (2016), S. 235.

1035 Vgl. auch in Kapitel 3.4.1 die Herleitung der Konstrukte und die Absicht dieser Arbeit bezüglich einer simultanen Untersuchung der Einflussfaktoren bezüglich der Qualität der Argumente und der peripheren Signale auf die Kaufintention der Rezipienten von Online-Rezensionen.

1036 Vgl. Hoyle (2000), S. 478; Kline (2016), S. 255 f.

1037 Vgl. Hoyle (2000), S. 478.

1038 Vgl. Kapitel 5.1.4.3.

nen sich die latenten Variablen indirekt messen lassen, vorzugeben. Die Operationalisierung der latenten Variablen erfolgt durch einen oder mehrere Indikatoren beziehungsweise Items. Das Ziel der Operationalisierung ist, dass die Indikatoren die latenten Variablen möglichst adäquat abbilden, um eine möglichst genaue Schätzung erhalten zu können.[1039] In diesem Kontext fügen Anderson/Gerbing (1982) an:

„[…] proper specification of the measurement model is necessary before meaning can be assigned to the analysis of the structural model. That is, good measurement of the latent variables is prerequisite to the analysis of the causal relations among the latent variables."[1040]

Im folgenden Kapitel 4.1.2.1 sollen die Grundlagen der Messtheorie untersucht werden. Anschließend werden in Kapitel 4.1.2.2 die Unterschiede zwischen reflektiven und formativen Messmodellen analysiert.

4.1.2.1. Messtheoretische Grundlagen

Die Messtheorien, wie sie in der aktuellen Wissenschaft verwendet werden, basieren auf der Zweisprachentheorie nach Carnap.[1041] Die Zweisprachentheorie differenziert zwischen einer Theorie- und einer Beobachtungsebene.[1042] Die Theorieebene zielt darauf ab, die Konzeptionalisierung der theoretischen Variablen anhand einer theoretischen Sprache darzustellen. Die Beobachtungsebene bezieht sich auf beobachtbare Sachverhalte in der Wirklichkeit, während die Theorieebene empirisch überprüfbare Sachverhalte betrachtet. Somit finden die Konstruktdefinitionen beziehungsweise die Konzeptionalisierung der Konstrukte auf der Theorieebene statt. Die Operationalisierung dient dazu, die theoretische Sprache mit der Empirieebene zu verknüpfen. Dies geschieht anhand von Korrespondenzregeln. Mittels der Korrespondenzregeln werden die in der theoretischen Sprache verfassten Untersuchungsbeziehungen übersetzt, so dass diese auf reale Umstände angewendet werden können. Innerhalb der Operationalisierung werden dazu geeignete Indikatoren abgeleitet, so dass ein Instrumentarium zur Messung der theoretischen Konstrukte vorliegt.[1043] Abbildung 4-4 stellt die Zweisprachentheorie nach Carnap dar und verdeutlicht die Anwendung der Theorie innerhalb von Strukturgleichungsmodellen.

1039 Vgl. Urban/Mayerl (2014), S. 25; Wagner (2014), S. 71.

1040 Anderson/Gerbing (1982), S. 453.

1041 Vgl. Carnap (1958), S. 236 ff; Carnap (1960), S. 209 ff; Carnap (1966).

1042 Vgl. Carnap (1958), S. 236.

1043 Vgl. Minculescu (2013), S. 133 f.

Abbildung 4-4: Zweisprachentheorie nach Carnap[1044]

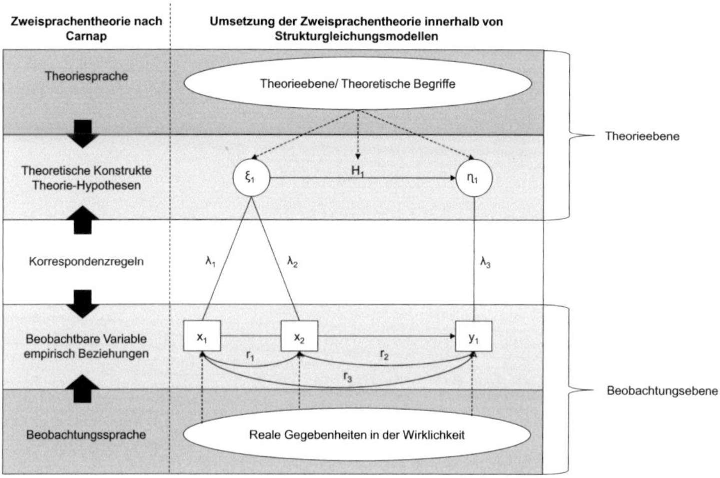

Bei der Anwendung der Zweisprachentheorie nach Carnap ist die Wirkungsrichtung der Korrespondenzregeln für die Theorie entscheidend. Grundsätzlich kann bezüglich der Wirkungsrichtung zwischen formativen und reflektiven Messmodellen unterschieden werden.[1045] Die Unterschiede zwischen diesen beiden Messmodellen werden im Folgenden behandelt.

4.1.2.2. Reflektive versus formative Messmodelle

Im Allgemeinen beinhalten Messmodelle Anweisungen, wie eine latente Variable operationalisiert und erfasst werden kann. Den hypothetischen Konstrukten werden beobachtbare Sachverhalte zugeordnet, so dass die Ergebnisse der Messvariablen direkt beobachtbar sind.[1046] Formative Messmodelle folgen einem regressionsanalytischen Ansatz, bei dem für die latente Variable, die die abhängige Größe der Regressionsbeziehung darstellt, keine empirischen Messwerte gegeben sind. Diese latente Variable muss in Abhängigkeit zu anderen latenten Variablen geschätzt werden.[1047] Bei formativen Messmodellen beeinflussen die gewählten Indikatoren das ausgewählte Konstrukt.

1044 In Anlehnung an Bagozzi (1984), S. 12 f.; Bagozzi (1998), S. 49 f.; Minculescu (2013), S. 135; Weiber/Mühlhaus (2014), S. 105.

1045 Vgl. Urban/Mayerl (2014), S. 128; Wagner (2014), S. 72. Backhaus et al. (2016), S. 591 f.

1046 Vgl. Weiber/Mühlhaus (2014), S. 41.

1047 Vgl. Weiber/Mühlhaus (2014), S. 41; Backhaus et al. (2016), S. 592.

Bei reflektiven Messmodellen wird angenommen, dass die Ausprägung der beobachtbaren Variablen kausal durch die latente Variable verursacht wird.[1048] Diesbezüglich wird unterstellt, dass die Messvariablen beziehungsweise die Indikatoren eines Messmodells stark korrelieren. Daher sind die Indikatorvariablen bei reflektiven Messmodellen so zu wählen, dass sie das Konstrukt in ihrer Gesamtheit gut beschreiben. Implizit wird davon ausgegangen, dass Veränderungen der unbeobachtbaren Variablen zu Modifikationen der beobachtbaren Indikatoren führen.[1049]

Neben dem zentralen Unterschied zwischen reflektiven und formativen Messmodellen, der in der Umkehrung der Beziehungsrichtung beziehungsweise der Kausalität zwischen der Messvariablen und der latenten Variablen liegt, besteht eine weitere Differenzierung in der Berücksichtigung von Messfehlern.[1050] So werden diese bei formativen Messmodellen auf Konstruktebene berücksichtigt, während reflektive Messmodelle Messfehler bei den Indikatoren beachten. Zusätzlich ist zu berücksichtigen, dass das Weglassen eines Indikators im Rahmen von reflektiven Messmodellen keine Veränderung des latenten Konstrukts zur Folge hat. Im Gegensatz dazu entstehen bei latenten Konstrukten Veränderungen, sobald bei formativen Messmodellen ein Indikator modifiziert oder weggelassen wird.[1051]

Die bedeutenden Charakteristika reflektiver Messmodelle sind folgende:[1052]

- Die Richtung der Kausalität ist von Konstrukt zu beobachtbaren Indikatoren.
- Die beobachtbaren Indikatoren korrelieren miteinander.
- Das Weglassen eines Indikators verändert die Bedeutung des Konstrukts nicht.
- Messfehler werden auf Indikatorenebene berücksichtigt.

Im Gegensatz dazu charakterisieren folgende Eigenschaften formative Messmodelle:

- Die Richtung der Kausalität ist von beobachtbaren Indikatoren zu Konstrukt.
- Dass die beobachtbaren Indikatoren miteinander korrelieren, ist nicht zu erwarten.
- Das Weglassen eines Indikators verändert die Bedeutung des Konstrukts.
- Messfehler werden auf Konstruktebene berücksichtigt.

1048 Vgl. Kline (2016), S. 196 f.

1049 Vgl. Eberl (2004), S. 3; Backhaus et al. (2016), S. 592.

1050 Vgl. Weiber/Mühlhaus (2014), S. 42.

1051 Vgl. Weiber/Mühlhaus (2014), S. 108 ff.

1052 Vgl. auch im Folgenden Jarvis/Mackenzie/Podsakoff (2003), S. 201.

Abbildung 4-5 stellt die Unterschiede zwischen reflektiven und formativen Messmodellen grafisch dar.

Abbildung 4-5: Unterschiede zwischen reflektivem und formativem Messmodell[1053]

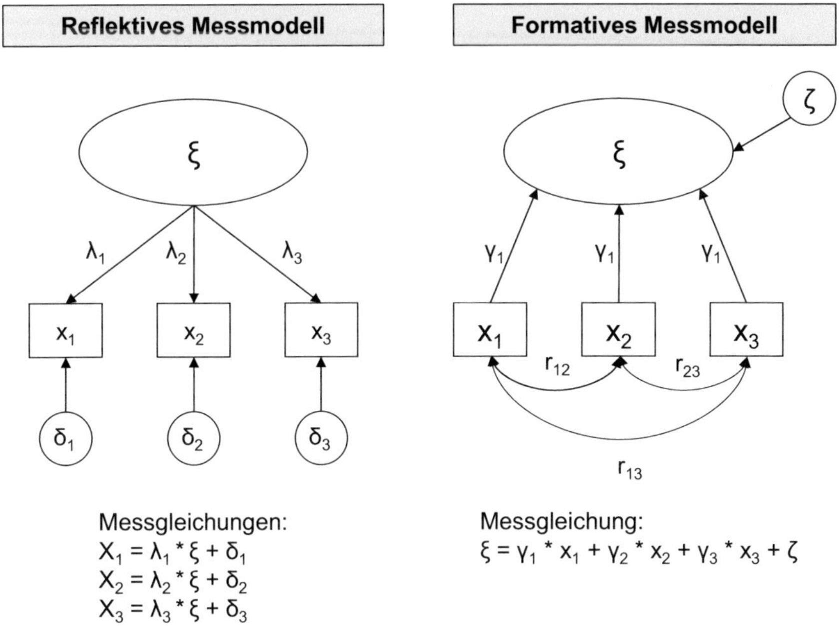

4.1.2.3. Auswahl und Spezifikation der Messmodelle

Die Auswahl und Spezifikation der verwendeten Messmodelle ist für die Untersuchung von zentraler Bedeutung. Daraus resultieren wesentliche Konsequenzen für die Formulierung und die Wahl der Indikatoren. Darüber hinaus hat die Wahl einen Einfluss auf die anzuwendende Prüfmethodik und die Wahl zwischen reflektiven oder formativen Messmodellen und muss vor dem Hintergrund des theoretischen Konzepts getroffen werden.[1054] Dazu erläutern MacKenzie/Podsakoff/Jarvis (2005):

1053 In Anlehnung an Christophersen/Grape (2009), S. 104 f.; Fuchs (2011), S. 7; Bagozzi/Yi (2012), S. 15 ff.; Urban/Mayerl (2014), S. 130 ff.; Weiber/Mühlhaus (2014), S. 41; Backhaus et al. (2016), S. 593.

1054 Vgl. Weiber/Mühlhaus (2014), S. 108 f.

„[...] it is essential for researchers to think carefully about the relationships between constructs and their indicators and to make sure that these relationships are correctly modeled."[1055]

Obwohl der Zusammenhang zwischen den latenten Konstrukten und den dazugehörenden Indikatoren bekannt ist, wird im Schrifttum häufig auf Fehlspezifikationen hingewiesen.[1056] Darüber hinaus ist die Wahl des Messmodells nicht immer eindeutig, da latente Konstrukte existieren, die sowohl formativ als auch reflektiv gemessen werden können.[1057]

Für eine geeignete Wahl des Messmodells existieren im Schrifttum verschiedene Ansätze. Nach Fassott (2006) sollen reflektive Messmodelle immer dann den Vorzug erhalten, wenn ein Theorietest innerhalb der Untersuchung stattfindet.[1058] Nach Rossiter (2002) soll innerhalb der Wahl der Messinstrumente ausschließlich auf Expertenmeinungen vertraut werden.[1059] Ein Großteil der Forscher besteht darauf, dass die Wahl des Messinstruments auf theoretischen und inhaltlichen Überlegungen basiert und die Zielsetzung der Untersuchung berücksichtigt wird.[1060] Diesem Ansatz wird innerhalb dieser Untersuchung gefolgt.

Um bei der Wahl des Messmodells eine geeignete Entscheidung zu treffen, wird im Schrifttum häufig auf den Fragenkatalog nach Jarvis/Mackenzie/Podsakoff (2003) zurückgegriffen:[1061]

- Sind die Indikatoren charakterisierende Merkmale oder Manifestationen des Konstrukts? (Charakteristika: reflektives Messmodell; Manifestationen: formatives Messmodell).
- Führen Änderungen von Indikatoren/Items zu Änderungen des Konstrukts? (ja: formatives Messmodell; nein: reflektives Messmodell).
- Führen Änderungen des Konstrukts zu Änderungen der Indikatoren? (ja: reflektives Messmodell; nein: formatives Messmodell).

1055 MacKenzie/Podsakoff/Jarvis (2005), S. 729.
1056 Vgl. Jarvis/Mackenzie/Podsakoff (2003), S. 207 ff.
1057 Vgl. Hair et al. (2010), S. 753 f.
1058 Vgl. Fassott (2006), S. 84.
1059 Vgl. Rossiter (2002), S. 306 ff.
1060 Vgl. beispielsweise Edwards/Bagozzi (2000), S. 171; Diamantopoulos/Siguaw (2006), S. 274; Homburg/Klarmann (2006), S. 732.
1061 In Anlehnung an Jarvis/Mackenzie/Podsakoff (2003), S. 203.

- Sollten die Indikatoren den gleichen/ähnlichen Inhalt haben? (ja: reflektives Messmodell; nicht erforderlich: formatives Messmodell).
- Teilen die Indikatoren ein gemeinsames Thema (ja: reflektives Messmodell; nicht erforderlich: formatives Messmodell).
- Ändert sich bei Elimination eines Indikators der konzeptionelle Inhalt des Konstrukts? (möglich: formatives Messmodell; nein: reflektives Messmodell)
- Verursacht die Modifikation eines Indikators eine gleichgerichtete Veränderung der übrigen Indikatoren? (ja: reflektives Messmodell, nicht erforderlich: formatives Messmodell).
- Beinhalten alle Indikatoren eines Konstrukts dieselben Antezedenzien und Konsequenzen? (ja: reflektives Messmodell; nicht erforderlich: formatives Messmodell).

Für diese Untersuchung soll auf Basis inhaltlicher als auch theoretischer Überlegungen sowie bei Betrachtung des Untersuchungsziels auf reflektive Messmodelle zurückgegriffen werden. Diese Wahl wird in einem zweiten Schritt anhand des Fragenkatalogs nach Jarvis/Mackenzie/Podsakoff (2003) verifiziert.

4.1.2.4. Mehrdimensionale Konstrukte

Mehrdimensionale Konstrukte erlangen in der betriebswirtschaftlichen Forschung innerhalb der Konzeptionalisierung und Operationalisierung theoretischer Konstrukte eine immer größere Bedeutung.[1062] Im Schrifttum wird von einem mehrdimensionalen Konstrukt gesprochen, wenn eigenständige, jedoch verwandte Dimensionen zu einem einheitlichen Konstrukt zusammengefasst werden.[1063] Darunter ist zu verstehen, dass mehrere unkorrelierte Dimensionen (Konstrukte 1. Ordnung) zu einer übergeordneten Dimension (Konstrukt 2. Ordnung) gehören und die verwendeten Indikatoren der einzelnen Dimensionen 1. Ordnung miteinander korrelieren. In diesem Zusammenhang ist eine unterschiedliche Spezifikation zwischen den Ebenen der Konstrukte notwendig.[1064]

Grundsätzlich kann zwischen vier grundlegenden Spezifikationsmöglichkeiten von mehrdimensionalen Konstrukten unterschieden werden, sofern es sich um empirische Abstraktionen 2. Ordnung handelt, die auch Second-Order-Konstrukte genannt

---

1062 Vgl. Giere/Wirtz/Schilke (2006), S. 678.

1063 Vgl. Law/Wong/Mobley (1998), S. 741; Giere/Wirtz/Schilke (2006), S. 678.

1064 Vgl. Albers/Götz (2006), S. 670.

werden.[1065] Innerhalb der vier Spezifikationsmöglichkeiten wird zwischen einer einheitlich reflektiven und einer einheitlich formativen sowie zwischen zwei Mischformen, bestehend aus reflektiven und formativen Konstrukten, innerhalb der Operationalisierung unterschieden. Abbildung 4-6 stellt die vier Spezifikationsmöglichkeiten von Second-Order-Modellen dar.

Abbildung 4-6: Die vier grundlegenden Spezifikationsmöglichkeiten von Second-Order-Modellen[1066]

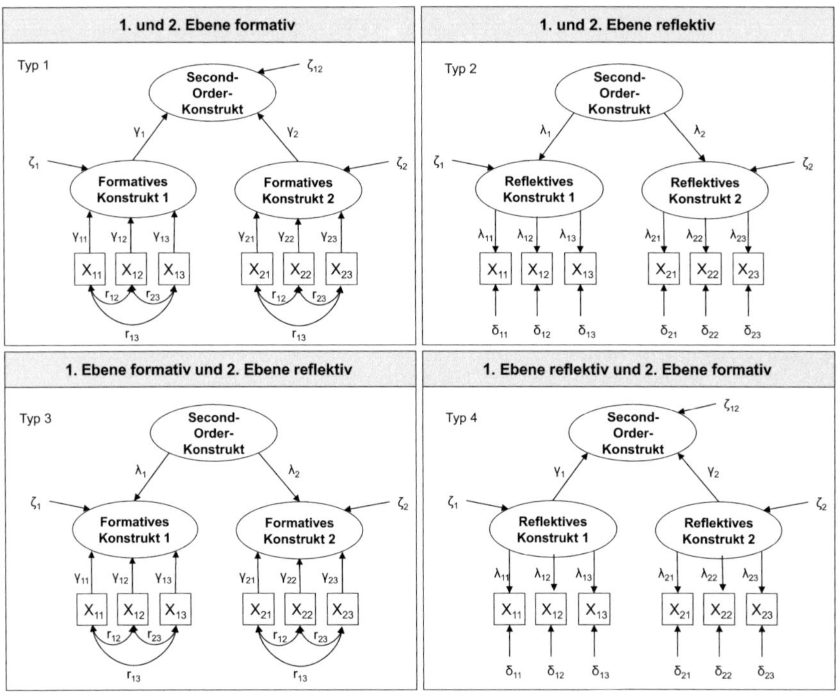

Diese Untersuchung stellt aufgrund theoretischer Vorüberlegungen und auf der Basis der in Kapitel 3 identifizierten Komplexität in der Konzeptionalisierung und in der Modellentwicklung in einem Second-Order-Modell darauf ab, dass sowohl auf erster als auch auf zweiter Ebene reflektiv gemessen wird. Das Second-Order-Konstrukt Qualität der Argumente wird genau wie die dazugehörigen Dimensionen Ver-

1065 Vgl. auch im Folgenden Jarvis/Mackenzie/Podsakoff (2003), S. 204 f.

1066 Vgl. Jarvis/Mackenzie/Podsakoff (2003), S. 205.

ständlichkeit, Genauigkeit, zweiseitige Betrachtung, Vollständigkeit, Relevanz und Aktualität von Online-Rezensionen, reflektiv gemessen. Das Second-Order-Konstrukt periphere Signale wird ebenfalls, genau wie die dazugehörigen Dimensionen Quantität und Konsistenz von Online-Rezensionen, Reputation und Expertise der Rezensenten, Rating von Produkten und Dienstleistungen sowie die Reputation der Webseite, reflektiv gemessen.

In diesem Zusammenhang werden die Dimensionen der beiden Second-Order-Konstrukte Qualität der Argumente und periphere Signale als Manifestationen der beiden Konstrukte höherer Ordnung betrachtet. Daher sind die Korrespondenzbeziehungen zwischen erster und zweiter Ebene reflektiv. Anhand der reflektiven Spezifizierung ist die Fokussierung auf die besonders relevanten Dimensionen des Second-Order-Konstrukts Qualität der Argumente und des Second-Order-Konstrukts periphere Signale möglich. Dies ist für diese Untersuchung von Vorteil, da bei einer formativen Spezifizierung alle theoretisch denkbaren Konstrukte mit in die Untersuchung einbezogen werden müssten. Darüber hinaus spricht für eine reflektive Spezifikation, dass Messfehler auf Indikatorebene berücksichtigt werden.

4.2. Gütekriterien zur Beurteilung von Strukturgleichungsmodellen

Im Folgenden werden die Gütekriterien zur Beurteilung von Strukturgleichungsmodellen thematisiert. Nach einer kurzen Erörterung der Reliabilität und Validität in Kapitel 4.2.1 wird in Kapitel 4.2.2 auf die Gütekriterien zur Beurteilung von reflektiven Messmodellen eingegangen. Das Kapitel 4.2.3 stellt abschließend die Untersuchung und Beurteilung von Strukturgleichungsmodellen dar.

4.2.1. Reliabilität und Validität

Das Ziel der Strukturgleichungsanalyse ist eine empirische Prüfung der theoretisch postulierten Zusammenhänge anhand eines Strukturgleichungsmodells. Dabei ist die Güte der Parameterschätzungen des Strukturmodells hauptsächlich von der Güte der Messmodelle abhängig. Fehlerhaft gemessene Konstrukte führen zu Fehlern in der Schätzung der Konstruktbeziehungen. Daher stellt die Güteprüfung der Messmodelle einen wichtigen Aspekt dar. Hier sind vor allem die Reliabilität und die Validität der Messmodelle von zentraler Bedeutung. In einem ersten Schritt soll die Reliabilitäts- sowie die Validitätsprüfung innerhalb eines Pretests vorgenommen werden. Dadurch wird sichergestellt, dass die Haupterhebung mit brauchbaren Messmodellen vollzogen wird. Nach der Hauptuntersuchung müssen in einem zweiten

Schritt nochmals alle erhobenen Daten einer Reliabilitäts- und Validitätsprüfung unterzogen werden.[1067] Die besondere Bedeutung der Reliabilitäts- und Validitätsprüfung stellen Peter (1979) heraus, indem sie feststellen:

"Of course, behavioral measures are seldom if ever totally reliable and valid, but the degree of their validity must be assessed if research is to be truly scientific."[1068]

Die Reliabilität (Zuverlässigkeit) und die Validität (Gültigkeit) dienen der Beurteilung der Genauigkeit des Messverfahrens und können anhand des Schrifttums wie folgt differenziert werden:

„[…] Während die Reliabilität die Zuverlässigkeit bzw. Genauigkeit eines Messinstrumentes widerspiegelt, bezeichnet die Validität das Ausmaß, mit dem ein Messinstrument auch das misst, was es messen sollte. Validität betrifft damit die Gültigkeit bzw. konzeptionelle Richtigkeit eines Messinstrumentes."[1069]

Der Zusammenhang zwischen den beiden Gütekriterien wird von Hair et al. (2016) so erklärt:

„Thus, reliability is a necessary condition for validity."[1070]

Reliabilität ist danach also eine notwendige Voraussetzung für Validität.[1071] Das Schrifttum unterteilt die Validität in verschiedene Arten. Zu den gängigsten Arten gehören die Inhalts-, Konvergenz-, Diskriminanz- und die nomologische Validität.[1072]

- Inhaltsvalidität: Liegt vor, wenn die gewählten Indikatoren eines Konstrukts inhaltlich das Konstrukt wiedergeben und die gemessenen Indikatoren alle definierten Inhalte eines Konstrukts abbilden.[1073]

1067 Vgl. Weiber/Mühlhaus (2014), S. 128.
1068 Peter (1979), S. 6.
1069 Weiber/Mühlhaus (2014), S. 128.
1070 Hair et al. (2016), S. 107.
1071 Vgl. Peter (1979), S. 6.
1072 Vgl. auch im Folgenden Bagozzi (1994), S. 18 ff.; Kline (2016), S. 93 f.
1073 Vgl. Schnell/Hill/Esser (2011), S. 147; Weiber/Mühlhaus (2014), S. 157.

- Konvergenzvalidität: Teilaspekt der Konstruktvalidität liegt vor, wenn unterschiedliche Messmethoden zu einem Konstrukt das gleiche Ergebnis aufweisen.[1074]
- Diskriminanzvalidität: Teilaspekt der Konstruktvalidität liegt vor, wenn die Messungen zu unterschiedlichen Konstrukten sich signifikant voneinander unterscheiden.[1075]
- Nomologische Validität: Teilaspekt der Konstruktvalidität liegt vor, wenn kausale Beziehungen zwischen zwei oder mehreren Konstrukten aus theoretischer Sicht im Kontext eines nomologischen Netzwerkes theoretisch validiert werden können.[1076]

Im Folgenden sollen für die Untersuchung sowohl Reliabilitäts- als auch Validitätskriterien berücksichtigt werden. Kapitel 4.2.2. beschreibt dazu die spezifischen Gütekriterien und definiert die dazugehörigen Grenzwerte.

4.2.2. Gütekriterien zur Beurteilung reflektiver Messmodelle

Die Güteprüfung der Messmodelle besitzt bezüglich der Strukturgleichungsmodellierung eine hohe Bedeutung, da sie die Güte der Parameterschätzungen des Strukturgleichungsmodells beeinflusst.[1077] Im Schrifttum existieren eine Reihe von unterschiedlichen Methoden und Kriterien, die zur Güteprüfung reflektiver Messmodelle herangezogen werden.[1078]

Grundsätzlich kann zwischen Gütekriterien der ersten und der zweiten Generation unterschieden werden. Die Gütekriterien der ersten Generation basieren auf der explorатorischen Faktorenanalyse, während die Gütekriterien der zweiten Generation auf der konfirmatorischen Faktorenanalyse beruhen. Die Verfahren der zweiten Generation gelten weithin als leistungsfähiger, da sie weitere Anpassungsmaße berücksichtigen.[1079] Abbildung 4-7 stellt die Gütekriterien der ersten und zweiten Generation zur Prüfung reflektiver Messmodelle in einer Übersicht vor.

Im Folgenden werden die Gütekriterien der ersten und zweiten Generation erläutert, zuerst die Gütekriterien der ersten Generation (Cronbachs Alpha, Item to Total-Korrelation, exploratorische Faktorenanalyse).

[1074] Vgl. Campbell/Fiske (1959), S. 81; Hildebrandt (1998), S. 90; Weiber/Mühlhaus (2014), S. 162.

[1075] Vgl. Bagozzi/Phillips (1982), S. 469; Hulland (1999), S. 199; Weiber/Mühlhaus (2014), S. 164.

[1076] Vgl. Hildebrandt (1998), S. 90; Homburg/Giering (1998), S. 118; Weiber/Mühlhaus (2014), S. 161.

[1077] Vgl. Weiber/Mühlhaus (2014), S. 128.

[1078] Vgl. beispielsweise Homburg/Baumgartner (1998), S. 345 ff.; Weiber/Mühlhaus (2014), S. 128 ff.

[1079] Vgl. Homburg/Giering (1998), S. 118 f.

Abbildung 4-7: Gütekriterien der ersten und zweiten Generation zur Prüfung reflektiver Messmodelle[1080]

Gütekriterien der ersten Generation	
Reliabilitätsanalyse	**Exploratorische Faktorenanalyse**
• Cronbachs Alpha • Item to Total-Korrelation	• Anzahl extrahierter Faktoren • Faktorladungen • Erklärte Varianz • Kaiser Meyer Olkin-Kriterium

Gütekriterien der zweiten Generation (Konfirmatorische Faktorenanalyse)	
Lokale Anpassungsmaße (Teilstrukturen des Messmodells)	**Globale Anpassungsmaße (Gesamtanpassung des Messmodells)**
• Indikatorreliabilität • Faktorreliabilität • Durchschnittlich erfasste Varianz eines Faktors	• Chi-Quadrat / Freiheitsgrade • Goodness of Fit-Index (GFI) • Adjusted Goodness of Fit-Index (AGFI) • Comparative Fit-Index (CFI) • Tucker Lewis-Index (TLI) • Root Mean Squared Error of Approximation (RMSEA) • Standardized Root Mean Square Residual (SRMR)

- **Cronbachs Alpha**

  Das Cronbachs Alpha gehört zu den ersten und am häufigsten eingesetzten Gütekriterien zur Überprüfung der Internen-Konsistenz-Reliabilität.[1081] Hierbei wird die durchschnittliche interne Konsistenz der Indikatoren in einem Messmodell zueinander gemessen.[1082] Der Wertebereich von Cronbachs Alpha liegt zwischen null und eins. Bei Werten nahe eins liegt eine hohe interne Konsistenz der Indikatoren vor. Sind die Werte nahezu gleich eins, kann dies ein Indiz dafür sein, dass die Indikatoren inhaltlich beziehungsweise sprachlich gleich sind.[1083] Im Schrifttum wird für ein Konstrukt mit vier oder mehr Indikatoren für das Cronbachs Alpha ein Wert von größer 0,7 gefordert.[1084] Dieser

1080 In Anlehnung an Fuchs (2011), S. 16 ff; Weiber/Mühlhaus (2014), S. 130; Kline (2016), S. 262 ff.

1081 Vgl. Churchill (1979), S. 68; Weiber/Mühlhaus (2014), (2014)S. 137. Für eine ausführlicher Erläuterung bezüglich des Cronbachs Alpha siehe Cronbach (1951), S. 297 ff.

1082 Vgl. Homburg/Giering (1998), S. 119 f.; Kline (2016), S. 91.

1083 Vgl. Weiber/Mühlhaus (2014), S. 137.

1084 Vgl. Homburg/Giering (1998), S. 120; Bagozzi/Yi (2012), S. 14; Weiber/Mühlhaus (2014), S. 137.

Grenzwert wird allgemein anerkannt und soll auch für diese Untersuchung gelten.

- **Item to Total-Korrelation**

  Item to Total-Korrelation beschreibt die Korrelation eines Indikators mit der Summe aller Indikatoren, die einem Konstrukt zugeordnet werden.[1085] In diesem Zusammenhang wird häufig auf die korrigierte Item to Total-Korrelation zurückgegriffen, da diese zu deutlicheren Ergebnissen führt. Dazu wird der untersuchte Indikator nicht mit in die Summenbildung der latenten Variablen eingebunden.[1086] Die Reliabilität des geprüften Indikators ist umso höher, je höher die Korrelation ausfällt.[1087] Der Wertebereich für die Item to Total-Korrelation liegt zwischen minus eins und eins. Im Schrifttum gelten Werte größer 0,5 als akzeptabel.[1088] Dieser Grenzwert soll daher auch für diese Untersuchung gelten. Durch Elimination des Indikators mit der niedrigsten Item to Total-Korrelation kann das Cronbachs Alpha erhöht werden.[1089]

- **Exploratorische Faktorenanalyse**

  Mit der exploratorischen Faktorenanalyse werden Indikatoren auf Beziehungszusammenhänge geprüft. Dazu werden in einem großen Indikatoren Set Gruppen von Indikatoren gebildet. Es werden stets die Indikatoren einer Gruppe zugeordnet, die stark miteinander korrelieren. Auf diese Weise werden mehrere Gruppen in einem Indikatoren Set ermittelt. Dadurch wird festgestellt, ob im betrachteten Indikatoren Set eine Faktorenstruktur vorliegt.[1090] Dabei werden vorab keine Zusammenhänge unterstellt, so dass die Daten ausschließlich auf Basis der exploratorischen Faktorenanalyse untersucht werden. Zur Überprüfung der Aussagekraft dieser Auswertung wird im Schrifttum das Kaiser Meyer Olkin-Kriterium herangezogen. Die Werte des Kaiser Meyer Olkin-Kriteriums liegen im Bereich zwischen null und eins. Im Schrifttum werden Zielwerte von größer 0,6 angegeben.[1091] Dieser Zielwert wird auch für diese Untersuchung gewählt.

1085 Vgl. Homburg/Giering (1998), S. 120; Zinnbauer/Eberl (2004), S. 6.
1086 Vgl. Weiber/Mühlhaus (2014), S. 139.
1087 Vgl. Nunnally (1978), S. 279 f.; Homburg/Giering (1998), S. 120.
1088 Vgl. Weiber/Mühlhaus (2014), S. 139.
1089 Vgl. Churchill (1979), S. 68; Homburg/Giering (1998), S. 120.
1090 Vgl. Backhaus et al. (2016), S. 386.
1091 Vgl. beispielsweise Weiber/Mühlhaus (2014), S. 133; Backhaus et al. (2016), S. 398.

Darüber hinaus sollen bei Betrachtung eines theoretischen Konstrukts die Ansprüche an die Konvergenzvalidität erfüllt sein. Dies ist der Fall, wenn die Indikatoren eines Konstrukts nur einen Faktor abbilden und jeweils eine Faktorladung von mindestens 0,4 aufweisen.[1092] Zusätzlich sollen durch den extrahierten Faktor mindestens 50% der Varianz der zugehörigen Indikatoren erklärt werden.[1093]

Die Gütemaße der ersten Generation eignen sich vor allem zur Identifizierung schlechter Indikatoren. Hierdurch wird die Gefahr unplausibler Parameterschätzungen reduziert. Ein weiterer Vorteil der Gütemaße der ersten Generation liegt darin, dass sie bereits bei einer geringen Anzahl von Stichproben verwendet werden können. In der Praxis hat sich daher die kombinierte Anwendung der ersten und zweiten Generation etabliert, trotz der in Abschnitt 4.2.2 angesprochenen Schwächen der ersten Generation.[1094]

Im Folgenden werden nun die lokalen Gütemaße der zweiten Generation behandelt, wozu die Indikatorreliabilität, die Faktorreliabilität und die durchschnittlich erfasste Varianz zu zählen sind.[1095]

- **Indikatorreliabilität**

  Mit Hilfe der Indikatorreliabilität lassen sich Aussagen treffen, inwieweit die einzelnen Indikatoren das Konstrukt messen. Die Indikatorreliabilität testet, wie hoch der Anteil an gemeinsamer Varianz zwischen dem Indikator und dem dazugehörigen Konstrukt ist.[1096] Die Indikatorreliabilität berechnet sich aus den quadrierten Faktorladungen.[1097] Der gültige Wertebereich der Indikatorreliabilität liegt zwischen null und eins. Werte größer als eins deuten auf eine Fehlspezifikation des Modells hin.[1098] Als angestrebtes Ziel wird im Schrifttum häufig ein Wert von größer gleich 0,4 angegeben.[1099]

1092 Vgl. Homburg/Giering (1998), S. 119; Zinnbauer/Eberl (2004), S. 7.

1093 Vgl. Homburg/Giering (1998), S. 128.

1094 Vgl. Weiber/Mühlhaus (2014), S. 142.

1095 Bei diesen Anpassungsmaßen handelt es sich um Beurteilungskriterien bezüglich einzelner Teilstrukturen wie beispielsweise Indikatoren oder Faktoren eines Modells.

1096 Vgl. Horster (2013), S. 151.

1097 Die genaue Berechnung kann beispielsweise bei Bagozzi/Yi (2012), S. 17.

1098 Vgl. Homburg/Giering (1998), S. 124; Backhaus/Erichson/Weiber (2015), S. 145.

1099 Vgl. Weiber/Mühlhaus (2014), S. 150.

- **Faktorreliabilität**

  Die Faktorreliabilität stellt genau wie die Indikatorreliabilität ein Reliabilitätskriterium dar. Der Unterschied der beiden Kriterien besteht darin, dass sich die Indikatorreliabilität auf die Indikatorebene bezieht, die Faktorreliabilität dagegen auf die Konstruktebene.[1100] Die Faktorreliabilität kann als Maß der Reliabilität über die Gesamtsumme aller Indikatoren verstanden werden, die ein Konstrukt bilden.[1101] Somit erklärt die Faktorreliabilität, in welchem Maße die Indikatoren ein Konstrukt repräsentieren.[1102] Auch die Werte der Faktorreliabilität liegen zwischen null und eins, wobei Werte größer 0,6 angestrebt werden.[1103] Dieser Wert gilt für diese Untersuchung als maßgebend.

- **Durchschnittlich erfasste Varianz**

  Eine weitere Alternative zur Messung der Reliabilität stellt die durchschnittlich erfasste Varianz (DEV) dar.[1104] Die DEV bezieht sich auf die durchschnittlich je Faktor extrahierte Varianz. Diese erklärt, zu welchem Anteil die Streuung des latenten Konstrukts auf die Indikatoren zurückzuführen ist.[1105] Der Wertebereich der durchschnittlich erfassten Varianz liegt zwischen null und eins. Der mindestens zu erreichende Wert soll größer gleich 0,5 sein, damit wenigstens 50% der Varianz mittels beobachtbarer Variablen erklärt wird.[1106]

Nach der Erörterung der lokalen Gütemaße, die sich auf einen Indikator beziehen, sollen nun auch die globalen Gütemaße der zweiten Generation vorgestellt und erläutert werden. Diese beziehen sich auf die Anpassungsmaße bezüglich des gesamten Messmodells.[1107] Dazu werden im Folgenden die globalen Anpassungsmaße Chi Quadrat (χ^2), Root Mean Square Error of Approximation, Goodness of Fit-Index, Adjusted Goodness of Fit-Index, Comparative Fit-Index, Standardized Root Mean Square Residual und Tucker Lewis-Index besprochen.

1100 Vgl. Wagner (2014), S. 158.

1101 Vgl. Bagozzi/Yi (2012), S. 17; Wagner (2014), S. 159; Weiber/Mühlhaus (2014), S. 150.

1102 Vgl. Bagozzi/Yi (1988), S. 80; Homburg/Baumgartner (1998), S. 361.

1103 Vgl. Bagozzi/Yi (1988), S. 80 ff.; Zinnbauer/Eberl (2004), S. 21; Wagner (2014), S. 159.

1104 Vgl. Kline (2016), S. 313.

1105 Vgl. Weiber/Mühlhaus (2014), S. 151. Zur konkreten Berechnung der durchschnittlich erfassten Varianz siehe auch Homburg/Baumgartner (1998), S. 361.

1106 Vgl. Fornell/Larcker (1981), S. 46; Homburg/Baumgartner (1998), S. 361; Herrmann/Huber (2000), S. 40; Weiber/Mühlhaus (2014), S. 151; Backhaus/Erichson/Weiber (2015), S. 143.

1107 Vgl. Homburg/Giering (1998), S. 122 f.

- **Chi-Quadrat/Freiheitsgrade (X2/df)**

  Das Chi-Quadrat stellt das wichtigste inferenzstatistische Gütekriterium dar, das im Rahmen der globalen Anpassungsmaße zu nennen ist.[1108] Es berechnet sich aus der Differenz der empirischen und der modelltheoretischen Kovarianzmatrix. Eine niedrige Differenz steht für eine gute Anpassung der Modellstruktur an die Daten. Bei einem Wert von Null ist ein perfekter Fit erreicht.[1109] Der Chi-Quadrat-Wert ist jedoch kritisch zu betrachten, da er je nach Stichprobenumfang, Multinormalverteilung und Modellkomplexität sehr volatil ist.[1110] Zusätzlich ist zu beachten, dass der Chi-Quadrat-Test auch bei kleineren Abweichungen zwischen der empirischen und der modelltheoretischen Kovarianzmatrix bereits sehr hohe Werte angibt.[1111] Um die Volatilität des Chi-Quadrat-Werts zu reduzieren und die Aussagekraft auf das vorliegende Modell zu erhöhen, wird innerhalb dieser Untersuchung der Quotient aus Chi-Quadrat/Freiheitsgraden betrachtet.[1112] Im Schrifttum werden Werte kleiner drei bzw. kleiner fünf als sinnvolle Zielwerte angegeben.[1113]

- **Root Mean Square Error of Approximation**

  Mit dem Root Mean Square Error of Approximation (RMSEA), das ebenfalls ein inferenzstatistisches Gütemaß darstellt, können die genannten Probleme des Chi-Quadrats umgangen werden.[1114] Der RMSEA prüft weniger ‚streng' als das Chi-Quadrat, ob ein Modell die Realität gut repräsentiert. Der RMSEA berechnet sich als

  „[…] Wurzel aus dem um die Modellkomplexität bereinigten, geschätzten Minimum der Diskrepanzfunktion in der Grundgesamtheit […].“[1115]

1108 Vgl. Weiber/Mühlhaus (2014), S. 203.

1109 Vgl. Bentler/Bonett (1980), S. 591; Weiber/Mühlhaus (2014), S. 204.

1110 Vgl. Bentler/Bonett (1980), S. 591; Bearden/Sharma/Teel (1982), S. 425 ff.; Bagozzi/Yi (1988), S. 77; Homburg/Dobratz (1998), S. 454; Weiber/Mühlhaus (2014), S. 204; Kline (2016), S. 272.

1111 Vgl. Weiber/Mühlhaus (2014), S. 204

1112 Vgl. Jöreskog/Sörbom (1982), S. 408; Homburg/Giering (1998), S. 123; Backhaus/Erichson/Weiber (2015), S. 143.

1113 Vgl. Carmines/McIver (1983), S. 64; Backhaus/Erichson/Weiber (2015), S. 143.

1114 Vgl. Weiber/Mühlhaus (2014), S. 204.

1115 Weiber/Mühlhaus (2014), S. 205. Für die genaue mathematische Berechnung siehe Steiger (1998), S. 412 ff.; Steiger (2000), S. 150 f.; Weiber/Mühlhaus (2014), S. 205.

Der RMSEA wird auch als Badness of Fit-Index bezeichnet, da der Wert von null das bestmögliche Resultat darstellt.[1116] Demnach werden im Schrifttum Werte größer als 0,1 als inakzeptabel angesehen, Werte kleiner gleich 0,08 als akzeptabel bezeichnet, und Werte kleiner gleich 0,05 stellen einen guten Modell-Fit dar.[1117] Die vorliegende Untersuchung orientiert sich an Werten kleiner gleich 0,1.

- **Goodness of Fit-Index**

  Der Goodness of Fit-Index (GFI) ist eines der ältesten Indizes zur Messung des Modell-Fits. Der GFI misst, wie gut das statistische Modell den Anteil der beobachteten Varianzen und Kovarianzen erklären kann.[1118] Der Wertebereich für den GFI liegt zwischen null und eins, wobei eins den besten Wert darstellt.[1119] Im Schrifttum wird ein Zielwert des GFI von größer gleich 0,9 angegeben.[1120] Bei komplexen Modellen gelten Werte ab 0,85 als akzeptabel.[1121] Der GFI ist jedoch nicht unabhängig von der Größe der Stichprobe, wodurch systematische Verzerrungen bei großen Stichproben entstehen können. Darüber hinaus werden die Werte des GFI niedriger, je mehr die Modellkomplexität zunimmt. In dieser Untersuchung soll auf den nach Steiger (1990) korrigierten GFI^ zurückgegriffen werden, der den GFI auf komplexe Modelle anpasst und bei Verwendung von mehrdimensionalen Konstrukten empfohlen wird.[1122]

- **Adjusted Goodness of Fit-Index**

  Der Adjusted Goodness of Fit-Index (AGFI) stellt wie der GFI ein Maß für die im Modell erklärte Varianz dar. Vor allem bei komplexen Modellen wird häufig auf den AGFI zurückgegriffen. Der entscheidende Vorteil des AGFI gegenüber dem GFI besteht in der Berücksichtigung der Modellkomplexität anhand der Zahl der im Modell vorhandenen Parameter und der Zahl der Freiheitsgrade.[1123] Der Wertebereich des AGFI liegt zwischen null und eins. Im Schrift-

---

[1116] Vgl. Kline (2016), S. 273.
[1117] Vgl. Weiber/Mühlhaus (2014), S. 205.
[1118] Vgl. Wagner (2014), S. 184; Arzheimer (2016), S. 149.
[1119] Vgl. Schermelleh-Engel/Moosbrugger/Müller (2003), S. 43; Kline (2016), S. 276.
[1120] Vgl. Homburg/Baumgartner (1998), S. 363; Wagner (2014), S. 184; Weiber/Mühlhaus (2014), S. 211; Arzheimer (2016), S. 149.
[1121] Vgl. Bollen (1989), S. 274.
[1122] Vgl. Steiger (1990), S. 178; Pistoia (2014), S. 172.
[1123] Vgl. Weiber/Mühlhaus (2014), S. 211 f.

tum werden Zielwerte größer gleich 0,8 erwartet.[1124] Da sich der AGFI aus dem GFI berechnet, sind systematische Verzerrungen bei komplexen Modellen jedoch auch bei dem AGFI möglich.[1125] Im Schrifttum gilt der AGFI ähnlich wie der GFI, aufgrund der systematischen Verzerrungen, die durch eine hohe Sensitivität bezüglich der Größe der Stichprobe entstehen, als veraltet. Zumeist werden beide Maße nur in Vergleichen mit historischen Daten angewandt.[1126] Daher wird basierend auf dem korrigierten GFI^, auch hier ein korrigierter AGFI^ berechnet.[1127]

- **Comparative Fit-Index**

  Der Comparative Fit-Index (CFI) von Bentler (1990) vergleicht das aktuelle Modell mit einem Null-Modell ohne Parameter.[1128] Dieses inkrementelle Anpassungsmaß berechnet sich aus der Differenz der X^2-Werte eines formulierten Modells zu einem Null-Modell unter Beachtung der jeweiligen Anzahl der Freiheitsgrade.[1129] Der Einsatz des CFI wird im Schrifttum häufig gefordert, da er ein zentrales Gütekriterium darstellt.[1130] Der Wertebereich des CFI liegt zwischen null und eins. Im Schrifttum wird der Zielwert des CFI mit größer gleich 0,9 angegeben.[1131] Dieser Zielwert soll auch für diese Untersuchung gelten.

- **Standardized Root Mean Square Residual**

  Der Standardized Root Mean Square Residual (SRMR) ist eine standardisierte Version des root mean square residual (RMR) und berechnet sich aus der Differenz der quadratischen Abweichungen zwischen den Varianzen beziehungsweise Kovarianzen der empirischen und der modelltheoretischen Matrizen. Dieser Differenzwert wird im Verhältnis zu der Modellkomplexität betrachtet, die sich anhand der verwendeten Indikatoren ausrichtet.[1132] Der SRMR ist ein badness-of-fit-Index. Das bedeutet, dass der Wert null einen per-

---

1124 Vgl. Cole (1987), S. 586; Segars/Grover (1993), S. 522; Sharma (1996), S. 159.

1125 Vgl. Giere (2007), S. 141.

1126 Vgl. Sharma et al. (2005), S. 935; Kenny (2015).

1127 Vgl. Giere (2007), S. 141; Kerner (2009), S. 224; Pistoia (2014), S. 173.

1128 Vgl. Arzheimer (2016), S. 149.

1129 Vgl. Bentler (1990), S. 241; Fuchs (2011), S. 18; Weiber/Mühlhaus (2014), S. 215 f.

1130 Vgl. Homburg/Klarmann (2006), S. 736 f.

1131 Vgl. Wagner (2014), S. 187; Weiber/Mühlhaus (2014), S. 215.

1132 Vgl. Backhaus/Erichson/Weiber (2015), S. 95.

fekten Fit darstellt und die Werte schlechter werden, je höher der Indexwert ist.[1133] Im Schrifttum werden Werte kleiner gleich 0,1 noch als akzeptabel angesehen.[1134] Nach Hu/Bentler (1999) reagiert der SRMR im Vergleich zu den anderen vorgestellten Fit-Indizes am sensibelsten auf falsch spezifizierte latente Beziehungen im Untersuchungsmodell.[1135] Allgemein hat sich vor allem die gleichzeitige Betrachtung des SRMR mit dem Comparative Fit-Index (CFI) etabliert.[1136]

- **Tucker-Lewis-Index**
  Der Tucker-Lewis-Index (TLI), auch als Non-Normed Fit Index bekannt, ist ein Gütemaß der relativen Modellanpassung.[1137] Der TLI vergleicht das postulierte Modell mit einem Null-Modell ohne Parameter. Dabei berücksichtigt der TLI die Modellkomplexität.[1138] Bei dem TLI drücken größere Werte eine höhere Modellgüte aus. Der TLI hat zumeist einen Wert zwischen null und eins. Werte größer eins sind jedoch möglich und drücken ebenfalls eine hohe Modellgüte aus.[1139] Im Schrifttum werden Zielwerte von größer gleich 0,9 zuweilen auch größer gleich 0,95 gefordert.[1140] Diese Untersuchung orientiert sich am Zielwert 0,9.

Die vorgestellten Gütekriterien der ersten und zweiten Generation stellen eine Auswahl der aus dem Schrifttum bekannten Gütekriterien dar und finden auch in dieser Untersuchung Anwendung. In diesem Zusammenhang ist zu betonen, dass nicht zwingend alle Schwellenwerte für die Gütekriterien exakt eingehalten werden müssen. So erklärt beispielsweise Wagner (2014),

„[…] dass die in der Literatur für die einzelnen Gütekriterien der ersten und der zweiten Generation ausgewiesenen Schwellenwerte nicht unreflektiert übernommen werden sollten.

1133 Vgl. Kline (2016), S. 277.
1134 Vgl. Backhaus/Erichson/Weiber (2015), S. 96.
1135 Vgl. Hu/Bentler (1999), S. 23 ff.; Urban/Mayerl (2014), S. 90.
1136 Vgl. Kline (2016), S. 277.
1137 Vgl. Kline (2016), S. 276 f.
1138 Vgl. Bentler/Bonett (1980), S. 599; Tucker/Lewis (1973), S. 1 ff.; Arzheimer (2016), S. 149.
1139 Vgl. Bentler (1990), S. 239 f.; Kline (2016), S. 276 f.
1140 Vgl. Bentler/Bonett (1980), S. 600; Homburg/Baumgartner (1998), S. 357; Hu/Bentler (1999), S. 27 f.; Bagozzi/Yi (2012), S. 28; Weiber/Mühlhaus (2014), S. 215.

Vielmehr ist ihre Anwendung bzw. Eignung vor dem Hintergrund der Zielsetzung und der Eigenheiten einer jeden Untersuchung zu prüfen."[1141]

Tabelle 4-3: *Ausgewählte Gütekriterien reflektiver Messmodelle*[1142]

		Gütekriterium	Bezugsebene	Grenzwert
1. Generation		Cronbachs Alpha	Faktor	≥ 0,7
1. Generation		Item to Total-Korrelation	Indikator	≥ 0,5
1. Generation	Exploratorische Faktorenanalyse	Anzahl extrahierter Faktoren	Faktor	= 1
1. Generation	Exploratorische Faktorenanalyse	Faktorladungen	Faktor	≥ 0,4
1. Generation	Exploratorische Faktorenanalyse	Erklärte Varianz	Faktor	≥ 50%
1. Generation	Exploratorische Faktorenanalyse	Kaiser-Meyer-Olkin-Kriterium (KMO)	Faktor	≥ 0,8
2. Generation		*Lokale Anpassungsmaße*		
2. Generation		Indikatorreliabilität	Indikator	≥ 0,4
2. Generation		Faktorreliabilität	Faktor	≥ 0,6
2. Generation		Durchschnittlich erfasste Varianz (DEV)	Faktor	≥ 0,5
2. Generation		*Globale Anpassungsmaße*		
2. Generation		Chi-Quadrat/Freiheitsgrade (χ^2/df)	Gesamtmodell	≤ 3
2. Generation		Root Mean Squared Error of Approximation (RMSEA)	Gesamtmodell	≤ 0,1
2. Generation		Goodness of Fit-Index (GFI)	Gesamtmodell	≥ 0,9
2. Generation		Adjusted Goodness of Fit-Index (AGFI)	Gesamtmodell	≥ 0,8
2. Generation		Comparative Fit-Index (CFI)	Gesamtmodell	≥ 0,9
2. Generation		Standardized Root Mean Square Residual (SRMR)	Gesamtmodell	≤ 0,1
2. Generation		Tucker Lewis-Index (TLI)	Gesamtmodell	≥ 0,9

Es ist daher festzuhalten, dass eine geringe Abweichung von den vorgegeben Grenzwerten der Gütekriterien nicht zu einer Ablehnung des Modells führen muss, vor allem, weil kleinere Abweichungen von den Grenzwerten der Gütekriterien bei zunehmender Komplexität des Modells häufig vorkommen.[1143] Aus diesem Grund sollen inhaltliche Überlegungen sowie die Gesamtbetrachtung aller Gütekriterien für die Beurteilung des Untersuchungsmodells entscheidend sein.[1144] Dieser Ansicht folgt

1141 Wagner (2014), S. 173.
1142 Vgl. Pistoia (2014), S. 176; Elsäßer (2016), S. 207.
1143 Vgl. Bentler/Bonett (1980), S. 591; Weiber/Mühlhaus (2014), S. 155.
1144 Vgl. Bagozzi (1981), S. 375; Hair et al. (2010), S. 678; Weiber/Mühlhaus (2014), S. 222 ff.

auch diese Untersuchung. Tabelle 4-3 stellt die für diese Untersuchung relevanten Gütekriterien und deren Grenzwerte im Überblick dar.

4.2.3. Beurteilungskriterien für Konstrukte höherer Ordnung

Neben den Beurteilungskriterien für reflektive Konstrukte erster Ordnung werden im Schrifttum auch Gütekriterien für Konstrukte höherer respektive 2. Ordnung angewendet.[1145] Diese Gütekriterien dienen dem Nachweis der Diskriminanzvalidität mehrdimensionaler Konstrukte. In diesem Kontext findet vor allem das Fornell/Larcker-Kriterium und die exploratorische Faktorenanalyse Anwendung.

- **Fornell/Larcker-Kriterium**

  Das Fornell/Larcker-Kriterium stellt ein strenges Kriterium zur Prüfung der Diskriminanzvalidität dar und ist in der Forschung weit verbreitet.[1146] Das Fornell/Larcker-Kriterium ist erfüllt, wenn die durchschnittlich erfasste Varianz (DEV) eines Konstrukts größer ist, als jede quadrierte Korrelation mit einem anderen Konstrukt.[1147]

- **Exploratorische Faktorenanalyse**

  Die exploratorische Faktorenanalyse wurde bereits im eindimensionalen Fall vorgestellt und wird auch bei mehrdimensionalen Konstrukten verwendet.[1148] Im mehrdimensionalen Fall wird die exploratorische Faktorenanalyse über alle Faktoren eines Konstrukts höherer Ordnung berechnet. Unter Verwendung der Hauptachsenanalyse und einer Oblimin-Rotation wird die Varianz der Indikatoren nachgewiesen.[1149] Dazu werden nur die Faktoren mit einem Eigenwert größer als eins herangezogen.[1150] In der exploratorischen Faktorenanalyse ist die Diskriminanzvalidität der Konstrukte erreicht, wenn jeder Indikator hoch auf das ihm zugeordnete Konstrukt und niedrig auf die anderen Konstrukte lädt.

1145 Vgl. Bagozzi (1981), S. 375 ff.; Weiber/Mühlhaus (2014), S. 277 ff.

1146 Vgl. Homburg/Giering (1998), S. 126; Weiber/Mühlhaus (2014), S. 165; Hair et al. (2016), S. 115 f.

1147 Vgl. Fornell/Larcker (1981), S. 46; Fuchs (2011), S. 27; Weiber/Mühlhaus (2014), S. 165.

1148 Vgl. Homburg/Giering (1998), S. 129; Weiber/Mühlhaus (2014), S. 280.

1149 Vgl. bezüglich der Hauptachsenanalyse Weiber/Mühlhaus (2010), S. 107 ff.; Weiber/Mühlhaus (2014), S. 133 ff.

1150 Vgl. Backhaus et al. (2016), S. 410 ff.

4.2.4. Gütekriterien zur Beurteilung des Strukturmodells

Nachdem die Gütekriterien zur Beurteilung reflektiver Messmodelle allgemein und unabhängig von dieser Untersuchung vorgestellt wurden, sollen im Folgenden die Gütekriterien zur Beurteilung des hier verwendeten Strukturmodells behandelt werden. Zur Beurteilung dieses Strukturmodells stehen die bereits vorgestellten Gütekriterien der 2. Generation zur Verfügung. Darüber hinaus wird im Schrifttum häufig das Bestimmtheitsmaß R^2 und die Güte der Pfadbeziehungen zur Bewertung des Modells herangezogen.[1151] In der Beurteilung des Strukturmodells werden auch diese beiden Gütekriterien beachtet und im Folgenden erläutert:

- **Bestimmtheitsmaß R^2**

  Das Bestimmtheitsmaß R^2 beziehungsweise der quadrierte multiple Korrelationskoeffizient stellt das zentrale Gütekriterium des Strukturmodells beziehungsweise der Beurteilung der nomologischen Validität des Strukturmodells dar. Das Bestimmtheitsmaß R^2 beschreibt den Anteil der erklärten Varianz der endogenen Variablen auf Basis der exogenen Variablen im Bezug zur Gesamtvarianz.[1152] Der Wertebereich von R^2 liegt zwischen null und eins.[1153] Ein einheitlicher Zielwert ist im Schrifttum nicht vorgegeben. Es werden teilweise bereits niedrige Werte von 0,1 akzeptiert.[1154] In dieser Untersuchung wird der Einteilung nach Chin (1998c) gefolgt, wonach das Bestimmtheitsmaß mindestens 0,19 betragen soll.[1155]

- **Güte der Pfadbeziehung**

  Mit der Güte der Pfadbeziehung wird geprüft, ob die postulierten Wirkungszusammenhänge zwischen den Konstrukten hinreichend gut zu belegen sind. Dazu werden die standardisierten Regressionsgewichte herangezogen. Diese sind auf die Werte zwischen -1 und 1 normiert und geben die Stärke der Pfadbeziehung an. Negative Werte deuten darauf hin, dass der postulierte Wirkungszusammenhang nicht korrekt, u.U. sogar entgegengesetzt ist.[1156] Bei positiven Werten, bei denen das Signifikanzniveau mindestens bei 0,1 liegt und

1151 Vgl. Weiber/Mühlhaus (2014), S. 265.
1152 Vgl. Popp (2011), S. 122; Springer Fachmedien Wiesbaden GmbH (2016).
1153 Vgl. Backhaus et al. (2016), S. 84.
1154 Vgl. Popp (2011), S. 123.
1155 Vgl. Chin (1998c), S. 323; Weiber/Mühlhaus (2014), S. 331.
1156 Vgl. Weiber/Mühlhaus (2014), S. 228 f.

die Höhe der Pfadbeziehung mindestens 0,1 oder 0,2 beträgt, müssen postulierte Hypothesen aufgrund der Güte der Pfadbeziehung nicht abgelehnt werden.[1157]

4.2.5. Analyse und Beurteilung moderierender Effekte

Durch den Einsatz moderierender Variablen können innerhalb des Untersuchungsmodells weitere Erkenntnisse gewonnen werden.[1158] Dabei wird der Einfluss einer Variablen, die als Moderator dient, auf die Wirkungsbeziehung zwischen zwei Konstrukten untersucht. Die moderierende Variable kann einen Einfluss auf die Wirkungsbeziehung zwischen der exogenen und der endogenen Variablen haben, der sich in einer Veränderung der Stärke oder der Gerichtetheit des Effekts ausdrückt. Beispielsweise kann sich ein zuvor positiver Einfluss zwischen zwei Konstrukten durch den Moderator in einen negativen Einfluss umkehren. Baron/Kenny (1986) konstatieren:

„In general terms, a moderator is a qualitative (e.g., sex, race, class) or quantitative (e.g., level of reward) variable that affects the direction and/or strength of the relation between an independent or predictor variable and a dependent or criterion variable."[1159]

Abbildung 4-8 stellt die Moderation zwischen einer exogenen und einer endogenen Variablen dar.

In dieser Untersuchung wird die Moderation anhand von Gruppenvergleichen durchgeführt.[1160] Der Moderator wird als manifeste Variable eingesetzt und diese auf Basis des Median-Werts in zwei Gruppen unterteilt. Danach ist das Strukturmodell hinsichtlich der Parameter des restringierten sowie des unrestringierten Strukturmodells zu untersuchen. Unterscheiden sich die Parameter des restringierten Strukturmodells signifikant von dem unrestringierten Modell, so liegt ein moderierender Effekt zwischen den zwei gewählten Gruppen vor.[1161]

Dazu wird innerhalb des Strukturmodells die Wirkungsbeziehung zwischen exogener und endogener Variablen gleichgesetzt und mit Hilfe des Chi-Quadrat-Differenz-

---

[1157] Vgl. Chin (1998a), S. XIII; Weiber/Mühlhaus (2014), S. 229.
[1158] Vgl. Huber et al. (2010), S. 63.
[1159] Vgl. Baron/Kenny (1986), S. 1174.
[1160] Vgl. Kittel et al. (2014), S. 105 f.
[1161] Vgl. Kittel et al. (2014), S. 107; Weiber/Mühlhaus (2014), S. 294.

tests wird geprüft, ob eine Moderation vorliegt.[1162] Zur Überprüfung der Wirkung der moderierenden Variablen werden innerhalb dieser Untersuchung neben den Chi-Quadrat-Werten auch die p-Werte berichtet.[1163]

Abbildung 4-8: Darstellung einer Moderation[1164]

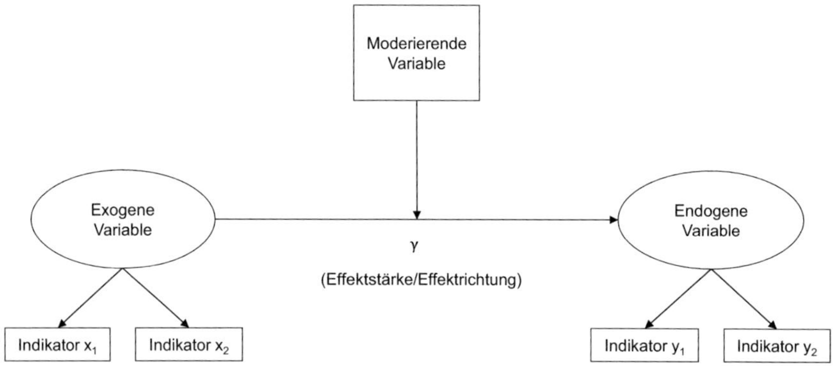

4.3. Zusammenfassung der Vorgehensweise

Nachdem die Gütekriterien zur Beurteilung reflektiver Messmodelle sowie des Strukturmodells vorgestellt wurden, soll im Folgenden die Vorgehensweise bei der Prüfung der einzelnen Konstrukte und des Strukturmodells erläutert werden. Dazu wird im Rahmen dieser Untersuchung ein im Schrifttum etabliertes Vorgehen verwendet.[1165]

Der erste Analyseschritt ist die Überprüfung der Messmodelle erster Ordnung bezüglich der Skalenreliabilität unter Anwendung des Statistikprogramms SPSS. Dazu werden das Cronbachs Alpha, das mindestens einen Wert von 0,7 betragen soll und die Item to Total-Korrelation, die mindestens einen Wert von 0,5 aufzuweisen hat, betrachtet. Bei Unterschreiten einer der beiden Werte erfolgt die iterative Elimination des jeweils schlechtesten Indikators, bis beide Grenzwerte eingehalten werden.[1166]

Als zweiter Analyseschritt erfolgt die Untersuchung der Skalenvalidität mittels der exploratorischen Faktorenanalyse. Für die untersuchten Indikatoren soll nur ein Fak-

1162 Vgl. Urban/Mayerl (2014), S. 41.
1163 Vgl. dazu Abschnitt 5.4.
1164 In Anlehnung an Eggert/Fassott/Helm (2005), S. 104; Wu/Zumbo (2008), S. 370 f.
1165 Vgl. beispielsweise Churchill (1979), S. 68 ff.; Gerbing/Anderson (1988), S. 186 ff.; Giere/Wirtz/Schilke (2006), S. 686 ff.; Weiber/Mühlhaus (2014), S. 199 ff.; Backhaus et al. (2016), S. 581 ff.
1166 Vgl. Churchill (1979), S. 68; Homburg/Giering (1998), S. 128.

tor extrahiert werden. Für die Faktorladungen eines jeden Indikators werden Werte von mindestens 0,4 gefordert. Die erklärte Varianz der Indikatoren bezüglich des Faktors soll mindestens 50% betragen, während der KMO-Wert mindestens 0,8 betragen soll. Ist einer dieser Werte nicht erfüllt, wird wiederum ein iterativer Prozess durchgeführt, bei dem jeweils der Indikator mit der niedrigsten Faktorladung eliminiert wird.[1167]

Nach Anwendung der Gütekriterien der ersten Generation bezüglich der reflektiven Messmodelle werden anschließend die Messmodelle anhand der Gütekriterien der zweiten Generation geprüft. In diesem Kontext wird für jedes Messmodell, das auf einfaktorieller Modellierung beruht, eine konfirmatorische Faktorenanalyse durchgeführt.[1168] Bei Erfüllung aller Gütekriterien der zweiten Generation (X2/df, RMSEA, GFI, AGFI, CFI, SRMR, TLI) gilt das Messmodell als validiert. Ist eines oder mehrere Gütekriterien nicht erfüllt, bedarf es wiederum der Anpassung des Messmodells durch Eliminierung von Indikatoren.[1169]

Die Auswahl der zu eliminierenden Indikatoren wird mittels der Empfehlungen des Strukturgleichungsmodellierungs-Tools AMOS getroffen, das Modification Indices ausgibt.[1170] Nach der Eliminierung von Indikatoren bedarf es eines erneuten Durchlaufs des bis zu diesem Zeitpunkt getätigten Prozesses. Nachdem die konfirmatorische Faktorenanalyse erfolgreich bis zum Ende durchgeführt wurde, sollten bei jedem Messmodell noch mindestens drei, besser jedoch vier Indikatoren vorhanden sein, da ansonsten ein adäquater Test auf Eindimensionalität sowie die Bestimmung der Gütekriterien der Messmodelle nicht möglich ist.[1171]

Nach der Untersuchung der Messmodelle erster Ordnung, erfolgt die Prüfung der Konstrukte 2. Ordnung auf Konvergenz- und Diskriminanzvalidität.[1172] Dazu wird eine exploratorische Faktorenanalyse durchgeführt. Die Diskriminanzvalidität ist erreicht, wenn die Indikatoren hoch auf die postulierten Faktoren laden und jeweils nur ein Faktor extrahiert wird.[1173] Nicht eindeutig zugeordnete Indikatoren werden innerhalb der Durchführung eliminiert.

1167 Vgl. Homburg/Giering (1998), S. 128 f.

1168 Vgl. Schilke (2007), S. 158.

1169 Vgl. Homburg/Giering (1998), S. 130.

1170 Vgl. Byrne (2010), S. 86 ff.; Weiber/Mühlhaus (2014), S. 241 ff.

1171 Vgl. Anderson/Gerbing (1984), S. 171; Anderson/Gerbing (1988), S. 414 f.; Schilke (2007), S. 159; Weiber/Mühlhaus (2014), S. 113.

1172 Vgl. Homburg/Giering (1998), S. 129.

1173 Vgl. Weiber/Mühlhaus (2014), S. 169.

Abbildung 4-9: Vorgehensweise zur Prüfung reflektiver Messmodelle sowie des Gesamtmodells[1174]

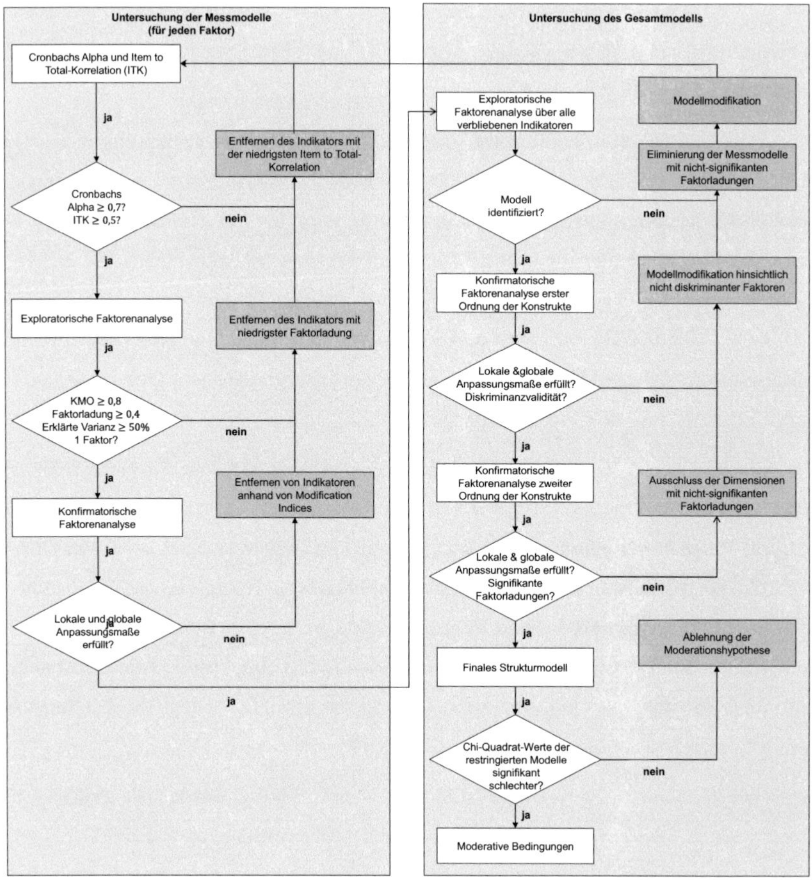

Danach erfolgt die Prüfung der Konstrukte höherer Ordnung anhand der konfirmatorischen Faktorenanalyse erster Ordnung. Auf dieser Basis wird anschließend das Fornell/Larcker-Kriterium zur Überprüfung der Diskriminanzvalidität durchgeführt.[1175] Dieses Kriterium prüft wesentlich strenger die Diskriminanzvalidität als die zuvor vorgestellten Gütekriterien. Von einer Diskriminanzvalidität kann mit hoher Wahrscheinlichkeit gesprochen werden, wenn das Fornell/Larcker-Kriterium für alle

[1174] In Anlehnung an Giere/Wirtz/Schilke (2006), S. 686; Piehler (2014), S. 198; Pistoia (2014), S. 184; Elsäßer (2016), S. 212.

[1175] Vgl. Giere/Wirtz/Schilke (2006), S. 685 ff.

Faktoren erfüllt ist.[1176] Als nächstes wird die konfirmatorische Faktorenanalyse zweiter Ordnung durchgeführt. Hierzu wird überprüft, ob alle Faktoren erster Ordnung tatsächlich zu dem übergeordneten Konstrukt gehören. Nicht-signifikante Dimensionen des übergeordneten Konstrukts werden eliminiert.

Auf der Untersuchungsebene des Gesamtmodells wird geprüft, ob die globalen Anpassungsmaße erfüllt sind. Ist dies nicht der Fall, werden die Messmodelle mit nicht-signifikanten Faktorladungen eliminiert. Danach werden die Pfadbeziehungen analysiert. Diese müssen die postulierte Faktorstruktur haben und statistisch signifikant sein. Ist dies der Fall, so erhält man das finale Strukturmodell. Ansonsten wird die Pfadbeziehung abgelehnt und das Messmodell entfernt. Abschließend wird mit dem Chi-Quadrat-Wert überprüft, ob moderierende Variablen einen Einfluss auf die gemessenen Wirkungsbeziehungen besitzen. Abbildung 4-9 fasst die Vorgehensweise zur Prüfung reflektiver Messmodelle sowie des Gesamtmodells zusammen.

[1176] Vgl. Weiber/Mühlhaus (2014), S. 165.

5. Ergebnisse der empirischen Untersuchung

Nachdem die Methodik und die Vorgehensweise der empirischen Untersuchung vorgestellt wurden, sollen im Folgenden die Ergebnisse der empirischen Untersuchung dargestellt werden. Dazu wird zuerst die Datenerhebung detailliert beschrieben. Im zweiten Schritt wird auf die Operationalisierung der einzelnen Konstrukte beziehungsweise der exogenen und endogenen Faktoren sowie der Moderatoren eingegangen. Abschließend erfolgt die Untersuchung des Strukturmodells sowie der postulierten Hypothesen. Abbildung 5-1 ordnet Kapitel 5 in die Ablaufstruktur der Untersuchung ein.

Abbildung 5-1: Einordnung von Kapitel 5 in die Ablaufstruktur der Untersuchung

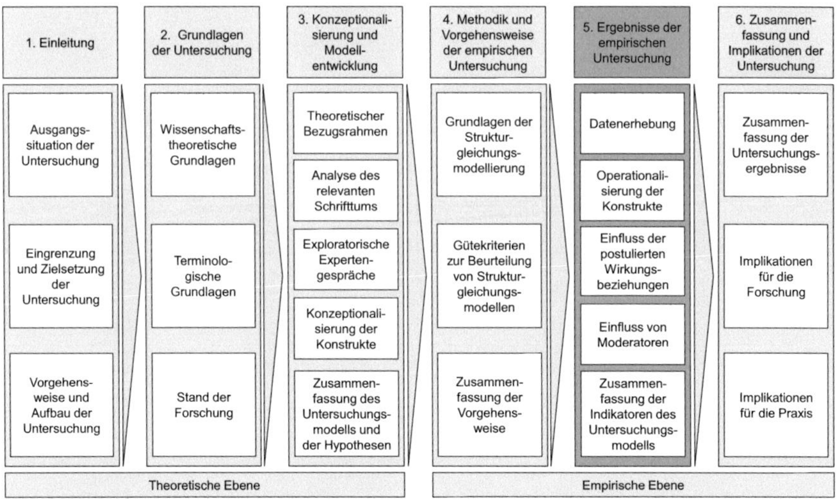

5.1. Datenerhebung

Die Untersuchung der Einflussfaktoren von Online-Rezensionen wird auf Basis einer primärstatistischen Erhebung durchgeführt, da sekundärstatistische und tertiärstatistische Daten für die Einflussfaktoren von Online-Rezensionen nicht vorliegen.[1177] Da vor allem die Nutzer beziehungsweise die Rezipienten von Online-Rezensionen beurteilen können, welche Faktoren von Online-Rezensionen einen Einfluss auf ihre Einstellung beziehungsweise Verhaltensintention besitzen, erfolgt diese Untersuchung anhand einer Rezipientenbefragung. Innerhalb dieser Untersuchung soll auf die Einschätzungen der Rezipienten von Online-Rezensionen auf dem Online-Bewertungsportal Yelp.de zurückgegriffen werden. Als Erhebungsinstrument wird ein Fragebogen mit intervallskalierten Fragen zu diesem Thema eingesetzt.

In Kapitel 5.1.1. werden die Grundlagen und die Methodik der Datenerhebung erläutert. Danach in Kapitel 5.1.2. die Entwicklung des finalen Erhebungsinstruments dargestellt und in Kapitel 5.1.3. das Verfahren der Haupterhebung. Abschließend wird in Kapitel 5.1.4. auf die Charakteristika der Datenbasis eingegangen.

5.1.1. Grundlagen und Methodik der Datenerhebung

Diese Untersuchung wird anhand der Erhebung von empirischen Daten durchgeführt. Dazu sind aufgrund des Untersuchungskontextes, nämlich der Einflussfaktoren von Online-Rezensionen auf Online-Bewertungsportalen, Befragungen von Rezipienten von Online-Rezensionen am besten geeignet.

Die Rezipienten von Online-Rezensionen geben innerhalb der Befragung Selbstauskünfte, wie beispielsweise in Form von persönlichen Einstellungen, Meinungen und Verhaltensweisen. In diesem Kontext können die Rezipienten als ‚Respondents' bezeichnet werden.[1178] Der ‚Respondent' ist innerhalb von Datenerhebungen von dem ‚Key Informant' zu unterscheiden. Die Befragung von ‚Key Informants' wird bei der Untersuchung von organisationalen Sachverhalten, beispielsweise in Unternehmen, herangezogen. Über den ‚Key Informant' können Informationen über die Organisation oder ein Teilgebiet der Organisation gesammelt werden.[1179]

Bei Befragungen von ‚Key Informants' sind innerhalb der Erhebung einige Maßnahmen zu treffen, um Verzerrungen und potenzielle Fehlerquellen bei der Messung der Variablen ausschließen und eine valide Messung garantieren zu können.[1180] Besteht das Sample aus ‚Respondents', bedarf es dieser Maßnahmen nicht, da diese aus-

1177 Vgl. bezüglich der Unterscheidung zwischen primär-, sekundär- und tertiärstatistischen Daten beispielsweise die Ausführungen von Fahrmeir et al. (2016), S. 21.

1178 Vgl. Klarmann (2008), S. 125.

1179 Vgl. Hurrle/Kieser (2005), S. 584 f.; Klarmann (2008), S. 125 f.

1180 Vgl. Hurrle/Kieser (2005), S. 584 ff.

schließlich Selbstauskünfte geben.[1181] In dieser Untersuchung sind ‚Respondents' am besten geeignet, die Einflussfaktoren von Online-Rezensionen sowie die daraus entstehende Einstellung und Verhaltensintention der Rezipienten zu evaluieren. Es bedarf dann keiner weiteren Vorsichtsmaßnahmen um den ‚Key Informant Bias' auszuschließen.

Eine weitere Verzerrung der Auswertung der empirischen Daten kann aufgrund des ‚Common Method Bias' entstehen. Der ‚Common Method Bias' stellt eine Methodenverzerrung dar, die aus der Messung von exogenen und endogenen Variablen bei dem gleichen ‚Respondent' resultieren. Dem ‚Respondent' wird dabei unterstellt, dass er aufgrund der Fragen implizit von einer bestimmten Zielsetzung der Befragung ausgeht und seine Antworten danach ausrichtet. Der Einfluss des ‚Common Method Bias' ist in der Wissenschaft jedoch umstritten und die daraus entstehenden Verzerrungen erscheinen eher unbedeutend.[1182]

Um den ‚Common Method Bias' für diese Untersuchung dennoch weitestgehend auszuschließen, wird innerhalb des Fragebogens die Reihenfolge der Konstrukte verändert. Zusätzlich enthält der Fragebogen, um der sozialen Erwünschtheit zu begegnen, die eine Ursache des ‚Common Method Bias' darstellt, die Anmerkung, dass es sich um eine anonyme, wissenschaftliche Studie handelt und alle Daten vertraulich behandelt werden.[1183]

Darüber hinaus enthält der Fragebogen Filterfragen, so dass Teilnehmer mit einem zu geringen Wissen beziehungsweise mangelnder Erfahrung mit dem Online-Bewertungsportal Yelp.de ausgeschlossen werden. Außerdem wird ein Pretest der Hauptuntersuchung vorgezogen, so dass die kognitiven Denkprozesse der Teilnehmer beziehungsweise der Nutzer von Yelp.de nachvollzogen werden können und der Fragebogen entsprechend angepasst wird, um Antworttendenzen entgegen wirken zu können.[1184]

Zusätzlich wird als Gegenmaßnahme nach Abschluss der Umfrage dem Guttmann Split-Half-Koeffizient ermittelt und der Harman-Ein-Faktor-Test durchgeführt.[1185] Beim Guttmann Split-Half-Koeffizienten werden zwei Item-Skalen gebildet und diese miteinander korreliert. Die Item-Skalen der beiden Hälften sollen einen Wert

1181 Vgl. Klarmann (2008), S. 125 ff.
1182 Vgl. Klarmann (2008), S. 161.
1183 Vgl. Lindell/Whitney (2001), S. 118.
1184 Vgl. Hurrle/Kieser (2005), 594 ff.; Pistoia (2014), S. 189.
1185 Vgl. Podsakoff et al. (2003), S. 889 f.; Janssen/Laatz (2017), S. 612 ff.

größer gleich 0,6 erreichen.[1186] Der Harman-Ein-Faktor-Test stellt eine Faktorenanalyse über alle Indikatoren dar, wodurch die Anzahl der enthaltenen Faktoren im Untersuchungsmodell identifiziert wird.[1187]

Als weiteres wird innerhalb der Untersuchung dem ‚Non-Response-Bias' begegnet. Diese Verzerrung geht von einer potenziell unterschiedlichen Bewertung der Fragen durch Teilnehmer und Nicht-Teilnehmer der Umfrage aus. Dabei wird angenommen, dass Teilnehmer und Nicht-Teilnehmer unterschiedlich antworten und daher in der Befragung die Grundgesamtheit nicht repräsentiert wird.[1188] Um diese mögliche Verzerrung approximativ bestimmen zu können, wird der Mann-Whitney-U-Test durchgeführt.[1189] Zuerst wird der Datensatz in Teilnehmer unterteilt, die früh beziehungsweise spät an der Umfrage teilgenommen haben. Bei den Spät-Teilnehmern wird ein ähnliches Verhalten wie bei Nicht-Teilnehmern vermutet. In der Untersuchung konnte durch den Mann-Whitney-U-Test kein signifikanter Unterschied zwischen den beiden Gruppen festgestellt werden.[1190]

5.1.2. Entwicklung der Erhebungsinstrumente

Die Erhebungsinstrumente für diese Untersuchung wurden in mehreren Entwicklungsschritten, die iterativ durchgeführt wurden, gewonnen. Zu den Entwicklungsschritten gehörten exploratorische Expertengespräche, die Analyse des Schrifttums, teilstrukturierte Expertengespräche, der Think Aloud-Test, der Anderson Gerbing-Test sowie ein Fragebogen-Pretest.[1191]

Zuerst wurden exploratorische Expertengespräche durchgeführt. Die Expertengespräche fanden im Rahmen des Doktorandenseminars zu aktuellen Themen der Betriebswirtschaftslehre mit dem Schwerpunkt Marketing von Uni.-Prof. Dr. Bernd W. Wirtz (ab Mai 2012) und bei einem Statistik-Workshop an der Universität Paderborn (Januar 2013) statt. Bei diesen Expertengesprächen wurde eine Forschungslücke identifiziert sowie die praktische Relevanz zu der gegebenen Thematik erkannt. Die

---

1186 Bei der Durchführung des Guttmann Split-Half-Koeffizienten wurde in dieser Untersuchung ein Wert von 0,947 erreicht, womit dem Common Method Bias entgegnet wird.

1187 Vgl. dazu auch Kapitel 5.1.4.2.

1188 Vgl. auch im Folgenden Armstrong/Overton (1977), S. 396 ff.; Backhaus/Blechschmidt/Eisenbeiß (2006), S. 715 ff.

1189 Vgl. Mann/Whitney (1947), S. 50 ff.; Janssen/Laatz (2017), S. 652 f.

1190 Nach Überprüfung aller 91 Indikatoren konnten keine signifikanten Unterschiede festgestellt werden. Demnach liegt kein signifikanter Einfluss eines Non-Response-Bias vor.

1191 Vgl. zu der Auswahl der Entwicklungsschritte auch die Empfehlungen von Homburg/Giering (1998), S. 127 ff.; Hurrle/Kieser (2005), S. 584 ff.; DeVellis (2012), S. 73 ff.; Porst (2014), S. 189 ff.

Expertengespräche erbrachten weiterführend auch eine erste Konzeptionalisierung der Konstrukte.[1192]

Anschließend erfolgte eine umfassende Datenbankrecherche aus der eine ‚Longlist' an relevanten Skalen resultierte, so dass bereits existierende Indikatoren-Batterien als Grundlage zur Entwicklung der Erhebungsinstrumente verwendet werden konnten.[1193] Da die so ermittelten Skalen nicht vollständig für diese Untersuchung kompatibel waren, wurden sie zum einen an den Untersuchungskontext angepasst und zum anderen aus dem Englischen ins Deutsche übersetzt.

Als nächstes wurden teilstrukturierte Expertengespräche sowohl mit Mitarbeitern als auch mit ‚Heavy-Usern' von Online-Bewertungsportalen durchgeführt. Die Experten wurden über das soziale Business-Netzwerk Xing rekrutiert und waren vor allem Mitarbeiter von Yelp.de mit Führungsverantwortung.[1194] Die ‚Heavy-User' von Online-Bewertungsportalen waren fast ausschließlich Nutzer von Yelp.de, die direkt über die Plattform Yelp.de in einer persönlichen Nachricht angesprochen wurden.[1195] Durch diese Gespräche konnte das Untersuchungsmodell verifiziert und erste Skalen zur Operationalisierung der Untersuchung erstellt werden. Auf dieser Basis wurde der Fragebogen mit insgesamt 14 Konstrukten und einem allgemeinen Teil erstellt.[1196]

Nach den ersten drei Schritten wurde der bis dahin entwickelte Fragebogen mehreren Tests unterzogen. Zuerst wurde der Think Aloud-Test durchgeführt.[1197] Der Think Aloud-Test dient zur Überprüfung der Güte des Fragebogens und prüft beziehungsweise optimiert die Verständlichkeit und Eindeutigkeit der einzelnen Items. Dazu wurden zehn potenzielle Teilnehmer gebeten, den Fragebogen zu bearbeiten und dabei alle Überlegungen, Unklarheiten und Fragen, die bei der Beantwortung auftraten, anzusprechen, so dass Verständnisprobleme vorzeitig erkannt und letztlich beseitigt werden konnten.[1198] Anhand des iterativ durchgeführten Think Aloud-

---

1192 Vgl. bezüglich der Vorgehensweise auch Homburg/Giering (1998), S. 127.

1193 Zu den verwendeten Datenbanken gehörten die Metadatenbanken EBSCO (Academic Source Complete, Business Source Complete sowie EconLit with Full Text) und Science Direct. Zusätzlich wurde die Recherche um thematisch verwandte Dissertationen ausgeweitet.

1194 Auf nähere Angaben bezüglich der Experten wird auf deren Wunsch hin verzichtet.

1195 Auf nähere Angaben bezüglich der Heavy-User wird auf deren Wunsch hin verzichtet.

1196 Vgl. zu der Vorgehensweise zur Entwicklung des Fragebogens beispielsweise auch die Arbeit von Kirchhoff et al. (2010), S. 24 ff. Sofern keine etablierten Item-Skalen verfügbar waren, wurde den Verfahrensweisen von Churchill (1979), S. 64 ff. und Rossiter (2002), S. 305 ff. gefolgt.

1197 Vgl. bezüglich der Vorgehensweise innerhalb des Think Aloud-Tests auch die Ausführungen von Hurrle/Kieser (2005), S. 593 ff.

1198 Die zehn Teilnehmer des Think Aloud-Tests waren Yelp-Nutzer die über das Online-Bewertungsportal Yelp.de rekrutiert wurden.

Tests wurden einige Items für ein besseres und eindeutiges Verständnis der Teilnehmer optimiert und Unklarheiten beseitigt.[1199]

Danach wurde der bis dahin entwickelte Fragebogen dem Item Sorting-Test nach Anderson Gerbing unterzogen.[1200] Dieser Test überprüft die Validität der Indikatoren zu den Konstrukten im Kontext der konfirmatorischen Faktorenanalyse. Dazu erhalten die Teilnehmer des Tests eine Matrix, die zum einen aus den identifizierten Konstrukten besteht und zum anderen aus den identifizierten Indikatoren. Die Teilnehmer müssen nun die Indikatoren, die in einer zufälligen Reihenfolge sortiert sind, den passenden Konstrukten zuordnen. Das geschah wiederum in einem iterativen Prozess, der insgesamt dreimal mit je acht Teilnehmern durchlaufen wurde.[1201]

Zur Auswertung des Item Sorting-Tests werden zwei Kennzahlen herangezogen. Dies ist zum einen das Proportion of Substantive Agreement (p_{sa}) und der Substantive Validity Coefficient (C_{sv}). Der p_{sa} misst den Anteil der Teilnehmer, die den Indikator dem vorgesehenen Konstrukt zugeordnet haben. Der Wert des p_{sa} soll größer 0,5 sein, wobei Werte zwischen null und eins auftreten können. Der C_{sv} misst das Verhältnis zwischen den Teilnehmern, die den Indikator dem richtigen Konstrukt zugeordnet haben, mit dem Konstrukt, das neben dem richtigen Konstrukt fälschlicherweise die meisten Zuordnungen durch die Teilnehmer bekam. Der Wert des C_{sv} soll größer 0,4 sein, wobei Werte zwischen minus eins und eins möglich sind.[1202]

Der Item Sorting-Test enthielt 102 Indikatoren und 14 Konstrukte. Aufgrund der Durchführung des Tests sind insgesamt 15 Indikatoren modifiziert und elf Indikatoren gestrichen worden.

Als letzter Test vor der Haupterhebung wurde ein Pretest des Fragebogens mit 30 Teilnehmern durchgeführt. Dieser diente nochmals zur Validierung und Reabilitätsprüfung der gewählten Indikatoren.[1203] Die Auswertung des Pretests anhand der Gütekriterien der ersten Generation (Cronbachs Alpha, Item-to-Total-Korrelation sowie exploratorische Faktorenanalyse) ergab, dass alle Grenzwerte eingehalten und das

---

1199 Vgl. Pistoia (2014), S. 191.

1200 Vgl. dazu auch im Folgenden Anderson/Gerbing (1991), S. 732 ff.

1201 Als Teilnehmer wurden wiederum Yelp-Nutzer herangezogen, da diese der Grundgesamtheit der Umfrage-Teilnehmer zugeordnet werden können.

1202 Vgl. Anderson/Gerbing (1991), S. 734 f.; Defren (2009), S. 213.

1203 Die Teilnehmer des Pretests waren Yelp-Nutzer die innerhalb einer persönlichen Nachricht auf dem Online-Bewertungsportal Yelp.de angeschrieben wurden.

Erhebungsinstrument für den Fragebogen geeignet ist.[1204] Abbildung 5-2 stellt die Ablaufstruktur der Entwicklung des Erhebungsinstruments im Überblick dar.

Abbildung 5-2: Ablaufstruktur der Entwicklung des Erhebungsinstruments

(1) Explorative Expertengespräche	
Ziel: • Bestätigung des Untersuchungsmodells • Prüfung erster Ansätze zur Messung	**Ergebnis:** • Relevanz in Praxis und Wissenschaft gegeben • Forschungslücke wurde bestätigt • Identifikation erster Messindikatoren
(2) Analyse des Schrifttums	
Ziel: • Identifikation valider, relevanter und etablierter Skalen	**Ergebnis:** • Nach Auswertung des relevanten Schrifttums wurde eine Longlist mit relevanten Faktoren und Indikatoren erstellt
(3) Teilstrukturierte Expertengespräche	
Ziel: • Verifikation des Untersuchungsmodells und der Skalen	**Ergebnis:** • N=30 • Gespräche mit 15 Mitarbeitern in Führungsposition bei dem Online-Bewertungsportal Yelp.de • Gespräche mit 15 Heavy-Usern des Online-Bewertungsportals Yelp.de • Weiterer Input bezüglich praxisrelevanter Indikatoren
(4) Think Aloud-Test	
Ziel: • Beobachtung der kognitiven Denkprozesse der Teilnehmer während des Ausfüllens des Fragebogens	**Ergebnis:** • N=10 • Iterativer Prozess, bei der Indikatoren hinzugefügt, modifiziert und eliminiert wurden
(5) Item Sorting-Test nach Anderson Gerbing	
Ziel: • Verifikation der Zuordnung der Indikatoren zu den Konstrukten	**Ergebnis:** • Dreimalige Durchführung mit je acht Teilnehmern • Indikatoren wurden modifiziert und eliminiert
(6) Fragebogen-Pretest	
Ziel: • Test auf Validität und Reliabilität der Indikatoren	**Ergebnis:** • N=30 • Validität und Reliabilität der Indikatoren gegeben, keine weiteren Modifikationen nötig

5.1.3. Verfahren der Haupterhebung

In dieser Untersuchung sollen die Wahrnehmungen und Einschätzungen der Nutzer des Online-Bewertungsportals Yelp.de zu den Einflussfaktoren von Online-Rezensionen analysiert werden. Dazu erfolgt eine primärstatistische empirische Erhebung. Die Datenerhebung für diese Untersuchung wird so gewählt, dass eine möglichst große Stichprobe erreicht wird, um die empirische Auswertung anhand der Strukturgleichungsanalyse durchführen zu können.[1205] Unter Verwendung der Strukturglei-

1204 Für eine ausführliche Darstellung der Gütekriterien der ersten Generation vgl. Kapitel 4.2.2.

1205 Vgl. bezüglich der benötigten Teilnehmerzahl bei einer Auswertung anhand der Strukturgleichungsanalyse auch die Ausführungen in Kapitel 4.1.

chungsanalyse können wichtige Erkenntnisse aus den sehr komplexen Wirkungszusammenhängen dieser Untersuchung gewonnen werden.

Um ausreichend viele Teilnehmer zu gewinnen, wird als Befragungsmethode ein schriftlicher, standardisierter Online-Fragebogen entwickelt. Online-Fragebögen spielen in der Forschung eine bedeutende Rolle, da sie schnell, kostengünstig und fragebogentechnisch sinnvoll sind.[1206] Darüber hinaus erscheint ein Online-Fragebogen bei der Befragung von Nutzern eines Online-Bewertungsportals und der Bewertung von Online-Rezensionen als ein geeignetes Medium. Außerdem sind damit Datenübertragungsfehler ausgeschlossen.[1207]

Dem potenziellen Nachteil von Online-Fragebögen, dass Verständnisprobleme auftreten können, wurde im Voraus bei der Fragebogenentwicklung entgegengewirkt.[1208] Zudem konnten die Teilnehmer jederzeit per Email oder Telefon Fragen stellen. Auf die anhand von Online-Fragebögen nur schlecht bestimmbare Repräsentativität der Stichprobe wird in Kapitel 5.1.4.1. eingegangen.

Die Teilnehmer der Online-Befragung wurden anhand einer Stichprobenauswahl beziehungsweise einer Teilerhebung ermittelt. Dies ist sinnvoll, da keine Datenbank existiert, die alle Nutzer des Online-Bewertungsportals Yelp.de listet. Da auch bei der Durchführung der exploratorischen Expertengespräche mit Mitarbeitern von Yelp.de keine Auskunft zur Zahl der Nutzer von Yelp.de gegeben wurde und somit keine Daten zur Zahl der Nutzer gewonnen werden konnten, ist eine Vollerhebung für diese Untersuchung nicht möglich.[1209]

Daher wird die Auswahl der Stichprobe für diese Untersuchung mittels einer zufallsgesteuerten, mehrstufigen Klumpenauswahl durchgeführt. Um eine in diesem Zusammenhang mögliche Stichprobenverzerrung, im Schrifttum auch ‚Sampling Bias' oder ‚Selection Bias' genannt, ausschließen zu können, werden die Merkmale der Stichprobe mit jener der Grundgesamtheit vergleichen.[1210] Dazu werden die Merkmale der Probanden in Kapitel 5.1.4.1. auf statistisch signifikante Abweichungen mit der Grundgesamtheit untersucht.

1206 Vgl. Möhring/Schlütz (2010), S. 133.

1207 Vgl. Möhring/Schlütz (2010), S. 133 f.

1208 Vgl. dazu die Ausführungen in Kapitel 5.1.2.

1209 Vgl. bezüglich der Vorteile eines Stichprobenumfangs gegenüber einer Vollerhebung Möhring/Schlütz (2010), S. 28.

1210 Vgl. bezüglich des Sampling Bias beziehungsweise des Selection Bias Groves (2005), S. 90; Lehner/Farthofer (2012), S. 29; Krug/Kriwy/Carstensen (2014), S. 5.

Um eine möglichst große Anzahl an Nutzern von Yelp.de für den Fragebogen erreichen zu können, wurden verschiedene Kommunikationswege zur Akquise verwendet. Als Anreiz zur Teilnahme wurden Gutscheine verlost. Zur Requirierung von Teilnehmern der Befragung wurden zum einen die Nutzer des Online-Bewertungsportals Yelp.de in einer persönlichen Nachricht über den auf der Webseite verfügbaren Kommunikationskanal angeschrieben und zum anderen wurde die Umfrage in den Foren des Online-Bewertungsportals Yelp.de beworben.[1211] Zusätzlich wurde auf mehreren sozialen Netzwerkseiten auf die Online-Umfrage aufmerksam gemacht.[1212]

Die Online-Befragung wurde von Januar 2017 bis März 2017 durchgeführt und es konnten in diesem Zeitraum insgesamt 292 vollständig ausgefüllte Fragebögen von Nutzern des Online-Bewertungsportals Yelp.de gewonnen werden.

5.1.4. Charakteristika der Datenbasis

Im Online-Fragebogen, den die Teilnehmer auszufüllen hatten, wurden neben den Fragen über einzelne Indikatoren zu jedem Konstrukt auch Angaben zu soziodemografischen Daten zur Charakterisierung der Teilnehmer erfasst. Anhand dieser Daten kann die Qualität der gewonnen Daten abgeschätzt und die Repräsentativität des Samples für die Grundgesamtheit geprüft werden (Kapitel 5.1.4.1).[1213] Nach Döring/ Bortz (2016) ist bei der Interpretation der Qualität der gewonnenen Daten zu beachten, dass sich die Repräsentativität nur auf die Umfrage und nicht auf deren Inhalt bezieht. So konstatieren die Autoren:

„Die Repräsentativität ist ein Qualitätsmerkmal, das sich lediglich auf das Verhältnis zwischen Stichprobe und Population bezieht, nicht auf die wissenschaftliche Qualität der gesamten Studie."[1214]

Zudem ist zu beachten, dass die Repräsentativität einer Stichprobe in vielen Fällen nur schwer beziehungsweise nur begrenzt nachzuweisen ist, da die wahre Vertei-

1211 Bei den Foren des Online-Bewertungsportals Yelp.de handelt es sich um die Foren für die größten Städte Deutschlands (Berlin, Hamburg, München, Köln, Frankfurt).

1212 Bei den sozialen Netzwerkseiten handelt es sich um Facebook und Xing. Hier wurde die Umfrage in verschiedenen Foren gepostet. Zudem wurden auf Xing einige Mitglieder basierend auf ihren Interessen und Kenntnissen zu Yelp.de direkt angeschrieben.

1213 Vgl. Kerner (2009), S. 256 f.; Ebster/Stalzer (2013), S. 167; Pistoia (2014), S. 196. Der Fragebogen enthält zudem eine Filterfrage, so dass Teilnehmer ausgeschlossen werden können, die Yelp.de noch nie genutzt haben.

1214 Döring/Bortz (2016), S. 300.

lung aller Merkmale der Grundgesamtheit häufig nicht vollständig bekannt ist.[1215] Darüber hinaus wird die Aussagekraft der Repräsentativität im Schrifttum häufig kritisiert.[1216] Ein Kritikpunkt ist, dass die Zufallsauswahl der Teilnehmer nicht alle Merkmale der Grundgesamtheit widerspiegeln muss.[1217] Dieser Aspekt ist vor allem bei kleineren Stichproben zu bedenken, so dass das erhobene Sample stark von der Grundgesamtheit abweichen kann. Aus diesem Grund wird im Schrifttum vor allem die Untersuchung der Reliabilität und Validität der Daten (Kapitel 5.1.4.2) sowie die Verteilung der Datenbasis (Kapitel 5.1.4.3) empfohlen.

5.1.4.1. Merkmale der Probanden

Die Erläuterungen in Kapitel 5.1.4 zeigen, dass eine repräsentative Stichprobe, die die Grundgesamtheit möglichst genau widerspiegelt, nur begrenzt möglich ist. In dieser Untersuchung wird dies zusätzlich erschwert, weil Yelp.de keine soziodemografischen Zahlen herausgibt. Angaben zu den Nutzern von Yelp.de können also nur in Statistiken anderer Anbieter gewonnen werden und hier wurde nur die Webseite Quantcast (2016) als Datenquelle gefunden.[1218] Bei dieser Webseite wiederum ist nicht klar, woher sie ihre Statistiken hat und ob sie repräsentativ sind.

Weil keine aussagefähige Datenbasis bezüglich soziodemografischer Daten zur Grundgesamtheit der Nutzer von Yelp.de vorliegt, wurden mangels Überprüfbarkeit der Repräsentativität in der Befragung nur wenige soziodemografische Daten erhoben. Dies ist kein Mangel für die Erhebung, weil die wissenschaftliche Qualität der Studie davon nicht negativ beeinflusst wird.[1219] Im Rahmen dieser Studie liegt der wissenschaftliche Schwerpunkt auf einem inhaltlich sehr umfangreichen Fragebogen, der insgesamt 89 Indikatoren enthält. Dennoch werden mit dem Fragebogen auch soziodemografische Daten erhoben, das Alter und das Geschlecht der Befragten.[1220]

Von den insgesamt 282 Teilnehmern sind 117 Teilnehmer weiblich.[1221] Das entspricht einem Anteil von 41,5% aller Teilnehmer der Online-Befragung. 165 Teilnehmer der

---

1215 Vgl. Möhring/Schlütz (2010), S. 29.

1216 Vgl. Lippe/Kladroba (2002), S. 5; Lippe (2011), S. 24 ff.

1217 Vgl. Lippe/Kladroba (2002), S. 3; Bortz/Schuster (2010), S. 81.

1218 Vgl. Quantcast (2016). Quantcast gehört zu den weltweit hochentwickeltsten Data-Intelligence-Plattformen und hat sich auf die Messung digitaler Zielgruppen spezifiziert. Siehe hierzu auch Quantcast Deutschland GmbH (2017).

1219 Vgl. Döring/Bortz (2016), S. 300.

1220 Vgl. dazu die Auflistung aller Indikatoren der Online-Befragung in Kapitel 5.5.

1221 Von den ursprünglich 292 Teilnehmern wurden im Verlauf der Untersuchung zehn ausgefüllte Fragebögen anhand von Mahalanobis-Distanzen als Ausreißer identifiziert, so dass die Untersu-

Online-Befragung sind männlich. Dies entspricht einem Anteil von 58,5%. Abbildung 5-3 zeigt die Verteilung des Geschlechts der Teilnehmer der Online-Befragung dar.

Abbildung 5-3: Verteilung des Geschlechts der Teilnehmer der Online-Befragung

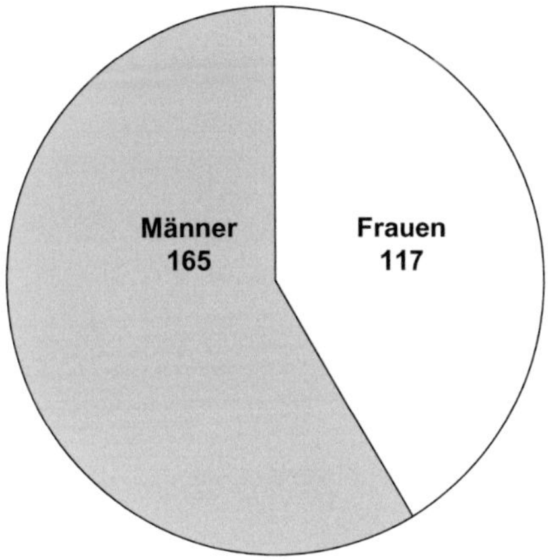

Die Verteilung des Geschlechts der Teilnehmer der Online-Befragung kann mit der Verteilung des Geschlechts aller Nutzer von Yelp.de in Deutschland verglichen werden. Dazu werden die Angaben von Quantcast (2016) herangezogen. Nach deren Studie sind 53% aller Nutzer von Yelp.de männlich und 47% aller Nutzer weiblich.[1222] Zur Überprüfung, ob die Unterschiede zwischen beiden Angaben signifikant sind, wird der Chi-Quadrat-Test herangezogen. Der Chi-Quadrat-Homogenitätstest liefert dazu einen Wert von 1,839 bei einer Anzahl der Freiheitsgrade von eins. Auf dieser Basis liegt der Wert unter dem 90%-Quantil, das einen Wert von 2,71 aufweist. Somit ist festzuhalten, dass es statistisch keinen signifikanten Unterschied zwischen der Stichprobe dieser Untersuchung und der Grundgesamtheit aller Yelp.de-Nutzer gibt. Vor diesem Hintergrund kann die Stichprobe als repräsentativ gelten.

Eine weitere Frage des allgemeinen Teils der Befragung zielt auf die Altersstruktur der Nutzer von Yelp.de ab. In der Stichprobe sind sechs Teilnehmer der Online-Befragung zwischen 16-20 Jahre alt. 76 Teilnehmer und somit 26,95% aller Befragten sind zwischen 21-30 Jahre alt. Der größte Anteil mit 50,71% entfällt auf die Teilneh-

chung nur 282 Teilnehmer berücksichtigt. Zu dem genauen Auswahlverfahren bezüglich nicht-geeigneter Fragebögen dieser Untersuchung vgl. Kapitel 5.1.4.3.

1222 Vgl. Quantcast (2016).

mer, die zwischen 31-40 Jahre alt sind. Mit 29 Teilnehmern sind 10,28% der Stichprobe dieser Untersuchung zwischen 41-50 Jahre alt. 7,45% der Teilnehmer sind zwischen 51-60 und sieben Teilnehmer, also 2,48% sind über 60 Jahre alt. Abbildung 5-4 zeigt die Verteilung des Altersverteilung der Teilnehmer der Online-Befragung.

Abbildung 5-4: Verteilung des Alters der Teilnehmer der Online-Befragung

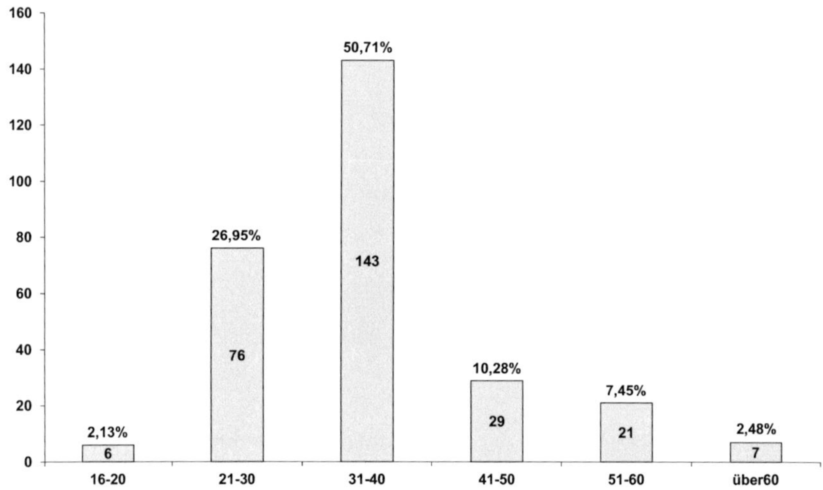

Nach der Überprüfung der Altersverteilung der Teilnehmer an der Online-Befragung und der Verteilung des Alters nach den Daten der Webseite Quantcast (2016) durch den Chi-Quadrat-Homogenitätstest lässt sich ein signifikanter Unterschied nicht ausschließen, da der Chi-Quadrat-Homogenitätstest einen Wert von >13,82 bei einer Anzahl der Freiheitsgrade von zwei liefert und somit über dem 99%-Quantil liegt.[1223]

Darüber hinaus wurden die Teilnehmer der Online-Befragung zur Häufigkeit der Nutzung von Yelp.de befragt. Demnach nutzen 35,82% der Befragten Yelp.de weniger als einmal im Monat. 23,05% der Befragten nutzen Yelp.de zumindest einmal im Monat. 12,41% der Befragten recherchieren zu Produkten und Dienstleistungen auf

1223 Hierbei ist jedoch zu beachten, dass die Webseite Quantcast (2016) keine Daten von Yelp.de zur Verfügung gestellt bekommt, sondern anhand von statistischen Auswertungen eigenständig Daten anhand des Traffics sammelt. Nutzer von Yelp.de, die keinen Traffic verursachen sind demnach in der Verteilung des Alters unterrepräsentiert. Es ist zu beachten, dass Quantcast (2016) keine Kenntnisse über die Grundgesamtheit der Nutzer von Yelp.de besitzt.

Yelp.de mindestens einmal die Woche und 28,72% der Teilnehmer der Online-Befragung mehr als einmal in der Woche. Abbildung 5-5 stellt die Nutzungshäufigkeit der Teilnehmer der Online-Befragung von Yelp.de in der Zusammenfassung.

Abbildung 5-5: Nutzungshäufigkeit der Teilnehmer der Online-Befragung von Yelp.de

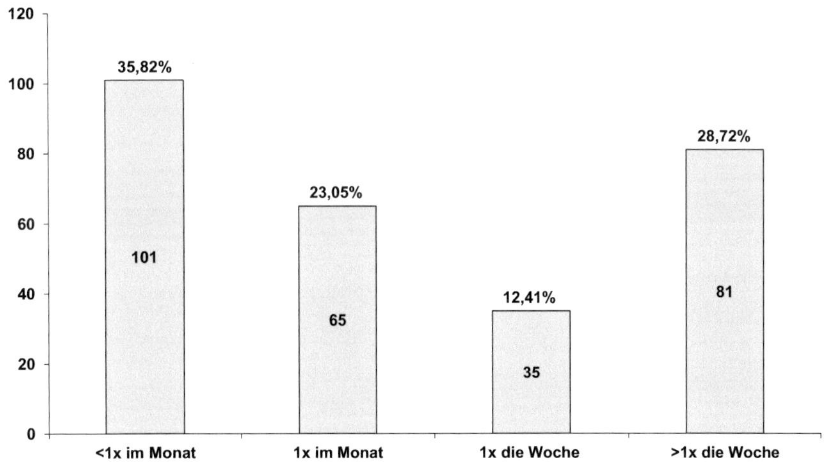

Zusätzlich sollten die Teilnehmer der Online-Befragung angeben, in welchem Maße sie Online-Rezensionen auf Yelp.de vor dem Kauf eines Produkts oder einer Dienstleistung nutzen. Danach nutzen die 16-20-Jährigen durchschnittlich bei jedem zweiten Kauf (50%) vorher Online-Rezensionen auf Yelp.de als Informationsquelle. Die 21-30-Jährigen nutzen 53% Online-Rezensionen auf Yelp.de vor einem Kauf. Bei den 31-40-Jährigen sind es 56% und bei den 41-50-Jährigen sogar 62%, die Online-Rezensionen auf Yelp.de vor einem Kauf nutzen. Während es bei den 51-60-Jährigen mit 52% etwas weniger sind, nutzen von den über 60-Jährigen sogar 71% Online-Rezensionen auf Yelp.de vor einem Kauf eines Produkts oder einer Dienstleistung. Abbildung 5-6 fasst die Nutzung von Online-Rezensionen auf Yelp.de vor einem Kauf eines Produkts oder einer Dienstleistung unter Berücksichtigung der Altersstruktur der Teilnehmer der Online-Befragung zusammen.

Zusammenfassend lässt sich sagen, dass die Untersuchungsergebnisse hinsichtlich der Verteilung des Geschlechts nach Anwendung statistischer Prüfverfahren als repräsentativ gelten. Bezüglich der Altersstruktur gelingt dieser Nachweis nicht. Eine weitergehende Prüfung der erhobenen Daten auf Repräsentativität ist aufgrund fehlender soziodemografischer Daten für das Online-Bewertungsportal Yelp.de nicht möglich.

Abbildung 5-6: Nutzung von Online-Rezensionen auf Yelp.de vor einem Kauf eines Produkts oder einer Dienstleistung

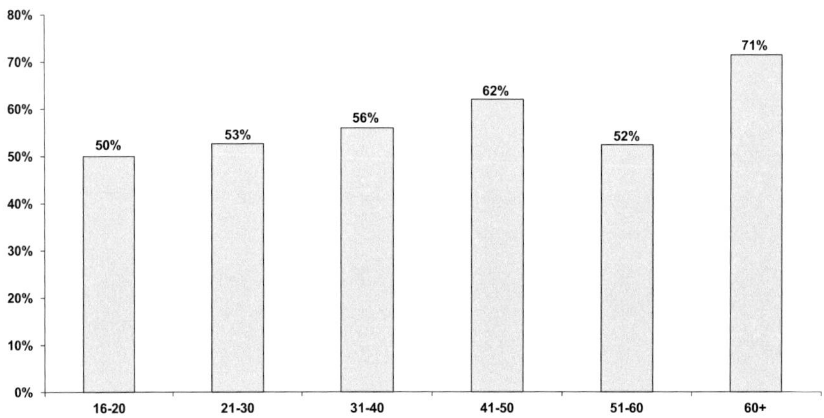

5.1.4.2. Reliabilität und Validität der Daten

Zur Überprüfung der Reliabilität und Validität der erhobenen Daten werden im Schrifttum verschiedene Tests angegeben. Dazu gehört zum einen der Ein-Faktor-Test nach Harman (1967) sowie der Guttmann Split Half-Koeffizient. Mit diesen beiden Tests wird die Untersuchung hinsichtlich eines ‚Common Method Bias' überprüft sowie die Datenreliabilität nachgewiesen. Innerhalb des Ein-Faktor-Tests nach Harman (1967) werden alle Indikatoren der Untersuchung in einer exploratorischen Faktorenanalyse überprüft.[1224] Sofern mehrere Komponenten extrahiert werden und nicht ein einzelner Faktor einen Großteil der Kovarianz zwischen den Variablen erklärt, ist davon auszugehen, dass kein ‚Common Method Bias' vorliegt.[1225]

Mittels des Ein-Faktors-Tests nach Harman (1967) wurden für diese Untersuchung 55 Komponenten extrahiert. Davon besitzen 14 Komponenten beziehungsweise Fakto-

1224 Vgl. bezüglich des Ein-Faktor-Tests beispielsweise die Ausführungen von Podsakoff et al. (2003), S. 879 ff. sowie exemplarisch die Studien von Ullrich (2011), S. 220 ff.; Pistoia (2014), S. 202 ff. Die Autoren verweisen bezüglich der Test auf Harman (1967).

1225 Vgl. Albers et al. (2009), S. 142.

ren einen Wert größer als eins.[1226] Die Komponente mit dem größten Varianzanteil beträgt 12,724%. Damit liegt keine Komponente beziehungsweise kein Faktor vor, der einen Großteil der Variablen erklärt. Daher ist nicht von einem ‚Common Method Bias' in dieser Untersuchung auszugehen. Tabelle 5-1 fasst die Ergebnisse des Ein-Faktor-Tests nach Harman (1967) zusammen.

Tabelle 5-1: *Ergebnisse des Ein-Faktor-Tests nach Harman (1967)*

Extrahierte Komponente	Erklärte Varianz in %	Kumulierte erklärte Varianz in %
1	12,724	12,724
2	12,572	25,296
3	9,868	35,164
4	9,182	44,346
5	7,645	51,991
6	6,410	58,400
7	6,164	64,564
8	6,033	70,597
9	4,823	75,420
10	4,517	79,937
11	4,484	84,421
12	1,459	85,798
13	1,104	86,984
14	1,026	88,009

Darüber hinaus wurde in dieser Untersuchung der Guttmann-Split-Half-Koeffizient berechnet und ein Wert von 0,947 ermittelt. Da dieser Wert deutlich über dem im

[1226] Die exploratorische Faktorenanalyse wurde anhand der Hauptkomponentenanalyse mit einer Varimax Rotation durchgeführt. Vgl. dazu auch die Ausführungen von Abdi/Williams (2010), S. 433 ff.; Backhaus et al. (2016), S. 419 f.

Schrifttum geforderten Mindestwert von 0,6 liegt, kann auf Basis des Guttmann-Split-Half-Tests der ‚Common Method Bias' ausgeschlossen werden.[1227]

Zuletzt werden die Werte hinsichtlich eines ,'Non-Response-Bias' untersucht. Der ,'Non-Response-Bias' geht von der Annahme aus, dass ein Unterschied zwischen Antwortenden und Nicht-Antwortenden besteht. Dieser Bias muss stets geprüft werden, weil bei empirischen Befragungen nahezu nie eine 100%-Teilnehmerquote vorliegt. Eine direkte Überprüfung ist jedoch nicht möglich, weshalb im Schrifttum angenommen wird, dass zwischen Nicht-Antwortenden und Spät-Antwortenden vergleichbare charakteristische Merkmale bestehen.[1228] In dieser Untersuchung wurden die Rückläufer je nach Antwortgeschwindigkeit in drei Teilstichproben zerlegt.[1229] Danach wurde das zuerst antwortende Drittel und das zuletzt-antwortende Drittel gemeinsam dem Mann-Whitney-U-Test unterzogen. Anschließend wurde geprüft, ob die beiden Teilstichproben unabhängig sind. In der Auswertung konnte kein signifikanter Einfluss des ‚Non-Response-Bias' festgestellt werden.[1230]

5.1.4.3. Verteilung der Daten

Die Verteilung der Daten ist vor dem Hintergrund zu analysieren, dass in dieser Untersuchung die Kovarianzstrukturanalyse angewendet wird. Bei der Kovarianzstrukturanalyse unter Verwendung des Maximum-Likelihood-Schätzverfahrens wird eine Multinormalverteilung der Daten vorausgesetzt. Dies ist nötig, da ansonsten starke Verzerrungen bezüglich der Modellgüte und der Parameterschätzer im Untersuchungsmodell entstehen und somit inhaltlich falsche Schlüsse gezogen werden.[1231]

Da eine direkte Prüfung auf Multinormalverteilung kaum möglich ist, wird auch hier dem im Schrifttum häufig verwendeten Lösungsweg entsprochen und geprüft, ob die Indikatoren des Untersuchungsmodells der einfachen Normalverteilung unterliegen.[1232] Als Test zur Prüfung auf einfache Normalverteilung dient in dieser Untersuchung die Analyse der Werte für Schiefe (Skewness) und Wölbung (Kurtosis) der Indikatoren.

1227 Vgl. Homburg/Schilke/Reimann (2009), S. 188.

1228 Vgl. Armstrong/Overton (1977), S. 396 ff.; Weiber/Mühlhaus (2014), S. 377.

1229 Vgl. Janssen/Laatz (2017), S. 537 ff.

1230 Für nähere Erläuterungen zur Durchführung des Mann-Whitney-U-Tests vgl. beispielsweise Eckstein (2016), S. 133 ff.

1231 Vgl. Weiber/Mühlhaus (2014), S. 180.

1232 Vgl. dazu beispielsweise Weiber/Mühlhaus (2014), S: 180; Kline (2016), S. 74.

Die Auswertung der Schiefe und der Wölbung der Indikatoren dieses Untersuchungsmodells ergibt für die Schiefe den Höchst-Betragswert eines Indikators von | -1,132 | und für die Wölbung einen Höchst-Betragswert eines Indikators von | 1,309 |. Gemäß Schrifttum liegt eine exakte Normalverteilung für einen Indikator vor, wenn die Werte von Schiefe und Wölbung gleich null sind.[1233] Doch sind moderate Abweichungen zulässig. Als strenge Maßgabe wird für die Schiefe ein Wert von <2 und für die Wölbung ein Wert von <7 gefordert.[1234] Diese Höchstwerte werden in dieser Untersuchung deutlich unterschritten und damit die gängigen Grenzwerte eingehalten.

Für eine bessere multivariate Normalverteilung wird im Schrifttum zudem die Elimination von Ausreißern innerhalb der Stichprobe auf Basis von Mahalanobis-Distanzen empfohlen.[1235] In dieser Untersuchung wurden zehn Teilnehmer der Online-Befragung durch die Mahalanobis-Distanzen als Ausreißer identifiziert.[1236] Darunter waren vor allem Fragebögen, bei denen jede Frage gleich beantwortet wurde und Fragebögen, die Hinweise darauf lieferten, dass die Teilnehmer lediglich am Gewinnspiel teilnehmen wollten, um einen Gutschein zu erhalten, an der Sache selbst aber nicht interessiert waren.

5.2. Operationalisierung der Konstrukte

In diesem Kapitel erfolgt zuerst die Konzeptionalisierung des Second-Order-Konstrukts Qualität der Argumente (Kapitel 5.2.1) anhand der Dimensionen Verständlichkeit (Kapitel 5.2.1.1), Genauigkeit (Kapitel 5.2.1.2), zweiseitige Betrachtung (Kapitel 5.2.1.3), Vollständigkeit (Kapitel 5.2.1.4), Relevanz (Kapitel 5.2.1.5) und Aktualität (Kapitel 5.2.1.6) von Online-Rezensionen. Das Teilkapitel schließt mit der Untersuchung des Second-Order-Konstrukts Qualität der Argumente (Kapitel 5.2.1.7).

Danach erfolgt die Konzeptionalisierung des Second-Order-Konstrukts periphere Signale (Kapitel 5.2.2) anhand der Dimensionen Quantität von Online-Rezensionen (Kapitel 5.2.2.1), Konsistenz von Online-Rezensionen (Kapitel 5.2.2.2), Reputation der Rezensenten (Kapitel 5.2.2.3), Expertise der Rezensenten (Kapitel 5.2.2.4), Rating von Produkten und Dienstleistungen (Kapitel 5.2.2.5) und Reputation der Webseite (Ka-

---

1233 Vgl. Weiber/Mühlhaus (2014), S. 180.

1234 Vgl. Weiber/Mühlhaus (2014), S. 180. Ähnliche Grenzwerte stellt auch Kline (2016), S. 76 f. auf. Kline (2016) fordert Werte <3 beziehungsweise <10.

1235 Vgl. für eine ausführliche Beschreibung der Mahalanobis-Distanzen beispielsweise Schinka/Velicer/Weiner (2003), S. 130.

1236 So wurde das ursprüngliche Sample von 292 Teilnehmern auf 282 Teilnehmer durch Elimination der durch die Mahalanobis-Distanzen identifizierten Fragebögen verkleinert.

pitel 5.2.2.6). Das Teilkapitel schließt mit der Untersuchung des Second-Order-Konstrukts periphere Signale (Kapitel 5.2.2.7).

Als nächstes werden innerhalb von Kapitel 5.2.3 die einflussmessenden Konstrukte konzeptionalisiert. Dazu gehören die Nützlichkeit von Online-Rezensionen (Kapitel 5.2.3.1) sowie die Kaufintention auf Basis von Online-Rezensionen (Kapitel 5.2.3.2). Anschließend erfolgt in Kapitel 5.2.4 die Überprüfung der Diskriminanzvalidität der endogenen, einflussmessenden Konstrukte. Als letztes erfolgt in Kapitel 5.2.5 eine Zusammenfassung zu den Messmodellen der unabhängigen und abhängigen Konstrukte.

Im Folgenden werden zunächst die individuellen Messskalen für die einzelnen Einflussfaktoren dieser Untersuchung dargestellt. Danach erfolgt eine Überprüfung der reflektiven Messmodelle anhand der Güterkriterien der ersten und zweiten Generation.[1237]

5.2.1. Operationalisierung des Second-Order-Konstrukts Qualität der Argumente

Das Second-Order-Konstrukt Qualität der Argumente setzt sich aus den exogenen, unabhängigen Dimensionen Verständlichkeit, Genauigkeit, zweiseitige Betrachtung, Vollständigkeit, Relevanz und Aktualität von Online-Rezensionen zusammen. Zuerst werden die Messmodelle der sechs Dimensionen des mehrdimensionalen Konstrukts Qualität der Argumente dargestellt. Anschließend erfolgt die Untersuchung auf Second-Order-Ebene.

5.2.1.1. Operationalisierung der Verständlichkeit

Die Dimension ‚Verständlichkeit' beschreibt die Rezipierbarkeit einer Online-Rezension. Eine Online-Rezension ist für den Rezipienten dann verständlich, wenn die bereitgestellten Informationen zu einem Produkt oder einer Dienstleistung ohne Probleme aufgenommen und verarbeitet werden können und sofern es keine Interpretationsschwierigkeiten gibt.[1238]

Ein adäquates, alle Aspekte umfassendes Messinstrument für die Dimension Verständlichkeit war bei der Analyse des Schrifttums nicht zu finden. Daher wurde auf mehrere im Schrifttum beschriebene, inhaltlich ähnliche Messinstrumente zurückge-

---

1237 Siehe hierzu Abschnitt 5.2.1.

1238 Vgl. Kapitel 3.4.1.1.

griffen. Anhand der Messinstrumente von Wang/Strong (1996), Barnes/Vidgen (2002), Wang/Benbasat (2005), Lee/Kozar (2012) und Filieri/McLeay (2013) konnten relevante Indikatoren identifiziert werden.[1239] Diese wurden bei der Fragebogenentwicklung zu einem Messinstrument mit insgesamt sechs Indikatoren für diese Untersuchung zusammengefasst.[1240]

Tabelle 5-2: *Reliabilitäts- und Validitätskriterien der ersten und zweiten Generation des Messmodells des Faktors Verständlichkeit*

Verständlichkeit		
Indikatoren	**Faktorladung (exploratorisch)**	**Item-to-Total-Korrelation (>=0,5)**
1.1) Die Inhalte von Online-Rezensionen auf Yelp.de sind für mich leicht verständlich.	0,950	0,921
1.2) Die Inhalte von Online-Rezensionen auf Yelp.de sind für mich leicht zu interpretieren.	0,961	0,930
1.4) Die Inhalte von Online-Rezensionen auf Yelp.de sind für mich klar zu verstehen.	0,924	0,900
1.6) Insgesamt erscheint mir die Verständlichkeit von Online-Rezensionen auf Yelp.de sehr hoch.	0,866	0,850

Deskriptive Beurteilungskennzahl	**Ergebnisse der exploratorischen Faktorenanalyse**			
Cronbachs' α (>=0,7)	**Extraktions-methode**	**KMO-Kriterium (>=0,8)**	**Anzahl extrahierter Faktoren**	**Erklärte Varianz (>=50%)**
0,959	Hauptachsen-Faktorenanalyse	0,863	1	85,804%

Lokale Anpassungsmaße		
Indikatoren	**Indikator-reliabilität (>=0,4)**	**Faktorladung (konfirmatorisch)**
1.1) Die Inhalte von Online-Rezensionen auf Yelp.de sind für mich leicht verständlich.	**0,906**	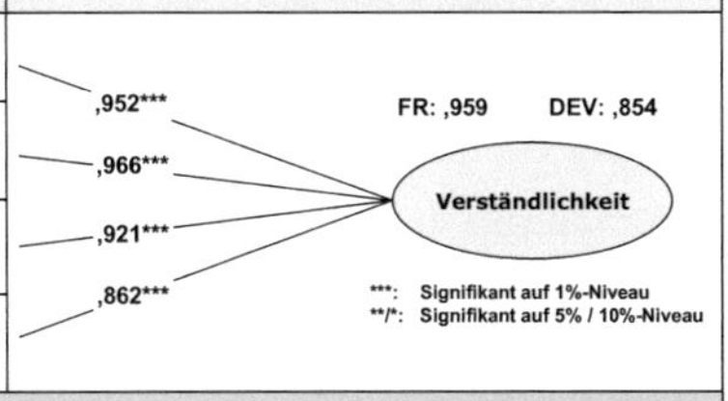
1.2) Die Inhalte von Online-Rezensionen auf Yelp.de sind für mich leicht zu interpretieren.	**0,933**	
1.4) Die Inhalte von Online-Rezensionen auf Yelp.de sind für mich klar zu verstehen.	**0,847**	
1.6) Insgesamt erscheint mir die Verständlichkeit von Online-Rezensionen auf Yelp.de sehr hoch.	**0,743**	

Globale Anpassungsmaße								
χ^2	**df**	χ^2**/df**	**CFI (>=0,9)**	**GFI (>=0,9)**	**AGFI (>=0,8)**	**TLI (>=0,9)**	**SRMR (<=0,1)**	**RMSEA (<=0,1)**
5,730	2	2,865	0,997	0,990	0,952	0,992	0,007	0,081

[1239] Vgl. dazu die Messinstrumente von Wang/Strong (1996), S. 14; Barnes/Vidgen (2002), S. 119; Wang/ Benbasat (2005), S. 100; Lee/Kozar (2012), S. 454; Filieri/McLeay (2013), S. 50.

[1240] Vgl. bezüglich der Fragebogenentwicklung Kapitel 3.4.1.1.

Auf Basis der Auswertungen der exploratorischen und konfirmatorischen Faktorenanalyse sowie unter Beachtung der lokalen Anpassungsmaße wurden zwei Indikatoren aus dem Messinstrument entfernt.[1241]

Für die verbliebenen vier Indikatoren des Messinstruments Verständlichkeit errechnet sich für das Cronbachs Alpha ein Wert von 0,959, der deutlich über dem geforderten Mindestwert liegt. Das Messmodell gibt durchweg sehr hohe Item-to-Total-Korrelationen aus, was für eine hohe Skalenreliabilität spricht. Zusätzlich sind die Werte bezüglich der erklärten Varianz mit 85,804% und des KMO-Werts mit 0,863 erfüllt. Darüber hinaus liegen hohe exploratorische Faktorladungen für alle Indikatoren mit jeweils größer 0,8 vor und es wird nur ein Faktor extrahiert.

Anhand der konfirmatorischen Faktorenanalyse wird das gewählte Messmodell bestätigt. Die Indikatorreliabilitäten mit Werten über 0,7, die Faktorreliabilität mit einem Wert von 0,959 und die DEV mit einem Wert von 0,854 liegen über den geforderten Grenzwerten. Die globalen Anpassungsmaße X^2/df (2,865), CFI (0,997), GFI (0,990), AGFI (0,952), TLI (0,992), SRMR (0,007) und RMSEA (0,081) erfüllen die im Schrifttum genannten Anforderungen. Vor diesem Hintergrund muss das Messmodell Verständlichkeit nicht abgelehnt werden. Tabelle 5-2 stellt die Reliabilitäts- und Validitätskriterien der ersten und zweiten Generation des Messmodells Verständlichkeit zusammenfassend dar.

5.2.1.2. Operationalisierung der Genauigkeit

Die Dimension ‚Genauigkeit' des mehrdimensionalen Konstrukts Qualität der Argumente beschreibt, in welchem Maße die in Online-Rezensionen enthaltenen Informationen für die Rezipienten zuverlässig und korrekt erscheinen. Online-Rezensionen sind als genau zu bezeichnen, wenn sie als richtig, korrekt, fehlerfrei, akkurat, glaubhaft und zuverlässig eingeordnet werden.[1242]

Zur Operationalisierung der Dimension Genauigkeit wurden die Arbeiten von Wang/Strong (1996), Nelson/Todd/Wixom (2005), Cheung/Lee/Rabjohn (2008), Cheung/Thadani (2012), Filieri/McLeay (2013) und Jamil/Hasnu (2013) herangezogen.[1243] Die dort genannten Skalen wurden auf den spezifischen Kontext dieser Untersuchung adaptiert, so dass ein Messmodell mit sechs Indikatoren erstellt wurde.

1241 Vgl. zu der Vorgehensweise Abbildung 4-9.

1242 Vgl. Kapitel 3.4.1.1.

1243 Vgl. Wang/Strong (1996), S. 14; Nelson/Todd/Wixom (2005), S. 210; Cheung/Lee/Rabjohn (2008), S. 239; Cheung/Thadani (2012), S. 465; Filieri/McLeay (2013), S. 50; Jamil/Hasnu (2013), S. 186.

Anhand der exploratorischen und konfirmatorischen Faktorenanalyse sowie unter Beachtung der lokalen Anpassungsmaße wurden zwei dieser Indikatoren aus dem Messinstrument entfernt.

Tabelle 5-3: *Reliabilitäts- und Validitätskriterien der ersten und zweiten Generation des Messmodells des Faktors Genauigkeit*

Genauigkeit		
Indikatoren	**Faktorladung (exploratorisch)**	**Item-to-Total-Korrelation (>=0,5)**
2.1) Die Inhalte von Online-Rezensionen auf Yelp.de erscheinen mir akkurat.	0,897	0,853
2.2) Die Inhalte von Online-Rezensionen auf Yelp.de erscheinen mir sorgfältig verfasst.	0,901	0,856
2.3) Die Inhalte von Online-Rezensionen auf Yelp.de erscheinen mir korrekt.	0,887	0,845
2.6) Die Inhalte von Online-Rezensionen auf Yelp.de erscheinen mir präzise formuliert.	0,817	0,784

Deskriptive Beurteilungskennzahl	**Ergebnisse der exploratorischen Faktorenanalyse**			
Cronbachs' α (>=0,7)	**Extraktions-methode**	**KMO-Kriterium (>=0,8)**	**Anzahl extrahierter Faktoren**	**Erklärte Varianz (>=50%)**
0,929	Hauptachsen-Faktorenanalyse	0,854	1	76,744%

Lokale Anpassungsmaße		
Indikatoren	**Indikator-reliabilität (>=0,4)**	**Faktorladung (konfirmatorisch)**
2.1) Die Inhalte von Online-Rezensionen auf Yelp.de erscheinen mir akkurat.	**0,806**	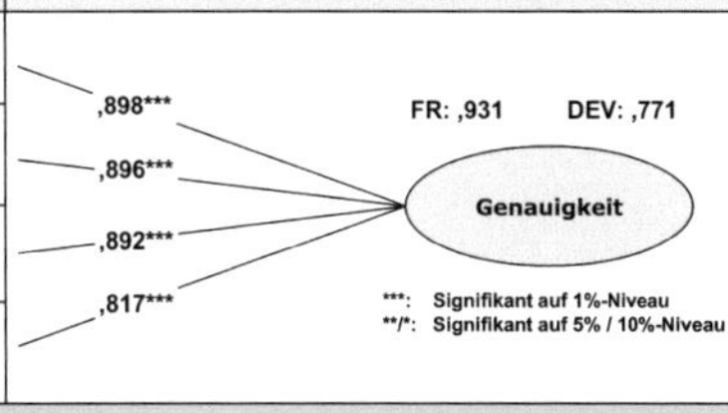
2.2) Die Inhalte von Online-Rezensionen auf Yelp.de erscheinen mir sorgfältig verfasst.	**0,802**	
2.3) Die Inhalte von Online-Rezensionen auf Yelp.de erscheinen mir korrekt.	**0,796**	
2.6) Die Inhalte von Online-Rezensionen auf Yelp.de erscheinen mir präzise formuliert.	**0,667**	

Globale Anpassungsmaße								
χ^2	**df**	χ^2**/df**	**CFI (>=0,9)**	**GFI (>=0,9)**	**AGFI (>=0,8)**	**TLI (>=0,9)**	**SRMR (<=0,1)**	**RMSEA (<=0,1)**
6,154	2	3,077	0,995	0,989	0,945	0,986	0,011	0,086

Für die verbleibenden vier Indikatoren ergibt das Cronbachs Alpha einen Wert von 0,929, der deutlich über dem im Schrifttum geforderten Mindestwert liegt. In der exploratorischen Faktorenanalyse wurde ein Faktor extrahiert und für die erklärte Varianz ein Wert von 76,744% sowie für das KMO-Kriterium ein Wert von 0,854 ermittelt. Darüber hinaus weisen alle Faktorladungen sehr hohe Werte aus, die weit über dem geforderten Wert von 0,4 liegen, genau wie die Werte der Item-to-Total-Korrelationen, die weit über dem geforderten Wert von 0,5 liegen. Dies deutet auf eine sehr hohe Validität und Reliabilität der vier Indikatoren des Messmodells Genauigkeit hin.

Mit den Ergebnissen der konfirmatorischen Faktorenanalyse werden diese Eindrücke belegt. Die Indikatorreliabilitäten liegen weit über dem geforderten Mindestwert von 0,4. Darüber hinaus liegen auch die Faktorreliabilität mit einem Wert von 0,931 sowie die DEV mit einem Wert von 0,771 deutlich über den geforderten Grenzwerten.

Bei den globalen Anpassungsmaßen überschreitet der Wert des X^2/df mit einem Wert von 3,077 geringfügig den strengen Grenzwert von kleiner gleich 3. Die weiteren globalen Anpassungsmaße CFI (0,995), GFI (0,989), AGFI (0,945), TLI (0,986), SRMR (0,011) und RMSEA (0,086) erfüllen die im Schrifttum geforderten Werte. Vor diesem Hintergrund sollte sicherlich auch das Messmodell Genauigkeit nicht abgelehnt werden. Tabelle 5-3 fasst die Reliabilitäts- und Validitätskriterien der ersten und zweiten Generation für das Messmodell Genauigkeit zusammen.

5.2.1.3. Operationalisierung der zweiseitigen Betrachtung

Unter der Dimension zweiseitige Betrachtung des mehrdimensionalen Konstrukts Qualität der Argumente ist hier die Aggregation sowohl positiver als auch negativer Eigenschaften zu einem Produkt oder zu einer Dienstleistung innerhalb einer Online-Rezension zu verstehen. Dies Konstrukt steht im Gegensatz zu einer einseitigen Betrachtung, bei der entweder nur positive oder nur negative Eigenschaften zu einem Produkt beziehungsweise zu einer Dienstleistung betrachtet werden.[1244]

Bei der Operationalisierung der zweiseitigen Betrachtung wurde auf die Arbeiten von Cheung et al. (2009), Cheung/Sia/Kuan (2012), Cheung/Thadani (2012), Filieri/McLeay (2013), Chang/Fang/Huang (2015) und Luo et al. (2015) zurückgegriffen.[1245] Die dort identifizierten Skalen wurden auf den Kontext dieser Untersuchung angepasst, so dass ein Messmodell der zweiseitigen Betrachtung mit sechs Indikatoren erstellt werden konnte. Zur Optimierung der Gütemaße der exploratorischen und konfirmatorischen Faktorenanalyse sowie der lokalen Anpassungsmaße wurden zwei der sechs Indikatoren ausgeschlossen.

1244 Vgl. Kapitel 3.4.1.1.

1245 Vgl. Cheung et al. (2009), S. 21; Cheung/Sia/Kuan (2012), S. 634; Cheung/Thadani (2012), S. 465; Filieri/McLeay (2013), S. 50; Chang/Fang/Huang (2015), S. 56; Luo et al. (2015), S. 315.

Tabelle 5-4: *Reliabilitäts- und Validitätskriterien der ersten und zweiten Generation des Messmodells des Faktors zweiseitige Betrachtung*

Zweiseitige Betrachtung		
Indikatoren	**Faktorladung (exploratorisch)**	**Item-to-Total-Korrelation (>=0,5)**
3.1) Online-Rezensionen auf Yelp.de nennen Vorteile und Nachteile zu Produkten/Dienstleistungen.	0,812	0,763
3.2) Online-Rezensionen auf Yelp.de umfassen sowohl positive als auch negative Kommentare zu Produkten/Dienstleistungen.	0,823	0,771
3.5) Online-Rezensionen auf Yelp.de ermöglichen es mir, sowohl die Vorteile als auch die Nachteile von Produkten/Dienstleistungen zu verstehen.	0,917	0,847
3.6) Online-Rezensionen auf Yelp.de nennen Vor- und Nachteile zu Produkten/Dienstleistungen die mir bislang nicht bekannt waren.	0,792	0,744

Deskriptive Beurteilungskennzahl	**Ergebnisse der exploratorischen Faktorenanalyse**			
Cronbachs' α (>=0,7)	**Extraktions-methode**	**KMO-Kriterium (>=0,8)**	**Anzahl extrahierter Faktoren**	**Erklärte Varianz (>=50%)**
0,902	Hauptachsen-Faktorenanalyse	0,826	1	70,081%

Lokale Anpassungsmaße		
Indikatoren	**Indikator-reliabilität (>=0,4)**	**Faktorladung (konfirmatorisch)**
3.1) Online-Rezensionen auf Yelp.de nennen Vorteile und Nachteile zu Produkten/Dienstleistungen.	**0,643**	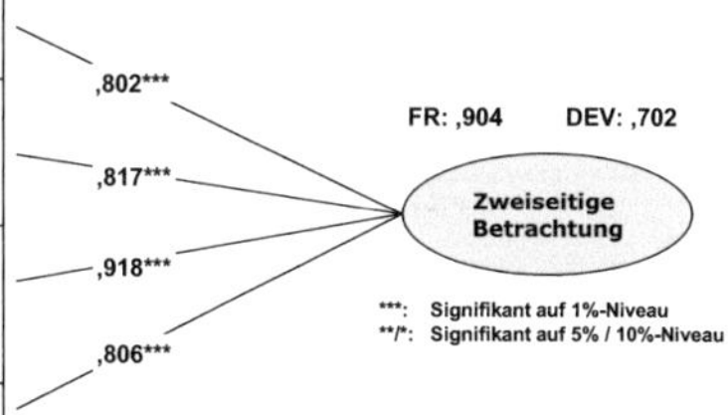
3.2) Online-Rezensionen auf Yelp.de umfassen sowohl positive als auch negative Kommentare zu Produkten/Dienstleistungen.	**0,667**	
3.5) Online-Rezensionen auf Yelp.de ermöglichen es mir, sowohl die Vorteile als auch die Nachteile von Produkten/Dienstleistungen zu verstehen.	**0,843**	
3.6) Online-Rezensionen auf Yelp.de nennen Vor- und Nachteile zu Produkten/Dienstleistungen die mir bislang nicht bekannt waren.	**0,650**	

Globale Anpassungsmaße								
χ^2	**df**	χ^2**/df**	**CFI (>=0,9)**	**GFI (>=0,9)**	**AGFI (>=0,8)**	**TLI (>=0,9)**	**SRMR (<=0,1)**	**RMSEA (<=0,1)**
12,529	2	6,264	0,985	0,977	0,886	0,956	0,022	0,137

Für das verbleibende Messmodell mit vier Indikatoren wird ein Wert von 0,902 für das Cronbachs Alpha errechnet, der deutlich über dem im Schrifttum geforderten Grenzwert liegt. In der exploratorischen Faktorenanalyse wird nur ein Faktor extrahiert. Für das KMO-Kriterium wird ein Wert von 0,826 ermittelt, die erklärte Varianz erreicht einen Wert von 70,081%. Die Faktorladungen und die Item-to-Total-Korrelationen weisen Werte deutlich über dem geforderten Schwellenwert von 0,4 beziehungsweise 0,5 auf. Das Messmodell zweiseitige Betrachtung scheint somit über eine sehr hohe Validität und Reliabilität zu verfügen.

Die Ergebnisse der konfirmatorischen Faktorenanalyse weisen für die Indikatorreliabilität Werte deutlich über dem geforderten Mindestwert von 0,4 aus. Auch die Faktorreliabilität und die DEV weisen mit 0,904 beziehungsweise 0,702 sehr hohe Werte auf. Bei den globalen Anpassungsmaßen erreicht der X^2/df mit 6,264 allerdings nicht den geforderten Grenzwert. Darüber hinaus überschreitet der RMSEA mit 0,137 den geforderten Grenzwert. Nach Kenny/Kaniskan/McCoach (2015) ist dies allerdings kein Grund das Modell zu verwerfen, da bei niedrigen Freiheitsgraden zuerst weitere Werte herangezogen werden sollen.[1246] Die Werte des CFI (0,985), GFI (0,977), AGFI (0,886), TLI (0,956) und SRMR (0,022) werden eingehalten. Auf dieser Basis erscheint es sinnvoll, das Messmodell zweiseitige Betrachtung nicht zu verwerfen. In Tabelle 5-4 sind die Reliabilitäts- und Validitätskriterien der ersten und zweiten Generation des Messmodells zweiseitige Betrachtung zusammengefasst.

5.2.1.4. Operationalisierung der Vollständigkeit

Unter der Dimension Vollständigkeit des mehrdimensionalen Konstrukts Qualität der Argumente ist eine Online-Rezension zu verstehen, die umfassende und erschöpfende Informationen zu einem Produkt oder zu einer Dienstleistung enthält.[1247]

Als Basis zur Operationalisierung der Dimension Vollständigkeit dienen die Arbeiten von Wang/Strong (1996), Nelson/Todd/Wixom (2005), Cheung/Lee/Rabjohn (2008), Filieri/McLeay (2013), Jamil/Hasnu (2013), Luo et al. (2013), Cheung (2014) und Filieri (2015). Die Skalen der Autoren wurden auf den spezifischen Kontext der Untersuchung angepasst und so ein Messmodell der Vollständigkeit mit acht Indikatoren erstellt. Für eine Verbesserung der Gütemaße der exploratorischen und konfirmatorischen Faktorenanalyse sowie der lokalen und globalen Anpassungsmaße wurden vier Indikatoren eliminiert.[1248] Das waren vor allem Indikatoren, die auf weiterführende Informationen zu Produkten und Dienstleistungen von Online-Rezensionen Bezug nahmen.

1246 Vgl. Kenny/Kaniskan/McCoach (2015), S. 486 ff.

1247 Vgl. Luo et al. (2013), S. 94 sowie Kapitel 3.4.1.1.

1248 Vgl. Wang/Strong (1996), S. 14; Nelson/Todd/Wixom (2005), S. 210; Cheung/Lee/Rabjohn (2008), S. 239; Filieri/McLeay (2013), S. 50; Jamil/Hasnu (2013), S. 186; Luo et al. (2013), S. 101; Cheung (2014), S. 45; Filieri (2015), S. 1266.

Tabelle 5-5: *Reliabilitäts- und Validitätskriterien der ersten und zweiten Generation des Messmodells des Faktors Vollständigkeit*

Vollständigkeit		
Indikatoren	**Faktorladung (exploratorisch)**	**Item-to-Total-Korrelation (>=0,5)**
4.4) Online-Rezensionen auf Yelp.de enthalten zu den bewerteten Produkten/Dienstleistungen alle für mich notwendigen Informationen.	0,901	0,873
4.5) Online-Rezensionen auf Yelp.de enthalten zu den bewerteten Produkten/Dienstleistungen sehr detaillierte Informationen.	0,931	0,898
4.6) Online-Rezensionen auf Yelp.de enthalten zu den bewerteten Produkten/Dienstleistungen eine Vielzahl von Informationen.	0,921	0,890
4.8) Insgesamt erscheinen mir Online-Rezensionen auf Yelp.de umfassend.	0,893	0,867

Deskriptive Beurteilungskennzahl	**Ergebnisse der exploratorischen Faktorenanalyse**			
Cronbachs' α (>=0,7)	**Extraktions-methode**	**KMO-Kriterium (>=0,8)**	**Anzahl extrahierter Faktoren**	**Erklärte Varianz (>=50%)**
0,951	Hauptachsen-Faktorenanalyse	0,867	1	83,100%

Lokale Anpassungsmaße		
Indikatoren	**Indikator-reliabilität (>=0,4)**	**Faktorladung (konfirmatorisch)**
4.4) Online-Rezensionen auf Yelp.de enthalten zu den bewerteten Produkten/Dienstleistungen alle für mich notwendigen Informationen.	**0,812**	
4.5) Online-Rezensionen auf Yelp.de enthalten zu den bewerteten Produkten/Dienstleistungen sehr detaillierte Informationen.	**0,869**	
4.6) Online-Rezensionen auf Yelp.de enthalten zu den bewerteten Produkten/Dienstleistungen eine Vielzahl von Informationen.	**0,848**	
4.8) Insgesamt erscheinen mir Online-Rezensionen auf Yelp.de umfassend.	**0,795**	

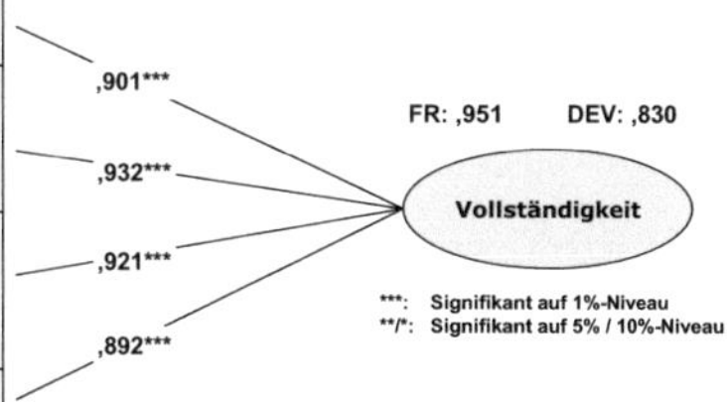

Globale Anpassungsmaße								
χ^2	**df**	χ^2**/df**	**CFI (>=0,9)**	**GFI (>=0,9)**	**AGFI (>=0,8)**	**TLI (>=0,9)**	**SRMR (<=0,1)**	**RMSEA (<=0,1)**
6,122	2	3,061	0,996	0,949	0,946	0,989	0,007	0,086

Für das finale Messmodell Vollständigkeit von Online-Rezensionen wurde ein Wert von 0,951 für das Cronbachs Alpha berechnet. In der exploratorischen Faktorenanalyse wurde ein Faktor extrahiert und für das KMO-Kriterium ein Wert von 0,867 berechnet, der deutlich über dem geforderten Schwellenwert liegt. Die erklärte Varianz beträgt 83,100%. Die exploratorischen Faktorladungen sowie die Item-to-Total-Korrelation liegen alle über 0,8, was deutlich über den im Schrifttum geforderten Werten liegt. All das deutet auf eine sehr hohe Validität und Reliabilität der Indikatoren des Messmodells hin.

Die Ergebnisse der konfirmatorischen Faktorenanalyse zeigen sehr hohe Indikatorreliabilitäten, die deutlich über dem geforderten Mindestwert liegen. Die Faktorreliabilität und die DEV sind mit einem Wert von 0,951 beziehungsweise 0,830 sehr hoch und liegen innerhalb der Grenzwerte. Bei den globalen Anpassungsmaßen wird nur der strenge Grenzwert des X^2/df mit einem Wert von 3,061 knapp überschritten. Die geforderten Schwellenwerte des CFI (0,996), GFI (0,949), AGFI (0,946), TLI (0,989), SRMR (0,007) und RMSEA (0,086) werden alle eingehalten. Daher sollte das Messmodell Vollständigkeit nicht verworfen werden. Tabelle 5-5 stellt die Reliabilitäts- und Validitätskriterien der ersten und zweiten Generation des Messmodells Vollständigkeit in der Zusammenfassung dar.

5.2.1.5. Operationalisierung der Relevanz

Die Dimension Relevanz des mehrdimensionalen Konstrukts Qualität der Argumente beschreibt das Maß, in dem Online-Rezensionen für einen Rezipienten anwendbar und nützlich erscheinen. Der Rezipient handelt dabei aus einer konkreten Situation heraus, besitzt eine spezifische Erwartungshaltung und recherchiert lediglich nach Inhalten in Online-Rezensionen, die dieser Erwartungshaltung entsprechen.[1249]

Die Operationalisierung der Dimension Relevanz von Online-Rezensionen erfolgt auf der Basis der Arbeiten von Wang/Strong (1996), McKinney/Yoon/Zahedi (2002), Cheung/Lee/Rabjohn (2008) und Cheung (2014).[1250] Die in den Arbeiten enthaltenen Skalen wurden auf den Kontext der Untersuchung angepasst und ein Messinstrument für die Dimension Relevanz mit insgesamt sechs Indikatoren erstellt. Zur Optimierung der Gütemaße der exploratorischen und konfirmatorischen Faktorenanalyse sowie der lokalen und globalen Anpassungsmaße wurden zwei Indikatoren eliminiert.

Das abschließende Messmodell der Relevanz weist für das Cronbachs Alpha einen Wert von 0,967 auf, der damit über dem geforderten Schwellenwert liegt. Anhand der exploratorischen Faktorenanalyse wurde ein Faktor extrahiert. Für das KMO-Kriterium wurde ein Wert von 0,867 und für die erklärte Varianz ein Wert von 87,884% erreicht. Die exploratorischen Faktorladungen sowie die Item-to-Total-Korrelationen

---

1249 Vgl. Cheung (2014), S. 45 sowie Kapitel 3.4.1.1.

1250 Vgl. Wang/Strong (1996), S. 14; McKinney/Yoon/Zahedi (2002), S. 309; Cheung/Lee/Rabjohn (2008), S. 239; Filieri/McLeay (2013), S. 50; Jamil/Hasnu (2013), S. 186; Cheung (2014), S. 45.

weisen sehr hohe Werte auf und liegen über den geforderten Mindestwerten von 0,4 sowie 0,5. Anhand dieser Werte erscheint das Messmodell sehr valide und reliabel.

Tabelle 5-6: *Reliabilitäts- und Validitätskriterien der ersten und zweiten Generation des Messmodells des Faktors Relevanz*

Relevanz		
Indikatoren	**Faktorladung (exploratorisch)**	**Item-to-Total-Korrelation (>=0,5)**
5.1) Die Inhalte von Online-Rezensionen auf Yelp.de empfinde ich als wissenswert.	0,900	0,888
5.2) Die Inhalte von Online-Rezensionen auf Yelp.de sind für meine Bedürfnisse adäquat.	0,973	0,936
5.3) Die Inhalte von Online-Rezensionen auf Yelp.de sind für meine Bedürfnisse geeignet.	0,940	0,928
5.6) Die Inhalte von Online-Rezensionen auf Yelp.de sind für meine Bedürfnisse relevant.	0,935	0,918

Deskriptive Beurteilungskennzahl	**Ergebnisse der exploratorischen Faktorenanalyse**			
Cronbachs' α (>=0,7)	**Extraktions-methode**	**KMO-Kriterium (>=0,8)**	**Anzahl extrahierter Faktoren**	**Erklärte Varianz (>=50%)**
0,967	Hauptachsen-Faktorenanalyse	0,867	1	87,884%

Lokale Anpassungsmaße		
Indikatoren	**Indikator-reliabilität (>=0,4)**	**Faktorladung (konfirmatorisch)**
5.1) Die Inhalte von Online-Rezensionen auf Yelp.de empfinde ich als wissenswert.	**0,803**	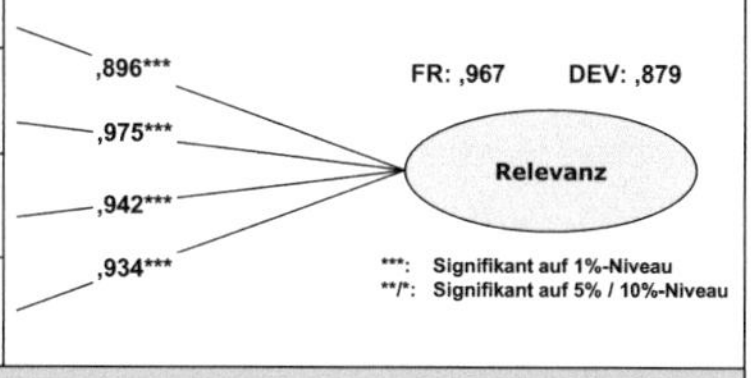
5.2) Die Inhalte von Online-Rezensionen auf Yelp.de sind für meine Bedürfnisse adäquat.	**0,951**	
5.3) Die Inhalte von Online-Rezensionen auf Yelp.de sind für meine Bedürfnisse geeignet.	**0,887**	
5.6) Die Inhalte von Online-Rezensionen auf Yelp.de sind für meine Bedürfnisse relevant.	**0,872**	

Globale Anpassungsmaße								
χ^2	**df**	χ^2**/df**	**CFI (>=0,9)**	**GFI (>=0,9)**	**AGFI (>=0,8)**	**TLI (>=0,9)**	**SRMR (<=0,1)**	**RMSEA (<=0,1)**
4,791	2	2,396	0,998	0,992	0,960	0,994	0,005	0,070

Innerhalb der konfirmatorischen Faktorenanalyse werden die im Schrifttum geforderten Grenzwerte der Indikatorreliabilitäten von 0,4 eingehalten. Die Schwellenwerte für die Faktorreliabilität und für die DEV werden mit einem Wert von 0,967 beziehungsweise mit einem Wert von 0,879 klar übertroffen. Bei den globalen Anpassungsmaßen wird der X^2/df mit einem Wert von 2,396 eingehalten. Die weiteren globalen Anpassungsmaße CFI (0,998), GFI (0,992), AGFI (0,960), TLI (0,994), SRMR

(0,005) und RMSEA (0,070) erfüllen ebenfalls die im Schrifttum geforderten Werte. Vor diesem Hintergrund muss das Messmodell Relevanz nicht verworfen werden. Tabelle 5-6 stellt die Reliabilitäts- und Validitätskriterien der ersten und zweiten Generation des Messmodells Relevanz zusammengefasst dar.

5.2.1.6. Operationalisierung der Aktualität

Unter der Dimension Aktualität des mehrdimensionalen Konstrukts Qualität der Argumente sind Online-Rezensionen zu verstehen, deren Informationen aktuell sind, die augenblicklich verfasst wurden und auf dem neuesten Stand bezüglich eines Produkts oder einer Dienstleistung sind.[1251]

Als Basis zur Operationalisierung der Dimension Aktualität von Online-Rezensionen dienen die Arbeiten von Somers/Nelson/Karimi (2003), Nelson/Todd/Wixom (2005), Künkele/Schäffer (2007), Cheung/Lee/Rabjohn (2008), Filieri/McLeay (2013), Jamil/Hasnu (2013) und Cheung (2014).[1252] Die in den Arbeiten enthaltenen Skalen wurden auf den spezifischen Kontext dieser Untersuchung angepasst. Daraus konnte ein Messinstrument mit fünf Indikatoren abgeleitet werden. Zur Verbesserung der Gütemaße innerhalb der exploratorischen und konfirmatorischen Faktorenanalyse sowie aufgrund der lokalen und globalen Anpassungsmaße wurde ein Indikator eliminiert.

Die Dimension Aktualität weist mit den vier verbliebenen Indikatoren für das Cronbachs Alpha einen Wert von 0,933 auf. Dieser Wert ist deutlich besser als der im Schrifttum geforderte Schwellenwert. In der exploratorischen Faktorenanalyse wurde ein Faktor extrahiert. Die erklärte Varianz liegt mit einem Wert von 78,415%, und das KMO-Kriterium mit einem Wert von 0,850 oberhalb der vorgegebenen Schwellenwerte. Die exploratorischen Faktorladungen und die Item-to-Total-Korrelationen liegen über den geforderten Mindestwerten von 0,5. Diese Berechnungen zeigen, dass die in dieser Untersuchung verwendeten Indikatoren der Dimension Aktualität hoch valide und reliabel sind.

Die Analyse der konfirmatorischen Faktorenanalyse bestätigt diesen Eindruck. Die Indikatorreliabilitäten liegen deutlich über einem Wert von 0,4. Die DEV übersteigt mit einem Wert von 0,788, und die Faktorreliabilität mit einem Wert von 0,936 deutlich die geforderten Mindestwerte. Der Wert X^2/df liegt mit 2,396 ebenfalls innerhalb

[1251] Vgl. Nelson/Todd/Wixom (2005), S. 203; Filieri/McLeay (2013), S. 47 sowie Kapitel 3.4.1.1.

[1252] Vgl. Somers/Nelson/Karimi (2003), S. 602; Nelson/Todd/Wixom (2005), S. 210; Künkele/Schäffer (2007), S. 29; Cheung/Lee/Rabjohn (2008), S. 239; Filieri/McLeay (2013), S. 50; Jamil/Hasnu (2013), S. 186; Cheung (2014), S. 45.

der Richtwerte, genau wie die Werte des CFI (1), GFI (0,997), AGFI (0,983), TLI (1), SRMR (0,006) und RMSEA (0,000). Daher muss auch das Messmodell Aktualität nicht verworfen werden. Tabelle 5-7 stellt die Reliabilitäts- und Validitätskriterien der ersten und zweiten Generation des Messmodells Aktualität zusammengefasst dar.

Tabelle 5-7: *Reliabilitäts- und Validitätskriterien der ersten und zweiten Generation des Messmodells des Faktors Aktualität*

Aktualität

Indikatoren	Faktorladung (exploratorisch)	Item-to-Total-Korrelation (>=0,5)
6.1) Online-Rezension auf Yelp.de sind aktuell.	0,938	0,890
6.2) Online-Rezension auf Yelp.de sind zeitgemäß.	0,915	0,873
6.3) Online-Rezension auf Yelp.de sind auf dem neuesten Stand.	0,932	0,887
6.5) Online-Rezension auf Yelp.de nehmen Bezug auf aktuelle Entwicklungen.	0,742	0,723

Deskriptive Beurteilungskennzahl	Ergebnisse der exploratorischen Faktorenanalyse			
Cronbachs' α (>=0,7)	Extraktionsmethode	KMO-Kriterium (>=0,8)	Anzahl extrahierter Faktoren	Erklärte Varianz (>=50%)
0,933	Hauptachsen-Faktorenanalyse	0,850	1	78,415%

Lokale Anpassungsmaße

Indikatoren	Indikatorreliabilität (>=0,4)	Faktorladung (konfirmatorisch)
6.1) Online-Rezension auf Yelp.de sind aktuell.	**0,889**	,943***
6.2) Online-Rezension auf Yelp.de sind zeitgemäß.	**0,832**	,912***
6.3) Online-Rezension auf Yelp.de sind auf dem neuesten Stand.	**0,866**	,930***
6.5) Online-Rezension auf Yelp.de nehmen Bezug auf aktuelle Entwicklungen.	**0,548**	,740***

FR: ,936 DEV: ,788

Aktualität

***: Signifikant auf 1%-Niveau
**/*: Signifikant auf 5% / 10%-Niveau

Globale Anpassungsmaße

χ^2	df	χ^2/df	CFI (>=0,9)	GFI (>=0,9)	AGFI (>=0,8)	TLI (>=0,9)	SRMR (<=0,1)	RMSEA (<=0,1)
1,928	2	0,964	1	0,997	0,983	1	0,006	0,000

5.2.1.7. Untersuchung des Second-Order-Konstrukts Qualität der Argumente

Nachdem die einzelnen Dimensionen der Qualität der Argumente überprüft wurden, erfolgt die Analyse des Second-Order-Konstrukts Qualität der Argumente. Dazu wird die exploratorische Faktorenanalyse (Extraktionsmethode: Hauptachsenfaktorenanalyse, Rotationsmethode: Oblimin mit Kaiser-Normalisierung) durchgeführt.

Zudem erscheint die Eignung der Korrelationsmatrix anhand des KMO-Werts von 0,956 und der kumulierten Varianz von 81,412% geeignet.

Tabelle 5-8: *Ergebnisse der exploratorischen Faktorenanalyse für das mehrdimensionale Konstrukt Qualität der Argumente*

Indikatoren		Exploratorische Faktorladungen					
		Faktor 1	Faktor 2	Faktor 3	Faktor 4	Faktor 5	Faktor 6
Verständlichkeit	1.1	-0,015	**0,903**	-0,047	-0,057	0,062	-0,027
	1.2	-0,035	**0,971**	0,027	-0,040	0,021	-0,077
	1.4	-0,055	**0,898**	-0,034	0,125	0,032	0,084
	1.6	0,233	**0,748**	-0,028	0,001	-0,062	-0,013
Genauigkeit	2.1	-0,008	0,039	**-0,879**	-0,008	0,053	0,042
	2.2	-0,007	-0,027	**-0,892**	-0,040	0,021	-0,070
	2.3	0,097	0,054	**-0,731**	0,064	0,045	0,037
	2.6	0,040	0,017	**-0,699**	0,084	-0,037	-0,082
Zweiseitige Betrachtung	3.1	-0,059	0,041	-0,069	0,063	**0,660**	-0,124
	3.2	0,066	0,061	0,009	-0,021	**0,753**	-0,001
	3.5	0,051	-0,041	-0,020	-0,002	**0,938**	0,063
	3.6	-0,023	0,029	-0,027	0,035	**0,725**	-0,036
Vollständigkeit	4.4	0,179	0,083	-0,009	0,122	0,033	**-0,600**
	4.5	0,006	0,016	-0,198	0,057	0,020	**-0,758**
	4.6	0,117	0,051	-0,043	0,072	0,178	**-0,586**
	4.8	0,288	0,099	-0,009	0,100	0,198	**-0,419**
Relevanz	5.1	**0,668**	0,066	-0,110	0,122	0,040	0,006
	5.2	**0,883**	0,005	-0,076	0,007	0,020	-0,024
	5.3	**0,807**	0,009	-0,027	-0,001	0,062	-0,095
	5.6	**0,724**	0,073	-0,014	0,080	0,075	-0,057
Aktualität	6.1	-0,033	-0,003	-0,013	**0,922**	0,007	-0,041
	6.2	0,145	-0,025	-0,074	**0,785**	0,032	0,045
	6.3	-0,033	0,043	-0,071	**0,926**	-0,048	0,003
	6.5	0,056	0,012	0,093	**0,620**	0,127	-0,091
Kaiser Meyer Olkin-Kriterium (>0,8)			0,956	Kumulierte Varianz der Faktoren			81,412%

Die 24 Indikatoren der exploratorischen Faktorenanalyse laden jeweils mit einem Betragswert von größer 0,4 auf den inhaltlich zugehörenden Faktor. Somit muss keiner der sechs postulierten Dimensionen der Qualität der Argumente verworfen werden. Tabelle 5-8 zeigt die Ergebnisse der exploratorischen Faktorenanalyse für das Second-Order-Konstrukt Qualität der Argumente.

Zur Überprüfung der Faktorenstruktur wird zusätzlich die konfirmatorische Faktorenanalyse erster Ordnung für das mehrdimensionale Konstrukt Qualität der Argumente herangezogen. Alle Gütekriterien der ersten und zweiten Generation erfüllen die im Schrifttum geforderten Mindestwerte, wobei, wie zuvor erläutert, die korrigierten GFI- und AGFI-Werte dieser Beurteilung zugrunde gelegt wurden.[1253]

[1253] Vgl. dazu die Ausführungen in Kapitel 4.2.2.

Abbildung 5-7: Konfirmatorische Faktorenanalyse erster Ordnung des mehrdimensionalen Konstrukts Qualität der Argumente

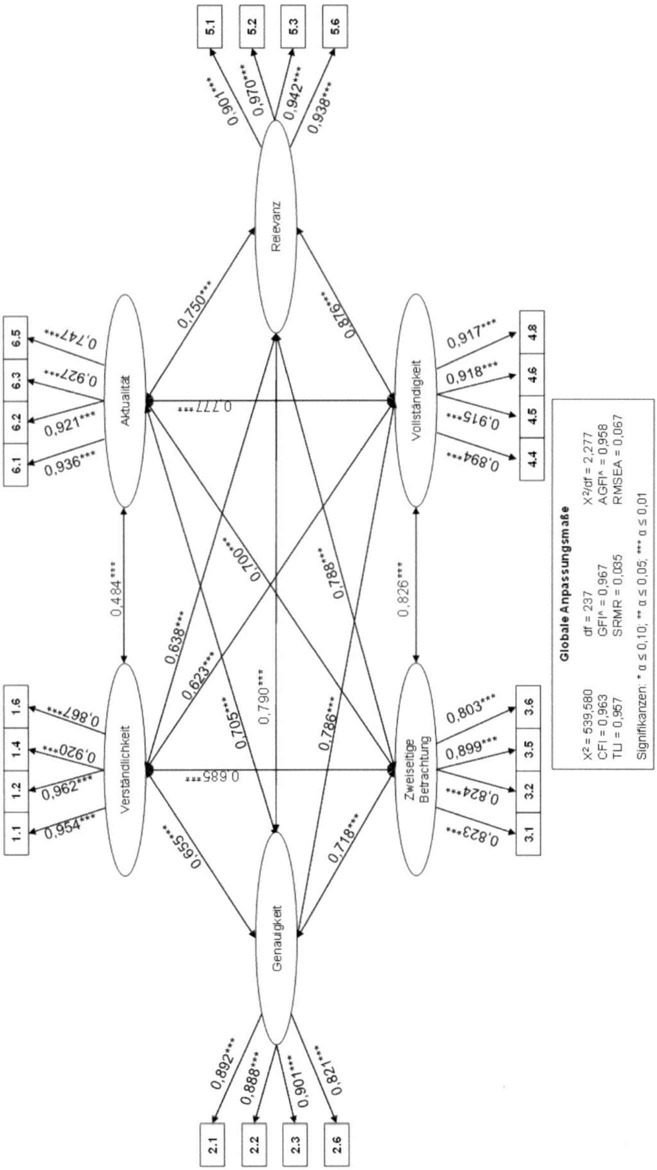

Die Ergebnisse der globalen Anpassungsmaße implizieren eine sehr gute Anpassung der Modellstruktur. Auf dieser Basis muss die Faktorenanalyse für das mehrdimensionale Konstrukt Qualität der Argumente nicht abgelehnt werden. Abbildung 5-7 fasst die konfirmatorische Faktorenanalyse erster Ordnung des mehrdimensionalen Konstrukts Qualität der Argumente zusammen.

Darüber hinaus wird zur Überprüfung der Diskriminanzvalidität des mehrdimensionalen Konstrukts Qualität der Argumente das Fornell/Larcker-Kriterium herangezogen. Dazu werden die quadrierten Korrelationen der einzelnen Dimensionen der peripheren Signale mit den jeweils durchschnittlich erfassten Varianzen (DEV) verglichen.

Tabelle 5-9 zeigt, dass die quadrierten Korrelationen der einzelnen Dimensionen die DEV's nicht überschreiten und das Fornell/Larcker-Kriterium für das mehrdimensionale Konstrukte Qualität der Argumente erfüllt ist.

Tabelle 5-9: *Ergebnisse des Fornell/Larcker-Kriteriums des mehrdimensionalen Konstrukts Qualität der Argumente*

Dimensionen der ‚Qualität der Argumente'	Verständlichkeit	Genauigkeit	Zweiseitige Betrachtung	Vollständigkeit	Relevanz	Aktualität
Verständlichkeit	**0,854**					
Genauigkeit	0,429	**0,771**				
Zweiseitige Betrachtung	0,469	0,516	**0,702**			
Vollständigkeit	0,388	0,618	0,682	**0,830**		
Relevanz	0,407	0,624	0,621	0,767	**0,879**	
Aktualität	0,234	0,497	0,490	0,604	0,563	**0,788**
Fornell/Larcker-Kriterium	✓	✓	✓	✓	✓	✓

Nachdem die Reliabilitäts- und Validitätsanalyse sowie die Diskriminanzvalidität anhand der exploratorischen Faktorenanalyse, der konfirmatorischen Faktorenanalyse erster Ordnung und dem Fornell/Larcker-Kriterium durchgeführt wurden, schließt sich im nächsten Schritt die konfirmatorische Faktorenanalyse zweiter Ordnung des mehrdimensionalen Konstrukts Qualität der Argumente an. Dazu wird überprüft, ob die oben bestätigten Dimensionen Verständlichkeit, Genauigkeit, zweiseitige Betrachtung, Vollständigkeit, Relevanz und Aktualität von Online-Rezensionen tatsächlich dem mehrdimensionalen Konstrukt Qualität der Argumente zugeordnet werden können. Aufgrund der Ergebnisse der konfirmatorischen Faktorenanalyse zweiter Ordnung muss die Zuordnung der sechs Dimensionen zum mehrdimensionalen Konstrukt Qualität der Argumente nicht verworfen werden. Abbildung 5-8 fasst die konfirmatorische Faktorenanalyse zweiter Ordnung des mehrdimensionalen Konstrukts Qualität der Argumente zusammen.

Die Faktorladungen der sechs Dimensionen des mehrdimensionalen Konstrukts Qualität der Argumente zeigen unterschiedlich gute Werte. Die Faktorladung der Vollständigkeit ist mit einem Wert von 0,942 sehr hoch. Dies deutet darauf hin, dass diese Dimension eine sehr große Bedeutung für das mehrdimensionale Konstrukt Qualität der Argumente besitzt. Die Dimension Relevanz hat mit einem Wert von 0,924 ebenfalls eine große Bedeutung. Eine geringere Bedeutung kommt den Dimensionen zweiseitige Betrachtung (0,869), Genauigkeit (0,850) und Aktualität (0,811) zu. Die Dimension Verständlichkeit weist mit 0,694 den niedrigsten Wert bezüglich seiner Bedeutung für das mehrdimensionale Konstrukt Qualität der Argumente auf. Insgesamt wird aber allen Dimensionen durch Werte von größer gleich 0,5 eine große Bedeutung für das mehrdimensionale Konstrukt Qualität der Argumente bescheinigt. Darüber hinaus zeigen die globalen Anpassungsmaße, dass das spezifizierte Modell aufgrund statistischer Überprüfung nicht abgelehnt werden muss.

Zur besseren Interpretation der Daten bezüglich der Gewichtung der relativen Bedeutung der sechs Dimensionen der Qualität der Argumente werden folgende ergänzende Bemerkungen angefügt. Die Ergebnisse dieser Untersuchung zeigen, dass die Vollständigkeit von Online-Rezensionen für die befragten Rezipienten von besonderer Bedeutung ist. Das ist darauf zurückzuführen, dass das Online-Bewertungsportal Yelp.de den Rezipienten eine sehr große Auswahl verschiedener Produkte oder Dienstleistungen einer Kategorie bietet. Beispielsweise werden den Rezipienten auf Yelp.de Online-Rezensionen zu einer Vielzahl von Restaurants angezeigt, die für die Rezipienten alle in Reichweite liegen und für sie alle potenziell in Frage kommen. Neben den grundsätzlichen Bedürfnissen der Rezipienten und der Suche nach kulinarischen Vorlieben, sind im nächsten Schritt weitere Informationen zur genaueren Spezifizierung des Angebots notwendig. Vor allem in Großstädten, wo die Auswahl an Restaurants riesig ist, sind detaillierte Informationen zu den Restaurants für die Rezipienten von Bedeutung. Dazu gehören Service, Location, Preis, Bilder der Speisen und die grundsätzliche Bewertung des Restaurants. Nur wenn all diese Informationen verfügbar, also vollständig sind, sieht sich der Nutzer umfassend informiert.[1254]

Abbildung 5-8: Konfirmatorische Faktorenanalyse zweiter Ordnung des mehrdimensionalen Konstrukts Qualität der Argumente

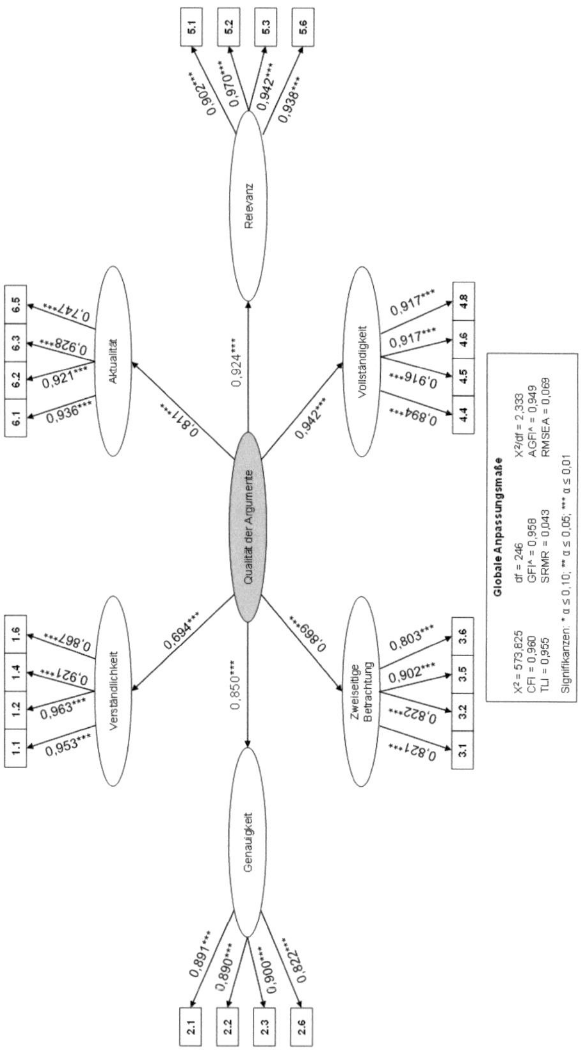

[1254] Vgl. Cheung/Lee/Rabjohn (2008), S. 242.

Die Relevanz von Online-Rezensionen als eine Dimension der Qualität der Argumente ist für die Teilnehmer an der Online-Befragung ein weiterer wichtiger Aspekt. Die Rezensenten legen einen besonderen Wert darauf, dass die primär benötigten Informationen schnell und möglichst einfach abgerufen werden können. Daher ist für die Rezipienten eine gute Vorsegmentierung der Informationen wichtig, so dass schnell nach den für sie interessanten Clustern, beispielsweise Interessen-Gruppen, Freunden oder Budgetkategorien gefiltert werden kann.[1255]

Die zweiseitige Betrachtung und die Genauigkeit von Online-Rezensionen scheinen im Vergleich zu anderen Dimensionen der Qualität der Argumente keine ganz so große Bedeutung zu besitzen. Die zweiseitige Betrachtung ist vor allem für Rezipienten nützlich, die eigenständig die rezipierten Vor- und Nachteile eines Produkts oder einer Dienstleistung gegeneinander abwägen wollen und können. Für Rezipienten ohne Vorkenntnisse führt eine detaillierte Betrachtung von Vor- und Nachteilen möglicherweise eher zu einer Verunsicherung wodurch eine Entscheidungsfindung hinsichtlich eines Kaufs erschwert wird.[1256]

Bei der Genauigkeit von Online-Rezensionen gehen die Rezipienten davon aus, dass die Informationen von Rezensenten stammen, die unabhängig von den bewerteten Produkten oder Dienstleistungen sind und korrekte Informationen bereitstellen. Die Bedeutung der Genauigkeit von Online-Rezensionen steigt für die Rezipienten, wenn sie über Vorkenntnisse verfügen und die rezipierten Informationen mit ihnen übereinstimmen. In dieser Situation gewinnen zusätzliche Informationen, die den Rezipienten bislang nicht bekannt sind, an Bedeutung. Gibt es keine Überschneidungen zwischen dem Vorwissen der Rezipienten und den Inhalten der Online-Rezensionen zu dem rezensierten Produkt oder der rezensierten Dienstleistung, werden diese für den Rezipienten von weniger Bedeutung sein.[1257]

Die Aktualität von Online-Rezensionen besitzt im Vergleich zu anderen Dimensionen der Qualität der Argumente eine geringere Bedeutung. Dies ist darauf zurückzuführen, dass Rezipienten von Online-Rezensionen auch Informationen zu einem Produkt oder einer Dienstleistung in Betracht ziehen, die schon älter sind.[1258] Das ist beispielsweise bei Produkten mit einem längeren Produktlebenszyklus sinnvoll. Hier spricht Aktualität also eine untergeordnete Rolle.

1255 Vgl. Filieri/McLeay (2013), S. 55.

1256 Vgl. Cheung/Sia/Kuan (2012), S. 628.

1257 Vgl. Jamil/Hasnu (2013), S. 195.

1258 Vgl. Filieri/McLeay (2013), S. 54.

Im Vergleich mit den anderen Dimensionen der Qualität der Argumente hat die Verständlichkeit von Online-Rezensionen die niedrigste Bedeutung. Dies ist darauf zurückzuführen, dass Rezipienten Inhalte von Online-Rezensionen auch dann für sich nutzen, wenn diese sprachlich und inhaltlich nicht vollkommen verständlich verfasst sind.[1259] Abbildung 5-9 stellt die relative Bedeutung der sechs Dimensionen für das mehrdimensionale Konstrukt Qualität der Argumente dar.

Abbildung 5-9: Relative Bedeutung der sechs Dimensionen für das mehrdimensionale Konstrukt Qualität der Argumente

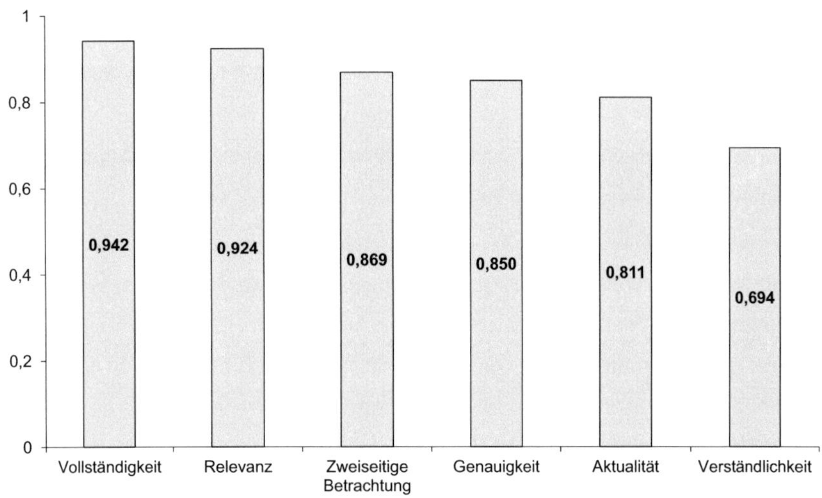

Anhand der bisherigen Auswertungen müssen die zuvor postulierten und hier nochmals aufgegriffenen Untersuchungshypothesen nicht verworfen werden:

H_1: Das latente Konstrukt ‚Verständlichkeit' von Online-Rezensionen ist eine Manifestation des mehrdimensionalen Konstrukts ‚Qualität der Argumente'.

H_2: Das latente Konstrukt ‚Genauigkeit' von Online-Rezensionen ist eine Manifestation des mehrdimensionalen Konstrukts ‚Qualität der Argumente'.

H_3: Das latente Konstrukt ‚zweiseitige Betrachtung' von Online-Rezensionen ist eine Manifestation des mehrdimensionalen Konstrukts ‚Qualität der Argumente'.

1259 Vgl. Filieri/McLeay (2013), S. 54.

H_4: Das latente Konstrukt ‚Vollständigkeit' von Online-Rezensionen ist eine Manifestation des mehrdimensionalen Konstrukts ‚Qualität der Argumente'.

H_5: Das latente Konstrukt ‚Relevanz' von Online-Rezensionen ist eine Manifestation des mehrdimensionalen Konstrukts ‚Qualität der Argumente'.

H_6: Das latente Konstrukt ‚Aktualität' von Online-Rezensionen ist eine Manifestation des mehrdimensionalen Konstrukts ‚Qualität der Argumente'.

H_7: Die ‚Qualität der Argumente' sind ein latentes Konstrukt zweiter Ordnung mit den sechs Dimensionen ‚Verständlichkeit', ‚Genauigkeit', ‚zweiseitige Betrachtung', ‚Vollständigkeit', ‚Relevanz' und ‚Aktualität' von Online-Rezensionen.

5.2.2. Operationalisierung des Second-Order-Konstrukts periphere Signale

Das zweite Second-Order-Konstrukt periphere Signale setzt sich aus den Dimensionen Quantität von Online-Rezensionen, Konsistenz von Online-Rezensionen, Reputation der Rezensenten, Expertise der Rezensenten, Rating von Produkten und Dienstleistungen und Reputation der Webseite zusammen. Im Folgenden wird die Operationalisierung der sechs Dimensionen des mehrdimensionalen Konstrukts periphere Signale dargestellt und anschließend das Second-Order-Konstrukt periphere Signale untersucht.

5.2.2.1. Operationalisierung der Quantität von Online-Rezensionen

Die Quantität von Online-Rezensionen als erste Dimension der peripheren Signale bezieht sich auf die Menge oder die Anzahl von Online-Rezensionen zu einem bestimmten Produkt oder einer bestimmten Dienstleistung auf Online-Bewertungsportalen.[1260]

Da es sich bei der Quantität von Online-Rezensionen um ein im Schrifttum bereits häufiger verwendetes Konstrukt handelt, kann innerhalb der Operationalisierung auf die Arbeiten von Wang/Strong (1996), Kang/Kim (2006), Park/Lee/Han (2007), Filieri/McLeay (2013), Zhang et al. (2014), Filieri (2015) und Xu/Yao (2015) zurückgegriffen werden.[1261] Anhand dieser Arbeiten wurde eine Messskala entwickelt, die insgesamt sechs Indikatoren enthielt, von denen zur Verbesserung der Gütemaße zwei Indikatoren entfernt wurden.

1260 Vgl. Kapitel 3.4.1.2.

1261 Vgl. Wang/Strong (1996), S. 15; Kang/Kim (2006), S. 1194; Park/Lee/Han (2007), S. 147; Filieri/McLeay (2013), S. 50; Zhang et al. (2014), S. 87; Filieri (2015), S. 1266; Xu/Yao (2015), S. 901.

Das finale Konstrukt Quantität von Online-Rezensionen weist einen Wert von 0,938 für das Cronbachs Alpha auf. Anhand der exploratorischen Faktorenanalyse wird ein Faktor extrahiert und für das KMO-Kriterium ein Wert von 0,835 und für die erklärte Varianz ein Wert von 80,347% erreicht. Darüber hinaus liegen alle exploratorischen Faktorladungen sowie die Item-to-Total-Korrelationen über den geforderten Schwellenwerten von 0,4 beziehungsweise 0,5. Diese Werte lassen auf eine hohe Skalenreliabilität und –validität schließen.

Tabelle 5-10: *Reliabilitäts- und Validitätskriterien der ersten und zweiten Generation des Messmodells des Faktors Quantität von Online-Rezensionen*

Quantität von Online-Rezensionen

Indikatoren	Faktorladung (exploratorisch)	Item-to-Total-Korrelation (>=0,5)
7.1) Zu vielen Produkten/Dienstleistungen auf Yelp.de existieren eine Vielzahl von Bewertungen von unterschiedlichen Verfassern.	0,941	0,894
7.2) Zu vielen Produkten/Dienstleistungen auf Yelp.de existieren eine Vielzahl von Bewertungen.	0,952	0,905
7.3) Zu vielen Produkten/Dienstleistungen auf Yelp.de eine Vielzahl von Informationen.	0,939	0,899
7.4) Die Anzahl von Online-Rezensionen auf Yelp.de zu Produkten/Dienstleistungen ist hoch.	0,735	0,720

Deskriptive Beurteilungskennzahl	Ergebnisse der exploratorischen Faktorenanalyse			
Cronbachs' α (>=0,7)	Extraktions-methode	KMO-Kriterium (>=0,8)	Anzahl extrahierter Faktoren	Erklärte Varianz (>=50%)
0,938	Hauptachsen-Faktorenanalyse	0,835	1	80,347%

Lokale Anpassungsmaße

Indikatoren	Indikator-reliabilität (>=0,4)	Faktorladung (konfirmatorisch)
7.1) Zu vielen Produkten/Dienstleistungen auf Yelp.de existieren eine Vielzahl von Bewertungen von unterschiedlichen Verfassern.	**0,912**	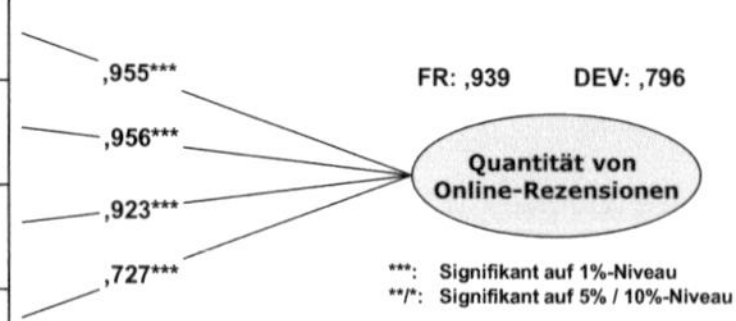
7.2) Zu vielen Produkten/Dienstleistungen auf Yelp.de existieren eine Vielzahl von Bewertungen.	**0,915**	
7.3) Zu vielen Produkten/Dienstleistungen auf Yelp.de eine Vielzahl von Informationen.	**0,851**	
7.4) Die Anzahl von Online-Rezensionen auf Yelp.de zu Produkten/Dienstleistungen ist hoch.	**0,529**	

Globale Anpassungsmaße

χ^2	df	χ^2/df	CFI (>=0,9)	GFI (>=0,9)	AGFI (>=0,8)	TLI (>=0,9)	SRMR (<=0,1)	RMSEA (<=0,1)
15,707	2	7,854	0,988	0,974	0,868	0,965	0,017	0,156

Die Indikatorreliabilitäten mit Werten deutlich über 0,4, die Faktorreliabilität mit einem Wert von 0,939 und die DEV mit einem Wert von 0,796 erfüllen die im Schrifttum geforderten Mindestwerte. Bei den globalen Anpassungsmaßen verfehlt der X^2/df den geforderten strengen Grenzwert von 3. Auch der Wert für den RMSEA liegt mit 0,156 außerhalb des geforderten Grenzwerts. Nach Kenny/Kaniskan/McCoach (2015) ist das allerdings kein Grund das Modell zu verwerfen, da bei niedrigen Freiheitsgraden zunächst weitere Werte herangezogen werden sollen.[1262] Da die weiteren globalen Anpassungsmaße CFI (0,988), GFI (0,974), AGFI (0,868), TLI (0,965) und SRMR (0,017) erfüllt werden, muss die Dimension Quantität von Online-Rezensionen nicht verworfen werden. Tabelle 5-10 stellt die Reliabilitäts- und Validitätskriterien der ersten und zweiten Generation des Messmodells Quantität von Online-Rezensionen zusammengefasst dar.

5.2.2.2. Operationalisierung der Konsistenz von Online-Rezensionen

Die Konsistenz von Online-Rezensionen beschreibt als zweite Dimension der peripheren Signale inwieweit Informationen einer Online-Rezension mit denen in einer oder mehreren anderen Online-Rezensionen zu einem Produkt oder einer Dienstleistung übereinstimmen.[1263]

Die Operationalisierung der Dimension Konsistenz von Online-Rezensionen kann analog der Arbeiten von Cheung/Sia/Kuan (2012), Chang/Fang/Huang (2015) und Luo et al. (2015) durchgeführt werden.[1264] Auf Basis dieser Teilskalen wurde eine Messskala entwickelt, die aus sieben Indikatoren bestand. Zur Verbesserung der Gütemaße wurden anschließend drei der Indikatoren eliminiert.

1262 Vgl. Kenny/Kaniskan/McCoach (2015), S. 486 ff.

1263 Vgl. Cheung/Sia/Kuan (2012), S. 622 sowie Kapitel 3.4.1.2.

1264 Vgl. Cheung/Sia/Kuan (2012), S. 634; Chang/Fang/Huang (2015), S. 56; Luo et al. (2015), S. 315.

Tabelle 5-11: *Reliabilitäts- und Validitätskriterien der ersten und zweiten Generation des Messmodells des Faktors Konsistenz von Online-Rezensionen*

Konsistenz von Online-Rezensionen		
Indikatoren	**Faktorladung (exploratorisch)**	**Item-to-Total-Korrelation (>=0,5)**
8.1) Die Inhalte von verschiedenen Online-Rezensionen auf Yelp.de zu einem Produkt/einer Dienstleistung sind häufig inhaltlich konsistent.	0,706	0,657
8.2) Die Inhalte von verschiedenen Online-Rezensionen auf Yelp.de zu einem Produkt/einer Dienstleistung überschneiden sich inhaltlich teilweise.	0,804	0,736
8.4) Die Inhalte von verschiedenen Online-Rezensionen auf Yelp.de zu einem Produkt/einer Dienstleistung enthalten untereinander eine Reihe von Überschneidungspunkten.	0,851	0,769
8.5) Verschiedene Online-Rezensionen auf Yelp.de zu einem Produkt/einer Dienstleistung bewerten dieses untereinander häufig ähnlich.	0,826	0,755

Deskriptive Beurteilungskennzahl	**Ergebnisse der exploratorischen Faktorenanalyse**			
Cronbachs' α (>=0,7)	**Extraktions-methode**	**KMO-Kriterium (>=0,8)**	**Anzahl extrahierter Faktoren**	**Erklärte Varianz (>=50%)**
0,873	Hauptachsen-Faktorenanalyse	0,821	1	63,777%

Lokale Anpassungsmaße		
Indikatoren	**Indikator-reliabilität (>=0,4)**	**Faktorladung (konfirmatorisch)**
8.1) Die Inhalte von verschiedenen Online-Rezensionen auf Yelp.de zu einem Produkt/einer Dienstleistung sind häufig inhaltlich konsistent.	**0,566**	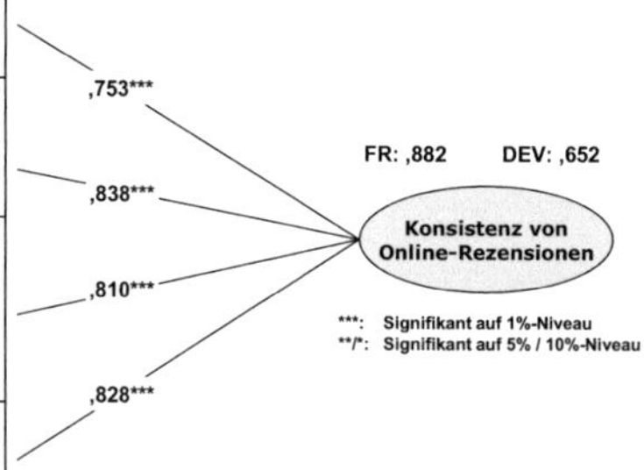
8.2) Die Inhalte von verschiedenen Online-Rezensionen auf Yelp.de zu einem Produkt/einer Dienstleistung überschneiden sich inhaltlich teilweise.	**0,703**	
8.4) Die Inhalte von verschiedenen Online-Rezensionen auf Yelp.de zu einem Produkt/einer Dienstleistung enthalten untereinander eine Reihe von Überschneidungspunkten.	**0,655**	
8.5) Verschiedene Online-Rezensionen auf Yelp.de zu einem Produkt/einer Dienstleistung bewerten dieses untereinander häufig ähnlich.	**0,685**	

Globale Anpassungsmaße								
χ^2	**df**	χ^2/df	**CFI (>=0,9)**	**GFI (>=0,9)**	**AGFI (>=0,8)**	**TLI (>=0,9)**	**SRMR (<=0,1)**	**RMSEA (<=0,1)**
8,927	2	4,463	0,988	0,984	0,919	0,965	0,020	0,111

Das abschließende Konstrukt weist mit vier Indikatoren für das Cronbachs Alpha einen Wert von 0,873 auf. In der exploratorischen Faktorenanalyse wird ein Faktor extrahiert sowie ein Wert für die erklärte Varianz von 63,777% und ein Wert für das KMO-Kriterium von 0,821 erreicht. Beide Werte erfüllen die im Schrifttum geforderten Bedingungen. Darüber hinaus liegen auch die exploratorischen Faktorladungen sowie die Item-to-Total-Korrelationen über den geforderten Mindestwerten von 0,5. Für dieses Konstrukt besteht daher eine hohe Skalenreliabilität sowie Skalenvalidität.

Die Indikatorreliabilitäten werden von den vier Indikatoren erfüllt. Die Faktorreliabilität und die DEV liegen mit einem Wert von 0,882 und einem Wert von 0,652 über den geforderten Mindestwerten. Bezüglich der globalen Anpassungsmaße liegt der Wert des X^2/df mit 4,463 etwas über dem strengen Grenzwert. Die weiteren globalen Anpassungsmaße CFI (0,988), GFI (0,984), AGFI (0,919), TLI (0,965) und SRMR (0,020) erfüllen alle die geforderten Mindestwerte. Obwohl der im Schrifttum genannte Schwellenwert für den RMSEA mit einem Wert von 0,111 überschritten wird, soll das Konstrukt nach Kenny/Kaniskan/McCoach (2015) dennoch nicht verworfen werden, da die weiteren Werte des Messmodells erfüllt werden und der schlechte Wert des RMSEA auf die niedrigen Freiheitsgrade zurückzuführen ist.[1265] Vor diesem Hintergrund muss die Dimension Konsistenz von Online-Rezensionen nicht abgelehnt werden. Tabelle 5-11 stellt die Reliabilitäts- und Validitätskriterien der ersten und zweiten Generation des Messmodells Konsistenz von Online-Rezensionen in der Zusammenfassung dar.

5.2.2.3. Operationalisierung der Reputation der Rezensenten

Die Reputation der Rezensenten als dritte Dimension der peripheren Signale beschreibt, inwieweit die Rezipienten die Rezensenten als ehrlich und verantwortungsvoll wahrnehmen sowie deren Ansichten zu Produkten und Dienstleistungen als beständig einschätzen.[1266]

Zu der Reputation der Rezensenten existiert im Schrifttum keine adäquate, vollständig transferierbare Skala für das vorliegende Forschungsvorhaben. Die Operationalisierung der Dimension Reputation der Rezensenten erfolgt auf Basis von Teilskalen, die in Arbeiten von Hoxmeier (2000) und Jensen et al. (2013) herausgearbeitet und anschließend für diese Untersuchung zu einem Messinstrument mit insgesamt sechs Indikatoren angepasst wurden.[1267] Zur Verbesserung der globalen Anpassungsmaße wurden in der konfirmatorischen Faktorenanalyse zwei Indikatoren eliminiert.

Das Cronbachs Alpha des endgültigen Messmodells mit vier Indikatoren beträgt 0,967. Die Item-to-Total-Korrelationen besitzen alle einen Wert von größer 0,8 und liegen weit über dem im Schrifttum geforderten Mindestwert von größer gleich 0,5.

1265 Vgl. Kenny/Kaniskan/McCoach (2015), S. 486 ff.

1266 Vgl. Liu/Park (2015), S. 143 sowie Kapitel 3.4.1.2.

1267 Vgl. Hoxmeier (2000), S. 124; Lopes/Galletta (2006), S. 231; Jensen et al. (2013), S. 321.

Anhand der exploratorischen Faktorenanalyse wird ein Faktor extrahiert und für das KMO-Kriterium ein Wert von 0,859 berechnet und für die erklärte Varianz des Messmodells ein Wert von 87,868% bestimmt. Alle Werte erfüllen die im Schrifttum angegebenen Bedingungen. Außerdem liegen auch die exploratorischen Faktorladungen mit Werten über 0,9 deutlich über dem geforderten Mindestwert von größer gleich 0,5.

Tabelle 5-12: *Reliabilitäts- und Validitätskriterien der ersten und zweiten Generation des Messmodells des Faktors Reputation der Rezensenten*

Reputation der Rezensenten		
Indikatoren	**Faktorladung (exploratorisch)**	**Item-to-Total-Korrelation (>=0,5)**
9.1) Auf mich wirken die Verfasser von Online-Rezensionen auf Yelp.de seriös.	0,932	0,912
9.2) Auf mich wirken die Verfasser von Online-Rezensionen auf Yelp.de vertrauenswürdig.	0,958	0,934
9.3) Auf mich wirken die Verfasser von Online-Rezensionen auf Yelp.de zuverlässig.	0,954	0,931
9.5) Auf mich wirken die Verfasser von Online-Rezensionen auf Yelp.de glaubhaft.	0,905	0,889

Deskriptive Beurteilungskennzahl	**Ergebnisse der exploratorischen Faktorenanalyse**			
Cronbachs' α (>=0,7)	**Extraktions-methode**	**KMO-Kriterium (>=0,8)**	**Anzahl extrahierter Faktoren**	**Erklärte Varianz (>=50%)**
0,967	Hauptachsen-Faktorenanalyse	0,859	1	87,868%

Lokale Anpassungsmaße		
Indikatoren	**Indikator-reliabilität (>=0,4)**	**Faktorladung (konfirmatorisch)**
9.1) Auf mich wirken die Verfasser von Online-Rezensionen auf Yelp.de seriös.	**0,862**	
9.2) Auf mich wirken die Verfasser von Online-Rezensionen auf Yelp.de vertrauenswürdig.	**0,925**	
9.3) Auf mich wirken die Verfasser von Online-Rezensionen auf Yelp.de zuverlässig.	**0,913**	
9.5) Auf mich wirken die Verfasser von Online-Rezensionen auf Yelp.de glaubhaft.	**0,813**	

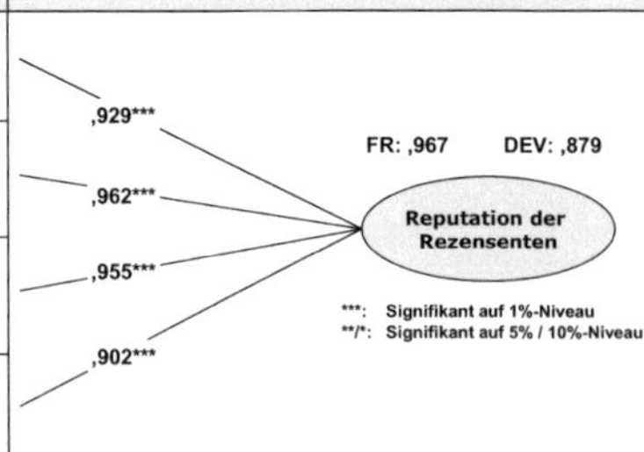

Globale Anpassungsmaße								
χ^2	**df**	**χ^2/df**	**CFI (>=0,9)**	**GFI (>=0,9)**	**AGFI (>=0,8)**	**TLI (>=0,9)**	**SRMR (<=0,1)**	**RMSEA (<=0,1)**
15,651	2	7,825	0,991	0,976	0,878	0,972	0,009	0,156

Bei den lokalen Anpassungsmaßen übersteigen die Indikatorreliabilitäten mit Werten von jeweils über 0,8 deutlich den geforderten Wert von größer gleich 0,4. Die

Faktorreliabilität und die DEV erfüllen mit Werten von 0,967 beziehungsweise 0,879 die im Schrifttum geforderten Kriterien.

Bei den globalen Anpassungsmaßen werden der CFI (0,991), der GFI (0,976), der AGFI (0,878), der TLI (0,972) sowie der SRMR (0,009) erfüllt. Nur der X^2/df mit einem Wert von 7,825 und der RMSEA mit einem Wert von 0,156 liegen außerhalb der geforderten Grenzwerte. Wie schon in den Fällen zuvor ist der Wert des RMSEA auf die geringe Anzahl von Freiheitsgraden innerhalb des Messmodells zurückzuführen, und wie bereits ausgeführt wurde, ist dies nach Kenny/Kaniskan/McCoach (2015) kein Grund, das Modell zu verwerfen, wenn die weiteren Werte des Messmodells im Akzeptanzbereich liegen. Da die übrigen Werte alle Anforderungen erfüllen, soll das Messmodell Reputation der Rezensenten nicht abgelehnt werden. Tabelle 5-12 stellt die Ergebnisse für dieses Messmodell im Überblick dar.

5.2.2.4. Operationalisierung der Expertise der Rezensenten

Die Expertise der Rezensenten als eine Dimension der peripheren Signale beschreibt, inwieweit die Rezipienten die Rezensenten als kompetent im Hinblick auf deren Online-Rezensionen zu Produkten und Dienstleistungen betrachten.[1268] Diese Einschätzung der Rezensenten bezieht sich auf deren Fähigkeit und Eignung, nützliche und qualifizierte Online-Rezensionen für die Rezipienten zu verfassen.[1269]

Auch hinsichtlich der Expertise der Rezensenten liefert das Schrifttum keine unmittelbar anwendbare Skala zur Messung des latenten Konstrukts Expertise der Rezensenten. Daher wurden die Skalen aus den Arbeiten von Ohanian (1990), Aaker (1997), Folse/Burton/Netemeyer (2013) und Fang (2014) als Teilskalen für die Konzeptionalisierung eines für diese Untersuchung geeigneten Messmdodells verwendet und auf deren Basis ein Messmodell mit sechs Indikatoren entwickelt.[1270] Zur Verbesserung der Ergebnisse der exploratorischen Faktorenanalyse und der lokalen Anpassungsmaße wurden drei der sechs Indikatoren entfernt.

Das fertig entwickelte Messmodell mit drei verbliebenen Indikatoren weist für das Cronbachs Alpha einen Wert von 0,940 auf. Die Item-to-Total-Korrelationen liegen für alle Indikatoren über einem Wert von 0,8 und erfüllen die Anforderungen von größer gleich 0,5 deutlich. Anhand der exploratorischen Faktorenanalyse wurde ein

1268 Vgl. Fang (2014), S. 73.

1269 Vgl. Zhu/Yin/He (2014), S. 271 sowie Kapitel 3.4.1.2.

1270 Vgl. Ohanian (1990), S. 50; Aaker (1997), S. 354; Folse/Burton/Netemeyer (2013), S. 334; Fang (2014), S. 100.

Faktor extrahiert und eine erklärte Varianz von 83,904% erreicht. Der Wert des KMO-Kriteriums liegt mit 0,769 leicht unter dem strengen Mindestwert von 0,8, übertrifft jedoch den von vielen Wissenschaftlern akzeptierten Mindestwert von 0,6 deutlich.[1271] Die Ergebnisse der exploratorischen Faktorenanalyse weisen für jeden Indikator einen Wert von über 0,8 auf und erfüllen den im Schrifttum geforderten Mindestwert von größer gleich 0,4.

Tabelle 5-13: *Reliabilitäts- und Validitätskriterien der ersten und zweiten Generation des Messmodells des Faktors Expertise der Rezensenten*

Expertise der Rezensenten		
Indikatoren	**Faktorladung (exploratorisch)**	**Item-to-Total-Korrelation (>=0,5)**
10.1) Die Verfasser von Online-Rezensionen auf Yelp.de erscheinen mir über ausreichend Wissen zu verfügen.	0,926	0,882
10.3) Die Verfasser von Online-Rezensionen auf Yelp.de erscheinen mir genügend Erkenntnisse für eine Bewertung zu haben.	0,927	0,883
10.5) Die Verfasser von Online-Rezensionen auf Yelp.de erscheinen mir kompetent zu sein.	0,895	0,860

Deskriptive Beurteilungskennzahl	**Ergebnisse der exploratorischen Faktorenanalyse**			
Cronbachs' α (>=0,7)	**Extraktions-methode**	**KMO-Kriterium (>=0,8)**	**Anzahl extrahierter Faktoren**	**Erklärte Varianz (>=50%)**
0,940	Hauptachsen-Faktorenanalyse	0,769	1	83,904%

Lokale Anpassungsmaße		
Indikatoren	**Indikator-reliabilität (>=0,4)**	**Faktorladung (konfirmatorisch)**
10.1) Die Verfasser von Online-Rezensionen auf Yelp.de erscheinen mir über ausreichend Wissen zu verfügen.	**0,857**	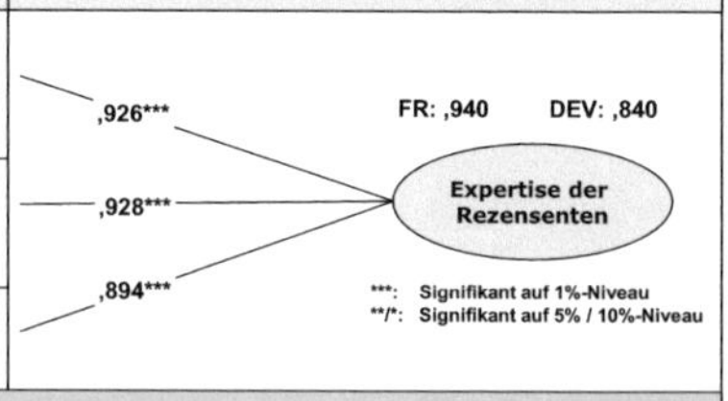
10.3) Die Verfasser von Online-Rezensionen auf Yelp.de erscheinen mir genügend Erkenntnisse für eine Bewertung zu haben.	**0,861**	
10.5) Die Verfasser von Online-Rezensionen auf Yelp.de erscheinen mir kompetent zu sein.	**0,799**	

Globale Anpassungsmaße								
χ^2	**df**	χ^2/df	**CFI (>=0,9)**	**GFI (>=0,9)**	**AGFI (>=0,8)**	**TLI (>=0,9)**	**SRMR (<=0,1)**	**RMSEA (<=0,1)**

Innerhalb der lokalen Anpassungsmaße erreichen die Indikatorreliabilitäten Werte über 0,7 und liegen über dem geforderten Mindestwert von größer gleich 0,4. Zudem

[1271] Vgl. Kaiser/Rice (1974), S. 111 ff.; Weiber/Mühlhaus (2014), S. 133.

werden sehr gute Werte für die Faktorreliabilität (0,940) und die DEV (0,840) erreicht. Die globalen Anpassungsmaße konnten nicht ermittelt werden, da bei Verwendung von drei Indikatoren eine genaue Modellidentifikation vorliegt.[1272] Auf Basis der Ergebnisse wird das Messmodell Expertise der Rezensenten nicht abgelehnt. Tabelle 5-13 fasst die Ergebnisse für dieses Messmodell zusammen.

5.2.2.5. Rating von Produkten und Dienstleistungen

Das Rating von Produkten und Dienstleistungen als eine Dimension der peripheren Signale stellt eine Bewertung auf Basis von Piktogrammen dar.[1273] So werden beispielsweise auf Yelp.de in einer Online-Rezension Produkte zusätzlich mit einer Bewertung anhand von Sternen versehen. Ein Rating mit nur einem Stern stellt eine sehr schlechte Bewertung des betreffenden Produkts dar, ein Rating mit fünf Sternen dagegen eine sehr gute Bewertung.[1274]

Zum Rating von Produkten und Dienstleistungen existiert im Schrifttum keine fertige Skala, die auf diese Arbeit übertragen werden könnte. Die Operationalisierung der Dimension Rating von Produkten und Dienstleistungen erfolgt daher auf Basis von Teilskalen, die den Arbeiten von Cheung et al. (2009), Chang/Fang/Huang (2015), Filieri (2015) und Luo et al. (2015) entnommen und anschließend für diese Untersuchung zu einem Messinstrument mit insgesamt sechs Indikatoren weiterentwickelt wurden.[1275] Zur Verbesserung der globalen Anpassungsmaße wurden in der konfirmatorischen Faktorenanalyse zwei Indikatoren entfernt.

1272 Weiber/Mühlhaus (2014), S. 61.

1273 Vgl. Filieri/McLeay (2013), S. 48.

1274 Vgl. beispielsweise Mudambi/Schuff (2010), S. 188; Yelp Ireland Ltd. (2016g) sowie Kapitel 3.4.1.2.

1275 Vgl. Cheung et al. (2009), S. 21; Chang/Fang/Huang (2015), S. 57; Filieri (2015), S. 1266; Luo et al. (2015), S. 315.

Tabelle 5-14: *Reliabilitäts- und Validitätskriterien der ersten und zweiten Generation des Messmodells des Faktors Rating von Produkten und Dienstleistungen*

Rating von Produkten und Dienstleistungen		
Indikatoren	**Faktorladung (exploratorisch)**	**Item-to-Total-Korrelation (>=0,5)**
11.2) Das Rating (die Bewertung anhand von Sternen) von Produkten/Dienstleistungen auf Yelp.de hat die Anzahl alternativer Produkte/Dienstleistungen, die für mich interessant sind, eingegrenzt.	0,900	0,874
11.4) Das Rating (die Bewertung anhand von Sternen) von Produkten/Dienstleistungen auf Yelp.de hat mir ermöglicht, die Produkte/Dienstleistungen zu identifizieren, die meine Bedürfnisse befriedigen.	0,946	0,915
11.5) Das Rating (die Bewertung anhand von Sternen) von Produkten/Dienstleistungen auf Yelp.de hat mir ermöglicht, sehr gut bewertete Produkte/Dienstleistungen zu finden.	0,940	0,909
11.6) Das Rating (die Bewertung anhand von Sternen) von Produkten/Dienstleistungen auf Yelp.de ermöglicht mir einen schnellen Überblick über Produkte/Dienstleistungen zu erhalten.	0,883	0,860

Deskriptive Beurteilungskennzahl	**Ergebnisse der exploratorischen Faktorenanalyse**			
Cronbachs' α (>=0,7)	**Extraktions-methode**	**KMO-Kriterium (>=0,8)**	**Anzahl extrahierter Faktoren**	**Erklärte Varianz (>=50%)**
0,955	Hauptachsen-Faktorenanalyse	0,871	1	84,169%

Lokale Anpassungsmaße		
Indikatoren	**Indikator-reliabilität (>=0,4)**	**Faktorladung (konfirmatorisch)**
11.2) Das Rating (die Bewertung anhand von Sternen) von Produkten/Dienstleistungen auf Yelp.de hat die Anzahl alternativer Produkte/Dienstleistungen, die für mich interessant sind, eingegrenzt.	**0,815**	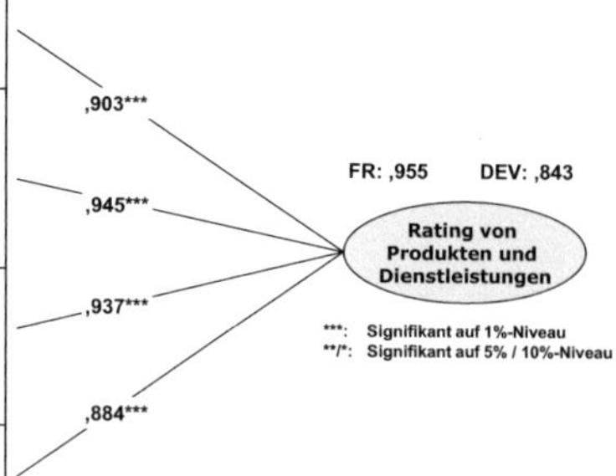
11.4) Das Rating (die Bewertung anhand von Sternen) von Produkten/Dienstleistungen auf Yelp.de hat mir ermöglicht, die Produkte/Dienstleistungen zu identifizieren, die meine Bedürfnisse befriedigen.	**0,893**	
11.5) Das Rating (die Bewertung anhand von Sternen) von Produkten/Dienstleistungen auf Yelp.de hat mir ermöglicht, sehr gut bewertete Produkte/Dienstleistungen zu finden.	**0,878**	
11.6) Das Rating (die Bewertung anhand von Sternen) von Produkten/Dienstleistungen auf Yelp.de ermöglicht mir einen schnellen Überblick über Produkte/Dienstleistungen zu erhalten.	**0,782**	

Globale Anpassungsmaße								
χ^2	**df**	χ^2/df	**CFI (>=0,9)**	**GFI (>=0,9)**	**AGFI (>=0,8)**	**TLI (>=0,9)**	**SRMR (<=0,1)**	**RMSEA (<=0,1)**
3,164	2	1,582	0,999	0,994	0,972	0,997	0,006	0,046

Das Cronbachs Alpha weist für das fertige Messmodell mit vier Indikatoren einen Wert von 0,955 auf. Die Item-to-Total-Korrelationen liegen mit Werten von über 0,8 für jeden Indikator weit über den im Schrifttum geforderten Mindestwert von größer gleich 0,5. Die exploratorische Faktorenanalyse zeigt, dass nur ein Faktor extrahiert wurde und eine erklärte Varianz des Messmodells von 84,169% vorliegt. Darüber hinaus wird das KMO-Kriterium mit einem Wert von 0,871 erfüllt und die exploratorischen Faktorladungen der einzelnen Indikatoren liegen weit über dem geforderten Mindestwert. Insgesamt deuten diese Ergebnisse auf eine sehr hohe Validität und Reliabilität der vier Indikatoren des Messmodells hin.

In der konfirmatorischen Faktorenanalyse erfüllen die Indikatorreliabilitäten mit Werten größer 0,7, die Faktorreliabilität mit einem Wert von 0,955 sowie die DEV mit einem Wert von 0,843 die im Schrifttum geforderten Grenzwerte. Zusätzlich werden alle globalen Anpassungsmaße des Messmodells mit X^2/df (1,582), CFI (0,999), GFI (0,994), AGFI (0,972), TLI (0,997), SRMR (0,006) und RMSEA (0,046) eingehalten. Vor diesem

Hintergrund muss das Messmodell Rating von Produkten und Dienstleistungen nicht verworfen werden. Tabelle 5-14 fasst die Ergebnisse zu den Reliabilitäts- und Validitätskriterien der ersten und zweiten Generation des Messmodells Rating von Produkten und Dienstleistungen zusammen.

5.2.2.6. Reputation der Webseite

Die Reputation der Webseite als letzte Dimension der peripheren Signale gibt an, in welchem Maße die Webseite beziehungsweise das Online-Bewertungsportal bei den Rezipienten von Online-Rezensionen bekannt ist und als seriös gilt.[1276] Demnach sind für die Reputation einer Webseite Bekanntheit und Seriosität entscheidend. Je bekannter und seriöser die Webseite ist, desto eher wird sie von den Rezipienten genutzt.[1277]

Da es sich bei der Reputation der Webseite um einen bereits mehrfach untersuchten Einflussfaktor handelt, konnte für die Operationalisierung auf bereits etablierte Messskalen zurückgegriffen werden. Dazu wurden die Indikator-Batterien von Hsiao et al. (2010), Tams (2012), Chih et al. (2013) und Li (2014) verwendet.[1278] Auf Basis dieser Skalen wurde eine für den Kontext der Untersuchung geeignete Mess-

[1276] Vgl. Hsiao et al. (2010), S. 940.

[1277] Vgl. Park/Lee (2009b), S. 62 sowie Kapitel 3.4.1.2.

[1278] Vgl. Hsiao et al. (2010), S. 944; Tams (2012), S. 158; Chih et al. (2013), S. 668; Li (2014), S. 353.

skala mit sieben Indikatoren entwickelt. Zur Verbesserung der Gütemaße des Messmodells wurden davon drei Indikatoren eliminiert.

Tabelle 5-15: *Reliabilitäts- und Validitätskriterien der ersten und zweiten Generation des Messmodells des Faktors Reputation der Webseite*

Reputation der Webseite		
Indikatoren	**Faktorladung (exploratorisch)**	**Item-to-Total-Korrelation (>=0,5)**
12.1) Die Webseite Yelp.de ist sehr beliebt.	0,879	0,833
12.2) Die Webseite Yelp.de hat zu Recht einen guten Ruf.	0,893	0,845
12.5) Die Webseite Yelp.de ist für ihre hohe Reputation bekannt.	0,896	0,848
12.6) Die Webseite Yelp.de erachte ich als vertrauenswürdig.	0,806	0,773

Deskriptive Beurteilungskennzahl	Ergebnisse der exploratorischen Faktorenanalyse			
Cronbachs' α (>=0,7)	**Extraktions-methode**	**KMO-Kriterium (>=0,8)**	**Anzahl extrahierter Faktoren**	**Erklärte Varianz (>=50%)**
0,924	Hauptachsen-Faktorenanalyse	0,846	1	75,549%

Lokale Anpassungsmaße		
Indikatoren	**Indikator-reliabilität (>=0,4)**	**Faktorladung (konfirmatorisch)**
12.1) Die Webseite Yelp.de ist sehr beliebt.	**0,785**	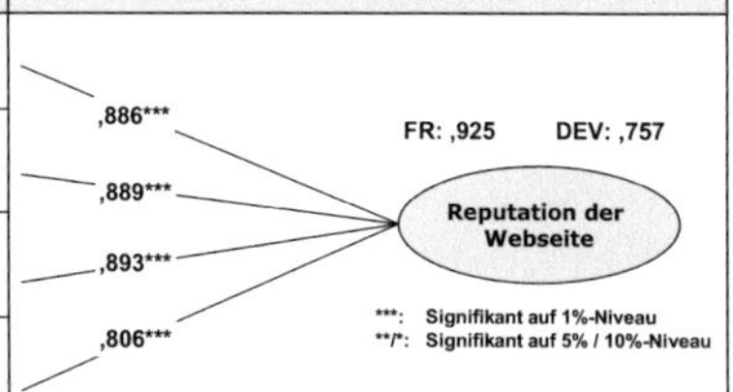
12.2) Die Webseite Yelp.de hat zu Recht einen guten Ruf.	**0,790**	
12.5) Die Webseite Yelp.de ist für ihre hohe Reputation bekannt.	**0,798**	
12.6) Die Webseite Yelp.de erachte ich als vertrauenswürdig.	**0,649**	

Globale Anpassungsmaße									
χ^2	df	χ^2/df	CFI (>=0,9)	GFI (>=0,9)	AGFI (>=0,8)	TLI (>=0,9)	SRMR (<=0,1)	RMSEA (<=0,1)
9,467	2	4,734	0,991	0,985	0,923	0,974	0,014	0,115

Das finale Messmodell der Reputation der Webseite enthält vier Indikatoren und weist für das Cronbachs Alpha einen Wert von 0,924 auf. Darüber hinaus konnte ein Faktor in der exploratorischen Faktorenanalyse extrahiert und eine erklärte Varianz von 75,549% erreicht werden. Das KMO-Kriterium wird mit einem Wert von 0,846 ebenfalls erfüllt. Alle Werte der Item-to-Total-Korrelationen liegen über 0,7 und damit deutlich über dem geforderten Mindestwert von größer gleich 0,5. Zusätzlich liegen für alle Indikatoren die Werte der exploratorischen Faktorladungen über 0,8 und somit weit über dem Schwellenwert von größer gleich 0,4. Das Messmodell weist anhand der ersten Generation eine hohe Skalenreliabilität und –validität auf.

Innerhalb der lokalen Anpassungsmaße werden die Indikatorreliabilitäten mit Werten von größer 0,6 deutlich erfüllt. Die Werte der Faktorreliabilität (0,925) sowie der DEV (0,757) erfüllen die geforderten Kriterien. Bei den globalen Anpassungsmaßen werden CFI (0,991), GFI (0,985), AGFI (0,923), TLI (0,974) und SRMR (0,014) erfüllt. Die Werte des X^2/df (4,734) und der RMSEA (0,115) verfehlen die Grenzwerte knapp. Nach Kenny/Kaniskan/McCoach (2015) ist der Wert des RMSEA auf die niedrige Anzahl der Freiheitsgrade des Messmodells zurückzuführen. Daher soll das Messmodell für diese Untersuchung beibehalten werden. Tabelle 5-15 fasst die Reliabilitäts- und Validitätskriterien der ersten und zweiten Generation des Messmodells Reputation der Webseite zusammen.

5.2.2.7. Untersuchung des Second-Order-Konstrukts periphere Signale

Nachdem die Dimensionen der peripheren Signale einzeln auf Messmodellebene untersucht wurden, soll im Folgenden das Second-Order-Konstrukt periphere Signale im Ganzen getestet werden. Dazu erfolgt zur Überprüfung der Diskriminanzvalidität eine exploratorische Faktorenanalyse (Extraktionsmethode: Hauptachsenfaktorenanalyse, Rotationsmethode: Oblimin mit Kaiser-Normalisierung). Die Korrelationsmatrix muss anhand des KMO-Werts von 0,956 und der kumulierten Varianz von 81,200% nicht verworfen werden. Die 23 Indikatoren innerhalb der exploratorischen Faktorenanalyse laden jeweils mit einem Betragswert von größer 0,4 auf den inhaltlich zugehörenden Faktor. Auf dieser Basis erscheinen die sechs postulierten Dimensionen als periphere Signale geeignet. Tabelle 5-16 zeigt die Ergebnisse der exploratorischen Faktorenanalyse für das Second-Order-Konstrukt periphere Signale.

Zur Überprüfung der Faktorenstruktur wird zusätzlich die konfirmatorische Faktorenanalyse erster Ordnung für das mehrdimensionale Konstrukt periphere Signale herangezogen. Alle Gütekriterien der ersten und zweiten Generation erfüllen die im Schrifttum geforderten Mindestwerte, wobei wie zuvor erläutert die korrigierten GFI- und AGFI-Werte berichtet werden.[1279]

[1279] Vgl. dazu die Ausführungen in Kapitel 4.2.2.

Tabelle 5-16: *Ergebnisse der exploratorischen Faktorenanalyse für das Second-Order-Konstrukt periphere Signale*

Indikatoren		Exploratorische Faktorladungen					
		Faktor 1	Faktor 2	Faktor 3	Faktor 4	Faktor 5	Faktor 6
Quantität von Online-Rezensionen	7.1	0,038	0,016	0,039	**-0,943**	-0,041	-0,056
	7.2	0,000	0,009	0,045	**-0,937**	-0,007	-0,033
	7.3	0,086	0,036	-0,049	**-0,794**	0,105	0,059
	7.4	-0,091	0,104	0,071	**-0,429**	0,226	0,270
Konsistenz von Online-Rezensionen	8.1	0,158	**0,587**	0,053	-0,019	0,019	0,139
	8.2	0,028	**0,852**	-0,040	0,016	0,071	-0,078
	8.4	-0,055	**0,771**	0,142	-0,044	-0,064	-0,001
	8.5	0,001	**0,840**	-0,074	-0,021	0,004	0,024
Reputation der Rezensenten	9.1	**0,819**	0,007	0,010	-0,125	-0,010	0,058
	9.2	**0,793**	-0,007	0,070	-0,093	0,043	0,045
	9.3	**0,837**	0,098	0,028	0,035	0,106	0,006
	9.5	**0,687**	0,113	0,117	-0,066	-0,002	0,046
Expertise der Rezensenten	10.1	0,362	0,074	0,110	-0,089	0,058	**0,455**
	10.3	0,225	0,061	0,296	-0,034	0,046	**0,476**
	10.5	0,361	0,083	0,038	-0,019	0,146	**0,456**
Rating von Produkten und Dienstleistungen	11.2	-0,026	0,000	**0,910**	0,041	0,037	0,024
	11.4	0,016	-0,010	**0,885**	-0,009	0,040	0,047
	11.5	0,103	-0,025	**0,882**	-0,041	-0,003	-0,063
	11.6	-0,035	0,081	**0,797**	-0,087	0,020	-0,003
Reputation der Webseite	12.1	-0,062	0,008	0,008	-0,111	**0,836**	0,044
	12.2	0,115	0,025	0,066	-0,049	**0,644**	0,169
	12.5	0,046	0,049	0,080	0,047	**0,858**	-0,079
	12.6	0,373	-0,031	0,132	-0,076	**0,431**	-0,056
Kaiser Meyer Olkin-Kriterium (>0,8)			**0,956**	**Kumulierte Varianz der Faktoren**			**81,200%**

Die Ergebnisse der globalen Anpassungsmaße implizieren eine sehr gute Anpassung der Modellstruktur. Daher muss die Faktorenanalyse für das mehrdimensionale Konstrukt periphere Signale nicht abgelehnt werden. Abbildung 5-10 fasst die konfirmatorische Faktorenanalyse erster Ordnung des mehrdimensionalen Konstrukts periphere Signale zusammen.Darüber hinaus wird zur Überprüfung der Diskriminanzvalidität des mehrdimensionalen Konstrukts periphere Signale das Fornell/Larcker-Kriterium herangezogen. Dazu werden die quadrierten Korrelationen der einzelnen Dimensionen der peripheren Signale mit den jeweils durchschnittlich erfassten Varianzen (DEV) verglichen.

Abbildung 5-10: Konfirmatorische Faktorenanalyse erster Ordnung des mehrdimensionalen Konstrukts periphere Signale

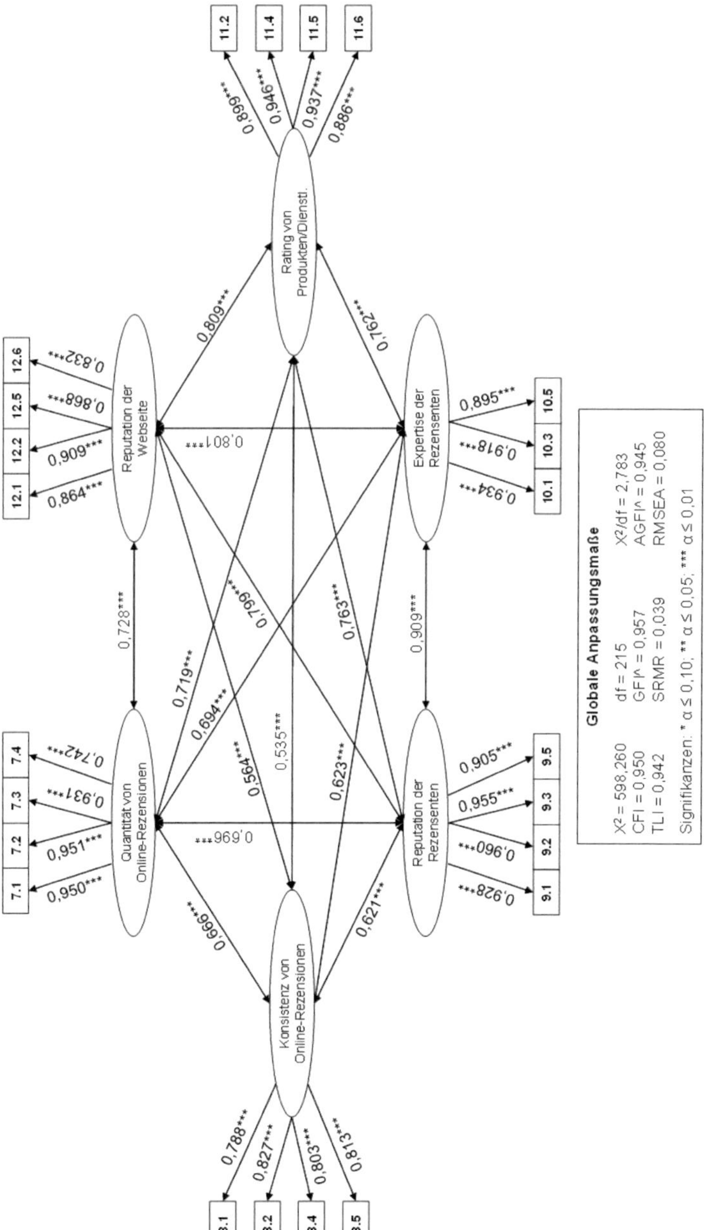

Tabelle 5-17 zeigt, dass die quadrierten Korrelationen der einzelnen Dimensionen die DEV's nicht überschreiten und das Fornell/Larcker-Kriterium für das mehrdimensionale Konstrukt periphere Signale erfüllt ist.

Tabelle 5-17: *Ergebnisse des Fornell/Larcker-Kriteriums des mehrdimensionalen Konstrukts periphere Signale*

Dimensionen der ‚Peripheren Signale'	Quantität von Online-Rezensionen	Konsistenz von Online-Rezensionen	Reputation der Rezensenten	Expertise der Rezensenten	Rating von Produkten/ Dienstleistungen	Reputation der Webseite
Quantität von Online-Rezensionen	**0,796**					
Konsistenz von Online-Rezensionen	0,444	**0,652**				
Reputation der Rezensenten	0,484	0,386	**0,879**			
Expertise der Rezensenten	0,482	0,388	0,826	**0,840**		
Rating von Produkten/ Dienstleistungen	0,517	0,286	0,582	0,581	**0,843**	
Reputation der Webseite	0,530	0,318	0,638	0,642	0,654	**0,757**
Fornell/Larcker-Kriterium	✓	✓	✓	✓	✓	✓

Nachdem die Reliabilitäts- und Validitätsanalyse sowie die Diskriminanzvalidität anhand der exploratorischen Faktorenanalyse, der konfirmatorischen Faktorenanalyse erster Ordnung und dem Fornell/Larcker-Kriterium durchgeführt wurden, erfolgt im nächsten Schritt die konfirmatorische Faktorenanalyse zweiter Ordnung. Dazu wird überprüft, ob die identifizierten Dimensionen Quantität und Konsistenz von Online-Rezensionen, Reputation und Expertise der Rezensenten sowie Rating von Produkten und Dienstleistungen und Reputation der Webseite tatsächlich dem mehrdimensionalen Konstrukt periphere Signale zugeordnet werden können. Auf Grund der Ergebnisse der konfirmatorischen Faktorenanalyse zweiter Ordnung müssen die Zuordnungen der sechs Dimensionen zum mehrdimensionalen Konstrukt periphere Signale nicht verworfen werden. Abbildung 5-11 fasst die konfirmatorische Faktorenanalyse zweiter Ordnung des mehrdimensionalen Konstrukts periphere Signale zusammen.

Abbildung 5-11: Konfirmatorische Faktorenanalyse zweiter Ordnung des mehrdimensionalen Konstrukts periphere Signale

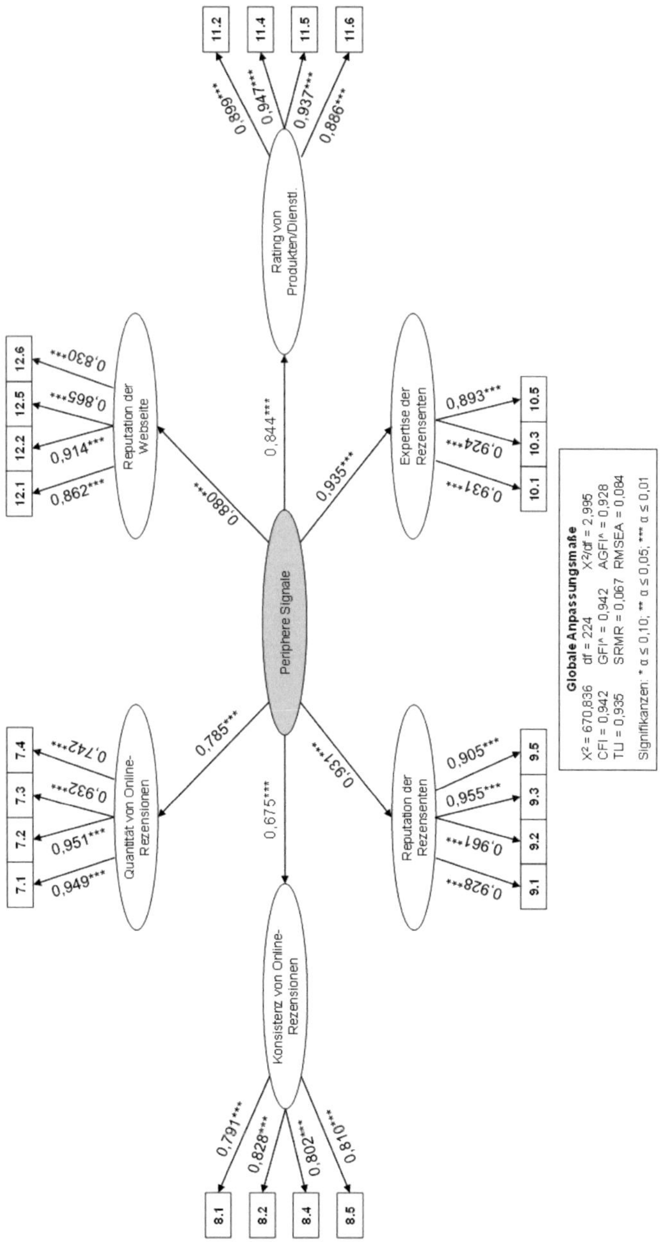

Die Faktorladungen der sechs Dimensionen des mehrdimensionalen Konstrukts periphere Signale weisen unterschiedliche Werte aus. Die Faktorladung der Expertise der Rezensenten ist mit einem Wert von 0,935 sehr hoch. Das deutet darauf hin, dass diese Dimension eine sehr große Bedeutung für das mehrdimensionale Konstrukt periphere Signale besitzt. Darüber hinaus scheint die Dimension Reputation der Rezensenten mit einem Wert von 0,931 von großer Bedeutung zu sein. Einen etwas geringeren Einfluss besitzen die Reputation der Webseite mit einem Wert von 0,880 und das Rating von Produkten und Dienstleistungen mit einem Wert von 0,844 bezüglich des mehrdimensionalen Konstrukts periphere Signale. Eine deutlich geringere Relevanz haben in diesem Zusammenhang die Dimensionen Quantität von Online-Rezensionen mit einem Wert von 0,785 und die Konsistenz von Online-Rezensionen mit einem Wert von 0,675. Insgesamt haben alle Dimensionen mit Werten von größer gleich 0,5 eine relevante Bedeutung für das mehrdimensionale Konstrukt periphere Signale. Darüber hinaus zeigen die globalen Anpassungsmaße, dass das dieser Untersuchung zugrunde gelegte, spezifizierte Modell nicht abgelehnt werden muss.

Für eine sachgerechte Interpretation der relativen Bedeutung der sechs Dimensionen der peripheren Signale bezüglich der Gewichtung sind folgende Erläuterungen notwendig. Die große Bedeutung der Expertise der Rezensenten in dieser Untersuchung ist auf die verschiedenen Tools des Online-Bewertungsportals von Yelp.de zurückzuführen. Die Rezipienten von Online-Rezensionen können auf Yelp.de anhand statistischer Angaben über den Rezensenten eigenständig dessen Kompetenz verifizieren. Die Rezipienten nutzen diese Möglichkeit häufig, beispielsweise unter dem Verweis ‚Check-In Offers'.[1280]

Die Reputation der Rezensenten, als eine Dimension der peripheren Signale, wird von den Teilnehmern der Online-Befragung ebenfalls als sehr wichtig eingeschätzt. Dies ist unter anderem mit der Auszeichnung ‚Elite-Award' zu erklären, die auf Yelp.de besonders vertrauenswürdige Rezensenten erhalten.[1281] Diese Auszeichnung wirkt sich sehr deutlich auf die Reputation der Rezensenten aus. Das wird in den Expertengesprächen bestätigt.[1282]

Die Reputation der Webseite ist für die Teilnehmer der Online-Befragung ebenfalls eine wichtige Dimension der peripheren Signale. Nach Einschätzung der Teilnehmer

1280 Vgl. Kapitel 3.4.1.2.
1281 Vgl. Yelp (2016).
1282 Vgl. Kapitel 3.3.

der Online-Befragung ergibt sich aus der Bekanntheit und Seriosität eines Online-Bewertungsportals eine hohe Reputation.[1283] Diese gute Einschätzung scheint für das Online-Bewertungsportal Yelp.de zu gelten, da es zu den meistbesuchten Portalen gehört, auf denen Produkte und Dienstleistungen rezensiert werden.[1284] Im Schrifttum liefern Chih et al. (2013) eine weitere Erklärung. Nach ihren Aussagen steigt die Reputation der Webseite mit der Zunahme der wahrgenommenen Objektivität des Online-Bewertungsportals bezüglich der rezensierten Produkte und Dienstleistungen.[1285]

Darüber hinaus scheint für die Rezipienten von Online-Rezensionen auch das Rating von Produkten und Dienstleistungen eine bedeutende Dimension der peripheren Signale zu sein. Vor allem die Aggregation aller Ratings zu einem Produkt oder einer Dienstleistung ermöglichen den Rezipienten einen schnellen Überblick über die am besten bewerteten Produkte und Dienstleistungen.[1286] Diese Möglichkeit wird von den Rezipienten von Online-Rezensionen auf Yelp.de sehr häufig genutzt.

Der Quantität von Online-Rezensionen wird von den Teilnehmern der Online-Befragung weniger Bedeutung beigemessen als den zuvor genannten Dimensionen der peripheren Signale. Eine Begründung könnte darin liegen, dass die Rezipienten die Verfügbarkeit von mehreren Online-Rezensionen zu einem Produkt oder einer Dienstleistung zwar als wichtig erachten, doch diese Dimension nicht isoliert betrachten. Die Quantität von Online-Rezensionen wird beispielsweise zusammen mit dem Rating eines Produkts oder einer Dienstleistung betrachtet. Das erscheint nachvollziehbar, weil beispielsweise ein häufig schlecht bewertetes Produkt nur bei den wenigsten Rezipienten zu einer Kaufintention führt. Zudem existiert zu den meisten Produkten und Dienstleistungen auf Yelp.de eine Vielzahl von Online-Rezensionen, so dass diese Dimension keinen kritischen Faktor hinsichtlich der Nützlichkeit von Online-Rezensionen darstellt.[1287]

Nach Einschätzung der Teilnehmer der Online-Befragung besitzt die Konsistenz von Online-Rezensionen die geringste Relevanz aller Dimensionen der peripheren Signale. Die Konsistenz von Online-Rezensionen ist vor allem für Rezipienten relevant, die nur über eine geringe Expertise bezüglich des rezensierten Produkts oder der rezen-

1283 Vgl. Park/Lee (2009b), S. 62.

1284 Vgl. dazu die Ausführungen in Kapitel 1.1 und in Kapitel 2.2.4.

1285 Vgl. Chih et al. (2013), S. 664.

1286 Vgl. beispielsweise Yelp Ireland Ltd. (2016f).

1287 Vgl. Filieri/McLeay (2013), S. 54.

sierten Dienstleistung verfügen und damit auch nur über eine geringe Motivation, sich intensiv mit den dazugehörigen Online-Rezensionen auseinanderzusetzen.[1288]

Darüber hinaus sinkt der Einfluss der Dimension Konsistenz auf die Nützlichkeit von Online-Rezensionen, wenn sich die Rezipienten gleichzeitig auch anhand anderer Dimensionen der peripheren Signale, beispielsweise der Reputation der Rezensenten orientieren. In diesem Fall werden Online-Rezensionen von Rezensenten mit hoher Reputation einen größeren Einfluss auf das Verhalten der Rezipienten besitzen, als die Konsistenz von Online-Rezensionen zu einem Produkt oder einer Dienstleistung. Abbildung 5-12 fasst die relative Bedeutung der sechs Dimensionen für das mehrdimensionale Konstrukt periphere Signale zusammen.

Abbildung 5-12: Relative Bedeutung der sechs Dimensionen für das mehrdimensionale Konstrukt periphere Signale

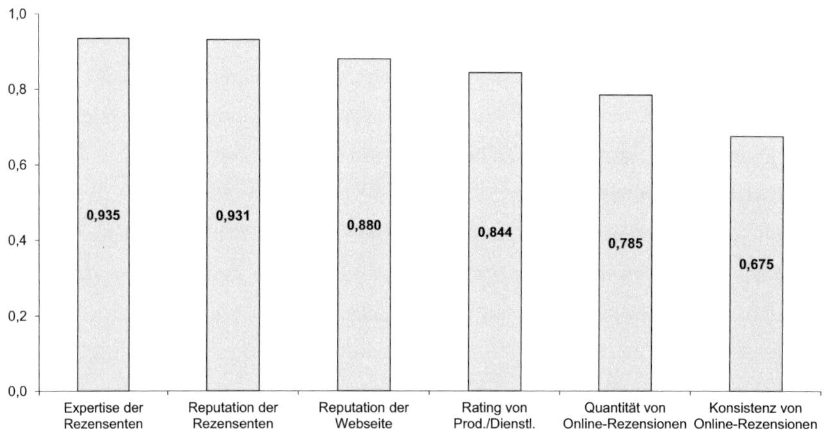

Anhand der vorliegenden Auswertung müssen die hier genannten Untersuchungshypothesen nicht abgelehnt werden:

H_8: Das latente Konstrukt ‚Quantität von Online-Rezensionen' ist eine Manifestation des mehrdimensionalen Konstrukts ‚periphere Signale'.

H_9: Das latente Konstrukt ‚Konsistenz von Online-Rezensionen' ist eine Manifestation des mehrdimensionalen Konstrukts ‚periphere Signale'.

1288 Vgl. Cheung/Sia/Kuan (2012), S. 627 f.

H_{10}: Das latente Konstrukt ‚Reputation der Rezensenten' ist eine Manifestation des mehrdimensionalen Konstrukts ‚periphere Signale'.

H_{11}: Das latente Konstrukt ‚Expertise der Rezensenten' ist eine Manifestation des mehrdimensionalen Konstrukts ‚periphere Signale'.

H_{12}: Das latente Konstrukt ‚Rating von Produkten und Dienstleistungen' ist eine Manifestation des mehrdimensionalen Konstrukts ‚periphere Signale'.

H_{13}: Das latente Konstrukt ‚Reputation der Webseite' ist eine Manifestation des mehrdimensionalen Konstrukts ‚periphere Signale'.

H_{14}: Die ‚peripheren Signale' sind ein latentes Konstrukt zweiter Ordnung mit den sechs Dimensionen ‚Quantität von Online-Rezensionen', ‚Konsistenz von Online-Rezensionen', ‚Reputation der Rezensenten', ‚Expertise der Rezensenten', ‚Rating von Produkten und Dienstleistungen' und ‚Reputation der Webseite'.

5.2.3. Operationalisierung der einflussmessenden Konstrukte

Im Folgenden wird auf die Skalenentwicklung der endogenen, einflussmessenden Konstrukte von Online-Rezensionen eingegangen. Dazu erfolgt die Identifizierung der Messmodelle bezüglich der Konstrukte Nützlichkeit von Online-Rezensionen (Kapitel 5.2.2.1) sowie der Kaufintention auf Basis von Online-Rezensionen (Kapitel 5.2.2.2). In diesem Kontext werden die Ergebnisse der ersten und zweiten Generation der beiden endogenen Konstrukte dargestellt. Anschließend wird die Diskriminanzvalidität der beiden Konstrukte untersucht (Kapitel 5.2.2.3).

5.2.3.1. Nützlichkeit von Online-Rezensionen

Das Konstrukt Nützlichkeit von Online-Rezensionen als einflussmessender Faktor beschreibt, inwieweit eine Person beziehungsweise der Rezipient glaubt, dass die Verwendung eines bestimmten Systems respektive eine Online-Rezension, zu einer persönlichen Steigerung der Leistungsfähigkeit oder aber zu einer richtigen Entscheidungsfindung führt.[1289]

Die Operationalisierung der Nützlichkeit von Online-Rezensionen erfolgt auf Basis von Arbeiten, die das Konstrukt bereits in einem ähnlichen Kontext verwendet haben. Dazu zählen die Arbeiten von Sussman/Siegal (2003), Ahn/Ryu/Han (2007),

1289 Vgl. Davis (1989), S. 320 sowie Kapitel 3.4.2.1.

Cheung/Lee/Rabjohn (2008), Cheung (2014) und Hajli (2016).[1290] Anhand ihrer Skalen wurde ein für diese Untersuchung geeignetes Messmodell mit sechs Indikatoren für das Konstrukt Nützlichkeit von Online-Rezensionen entwickelt. Zur Verbesserung der Gütemaße wurden innerhalb des Auswertungsprozesses zwei Indikatoren eliminiert.

Das finale Messmodell mit vier Indikatoren weist für das Cronbachs Alpha einen Wert von 0,976 auf, der deutlich über dem geforderten Mindestwert von 0,7 liegt. Innerhalb der exploratorischen Faktorenanalyse wird für das Messmodell ein Faktor extrahiert und eine erklärte Varianz von 91,187% ausgewiesen. Zudem erfüllt das KMO-Kriterium mit einem Wert von 0,881 den im Schrifttum geforderten Wert von größer gleich 0,8. Die Item-to-Total-Korrelationen liegen mit Werten über 0,9 ebenfalls innerhalb der vorgegebenen Grenzwerte. Die exploratorischen Faktorladungen liegen über 0,9. Das sind sehr gute Werte, und die Reliabilitäts- und Validitätsprüfungen der ersten Generation deuten auf eine sehr gute Modellanpassung hin.

Innerhalb der konfirmatorischen Faktorenanalyse liegen die Indikatorreliabilitäten mit einem Wert von über 0,8 deutlich über dem geforderten Mindestwert von 0,4. Zudem besteht mit einem Wert von 0,976 eine hohe Faktorreliabilität und mit einem Wert von 0,912 eine hohe DEV. Zusätzlich erfüllen alle globalen Anpassungsmaße mit X^2/df (2,104), CFI (0,999), GFI (0,993), AGFI (0,965), TLI (0,996), SRMR (0,003) und RMSEA (0,063) die im Schrifttum geforderten Grenzwerte. Vor diesem Hintergrund muss das Messmodell Nützlichkeit von Online-Rezensionen nicht abgelehnt werden. Tabelle 5-18 fasst die Reliabilitäts- und Validitätskriterien der ersten und zweiten Generation des Messmodells Nützlichkeit von Online-Rezensionen zusammen.

[1290] Vgl. Sussman/Siegal (2003), S. 63; Ahn/Ryu/Han (2007), S. 274; Cheung/Lee/Rabjohn (2008), S. 239; Cheung (2014), S. 57; Hajli (2016), S. 11.

Tabelle 5-18: *Reliabilitäts- und Validitätskriterien der ersten und zweiten Generation des Messmodells des Faktors Nützlichkeit von Online-Rezensionen*

Nützlichkeit von Online-Rezensionen		
Indikatoren	**Faktorladung (exploratorisch)**	**Item-to-Total-Korrelation (>=0,5)**
13.1) Die Inhalte von Online-Rezensionen auf Yelp.de sind für mich nützlich.	0,957	0,942
13.2) Die Inhalte von Online-Rezensionen auf Yelp.de sind für mich informativ.	0,969	0,952
13.4) Die Inhalte von Online-Rezensionen auf Yelp.de sind für mich hilfreich.	0,958	0,943
13.5) Die Inhalte von Online-Rezensionen auf Yelp.de sind für mich vorteilhaft.	0,935	0,922

Deskriptive Beurteilungskennzahl	**Ergebnisse der exploratorischen Faktorenanalyse**			
Cronbachs' α (>=0,7)	**Extraktions-methode**	**KMO-Kriterium (>=0,8)**	**Anzahl extrahierter Faktoren**	**Erklärte Varianz (>=50%)**
0,976	Hauptachsen-Faktorenanalyse	0,881	1	91,187%

Lokale Anpassungsmaße		
Indikatoren	**Indikator-reliabilität (>=0,4)**	**Faktorladung (konfirmatorisch)**
13.1) Die Inhalte von Online-Rezensionen auf Yelp.de sind für mich nützlich.	**0,917**	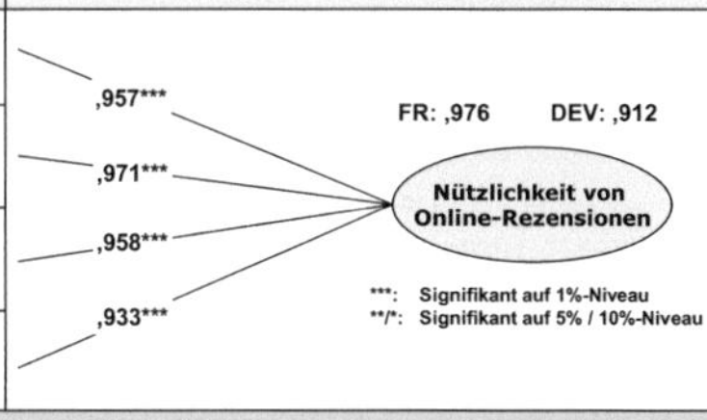
13.2) Die Inhalte von Online-Rezensionen auf Yelp.de sind für mich informativ.	**0,942**	
13.4) Die Inhalte von Online-Rezensionen auf Yelp.de sind für mich hilfreich.	**0,917**	
13.5) Die Inhalte von Online-Rezensionen auf Yelp.de sind für mich vorteilhaft.	**0,871**	

Globale Anpassungsmaße								
χ^2	**df**	χ^2**/df**	**CFI (>=0,9)**	**GFI (>=0,9)**	**AGFI (>=0,8)**	**TLI (>=0,9)**	**SRMR (<=0,1)**	**RMSEA (<=0,1)**
4,208	2	2,104	0,999	0,993	0,965	0,996	0,003	0,063

5.2.3.2. Kaufintention der Rezipienten auf Basis von Online-Rezensionen

Die Kaufintention der Rezipienten auf Basis von Online-Rezensionen als einflussmessendes Konstrukt beschreibt eine Form des Konsumentenverhaltens und erfasst die Absicht eines Konsumenten beziehungsweise eines Rezipienten, von einem konkreten Produkt oder einer konkreten Dienstleistung eine bestimmte Menge innerhalb eines gewissen Zeitraums zu kaufen respektive in Anspruch zu nehmen. So erfasst der Faktor Kaufintention, inwieweit die Rezipienten von Online-Rezensionen bewusste Pläne fassen, das Produkt oder die Dienstleistung aufgrund der rezipierten Online-Rezension käuflich zu erwerben.[1291]

Zur Operationalisierung der Kaufintention der Rezipienten von Online-Rezensionen konnte auf mehrere Arbeiten zurückgegriffen werden, die dieses Konstrukt in einem ähnlichen Kontext dieses Konstrukt bereits verwendet haben. Dazu zählen die Arbeiten von Liu/Liao/Pratt (2009), Hsiao et al. (2010), Saxena (2011), Mir/Zaheer (2012) und Chih et al. (2013).[1292] Auf Basis ihrer Skalen wurde ein Messmodell mit acht Indikatoren auf diese Untersuchung angepasst. Zur Verbesserung der Gütemaße wurden innerhalb der Modellanpassung vier Indikatoren eliminiert. Vor allem wurden Indikatoren eliminiert, denen die Annahme zugrunde liegt, dass einer jeden Kaufintention das Rezipieren von Online-Rezensionen vorangestellt ist.

Das abschließende Messmodell Kaufintention der Rezipienten auf Basis von Online-Rezensionen mit vier Indikatoren weist für das Cronbachs Alpha einen Wert von 0,957 auf. Innerhalb der exploratorischen Faktorenanalyse wird für das Messmodell ein Faktor extrahiert und eine erklärte Varianz von 85,104% erreicht. Darüber hinaus wird das KMO-Kriterium mit einem Wert von 0,875 erfüllt. Die Item-to-Total-Korrelationen liegen alle über 0,8 und damit deutlich über dem im Schrifttum geforderten Mindestwert von größer gleich 0,5. Die exploratorischen Faktorladungen weisen mit Werten größer als 0,8 sehr gute Werte auf.

Innerhalb der lokalen Anpassungsmaße erfüllen die Indikatorreliabilitäten den im Schrifttum geforderten Mindestwert von größer gleich 0,4 deutlich. Die Faktorreliabilität ist mit einem Wert von 0,957, ebenso wie die DEV mit einem Wert von 0,848, als sehr gut zu bezeichnen. Darüber hinaus entsprechen die globalen Anpassungsmaße X^2/df (1,094), CFI (1), GFI (0,996), AGFI (0,980), TLI (1), SRMR (0,004) und RMSEA (0,018) den im Schrifttum geforderten Werten. Auf dieser Basis muss das Messmodell Kaufintention der Rezipienten von Online-Rezensionen nicht verworfen werden. Tabelle 5-19 fasst die Reliabilitäts- und Validitätskriterien der ersten und zweiten Generation des Messmodells des Faktors Kaufintention der Rezipienten von Online-Rezensionen zusammen.

1291 Vgl. Cheung (2014), S. 46 sowie Kapitel 3.4.2.1.

1292 Vgl. Liu/Liao/Pratt (2009), S. 606; Hsiao et al. (2010), S. 944; Saxena (2011), S. 108; Mir/Zaheer (2012), S. 15; Chih et al. (2013), S. 668.

Tabelle 5-19: *Reliabilitäts- und Validitätskriterien der ersten und zweiten Generation des Messmodells des Faktors Kaufintention der Rezipienten auf Basis von Online-Rezensionen*

Kaufintention der Rezipienten von Online-Rezensionen

Indikatoren	**Faktorladung (exploratorisch)**	**Item-to-Total-Korrelation (>=0,5)**
14.4) Ich beabsichtige Produkte/Dienstleistungen zu kaufen, zu denen ich auf Yelp.de positive Online-Rezensionen gelesen habe.	0,939	0,910
14.5) Wenn mich jemand um einen Rat bezüglich eines Kaufs fragen sollte, würde ich Produkte/Dienstleistungen empfehlen, zu denen ich auf Yelp.de gute Online-Rezensionen gelesen habe.	0,932	0,904
14.6) Grundsätzlich informiere ich mich vor einem Kauf eines Produkts/einer Dienstleistung mit Hilfe von Online-Rezensionen auf Yelp.de.	0,888	0,867
14.8) Zukünftig werde ich Produkte/Dienstleistungen, die ich benötige und zu denen ich auf Yelp.de positive Online-Rezensionen gelesen habe, kaufen.	0,930	0,903

Deskriptive Beurteilungskennzahl	**Ergebnisse der exploratorischen Faktorenanalyse**			
Cronbachs' α (>=0,7)	**Extraktions-methode**	**KMO-Kriterium (>=0,8)**	**Anzahl extrahierter Faktoren**	**Erklärte Varianz (>=50%)**
0,957	Hauptachsen-Faktorenanalyse	0,875	1	85,104%

Lokale Anpassungsmaße

Indikatoren	**Indikator-reliabilität (>=0,4)**	**Faktorladung (konfirmatorisch)**
14.4) Ich beabsichtige Produkte/Dienstleistungen zu kaufen, zu denen ich auf Yelp.de positive Online-Rezensionen gelesen habe.	**0,885**	,941***
14.5) Wenn mich jemand um einen Rat bezüglich eines Kaufs fragen sollte, würde ich Produkte/Dienstleistungen empfehlen, zu denen ich auf Yelp.de gute Online-Rezensionen gelesen habe.	**0,871**	,933***
14.6) Grundsätzlich informiere ich mich vor einem Kauf eines Produkts/einer Dienstleistung mit Hilfe von Online-Rezensionen auf Yelp.de.	**0,788**	,888***
14.8) Zukünftig werde ich Produkte/Dienstleistungen, die ich benötige und zu denen ich auf Yelp.de positive Online-Rezensionen gelesen habe, kaufen.	**0,861**	,928***

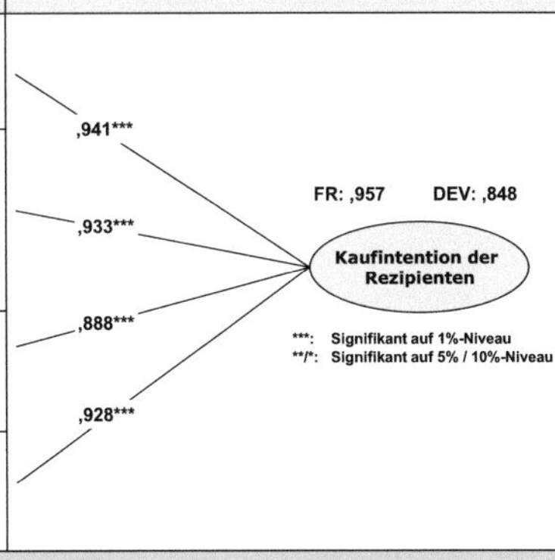

Globale Anpassungsmaße

χ^2	df	χ^2/df	CFI (>=0,9)	GFI (>=0,9)	AGFI (>=0,8)	TLI (>=0,9)	SRMR (<=0,1)	RMSEA (<=0,1)
2,187	2	1,094	1	0,996	0,980	1	0,004	0,018

5.2.4. Untersuchung der abhängigen Konstrukte auf Diskriminanzvalidität

Die Überprüfung der Diskriminanzvalidität der beiden endogenen, einflussmessenden Konstrukte Nützlichkeit von Online-Rezensionen und Kaufintention auf Basis von Online-Rezensionen erfolgt anhand der exploratorischen Faktorenanalyse, der konfirmatorischen Faktorenanalyse sowie des Fornell/Larcker-Kriteriums. Tabelle 5-20 fasst die Ergebnisse der exploratorischen Faktorenanalyse für die endogenen, abhängigen Konstrukte Nützlichkeit von Online-Rezensionen und Kaufintention auf Basis von Online-Rezensionen zusammen.

Tabelle 5-20: *Ergebnisse der exploratorischen Faktorenanalyse für die endogenen Konstrukte*

Indikatoren		Exploratorische Faktorladungen	
		Faktor 1	Faktor 2
Nützlichkeit von Online-Rezensionen	13.1	**0,965**	-0,011
	13.2	**0,975**	-0,008
	13.4	**0,975**	-0,020
	13.5	**0,880**	0,073
Kaufintention auf Basis von Online-Rezensionen	14.4	0,132	**0,840**
	14.5	0,054	**0,890**
	14.6	-0,073	**0,946**
	14.8	-0,024	**0,948**
Kaiser Meyer Olkin-Kriterium	0,930	Kumulierte Varianz der Faktoren	88,370%

Die Ergebnisse der exploratorischen Faktorenanalyse weisen einen KMO-Wert von 0,930 und eine kumulierte Varianz der Faktoren von 88,370% auf. Dies weist auf eine gute Eignung der Korrelationsmatrix hin. Zusätzlich erfüllen alle Gütekriterien der ersten und zweiten Generation die im Schrifttum geforderten Mindestwerte, wobei, wie zuvor bereits erläutert die korrigierten GFI- und AGFI-Werte berichtet werden.[1293]

Die Ergebnisse der globalen Anpassungsmaße implizieren eine sehr gute Anpassung der Modellstruktur. Die acht untersuchten Indikatoren laden auf das jeweils zugehörige Konstrukt mit einem Betragswert von größer gleich 0,4. Aufgrund solch guter Werte muss die postulierte Faktorenstruktur nicht verworfen werden.

Als nächstes erfolgt die Überprüfung der Diskriminanzvalidität anhand der konfirmatorischen Faktorenanalyse erster Ordnung. Abbildung 5-13 fasst die Konfirmatorische Faktorenanalyse erster Ordnung der endogenen Konstrukte zusammen.

Innerhalb der konfirmatorischen Faktorenanalyse erster Ordnung der endogenen Konstrukte sind die lokalen sowie die globalen Anpassungsmaße der zweiten Generation erfüllt. Somit ist von einer sehr guten Modellanpassung bezüglich der postulierten Faktorenstruktur auszugehen. Daher muss die Modellstruktur mit den beiden

1293 Vgl. dazu die Ausführungen in Kapitel 4.2.2.

endogenen, abhängigen Konstrukten Nützlichkeit von Online-Rezensionen und Kaufintention auf Basis von Online-Rezensionen nicht verworfen werden.

Abbildung 5-13: Konfirmatorische Faktorenanalyse erster Ordnung der endogenen Konstrukte

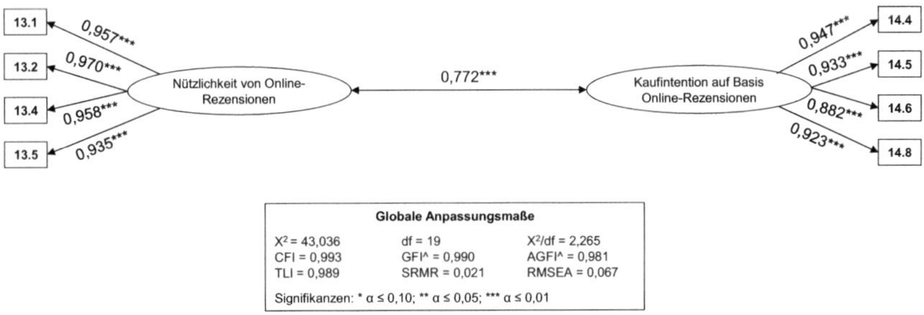

Tabelle 5-21: *Ergebnisse des Fornell/Larcker-Kriteriums der endogenen Konstrukte*

	Nützlichkeit von Online-Rezensionen	**Kaufintention auf Basis von Online-Rezensionen**
Nützlichkeit von Online-Rezensionen	**0,912**	
Kaufintention auf Basis von Online-Rezensionen	0,596	**0,848**
Fornell/Larcker-Kriterium	✓	✓

Der letzte Test zur Überprüfung der Diskriminanzvalidität der abhängigen, endogenen Konstrukte erfolgt mit Hilfe des Fornell/Larcker-Kriteriums. Dazu werden die quadrierten Korrelationen der beiden endogenen, abhängigen Konstrukte mit den jeweils durchschnittlich erfassten Varianzen (DEV) der Konstrukte verglichen. Tabelle 5-21 zeigt, dass die quadrierten Korrelationen der einzelnen endogenen Konstrukte die DEV's der jeweiligen Konstrukte nicht überschreiten und das Fornell/Larcker-Kriterium erfüllt ist.

5.2.5. Zusammenfassung der Messmodelle der unabhängigen und abhängigen Konstrukte

Tabelle 5-22: *Zusammenfassung der geprüften Gütekriterien für alle Messmodelle*

Messmodell		Kriterien der ersten Generation	Lokale Anpassungsmaße (Kriterien der zweiten Generation)	Globale Anpassungsmaße (Kriterien der zweiten Generation)	Fornell/Larcker-Kriterium
Dimensionen der Qualität der Argumente	Verständlichkeit	✓	✓	✓	✓
	Genauigkeit	✓	✓	✓ (X2/df minimal überschritten)	✓
	Zweiseitige Betrachtung	✓	✓	✓ (X2/df und RMSEA überschritten)	✓
	Vollständigkeit	✓	✓	✓ (X2/df minimal überschritten)	✓
	Relevanz	✓	✓	✓	✓
	Aktualität	✓	✓	✓	✓
Dimensionen der peripheren Signale	Quantität von Online-Rezensionen	✓	✓	✓ (X2/df und RMSEA überschritten)	✓
	Konsistenz von Online-Rezensionen	✓	✓	✓ (X2/df und RMSEA leicht überschritten)	✓
	Reputation der Rezensenten	✓	✓	✓ (X2/df und RMSEA überschritten)	✓
	Expertise der Rezensenten	✓ (KMO-Kriterium minimal überschritten)	✓	--- Nicht messbar	✓
	Rating von Produkten/ Dienstleistungen	✓	✓	✓	✓
	Reputation der Webseite	✓	✓	✓ (X2/df und RMSEA leicht überschritten)	✓
Endogene Konstrukte	Nützlichkeit von Online-Rezensionen	✓	✓	✓	✓
	Kaufintention auf Basis von Online-Rezensionen	✓	✓	✓	✓

Anhand der durchgeführten Überprüfungen der einzelnen Messmodelle der unabhängigen sowie abhängigen Konstrukte ist festzuhalten, dass die Messmodelle eindeutig bestimmt sind und die im Schrifttum geforderten Gütekriterien der ersten und zweiten Generation sowie das Fornell/Larcker-Kriterium nahezu vollständig erfüllen. Nur wenige Gütemaße verfehlen knapp die vorgegebenen Grenzwerte. Letzteres ist vor dem Hintergrund des Gesamteindrucks der einzelnen Messmodelle jedoch zu vernachlässigen. Tabelle 5-22 fasst die geprüften Gütekriterien für alle Messmodelle zusammen.

5.3. Einfluss der Second-Order-Konstrukte auf die abhängigen Konstrukte

Nachdem die Operationalisierung der identifizierten Messmodelle abgeschlossen und die Spezifikation der Second-Order Konstrukte Qualität der Argumente und der peripheren Signale nachgewiesen wurde, soll im Folgenden das finale Strukturmodell vorgestellt, und die postulierten Hypothesen einschließlich der damit verbundenen Wirkungsbeziehungen überprüft werden.[1294] Dazu werden die exogenen, unabhängigen Konstrukte und die endogenen, abhängigen Konstrukte innerhalb eines Strukturmodells modelliert. Abbildung 5-14 illustriert das Ergebnis des finalen Strukturgleichungsmodells dieser Untersuchung, einschließlich der dazugehörigen globalen Anpassungsmaße.

Das finale Untersuchungsmodell zeigt, dass alle Einflussfaktoren von Online-Rezensionen hochsignifikant auf das jeweilige Konstrukt höherer Ordnung laden und besitzen somit einen positiven Einfluss auf das jeweilige Konstrukt. Darüber hinaus liegt mit der Wirkungsbeziehung des Second-Order-Konstrukts Qualität der Argumente auf das Konstrukt Nützlichkeit von Online-Rezensionen mit einem Wert von 0,237 ein hochsignifikanter positiver Einfluss vor. Ebenfalls besitzt die Wirkungsbeziehung zwischen dem Second-Order-Konstrukt periphere Signale und dem Konstrukt Nützlichkeit von Online-Rezensionen mit einem Wert von 0,691 einen hochsignifikant positiven Einfluss. Das gleiche gilt für die Wirkungsbeziehung zwischen dem Konstrukt Nützlichkeit von Online-Rezensionen und dem Konstrukt Kaufintention auf Basis von Online-Rezensionen. Hierbei weist eine Faktorladung mit dem Wert von 0,775 auf einen ebenfalls hochsignifikanten positiven Einfluss hin.

1294 Vgl. Weiber/Mühlhaus (2014), S. 227.

Abbildung 5-14: Ergebnis des finalen Strukturgleichungsmodells der Untersuchung

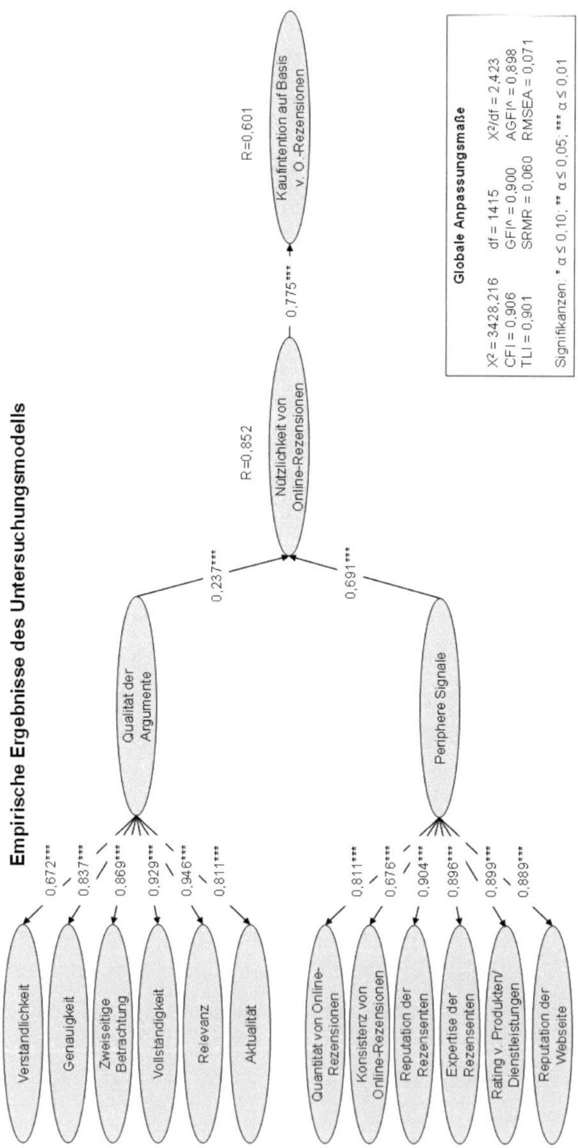

Die empirischen Ergebnisse des Strukturgleichungsmodells zeigen, dass die postulierten Hypothesen die prognostizierten Vorzeichen der Pfadkoeffizienten einhalten. Dabei liegen die Pfadkoeffizienten mit Werten von über 0,2 über den im Schrifttum

geforderten Mindestwerten.[1295] Ein weiterer Hinweis, dass das finale Strukturgleichungsmodell einen hohen Erklärungsgehalt besitzt, ist anhand der Bestimmtheitsmaße erkennbar. Das Bestimmtheitsmaß gibt den Anteil der Varianz eines endogenen Konstrukts an, das durch die exogenen Konstrukte erklärt werden kann.[1296] Nach Chin (1998c) gelten Werte von 0,19 als schwach, 0,33 als moderat und bei Werten von 0,66 als substanziell.[1297] Das finale Strukturgleichungsmodell enthält für die Nützlichkeit von Online-Rezensionen ein R^2-Wert von 0,852. Zudem liegt der R^2-Wert des Konstrukts Kaufintention auf Basis von Online-Rezensionen bei 0,601, alles hoch substanzielle Werte.

Darüber hinaus weisen die globalen Anpassungsmaße des finalen Strukturgleichungsmodells sehr gute Werte auf. Trotz der sehr hohen Modellkomplexität mit insgesamt 1415 Freiheitsgraden werden alle globalen Anpassungsmaße erfüllt.[1298] Der Wert für das X^2/df liegt bei 2,423 und unter dem geforderten Maximalwert von 3.[1299] Die weiteren globalen Anpassungsmaße, wozu CFI=0,906, GFI^=0,900, AGFI^=0,898, TLI=0,901, SRMR=0,060 und RMSEA=0,071 gehören, erfüllen die im Schrifttum geforderten Mindestwerte.

Somit ist festzuhalten, dass das finale Strukturgleichungsmodell korrekt spezifiziert ist. Insbesondere die Werte des TLI, des CFI sowie des SRMR, die vor allem bei Modellen mit einer Größe der Stichprobe von mehr als 150 herangezogen werden sollen, weisen sehr gute Werte auf.[1300] Daher kann das postulierte Untersuchungsmodell nicht zurückgewiesen, und die postulierten Hypothesen H_{15}, H_{16} und H_{17} nicht verworfen werden.

H_{15}: Je höher die ‚Qualität der Argumente' ausgeprägt sind, desto höher ist die ‚Nützlichkeit von Online-Rezensionen' für die Rezipienten.

H_{16}: Je höher die ‚peripheren Signale' ausgeprägt sind, desto höher ist die ‚Nützlichkeit von Online-Rezensionen' für die Rezipienten.

1295 Vgl. Chin (1998a), S. XIII; Weiber/Mühlhaus (2014), S. 229 f.

1296 Vgl. Weiber/Mühlhaus (2014), S. 230.

1297 Vgl. Chin (1998c), S. 323; Weiber/Mühlhaus (2014), S. 230.

1298 Vgl. Klarmann (2008), S. 193 ff.; Pistoia (2014), S. 286. Da die Modellkomplexität einen großen Einfluss auf die globalen Anpassungsmaße besitzt, verschlechtern sich diese zunehmend mit einer steigenden Anzahl an Variablen. Daher sind die globalen Anpassungsmaße des finalen Strukturgleichungsmodells aufgrund der hohen Modellkomplexität umso höher einzuschätzen.

1299 Vgl. auch im Folgenden zu den Grenzwerten der globalen Anpassungsmaße Kapitel 4.2.

1300 Vgl. Weiber/Mühlhaus (2014), S. 223.

H_{17}: Je höher die ‚Nützlichkeit von Online-Rezensionen' ausgeprägt ist, desto höher ist die ‚Kaufintention der Rezipienten auf Basis von Online-Rezensionen'.

5.4. Einfluss von Moderatoren

Als nächstes wird der Einfluss der in Kapitel 3.4.3 identifizierten Moderatoren Expertise und Engagement der Rezipienten im Kontext des finalen Untersuchungsmodells untersucht.[1301] Dazu wird überprüft, wie sich die Moderatoren Expertise und Engagement der Rezipienten zum einen auf die Wirkungsbeziehung des Second-Order-Konstrukts Qualität der Argumente auf die Nützlichkeit von Online-Rezensionen auswirken und zum anderen, inwieweit die Wirkungsbeziehung des Second-Order-Konstrukts periphere Signale auf die Nützlichkeit von Online-Rezensionen durch die Moderatoren beeinflusst wird.[1302] Tabelle 5-23 stellt die die Operationalisierung der Moderatoren dar.

Tabelle 5-23: *Operationalisierung der Moderatoren*

Moderator	Operationalisierung	Quellen
Expertise der Rezipienten	Ich habe Vorwissen zu Produkten/Dienstleistungen, zu denen ich Online-Rezensionen gelesen habe.	In Anlehnung an: Cheung/Sia/Kuan (2012)
Engagement der Rezipienten	Ich denke ausführlich über die Informationen nach, die in Online-Rezensionen auf Yelp.de zu Produkten/Dienstleistungen enthalten sind.	In Anlehnung an: Filieri/McLeay (2013)

Zur Überprüfung der Wirkung der Moderatoren Expertise und Engagement der Rezipienten innerhalb des finalen Strukturmodells erfolgt in AMOS ein Gruppenvergleich mit restringierten Modellen.[1303] In diesem Zusammenhang werden die Chi-Quadrat-Werte (CMIN), die Freiheitsgrade (Df), die p-Werte des unrestringierten sowie des vollständig restringierten Modells analysiert. Anhand der Werte kann gezeigt werden, dass keine Invarianz vorliegt und sich das Modell sowohl bei einem Gruppenvergleich bezüglich der Expertise der Rezipienten als auch bei einem Gruppenvergleich bezüglich des Engagements der Rezipienten differenziert.[1304]

1301 Vgl. Kapitel 3.4.3.
1302 Vgl. Kapitel 3.5.
1303 Vgl. Kapitel 4.2.4.
1304 Vgl. Gaskin (2017).

Zusätzlich zeigen die restringierten Pfadbeziehungen zwischen dem Second-Order-Konstrukt Qualität der Argumente und der Nützlichkeit von Online-Rezensionen sowie zwischen dem Second-Order-Konstrukt periphere Signale und der Nützlichkeit von Online-Rezensionen, dass bei beiden Moderatoren signifikante Unterschiede zwischen den Wirkungsbeziehungen vorliegen. Bei dem Gruppenvergleich bezüglich der Expertise der Rezipienten liegt eine signifikanter Unterschied sowohl bezüglich der Wirkungsbeziehung zwischen der Second-Order-Konstrukts Qualität der Argumente und der Nützlichkeit von Online-Rezensionen mit einem 95%-Konfidenzniveau, als auch bezüglich der Wirkungsbeziehung zwischen dem Second-Order-Konstrukt periphere Signale und der Nützlichkeit von Online-Rezensionen mit einem 90%-Konfidenzniveau vor. Die gleichen Konfidenzniveaus konnten für den Gruppenvergleich des Moderators Engagement der Rezipienten festgestellt werden. Tabelle 5-24 fasst die Ergebnisse der Moderatorenanalyse zusammen.

Tabelle 5-24: *Zusammenfassung der Moderatorenanalyse*

Expertise der Rezipienten	CMIN	Df	P-Wert	CMIN-Schwellenwert
Modell „Unconstrained“	5973,877	2830	0,000	
Modell „Fully Constrained“	6531,455	2884	0,000	
Qualität der Argumente	5977,812	2831	0,000	✓ 95% Konfidenz
Periphere Signale	5976,98	2831	0,000	✓ 90% Konfidenz
Engagement der Rezipienten	**CMIN**	**Df**	**P-value**	**CMIN-Schwellenwert**
Modell „Unconstrained“	6319,695	2830	0,000	
Modell „Fully Constrained“	6419,093	2884	0,000	
Qualität der Argumente	6324,131	2831	0,000	✓ 95% Konfidenz
Periphere Signale	6322,552	2831	0,000	✓ 90% Konfidenz

Im nächsten Schritt erfolgt die Betrachtung der Moderatoren Expertise und Engagement der Rezipienten hinsichtlich der Gerichtetheit des Einflusses der Wirkungsbeziehungen zwischen dem Second-Order-Konstrukt Qualität der Argumente auf die Nützlichkeit von Online-Rezensionen sowie zwischen dem Second-Order-Konstrukt periphere Signale auf die Nützlichkeit von Online-Rezensionen. Die Analyse der Pfadkoeffizienten findet entlang der Mehrgruppen-Kausalanalyse nach Weiber/ Mühlhaus (2014) statt.[1305]

Für die Analyse werden die Gruppenvergleiche bezüglich der Moderatoren Expertise und Engagement der Rezipienten jeweils unterteilt in niedrige Ausprägung und hohe Ausprägung. Bevor auf die Analyse der Pfadkoeffizienten eingegangen werden kann, erfolgt zunächst die konfigurale sowie die metrische Messinvarianz der beiden Moderatoren.

Von der konfiguralen Messinvarianz ist auszugehen, weil die latenten Variablen in allen Gruppen einheitlich gemessen worden sind.[1306] Darüber hinaus unterstützen die globalen Anpassungsmaße in Tabelle 5-25 innerhalb des Modells „Unconstrained" für beide Moderatoren diese Annahme. Die Korrelationen zwischen den beiden Second-Order-Konstrukten sind deutlich kleiner als eins und die Gütemaße werden weitestgehend erfüllt.[1307] Zur Überprüfung der metrischen Invarianz werden die „Measurement Weights" herangezogen. X^2/df und RMSEA erfüllen die Schwellenwerte, während CFI und TLI wiederum darunter liegen.[1308] Die metrische Invarianz wird aufgrund der sehr geringen Differenzwerte der Fitmaße zwischen Modell „Unconstrained" und Modell „Measurement Weights" bei den jeweiligen Moderatoren als gegeben angesehen.[1309] Tabelle 5-25 fasst die Analyse konfiguraler und metrischer Messinvarianz zusammen.

Nach der Analyse der konfiguralen und metrischen Messinvarianz können die Pfadkoeffizienten für die einzelnen Gruppen verglichen werden. Für diesen Vergleich werden die strukturellen Zusammenhänge des finalen Untersuchungsmodells angenommen und die Mehrgruppenanalyse in AMOS bezüglich der Expertise sowie des Engagements der Rezipienten durchgeführt.

Bei einer niedrigen Ausprägung der Expertise der Rezipienten beträgt der Pfadkoeffizient zwischen dem Second-Order-Konstrukt Qualität der Argumente und der

[1305] Vgl. Weiber/Mühlhaus (2014), S. 289 ff.

[1306] Vgl. Weiber/Mühlhaus (2014), S. 296.

[1307] Vgl. Weiber/Mühlhaus (2014), S. 309. Die Werte des TLI und des CFI werden im Gegensatz zum X^2/df und RMSEA nicht erfüllt. Dies ist zum einen auf die sehr komplexe Modellstruktur sowie auf die reduzierte Samplegröße anhand des Mediansplits zurückzuführen. Daher soll im Folgenden die Untersuchung der Moderatoren fortgeführt werden.

[1308] Das die Werte des TLI und CFI nicht erfüllt sind, ist wiederum auf die sehr komplexe Modellstruktur sowie auf die reduzierte Samplegröße anhand des Mediansplits zurückzuführen. Daher soll im Folgenden die Untersuchung der Moderatoren fortgeführt werden.

[1309] Vgl. Weiber/Mühlhaus (2014), S. 309.

Nützlichkeit von Online-Rezensionen einen Wert von 0,330 und der Pfadkoeffizient zwischen dem Second-Order-Konstrukt periphere Signale und der Nützlichkeit von Online-Rezensionen einen Wert von 0,603. Bei einer hohen Ausprägung der Expertise der Rezipienten beträgt der Pfadkoeffizient zwischen dem Second-Order-Konstrukt Qualität der Argumente und der Nützlichkeit von Online-Rezensionen einen Wert von 0,099 und zwischen dem Second-Order-Konstrukt periphere Signale und der Nützlichkeit von Online-Rezensionen einen Wert von 0,778.

Tabelle 5-25: *Analyse konfiguraler und metrischer Messinvarianz*

Moderator	Modell „Unconstrained"					Modell „Measurement Weights"			
	X^2/df	RMSEA	TLI	CFI	Φmax	X^2/df	RMSEA	TLI	CFI
Expertise der Rezipienten	2,098	0,063	0,848	0,855	0,652	2,092	0,062	0,849	0,854
Engagement der Rezipienten	2,233	0,066	0,816	0,825	0,637	2,224	0,066	0,818	0,824

Tabelle 5-26: *Pfadkoeffizienten bei niedriger vs. hoher Ausprägung der Moderatoren Expertise der Rezipienten und Engagement der Rezipienten innerhalb des finalen Strukturmodells*

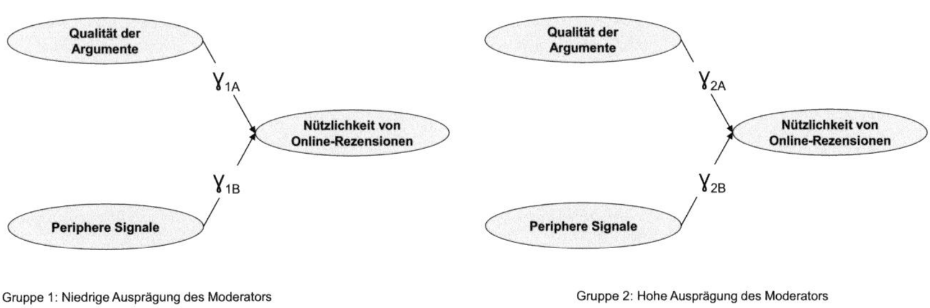

Moderator	Gruppe 1		Gruppe 2	
	γ_{1A}	γ_{1B}	γ_{2A}	γ_{2B}
Expertise der Rezipienten	0,330***	0,003***	0,099	0,778***
Engagement der Rezipienten	0,304***	0,598***	0,099	0,773***

Signifikanzen: * α ≤ 0,10; ** α ≤ 0,05; *** α ≤ 0,01

Bei einer niedrigen Ausprägung des Engagement der Rezipienten beträgt der Pfadkoeffizient zwischen dem Second-Order-Konstrukt Qualität der Argumente und der Nützlichkeit von Online-Rezensionen einen Wert von 0,304 und der Pfadkoeffizient zwischen dem Second-Order-Konstrukt periphere Signale und der Nützlichkeit von Online-Rezensionen einen Wert von 0,598. Bei einer hohen Ausprägung des Engagement der Rezipienten beträgt der Pfadkoeffizient zwischen dem Second-Order-Konstrukt Qualität der Argumente und der Nützlichkeit von Online-Rezensionen einen Wert von 0,099 und zwischen dem Second-Order-Konstrukt periphere Signale und der Nützlichkeit von Online-Rezensionen einen Wert von 0,773. Tabelle 5-26 fasst die Pfadkoeffizienten bei niedriger gegenüber hoher Ausprägung der Moderatoren Expertise der Rezipienten und Engagement der Rezipienten innerhalb des finalen Strukturmodells zusammen.

Im Folgenden werden die Ergebnisse der Ausprägungen der beiden Moderatoren Expertise und Engagement der Rezipienten anhand der postulierten Untersuchungshypothesen analysiert.

H_{18}: Je höher die ‚Expertise der Rezipienten' ausgeprägt ist, desto höher ist die Wirkung des Second-Order-Konstrukts ‚Qualität der Argumente' auf die ‚Nützlichkeit von Online-Rezensionen.'

H_{19}: Je niedriger die ‚Expertise der Rezipienten' ausgeprägt ist, desto höher ist die Wirkung des Second-Order-Konstrukts ‚periphere Signale' auf die ‚Nützlichkeit von Online-Rezensionen.'

H_{20}: Je höher das ‚Engagement der Rezipienten' ausgeprägt ist, desto höher ist die Wirkung des Second-Order-Konstrukts ‚Qualität der Argumente' auf die ‚Nützlichkeit von Online-Rezensionen.'

H_{21}: Je niedriger das ‚Engagement der Rezipienten' ausgeprägt ist, desto höher ist die Wirkung des Second-Order-Konstrukts ‚periphere Signale' auf die ‚Nützlichkeit von Online-Rezensionen.'

Die postulierten Untersuchungshypothesen sind auf Basis des ‚Elaboration Likelihood Models' hergeleitet worden.[1310] Die Theorie besagt, dass bei einer intensiven Auseinandersetzung mit den Persuasionsversuchen die Elaboration der Rezipienten primär anhand der zentralen Route der Persuasion und bei einer weniger intensiven

[1310] Vgl. Kapitel 3.1.3.

Auseinandersetzung mit den Persuasionsversuchen die Elaboration der Rezipienten stärker anhand der peripheren Route der Persuasion verläuft.[1311]

Aus dieser Annahme folgt, dass die Rezipienten mit einer hohen Expertise die Fähigkeit besitzen, die Inhalte von Online-Rezensionen zu evaluieren und die zentrale Route der Persuasion bevorzugen. In dieser Situation werden die Dimensionen der Qualität der Argumente stärker gewichtet als die Dimensionen der peripheren Signale. Gleiches gilt für Rezipienten mit einem hohen Engagement bezüglich des Persuasionsversuchs. Liegt bei den Rezipienten eine hohe Motivation vor, sich mit den Inhalten von Online-Rezensionen auseinanderzusetzen, werden sie ebenfalls die Dimensionen der Qualität der Argumente stärker gewichten als die Dimensionen der peripheren Signale.

Umgekehrt besitzen Rezipienten mit einer niedrigen Expertise nur geringe Fähigkeiten sich mit den Inhalten von Online-Rezensionen auseinanderzusetzen. In diesem Fall werden die Dimensionen der peripheren Signale stärker gewichtet als die Dimensionen der Qualität der Argumente. Nach dem Theorieverständnis werden Rezipienten mit einem niedrigen Engagement aufgrund einer niedrigen Motivation die Dimensionen der peripheren Signale stärker gewichten als die Dimensionen der Qualität der Argumente.[1312]

Die empirischen Ergebnisse bestätigen diese Sichtweise nicht und haben zur Folge, dass die vier Hypothesen bezüglich der Moderatoren abgelehnt werden. Dieses Ergebnis ist nicht völlig unerwartet, da bereits frühere Studien, beispielsweise von Cheung/Sia/Kuan (2012) zu ähnlichen Ergebnissen führten.[1313]

Bei der Interpretation dieser Ergebnisse muss nochmals betont werden, dass diese Arbeit nicht die Wirkung der Moderatoren Expertise und Engagement der Rezipienten auf die einzelnen Dimensionen der Qualität der Argumente und die einzelnen Dimensionen der peripheren Signale untersucht. Die Wirkung der Moderatoren Expertise und Engagement der Rezipienten wird auf die Wirkungsbeziehung des Second-Order-Konstrukts Qualität der Argumente sowie des Second-Order-Konstrukts periphere Signale auf die Nützlichkeit von Online-Rezensionen untersucht. Eine detaillierte Analyse der Wirkung der Moderatoren auf jede einzelne Dimension des Second-Order-Konstrukts Qualität der Argumente sowie des Second-Order-Kon-

1311 Vgl. Petty/Cacioppo (1986), S. 123 ff.

1312 Vgl. beispielsweise Sussman/Siegal (2003), S. 47 ff.; Zhang/Watts (2004), S. 81 ff.; Cheung/Sia/Kuan (2012), S. 622 ff.

1313 Vgl. auch im Folgenden Cheung/Sia/Kuan (2012), S. 622 ff.

strukts periphere Signale wäre im Rahmen dieser Untersuchung schlicht nicht angemessen und würde den Umfang der Arbeit überziehen. Vor diesem Hintergrund kann nur eine Gesamtbetrachtung der Wirkung der beiden Moderatoren auf die beiden Second-Order-Konstrukte erfolgen. Es ist zu beachten, dass die Moderatoren eine differenzierte Wirkung auf die einzelnen Dimensionen des Second-Order-Konstrukts Qualität der Argumente und des Second-Order-Konstrukts periphere Signale besitzen können.

Grundsätzlich sind bei der Interpretation der Wirkung der Moderatoren die empirischen Ergebnisse des finalen Untersuchungsmodells zu berücksichtigen. Die Rezipienten von Online-Rezensionen auf dem Online-Bewertungsportal Yelp.de gewichten die Wirkung des Second-Order-Konstrukts periphere Signale stärker als die Wirkung des Second-Order-Konstrukts Qualität der Argumente auf die Nützlichkeit von Online-Rezensionen.[1314] Dies steht im Einklang mit dem ‚Elaboration Likelihood Model'.[1315] Dieses Ergebnis verändert sich nicht unter Verwendung der Moderatoren Expertise und Engagement der Rezipienten. Dennoch ist ein signifikanter Unterschied zwischen einer hohen Expertise und einer niedrigen Expertise der Rezipienten sowie zwischen einem hohen Engagement und einem niedrigen Engagement der Rezipienten bezüglich der Wirkung der Second-Order-Konstrukte Qualität der Argumente und periphere Signale auf die Nützlichkeit von Online-Rezensionen festzustellen.

Eine mögliche Erklärung, dass die Rezipienten mit einer niedrigen Expertise die Qualität der Argumente signifikant stärker gewichten als mit einer hohen Expertise kann in der Besonderheit des Online-Bewertungsportals Yelp.de liegen. Das Online-Bewertungsportal Yelp.de ermöglicht den Rezipienten beispielsweise einen ersten Überblick zu Produkten und Dienstleistungen anhand eines Ratings. Nachdem die Rezipienten mit einer niedrigen Expertise auf Basis des Ratings beispielsweise ein Restaurant gewählt haben, werden sie im nächsten Schritt Inhalte dazu rezipieren und anhand von Dimensionen der Qualität der Argumente fortfahren, um eine konkrete Vorstellung zu den Speisen und Dienstleistungen des Restaurants zu erhalten. Für diese Rezipienten ist es unerheblich, ob es sich um Rezensenten mit einer hohen Expertise handelt, da für eine erste Einschätzung auch Rezensenten mit wenig Expertenwissen den Rezipienten einen informativen Mehrwert liefern können.

1314 Vgl. dazu Kapitel 5.3.

1315 Vgl. dazu auch Petty/Cacioppo (1986), S. 123 ff.; Klimmt (2011), S. 44 ff.

Rezipienten mit einer hohen Expertise besitzen bereits Vorwissen zu dem rezipierten Produkt oder der rezipierten Dienstleistung. In diesem Fall liefern Inhalte von Online-Rezensionen auf dem Online-Bewertungsportal Yelp.de häufig keinen Mehrwert, da Produkte und Dienstleistungen oftmals nicht bis ins letzte Detail beschrieben werden. Der Aufwand dafür wäre für die Rezensenten sehr groß und ausführliche Online-Rezensionen werden oftmals nicht vollständig gelesen. Unter diesen Umständen bieten den Rezipienten die Bewertungen von Rezensenten mit einer hohen Expertise und einer hohen Reputation den Rezipienten einen Mehrwert. Die Bewertungen dieser Rezensenten sind höher einzuschätzen, als Inhalte oder Ratings von Rezensenten mit niedriger Expertise oder niedriger Reputation. Insbesondere wenn die Bewertungen der Rezensenten mit hoher Expertise und hoher Reputation zu einem Produkt oder einer Dienstleistung untereinander konsistent sind, entsteht ein entscheidender Mehrwert für die Rezipienten mit einer hohen Expertise. Das könnte erklären, warum Rezipienten mit einer hohen Expertise die Dimensionen der peripheren Signale stärker gewichten.

Eine mögliche Erklärung, warum bei einem niedrigen Engagement der Rezipienten die Qualität der Argumente relativ stärker gewichtet wird als bei einem hohen Engagement der Rezipienten, könnte ebenfalls auf eine Besonderheit des Online-Bewertungsportals Yelp.de zurückzuführen sein. Rezipienten mit einer niedrigen Motivation rezipieren vermutlich nur die ersten ihnen zugänglichen Online-Rezensionen zu einem Produkt oder einer Dienstleistung und fokussieren sich auf kurze inhaltliche Erläuterungen in Online-Rezensionen. Rezipienten mit einem hohen Engagement stehen eine Reihe von Vergleichsmöglichkeiten in Form von peripheren Signalen auf dem Online-Bewertungsportal Yelp.de zur Verfügung. Die Rezipienten können aufgrund der Vielzahl von Online-Rezensionen zu einem Produkt oder einer Dienstleistung die Online-Rezensionen untereinander auf Konsistenz prüfen und auf dieser Basis die für die Rezensenten entscheidenden Inhalte aufgrund von Mehrfachnennungen identifizieren. Zusätzlich besteht für die Rezipienten mit einem hohen Engagement die Möglichkeit die Quantität von Online-Rezensionen zu ähnlichen Produkten oder Dienstleistung miteinander zu vergleichen. In diesem Zusammenhang ist auch die Information aus den Expertengesprächen zu sehen, dass Produkte oder Dienstleistungen, die häufiger rezensiert wurden, oftmals auch populärer sind.[1316]

[1316] Vgl. dazu die Auswertung der Expertengespräche in Kapitel 3.3.1.

Die empirischen Ergebnisse der Moderatoren Expertise und Engagement der Rezipienten auf die Wirkungsbeziehung zwischen den Second-Order-Konstrukten Qualität der Argumente und periphere Signale auf die Nützlichkeit von Online-Rezensionen sind auf Basis dieser Erläuterungen nachvollziehbar.

5.5. Zusammenfassung der Indikatoren des Untersuchungsmodells

In Tabelle 5-27 sind abschließend alle 91 Indikatoren des finalen Fragebogens zusammengestellt. Dazu gehören auch die innerhalb der Reliabilitäts- und Validitätsprüfung, sowie aufgrund eines besseren Modellfittings eliminierten Indikatoren. Zur Verbesserung der Übersichtlichkeit sind die Indikatoren, die letztlich für das finale Untersuchungsmodell verwendet wurden, grau hinterlegt. Zusätzlich werden die Quellen angegeben, auf denen die finalen Skalen basieren.

Tabelle 5-27: Zusammenfassung der Indikatoren des Untersuchungsmodells

	Indikatoren	Quellen
Verständlichkeit		
1.1	Die Inhalte von Online-Rezensionen auf Yelp.de sind für mich leicht verständlich.	In Anlehnung an Wang/Strong (1996); Barnes/Vidgen (2002); Wang/Benbasat (2005); Lee/Kozar (2012); Filieri/McLeay (2013).
1.2	Die Inhalte von Online-Rezensionen auf Yelp.de sind für mich leicht zu interpretieren.	
1.3	Die Inhalte von Online-Rezensionen auf Yelp.de sind für mich leicht zu lesen.	
1.4	Die Inhalte von Online-Rezensionen auf Yelp.de sind für mich klar zu verstehen.	
1.5	Die Inhalte von Online-Rezensionen auf Yelp.de sind für mich frei von sprachlichen Fehlern.	
1.6	Insgesamt erscheint mir die Verständlichkeit von Online-Rezensionen auf Yelp.de sehr hoch.	
Genauigkeit		
2.1	Die Inhalte von Online-Rezensionen auf Yelp.de erscheinen mir akkurat.	In Anlehnung an Wang/Strong (1996); Nelson/Todd/Wixom (2005); Cheung/Lee/Rabjohn (2008); Cheung/Thadani (2012); Filieri/McLeay (2013); Jamil/Hasnu (2013).
2.2	Die Inhalte von Online-Rezensionen auf Yelp.de erscheinen mir sorgfältig verfasst.	
2.3	Die Inhalte von Online-Rezensionen auf Yelp.de erscheinen mir korrekt.	
2.4	Die Inhalte von Online-Rezensionen auf Yelp.de erscheinen mir richtig.	
2.5	Die Inhalte von Online-Rezensionen auf Yelp.de erscheinen mir genau formuliert.	
2.6	Die Inhalte von Online-Rezensionen auf Yelp.de erscheinen mir präzise formuliert.	
Zweiseitige Betrachtung		
3.1	Online-Rezensionen auf Yelp.de nennen Vorteile und Nachteile zu Produkten/Dienstleistungen.	In Anlehnung an Cheung et al. (2009); Cheung/Sia/Kuan (2012); Cheung/Thadani (2012); Filieri/McLeay (2013);
3.2	Online-Rezensionen auf Yelp.de umfassen sowohl positive als auch negative Kommentare zu Produkten/Dienstleistungen.	
3.3	Online-Rezensionen auf Yelp.de sind voreingenommen zu einer Seite und berichten primär die Vorteile oder primär die Nachteile zu Produkten/Dienstleistungen.	
3.4	Online-Rezensionen auf Yelp.de nennen nur Vorteile oder nur Nachteile die für Produkte/Dienstleistungen bedeutend sind.	
3.5	Online-Rezensionen auf Yelp.de ermöglichen es mir, sowohl die Vorteile als auch die Nachteile von Produkten/Dienstleistungen zu verstehen.	

Tabelle 5-27: Zusammenfassung der Indikatoren des Untersuchungsmodells

	Indikatoren	Quellen
	Zweiseitige Betrachtung	
3.6	Online-Rezensionen auf Yelp.de nennen Vor- und Nachteile zu Produkten/Dienstleistungen die mir bislang nicht bekannt waren.	In Anlehnung an Cheung et al. (2009); Cheung/Sia/Kuan (2012); Cheung/Thadani (2012); Filieri/McLeay (2013);
	Vollständigkeit	
4.1	Online-Rezensionen auf Yelp.de enthalten zu den bewerteten Produkten/Dienstleistungen weiterführende Links.	In Anlehnung an Wang/Strong (1996); Nelson/Todd/Wixom (2005); Cheung/Lee/Rabjohn (2008); Filieri/McLeay (2013); Jamil/Hasnu (2013); Luo et al. (2013); Cheung (2014); Filieri (2015).
4.2	Online-Rezensionen auf Yelp.de enthalten zu den bewerteten Produkten/Dienstleistungen weiterführende Informationen (Preise/Empfehlungen).	
4.3	Online-Rezensionen auf Yelp.de enthalten zu den bewerteten Produkten/Dienstleistungen neben Text auch visuelle Informationen (z.B. Bilder, etc.)	
4.4	Online-Rezensionen auf Yelp.de enthalten zu den bewerteten Produkten/Dienstleistungen alle für mich notwendigen Informationen.	
4.5	Online-Rezensionen auf Yelp.de enthalten zu den bewerteten Produkten/Dienstleistungen sehr detaillierte Informationen.	
4.6	Online-Rezensionen auf Yelp.de enthalten zu den bewerteten Produkten/Dienstleistungen eine Vielzahl von Informationen.	
4.7	Online-Rezensionen auf Yelp.de beziehen sich bei der Bewertung von Produkten/Dienstleistungen auf mehrere Aspekte (z.B. bei einem Restaurant auf Essen, Service etc.)	
4.8	Insgesamt erscheinen mir Online-Rezensionen auf Yelp.de umfassend.	
	Relevanz	
5.1	Die Inhalte von Online-Rezensionen auf Yelp.de empfinde ich als wissenswert.	In Anlehnung an Wang/Strong (1996); McKinney/Yoon/Zahedi (2002); Cheung/Lee/Rabjohn (2008); Filieri/McLeay (2013); Jamil/Hasnu (2013); Cheung (2014).
5.2	Die Inhalte von Online-Rezensionen auf Yelp.de sind für meine Bedürfnisse adäquat.	
5.3	Die Inhalte von Online-Rezensionen auf Yelp.de sind für meine Bedürfnisse geeignet.	
5.4	Die Inhalte von Online-Rezensionen auf Yelp.de ermöglichen mir einen Informationsgewinn.	

Tabelle 5-27: Zusammenfassung der Indikatoren des Untersuchungsmodells

	Indikatoren	**Quellen**
5.5	Die Inhalte von Online-Rezensionen auf Yelp.de sind für meine Bedürfnisse sinnvoll.	In Anlehnung an Wang/Strong (1996); McKinney/Yoon/Zahedi (2002); Cheung/Lee/Rabjohn (2008); Filieri/McLeay (2013); Jamil/Hasnu (2013); Cheung (2014).
5.6	Die Inhalte von Online-Rezensionen auf Yelp.de sind für meine Bedürfnisse relevant.	
	Aktualität	
6.1	Online-Rezension auf Yelp.de sind aktuell.	In Anlehnung an Somers/Nelson/Karimi (2003); Nelson/Todd/Wixom (2005); Künkele/Schäffer (2007); Cheung/Lee/Rabjohn (2008); Filieri/McLeay (2013); Jamil/Hasnu (2013); Cheung (2014).
6.2	Online-Rezension auf Yelp.de sind zeitgemäß.	
6.3	Online-Rezension auf Yelp.de sind auf dem neuesten Stand.	
6.4	Online-Rezension auf Yelp.de enthalten veraltete Informationen.	
6.5	Online-Rezension auf Yelp.de nehmen Bezug auf aktuelle Entwicklungen.	
	Quantität von Online-Rezensionen	
7.1	Zu vielen Produkten/Dienstleistungen auf Yelp.de existieren eine Vielzahl von Bewertungen von unterschiedlichen Verfassern.	In Anlehnung an Wang/Strong (1996); Kang/Kim (2006); Park/Lee/Han (2007); Filieri/McLeay (2013); Zhang et al. (2014); Filieri (2015); Xu/Yao (2015).
7.2	Zu vielen Produkten/Dienstleistungen auf Yelp.de existieren eine Vielzahl von Bewertungen.	
7.3	Zu vielen Produkten/Dienstleistungen auf Yelp.de eine Vielzahl von Informationen.	
7.4	Die Anzahl von Online-Rezensionen auf Yelp.de zu Produkten/Dienstleistungen ist hoch.	
7.5	Die Anzahl von Online-Rezensionen auf Yelp.de zu Produkten/Dienstleistungen ist ausreichend.	
7.6	Die Anzahl von Online-Rezensionen auf Yelp.de zu Produkten/Dienstleistungen ist zufriedenstellend.	

Tabelle 5-27: Zusammenfassung der Indikatoren des Untersuchungsmodells

	Indikatoren	Quellen
	Konsistenz von Online-Rezensionen	
8.1	Die Inhalte von verschiedenen Online-Rezensionen auf Yelp.de zu einem Produkt/einer Dienstleistung sind häufig inhaltlich konsistent.	In Anlehnung an Cheung/Sia/Kuan (2012); Chang/Fang/Huang (2015); und Luo et al. (2015).
8.2	Die Inhalte von verschiedenen Online-Rezensionen auf Yelp.de zu einem Produkt/einer Dienstleistung überschneiden sich inhaltlich teilweise.	
8.3	Die Inhalte von verschiedenen Online-Rezensionen auf Yelp.de zu einem Produkt/einer Dienstleistung beschreiben dieses häufig in einer Art und Weise.	
8.4	Die Inhalte von verschiedenen Online-Rezensionen auf Yelp.de zu einem Produkt/einer Dienstleistung enthalten untereinander eine Reihe von Überschneidungspunkten.	
8.5	Verschiedene Online-Rezensionen auf Yelp.de zu einem Produkt/einer Dienstleistung bewerten dieses untereinander häufig ähnlich.	
8.6	Die meisten Online-Rezensionen auf Yelp.de zu einem Produkt/einer Dienstleistung widersprechen sich nicht untereinander.	
8.7	Online-Rezensionen auf Yelp.de weisen zu einem Produkt/einer Dienstleistung eine Tendenz auf, so dass das Produkt/die Dienstleistung eher positiv oder eher negativ wahrgenommen wird.	
	Reputation der Rezensenten	
9.1	Auf mich wirken die Verfasser von Online-Rezensionen auf Yelp.de seriös.	In Anlehnung an Hoxmeier (2000); Jensen et al. (2013).
9.2	Auf mich wirken die Verfasser von Online-Rezensionen auf Yelp.de vertrauenswürdig.	
9.3	Auf mich wirken die Verfasser von Online-Rezensionen auf Yelp.de zuverlässig.	
9.4	Auf mich wirken die Verfasser von Online-Rezensionen auf Yelp.de sorgfältig.	
9.5	Auf mich wirken die Verfasser von Online-Rezensionen auf Yelp.de glaubhaft.	
9.6	Insgesamt haben die Verfasser von Online-Rezensionen auf Yelp.de einen guten Ruf.	

Tabelle 5-27: *Zusammenfassung der Indikatoren des Untersuchungsmodells*

	Indikatoren	Quellen
Expertise der Rezensenten		
10.1	Die Verfasser von Online-Rezensionen auf Yelp.de erscheinen mir über ausreichend Wissen zu verfügen.	In Anlehnung an Ohanian (1990); Aaker (1997); Folse/Burton/Netemeyer (2013); Fang (2014).
10.2	Die Verfasser von Online-Rezensionen auf Yelp.de erscheinen mir viel Erfahrung zu besitzen.	
10.3	Die Verfasser von Online-Rezensionen auf Yelp.de erscheinen mir genügend Erkenntnisse für eine Bewertung zu haben.	
10.4	Die Verfasser von Online-Rezensionen auf Yelp.de erscheinen mir Experten zu sein.	
10.5	Die Verfasser von Online-Rezensionen auf Yelp.de erscheinen mir kompetent zu sein.	
10.6	Die Verfasser von Online-Rezensionen auf Yelp.de erscheinen mir qualifiziert für eine Bewertung zu sein.	
Rating von Produkten und Dienstleistungen		
11.1	Das Rating (die Bewertung anhand von Sternen) von Produkten/Dienstleistungen auf Yelp.de hat mich bei der Suche nach einem/einer für mich relevanten Produkt/Dienstleistung unterstützt.	In Anlehnung an Cheung et al. (2009); Chang/Fang/Huang (2015); Filieri (2015); Luo et al. (2015).
11.2	Das Rating (die Bewertung anhand von Sternen) von Produkten/Dienstleistungen auf Yelp.de hat die Anzahl alternativer Produkte/Dienstleistungen, die für mich interessant sind, eingegrenzt.	
11.3	Das Rating (die Bewertung anhand von Sternen) von Produkten/Dienstleistungen auf Yelp.de hat mir ermöglicht, die besten Produkte/Dienstleistungen schnell zu identifizieren.	
11.4	Das Rating (die Bewertung anhand von Sternen) von Produkten/Dienstleistungen auf Yelp.de hat mir ermöglicht, die Produkte/Dienstleistungen zu identifizieren, die meine Bedürfnisse befriedigen.	
11.5	Das Rating (die Bewertung anhand von Sternen) von Produkten/Dienstleistungen auf Yelp.de hat mir ermöglicht, sehr gut bewertete Produkte/Dienstleistungen zu finden.	
11.6	Das Rating (die Bewertung anhand von Sternen) von Produkten/Dienstleistungen auf Yelp.de ermöglicht mir einen schnellen Überblick über Produkte/Dienstleistungen zu erhalten.	

Tabelle 5-27: *Zusammenfassung der Indikatoren des Untersuchungsmodells*

Indikatoren		Quellen
Reputation der Webseite		
12.1	Die Webseite Yelp.de ist sehr beliebt.	In Anlehnung an Hsiao et al. (2010); Tams (2012); Chih et al. (2013); Li (2014).
12.2	Die Webseite Yelp.de hat zu Recht einen guten Ruf.	
12.3	Die Webseite Yelp.de schätze ich für ihre hohe Reputation.	
12.4	Die Webseite Yelp.de kenne ich schon seit langer Zeit.	
12.5	Die Webseite Yelp.de ist für ihre hohe Reputation bekannt.	
12.6	Die Webseite Yelp.de erachte ich als vertrauenswürdig.	
12.7	Die Webseite Yelp.de erachte ich als vertrauenswürdiger als andere Online-Bewertungsportale, die ich bereits besucht habe.	
Nützlichkeit von Online-Rezensionen		
13.1	Die Inhalte von Online-Rezensionen auf Yelp.de sind für mich nützlich.	In Anlehnung an Sussman/Siegal (2003); Ahn/Ryu/Han (2007); Cheung/Lee/Rabjohn (2008); Cheung (2014); Hajli (2016).
13.2	Die Inhalte von Online-Rezensionen auf Yelp.de sind für mich informativ.	
13.3	Die Inhalte von Online-Rezensionen auf Yelp.de sind für mich wertvoll.	
13.4	Die Inhalte von Online-Rezensionen auf Yelp.de sind für mich hilfreich.	
13.5	Die Inhalte von Online-Rezensionen auf Yelp.de sind für mich vorteilhaft.	
13.6	Die Inhalte von Online-Rezensionen auf Yelp.de helfen mir, mich mit Produkten/Dienstleistungen vertraut zu machen.	
Kaufintention auf Basis von Online-Rezensionen		
14.1	Ich beabsichtige Produkte/Dienstleistungen zu kaufen, wenn Online-Rezensionen auf Yelp.de diese empfehlen.	In Anlehnung an Liu/Liao/Pratt (2009); Hsiao et al. (2010); Saxena (2011); Mir/Zaheer (2012); Chih et al. (2013).

Tabelle 5-27: Zusammenfassung der Indikatoren des Untersuchungsmodells

	Indikatoren	Quellen
	Kaufintention auf Basis von Online-Rezensionen	
14.2	Ich beabsichtige Produkte/Dienstleistungen zu kaufen, zu denen ich auf Yelp.de Online-Rezensionen gelesen habe.	
14.3	Ich beabsichtige zukünftig Online-Rezensionen in meine Kaufentscheidungen mit einzubeziehen.	
14.4	Ich beabsichtige Produkte/Dienstleistungen zu kaufen, zu denen ich auf Yelp.de positive Online-Rezensionen gelesen habe.	
14.5	Wenn mich jemand um einen Rat bezüglich eines Kaufs fragen sollte, würde ich Produkte/Dienstleistungen empfehlen, zu denen ich auf Yelp.de gute Online-Rezensionen gelesen habe.	
14.6	Grundsätzlich informiere ich mich vor einem Kauf eines Produkts/einer Dienstleistung mit Hilfe von Online-Rezensionen auf Yelp.de.	
14.7	Ich beabsichtige Online-Rezensionen zukünftig in meine Kaufentscheidung mit einzubeziehen.	
14.8	Zukünftig werde ich Produkte/Dienstleistungen, die ich benötige und zu denen ich auf Yelp.de positive Online-Rezensionen gelesen habe, kaufen.	
	Expertise der Rezipienten	
15.1	Ich habe Vorwissen zu Produkten/Dienst-leistungen, zu denen ich Online-Rezensionen gelesen habe.	In Anlehnung an Cheung/Sia/Kuan (2012).
	Engagement der Rezipienten	
16.1	Ich denke ausführlich über die Informationen nach, die in Online-Rezensionen auf Yelp.de zu Produkten/Dienstleistungen enthalten sind.	In Anlehnung an Filieri/McLeay (2013).

6. Zusammenfassung und Implikationen der Untersuchung

Kapitel 6 fasst zuerst die zentralen Ergebnisse der Untersuchung zusammen. Danach werden auf Grundlage der Untersuchungsergebnisse Implikationen für Forschung und Praxis abgeleitet. Dabei stellt Kapitel 6.1 die in Kapitel 5 beschriebenen empirischen Ergebnisse zusammenfassend dar und nimmt Bezug auf die in Kapitel 3.5 postulierten Untersuchungshypothesen. In Kapitel 6.2 werden nachfolgend potenzielle, zukünftige Forschungsaktivitäten zur weiteren Untersuchung der Thematik aufgezeigt. Anschließend zeigt Kapitel 6.3 die Implikationen dieser Untersuchung für die Unternehmenspraxis sowie die öffentliche Verwaltung auf. Abbildung 6-1 ordnet Kapitel 6 in die Ablaufstruktur der Untersuchung ein.

Abbildung 6-1: Einordnung von Kapitel 6 in die Ablaufstruktur der Untersuchung

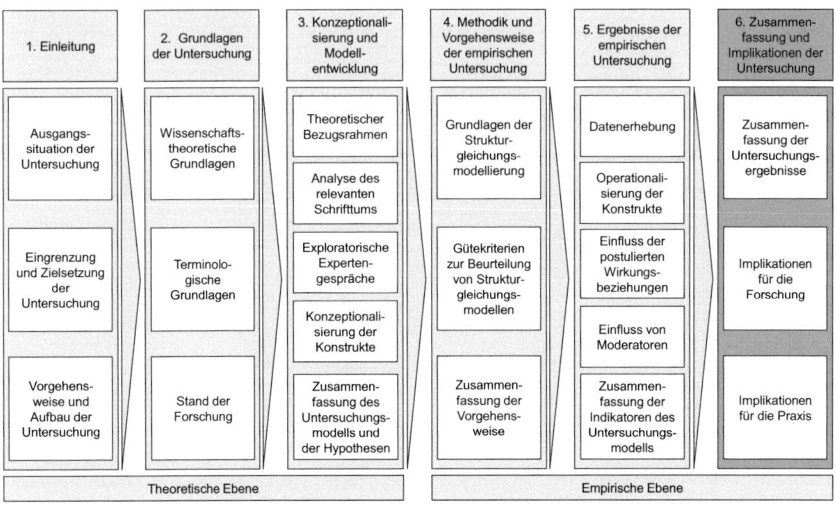

6.1. Zusammenfassung der zentralen Untersuchungsergebnisse

Ausgangspunkt dieser Arbeit war, eine Forschungslücke hinsichtlich eines umfassenden und integrativen Untersuchungsmodells zu den Einflussfaktoren von Online-

Rezensionen bezüglich der Dimensionen Qualität der Argumente sowie periphere Signale zu identifizieren und zu schließen.[1317]

Die Analyse des Forschungsstands ergab, dass nur wenige Arbeiten im Schrifttum existieren, die umfassend die Dimensionen der Qualität der Argumente behandeln und noch keine Arbeit existiert die ausführlich die Dimensionen der peripheren Signale betrachtet.[1318]

Daher wird in dieser Untersuchung zum einen der Forschungsfrage nachgegangen, wie die Dimensionen der Qualität der Argumente und der peripheren Signale im Kontext von Online-Rezensionen konzeptionalisiert und operationalisiert werden können (1. Forschungsfrage). Als zweites wird in dieser Untersuchung der Frage nachgegangen, welche Wirkung die Qualität der Argumente und der peripheren Signale auf die Einstellung und das Verhalten der Rezipienten von Online-Rezensionen besitzen (2. Forschungsfrage). Zusätzlich betrachtet diese Untersuchung, welche Moderatoren die Wirkung der Qualität der Argumente sowie der peripheren Signale auf die Nützlichkeit von Online-Rezensionen beeinflussen (3. Forschungsfrage).[1319]

Die Beantwortung der drei Forschungsfragen erfolgte auf Basis der methodologischen Leitidee des wissenschaftlichen Realismus. Dazu wurden sowohl deduktive als auch induktive Komponenten zur Untersuchung verwendet. Darauf aufbauend wurde ein heuristischer Bezugsrahmen entwickelt, der durch die Analyse des Schrifttums sowie anhand von exploratorischen Expertengesprächen konkretisiert wurde.[1320] Als theoretische Grundlage wurde für diese Untersuchung das ‚Elaboration Likelihood Model' nach Petty/Cacioppo (1986) verwendet.[1321]

Auf dieser Grundlage wurden jeweils sechs relevante Dimensionen bezüglich der Qualität der Argumente sowie der peripheren Signale in das Untersuchungsmodell aufgenommen. Dazu zählen innerhalb des Second-Order-Konstrukts Qualität der Argumente die Dimensionen Verständlichkeit, Genauigkeit, zweiseitige Betrachtung, Vollständigkeit, Relevanz und Aktualität von Online-Rezensionen. Zu dem Second-Order-Konstrukt periphere Signale konnten die Dimensionen Quantität und Konsistenz von Online-Rezensionen, Reputation und Expertise der Rezensenten, Rating von Produkten und Dienstleistungen sowie die Reputation der Webseite identifiziert

1317 Vgl. Cheng/Ho (2015), S. 884.

1318 Vgl. Kapitel 2.3 sowie Kapitel 2.3.5.

1319 Vgl. Kapitel 1.2.2.

1320 Vgl. dazu Kapitel 2.1, Kapitel 3.2 sowie Kapitel 3.3.

1321 Vgl. Petty/Cacioppo (1986), S. 123 ff.

werden.[1322] Zusätzlich wurden mit der Nützlichkeit von Online-Rezensionen und der Kaufintention auf Basis von Online-Rezensionen zwei einflussmessende Konstrukte in der Untersuchung einbezogen.[1323] Darüber hinaus wurde die Wirkung der Moderatoren Expertise und Engagement der Rezipienten untersucht.[1324]

Unter Verwendung der kovarianzbasierten Strukturgleichungsanalyse wurde anschließend das konzeptionalisierte Untersuchungsmodell überprüft.[1325] Dazu wurde ein Fragebogen entwickelt, der ganz bewusst auf im Schrifttum etablierte und bewährte Skalen zurückgreift. Diese wurden auf den vorliegenden Untersuchungskontext adaptiert.[1326] Vor der Erhebung mittels Fragebogen, wurde dieser anhand des Think Aloud-Tests und weiterer Pre-Tests optimiert und finalisiert.[1327]

Zur empirischen Überprüfung der Einflussfaktoren von Online-Rezensionen bezüglich des mehrdimensionalen Konstrukts Qualität der Argumente und des mehrdimensionalen Konstrukts periphere Signale auf die Nützlichkeit von Online-Rezensionen und die Kaufintention der Rezipienten auf Basis von Online-Rezensionen sowie der Überprüfung der Wirkung der Moderatoren Expertise und Engagement der Rezipienten wurden 292 Nutzer des Online-Bewertungsportals Yelp.de befragt. Davon waren 282 Rückläufer für diese Untersuchung verwertbar.[1328]

Um die Reliabilität und die Validität der Datenbasis abzusichern, wurde eine Reihe von Tests durchgeführt. Dazu wurden der ‚Non-response Bias' sowie der ‚Common Method Bias' überprüft. Um das Vorliegen eines ‚Common Method Bias' überprüfen zu können, wurde der ‚Harman's One-Factor Test' herangezogen.[1329] Zudem wurde die Reliabilität und Validität der Messmodelle zu allen identifizierten Dimensionen des Second-Order-Konstrukts Qualität der Argumente sowie zu allen identifizierten Dimensionen des Second-Order-Konstrukts periphere Signale durch zahlreiche Gütekriterien überprüft und bestätigt.[1330]

Unter Verwendung eines finalen Strukturgleichungsmodells wurde die Relevanz der identifizierten Einflussfaktoren anhand hochsignifikanter Pfadkoeffizienten nachge-

---

[1322] Vgl. Kapitel 3.2.1.
[1323] Vgl. Kapitel 3.2.2.
[1324] Vgl. Kapitel 3.2.3.
[1325] Vgl. Kapitel 5.
[1326] Vgl. Kapitel 5.2.
[1327] Vgl. Kapitel 5.1.
[1328] Vgl. Kapitel 5.1 sowie Kapitel 5.1.4.
[1329] Vgl. Kapitel 5.1.
[1330] Vgl. Kapitel 5.2.

wiesen. Des Weiteren wurden zwischen den Konstrukten höherer Ordnung und dem einflussmessenden Konstrukt Nützlichkeit von Online-Rezensionen hochsignifikante Pfadkoeffizienten bestätigt, ebenso wie eine hochsignifikante Pfadbeziehung zwischen den beiden endogenen einflussmessenden Konstrukten Nützlichkeit von Online-Rezensionen und Kaufintention auf Basis von Online-Rezensionen. Lediglich die vier postulierten Hypothesen bezüglich der beiden Moderatoren Expertise und Engagement der Rezipienten (H_{18} bis H_{21}) hielten dieser Überprüfung nicht Stand und mussten abgelehnt werden. Tabelle 6-1 fasst die Ergebnisse der empirisch geprüften Hypothesen zusammen.

Tabelle 6-1: *Zusammenfassung der Ergebnisse der empirisch geprüften Hypothesen*

Nr.	Hypothese	Ergebnis
H_1	Das latente Konstrukt ‚Verständlichkeit' ist eine Manifestation des mehrdimensionalen Konstrukts ‚Qualität der Argumente'.	Nicht abgelehnt
H_2	Das latente Konstrukt ‚Genauigkeit' ist eine Manifestation des mehrdimensionalen Konstrukts ‚Qualität der Argumente'.	Nicht abgelehnt
H_3	Das latente Konstrukt ‚zweiseitige Betrachtung' ist eine Manifestation des mehrdimensionalen Konstrukts ‚Qualität der Argumente'.	Nicht abgelehnt
H_4	Das latente Konstrukt ‚Vollständigkeit' ist eine Manifestation des mehrdimensionalen Konstrukts ‚Qualität der Argumente'.	Nicht abgelehnt
H_5	Das latente Konstrukt ‚Relevanz' ist eine Manifestation des mehrdimensionalen Konstrukts ‚Qualität der Argumente'.	Nicht abgelehnt
H_6	Das latente Konstrukt ‚Aktualität' ist eine Manifestation des mehrdimensionalen Konstrukts ‚Qualität der Argumente'.	Nicht abgelehnt
H_7	Die ‚Qualität der Argumente' sind ein latentes Konstrukt zweiter Ordnung mit den sechs Dimensionen ‚Verständlichkeit', ‚Genauigkeit', ‚zweiseitige Betrachtung', ‚Vollständigkeit', ‚Relevanz' und ‚Aktualität'.	Nicht abgelehnt
H_8	Das latente Konstrukt ‚Quantität von Online-Rezensionen' ist eine Manifestation des mehrdimensionalen Konstrukts ‚periphere Signale'.	Nicht abgelehnt
H_9	Das latente Konstrukt ‚Konsistenz von Online-Rezensionen' ist eine Manifestation des mehrdimensionalen Konstrukts ‚periphere Signale'.	Nicht abgelehnt
H_{10}	Das latente Konstrukt ‚Reputation der Rezensenten' ist eine Manifestation des mehrdimensionalen Konstrukts ‚periphere Signale'.	Nicht abgelehnt
H_{11}	Das latente Konstrukt ‚Expertise der Rezensenten' ist eine Manifestation des mehrdimensionalen Konstrukts ‚periphere Signale'.	Nicht abgelehnt
H_{12}	Das latente Konstrukt ‚Rating von Produkten und Dienstleistungen' ist eine Manifestation des mehrdimensionalen Konstrukts ‚periphere Signale'.	Nicht abgelehnt
H_{13}	Das latente Konstrukt ‚Reputation der Webseite' ist eine Manifestation des mehrdimensionalen Konstrukts ‚periphere Signale'.	Nicht abgelehnt

Tabelle 6-1: *Zusammenfassung der Ergebnisse der empirisch geprüften Hypothesen*

Nr.	Hypothese	Ergebnis
H_{14}	Die ‚peripheren Signale' sind ein latentes Konstrukt zweiter Ordnung mit den sechs Dimensionen ‚Quantität von Online-Rezensionen', ‚Konsistenz von Online-Rezensionen', ‚Reputation der Rezensenten', ‚Expertise der Rezensenten', ‚Rating von Produkten und Dienstleistungen' und ‚Reputation der Webseite'.	Nicht abgelehnt
H_{15}	Je höher die ‚Qualität der Argumente' ausgeprägt sind, desto höher ist die ‚Nützlichkeit von Online-Rezensionen'.	Nicht abgelehnt
H_{16}	Je höher die ‚peripheren Signale' ausgeprägt sind, desto höher ist die ‚Nützlichkeit von Online-Rezensionen'.	Nicht abgelehnt
H_{17}	Je höher die ‚Nützlichkeit von Online-Rezensionen' ausgeprägt ist, desto höher ist die ‚Kaufintention auf Basis von Online-Rezensionen'.	Nicht abgelehnt
H_{18}	Der Effekt der Qualität der Argumente ist höher auf die Nützlichkeit von Online-Rezensionen, wenn die Expertise der Rezipienten höher ist.	Abgelehnt
H_{19}	Der Effekt der Qualität der Argumente ist höher auf die Nützlichkeit von Online-Rezensionen, wenn das Engagement der Rezipienten höher ist.	Abgelehnt
H_{20}	Der Effekt der peripheren Signale ist niedriger auf die Nützlichkeit von Online-Rezensionen, wenn die Expertise der Rezipienten höher ist.	Abgelehnt
H_{21}	Der Effekt der peripheren Signale ist niedriger auf die Nützlichkeit von Online-Rezensionen, wenn das Engagement der Rezipienten höher ist.	Abgelehnt

6.2. Implikationen für die Forschung

Diese Arbeit untersucht und identifiziert eine Vielzahl von Faktoren, die einen starken Einfluss auf die Rezipienten von Online-Rezensionen besitzen. Im Schrifttum existiert bislang keine Arbeit, die in einem solchen Umfang diese Thematik verfolgt. Diese Untersuchung ergänzt und erweitert bisherige Forschungsergebnisse, indem eine klare Unterteilung der Einflussfaktoren von Online-Rezensionen im Hinblick auf die Qualität der Argumente und der peripheren Signale vollzogen wird und indem mehrere in der Forschung bislang unterrepräsentierte Einflussfaktoren von Online-Rezensionen vor allem bezüglich der peripheren Signale detailliert untersucht werden.

Bislang gibt es im Schrifttum nur eine Arbeit, die fünf der sechs genannten Dimensionen der Qualität der Argumente untersucht.[1331] Diese Arbeit erbringt jedoch keinen Nachweis, dass alle dieser fünf Dimensionen einen Einfluss auf die Rezipienten von Online-Rezensionen besitzen. Zudem existiert im Schrifttum keine Arbeit, die alle identifizierten Dimensionen der peripheren Signale untersucht. So betrachten bei-

1331 Vgl. auch im Folgenden Filieri/McLeay (2013), S. 44 ff.

spielsweise Cheung/Sia/Kuan (2012), Chang/Fang/Huang (2015) und Liu/Park (2015) nur drei der sechs genannten Dimensionen.[1332] Die meisten Arbeiten im Schrifttum beschränken sich jedoch auf höchstens zwei Dimensionen der peripheren Signale und lassen damit keine umfassende Gesamtbetrachtung zu.

Außerdem wird im Schrifttum fasst immer eine Kausalkette innerhalb der endogenen Konstrukte vernachlässigt. Bei den wenigen Arbeiten, bei denen eine endogene Kausalkette vorliegt, werden nur wenige exogene Einflussfaktoren betrachtet und oftmals auf eine Differenzierung zwischen der Qualität der Argumente und der peripheren Signale verzichtet.[1333] Darüber hinaus liefern die beiden untersuchten Moderatoren einen weiteren Mehrwert bezüglich der hier behandelten Thematik.

Im aktuellen Schrifttum gibt es bislang keine umfassende Konzeptionalisierung und Operationalisierung der in dieser Untersuchung identifizierten Einflussfaktoren.[1334] Zusammen mit der fundierten theoretischen Herleitung der postulierten Hypothesen sowie deren valider und reliabler Messung sind die empirischen Ergebnisse der Untersuchung ein Gewinn für die Forschung und bilden eine solide Basis für weitere Forschungsvorhaben.[1335]

In dieser Untersuchung wurden signifikante Unterschiede der beiden Second-Order-Konstrukte Qualität der Argumente und periphere Signale hinsichtlich ihrer Bedeutung für die Nützlichkeit von Online-Rezensionen deutlich.[1336] Als ein Ergebnis dieser Untersuchung wird den peripheren Signalen eine deutlich größere Bedeutung hinsichtlich der Nützlichkeit von Online-Rezensionen für die Rezipienten zugesprochen.[1337] Dieses Ergebnis bietet einen Ansatz für weitere Forschungsaktivitäten. So könnten Untersuchungen zu anderen Online-Bewertungsportalen als Yelp.de, die Ergebnisse dieser Untersuchung zusätzlich validieren und zu allgemeingültigen Aussagen und Erkenntnissen dieser Untersuchung zu Einflussfaktoren von Online-Rezensionen auf Online-Bewertungsportalen führen.[1338]

1332 Vgl. Cheung/Sia/Kuan (2012), S. 618 ff.; Chang/Fang/Huang (2015), S. 32 ff.; Liu/Park (2015), S. 140 ff.

1333 Vgl. beispielsweise Luo et al. (2013), S. 92 ff.; Cheung (2014), S. 42 ff.

1334 Vgl. Kapitel 3.

1335 Vgl. Kapitel 5.

1336 Vgl. Kapitel 5.2.5.

1337 Vgl. Kapitel 5.2.5.

1338 Vgl. dazu auch die Abgrenzung von Yelp.de zu anderen Webseiten mit Online-Rezensionen in Kapitel 2.2.5.

Obwohl diese Untersuchung bereits in einem sehr umfangreichen Ausmaß die Einflussfaktoren von Online-Rezensionen behandelt und auf eine theoretisch fundierte Vorgehensweise zurückgreift, bestehen bezüglich der empirischen Ergebnisse Restriktionen. Diese Untersuchung wählt innerhalb des heuristischen Bezugsrahmens das ‚Elaboration Likelihood Model'. Zukünftige Studien könnten das ‚Elaboration Likelihood Model' mit weiteren Theorien verknüpfen und somit prüfen, ob mit einer Ausweitung des heuristischen Bezugsrahmens der Zugang zu weiteren relevanten Einflussfaktoren von Online-Rezensionen möglich ist.

Eine weitere Restriktion dieser Untersuchung stellt der Gegenstand der Betrachtung dar. So wurde in dieser Untersuchung auf Online-Bewertungsportale als Gegenstand der Betrachtung abgestellt. Weitere Untersuchungen könnten beispielsweise als Gegenstand der Betrachtung soziale Netzwerkseiten, Online-Diskussionsforen oder File Exchange & Sharing-Plattformen wählen.[1339] Mittels einer solchen Untersuchung könnte die Allgemeingültigkeit der identifizierten Einflussfaktoren von Online-Rezensionen auf Online-Bewertungsportalen in dieser Untersuchung auf weitere Betrachtungsgegenstände erweitert werden.

Darüber hinaus könnten anhand einer vollständigen Wiederholung dieser Untersuchung die validen und reliablen Ergebnisse dieser Untersuchung zusätzlich verifiziert und eventuelle Zufallsergebnisse zweifelsfrei ausgeschlossen werden. Insbesondere erscheint eine Wiederholung dieser Untersuchung in anderen Ländern sinnvoll. So könnten die Ergebnisse dieser Untersuchung auch vor dem Hintergrund kultureller Unterschiede validiert werden und somit zusätzlich Aussagekraft gewinnen. Vor allem eine Untersuchung zum Online-Bewertungsportal Yelp.com, bei der US-amerikanische Rezipienten von Online-Rezensionen befragt würden, wäre von hohem Interesse, weil das Unternehmen Yelp in den USA gegründet wurde und dort schon deutlich länger als in Deutschland etabliert ist.[1340] Eine Bestätigung der Ergebnisse würde die Aussagekraft dieser Untersuchung zusätzlich erhöhen.

1339 Vgl. dazu auch die Abgrenzung des Gegenstands der Betrachtung in Kapitel 1.2.1.

1340 Vgl. Yelp (2017b).

Abbildung 6-2: Potenzielle Erweiterungen des Untersuchungsmodells

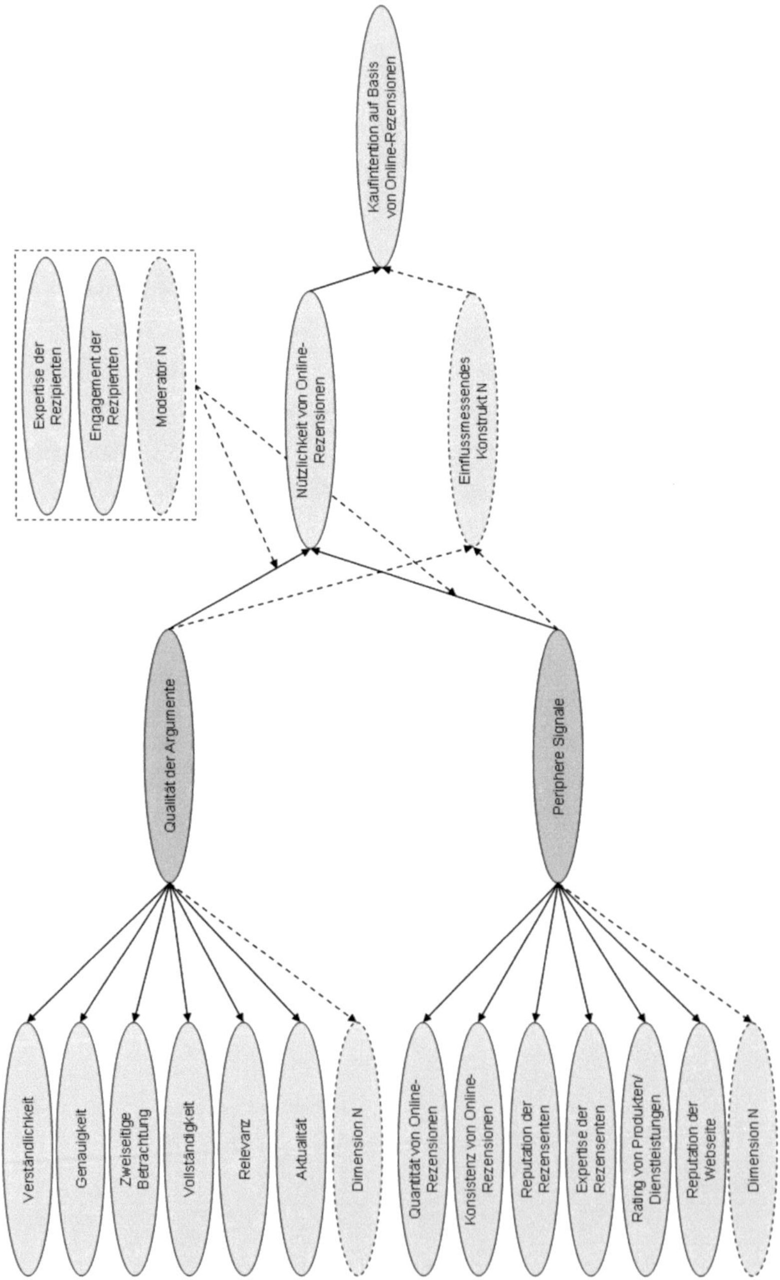

Grundsätzlich ist es für zukünftige Forschungsvorhaben bezüglich der Einflussfaktoren von Online-Rezensionen denkbar, das bestehende Strukturgleichungsmodell zu erweitern, obwohl es bereits schon als sehr umfangreich zu bezeichnen ist. In diesem Zusammenhang erscheint es möglich, weitere Dimensionen hinsichtlich des Second-Order-Konstrukts Qualität der Argumente und des Second-Order-Konstrukts periphere Signale zu identifizieren. Ein zusätzlicher Forschungsansatz kann in der Fokussierung auf nur ein mehrdimensionales Konstrukt liegen, so dass beispielsweise nur Dimensionen des mehrdimensionalen Konstrukts periphere Signale auf die Nützlichkeit von Online-Rezensionen betrachtet werden.

Darüber hinaus ist innerhalb der endogenen einflussmessenden Konstrukte eine Erweiterung denkbar. In diesem Kontext könnte beispielsweise die ‚Word-of-Mouth Intention' als ein zusätzliches endogenes Konstrukt verwendet werden, welches den Einfluss von Online-Rezensionen für die Rezipienten herausstellt. Darüber hinaus könnte die Untersuchung weiterer Moderatoren einen zusätzlichen Mehrwert für zukünftige Forschungsvorhaben erbringen. Abbildung 6-2 zeigt potenzielle Erweiterungen des Untersuchungsmodells.

6.3. Implikationen für die Praxis

Aus den Ergebnissen der Untersuchung werden einige Implikationen für die Praxis gewonnen. Als Adressaten kommen vor allem Betreiber von Online-Bewertungsportalen, Unternehmen im Allgemeinen und auch die öffentliche Verwaltung in Frage.

Für die Betreiber von Online-Bewertungsportalen, wie beispielsweise Yelp.de, sind die Erkenntnisse zu beiden Konstrukten höherer Ordnung, also der Qualität der Argumente und der peripheren Signale, von Bedeutung. Die Untersuchung zeigt, dass die Verständlichkeit, die Genauigkeit, die zweiseitige Betrachtung, die Vollständigkeit, die Relevanz und die Aktualität von Online-Rezensionen relevante Dimensionen der Qualität der Argumente darstellen.

Beispielsweise sollten die Betreiber von Online-Bewertungsportalen regelmäßig dafür sorgen, dass die Aktualität der Beiträge immer gewährleistet ist. Gerade bei der Inanspruchnahme von Dienstleistungen, wie beispielsweise bei einem Restaurantbesuch, können sich im Laufe der Jahre Änderungen hinsichtlich des Service oder der Qualität des Essens ergeben. In diesem Fall stellen veraltete Online-Rezensionen potenziell falsche Informationen dar, die, wenn sie gehäuft auftreten, Rezipienten von der Nutzung des Online-Bewertungsportals abhalten.

Darüber hinaus sollten die Betreiber von Online-Bewertungsportalen dafür sorgen, dass den Rezipienten vollständige Informationen schnell zugänglich sind. Vor allem wenn die Online-Rezensionen sowohl positive als auch negative Aspekte zu Produkten und Dienstleistungen beinhalten, besitzen diese aufgrund ihrer Objektivität einen größeren Einfluss auf die Rezipienten.[1341] Rezipienten erhalten die Möglichkeit Vor- und Nachteile des Produkts oder der Dienstleistung gegeneinander abzuwägen und das für sie optimale Produkt oder die für sie optimale Dienstleistung hinsichtlich ihrer Nutzungsintention auszuwählen. In diesem Zusammenhang kann beispielsweise die Bewertung eines Hotels genannt werden, zu dessen Vorzügen eine zentrale Lage gehört. Die zentrale Lage bedingt potenziell mehr Umgebungslärm, als dies bei einem etwas abgelegeneren Hotel der Fall wäre. Wenn dem Rezipient eine zentrale Lage besonders wichtig wäre und ihn der damit übliche Umgebungslärm nicht störte, wäre der Rezipient dazu bereit, die negativen Eigenschaften des Hotels zu akzeptieren, um von den Vorteilen des Hotels profitieren zu können.[1342]

Innerhalb der peripheren Signale werden die Dimensionen Quantität und Konsistenz von Online-Rezensionen, Reputation und Expertise der Rezensenten, Rating von Produkten und Dienstleistungen sowie die Reputation der Webseite als relevant erachtet. Nach den Ergebnissen der Untersuchung ist die Reputation der Rezensenten, die auf dem Online-Bewertungsportal Yelp.de beispielsweise anhand von Statistiken eingeschätzt werden, die zu den einzelnen Online-Rezensionen verfügbar sind, von besonderem Interesse. In diesem Zusammenhang sollten die Betreiber von Online-Bewertungsportalen dafür sorgen, dass die Statistiken ‚Anzahl der Freunde', ‚Anzahl der Fans', ‚Anzahl der Follower' und ‚Anzahl der Komplimente' für die Rezipienten auf einen Blick erfasst werden können.[1343] Grundsätzlich sollte die Konnektivität und die Interaktion sowie die Bewertung durch Nutzer auf einem Online-Bewertungsportal einfach zu handhaben sein.

Neben der Reputation der Rezensenten ist ein vertrauenswürdiges Online-Bewertungsportal für die Rezipienten von Online-Rezensionen ausschlaggebend. Daher sollte es im Interesse der Betreiber von Online-Bewertungsportalen liegen, für einen seriösen Internetauftritt zu sorgen und sich beispielsweise anhand von Zertifizierungen von unseriösen Online-Bewertungsportalen abzugrenzen.

1341 Vgl. Shih (2016), S .1985 ff.

1342 Vgl. Filieri/McLeay (2013), S. 44 ff sowie Kapitel 3.4.1.

1343 Vgl. Cheng/Ho (2015), S. 883 ff.; Liu/Park (2015), S. 140 ff.

Darüber hinaus sind aus den Ergebnissen der Untersuchung Implikationen für die Unternehmen, die auf den Online-Bewertungsportalen rezensiert werden, abzuleiten. Online-Rezensionen haben eine zunehmende Bedeutung bei der Entscheidungsfindung der Rezipienten von Online-Rezensionen hinsichtlich eines Produktkaufs oder der Inanspruchnahme einer Dienstleistung. Daher wird die Berücksichtigung von Online-Rezensionen auf populären Online-Bewertungsportalen für den Erfolg der Unternehmen immer entscheidender. Die Untersuchung zeigt, dass vor allem Online-Rezensionen auf Online-Bewertungsportalen mit einer hohen Reputation für die Rezipienten den Nutzen und die Kaufintention entscheidend beeinflussen. In diesem Zusammenhang sollten die Unternehmen darauf achten, selbst auf solchen Online-Bewertungsportalen gelistet zu sein. Dazu führen Fogel/Zachariah (2017) aus:

„[...] companies can benefit by claiming the website of their company on Yelp. This will allow the company brand manager or e-commerce manager to respond to the negative reviews posted on Yelp in order to reassure those who read the reviews about the trustworthiness of the company."[1344]

Daher ist es für die Unternehmen zunehmend wichtig, auf Online-Bewertungsportalen aktiv zu sein, und auf die Kommentare und Online-Rezensionen von Rezipienten zu reagieren und eigene Stellungnahmen abzugeben. Auf diese Weise können die Folgen negativer Online-Rezensionen abgeschwächt sowie die Vertrauenswürdigkeit der Unternehmen wieder hergestellt, beziehungsweise verbessert werden.

Zusätzlich erhalten die rezensierten Unternehmen auf Online-Bewertungsportalen ein wertvolles Feedback, das sie für die zukünftige Ausrichtung ihres Unternehmens nutzen können. Die Unternehmen können so beispielsweise ihre Angebote und Dienstleistungen sinnvoll an die Wünsche der Kunden anpassen. Darüber hinaus erhalten die Unternehmen anhand des Einflussfaktors Rating von Produkten und Dienstleistungen ein Benchmarking für ihr Unternehmen und können ihr Angebotsportfolio im Vergleich zu Wettbewerbern evaluieren und versuchen sich gegenüber ihnen erfolgskritisch abzugrenzen.

Die Ergebnisse der Untersuchung ermöglichen Implikationen auch für die öffentliche Verwaltung. Heutzutage werden öffentliche Verwaltungen, wie beispielsweise Rat-

1344 Fogel/Zachariah (2017), S. 65.

häuser und Bürgerämter, aber auch selbständige öffentliche Einrichtungen, wie Universitäten, Krankenhäuser und Theater, von den Nutzern auf Online-Bewertungsportalen rezensiert. Diese Einrichtungen stehen zwar in der Regel nicht in einem direkten Wettbewerb mit konkurrierenden Leistungserbringern, da sie meist eine regionale Monopolstellung haben und obwohl die in dieser Untersuchung betrachteten Einflussfaktoren von Online-Rezensionen nicht unmittelbar den Erfolg dieser Einrichtungen betreffen, kann die Berücksichtigung von Online-Rezensionen den Nutzen der öffentlichen Einrichtungen für die Verbraucher verbessern.[1345]

Den Nutzen von Online-Rezensionen auf Online-Bewertungsportalen für öffentliche Einrichtungen beeinflussen mehrere Faktoren. Dazu führen Czypionka/Titelbach/Salcher (2013) im Zusammenhang mit Krankenhaus- und Arztwahl aus:

„Um eine nutzenstiftende Wirkung entfalten zu können, müssen die auf den Portalen bereitgestellten Informationen qualitativ hochwertig und für die Arztwahl relevant sein, also unter anderem leicht verständlich und zugänglich sein. Einschlägige Portale müssen somit in ihrem Auftritt, den bewerteten Dimensionen des Arztbesuchs und den verwendeten Bewertungsinstrumenten, Daten- und Manipulationsschutz und weiteren Bereichen Qualitätsanforderungen erfüllen."[1346]

Hierfür ist die in dieser Untersuchung identifizierte Dimension Verständlichkeit des Second-Order-Konstrukts Qualität der Argumente von besonderem Wert. Gerade bei der Wahl eines Krankenhauses oder eines Arztes ist es wichtig, dass die Informationen klar und verständlich kommuniziert werden, damit der Rezipient eine für ihn geeignete Wahl trifft.

Daneben besitzt die in der Untersuchung identifizierte Dimension Reputation der Webseite des Second-Order-Konstrukts periphere Signale eine große Bedeutung, sowohl für die Rezipienten, als auch für die öffentlichen Einrichtungen. Ein Online-Bewertungsportal mit einer hohen Reputation wird die Bewertungsinstrumente von Online-Rezensionen auf die öffentlichen Einrichtungen anpassen und diese gegebenenfalls gemeinsam mit den öffentlichen Einrichtungen entwickeln. Strukturierte Bewertungsvorlagen können helfen, die Online-Rezensionen zu den öffentlichen Einrichtungen zu konkretisieren und dabei klar zu kennzeichnen, welche Aspekte der

1345 Vgl. Mühlenkamp (2016), S. 112.
1346 Czypionka/Titelbach/Salcher (2013), S. 1.

öffentlichen Verwaltung rezensiert werden. Beispielsweise sollte auf einem Online-Bewertungsportal mit einer hohen Reputation klar unterschieden werden, welche Aspekte die Rezensenten selbstständig beurteilen können und welche die Rezensenten zwar ansprechen, aber nicht selbstständig einschätzen können. Bei öffentlichen Einrichtungen, wie Krankenhäusern, sind die Rezipienten wegen fehlender Fachkenntnisse in der Regel nicht in der Lage, ärztliche Leistungen richtig einzuschätzen, wohl aber den Service oder den Umgang der Ärzte und des Pflegepersonals mit den Patienten.[1347]

Zudem können Online-Rezensionen zu öffentlichen Einrichtungen für ein Benchmarking genutzt werden, so dass öffentliche Einrichtungen mit denen anderer Städte oder Bundesländer vergleichbar werden. Dies gilt besonders für die Aspekte, die von den Rezipienten selbst objektiv beurteilt werden können, wie beispielsweise Service oder der Umgang in öffentlichen Einrichtungen mit Kunden.

Online-Rezensionen haben also für Betreiber von Online-Bewertungsportalen, für Unternehmen und für die öffentliche Verwaltung eine große Bedeutung. Insbesondere die innerhalb der Untersuchung identifizierten Einflussfaktoren von Online-Rezensionen sollten von Unternehmen und öffentlichen Verwaltungen ernsthaft und selbstkritisch berücksichtigt werden, um die Nützlichkeit von Online-Rezensionen für die Rezipienten zu erhöhen und auf Basis von Online-Rezensionen Kauf- und Nutzungsentscheidungen der Rezipienten zu verbessern.

[1347] Vgl. Czypionka/Titelbach/Salcher (2013), S. 14.

Literaturverzeichnis

Aaker, J.L. (1997), Dimensions of Brand Personality, In: Journal of Marketing Research, 34. Jg., Nr. 3, 1997, S. 347–356.

Abdi, H./Williams, L.J. (2010), Principal component analysis, In: WIREs Comp Stat, 2. Jg., Nr. 4, 2010, S. 433–459.

Ahn, T./Ryu, S./Han, I. (2007), The impact of Web quality and playfulness on user acceptance of online retailing, In: Information & Management, 44. Jg., Nr. 3, 2007, S. 263–275.

Ajzen, I. (1985), From Intentions to Actions: A Theory of Planned Behavior, In: Kuhl, J./Beckmann, J. (Hrsg.): Action Control, Berlin, Heidelberg 1985, S. 11–39.

Ajzen, I. (2005), Attitudes, Personality and Behavior, 2. Auflage, Maidenhead 2005.

Ajzen, I./Fishbein, M. (1973), Attitudinal and normative variables as predictors of specific behavior, In: Journal of Personality and Social Psychology, 27. Jg., Nr. 1, 1973, S. 41–57.

Ajzen, I./Fishbein, M. (1980), Understanding attitudes and predicting social behavior, Englewood Cliffs, N.J 1980.

Ajzen, I./Madden, T.J. (1986), Prediction of goal-directed behavior: Attitudes, intentions, and perceived behavioral control, In: Journal of Experimental Social Psychology, 22. Jg., Nr. 5, 1986, S. 453–474.

Alawneh, A./Al-Refai, H./Batiha, K. (2013), Measuring user satisfaction from e-Government services- Lessons from Jordan, In: Government Information Quarterly, 30. Jg., Nr. 3, 2013, S. 277–288.

Albers, S./Götz, O. (2006), Messmodelle mit Konstrukten zweiter Ordnung in der betriebswirtschaftlichen Forschung, In: Die Betriebswirtschaft (DBW), 66. Jg., Nr. 6, 2006, S. 669–677.

Albers, S./Klapper, D./Konradt, U./Walter, A./ Wolf, J. (Hrsg.) (2009), Methodik der empirischen Forschung, Wiesbaden, 2009.

Albert, H. (1991), Traktat über kritische Vernunft, 5., verb. und erw. Aufl., Tübingen 1991.

Allyn, J./Festinger, L. (1961), The effectiveness of unanticipated persuasive communications, In: Journal of Abnormal and Social Psychology, 62. Jg., 1961, S. 35–40.

Alter, S. (2013), Marketing, Gangnam Style: Making a First Impression Before Your First Impression, In: Journal of Property Management, 78. Jg., Nr. 1, 2013, S. 14.

Amazon Europe Core S.à r.l. (2016a), Alle Kategorien, 2016, Abruf: 26.04.2016.

Amazon Europe Core S.à r.l. (2016b), Apple iPhone 6s Smartphone (11,9 cm (4,7 Zoll) Display, 16GB interner Speicher, IOS) grey, 2016, Abruf: 27.06.2016.

Amazon Europe Core S.à r.l. (2016c), Kundenrezensionen, 2016, Abruf: 27.04.2016.

Amazon Europe Core S.à r.l. (2016d), Mein öffentliches Profil, 2016, Abruf: 27.04.2016.

Amazon Europe Core S.à r.l. (2016e), Rang des Rezensenten, 2016, Abruf: 27.04.2016.

Amshoff, B. (1993), Controlling in deutschen Unternehmungen, Wiesbaden 1993.

Anderson, E.W. (1998), Customer Satisfaction and Word of Mouth, In: Journal of Service Research, 1. Jg., Nr. 1, 1998, S. 5–17.

Anderson, J.C./Gerbing, D.W. (1982), Some Methods for Respecifying Measurement Models to Obtain Unidimensional Construct Measurement, In: Journal of Marketing Research, 19. Jg., Nr. 4, 1982, S. 453–460.

Anderson, J.C./Gerbing, D.W. (1984), The effect of sampling error on convergence, improper solutions, and goodness-of-fit indices for maximum likelihood confirmatory factor analysis, In: Psychometrika, 49. Jg., Nr. 2, 1984, S. 155–173.

Anderson, J.C./Gerbing, D.W. (1988), Structural Equation Modeling in Practice: A Review and Recommended Two-Step Approach, In: Psychological Bulletin, 103. Jg., Nr. 3, 1988, S. 411–423.

Anderson, J.C./Gerbing, D.W. (1991), Predicting the performance of measures in a confirmatory factor analysis with a pretest assessment of their substantive validities, In: Journal of Applied Psychology, 76. Jg., Nr. 5, 1991, S. 732–740.

Andreas, H. (2011), Semantic Challenges to Scientific Realism, In: Journal for General Philosophy of Science, 42. Jg., Nr. 1, 2011, S. 17–31.

ARD-ZDF-Onlinestudie (2017), Onlinenutzung: Internetnutzer in Deutschland 1997 bis 2016, 2017, Abruf: 19.02.2017.

Areni, C.S./Lutz, R.J. (1988), The Role of Argument Quality in the Elaboration Likelihood Model, In: Advances in Consumer Research, 15. Jg., Nr. 1, 1988, S. 197–203.

Armstrong, J.S./Overton, T.S. (1977), Estimating Nonresponse Bias in Mail Surveys, In: Journal of Marketing Research, 14. Jg., Nr. 3, 1977, S. 396–402.

Arndt, J. (1967a), Role of Product-Related Conversations in the Diffusion of a New Product, In: Journal of Marketing Research, 4. Jg., Nr. 3, 1967, S. 291–295.

Arndt, J. (1967b), Word of Mouth Advertising and Informal Communication, In: Cox, D.F. (Hrsg.): Risk Taking and Information Handling in Consumer Behavior 1967, S. 188–239.

Arnswald, U./Schütt, H.-P. (2011), Rationalität und Irrationalität in den Wissenschaften, 1. Aufl., Wiesbaden 2011.

Arzheimer, K. (2008), Die Wähler der extremen Rechten 1980 - 2002, Wiesbaden 2008.

Arzheimer, K. (2016), Strukturgleichungsmodelle, Wiesbaden 2016.

Au, C.A.d. (2011), Im Horizont der Anrede. Das theologische Menschenbild und seine Herausforderung durch die Neurowissenschaften, 1. Aufl., s.l. 2011.

Autoplenum (2017), Autoplenum, 2017, Abruf: 21.02.2017.

Backhaus, K./Blechschmidt, B./Eisenbeiß, M. (2006), Der Stichprobeneinfluss bei Kausalanalysen, In: Die Betriebswirtschaft, 66. Jg., Nr. 6, 2006, S. 711–726.

Backhaus, K./Erichson, B./Plinke, W./Weiber, R. (2016), Multivariate Analysemethoden- Eine anwendungsorientierte Einführung, 14., überarbeitete und aktualisierte Auflage, Berlin, Heidelberg 2016.

Backhaus, K./Erichson, B./ Weiber, R. (Hrsg.) (2015), Fortgeschrittene Multivariate Analysemethoden- Eine anwendungsorientierte Einführung, 3., überarbeitete und aktualisierte Auflage, Berlin, Heidelberg, 2015.

Baek, H./Ahn, J./Choi, Y. (2012), Helpfulness of Online Consumer Reviews- Readers' Objectives and Review Cues, In: International Journal of Electronic Commerce, 17. Jg., Nr. 2, 2012, S. 99–126.

Bagozzi, R.P. (1981), Evaluating structural equation models with unobservable variables and measurement error: A comment, In: Journal of Marketing Research, 18. Jg., Nr. 3, 1981, S. 375–381.

Bagozzi, R.P. (1984), A prospectus for theory construction in marketing, In: Journal of Marketing, 48. Jg., Nr. 1, 1984, S. 11–29.

Bagozzi, R.P. (1994), Measurement in marketing research: Basic principles of questionnaire design, In: Bagozzi, R.P. (Hrsg.): Principles of marketing research, Cambridge 1994, S. 1–49.

Bagozzi, R.P. (1998), A prospectus for theory construction in marketing: Revisited and revised, In: Hildebrandt, L./Homburg, C. (Hrsg.): Die Kausalanalyse - Instrument der empirischen betriebswirtschaftlichen Forschung 1998, S. 45–81.

Bagozzi, R.P./Phillips, L.W. (1982), Representing and testing organizational theories: A holistic construal, In: Administrative Science Quarterly, 27. Jg., Nr. 3, 1982, S. 459–489.

Bagozzi, R.P./Yi, Y. (1988), On the evaluation of structural equation models, In: Journal of the Academy of Marketing Science, 16. Jg., Nr. 1, 1988, S. 74–94.

Bagozzi, R.P./Yi, Y. (2012), Specification, evaluation, and interpretation of structural equation models, In: Journal of the Academy of Marketing Science, 40. Jg., Nr. 1, 2012, S. 8–34.

Bargh, J.A. (1989), Conditional Automaticity: Varieties of Automatic Influence in Social Perception and Cognition, In: Uleman, J.S./Bargh, J.A. (Hrsg.): Unintended Thought, New York 1989, S. 3–51.

Barnes, E.C. (2002), The Miraculous Choice Argument for Realism, In: Philosophical Studies: An International Journal for Philosophy in the AnalyticTradition, 111. Jg., Nr. 2, 2002, S. 97–120.

Barnes, S.J./Vidgen, R.T. (2002), An Integrative Approach to the Assessment of E-Commerce Quality, In: Journal of Electronic Commerce Research, 3. Jg., Nr. 3, 2002, S. 114–127.

Baron, R.M./Kenny, D.A. (1986), The Moderator-Mediator Variable Distinction in Social Psychological Research: Conceptual, Strategic, and Statistical Considerations, In: Journal of Personality and Social Psychology, 51. Jg., Nr. 6, 1986, S. 1173–1182.

Baron, R.S./Baron, P./Miller, N. (1973), The relation between distraction and persuasion, In: Psychological Bulletin, 80. Jg., Nr. 4, 1973, S. 310–323.

Batra, R./Ray, M. (1984), Advertising situations: The implications of differential involvement and accompanying affective responses, In: Harris, R.I. (Hrsg.): Information processing research in advertising, Hillsdale, NJ. 1984, S. 127–151.

Bauer, C.A. (2011), User Generated Content, Berlin, Heidelberg 2011.

Bearden, W.O./Sharma, S./Teel, J.E. (1982), Sample size effects on chi square and other statistics used in evaluating causal models, In: Journal of Marketing Research, 19. Jg., Nr. 4, 1982, S. 425–430.

Beisbart, C. (2007), Grundprobleme der Wissenschaftsphilosophie (Überblick 20. Jahrhundert) Die Debatte um den wissenschaftlichen Realismus. Universität Dortmund. Institut für Philosophie, 2007, Abruf: 01.02.2017.

Bentler, P.M. (1990), Comparative fit indexes in structural models, In: Psychological Bulletin, 107. Jg., Nr. 2, 1990, S. 238–246.

Bentler, P.M./Bonett, D.G. (1980), Significance tests and goodness of fit in the analysis of covariance structures, In: Psychological Bulletin, 88. Jg., Nr. 3, 1980, S. 588–606.

Berger, P. (2001), Computer und Weltbild- Habitualisierte Konzeptionen von der Welt der Computer, Wiesbaden 2001.

Bhattacherjee, A./Sanford, C. (2006), Influence Processes for Information Technology Acceptance: An Elaboration Likelihood Model, In: MIS Quarterly, 30. Jg., Nr. 4, 2006, S. 805–825.

Bibliographisches Institut GmbH (2015a), Bewertung, die, 2015, Abruf: 09.11.2015.

Bibliographisches Institut GmbH (2015b), Das Argument, 2015, Abruf: 16.12.2015.

Bibliographisches Institut GmbH (2015c), Qualität, die, 2015, Abruf: 17.12.2015.

Bickart, B./Schindler, R.M. (2001), Internet forums as influential sources of consumer information, In: Journal of Interactive Marketing, 15. Jg., Nr. 3, 2001, S. 31–40.

Bielowski, D. (2012), Bestimmung eines Markenimages anhand von User Generated Content- Theoretisches Basiswissen und Fallbeispiele, Saarbrücken 2012.

Bogner, A./Littig, B./Menz, W. (2014), Interviews mit Experten - Eine praxisorientierte Einführung, Wiesbaden 2014.

Bollen, K. (1989), Structural Equation with Latent Variables, Toronto 1989.

Bortz, J./Schuster, C. (2010), Statistik für Human- und Sozialwissenschaftler, 7., vollständig überarbeitete und erweiterte Auflage, Berlin, Heidelberg 2010.

Boyer, S.L./Edmondson, D.R./Baker, B./Solomon, P. (2015), Word-of-Mouth, traditional and covert marketing: comparative studies, In: Academy of Marketing Studies Journal, 19. Jg., Nr. 1, 2015, S. 102–119.

Breckler, S.J. (1984), Empirical Validation of Affect, Behavior, and Cognition as Distinct Components of Attitude, In: Journal of Personality and Social Psychology, 47. Jg., Nr. 6, 1984, S. 1191–1205.

Brock, T.C. (1967), Communication discrepancy and intent to persuade as determinants of counterargument production, In: Journal of Experimental Social Psychology, 3. Jg., Nr. 3, 1967, S. 296–309.

Brooks Jr., R.C. (1957), "Word-of-Mouth" advertising in selling new products, In: Journal of Marketing, 22. Jg., Nr. 2, 1957, S. 154–161.

Burton, J./Khammash, M. (2010), Why do people read reviews posted on consumer-opinion portals?, In: Journal of Marketing Management, 26. Jg., 3-4, 2010, S. 230–255.

Busch, J. (2008), No New Miracles, Same Old Tricks, In: Theoria, 74. Jg., Nr. 2, 2008, S. 102–114.

Business Life (2010), Steve Kaufer, co-founder of TripAdvisor, 2010, Abruf: 27.04.2016.

Byrne, B.M. (2010), Structural equation modeling with AMOS- Basic concepts, applications, and programming, 2. Auflage, New York 2010.

Cacioppo, J.T./Harkins, S.G./Petty, R.E. (1981), The nature of attitudes and cognitive responses and their relationships to behavior, In: Petty, R./Ostrom, T./Brock, T. (Hrsg.): Cognitive responses in persuasion, Hillsdale, NJ. 1981, S. 31–54.

Cacioppo, J.T./Petty, R.E. (1979), Effects of message repetition and position on cognitive responses, recall, and persuasion, In: Journal of Personality and Social Psychology, 37. Jg., Nr. 1, 1979, S. 97–109.

Cacioppo, J.T./Petty, R.E. (1981), Social psychological procedures for cognitive response assessment: The thought listing technique., In: Merluzzi, T./Glass, C./Genest, M. (Hrsg.): Cognitive assessment, New York 1981, S. 309–341.

Calder, B.J./Sternthal, B. (1980), Television commercial wearout: An information processing view, In: Journal of Marketing Research, 17. Jg., Nr. 2, 1980, S. 173–186.

Campbell, D.T./Fiske, D.W. (1959), Convergent and discriminant validation by the multitrait-multimethod matrix, In: Psychological Bulletin, 56. Jg., Nr. 2, 1959, S. 81–105.

Carmines, E.G./McIver, J.P. (1983), An introduction to the analysis of models with unobserved variables, In: Political Methodology, 9. Jg., Nr. 1, 1983, S. 51–102.

Carnap, R. (1958), Beobachtungssprache und theoretische Sprache, In: Dialectica, 12. Jg., 3-4, 1958, S. 236–248.

Carnap, R. (1960), Theoretische Begriffe der Wissenschaft - Eine logische und methodologische Untersuchung, In: Zeitschrift für philosophische Forschung, 14. Jg., Nr. 2, 1960, S. 209–233.

Carnap, R. (1966), Philosophical foundations of physics: An introduction to the philosophy of science, New York 1966.

Chaiken, S. (1980), Heuristic versus systematic information processing and the use of source versus message cues in persuasion, In: Journal of Personality and Social Psychology, 39. Jg., 1980, S. 752–766.

Chaiken, S./Maheswaran, D. (1994), Heuristic Processing Can Bias Systematic Processing: Effects of Source Credibility, Argument Ambiguity, and Task Importance on Attitude Judgment, In: Journal of Personality and Social Psychology, 66. Jg., Nr. 3, 1994, S. 460–473.

Chakravartty, A. (2016), Scientific Realism, 2016, Abruf: 30.01.2017.

Chang, H.H./Fang, P.W./Huang, C.H. (2015), The Impact of On-Line Consumer Reviews on Value Perception: The Dual-Process Theory and Uncertainty Redaction, In: Journal of Organizational and End User Computing, 27. Jg., Nr. 2, 2015, S. 32–57.

Chang, T.-P.V./Rhodes, J./Lok, P. (2013), The Mediating Effect of Brand Trust Between Online Customer Reviews and Willingness to Buy, In: Journal of Electronic Commerce in Organizations, 11. Jg., Nr. 1, 2013, S. 22–42.

Chatterjee, P. (2001), Online Reviews: Do Consumers Use Them?, In: Advances in Consumer Research, 28. Jg., 129-133, 2001.

Chen, M.-Y. (2016), Can two-sided messages increase the helpfulness of online reviews?, In: Online Information Review, 40. Jg., Nr. 3, 2016, S. 316–332.

Chen, S.-C./Yen, D.C./Hwang, M.I. (2012), Factors influencing the continuance intention to the usage of Web 2.0- An empirical study, In: Computers in Human Behavior, 28. Jg., Nr. 3, 2012, S. 933–941.

Chen, Y./Xie, J. (2008), Online Consumer Review - Word-of-Mouth as a New Element of Marketing Communication Mix, In: Management Science, 54. Jg., Nr. 3, 2008, S. 477–491.

Cheng, V.T.P./Loi, M.K. (2014), Handling Negative Online Customer Reviews: The Effects of Elaboration Likelihood Model and Distributive Justice, In: Journal of Travel & Tourism Marketing, 31. Jg., Nr. 1, 2014, S. 1–15.

Cheng, Y.-H./Ho, H.-Y. (2015), Social influence's impact on reader perceptions of online reviews, In: Journal of Business Research, 68. Jg., Nr. 4, 2015, S. 883–887.

Cheung, C.M./Lee, M.K./Rabjohn, N. (2008), The impact of electronic word-of-mouth, In: Internet Research, 18. Jg., Nr. 3, 2008, S. 229–247.

Cheung, C.M./Thadani, D.R. (2012), The impact of electronic word-of-mouth communication- A literature analysis and integrative model, In: Decision Support Systems, 54. Jg., Nr. 1, 2012, S. 461–470.

Cheung, C.M./Xiao, B.S./Liu, I.L. (2014), Do actions speak louder than voices?- The signaling role of social information cues in influencing consumer purchase decisions, In: Decision Support Systems, 65. Jg., 2014, S. 50–58.

Cheung, C.M.-Y./Sia, C.-L./Kuan, K.K. (2012), Is This Review Believable? A Study of Factors Affecting the Credibility of Online Consumer Reviews from an ELM Perspective, In: Journal of the Association for Information Systems, 13. Jg., Nr. 8, 2012, S. 618–635.

Cheung, M.Y./Luo, C./Sia, C.L./Chen, H. (2009), Credibility of Electronic Word-of-Mouth- Informational and Normative Determinants of Online Consumer Recommendations, In: International Journal of Electronic Commerce, 13. Jg., Nr. 4, 2009, S. 9–38.

Cheung, R. (2014), The Influence of Electronic Word-of-Mouth on Information Adoption in Online Customer Communities, In: Global Economic Review, 43. Jg., Nr. 1, 2014, S. 42–57.

Chih, W.-H./Wang, K.-Y./Hsu, L.-C./Huang, S.-C. (2013), Investigating electronic word-of-mouth effects on online discussion forums: the role of perceived positive electronic word-of-mouth review credibility, In: Cyberpsychology, behavior and social networking, 16. Jg., Nr. 9, 2013, S. 658–668.

Chin, W.W. (1998a), Commentary: Issues and Opinion on Structural Equation Modeling, In: MIS Quarterly, 22. Jg., Nr. 1, 1998, S. VII–XVI.

Chin, W.W. (1998b), Issues and Opinion on Structural Equation Modeling, In: MIS Quarterly, 22. Jg., Nr. 1, 1998, S. VII–XVI.

Chin, W.W. (1998c), The partial least squares approach for structural equation modeling, In: Marcoulides, G.A. (Hrsg.): Modern methods for business research, Mahwah 1998, S. 295–336.

Chin, W.W./Newsted, P.R. (1999), Structural equation modelling analysis with small samples using partial least squares, In: Hoyle, R.H. (Hrsg.): Statistical strategies for small sample research, Thousand Oaks, Calif. 1999, S. 307–341.

Chmielewicz, K. (1979), Forschungskonzeptionen der Wirtschaftswissenschaft, 2., überarb. u. erw. Aufl., Stuttgart 1979.

Chou, S.Y. (2011), Do Online Reviews Affect an Online Intermediary's Reputation? A Transaction Cost Economics Perspective, In: Journal of Internet Business, 9. Jg., 2011, S. 51–67.

Chou, S.Y./Picazo-Vela, S./Pearson, J.M. (2013), The Effect of Online Review Configurations, Prices, and Personality on Online Purchase Decisions- A Study of Online Review Profiles on eBay, In: Journal of Internet Commerce, 12. Jg., Nr. 2, 2013, S. 131–153.

Christophersen, T./Grape, C. (2009), Die Erfassung latenter Konstrukte mit Hilfe formativer und reflektiver Messmodelle, In: Albers, S./Klapper, D./Konradt, U./Walter, A./Wolf, J. (Hrsg.): Methodik der empirischen Forschung, Wiesbaden 2009, S. 103–118.

Chu, S.-C./Kamal, S. (2008), The Effect of Perceived Blogger Credibility and Argument Quality on Message Elaboration and Brand Attitudes, In: Journal of Interactive Advertising, 8. Jg., Nr. 2, 2008, S. 26–37.

Chua, A.Y./Banerjee, S. (2015), Understanding review helpfulness as a function of reviewer reputation, review rating, and review depth, In: Journal of the Association for Information Science, 66. Jg., Nr. 2, 2015, S. 354–362.

Churchill, G.A. (1979), A paradigm for developing better measures of marketing constructs, In: Journal of Marketing Research, 16. Jg., Nr. 1, 1979, S. 64–73.

Ciao (2017), What is Ciao?, 2017, Abruf: 21.02.2017.

Ciao.de (2015), Neu bei Ciao?, 2015, Abruf: 08.10.2015.

Clement, M./Peters, K./Preiß, F. (2001), Electronic Commerce, In: Albers, S./Clement, M./Peters, K./Skiera, B. (Hrsg.): Marketing mit interaktiven Medien- Strategien zum Markterfolg, 3., komplett überarb. und erw. Aufl., Frankfurt am Main 2001, S. 56–70.

Cohen, A./Stotland, E./Wolfe, D. (1955), An experimental investigation of need for cognition, In: Journal of Abnormal and Social Psychology, 51. Jg., Nr. 2, 1955, S. 291–294.

Cole, D.A. (1987), Utility of confirmatory factor analysis in test validation research, In: Journal of Consulting and Clinical Psychology, 55. Jg., Nr. 4, 1987, S. 584–594.

Cronbach, L.J. (1951), Coefficient alpha and the internal structure of tests, In: Psychometrika, 16. Jg., Nr. 3, 1951, S. 297–334.

Cui, G./Lui, H.-K./Guo, X. (2012), The Effect of Online Consumer Reviews on New Product Sales, In: International Journal of Electronic Commerce, 17. Jg., Nr. 1, 2012, S. 39–58.

Czypionka, T./Titelbach, G./Salcher, M. (2013), Orientierungshilfen bei der Arztwahl: Eine kritische Analyse, In: Health System Watch, 1. Jg., 2013, S. 1–16.

Davis, F.D. (1989), Perceived Usefulness, Perceived Ease of Use, and User Acceptance of Information Technology, In: MIS Quarterly, 13. Jg., Nr. 3, 1989, S. 319–340.

Defren, T. (2009), Desinvestitions-Management- Erfolgsfaktoren in der Verhandlungsphase eines Sell-Offs, Wiesbaden 2009.

Dellarocas, C. (2003), The Digitization of Word of Mouth: Promise and Challenges of Online Feedback Mechanisms, In: Management Science, 49. Jg., Nr. 10, 2003, S. 1407–1424.

DeVellis, R.F. (2012), Scale development- Theory and applications, 3. ed., Thousand Oaks, Calif. 2012.

Devitt, M. (2008), Realism / Anti-Realism, In: Psillos, S./Curd, M. (Hrsg.): The Routledge Companion to Philosophy of Science, London, New York 2008, S. 224–235.

Diamantopoulos, A./Siguaw, J.A. (2006), Formative versus reflective indicators in organizational measure development: A comparison and empirical illustration, In: British Journal of Management, 17. Jg., Nr. 4, 2006, S. 263–282.

Dichter, E. (1966), How Word-of-Mouth Advertising works, In: Harvard Business Review, 44. Jg., Nr. 6, 1966, S. 147–166.

Doh, S.-J./Hwang, J.-S. (2009), How consumers evaluate eWOM (electronic word-of-mouth) messages, In: Cyberpsychology & behavior : the impact of the Internet, multimedia and virtual reality on behavior and society, 12. Jg., Nr. 2, 2009, S. 193–197.

Döring, N./Bortz, J. (2016), Forschungsmethoden und Evaluation in den Sozial- und Humanwissenschaften, 5. vollständig überarbeitete, aktualisierte und erweiterte Auflage, Berlin, Heidelberg 2016.

Dunk, A.S. (2004), Product life cycle cost analysis- The impact of customer profiling, competitive advantage, and quality of IS information, In: Management Accounting Research, 15. Jg., Nr. 4, 2004, S. 401–414.

East, R./Hammond, K./Lomax, W. (2008), Measuring the impact of positive and negative word of mouth on brand purchase probability, In: International Journal of Research in Marketing, 25. Jg., Nr. 3, 2008, S. 215–224.

Eberl, M. (2004), Formative und reflektive Indikatoren im Forschungsprozess: Entscheidungsregeln und die Dominanz des reflektiven Modells, In: Schriften zur Empirischen Forschung und Quantitativen Unternehmensplanung, 19. Jg., 2004, S. 1–34.

Eberl, M. (2007), Die Entstehung von Werturteilen: Individualperspektivische Theorie & praktische Analyse von Martin Gusindes "Die Feuerland-Indianer I", München 2007.

Ebster, C./Stalzer, L. (2013), Wissenschaftliches Arbeiten für Wirtschafts- und Sozialwissenschaftler, 4., überarb. Aufl., Wien 2013.

Eckstein, P.P. (2016), Angewandte Statistik mit SPSS- Praktische Einführung für Wirtschaftswissenschaftler, 8., überarbeitete und erweiterte Auflage, Wiesbaden 2016.

Edwards, J.R. (2001), Multidimensional constructs in organizational behavior research: An integrative analytical framework, In: Organizational Research Methods, 4. Jg., Nr. 2, 2001, S. 144–192.

Edwards, J.R./Bagozzi, R.P. (2000), On the Nature and Direction of Relationships between Constructs and Measures, In: Psychological Methods, 5. Jg., Nr. 2, 2000, S. 155–174.

Eggert, A./Fassott, G./Helm, S. (2005), Identifizierung und Quantifizierung mediierender und moderierender Effekte in komplexen Kausalstrukturen, In: Bliemel, F./Eggert, A./Fassott, G./Henseler, J. (Hrsg.): Handbuch PLS-Pfadmodellierung, Stuttgart 2005, S. 101–116.

Eikelenboom, B. (2005), Organizational capabilities and bottom line performance- The relationship between organizational architecture and strategic performance of business units in Dutch headquartered multinationals, Delft 2005.

Eisend, M. (2006), Two-sided advertising- A meta-analysis, In: International Journal of Research in Marketing, 23. Jg., Nr. 2, 2006, S. 187–198.

Elsäßer, M. (2016), Rationale und emotionale Erfolgsfaktoren im B2B-Branding, Lohmar 2016.

Enderle, M./Wirtz, B.W. (2008), Weitreichende Veränderungen, In: Absatzwirtschaft - Zeitschrift für Marketing, 51. Jg., 2008, S. 36–39.

Engel, J.F./Blackwell, R.D./Kegerreis, R.J. (1969), How Information Is Used to Adopt an Innovation, In: Journal of Advertising Research, 9. Jg., Nr. 4, 1969, S. 3–8.

Euroweb Internet GmbH (2015), Bewertungsportale im Überblick: Bewertungen und ihre Plattformen, 2015, Abruf: 09.11.2015.

Evangelopoulos, G. (2013), Scientific Realism in the Philosophy of Science and International Relations, London 2013.

Fahrmeir, L./Heumann, C./Künstler, R./Pigeot, I./Tutz, G. (2016), Statistik- Der Weg zur Datenanalyse, 8., überarbeitete und ergänzte Auflage, Berlin, Heidelberg 2016.

Fan, Y.-W./Miao, Y.-F. (2012), Effect of Electronic Word-of-Mouth on Consumer Purchase Intention: The Perspective of Gender Differences, In: International Journal of Electronic Business Management, 10. Jg., Nr. 3, 2012, S. 175–181.

Fan, Y.-W./Miao, Y.-F./Fang, Y.-H./Lin, R.-Y. (2013), Establishing the Adoption of Electronic Word-of-Mouth through Consumers' Perceived Credibility, In: International Business Research, 6. Jg., Nr. 3, 2013, S. 58–65.

Fang, H./Zhang, J./Bao, Y./Zhu, Q. (2013), Towards effective online review systems in the Chinese context- A cross-cultural empirical study, In: Electronic Commerce Research and Applications, 12. Jg., Nr. 3, 2013, S. 208–220.

Fang, Y.-H. (2014), Beyond the Credibility of Electronic Word of Mouth- Exploring eWOM Adoption on Social Networking Sites from Affective and Curiosity Perspectives, In: International Journal of Electronic Commerce, 18. Jg., Nr. 3, 2014, S. 67–102.

Fassott, G. (2006), Operationalisierung latenter Variablen in Strukturgleichungsmodellen: Eine Standortbestimmung, In: Zeitschrift für betriebswirtschaftliche Forschung, 58. Jg., Nr. 2, 2006, S. 67–88.

Fazio, R.H. (1986), How do attitudes guide behavior?, In: Sorrrentino, R.M./Higgins, E.T. (Hrsg.): The handbook of motivation and cognition: Foundation of social behavior, New York 1986, S. 204–243.

Fazio, R.H. (1990), Multiple processes by which attitudes guide behavior: the mode model as an integrative framework, In: Advances in Experimental Social Psychology, 23. Jg., 1990, S. 75–109.

Ferguson, R. (2008), Word of mouth and viral marketing- Taking the temperature of the hottest trends in marketing, In: Journal of Consumer Marketing, 25. Jg., Nr. 3, 2008, S. 179–182.

Filieri, R. (2015), What makes online reviews helpful?- A diagnosticity-adoption framework to explain informational and normative influences in e-WOM, In: Journal of Business Research, 68. Jg., Nr. 6, 2015, S. 1261–1270.

Filieri, R./McLeay, F. (2013), E-WOM and Accommodation- An Analysis of the Factors That Influence Travelers' Adoption of Information from Online Reviews, In: Journal of Travel Research, 53. Jg., Nr. 1, 2013, S. 44–57.

Fill, C./Turnbull, S. (2016), Marketing communications- Discovery, creation and conversations, Seventh edition, Harlow, England 2016.

Fischer, E./ Vossenkuhl, W. (Hrsg.) (2003), Die Fragen der Philosophie - Eine Einführung in Disziplinen und Epochen, Orig.-Ausg, München (1556), 2003.

Fishbein, M./Ajzen, I. (1975), Belief, attitude, intention and behavior- An introduction to theory and research, Reading, Mass. 1975.

Flanagin, A.J./Metzger, M.J. (2013), Trusting expert- versus user-generated ratings online- The role of information volume, valence, and consumer characteristics, In: Computers in Human Behavior, 29. Jg., Nr. 4, 2013, S. 1626–1634.

Fleischmann, G. (1966), Nationalökonomie und sozialwissenschaftliche Integration, Tübingen 1966.

Flora, D.B./Curran, P.J. (2004), An Empirical Evaluation of Alternative Methods of Estimation for Confirmatory Factor Analysis With Ordinal Data, In: Psychological Methods, 9. Jg., Nr. 4, 2004, S. 466–491.

Floyd, K./Freling, R./Alhoqail, S./Cho, H.Y./Freling, T. (2014), How Online Product Reviews Affect Retail Sales- A Meta-analysis, In: Journal of Retailing, 90. Jg., Nr. 2, 2014, S. 217–232.

Fogel, J./Zachariah, S. (2017), Intentions to Use the Yelp Review Website and Purchase Behavior after Reading Reviews, In: Journal of theoretical and applied electronic commerce research, 12. Jg., Nr. 1, 2017, S. 53–67.

Folse, J.A.G./Burton, S./Netemeyer, R.G. (2013), Defending Brands- Effects of Alignment of Spokescharacter Personality Traits and Corporate Transgressions on Brand Trust and Attitudes, In: Journal of Advertising, 42. Jg., Nr. 4, 2013, S. 331–342.

Forman, C./Ghose, A./Wiesenfeld, B. (2008), Examining the Relationship Between Reviews and Sales- The Role of Reviewer Identity Disclosure in Electronic Markets, In: Information Systems Research, 19. Jg., Nr. 3, 2008, S. 291–313.

Fornell, C./Bookstein, F.L. (1982), Two structural equation models: LISREL and PLS applied to consumer exit-voice theory, In: Journal of Marketing Research, 19. Jg., Nr. 4, 1982, S. 440–452.

Fornell, C./Larcker, D. (1981), Evaluating structural equation models with unobservable variables and measurement error, In: Journal of Marketing Research, 18. Jg., Nr. 1, 1981, S. 39–50.

Freiling, J. (2001), Ressourcenorientierte Reorganisationen- Problemanalyse und Change Management auf der Basis des Resource-based View, Wiesbaden 2001.

Fritz, W. (1984), Warentest und Konsumgüter-Marketing- Forschungskonzeption und Ergebnisse einer empirischen Untersuchung, Wiesbaden, s.l. 1984.

Fritz, W. (1992), Marktorientierte Unternehmensführung und Unternehmenserfolg- Grundlagen und Ergebnisse einer empirischen Untersuchung, Stuttgart 1992.

Fritz, W. (1995), Marketing-Management und Unternehmenserfolg- Grundlagen und Ergebnisse einer empirischen Untersuchung, 2. überarb. und erg. Aufl., Stuttgart 1995.

Frost-Arnold, G. (2010), The No-Miracles Argument for Realism: Inference to an Unacceptable Explanation, In: Philosophy of Science, 77. Jg., Nr. 1, 2010, S. 35–58.

Fuchs, A. (2011), Methodische Aspekte linearer Strukturgleichungsmodelle - Ein Vergleich von kovarianz- und varianzbasierten Kausalanalyseverfahren, In: Research Papers on Marketing Strategy, 2. Jg., 2011, S. 1–44.

Fuchs, S. (2009), Unternehmensreputation und Markenstärke - Analyse von Wechselwirkungen und Ansätzen zur Prognose des Konsumentenverhaltens, 1. Aufl., Wiesbaden 2009.

Garvin, D.A. (1984), What Does "Product Quality" Really Mean?, In: Sloan Management Review, 26. Jg., Nr. 1, 1984, S. 25–43.

Gaskin, J. (2017), Stats Tools Package - X^2-Differences, 2017, Abruf: 22.04.2017.

Geißler, C. (2009), Kompetenzbasiertes Markenmanagement in Verlagsunternehmen - Ein explorativer Ansatz, Wiesbaden 2009.

Gerbing, D.W./Anderson, J.C. (1988), An Updated Paradigm for Scale Development Incorporating Unidimensionality and Its Assessment, In: Journal of Marketing Research, 25. Jg., Nr. 2, 1988, S. 186–192.

Ghose, A./Ipeirotis, P.G. (2011), Estimating the Helpfulness and Economic Impact of Product Reviews- Mining Text and Reviewer Characteristics, In: IEEE Transactions on Knowledge and Data Engineering, 23. Jg., Nr. 10, 2011, S. 1498–1512.

Giere, J. (2007), Marketingflexibilität - Eine empirische Analyse ihrer Konzeptionalisierung, Operationalisierung und Erfolgswirkung, Wiesbaden 2007.

Giere, J./Wirtz, B.W./Schilke, O. (2006), Mehrdimensionale Konstrukte - Konzeptionelle Grundlagen und Möglichkeiten ihrer Analyse mithilfe von Strukturgleichungsmodellen, In: Die Betriebswirtschaft (DBW), 66. Jg., Nr. 6, 2006, S. 678–695.

Gilly, M.C./Graham, J.L./Wolfinbarger, M.F./Yale, L.J. (1998), A Dyadic Study of Interpersonal Information Search, In: Journal of the Academy of Marketing Science, 26. Jg., Nr. 2, 1998, S. 83–100.

Gläser, J./Laudel, G. (2010), Experteninterviews und qualitative Inhaltsanalyse als Instrumente rekonstruierender Untersuchungen, 4. Auflage, Wiesbaden 2010.

GoLocal GmbH & Co. KG (2016), Die besten Locations in Köln, 2016, Abruf: 27.04.2016.

Gorn, G. (1982), The effects of music in advertising on choice behavior: A classical conditioning approach, In: Journal of Marketing, 46. Jg., Nr. 1, 1982, S. 94–101.

Gorn, G./Goldberg, M. (1980), Children's responses to repetitive TV commercials, In: Journal of Consumer Research, 6. Jg., Nr. 4, 1980, S. 421–424.

Greenwald, A.G. (1968), Cognitive learning, cognitive response to persuasion, and attitude change, In: Greenwald, A./Brock, T./Ostrom, T. (Hrsg.): Psychological foundations of attitudes, New York 1968, S. 148–170.

Gremler, D.D./Gwinner, K.P./Brown, S.W. (2001), Generating positive word-of-mouth communication through customer-employee relationships, In: International Journal of Service Industry Management, 12. Jg., Nr. 1, 2001, S. 44–59.

Groves, R.M. (2005), Survey errors and survey costs, New York 2005.

Gruen, T.W./Osmonbekov, T./Czaplewski, A.J. (2006), eWOM- The impact of customer-to-customer online know-how exchange on customer value and loyalty, In: Journal of Business Research, 59. Jg., Nr. 4, 2006, S. 449–456.

Grunert, K.G. (1990), Kognitive Strukturen in der Konsumforschung- Entwicklung und Erprobung eines Verfahrens zur offenen Erhebung assoziativer Netzwerke, Heidelberg 1990.

Gummer, T. (2015), Multiple Panels in der empirischen Sozialforschung, Wiesbaden 2015.

Gupta, P./Harris, J. (2010), How e-WOM recommendations influence product consideration and quality of choice- A motivation to process information perspective, In: Journal of Business Research, 63. Jg., 9-10, 2010, S. 1041–1049.

Güttler, P.O. (1996), Sozialpsychologie- Soziale Einstellungen, Vorurteile, Einstellungsänderungen, 2., überarb. und erw. Aufl., München 1996.

Haenlein, M./Kaplan, A.M. (2004), A beginner's guide to partial least squares analysis, In: Understanding Statistics, 3. Jg., Nr. 4, 2004, S. 283–297.

Hair, J.F./Black, W.C./Babin, B.J./Anderson, R.E. (2010), Multivariate data analysis - A global perspective, 7. Auflage, Upper Saddle River 2010.

Hair, J.F./Hult, G.T.M./Ringle, C./Sarstedt, M. (2016), A primer on partial least squares structural equation modeling (PLS-SEM), Second edition, Thousand Oaks 2016.

Hajli, N. (2016), Ethical Environment in the Online Communities by Information Credibility- A Social Media Perspective, In: Journal of Business Ethics, 38. Jg., Nr. 5, 2016, S. 1–12.

Hamby, A./Daniloski, K./Brinberg, D. (2015), How consumer reviews persuade through narratives, In: Journal of Business Research, 68. Jg., Nr. 6, 2015, S. 1242–1250.

Harman, G. (1965), The Inference to the Best Explanation, In: The Philosophical Review, 74. Jg., Nr. 1, 1965, S. 88–95.

Harman, H.H. (1967), Modern factor analysis, 2. Auflage, Chicago 1967.

Heinemann, G. (2008), Multi-Channel-Handel- Erfolgsfaktoren und Best Practices, 2., überarbeitete und erweiterte Auflage, Wiesbaden 2008.

Helfrich, H. (2016), Wissenschaftstheorie für Betriebswirtschaftler, Wiesbaden 2016.

Hempel, C.G./Oppenheim, P. (1948), Studies in the logic of explanation, In: Philosophy of Science, 15. Jg., Nr. 2, 1948, S. 135–175.

Hennig-Thurau, T./Gwinner, K.P./Walsh, G./Gremler, D.D. (2004), Electronic word-of-mouth via consumer-opinion platforms- What motivates consumers to articulate themselves on the Internet?, In: Journal of Interactive Marketing, 18. Jg., Nr. 1, 2004, S. 38–52.

Hennig-Thurau, T./Walsh, G. (2004), Electronic Word-of-Mouth: Motives for and Consequences of Reading Customer Articulations on the Internet, In: International Journal of Electronic Commerce, 8. Jg., Nr. 2, 2004, S. 51–74.

Herhausen, D. (2011), Understanding proactive customer orientation- Construct development and managerial implications, Wiesbaden 2011.

Herrmann, A./Huber, F. (2000), Determinanten des Erfolgs von quality function deployment-Projekten, In: Zeitschrift für Betriebswirtschaft, 70. Jg., Nr. 1, 2000, S. 27–54.

Herrmann, A./Huber, F./Kressmann, F. (2006), Varianz- und kovarianzbasierte Strukturgleichungsmodelle - Ein Leitfaden zu deren Spezifikation, Schätzung und Beurteilung, In: Zeitschrift für betriebswirtschaftliche Forschung, 58. Jg., Nr. 2, 2006, S. 34–66.

Herzog, W. (2012), Wissenschaftstheoretische Grundlagen der Psychologie, Wiesbaden 2012.

Hildebrandt, L. (1998), Kausalanalytische Validierung in der Marketingforschung, In: Hildebrandt, L./Homburg, C. (Hrsg.): Die Kausalanalyse - Ein Instrument der empirischen betriebswirtschaftlichen Forschung, Stuttgart 1998, S. 85–110.

Ho, S.Y./Bodoff, D. (2014), The Effects of Web Personalization on User Attitude and Behavior: An Integration of the Elaboration Likelihood Model and Consumer Research Theory, In: MIS Quarterly, 38. Jg., Nr. 2, 2014, S. 497–520.

Homburg, C./Baumgartner, H. (1995), Die Kausalanalyse als Instrument der Marketingforschung - Eine Bestandsaufnahme, In: Zeitschrift für Betriebswirtschaft, 65. Jg., Nr. 10, 1995, S. 1091–1108.

Homburg, C./Baumgartner, H. (1998), Beurteilung von Kausalmodellen - Bestandsaufnahme und Anwendungsempfehlungen, In: Hildebrandt, L./Homburg, C. (Hrsg.): Die Kausalanalyse - Ein Instrument der empirischen betriebswirtschaftlichen Forschung, Stuttgart 1998, S. 343–369.

Homburg, C./Dobratz, A. (1998), Iterative Modellselektion in der Kausalanalyse, In: Hildebrandt, L./Homburg, C. (Hrsg.): Die Kausalanalyse - Ein Instrument der empirischen betriebswirtschaftlichen Forschung, Stuttgart 1998, S. 445–474.

Homburg, C./Giering, A. (1998), Konzeptualisierung und Operationalisierung komplexer Konstrukte- Ein Leitfaden für die Marketingforschung, In: Hildebrandt,

L./Homburg, C. (Hrsg.): Die Kausalanalyse - Ein Instrument der empirischen betriebswirtschaftlichen Forschung, Stuttgart 1998, S. 111–148.

Homburg, C./Hildebrandt, L. (1998), Die Kausalanalyse: Bestandsaufnahme, Entwicklungsrichtungen, Problemfelder, In: Hildebrandt, L./Homburg, C. (Hrsg.): Die Kausalanalyse - Ein Instrument der empirischen betriebswirtschaftlichen Forschung, Stuttgart 1998, S. 15–43.

Homburg, C./Klarmann, M. (2006), Die Kausalanalyse in der empirischen betriebswirtschaftlichen Forschung – Problemfelder und Anwendungsempfehlungen, In: Die Betriebswirtschaft (DBW), 66. Jg., Nr. 6, 2006, S. 727–748.

Homburg, C./Schilke, O./Reimann, M. (2009), Triangulation von Umfragedaten in der Marketing und Managementforschung, In: Die Betriebswirtschaft (DBW), 69. Jg., Nr. 2, 2009, S. 173–193.

Horster, E. (2013), Reputation und Reiseentscheidung im Internet, Wiesbaden 2013.

Hoxmeier, J.A. (2000), Software Preannouncements and Their Impact on Customers' Perceptions and Vendor Reputation, In: Journal of Management Information Systems, 17. Jg., Nr. 1, 2000, S. 115–139.

Hoyle, R.H. (2000), Confirmatory factor analysis, In: Tinsley, H./Brown, S.D. (Hrsg.): Handbook of Applied Multivariate Statistics and Mathematical Modeling, San Diego 2000, S. 465–497.

Hsiao, K./Chuan-Chuan Lin, J./Wang, X./Lu, H./Yu, H. (2010), Antecedents and consequences of trust in online product recommendations, In: Online Information Review, 34. Jg., Nr. 6, 2010, S. 935–953.

Hu, L.-T./Bentler, P.M. (1999), Cutoff criteria for fit indexes in covariance structure analysis: Conventional criteria versus new alternatives, In: Structural Equation Modeling: A Multidisciplinary Journal, 6. Jg., Nr. 1, 1999, S. 1–55.

Hu, N./Koh, N.S./Reddy, S.K. (2014), Ratings lead you to the product, reviews help you clinch it?- The mediating role of online review sentiments on product sales, In: Decision Support Systems, 57. Jg., 2014, S. 42–53.

Hu, N./Liu, L./Zhang, J. (2008), Do Online Reviews Affect Product Sales? The Role of Reviewer Characteristics and Temporal Effects, In: Information Technology and Management, 9. Jg., Nr. 3, 2008, S. 1–33.

Huang, A.H./Chen, K./Yen, D.C./Tran, T.P. (2015), A study of factors that contribute to online review helpfulness, In: Computers in Human Behavior, 48. Jg., 2015, S. 17–27.

Huber, F./Riewe, K./Matthes, I./Vogel, J. (2010), Markenexpansionen erfolgreich gestalten - Ein empirischer Vergleich von Markenlizenzierung und Co-Branding am Beispiel einer Modemarke, 1. Aufl., Lohmar 2010.

Huber, J. (2016), E-Commerce: Megatrend „Social, Local, Mobile", In: Knoll, M./Meinhardt, S. (Hrsg.): Mobile Computing, Wiesbaden 2016, S. 65–79.

Hulland, J. (1999), Use of partial least squares (PLS) in strategic management research: A review of four recent studies, In: Strategic Management Journal, 20. Jg., Nr. 2, 1999, S. 195–204.

Hunt, S./Hansen, J. (2010), The Philosophical Foundations of Marketing Research: For Scientific Realism and Truth, In: Maclaran, P./Saren, M./Stern, B./Tadajewski, M. (Hrsg.): The SAGE Handbook of Marketing Theory, Los Angeles 2010, S. 111–126.

Hunt, S.D. (1991), Modern marketing theory- Critical issues in the philosophy of marketing science, Cincinnati, OH 1991.

Hunt, S.D. (2012), Explaining empirically successful marketing theories - The inductive realist model, approximate truth, and market orientation, In: AMS Review, 2. Jg., Nr. 1, 2012, S. 5–18.

Hurrle, B./Kieser, A. (2005), Sind Key Informants verlässliche Datenlieferanten, In: Die Betriebswirtschaft, 65. Jg., Nr. 6, 2005, S. 584–602.

Ingham, A./Levinger, G./Graves, J./Peckham, V. (1974), The Ringelmann effect: Studies of group size and group performance, In: Journal of Experimenral Social Psychology, 10. Jg., Nr. 4, 1974, S. 371–384.

Irlinger, W. (2012), Kausalmodelle zur Lieferantenbewertung, Wiesbaden 2012.

Jameda (2017), Über jameda, 2017, Abruf: 21.02.2017.

Jamil, R.A./Hasnu, S.A.F. (2013), Consumer's Reliance on Word of Mouse: Influence on Consumer's Decision in an Online Information Asymmetry Context, In: Journal of Business & Economics, 5. Jg., Nr. 2, 2013, S. 171–205.

Janis, I.L./Kaye, D./Kirschner, P. (1965), Facilitating effects of "eating while reading" on responsiveness to persuasive communication, In: Journal of Personality and Social Psychology, 1. Jg., Nr. 2, 1965, S. 181–186.

Janssen, J./Laatz, W. (2017), Statistische Datenanalyse mit SPSS, Berlin, Heidelberg 2017.

Jarvis, C.B./Mackenzie, S.B./Podsakoff, P.M. (2003), A Critical Review of Construct Indicators and Measurement Model Misspecification in Marketing and Consumer Research, In: Journal of Consumer Research, 30. Jg., Nr. 2, 2003, S. 199–218.

Jensen, M.L./Averbeck, J.M./Zhang, Z./Wright, K.B. (2013), Credibility of Anonymous Online Product Reviews- A Language Expectancy Perspective, In: Journal of Management Information Systems, 30. Jg., Nr. 1, 2013, S. 293–324.

Jöreskog, K.G. (1970), A general method for analysis of covariance structures, In: Biometrika, 57. Jg., Nr. 2, 1970, S. 239–251.

Jöreskog, K.G. (1973), A general method for estimating a linear structural equation system, In: Goldberger, A.S./Duncan, O.D. (Hrsg.): Structural equation models in the social sciences, New York 1973, S. 85–112.

Jöreskog, K.G./Sörbom, D. (1982), Recent developments in structural equation modeling, In: Journal of Marketing Research, 19. Jg., Nr. 4, 1982, S. 404–416.

Kaiser, H.F./Rice, J. (1974), Little Jiffy, Mark IV, In: Educational and Psychological Measurement, 34. Jg., Nr. 1, 1974, S. 111–117.

Kaiser, R. (2014), Qualitative Experteninterviews- Konzeptionelle Grundlagen und praktische Durchführung, Wiesbaden 2014.

Kang, Y.-S./Kim, Y.J. (2006), Do visitors' interest level and perceived quantity of web page content matter in shaping the attitude toward a web site?, In: Decision Support Systems, 42. Jg., Nr. 2, 2006, S. 1187–1202.

Kao, D.T. (2011), Message sidedness in advertising: the moderating roles of need for cognition and time pressure in persuasion, In: Scandinavian journal of psychology, 52. Jg., Nr. 4, 2011, S. 329–340.

Kaplan, A.M./Haenlein, M. (2010), Users of the world, unite!- The challenges and opportunities of Social Media, In: Business Horizons, 53. Jg., Nr. 1, 2010, S. 59–68.

Keating, J.P./Brock, T.C. (1974), Acceptance of persuasion and the inhibition of counterargumentation under various distraction tasks, In: Journal of Experimental Social Psychology, 10. Jg., Nr. 4, 1974, S. 301–309.

Kenny, D.A. (2015), Measuring Model Fit, 2015, Abruf: 12.01.2017.

Kenny, D.A./Kaniskan, B./McCoach, D.B. (2015), The Performance of RMSEA in Models With Small Degrees of Freedom, In: Sociological Methods & Research, 44. Jg., Nr. 3, 2015, S. 486–507.

Kenworthy, T.P./Sparks, J.R. (2016), A scientific realism perspective on scientific progress in marketing- An analysis of theory testing in marketing's major journals, In: European Management Journal, 34. Jg., Nr. 5, 2016, S. 466–474.

Kerner, J.C. (2009), Erfolgsfaktoren des internationalen Outsourcing-Projektmanagements - Konzeptionalisierung, Operationalisierung, Messung, Hamburg 2009.

Keuth, H. (2002), Was bleibt vom kritischen Rationalismus?, In: Böhm, J.M./Holweg, H./Hoock, C./Popper, K.R. (Hrsg.): Karl Poppers kritischer Rationalismus heute. Zur Aktualität kritisch-rationaler Wissenschaftstheorie, Tübingen 2002, S. 43–57.

Keuth, H. (2013), Einführung, In: Keuth, H. (Hrsg.): Karl Popper: Logik der Forschung, 4. Auflage, Berlin 2013.

Khammash, M./Griffiths, G.H. (2011), 'Arrivederci CIAO.com, Buongiorno Bing.com'—Electronic word-of-mouth (eWOM), antecedences and consequences, In: International Journal of Information Management, 31. Jg., Nr. 1, 2011, S. 82–87.

Kieser, A. (Hrsg.) (1995), Organisationstheorien, 2., überarb. Aufl., Stuttgart, 1995.

Kieser, A./Ebers, M. (2014), Organisationstheorien, 7., aktualisierte und überarbeitete Auflage, s.l. 2014.

Kirchhoff, S./Kuhnt, S./Lipp, P./Schlawin, S. (2010), Der Fragebogen- Datenbasis, Konstruktion und Auswertung, 5. Aufl., Wiesbaden 2010.

Kirsch, W. (1981), Über den Sinn der empirischen Forschung in der angewandten Betriebswirtschaftslehre, In: Witte, E. (Hrsg.): Der praktische Nutzen empirischer Forschung 1981, S. 189–229.

Kirsch, W./Seidl, D./van Aaken, D. (2007), Betriebswirtschaftliche Forschung- Wissenschaftstheoretische Grundlagen und Anwendungsorientierung, 1. Aufl., s.l. 2007.

Kitchen, P.J./Kerr, G./E. Schultz, D./McColl, R./Pals, H. (2014), The elaboration likelihood model- Review, critique and research agenda, In: European Journal of Marketing, 48. Jg., 11/12, 2014, S. 2033–2050.

Kittel, B./Fantapié Altobelli, C.F./Strobl, C./Tutz, G./Hinz, H./Borg, I./Reinecke, J./Schnapp, K.-U./Spieß, M./Berlemann, M./Sedlmeier, P./Schnell, R./Oesterreich, R./Liebig, S./Jirjahn, U./Seidel, W./Matiaske, W./ Steinmetz, H. (Hrsg.) (2014), Lineare Strukturgleichungsmodelle- Eine Einführung mit R, 1. Auflage, Mering (Sozialwissenschaftliche Forschungsmethoden), 2014.

Klarmann, M. (2008), Methodische Problemfelder der Erfolgsfaktorenforschung - Bestandsaufnahme und empirische Analysen, Wiesbaden 2008.

Klein, S./Bertschek, I./Falck, O./Mang, C. (2012), Neue Informations- und Kommunikationstechnik- Lösung für den Arbeitsmarkt der Zukunft?, In: Wirtschaftsdienst, 92. Jg., Nr. 11, 2012, S. 723–736.

Klimmt, C. (2011), Das Elaboration-Likelihood-Modell, 1. Aufl., Baden-Baden 2011.

Kline, R.B. (Hrsg.) (2016), Principles and practice of structural equation modeling, Unter Mitarbeit von Todd D. Little, Fourth edition, New York, London (Methodology in the social sciences), 2016.

Knollmann, R. (2007), Kooperation von Controllerbereich und Strategieabteilung, 1. Aufl., s.l. 2007.

Knorr, E. (2004), The year of web services, In: CIO, 17. Jg., Nr. 6, 2004.

Koo, D.-M. (2015), The strength of no tie relationship in an online recommendation, In: European Journal of Marketing, 49. Jg., 7/8, 2015, S. 1163–1183.

Korfiatis, N./García-Bariocanal, E./Sánchez-Alonso, S. (2012), Evaluating content quality and helpfulness of online product reviews- The interplay of review helpfulness vs. review content, In: Electronic Commerce Research and Applications, 11. Jg., Nr. 3, 2012, S. 205–217.

Kornmeier, M. (2007), Wissenschaftstheorie und wissenschaftliches Arbeiten- Eine Einführung für Wirtschaftswissenschaftler, Heidelberg 2007.

Krishnamoorthy, S. (2015), Linguistic features for review helpfulness prediction, In: Expert Systems with Applications, 42. Jg., Nr. 7, 2015, S. 3751–3759.

Kroeber-Riel, W./Gröppel-Klein, A. (2013), Konsumentenverhalten, München 2013.

Krol, B. (2010), Standortfaktoren und Standorterfolg im Electronic Retailing: Konzeptualisierung, Operationalisierung und Erfolgswirkungen von virtuellen Standorten elektronischer Einzelhandelsunternehmen, Wiesbaden 2010.

Krug, G./Kriwy, P./Carstensen, J. (2014), Mixed-Mode Designs bei Erhebungen mit sensitiven Fragen: Einfluss auf das Teilnahme- und Antwortverhalten, 2014.

Kruglanski, A.W./Thompson, E.P. (1999), Persuasion by a Single Route: A View from the Unimodel, In: Psychological Inquiry, 10. Jg., Nr. 2, 1999, S. 83–109.

Kuan, K.K./Hui, K.-L./Prasarnphanich, P./Lai, H.-Y. (2015), What Makes a Review Voted? An Empirical Investigation of Review Voting in Online Review Systems, In: Journal of the Association for Information Systems, 16. Jg., Nr. 1, 2015, S. 48–71.

Kubicek, H. (1977), Heuristische Bezugsrahmen und heuristisch angelegte Forschungsdesigns als Elemente einer Konstruktionsstrategie empirischer Forschung, In: Köhler, R. (Hrsg.): Empirische und handlungstheoretische Forschungskonzeptionen in der Betriebswirtschaftslehre- Bericht über d. Tagung in Aachen, März 1976, Stuttgart 1977, S. 3–36.

Künkele, J./Schäffer, U. (2007), Zur erfolgreichen Gestaltung der Budgetkontrolle, In: Die Betriebswirtschaft (DBW), 67. Jg., Nr. 1, 2007, S. 75–92.

Kununu (2017), Kununu, 2017, Abruf: 21.02.2017.

Kuß, A. (2013), Marketing-Theorie- Eine Einführung, 3., überarb. u. erw. Aufl. 2013, Wiesbaden 2013.

Latané, B./Williams, K./Harkins, S.G. (1979), Many hands make light the work: The causes and consequences of social loafing, In: Journal of Personality and Social Psychology, 37. Jg., Nr. 6, 1979, S. 822–832.

Law, K.S./Wong, C.-S./Mobley, W.H. (1998), Toward a Taxonomy of Multidimensional Constructs, In: Academy of Management Review, 23. Jg., Nr. 4, 1998, S. 741–755.

Lee, D.T.F./Woo, J./Mackenzie, A.E. (2002), The cultural context of adjusting to nursing home life: Chinese elders' perspectives, In: The Gerontologist, 42. Jg., Nr. 5, 2002, S. 667–675.

Lee, E.-J./Shin, S.Y. (2014), When do consumers buy online product reviews?- Effects of review quality, product type, and reviewer's photo, In: Computers in Human Behavior, 31. Jg., 2014, S. 356–366.

Lee, J./Park, D./Han, I. (2011), The different effects of online consumer reviews on consumers' purchase intentions depending on trust in online shopping malls, In: Internet Research, 21. Jg., Nr. 2, 2011, S. 187–206.

Lee, J./Park, D.-H./Han, I. (2008), The effect of negative online consumer reviews on product attitude- An information processing view, In: Electronic Commerce Research and Applications, 7. Jg., Nr. 3, 2008, S. 341–352.

Lee, M./Kim, M./Peng, W. (2013), Consumer reviews- Reviewer avatar facial expression and review valence, In: Internet Research, 23. Jg., Nr. 2, 2013, S. 116–132.

Lee, M./Youn, S. (2009), Electronic word of mouth (eWOM) : how eWOM platforms influence consumer product judgement, In: International Journal of Advertising, 28. Jg., Nr. 3, 2009, S. 473–499.

Lee, Y./Kozar, K.A. (2012), Understanding of website usability- Specifying and measuring constructs and their relationships, In: Decision Support Systems, 52. Jg., Nr. 2, 2012, S. 450–463.

Leffler, K.B. (1982), Ambiguous Changes in Product Qualit, In: The American Economic Review, 72. Jg., Nr. 5, 1982, S. 956–967.

LeGuide - The European Shopping Group (2013), Ciao, 2013, Abruf: 20.08.2015.

LeGuide - The European Shopping Group (2014), Dooyoo GmbH, 2014, Abruf: 07.10.2015.

Lehner, J.M./Farthofer, A. (2012), Evidenzbasiertes Management- Methoden und Kompetenzen der Organisationsanalyse. Mit einführenden Beispielen zu R, Mathematica und SPSS, 1. Auflage 2012, [S.l.] 2012.

Li, J./Zhan, L. (2011), Online Persuasion- How the Written Word Drives WOM - Evidence from Consumer-Generated Product Reviews, In: Journal of Advertising Research, 51. Jg., Nr. 1, 2011, S. 239–257.

Li, Y. (2014), The impact of disposition to privacy, website reputation and website familiarity on information privacy concerns, In: Decision Support Systems, 57. Jg., 2014, S. 343–354.

Lindell, M.K./Whitney, D.J. (2001), Accounting for common method variance in cross-sectional research designs, In: Journal of Applied Psychology, 86. Jg., Nr. 1, 2001, S. 114–121.

Lippe, P. von der (2011), Wie groß muss meine Stichprobe sein, damit sie repräsentativ ist? Wie viele Einheiten müssen befragt werden? Was heißt "Repräsentativität"?, 2011, Abruf: 30.04.2017.

Lippe, P. von der/Kladroba, A. (2002), Repräsentativität von Stichproben, 2002, Abruf: 30.04.2017.

Lipton, P. (1991), Inference to the best explanation, London 1991.

Lipton, P. (2004), Inference to the Best Explanation, 2. Auflage, London 2004.

Lis, B./Korchmar, S. (2013), Digitales Empfehlungsmarketing, Wiesbaden 2013.

Litvin, S.W./Goldsmith, R.E./Pan, B. (2008), Electronic Word-of-mouth in Hospitality and Tourism Management, In: Tourism Management, 29. Jg., Nr. 3, 2008, S. 458–468.

Liu, S.-H./Liao, H.-L./Pratt, J.A. (2009), Impact of media richness and flow on e-learning technology acceptance, In: Computers & Education, 52. Jg., Nr. 3, 2009, S. 599–607.

Liu, Z./Park, S. (2015), What makes a useful online review?- Implication for travel product websites, In: Tourism Management, 47. Jg., 2015, S. 140–151.

Lopes, A./Galletta, D. (2006), Consumer Perceptions and Willingness to Pay for Intrinsically Motivated Online Content, In: Journal of Management Information Systems, 23. Jg., Nr. 2, 2006, S. 203–231.

Lorenz, B. (2009), Beziehungen zwischen Konsumenten und Marken - Eine empirische Untersuchung von Markenbeziehungen, Wiesbaden 2009.

Luo, C./Luo, X./Schatzberg, L./Sia, C.L. (2013), Impact of informational factors on online recommendation credibility- The moderating role of source credibility, In: Decision Support Systems, 56. Jg., 2013, S. 92–102.

Luo, C./Luo, X./Xu, Y./Warkentin, M./Sia, C.L. (2015), Examining the moderating role of sense of membership in online review evaluations, In: Information & Management, 52. Jg., Nr. 3, 2015, S. 305–316.

Lütje, S. (2009), Kundenbeziehungsfähigkeit- Konzeptionalisierung und Erfolgswirkung, Wiesbaden 2009.

MacKenzie, S.B./Podsakoff, P.M./Jarvis, C.B. (2005), The problem of measurement model misspecification in behavioral and organizational research and some recommended solutions, In: Journal of Applied Psychology, 90. Jg., Nr. 4, 2005, S. 710–730.

Madu, C.N./Madu, A.A. (2002), Dimensions of e-quality, In: International Journal of Quality & Reliability Management, 19. Jg., Nr. 3, 2002, S. 246–258.

Magnus, P.D./Callendery, C. (2004), Realist Ennui and the Base Rate Fallacy, In: Philosophy of Science, 71. Jg., Nr. 1, 2004, S. 320–338.

Malbon, J. (2013), Taking Fake Online Consumer Reviews Seriously, In: Journal of Consumer Policy, 36. Jg., Nr. 2, 2013, S. 139–157.

Maloney, P. (2008), Absatzmittlergerichtetes, identitätsbasiertes Markenmanagement, 1. Aufl., s.l. 2008.

Mann, H.B./Whitney, D.R. (1947), On a test of whether one of two random variables is stochastically larger than the other, In: The Annals of Mathematical Statistics, 18. Jg., Nr. 1, 1947, S. 50–60.

Marketplace Analytics (2017), 150 Mio. Produkte auf Amazon.de, 280 Mio. in USA, 2017, Abruf: 20.02.2017.

Martin, W.C./Lueg, J.E. (2013), Modeling word-of-mouth usage, In: Journal of Business Research, 66. Jg., Nr. 7, 2013, S. 801–808.

Mathews Hunt, K. (2015), Gaming the system- Fake online reviews v. consumer law, In: Computer Law & Security Review, 31. Jg., Nr. 1, 2015, S. 3–25.

Mayerl, J. (2009), Kognitive Grundlagen sozialen Verhaltens- Framing, Einstellungen und Rationalität, 1. Aufl., Wiesbaden 2009.

McGuire, W.J. (1964), Inducing resistance to persuasion: Some contemporary approaches, In: Berkowitz, L. (Hrsg.): Advances in experimental social psychology, 1. Auflage, New York 1964, S. 191–230.

McKeown, A. (2015), Critical Realism and Empirical Bioethics: A Methodological Exposition, In: Health care analysis : HCA : journal of health philosophy and policy, 2015, S. 1–21.

McKinney, V./Yoon, K./Zahedi, F.M. (2002), The Measurement of Web-Customer Satisfaction: An Expectation and Disconfirmation Approach, In: Information Systems Research, 13. Jg., Nr. 3, 2002, S. 296–315.

Miller, N./Maruyama, G./Beaber, R.J./Valone, K. (1976), Speed of speech and persuasion, In: Journal of Personality and Social Psychology, 34. Jg., Nr. 4, 1976, S. 615–624.

MillwardBrown (2015), BrandZ™ Top 100 Most Valuable Global Brands 2015, 2015, Abruf: 28.04.2016.

Minculescu, I. (2013), Leistungsindividualisierung im B-to-B-Bereich, Wiesbaden 2013.

Mir, I./Zaheer, A. (2012), Verification od Social Impact Theory Claims in Social Media Context, In: Journal of Internet Banking and Commerce, 17. Jg., Nr. 1, 2012, S. 1–15.

Mizrahi, M. (2012), Why the ultimate argument for scientific realism ultimately fails, In: Studies in History and Philosophy of Science Part A, 43. Jg., Nr. 1, 2012, S. 132–138.

Moens, M.-F./Li, J./Chua, T.-S. (2014), Mining User Generated Content, Hoboken 2014.

Möhring, W./Schlütz, D. (2010), Die Befragung in der Medien- und Kommunikationswissenschaft- Eine praxisorientierte Einführung, 2., überarbeitete Auflage, Wiesbaden 2010.

Möller, M. (2011), Online-Kommunikationsverhalten von Multiplikatoren- Persönlichkeitsspezifische Analyse und Steigerung des Innovationsinput über User Generated Content, Wiesbaden 2011.

Moon, S./Park, Y./Seog Kim, Y. (2014), The impact of text product reviews on sales, In: European Journal of Marketing, 48. Jg., 11/12, 2014, S. 2176–2197.

Mory, L. (2014), Soziale Verantwortung nach innen- Dimensionen, Wirkungsbeziehungen und Erfolgsgrößen einer internen CSR, Wiesbaden 2014.

Mudambi, S.M./Schuff, D. (2010), What makes a helpful Online Review? A Study of Customer Reviews on Amazon.com, In: MIS Quarterly, 34. Jg., Nr. 1, 2010, S. 185–200.

Mühlenkamp, H. (2016), Effizienzmessung und quantitative Instrumente zur Effizienzsteigerung im öffentlichen Sektor, In: Perspektiven der Wirtschaftspolitik, 17. Jg., Nr. 2, 2016, S. 106–128.

Müller, M. (2006), Die Verminderung von asymmetrisch verteilten Informationen im Electronic Commerce: Eine Untersuchung des Electronic Commerce unter Berücksichtigung des institutionenökonomischen Ansatzes: Amazon.de: Markus Müller: Bücher, 2006, Abruf: 06.08.2015.

Munzel, A. (2016), Assisting consumers in detecting fake reviews- The role of identity information disclosure and consensus, In: Journal of Retailing and Consumer Services, 32. Jg., 2016, S. 96–108.

Munzel, A./Kunz, W.H. (2014), Creators, multipliers, and lurkers- Who contributes and who benefits at online review sites, In: Journal of Service Management, 25. Jg., Nr. 1, 2014, S. 49–74.

Murray, K.B. (1991), A Test of Services Marketing Theory: Consumer Information Acquisition Activities, In: Journal of Marketing, 55. Jg., Nr. 1, 1991, S. 10–25.

Nah, F.F.-H./Davis, S. (2002), HCI Research Issues in E-Commerce, In: Journal of Electronic Commerce Research, 3. Jg., Nr. 3, 2002, S. 98–114.

Nelson, R.R./Todd, P.A./Wixom, B.H. (2005), Antecedents of Information and System Quality: An Empirical Examination within the Context of Data Warehousing, In: Journal of Management Information Systems, 21. Jg., Nr. 4, 2005, S. 199–235.

Norris, C. (2004), Philosophy of language and the challenge to scientific realism, London 2004.

Nunnally, J.C. (1978), Psychometric theory, 2. Auflage, New York 1978.

Obiedat, R. (2013), Impact of Online Consumer Reviews on Buying Intention of Consumers in UK- Need for Cognition as the Moderating Role, In: International Journal of Advanced Corporate Learning, 6. Jg., Nr. 2, 2013, S. 16–21.

Öğüt, H./Taş, B.K.O. (2012), The influence of internet customer reviews on the online sales and prices in hotel industry, In: The Service Industries Journal, 32. Jg., Nr. 2, 2012, S. 197–214.

Ohanian, R. (1990), Construction and Validation of a Scale to Measure Celebrity Endorsers' Perceived Expertise,Trustworthiness, and Attractiveness, In: Journal of Advertising, 19. Jg., Nr. 3, 1990, S. 39–52.

Olbrich, R./Schultz, C.D./Holsing, C. (2015), Electronic Commerce und Online-Marketing, Berlin, Heidelberg 2015.

O'Reilly, T. (2007), What Is Web 2.0: Design Patterns and Business Models for the Next Generation of Software, In: Communications & Strategies, 65. Jg., Nr. 1, 2007, S. 17–37.

Organisation for Economic Co-operation and Development (2007), Participative Web and User-Created Content- Web 2.0, Wikis and Social Networking, Paris 2007.

Otto (GmbH & Co KG) (2016), OTTO, 2016, Abruf: 27.04.2016.

Pan, L.-Y./Chiou, J.-S. (2011), How Much Can You Trust Online Information?- Cues for Perceived Trustworthiness of Consumer-generated Online Information, In: Journal of Interactive Marketing, 25. Jg., Nr. 2, 2011, S. 67–74.

Park, C./Lee, T.M. (2009a), Antecedents of Online Reviews' Usage and Purchase Influence - An Empirical Comparison of U.S. and Korean Consumers, In: Journal of Interactive Marketing, 23. Jg., Nr. 4, 2009, S. 332–340.

Park, C./Lee, T.M. (2009b), Information direction, website reputation and eWOM effect - A moderating role of product type, In: Journal of Business Research, 62. Jg., Nr. 1, 2009, S. 61–67.

Park, D.-H./Kim, S. (2008), The effects of consumer knowledge on message processing of electronic word-of-mouth via online consumer reviews, In: Electronic Commerce Research and Applications, 7. Jg., Nr. 4, 2008, S. 399–410.

Park, D.-H./Lee, J./Han, I. (2007), The Effect of On-Line Consumer Reviews on Consumer Purchasing Intention: TheModerating Role of Involvement, In: International Journal of Electronic Commerce, 11. Jg., Nr. 4, 2007, S. 125–148.

Park, S. (2016), Scientific Realism versus Antirealism in Science Education, In: Coactivity: Philosophy, Communication, 24. Jg., Nr. 1, 2016, S. 72–81.

Park, S./Nicolau, J.L. (2015), Asymmetric effects of online consumer reviews, In: Annals of Tourism Research, 50. Jg., 2015, S. 67–83.

Pasadeos, Y./Phelps, J./Edison, A. (2008), Searching for Our "Own Theory" in Advertising - An Update of Research Networks, In: Journalism & Mass Communication Quarterly, 85. Jg., Nr. 4, 2008, S. 785–806.

Paul, D.B. (1988), The Selection of the "Survival of the Fittest", In: Journal of the History of Biology, 21. Jg., Nr. 3, 1988, S. 411–424.

Peng, Y./Kou, G./Li, J. (2014), A Fuzzy PROMETHEE Approach for Mining Customer Reviews in Chinese, In: Arabian Journal for Science and Engineering, 39. Jg., Nr. 6, 2014, S. 5245–5252.

Peter, J.P. (1979), Reliability: A Review of Psychometrie Basics and Recent Marketing Practices, In: Journal of Marketing Research, 26. Jg., Nr. 1, 1979, S. 6–17.

Peters, D. (2014), What Elements of Successful Scientific Theories Are the Correct Targets for "Selective" Scientific Realism?, In: Philosophy of Science, 81. Jg., Nr. 3, 2014, S. 377–397.

Petty, R.E./Cacioppo, J.T. (1981), Attitudes and persuasion- Classic and contemporary approaches, 13. print, Dubuque, Iowa 1981.

Petty, R.E./Cacioppo, J.T. (1984), Source factors and the elaboration likelihood model of persuasion, In: Advances in Consumer Research, 11. Jg., 1984, S. 668–672.

Petty, R.E./Cacioppo, J.T. (1986), The Elaboration Likelihood Model of Persuasion, In: Advances in Experimental Social Psychology, 19. Jg., 1986, S. 123–205.

Petty, R.E./Cacioppo, J.T./Schumann, D. (1983), Central and Peripheral Routes to Advertising Effectiveness- The Moderating Role of Involvement, In: Journal of Consumer Research, 10. Jg., Nr. 2, 1983, S. 135.

Petty, R.E./Wells, G.L./Brock, T.C. (1976), Distraction can enhance or reduce yielding to propaganda: Thought disruption versus effort justification, In: Journal of Personality and Social Psychology, 34. Jg., Nr. 5, 1976, S. 874–884.

Pfister, J. (2013), Werkzeuge des Philosophierens, Stuttgart 2013.

Piehler, R. (2014), E-Government- Post-Akzeptanz und Servicequalität; eine empirische Analyse am Beispiel kommunaler E-Government-Portale, 1. Aufl., Lohmar 2014.

Pistoia, A. (2014), Qualität der elektronischen Wertpapieranlageberatung, 1. Aufl., Lohmar 2014.

Planalp, S./Honeycutt, J.M. (1985), Events that increase uncertainty in personal relationships, In: Human Communication Research, 11. Jg., Nr. 4, 1985, S. 593–604.

Podsakoff, P.M./Mackenzie, S.B./Lee, J.-Y./Podsakoff, N.P. (2003), Common method biases in behavioral research: a critical review of the literature and recommended remedies, In: The Journal of applied psychology, 88. Jg., Nr. 5, 2003, S. 879–903.

Popp, B. (2011), Markenerfolg durch Brand Communities: Eine Analyse der Wirkung psychologischer Variablen auf ökonomische Erfolgsindikatoren, Wiesbaden 2011.

Popper, K.R. (1959), The Logic of Scientific Discovery, New York 1959.

Popper, K.R. (1972), Conjectures and Refutations: The Growth of Knowledge, 4. Auflage, London 1972.

Popper, K.R. (1973), Objektive Erkenntnis- Ein evolutionärer Entwurf, Hamburg 1973.

Popper, K.R. (2005), Logik der Forschung, 11. Auflage, Tübingen 2005.

Pornpitakpan, C. (2004), The Persuasiveness of Source Credibility: A Critical Review of Five Decades' Evidence, In: Journal of Applied Social Psychology, 34. Jg., Nr. 2, 2004, S. 243–281.

Porst, R. (2014), Fragebogen, Wiesbaden 2014.

Post, H.R. (1971), Correspondence, Invariance and Heuristics: In Praise of Conservative Induction, In: Studies in History and Philosophy of Science, 2. Jg., Nr. 3, 1971, S. 213–255.

Proppe, D. (2009), Endogenität und Instrumentenschätzer, In: Albers, S./Klapper, D./Konradt, U./Walter, A./Wolf, J. (Hrsg.): Methodik der empirischen Forschung, Wiesbaden 2009, S. 253–266.

Psillos, S. (1996), Scientific Realism and the 'Pessimistic Induction', In: Philosophy of Science, 63. Jg., 1996, S. 306–314.

Putnam, H. (1975), Mathematics, matter and method, 1. Auflage, Cambridge 1975.

Quantcast (2016), Verteilung der Nutzer von Yelp nach Geschlecht in Deutschland 2016, 2016, Abruf: 24.04.2017.

Quantcast Deutschland GmbH (2017), Über Quantcast, 2017, Abruf: 23.09.2017.

Racherla, P./Friske, W. (2012), Perceived 'usefulness' of online consumer reviews- An exploratory investigation across three services categories, In: Electronic Commerce Research and Applications, 11. Jg., Nr. 6, 2012, S. 548–559.

Racherla, P./Mandviwalla, M./Connolly, D.J. (2012), Factors affecting consumers' trust in online product reviews, In: Journal of Consumer Behaviour, 11. Jg., Nr. 2, 2012, S. 94–104.

Rapp, B. (2014), Bewertungsportale - Entwicklung, Situation und Potentiale, Hamburg 2014.

Reichelt, J./Sievert, J./Jacob, F. (2013), How credibility affects eWOM reading- The influences of expertise, trustworthiness, and similarity on utilitarian and social functions, In: Journal of Marketing Communications, 20. Jg., 1-2, 2013, S. 65–81.

Reimer, T./Benkenstein, M. (2016), When good WOM hurts and bad WOM gains- The effect of untrustworthy online reviews, In: Journal of Business Research, 69. Jg., Nr. 12, 2016, S. 5993–6001.

Reinecke, J. (2014), Strukturgleichungsmodelle in den Sozialwissenschaften, 2., aktualisierte und erw. Aufl., München 2014.

Reinecke, J./Pöge, A. (2010), Strukturgleichungsmodelle, In: Wolf, C./Best, H. (Hrsg.): Handbuch der sozialwissenschaftlichen Datenanalyse, Wiesbaden 2010, S. 775–804.

Reitmeyer, T. (2000), Qualität von Entscheidungsprozessen der Geschäftsleitung - Eine empirische Untersuchung mittelständischer Unternehmen, Gabler Edition Wissenschaft, Wiesbaden, s.l. 2000.

Resnick, P./Kuwabara, K./Zeckhauser, R./Friedman, E. (2000), Reputation systems, In: Communications of the ACM, 43. Jg., Nr. 12, 2000, S. 45–48.

Resnik, D.B. (2016), Scientific Realism and the Patent System, In: Journal for General Philosophy of Science, 47. Jg., Nr. 1, 2016, S. 69–77.

Rosenberg, M.J./Hovland, C. (1960), Cognitive, Affective, and Behavioral Components of Attitudes, In: Hovland, C./Rosenberg, M.J. (Hrsg.): Yale Studies in Attitude and Communication, 3. Auflage, New Haven 1960, S. 1–14.

Rossiter, J.R. (2002), The C-OAR-SE procedure for scale development in marketing, In: International Journal of Research in Marketing, 19. Jg., Nr. 4, 2002, S. 305–335.

Rubin, H.J./Rubin, I.S. (2012), Qualitative interviewing- The art of hearing data, 3rd ed., Thousand Oaks, Calif. 2012.

Rucker, D.D./Petty, R.E. (2006), Increasing the Effectiveness of Communications to Consumers: Recommendations Based on Elaboration Likelihood and Attitude Certainty Perspectives, In: American Marketing Association, 25. Jg., Nr. 1, 2006, S. 39–52.

Ruhnke, K. (2003), Nutzen von Abschlussprüfungen: Bezugsrahmen und Einordnung empirischer Studien, In: Zeitschrift für betriebswirtschaftliche Forschung, 55. Jg., Nr. 3, 2003, S. 250–280.

Saatsi, J. (2015), Historical inductions, Old and New, In: Synthese, 2015, S. 1–15.

Saxena, A. (2011), Blogs and their Impact on Purchase Intention: A structural equation modelling approach, In: Paradigm, 15. Jg., Nr. 1, 2011, S. 102–110.

Scherm, E./Pietsch, G. (2007), Organisation- Theorie, Gestaltung, Wandel, München 2007.

Schermelleh-Engel, K./Moosbrugger, H./Müller, H. (2003), Evaluating the Fit of Structural Equation Models: Tests of Significance and Descriptive Goodness-of-Fit Measure, In: Methods of Psychological Research Online, 8. Jg., Nr. 2, 2003, S. 23–74.

Schilke, O. (2007), Allianzfähigkeit, Wiesbaden 2007.

Schinka, J.A./Velicer, W.F./Weiner, I.B. (2003), Research methods in psychology, Hoboken, NJ 2003.

Schmitz, S. (2015), Der Prozess der prüferischen Durchsicht, Wiesbaden 2015.

Schmolling, K. (1994), Informationssysteme in medizinischen Fachabteilungen- Gestaltungsempfehlungen auf der Basis einer empirischen Untersuchung in gynäkologisch-/geburtshilflichen Fachabteilungen, 1. Aufl., Sinsheim 1994.

Schnell, R./Hill, P.B./Esser, E. (2011), Methoden der empirischen Sozialforschung, 9. Auflage, München 2011.

Schnorr-Bäcker, S. (2006), Moderne Informations- und Kommunikationstechnologien in Deutschland Entwicklungen in Wirtschaft und Gesellschaft, 2006, Abruf: 04.08.2015.

Schumann, D.W./Kotowski, M.R./Ahn, H.-y./Haugtvedt, C.P. (2012), The elaboration likelihood model : a 30-year review, In: Rodgers, S. (Hrsg.): Advertising theory, New York NY u.a. 2012, S. 51–68.

Schweiger, W. (2007), Theorien der Mediennutzung - Eine Einführung, Wiesbaden 2007.

Segars, A.H./Grover, V. (1993), Re-examining perceived ease of use and usefulness: a confirmatory factor analysis, In: MIS Quarterly, 17. Jg., Nr. 4, 1993, S. 517–525.

Sen, S./Lerman, D. (2007), Why are you telling me this? - An examination into negative consumer reviews on the Web, In: Journal of Interactive Marketing, 21. Jg., Nr. 4, 2007, S. 76–94.

Sharma, S. (1996), Applied multivariate techniques, New York 1996.

Sharma, S./Mukherjee, S./Kumar, A./Dillon, W.R. (2005), A simulation study to investigate the use of cutoff values for assessing model fit in covariance structure models, In: Journal of Business Research, 58. Jg., Nr. 7, 2005, S. 935–943.

Shih, H.-p. (2016), Electronic Word-of-Mouth Communication, In: Lee, I. (Hrsg.): Encyclopedia of E-Commerce Development, Implementation, and Management 2016, S. 1985–1996.

Shih, H.-p./Lai, K.-h./Cheng, T.C.E. (2013), Informational and Relational Influences on Electronic Word of Mouth- An Empirical Study of an Online Consumer Discussion Forum, In: International Journal of Electronic Commerce, 17. Jg., Nr. 4, 2013, S. 137–166.

Shopauskunft (2017), Deutschlands großes Online-Shop-Bewertungsportal, 2017, Abruf: 21.02.2017.

Shopping Guide GmbH (2016), Ciao- Die Top-Kategorien, 2016, Abruf: 27.04.2016.

Shopping Guide GmbH (2017), Neu bei Ciao?, 2017, Abruf: 20.02.2017.

SimilarWeb LTD (2017a), Ciao.de, 2017, Abruf: 20.02.2017.

SimilarWeb LTD (2017b), Get insights for any website or app, 2017, Abruf: 21.02.2017.

SimilarWeb LTD (2017c), google.de, 2017, Abruf: 20.02.2017.

Singh, J. (1988), Consumer Complaint Intentions and Behavior: Definitional and Taxonomical Issues, In: Journal of Marketing, 52. Jg., Nr. 1, 1988, S. 93–107.

Sivakumar, C.P./Srinivasan, P.T. (2010), Relationship between Service Quality and Behavioural Outcomes of Hospital Consumers, In: Journal of Management, 7. Jg., Nr. 2, 2010, S. 63–80.

Slater, M.D./Rouner, D. (1996), How Message Evaluation and Source Attributes May Influence Credibility Assessment and Belief Change, In: Journalism & Mass Communication Quarterly, 73. Jg., Nr. 4, 1996, S. 974–991.

Smith, T./Coyle, J.R./Lighfoot, E./Scott, A. (2007), Reconsidering iVlodeis of Influence: The Relationship between Consumer Social Networks and Word-of-iVlouth Effectiveness, In: Journal of Advertising Research, 47. Jg., Nr. 4, 2007, S. 387–397.

Snyder, M./DeBono, K.G. (1985), Appeals to image and claims about quality- Understanding the psychology of advertising, In: Journal of Personality and Social Psychology, 49. Jg., Nr. 3, 1985, S. 586–597.

Somers, T.M./Nelson, K./Karimi, J. (2003), Confirmatory Factor Analysis of the End-User Computing Satisfaction Instrument: Replication within an ERP Domain, In: Decision Sciences, 34. Jg., Nr. 3, 2003, S. 595–621.

Spektrum der Wissenschaft Verlagsgesellschaft mbH (2015), Argumentation, 2015, Abruf: 16.12.2015.

Spektrum der Wissenschaft Verlagsgesellschaft mbH (2016), Heuristic-Systematic Model, 2016, Abruf: 12.02.2016.

Spinner, H.F. (1974), Pluralismus als Erkenntnismodell, 1. Aufl., Frankfurt am Main 1974.

Springer Fachmedien Wiesbaden GmbH (2016), Bestimmtheitsmaß, 2016, Abruf: 19.07.2016.

Springer Gabler | Springer Fachmedien Wiesbaden GmbH (2015), Portal, 2015, Abruf: 09.11.2015.

Springer Gabler | Springer Fachmedien Wiesbaden GmbH (2016), Kaufabsicht, 2016, Abruf: 12.12.2016.

Srinivasan, S.S./Anderson, R./Ponnavolu, K. (2002), Customer loyalty in e-commerce: an exploration of its antecedents and consequences, In: Journal of Retailing, 78. Jg., Nr. 1, 2002, S. 41–50.

Statistisches Bundesamt (2016), Wirtschaftsrechnungen: Private Haushalte in der Informationsgesellschaft - Nutzung von Informations- und Kommunikationstechnologien, 2016, Abruf: 19.02.2017.

Steenkamp, J./Baumgartner, H. (2000), On the use of structural equation models for marketing models, In: International Journal of Research in Marketing, 17. Jg., 2-3, 2000, S. 195–202.

Stegmüller, W. (2013), ‚Jenseits von Popper und Carnap' Stützungslogik, Likelihood, Bayesianismus Statistische Daten Zufall und Stichprobenauswahl Testtheorie Schätzungstheorie Subjektivismus kontra Objektivismus Fiduzial-Wahrscheinlichkeit, Berlin, Heidelberg 2013.

Steiger, J.H. (1990), Structural model evaluation and modification: An interval estimation approach, In: Multivariate Behavioral Research, 25. Jg., Nr. 2, 1990, S. 173–180.

Steiger, J.H. (1998), A note on multiple sample extensions of the RMSEA fit index, In: Structural Equation Modeling: A Multidisciplinary Journal, 5. Jg., Nr. 4, 1998, S. 411–419.

Steiger, J.H. (2000), Point estimation, hypothesis testing, and interval estimation using the RMSEA: some comments and a reply to Hayduk and Glaser, In: Structural Equation Modeling: A Multidisciplinary Journal, 7. Jg., Nr. 2, 2000, S. 149–162.

Stöckmann, C. (2010), Exploration und Exploitation in adoleszenten Unternehmen- Eine kausalanalytische Untersuchung ihrer Relevanz für die Beziehung zwischen entrepreneurialer Orientierung und Performance, Wiesbaden 2010.

Suhm, C. (2005), Wissenschaftlicher Realismus- Eine Studie zur Realismus-Antirealismus-Debatte in der neueren Wissenschaftstheorie, Frankfurt am Main 2005.

Sussman, S.W./Siegal, W.S. (2003), Informational Influence in Organizations: An Integrated Approach to Knowledge Adoption, In: Information Systems Research, 14. Jg., Nr. 1, 2003, S. 47–65.

Tagesschau (2014), "Bewertungsportale sind fast so wichtig wie Google", 2014, Abruf: 05.10.2015.

Tams, S. (2012), Toward holistic insights into trust in electronic markets- Examining the structure of the relationship between vendor trust and its antecedents, In: Information Systems and e-Business Management, 10. Jg., Nr. 1, 2012, S. 149–160.

Teng, S./Wei Khong, K./Wei Goh, W./Yee Loong Chong, A. (2014), Examining the antecedents of persuasive eWOM messages in social media, In: Online Information Review, 38. Jg., Nr. 6, 2014, S. 746–768.

Ternès, A./Towers, I./ Jerusel, M. (Hrsg.) (2015), Konsumentenverhalten im Zeitalter der Digitalisierung, Wiesbaden, 2015.

Tomorrow Focus AG (2015), Studie zum Bewertungsverhalten im Internet: Internetnutzer bewerten um zu helfen / Reisen ist Top-Thema, 2015, Abruf: 05.10.2015.

Töpfer, A. (2012), Erfolgreich Forschen- Ein Leitfaden für Bachelor-, Master-Studierende und Doktoranden, 3., überarb. und erw. Aufl. 2012, Berlin, Heidelberg 2012.

Trigg, L. (2012), Using Online Reviews in Social Care, 2012, Abruf: 26.04.2016.

Tripadvisor (2017), Tripadvisor, 2017, Abruf: 21.02.2017.

TripAdvisor, I. (2016), Tripadvisor, 2016, Abruf: 27.04.2016.

Tschepke, F. (2003), Wissenschaftlicher Realismus, Göttingen 2003.

Tucker, L.R./Lewis, C. (1973), A reliability coefficient for maximum likelihood factor analysis, In: Psychometrika, 38. Jg., Nr. 1, 1973, S. 1–10.

Ullrich, S. (2011), Internetbasierte Internationalisierung- Entscheidungsfindung, Umsetzung und Erfolgsmessung, Wiesbaden 2011.

Ulrich, P./Hill, W. (1979), Wissenschaftstheoretische Aspekte ausgewählter betriebswirtschaftlicher Konzeptionen, In: Raffee, H./Abel, B. (Hrsg.): Wissenschaftstheoretische Grundfragen der Wirtschaftswissenschaften, München 1979, S. 161–190.

Urban, D./Mayerl, J. (2014), Strukturgleichungsmodellierung, Wiesbaden 2014.

van Fraassen, B. (1980), The scientific image, Oxford 1980.

van Fraassen, B.C. (1989), Laws and Symmetry, Oxford 1989.

Vasquez, C. (2014), The Discourse of Online Consumer Reviews, London 2014.

Vazquez-Casielles, R./Suarez-Alvarez, L./del Rio-Lanza, A.-B. (2013), The Word of Mouth Dynamic - How Positive (and Negative) WOM Drives Purchase Probability: An Analysis of Interpersonal and Non-Interpersonal Factors, In: Journal of Advertising Research, 53. Jg., Nr. 1, 2013, S. 43.

Venkatraman, N./Grant, J.H. (1986), Construct Measurement in Organizational Strategy Research: A Critique and Proposal, In: The Academy of Management Review, 11. Jg., Nr. 1, 1986, S. 71–87.

Vinokur, A./Burnstein, E. (1974), The effects of partially shared persuasive arguments on groupinduced shifts: A group problem solving approach, In: Journal of Personality and Social Psychology, 29. Jg., Nr. 3, 1974, S. 305–315.

Wächter, M. (2015), Falsifikation und Fortschritt im Datenschutz - Qualitätsmanagement und Haftung im privaten Datenschutzrecht, Berlin 2015.

Wagner, A.-S. (2014), Das Modell moderner Organisationsentwicklung, Wiesbaden 2014.

Walker, L. (2001), The Measurement of Word–of–Mouth Communication and an Investigation of Service Quality and Customer Commitment as Potential Antecedents, In: Journal of Service Research, 4. Jg., Nr. 1, 2001, S. 60–75.

Wang, R.Y./Strong, D.M. (1996), Beyond Accuracy: What Data Quality Means to Data Consumers, In: Journal of Management Information Systems, 12. Jg., Nr. 4, 1996, S. 5–33.

Wang, W./Benbasat, I. (2005), Trust in and Adoption of Online Recommendation Agents, In: Journal of the Association for Information Systems, 6. Jg., Nr. 3, 2005, S. 72–101.

Weiber, R./Mühlhaus, D. (2010), Strukturgleichungsmodellierung - Eine anwendungsorientierte Einführung in die Kausalanalyse mit Hilfe von AMOS, SmartPLS und SPSS, Berlin 2010.

Weiber, R./Mühlhaus, D. (2014), Strukturgleichungsmodellierung, Berlin, Heidelberg 2014.

Werp, R. (1998), Aufbau von Geschäftsbeziehungen, Gabler Edition Wissenschaft, Wiesbaden 1998.

Westbrook, R.A. (1987), Product/Consumption-Based Affective Responses and Postpurchase Processes, In: Journal of Marketing Research, 24. Jg., Nr. 3, 1987, S. 258–270.

Williams, J.B./Jacobs, J. (2004), Exploring the use of blogs as learning spaces in the higher education sector, In: Australasian Journal of Educational Technology, 20. Jg., Nr. 2, 2004, S. 232–247.

Wirtz, B.W. (2013), Electronic Business, 4., aktualisierte und überarb. Aufl., Wiesbaden 2013.

Wirtz, B.W. (2015), Medien- und Internetmanagement, 9., aktualisierte u. überarb. Aufl. 2016, Wiesbaden 2015.

Wirtz, B.W. (2016a), Direktmarketing- Grundlagen - Instrumente - Prozesse, 4., aktualisierte Aufl. 2016, Wiesbaden 2016.

Wirtz, B.W. (2016b), Electronic business, 5., aktualisierte u. überarb. Aufl., Wiesbaden 2016.

Wirtz, B.W./Daiser, P./Mermann, M. (2017), Social Media as a Leverage Strategy for Open Government: An Exploratory Study, In: International Journal of Public Administration, 2017, S. 1–14.

Wirtz, B.W./Elsäßer, M. (2012), Instrumente im Social Media Marketing, In: Wirtschaftswissenschaftliches Studium, 2012, S. 511–566.

Wirtz, B.W./Göttel, V. (2016), Technology Acceptance in Social Media: Review, Synthesis and Directions for Future Empirical Research, In: Journal of Electronic Commerce Research,, 17. Jg., Nr. 2, 2016, S. 97–115.

Wirtz, B.W./Kurtz, O.T. (2016), Citizen Preferences Toward E-Government City Portals - An Empirical Analysis of Full Online, Mobile and Social Media Services, In: International Public Management Review, 17. Jg., Nr. 1, 2016, S. 1–20.

Wirtz, B.W./Piehler, R./Ullrich, S. (2013), Determinants of Social Media Website Attractiveness, In: Journal of Electronic Commerce Research, 14. Jg., Nr. 1, 2013, S. 11–33.

Wittenberg, V. (2006), Controlling in jungen Unternehmen, 1. Aufl., s.l. 2006.

Wohlrapp, H. (2009), Der Begriff des Arguments - Über die Beziehungen zwischen Wissen, Forschen, Glauben, Subjektivität und Vernunft, 2., um ein Sachverz. erw. Aufl., Würzburg 2009.

Wold, H. (1966), Nonlinear estimation by partial least squares procedures, In: David, F.N. (Hrsg.): Research papers in statistics, New York 1966, S. 411–444.

Wold, H. (1975), Path models with latent variables: The NIPALS approach, In: H. M. Blalock (Hrsg.): Quantitative sociology: International perspectives on mathematical and statistical model building, New York 1975, S. 307–357.

Wold, H. (1982), Soft modeling: The basic design and some extensions., In: Jöreskog, K.G./Wold, H. (Hrsg.): Systems under indirect Observation, 2. Auflage, Amsterdam 1982, S. 1–54.

World Trade Organization (2013), E-commerce in developing countries - Opportunities and challenges for small and medium-sized enterprises, Geneva 2013.

Worrall, J. (1989), Structural Realism: The Best of Both Worlds?, In: Dialectica, 43. Jg., 1-2, 1989.

Wray, K.B. (2007), A selectionist explanation for the success and failures of science, In: Erkenntnis, 67. Jg., Nr. 1, 2007, S. 81–89.

Wu, A.D./Zumbo, B.D. (2008), Understanding and Using Mediators and Moderators, In: Social Indicators Research, 87. Jg., Nr. 3, 2008, S. 367–392.

Xu, Q. (2014), Should I trust him?- The effects of reviewer profile characteristics on eWOM credibility, In: Computers in Human Behavior, 33. Jg., 2014, S. 136–144.

Xu, X./Yao, Z. (2015), Understanding the role of argument quality in the adoption of online reviews, In: Online Information Review, 39. Jg., Nr. 7, 2015, S. 885–902.

Yang, J./Mai, E./Ben-Ur, J. (2012), Did you tell me the truth?- The influence of online community on eWOM, In: International Journal of Market Research, 54. Jg., Nr. 3, 2012, S. 369–389.

Yelp (2016), Yelp Elite Squad: Köln, 2016, Abruf: 20.06.2016.

Yelp (2017a), About Us, 2017, Abruf: 21.02.2017.

Yelp (2017b), About Yelp, 2017, Abruf: 22.06.2017.

Yelp Ireland Ltd. (2016a), Café Bo, 2016, Abruf: 15.11.2016.

Yelp Ireland Ltd. (2016b), Das Beste auf Yelp: Köln, 2016, Abruf: 27.04.2016.

Yelp Ireland Ltd. (2016c), Für's Elite-Team bewerben, 2016, Abruf: 15.11.2016.

Yelp Ireland Ltd. (2016d), Profile Overwiev, 2016, Abruf: 27.04.2016.

Yelp Ireland Ltd. (2016e), Top 10 Restaurant in Köln, Nordrhein-Westfalen, 2016, Abruf: 01.12.2016.

Yelp Ireland Ltd. (2016f), Top 10 Restaurant in Köln, Nordrhein-Westfalen, 2016, Abruf: 18.11.2016.

Yelp Ireland Ltd. (2016g), Toscanini, 2016, Abruf: 18.11.2016.

Yelp Ireland Ltd. (2016h), What is this yelp check in thing?, 2016, Abruf: 17.11.2016.

Yelp Ireland Ltd. (2016i), Yelp-Beitrag des Tages, 2016, Abruf: 17.11.2016.

Zanna, M.P./Kiesler, C.A./Pilkonis, P.A. (1970), Positive and negative attitudinal affect established by classical conditioning, In: Journal of Personality and Social Psychology, 14. Jg., Nr. 4, 1970, S. 321–328.

Zhang, K.Z./Zhao, S.J./Cheung, C.M./Lee, M.K. (2014), Examining the influence of online reviews on consumers' decision-making- A heuristic–systematic model, In: Decision Support Systems, 67. Jg., 2014, S. 78–89.

Zhang, L./Wu, L./Mattila, A.S. (2016), Online Reviews- The Role of Information Load and Peripheral Factors, In: Journal of Travel Research, 55. Jg., Nr. 3, 2016, S. 299–310.

Zhang, W./Watts, S. (2004), Knowledge adoption in online communities of practice, In: Systèmes d'Information Et Management, 9. Jg., Nr. 1, 2004, S. 81–102.

Zhang, W./Watts, S.A. (2008), Capitalizing on Content: Information Adoption in Two Online communities, In: Journal of the Association for Information Systems, 9. Jg., Nr. 2, 2008, S. 73–94.

Zhang, Z./Ye, Q./Law, R./Li, Y. (2010), The impact of e-word-of-mouth on the online popularity of restaurants- A comparison of consumer reviews and editor reviews, In: International Journal of Hospitality Management, 29. Jg., Nr. 4, 2010, S. 694–700.

Zheng, X./Zhu, S./Lin, Z. (2013), Capturing the essence of word-of-mouth for social commerce - Assessing the quality of online e-commerce reviews by a semi-supervised approach, In: Decision Support Systems, 56. Jg., 2013, S. 211–222.

Zhou, M./Liu, M./Tang, D. (2013), Do the characteristics of online consumer reviews bias buyers' purchase intention and product perception? A perspective of review quantity, review quality and negative review sequence, In: International Journal of Services Technology and Management, 19. Jg., 4/5/6, 2013, S. 166–186.

Zhou, S./Guo, B. (2017), The order effect on online review helpfulness - A social influence perspective, In: Decision Support Systems, 93. Jg., 2017, S. 77–87.

Zhu, L./Yin, G./He, W. (2014), Is this opinion leaders's review useful? Peripheral cues for online review helpfulness, In: Journal of Electronic Commerce Research, 15. Jg., Nr. 4, 2014, S. 267–280.

Zimmermann, R. (2014), Produktbewertungen im internet- Eine theoretische und empirische Analyse von nutzergenerierten Inhalten in Bewertungsportalen und deren Einfluss auf die Produktbewertung von Nutzern, Kassel, Germany 2014.

Zinnbauer, M./Eberl, M. (2004), Die Überprüfung von Spezifikation und Güte von Strukturgleichungsmodellen: Verfahren und Anwendung, In: Schriften zur Empirischen Forschung und Quantitativen Unternehmensplanung, 21. Jg., 2004, S. 1–27.

EINZELSCHRIFTEN

Christina Weiß

Personalentwicklung von Projektleitern – Methoden zur Erweiterung von Kompetenzprofilen

Siegburg 2018 • 268 S. • € 62,- (D) • ISBN 978-3-8441-0555-1

Dirk Lauscher

Einfluss gesundheitswirtschaftlicher Regulierung auf das Krankenhauscontrolling – Eine internationale Vergleichsstudie

Siegburg 2018 • 344 S. • € 70,- (D) • ISBN 978-3-8441-0560-5

Simon Becker

Die steuerliche Abziehbarkeit von Geldstrafen und Geldbußen

Siegburg 2018 • 264 S. • € 62,- (D) • ISBN 978-3-8441-0566-7

Daniela Baumhauer

Transfer von Erfahrungswissen im Arbeitsprozess der Produktionsplanung in der Automobilindustrie

Siegburg 2018 • 192 S. • € 56,- (D) • ISBN 978-3-8441-0568-1

Thomas Bernhardt

German Foreign Economic Policy in the Tension Field of East and West – The Case of the Nord Stream 2 Gas Pipeline

Siegburg 2019 • 100 S. • € 46,- (D) • ISBN 978-3-8441-0575-9

Anne Kathrin Bischoff

Stakeholder Support and Collaboration in Entrepreneurial Ecosystems – An Analysis of the Roles of Sustainability, Education and Culture

Siegburg 2019 • 176 S. • € 54,- (D) • ISBN 978-3-8441-0577-3

Marc-Julian Thomas

Einflussfaktoren von Online-Rezensionen – Eine empirische Analyse zu Online-Bewertungsportalen

Siegburg 2019 • 496 S. • € 86,- (D) • ISBN 978-3-8441-0579-7